全国高等教育自学考试指定教材

**公共课程**

# 高等数学（工本）

**（附：高等数学（工本）自学考试大纲）**

**（2006年版）**

全国高等教育自学考试指导委员会　组编

主编　陈兆斗　高　瑞

**图书在版编目(CIP)数据**

高等数学(工本)/陈兆斗,高瑞主编.—北京:北京大学出版社,2006.8
ISBN 978-7-301-10706-5

Ⅰ.高… Ⅱ.①陈… ②高… Ⅲ.高等数学-高等教育-自学考试-教材 Ⅳ.O13

中国版本图书馆 CIP 数据核字(2006)第 047181 号

书　　　名:高等数学(工本)
著作责任者:陈兆斗　高　瑞　主编
责 任 编 辑:曾琬婷
标 准 书 号:ISBN 978-7-301-10706-5/O·0693
出 版 发 行:北京大学出版社
地　　　址:北京市海淀区成府路 205 号　100871
网　　　址:http://www.pup.cn　电子邮箱:zpup@pup.pku.edu.cn
电　　　话:邮购部 62752015　发行部 62750672　编辑部 62754819　出版部 62754962
印　刷　者:三河市北燕印装有限公司
经　销　者:新华书店
787mm×1092mm　16 开本　19.5 印张　475 千字
2006 年 8 月第 1 版　　2019 年 6 月第 19 次印刷
定　　　价:29.00 元

---

# 组 编 前 言

21 世纪是一个变幻莫测的世纪，是一个催人奋进的时代，科学技术飞速发展，知识更替日新月异．希望、困惑、机遇、挑战，随时随地都有可能出现在每一个社会成员的生活之中．抓住机遇、寻求发展、迎接挑战、适应变化的制胜法宝就是学习——依靠自己学习、终生学习．

作为我国高等教育组成部分的自学考试，其职责就是在高等教育这个水平上倡导自学、鼓励自学、帮助自学、推动自学，为每一位自学者铺就成才之路．组织编写供读者学习的教材就是履行这个职责的重要环节．毫无疑问，这种教材应当适合自学，应当有利于学习者掌握、了解新知识、新信息，有利于学习者增强创新意识，培养实践能力，形成自学能力，也有利于学习者学以致用，解决实际工作中所遇到的问题．具有如此特点的书，我们虽然沿用了"教材"这个概念，但它与那种仅供教师讲、学生听，教师不讲、学生不懂，以"教"为中心的教科书相比，已经在内容安排、编写体例、行文风格等方面都大不相同了．希望读者对此有所了解，以便从一开始就树立起依靠自己学习的坚定信念，不断探索适合自己的学习方法，充分利用已有的知识基础和实际工作经验，最大限度地发挥自己的潜能，以达到学习的目标．

欢迎读者提出意见和建议．

祝每一位读者自学成功！

**全国高等教育自学考试指导委员会**

2006 年 1 月

## 内容简介

本书是根据全国高等教育自学考试指导委员会2006年最新修订的《高等数学(工本)自学考试大纲》进行编写的,是工科各专业本科“高等数学”课程自考教材.本书作者具有丰富的自考助学经验,且参与了本课程考试大纲的修订工作,对自学考试的要求及自考生的情况有深刻的了解.

全书共分六章,内容包括:向量代数与空间解析几何、多元函数的微分学、重积分、曲线积分与曲面积分、常微分方程、无穷级数等.每节配有适量的习题,每章配有复习题,且所有习题在书后均有参考答案.另外,每章末附有该章的内容小结,书末附有本课程的自学考试大纲和样卷,以供参考.

本书注重考虑自学考试的特点,叙述由浅入深、思路清晰、说理透彻,尤其对教学难点阐释详细;例题丰富典型,解题过程详尽、启发性强;尽量给出直观说明,图文并茂,利于自学.

本书除可作为工科各专业本科“高等数学”课程自考教材外,也可作为普通高等工科院校本科“高等数学”课程的教材或参考书.

# 序　　言

根据我国高等教育自学考试多年来的实践经验，2002 年全国高等教育自学考试指导委员会组织专家，经过反复讨论重新拟定了工业工程专业本科《高等数学(工本)自学考试大纲》. 本书正是根据新大纲拟定的精神和要求编写的.

根据新大纲的要求，本教材的内容涉及：空间解析几何、向量代数、多元微积分、微分方程、无穷级数等. 它相当于普通高校工科专业《高等数学》教材下册的内容，这正是此次大纲修订的一项重要改革. 所以使用此教材的前导教材是《高等数学(工专)》中的一元微积分.

考虑到自学考试的特点，本书在编写的过程中尽量在教学的难点之处写得比较详细，使得课堂教学的细微之处也能在教材中得以体现. 对于某些证明过程复杂的定理和性质，省略了证明过程，代之以直观的说明或类比. 在空间解析几何和多元积分学的内容中，配有大量的图形以备读者自学时参考. 为使读者在自学时能很好地掌握所学内容，本教材特别突出了微积分学的思想和处理问题的方法，并挑选了大量有特色的例题. 本教材的每一节都配有相应的习题，每一章都配有综合这一章内容的复习题. 所有的习题在书后都有答案，我们相信这些习题会有助于读者巩固和熟练掌握所学的知识. 本教材共有六章，在每一章的末尾附有该章内容的小结，全书的最后附有本课程的考试大纲和样卷. 此外，教材中还有一些超出考试大纲规定的内容，这些内容都被加以“*”号，它们不应作为考试的内容要求.

读者在使用本教材时应注意以下几点：

1) 本教材的内容都是一元微积分学内容的推广或深入，它们都可以参照一元微积分的相关内容去理解和掌握. 在学习时应注意随时复习有关一元微积分的知识(可以参考教材《高等数学(工专)》).

2) 读者在学习第一章(空间解析几何与向量代数)的过程中应多做一些画图练习，以培养自己的空间想象力. 这一章的内容是继续学习重积分、曲线积分和曲面积分的重要基础.

3) 对于一些简单的定理和性质，应掌握它们的推导过程. 这样可以培养自己的逻辑思维能力.

4) 本教材的很多内容涉及大量的计算，其复杂性程度大大超过了一元微积分. 读者在学习的过程中应做到不仅会计算，而且要算得十分熟练. 本教材中介绍了一些计算上的技巧和方法，读者在做习题时应注意使用这些方法.

在编写本教材的过程中，编者参考了大量的有关资料，从中受到了有益的启发，并选用了其中的一部分习题. 主要的参考资料有：

《高等数学(第五版)》，同济大学应用数学系主编，高等教育出版社；

《高等数学(工本)》，陆庆乐主编，西安交通大学出版社；

《高等数学(工本)自考应试指导》，叶宏光主编，南京大学出版社.

北京航空航天大学李心灿教授和王日爽教授以及北京理工大学张润琦教授细致地审查了本教材的初稿. 他们对初稿提出了宝贵的修改建议，编者按照这些建议作了适当的修改. 国家自考办的王健民、周学秋等同志自始至终关注和支持本教材的编写工作. 在此向上述各位同志致谢.

本教材的第一、二、三章由陈兆斗教授编写,第四、五、六章由高瑞教授编写.编者都是从教多年的高校教师,并有从事高教自考助学的丰富经验,这次还有幸参与了此门课程考试大纲的修订工作.此外,北京科技大学徐岩老师为后三章的工作提供了一些帮助.我们希望以多年的教学经验编写的这部教材能使广大读者学业有成,更恳请读者和同行教师能对书中的缺点和错误不吝赐教,我们将不胜感谢.若有反馈意见,请通过电子邮箱:zkchxy@163.com 与我们联系.

编　者

2005 年 12 月

# 目　　录

# 第一章 空间解析几何与向量代数

掌握空间解析几何与向量代数的基本知识是学习多元微积分的基础.此外,向量代数在力学、物理学和工程技术中有着广泛的应用.本章主要介绍向量的坐标表示,向量的运算及空间图形的方程表示.

## §1 空间直角坐标系

### 1.1 空间直角坐标系的建立

过空间定点 $O$ 作三条互相垂直的数轴,它们都以 $O$ 为原点,具有相同的单位长度.这三条数轴分别称为 $x$ 轴(横轴)、$y$ 轴(纵轴)、$z$ 轴(竖轴),统称为**坐标轴**.各轴正向之间的顺序要求符合右手法则,即以右手握住 $z$ 轴,让右手的四指从 $x$ 轴的正向以 $90°$ 的角度转向 $y$ 轴的正向,这时大拇指所指的方向就是 $z$ 轴的正向(图 1-1).这样的三个坐标轴构成的坐标系称为**空间直角坐标系**.三条坐标轴中的任意两条都可以确定一个平面,称为**坐标面**.它们是:由 $x$ 轴及 $y$ 轴所确定的 $Oxy$ 平面;由 $y$ 轴及 $z$ 轴所确定的 $Oyz$ 平面;由 $x$ 轴及 $z$ 轴所确定的 $Oxz$ 平面.这三个相互垂直的坐标面把空间分成八个部分,每一部分称为一个**卦限**(图 1-2).位于 $x,y,z$ 轴的正半轴的卦限称为第一卦限,从第一卦限开始,在 $Oxy$ 平面上方的卦限,按逆时针方向依次称为第二、三、四卦限;第一、二、三、四卦限下方的卦限依次称为第五、六、七、八卦限.

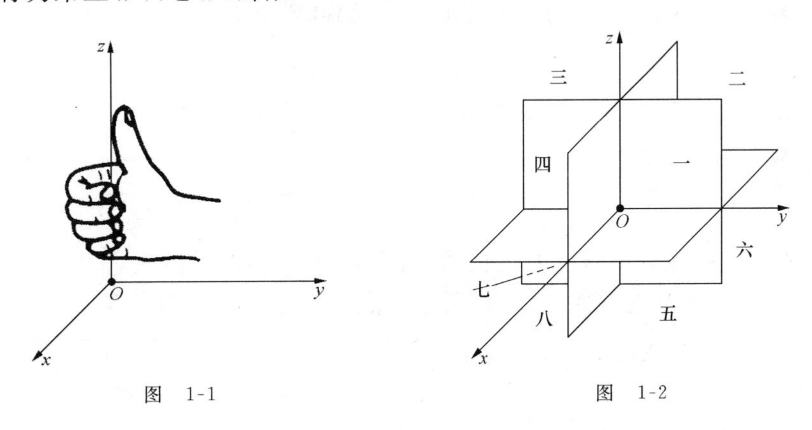


图 1-1　　图 1-2

在坐标系建立之后,对空间中任意一点 $M$,过 $M$ 分别作垂直于 $x$ 轴、$y$ 轴、$z$ 轴的平面,它们与三条坐标轴分别相交于 $A,B,C$ 三点(图 1-3).设这

三点在 $x$ 轴、$y$ 轴、$z$ 轴上的坐标依次为 $x,y,z$,则点 $M$ 唯一确定了一组有序数 $x,y,z$. 反之,给定这组有序数 $x,y,z$,设它们在 $x$ 轴、$y$ 轴、$z$ 轴上依次对应的点为 $A,B,C$. 过这三个点分别作平面垂直于所在坐标轴,则这三个平面唯一的交点就是点 $M$. 这样,空间中的点 $M$ 就可与一组有序数 $x,y,z$ 之间建立一一对应关系. 有序数组 $x,y,z$ 称为点 $M$ 的坐标,记为 $M(x,y,z)$,其中 $x,y,z$ 分别称为点 $M$ 的横坐标、纵坐标和竖坐标.

显然,原点 $O$ 的坐标为 $(0,0,0)$;坐标轴上的点至少有两个坐标为 0;坐标面上的点至少有一个坐标为 0. 例如,$x$ 轴上点的坐标为 $(a,0,0)$ 的形式,$Oxy$ 平面上点的坐标为 $(a,b,0)$ 的形式. 读者可以自行归纳出其它坐标轴、坐标面上点的坐标特征.

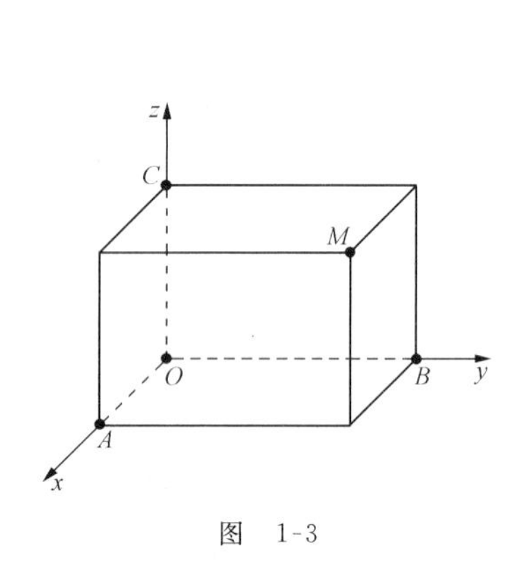


图 1-3

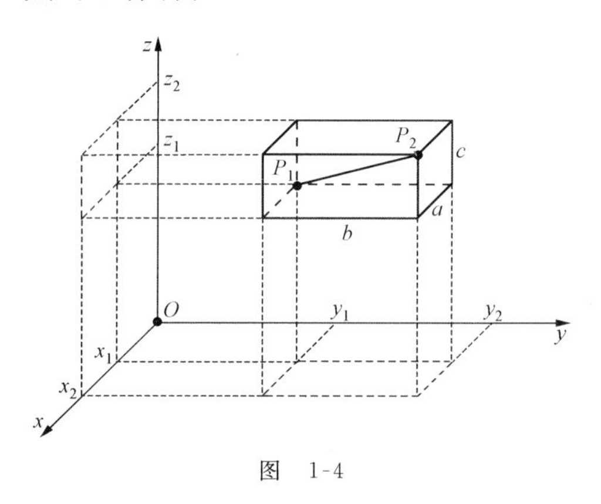


图 1-4

### 1.2 空间中两点间的距离公式

设空间中两点 $P_1(x_1,y_1,z_1)$,$P_2(x_2,y_2,z_2)$,求它们之间的距离 $|P_1P_2|$. 过这两个点各作三个平面分别垂直于三个坐标轴,形成图 1-4 所示的长方体,这两点之间的距离就是长方体的体对角线长度. 由于长方体的三个棱长分别是

$$a=|x_2-x_1|,\quad b=|y_2-y_1|,\quad c=|z_2-z_1|,$$

所以

$$|P_1P_2|=\sqrt{a^2+b^2+c^2}=\sqrt{(x_2-x_1)^2+(y_2-y_1)^2+(z_2-z_1)^2}. \tag{1}$$

特别地,点 $P(x,y,z)$ 与原点 $O(0,0,0)$ 的距离为

$$|OP|=\sqrt{x^2+y^2+z^2}. \tag{2}$$

**例 1** 求两点 $P(1,2,3)$ 与 $Q(2,-1,4)$ 的距离 $|PQ|$.

**解** 由公式(1)得

$$|PQ|=\sqrt{(2-1)^2+(-1-2)^2+(4-3)^2}=\sqrt{11}.$$

**例 2** 在 $x$ 轴上求点 $P$,使得它与点 $Q(4,1,2)$ 的距离为 $\sqrt{30}$.

**解** 因点 $P$ 在 $x$ 轴上,可设所求的点为 $P(x,0,0)$,则应有

$$|PQ|=\sqrt{30},\quad 即\quad \sqrt{(4-x)^2+(1-0)^2+(2-0)^2}=\sqrt{30}.$$

于是

$$(x-4)^2+5=30,\quad 即\quad x=-1 或 x=9.$$

故所求的点有两个,$P_1(-1,0,0)$ 和 $P_2(9,0,0)$.

**例 3** 给定三个点 $M_1(4,3,1)$,$M_2(7,1,2)$,$M_3(5,2,3)$. 证明:$\triangle M_1M_2M_3$ 是等腰三角形.

**证** 只需证明$\triangle M_1M_2M_3$有两个边的边长相等即可.

$$|M_1M_2|=\sqrt{(7-4)^2+(1-3)^2+(2-1)^2}=\sqrt{14},$$

$$|M_2M_3|=\sqrt{(5-7)^2+(2-1)^2+(3-2)^2}=\sqrt{6},$$

$$|M_3M_1|=\sqrt{(4-5)^2+(3-2)^2+(1-3)^2}=\sqrt{6}.$$

由于$|M_3M_1|=|M_2M_3|$,所以$\triangle M_1M_2M_3$是等腰三角形.

### 习 题 1-1

1. 研究空间直角坐标系各个卦限中点的坐标特征,指出下列各点在哪个卦限:

$A(1,-2,3)$, $B(2,3,-4)$, $C(2,-3,-4)$, $D(-2,-3,1)$, $E(1,2,4)$.

2. 研究在各个坐标面和坐标轴上点的坐标各有什么特征,指出下列各点在哪个坐标面或坐标轴上:

$A(3,4,0)$, $B(0,4,3)$, $C(3,0,0)$, $D(0,-1,0)$, $E(0,0,7)$.

3. 点$(a,b,c)$关于各坐标面、各坐标轴、坐标原点的对称点的坐标是什么?

4. 对于空间中的点$M$,如果经过$M$向某条直线作垂线,则称垂足为点$M$在该直线上的**投影点**;如果经过$M$向某个平面作垂线,则称垂足为点$M$在该平面上的**投影点**.求点$(a,b,c)$在各个坐标面及各个坐标轴上的投影点的坐标.

5. 求顶点为$A(2,5,0)$,$B(11,3,8)$,$C(5,1,11)$的三角形各边的长度.

6. 求点$A(4,-3,5)$到各个坐标轴的距离,即求点$A$与其在各个坐标轴上投影点的距离.

## §2 向量代数

### 2.1 向量的概念

在研究力学、物理学和工程应用中所遇到的量可以分为两类.一类完全由数值的大小决定,如质量、温度、时间、面积、体积、密度等.我们将这类量称为**数量**(或**标量**).另一类量,只知其数值大小还不能完全刻画所描述的量,如力、速度、加速度等,它们不仅有大小还有方向.我们将这种既有大小又有方向的量称为**向量**.

在空间中以$A$为起点,$B$为终点的线段称为**有向线段**(图1-5).从点$A$指向点$B$的箭头表示了这条线段的方向,线段的长度表示了这条线段的大小.向量就可用这样一条有向线段来表示,记为$\overrightarrow{AB}$.如果不强调起点和终点,向量也简记为$\boldsymbol{\alpha}$.将向量$\overrightarrow{AB}$的长度记为$|\overrightarrow{AB}|$或$|\boldsymbol{\alpha}|$,称为**向量的模**.

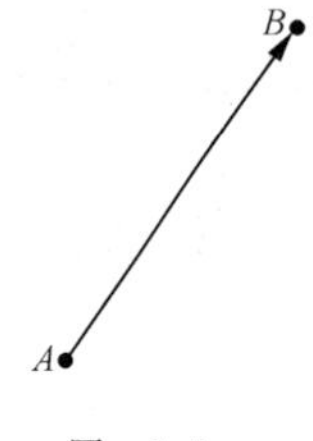

图 1-5

如果向量$\boldsymbol{\alpha}$的模为零,即$|\boldsymbol{\alpha}|=0$,则称$\boldsymbol{\alpha}$为**零向量**,记为$\mathbf{0}$.可以将零向量理解为起点与终点重合的向量.从直观意义上讲,零向量不可能表示任何方向,但在数学上有时将零向量的方向看做是任意的,这为处理一些问题带来很大的方便.

**定义1** 如果两个向量$\boldsymbol{\alpha}$与$\boldsymbol{\beta}$的长度相等且方向相同,则称这两个向量是**相等的向量**,记为$\boldsymbol{\alpha}=\boldsymbol{\beta}$.

也就是说,一个向量在空间中平移到任何位置而得到的向量与原向量相等.所以这里所规定的向量也称为**自由向量**. 因此,向量的方向和大小(模)是确定一个向量的两个要素. 如果两个向量 $\boldsymbol{\alpha},\boldsymbol{\beta}$ 相等,则可将它们作平移,当它们的起点重合时,它们的终点也必然重合.

若干个向量,将它们的起点平移到同一个点后,如果它们的起点和终点都位于同一条直线上,则称这些向量是**共线**的;如果它们的起点和终点都位于同一个平面上,则称这些向量是**共面**的. 不论长度大小,只要两向量 $\boldsymbol{\alpha},\boldsymbol{\beta}$ 的方向相同或相反,则称 $\boldsymbol{\alpha}$ 与 $\boldsymbol{\beta}$ **平行**,记为 $\boldsymbol{\alpha}/\!/\boldsymbol{\beta}$. 显然零向量与任何向量都是共线的;两个向量共线的充分必要条件是这两个向量相互平行;空间中任何两个向量都是共面的.

### 2.2 向量的加法

给定两个向量 $\boldsymbol{\alpha}$ 与 $\boldsymbol{\beta}$,将它们的起点平移到同一个点 $O$,它们的终点分别设为 $A$ 和 $B$,则 $\overrightarrow{OA}=\boldsymbol{\alpha}$, $\overrightarrow{OB}=\boldsymbol{\beta}$. 以 $\overrightarrow{OA}$, $\overrightarrow{OB}$ 为邻边可构造一个平行四边形 $OBCA$. 以 $O$ 为起点 $C$ 为终点的向量 $\boldsymbol{\gamma}=\overrightarrow{OC}$ 称为**向量 $\boldsymbol{\alpha}$ 与 $\boldsymbol{\beta}$ 的和**,记为

$$\boldsymbol{\alpha}+\boldsymbol{\beta}=\boldsymbol{\gamma}, \quad \text{即} \quad \overrightarrow{OA}+\overrightarrow{OB}=\overrightarrow{OC}.$$

这种确定两个向量的和的方法称为**平行四边形法则**(图 1-6(a)).

对给定的两个向量 $\boldsymbol{\alpha},\boldsymbol{\beta}$,如果将 $\boldsymbol{\beta}$ 平移,使其起点平移到 $\boldsymbol{\alpha}$ 的终点(图 1-6(b)),此时 $\boldsymbol{\beta}$ 的终点与用平行四边形法则确定的点 $C$ 重合,从而 $\boldsymbol{\beta}=\overrightarrow{AC}$,于是 $\boldsymbol{\alpha}$ 与 $\boldsymbol{\beta}$ 的和也为 $\overrightarrow{OA}+\overrightarrow{AC}=\overrightarrow{OC}$. 这种确定两个向量的和的方法称为**三角形法则**.

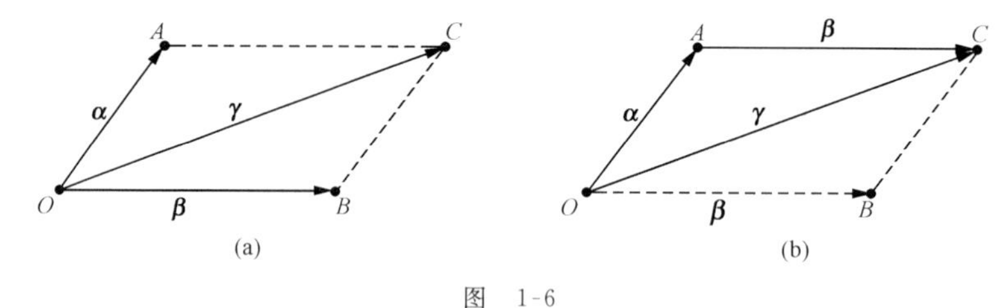


图 1-6

由于零向量的起点与终点重合,对于任何向量 $\boldsymbol{\alpha}$,根据三角形法则可以得到 $\boldsymbol{\alpha}+\mathbf{0}=\boldsymbol{\alpha}$.

向量加法的逆运算称为**向量减法**. 给定向量 $\boldsymbol{\alpha}$ 与 $\boldsymbol{\beta}$,如果存在 $\boldsymbol{\gamma}$ 使得 $\boldsymbol{\alpha}=\boldsymbol{\beta}+\boldsymbol{\gamma}$,则称 $\boldsymbol{\gamma}$ 是**向量 $\boldsymbol{\alpha}$ 与 $\boldsymbol{\beta}$ 的差**,记为 $\boldsymbol{\alpha}-\boldsymbol{\beta}=\boldsymbol{\gamma}$.

如果设 $\overrightarrow{OA}=\boldsymbol{\alpha}$, $\overrightarrow{OB}=\boldsymbol{\beta}$,由三角形法则可知 $\overrightarrow{OA}=\overrightarrow{OB}+\overrightarrow{BA}$(图 1-7(a)),于是

$$\boldsymbol{\alpha}-\boldsymbol{\beta}=\overrightarrow{OA}-\overrightarrow{OB}=\overrightarrow{BA}.$$

也就是说,将 $\boldsymbol{\alpha}$ 与 $\boldsymbol{\beta}$ 的起点放在一起,则 $\boldsymbol{\beta}$ 的终点到 $\boldsymbol{\alpha}$ 的终点的向量即为 $\boldsymbol{\alpha}-\boldsymbol{\beta}$.

向量加法与减法的几何意义:$\boldsymbol{\alpha}+\boldsymbol{\beta}$ 与 $\boldsymbol{\alpha}-\boldsymbol{\beta}$ 分别是以 $\boldsymbol{\alpha}$ 和 $\boldsymbol{\beta}$ 为邻边的平行四边形的两条对角线(图 1-7(b)).

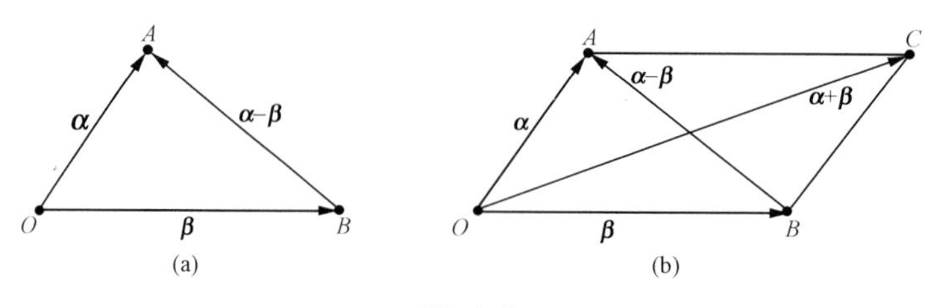


图 1-7

向量的加法满足我们熟知的加法运算的规律：

1) **交换律**：$\boldsymbol{\alpha}+\boldsymbol{\beta}=\boldsymbol{\beta}+\boldsymbol{\alpha}$.

如图 1-8,设 $OBCA$ 为平行四边形,并设 $\overrightarrow{OA}=\boldsymbol{\alpha}$, $\overrightarrow{OB}=\boldsymbol{\beta}$,由向量相等的定义有

$$\overrightarrow{OA}=\overrightarrow{BC}=\boldsymbol{\alpha},\quad \overrightarrow{OB}=\overrightarrow{AC}=\boldsymbol{\beta}.$$

由三角形法则可得

$$\overrightarrow{OA}+\overrightarrow{AC}=\overrightarrow{OC}=\boldsymbol{\alpha}+\boldsymbol{\beta},\quad \boldsymbol{\beta}+\boldsymbol{\alpha}=\overrightarrow{OB}+\overrightarrow{BC}=\overrightarrow{OC},$$

从而 $\boldsymbol{\alpha}+\boldsymbol{\beta}=\boldsymbol{\beta}+\boldsymbol{\alpha}$,即交换律成立.

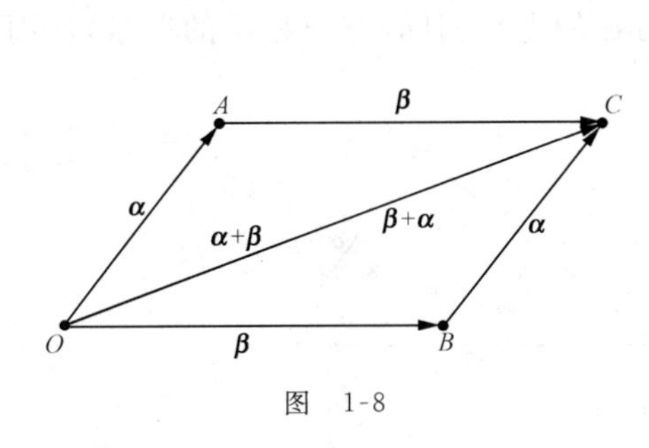


图 1-8

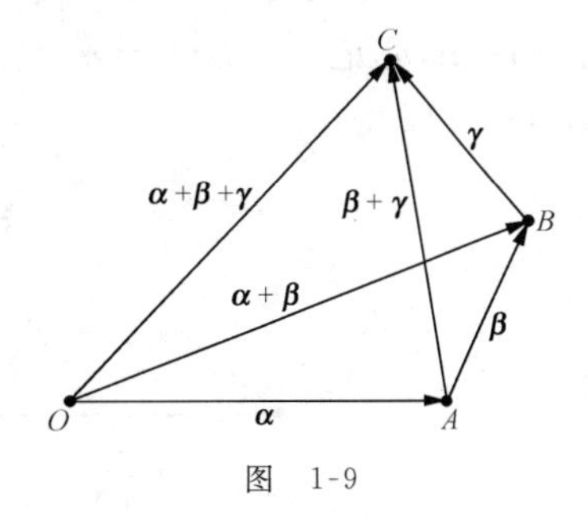


图 1-9

2) **结合律**：$(\boldsymbol{\alpha}+\boldsymbol{\beta})+\boldsymbol{\gamma}=\boldsymbol{\alpha}+(\boldsymbol{\beta}+\boldsymbol{\gamma})$.

如图 1-9,设 $\overrightarrow{OA}=\boldsymbol{\alpha}$, $\overrightarrow{AB}=\boldsymbol{\beta}$, $\overrightarrow{BC}=\boldsymbol{\gamma}$,由三角形法则可得

$$(\boldsymbol{\alpha}+\boldsymbol{\beta})+\boldsymbol{\gamma}=(\overrightarrow{OA}+\overrightarrow{AB})+\overrightarrow{BC}=\overrightarrow{OB}+\overrightarrow{BC}=\overrightarrow{OC},$$

$$\boldsymbol{\alpha}+(\boldsymbol{\beta}+\boldsymbol{\gamma})=\overrightarrow{OA}+(\overrightarrow{AB}+\overrightarrow{BC})=\overrightarrow{OA}+\overrightarrow{AC}=\overrightarrow{OC},$$

从而结合律成立.

当三个向量 $\boldsymbol{\alpha},\boldsymbol{\beta},\boldsymbol{\gamma}$ 相加时,由于结合律与交换律成立,因此可以不考虑它们相加的次序而写为 $\boldsymbol{\alpha}+\boldsymbol{\beta}+\boldsymbol{\gamma}$ 或 $\boldsymbol{\alpha}+\boldsymbol{\gamma}+\boldsymbol{\beta}$ 或 $\boldsymbol{\beta}+\boldsymbol{\alpha}+\boldsymbol{\gamma}$ 等.

两个向量相加的三角形法则可以推广到 $n$ 个向量相加. 设有 $n$ 个向量 $\boldsymbol{\alpha}_1, \boldsymbol{\alpha}_2, \cdots, \boldsymbol{\alpha}_n$ 相加,可以将 $\boldsymbol{\alpha}_1$ 的终点与 $\boldsymbol{\alpha}_2$ 的起点相接,$\boldsymbol{\alpha}_2$ 的终点与 $\boldsymbol{\alpha}_3$ 的起点相接,…,$\boldsymbol{\alpha}_{n-1}$ 的终点与 $\boldsymbol{\alpha}_n$ 的起点相接,最后从 $\boldsymbol{\alpha}_1$ 的起点到 $\boldsymbol{\alpha}_n$ 的终点的有向线段就是这 $n$ 个向量的和 $\boldsymbol{\alpha}_1+\boldsymbol{\alpha}_2+\cdots+\boldsymbol{\alpha}_n$.

图 1-10 是五个向量相加的示意图,从 $\boldsymbol{\alpha}_1$ 开始,依次将它们首尾相接. 设 $\boldsymbol{\alpha}_1=\overrightarrow{OA_1}$, $\boldsymbol{\alpha}_2=\overrightarrow{A_1A_2}$, $\boldsymbol{\alpha}_3=\overrightarrow{A_2A_3}$, $\boldsymbol{\alpha}_4=\overrightarrow{A_3A_4}$, $\boldsymbol{\alpha}_5=\overrightarrow{A_4A_5}$,可得到它们的和为

$$\begin{aligned}&\boldsymbol{\alpha}_1+\boldsymbol{\alpha}_2+\boldsymbol{\alpha}_3+\boldsymbol{\alpha}_4+\boldsymbol{\alpha}_5\\ &=\overrightarrow{OA_1}+\overrightarrow{A_1A_2}+\overrightarrow{A_2A_3}+\overrightarrow{A_3A_4}+\overrightarrow{A_4A_5}\\ &=\overrightarrow{OA_5}.\end{aligned}$$

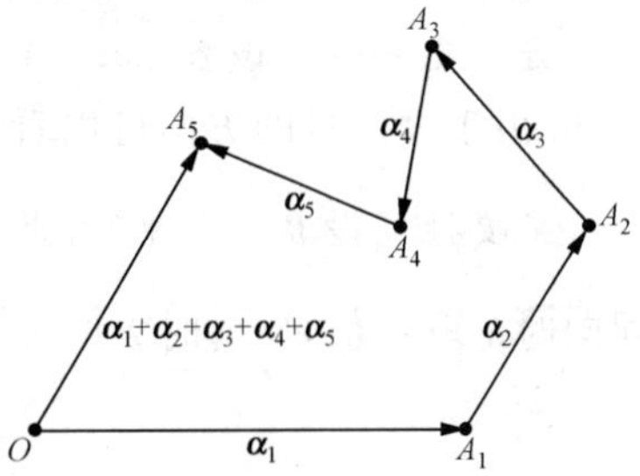

图 1-10

### 2.3 向量与数的乘法

**定义 2** 给定实数 $\lambda$ 及向量 $\boldsymbol{\alpha}$,规定 $\lambda$ 与 $\boldsymbol{\alpha}$ 的**数量乘法** $\lambda\boldsymbol{\alpha}$ 是一个向量,它的大小规定为 $|\lambda\boldsymbol{\alpha}|=|\lambda|\cdot|\boldsymbol{\alpha}|$;其方向规定为：当 $\lambda>0$ 时,$\lambda\boldsymbol{\alpha}$ 的方向与 $\boldsymbol{\alpha}$ 的方向相同;当 $\lambda<0$ 时,$\lambda\boldsymbol{\alpha}$ 的方向与 $\boldsymbol{\alpha}$ 的方向相反.

在向量代数中,通常将实数称为数量,向量的数量乘法(简称为**数乘**)由此而得名.

设 $\boldsymbol{\alpha}=\overrightarrow{OA}$，$\lambda\boldsymbol{\alpha}=\overrightarrow{OB}$，数量乘法的几何意义见图 1-11(a)，(b). 可以看到，当 $\lambda>0$ 时，向量 $\lambda\boldsymbol{\alpha}$ 是将 $\boldsymbol{\alpha}$ 在它原有的方向上长度延伸 $\lambda$ 倍；当 $\lambda<0$ 时，向量 $\lambda\boldsymbol{\alpha}$ 是 $\boldsymbol{\alpha}$ 在它的反方向上长度延伸 $|\lambda|$ 倍.

(a) $\lambda>0$　　　(b) $\lambda<0$

图　1-11

由数量乘法的定义可知 $0\boldsymbol{\alpha}=\mathbf{0}$ 及 $\lambda\mathbf{0}=\mathbf{0}$.

由于 $1\boldsymbol{\alpha}=\boldsymbol{\alpha}$，亦记 $(-1)\boldsymbol{\alpha}=-\boldsymbol{\alpha}$，它表示了与 $\boldsymbol{\alpha}$ 的大小相同，方向相反的向量，从而 $\boldsymbol{\alpha}-\boldsymbol{\beta}=\boldsymbol{\alpha}+(-\boldsymbol{\beta})$（图 1-12）.

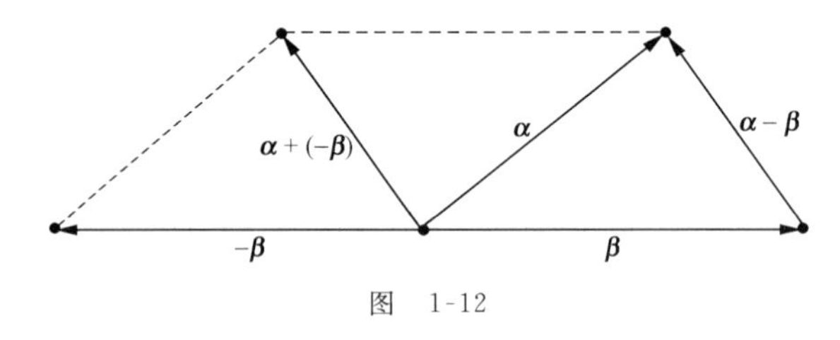


图　1-12

可以证明数量乘法有如下运算律：

1) **结合律**：$\lambda(\mu\boldsymbol{\alpha})=\mu(\lambda\boldsymbol{\alpha})=(\lambda\mu)\boldsymbol{\alpha}$，其中 $\lambda$ 与 $\mu$ 是数量；

2) 对于数量加法的**分配律**：$(\lambda+\mu)\boldsymbol{\alpha}=\lambda\boldsymbol{\alpha}+\mu\boldsymbol{\alpha}$；

3) 对于向量加法的**分配律**：$\lambda(\boldsymbol{\alpha}+\boldsymbol{\beta})=\lambda\boldsymbol{\alpha}+\lambda\boldsymbol{\beta}$.

这些运算规则都是我们应该掌握的，证明省略. 向量的加法和数量乘法统称为向量的**线性运算**.

**例 1**　根据向量的加法和数量乘法的运算律，化简 $(3\boldsymbol{a}+\boldsymbol{b})+(2\boldsymbol{a}-\boldsymbol{b})-(4\boldsymbol{a}-3\boldsymbol{b})$.

**解**　
$$\begin{aligned}(3\boldsymbol{a}+\boldsymbol{b})+(2\boldsymbol{a}-\boldsymbol{b})-(4\boldsymbol{a}-3\boldsymbol{b})&=3\boldsymbol{a}+\boldsymbol{b}+2\boldsymbol{a}-\boldsymbol{b}-4\boldsymbol{a}+3\boldsymbol{b}\\&=(3\boldsymbol{a}+2\boldsymbol{a}-4\boldsymbol{a})+(\boldsymbol{b}-\boldsymbol{b}+3\boldsymbol{b})=(3+2-4)\boldsymbol{a}+(1-1+3)\boldsymbol{b}\\&=\boldsymbol{a}+3\boldsymbol{b}.\end{aligned}$$

**定理 1**　设向量 $\boldsymbol{\alpha}\neq\mathbf{0}$，则向量 $\boldsymbol{\beta}$ 平行于 $\boldsymbol{\alpha}$ 的充分必要条件是：存在数量 $\lambda$，使得 $\boldsymbol{\beta}=\lambda\boldsymbol{\alpha}$.

**证**　充分性　设 $\boldsymbol{\beta}=\lambda\boldsymbol{\alpha}$. 当 $\lambda\neq0$ 时，由数量乘法的定义得知 $\boldsymbol{\beta}$ 平行于 $\boldsymbol{\alpha}$；当 $\lambda=0$ 时，必有 $\boldsymbol{\beta}=\mathbf{0}$. 由于零向量的方向可以看做是任意的，因此我们可认为零向量与任何向量都平行.

必要性　设 $\boldsymbol{\beta}$ 与 $\boldsymbol{\alpha}$ 平行. 此时 $\boldsymbol{\beta}$ 与 $\boldsymbol{\alpha}$ 的方向要么相同，要么相反. 取 $|\lambda|=\dfrac{|\boldsymbol{\beta}|}{|\boldsymbol{\alpha}|}$，且当 $\boldsymbol{\beta}$ 与 $\boldsymbol{\alpha}$ 同向时 $\lambda$ 取正值，反向时 $\lambda$ 取负值. 此时 $\boldsymbol{\beta}$ 与 $\lambda\boldsymbol{\alpha}$ 同向，并且有

$$|\lambda\boldsymbol{\alpha}|=|\lambda||\boldsymbol{\alpha}|=\frac{|\boldsymbol{\beta}|}{|\boldsymbol{\alpha}|}|\boldsymbol{\alpha}|=|\boldsymbol{\beta}|.$$

因此两个向量 $\boldsymbol{\beta}$ 与 $\lambda\boldsymbol{\alpha}$ 方向相同，大小相等，根据向量相等的定义知 $\boldsymbol{\beta}=\lambda\boldsymbol{\alpha}$.

如果向量 $\boldsymbol{\alpha}$ 的模为 1，即 $|\boldsymbol{\alpha}|=1$，则称 $\boldsymbol{\alpha}$ 为**单位向量**. 如果 $\boldsymbol{\alpha}\neq\mathbf{0}$，记 $\boldsymbol{\alpha}^0=\dfrac{1}{|\boldsymbol{\alpha}|}\boldsymbol{\alpha}$，称之为 $\boldsymbol{\alpha}$ 的**单位化向量**. 由数量乘法的定义可知 $\boldsymbol{\alpha}^0$ 与 $\boldsymbol{\alpha}$ 同向，$\boldsymbol{\alpha}^0$ 的长度为 $|\boldsymbol{\alpha}^0|=\dfrac{1}{|\boldsymbol{\alpha}|}|\boldsymbol{\alpha}|=1$，并有 $\boldsymbol{\alpha}=|\boldsymbol{\alpha}|\boldsymbol{\alpha}^0$.

## 2.4 向量的投影

将非零向量 $\boldsymbol{\alpha},\boldsymbol{\beta}$ 的起点放在一起，它们之间的夹角 $\varphi$ 记为 $(\widehat{\boldsymbol{\alpha},\boldsymbol{\beta}})$，规定 $0\leqslant\varphi\leqslant\pi$（图 1-13(a)）. 由于零向量的方向可以看做是任意的，规定零向量与任何向量的夹角 $\varphi$ 可取 $[0,\pi]$ 中的任何值. 给定数轴 $u$ 及非零向量 $\boldsymbol{\alpha}$，在 $u$ 上取与数轴 $u$ 同向的非零向量 $\boldsymbol{\beta}$，规定 $\boldsymbol{\alpha}$ 与数轴 $u$ 的夹角为 $\boldsymbol{\alpha}$ 与 $\boldsymbol{\beta}$ 的夹角，记为 $(\widehat{\boldsymbol{\alpha},u})$（图 1-13(b)）.

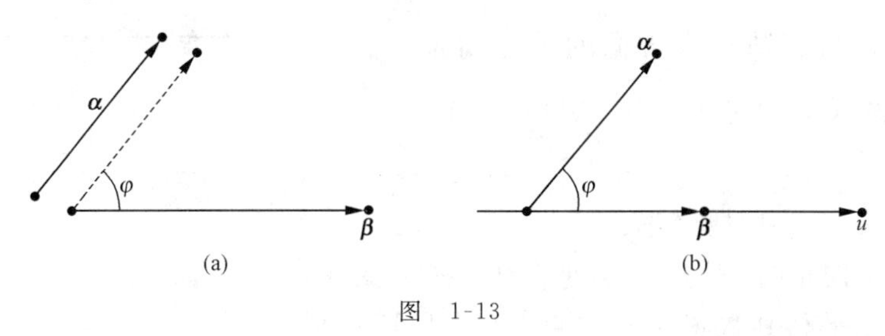

图 1-13

若非零向量 $\boldsymbol{\alpha}$ 与 $\boldsymbol{\beta}$ 的夹角 $(\widehat{\boldsymbol{\alpha},\boldsymbol{\beta}})=\frac{\pi}{2}$，则称 $\boldsymbol{\alpha}$ 与 $\boldsymbol{\beta}$ **垂直**. 规定零向量与任何向量垂直.

给定向量 $\boldsymbol{\alpha}=\overrightarrow{AB}$ 及数轴 $u$，过点 $A,B$ 向数轴 $u$ 作垂线，设垂足分别为 $A',B'$，这两个点在数轴 $u$ 上的坐标分别为 $u_A,u_B$. 分别称 $A',B'$ 为点 $A,B$ 在数轴 $u$ 上的**投影点**；称向量 $\overrightarrow{A'B'}$ 为 $\overrightarrow{AB}$ 在数轴 $u$ 上的**投影向量**；记 $\mathrm{Prj}_u\overrightarrow{AB}=u_B-u_A$，称为向量 $\overrightarrow{AB}$ 在数轴 $u$ 上的**投影**.

由于 $|\overrightarrow{A'B'}|=|\mathrm{Prj}_u\overrightarrow{AB}|$，因此 $\mathrm{Prj}_u\overrightarrow{AB}$ 在一定程度上反映了向量 $\overrightarrow{AB}$ 在数轴 $u$ 上投影的“大小”(图 1-14).

如果平移向量 $\overrightarrow{AB}$，则它在数轴 $u$ 上的投影向量不变，从而平移后的投影也不变. 简言之，向量在数轴 $u$ 上的投影具有平移不变性，从而相同向量的投影值是唯一的.

给定非零向量 $\boldsymbol{\beta}$，作与 $\boldsymbol{\beta}$ 同方向的数轴 $u$. 称 $\boldsymbol{\alpha}$ 在数轴 $u$ 上的投影为 $\boldsymbol{\alpha}$ 在向量 $\boldsymbol{\beta}$ 上的投影，记为 $\mathrm{Prj}_{\boldsymbol{\beta}}\boldsymbol{\alpha}$.

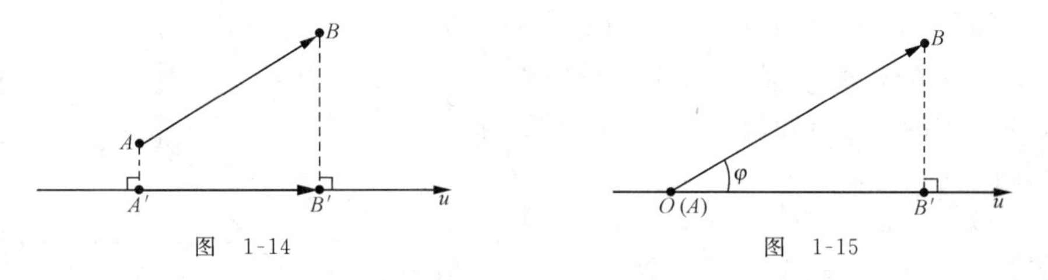

图 1-14　　图 1-15

**定理 2(投影定理)** 对任意非零向量 $\boldsymbol{\alpha}$，有

$$\mathrm{Prj}_u\boldsymbol{\alpha}=|\boldsymbol{\alpha}|\cos\varphi,\quad \text{其中 }\varphi\text{ 是 }\boldsymbol{\alpha}\text{ 与数轴 }u\text{ 的夹角}.$$

**证** 由投影的平移不变性，将向量 $\boldsymbol{\alpha}=\overrightarrow{AB}$ 的起点平移到数轴 $u$ 的原点 $O$(图 1-15)，则点 $A$ 与点 $O$ 重合，$A$ 在数轴 $u$ 上的投影点就是 $O$，其坐标为 0. 点 $B$ 在数轴 $u$ 上的投影点 $B'$ 的坐标记为 $u_B$. 于是 $\mathrm{Prj}_u\boldsymbol{\alpha}=u_B=|\boldsymbol{\alpha}|\cos\varphi$.

由投影定理可知：$\boldsymbol{\alpha}$ 与数轴 $u$ 垂直的充要条件是 $\mathrm{Prj}_u\boldsymbol{\alpha}=0$；当 $\varphi$ 是锐角时 $\mathrm{Prj}_u\boldsymbol{\alpha}>0$；当 $\varphi$ 是钝角时 $\mathrm{Prj}_u\boldsymbol{\alpha}<0$. 我们规定 $\mathrm{Prj}_u\boldsymbol{0}=0$.

**定理 3**(投影的线性性质)

1) $\mathrm{Prj}_u(\boldsymbol{\alpha}+\boldsymbol{\beta})=\mathrm{Prj}_u\boldsymbol{\alpha}+\mathrm{Prj}_u\boldsymbol{\beta}$，$\mathrm{Prj}_u(\boldsymbol{\alpha}-\boldsymbol{\beta})=\mathrm{Prj}_u\boldsymbol{\alpha}-\mathrm{Prj}_u\boldsymbol{\beta}$.

2) 设 $\lambda$ 是数量,则 $\mathrm{Prj}_u(\lambda\boldsymbol{\alpha})=\lambda\mathrm{Prj}_u\boldsymbol{\alpha}$.

**证** 只证 1)中第一个式子.如图 1-16,将 $\boldsymbol{\alpha},\boldsymbol{\beta}$ 首尾相接,并设 $\boldsymbol{\alpha}=\overrightarrow{AB}$, $\boldsymbol{\beta}=\overrightarrow{BC}$,则由三角形法则知 $\boldsymbol{\alpha}+\boldsymbol{\beta}=\overrightarrow{AC}$(图 1-16).设点 $A,B,C$ 在 $u$ 轴上的投影点为 $A',B',C'$,坐标分别为 $u_A,u_B,u_C$,则

$$\mathrm{Prj}_u(\boldsymbol{\alpha}+\boldsymbol{\beta})=u_C-u_A=(u_B-u_A)+(u_C-u_B)$$
$$=\mathrm{Prj}_u\boldsymbol{\alpha}+\mathrm{Prj}_u\boldsymbol{\beta}.$$

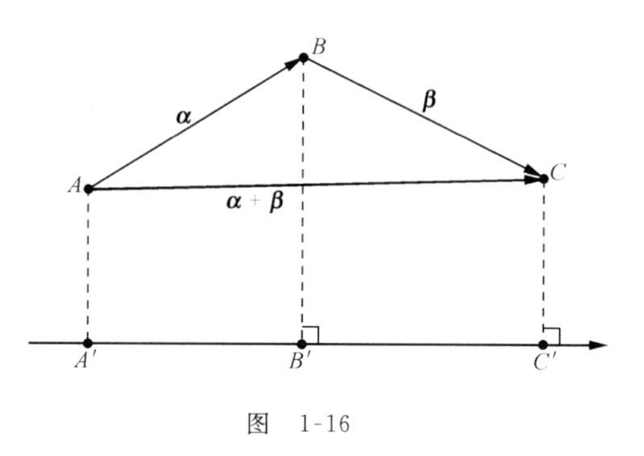

图 1-16

**例 2** 设 $\boldsymbol{e}$ 是与数轴 $u$ 同方向的单位向量,$\overrightarrow{AB}$ 在数轴 $u$ 上的投影向量为$\overrightarrow{A'B'}$, $\lambda=\mathrm{Prj}_u\overrightarrow{AB}$,则 $\overrightarrow{A'B'}=\lambda\boldsymbol{e}$.

**证** 当 $\overrightarrow{AB}$ 为零向量时显然成立.

当 $\overrightarrow{AB}$ 为非零向量时,根据投影向量的平移不变性,将向量 $\overrightarrow{AB}$ 的起点平移到数轴 $u$ 的原点 $O$(图 1-17),则点 $A$ 与点 $O$ 重合,$A$ 在数轴 $u$ 上的投影点就是 $O$.仍设点 $B$ 在数轴 $u$ 上的投影点为 $B'$,于是 $\overrightarrow{AB}$ 在 $u$ 上的投影向量为 $\overrightarrow{OB'}$,即 $\overrightarrow{A'B'}=\overrightarrow{OB'}$.根据数量乘法的定义及投影定理可得

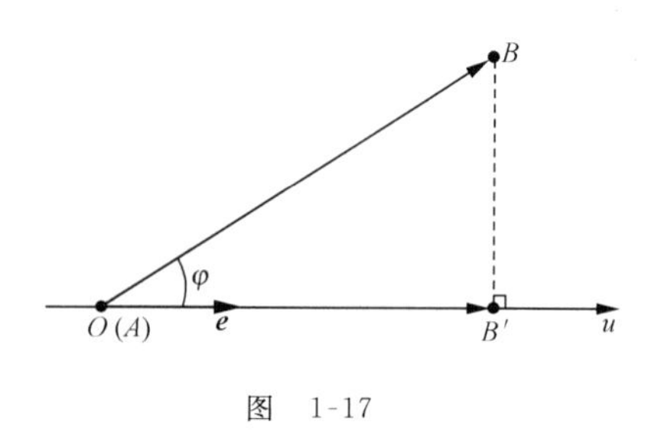

图 1-17

$$\overrightarrow{A'B'}=\overrightarrow{OB'}=(|\overrightarrow{AB}|\cos\varphi)\boldsymbol{e}=(\mathrm{Prj}_u\overrightarrow{AB})\boldsymbol{e}=\lambda\boldsymbol{e},$$

其中 $\varphi$ 是 $\overrightarrow{AB}$与数轴 $u$ 的夹角.

### 2.5 向量的坐标

在空间直角坐标系中,与 $x$ 轴、$y$ 轴、$z$ 轴三个坐标轴同方向的单位向量分别记为 $\boldsymbol{i},\boldsymbol{j},\boldsymbol{k}$,称为**基本单位向量**.给定空间中的点 $M(a,b,c)$,向量 $\overrightarrow{OM}$ 称为**向径**.显然,$\overrightarrow{OM}$ 在三个坐标轴上的投影分别为

$$\mathrm{Prj}_x\overrightarrow{OM}=a,\quad \mathrm{Prj}_y\overrightarrow{OM}=b,\quad \mathrm{Prj}_z\overrightarrow{OM}=c.$$

如图 1-18,点 $M$ 在 $x$ 轴、$y$ 轴、$z$ 轴上的投影点分别设为 $A,B,C$,则由例 2 中的结论可知向径 $\overrightarrow{OM}$ 在 $x$ 轴、$y$ 轴、$z$ 轴上的投影向量分别为

$$\overrightarrow{OA}=a\boldsymbol{i},\quad \overrightarrow{OB}=b\boldsymbol{j},\quad \overrightarrow{OC}=c\boldsymbol{k},$$

称之为 $\overrightarrow{OM}$ 在三个坐标轴上的**分向量**.设点 $P$ 是 $M$ 在 $Oxy$ 平面上的投影点,则 $\overrightarrow{OB}=\overrightarrow{AP}$, $\overrightarrow{OC}=\overrightarrow{PM}$.由向量的加法则有 $\overrightarrow{OM}=\overrightarrow{OA}+\overrightarrow{AP}+\overrightarrow{PM}$,从而 $\overrightarrow{OM}=\overrightarrow{OA}+\overrightarrow{OB}+\overrightarrow{OC}$,即

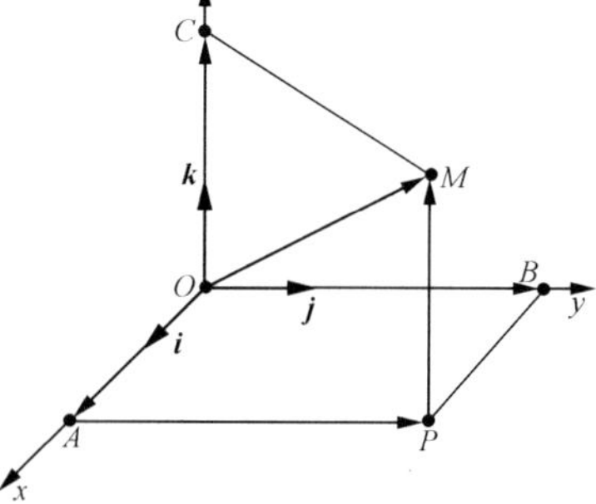

图 1-18

$$\overrightarrow{OM}=a\boldsymbol{i}+b\boldsymbol{j}+c\boldsymbol{k}. \tag{1}$$

称(1)式为向量 $\overrightarrow{OM}$的**分解式**.

若另有 $\overrightarrow{OM}=a'\boldsymbol{i}+b'\boldsymbol{j}+c'\boldsymbol{k}$,考虑 $\overrightarrow{OM}$ 在 $x$ 轴上的投影,由投影的线性性质并注意 $\boldsymbol{j},\boldsymbol{k}$ 与 $x$ 轴垂直,可得

$$\mathrm{Prj}_x\overrightarrow{OM}=a'\mathrm{Prj}_x\boldsymbol{i}+b'\mathrm{Prj}_x\boldsymbol{j}+c'\mathrm{Prj}_x\boldsymbol{k}=a'+0+0=a'.$$

由向量投影的唯一性可知 $a=a'$.同理,考虑 $\overrightarrow{OM}$ 在 $y$ 轴和 $z$ 轴上的投影可得 $b=b'$, $c=c'$.这

说明向径 $\overrightarrow{OM}$ 的表示法(1)是唯一的.

对于空间中的两点 $M_1(x_1,y_1,z_1)$, $M_2(x_2,y_2,z_2)$,则向量 $\overrightarrow{M_1M_2}$ 在 $x$ 轴、$y$ 轴、$z$ 轴三个坐标轴上的投影分别为 $x_2-x_1$, $y_2-y_1$, $z_2-z_1$. 可将 $\overrightarrow{M_1M_2}$ 平移为向径 $\overrightarrow{OM}$,于是 $\overrightarrow{OM}=a\boldsymbol{i}+b\boldsymbol{j}+c\boldsymbol{k}$,其中 $a,b,c$ 为 $\overrightarrow{OM}$ 在 $x$ 轴、$y$ 轴、$z$ 轴三个坐标轴上的投影. 由于向量的投影具有平移不变性,从而 $a=x_2-x_1$, $b=y_2-y_1$, $c=z_2-z_1$,因此由 $\overrightarrow{M_1M_2}=\overrightarrow{OM}$ 可知

$$\overrightarrow{M_1M_2}=a\boldsymbol{i}+b\boldsymbol{j}+c\boldsymbol{k}=(x_2-x_1)\boldsymbol{i}+(y_2-y_1)\boldsymbol{j}+(z_2-z_1)\boldsymbol{k}. \tag{2}$$

上式说明任何向量都可以用 $\boldsymbol{i},\boldsymbol{j},\boldsymbol{k}$ 的线性运算表示出来,且由于向量及其投影的平移不变性,这种表示法还是唯一的.

如果 $\boldsymbol{\alpha}=a\boldsymbol{i}+b\boldsymbol{j}+c\boldsymbol{k}$,则 $a,b,c$ 分别称为 $\boldsymbol{\alpha}$ 的三个**坐标**. 由坐标的唯一性,此时可将 $\boldsymbol{\alpha}$ 简记为$\{a,b,c\}$,其意义为$\{a,b,c\}=a\boldsymbol{i}+b\boldsymbol{j}+c\boldsymbol{k}$.

(2)式还给出了由空间中两个点 $M_1(x_1,y_1,z_1)$, $M_2(x_2,y_2,z_2)$所确定的向量 $\overrightarrow{M_1M_2}$ 的坐标表示,即 $\overrightarrow{M_1M_2}=\{x_2-x_1,y_2-y_1,z_2-z_1\}$.

由于$|\overrightarrow{M_1M_2}|=\sqrt{(x_2-x_1)^2+(y_2-y_1)^2+(z_2-z_1)^2}$,它就是 $M_1,M_2$ 两点间的距离,因此,如果 $\boldsymbol{\alpha}=\{a,b,c\}$,则

$$|\boldsymbol{\alpha}|=\sqrt{a^2+b^2+c^2}. \tag{3}$$

**例 3** 求零向量和基本单位向量的坐标与模.

**解** 零向量 $\boldsymbol{0}=\{0,0,0\}$, $|\boldsymbol{0}|=\sqrt{0^2+0^2+0^2}=0$;

基本单位向量:

$$\boldsymbol{i}=\{1,0,0\},\quad |\boldsymbol{i}|=\sqrt{1^2+0^2+0^2}=1;$$
$$\boldsymbol{j}=\{0,1,0\},\quad |\boldsymbol{j}|=\sqrt{0^2+1^2+0^2}=1;$$
$$\boldsymbol{k}=\{0,0,1\},\quad |\boldsymbol{k}|=\sqrt{0^2+0^2+1^2}=1.$$

**定理 4**(*向量线性运算的坐标表示*) *设向量 $\boldsymbol{\alpha}=\{a_1,a_2,a_3\}$, $\boldsymbol{\beta}=\{b_1,b_2,b_3\}$, $\lambda$ 为数量,则*

1) $\boldsymbol{\alpha}+\boldsymbol{\beta}=\{a_1+b_1,a_2+b_2,a_3+b_3\}$, $\boldsymbol{\alpha}-\boldsymbol{\beta}=\{a_1-b_1,a_2-b_2,a_3-b_3\}$;

2) $\lambda\boldsymbol{\alpha}=\{\lambda a_1,\lambda a_2,\lambda a_3\}$,*特别地* $-\boldsymbol{\alpha}=\{-a_1,-a_2,-a_3\}$.

**证** 只证 1)中的加法,其它公式类似.

此时 $\boldsymbol{\alpha}=a_1\boldsymbol{i}+a_2\boldsymbol{j}+a_3\boldsymbol{k}$, $\boldsymbol{\beta}=b_1\boldsymbol{i}+b_2\boldsymbol{j}+b_3\boldsymbol{k}$,由向量的线性运算性质知

$$\boldsymbol{\alpha}+\boldsymbol{\beta}=(a_1+b_1)\boldsymbol{i}+(a_2+b_2)\boldsymbol{j}+(a_3+b_3)\boldsymbol{k},$$

于是

$$\boldsymbol{\alpha}+\boldsymbol{\beta}=\{a_1+b_1,a_2+b_2,a_3+b_3\}.$$

**例 4** 设向量 $\boldsymbol{\alpha}=\{1,-1,0\}$, $\boldsymbol{\beta}=\{0,2,3\}$,求 $3\boldsymbol{\alpha}-2\boldsymbol{\beta}$.

**解** $3\boldsymbol{\alpha}-2\boldsymbol{\beta}=3\{1,-1,0\}-2\{0,2,3\}=\{3,-3,0\}-\{0,4,6\}=\{3,-7,-6\}$.

**例 5** 给定两个非零向量 $\boldsymbol{\alpha}=\{a_1,a_2,a_3\}$, $\boldsymbol{\beta}=\{b_1,b_2,b_3\}$,则 $\boldsymbol{\alpha}/\!/\boldsymbol{\beta}$ 的充要条件是它们对应的坐标成比例,即 $\frac{a_1}{b_1}=\frac{a_2}{b_2}=\frac{a_3}{b_1}$.

**证** *必要性* 设 $\boldsymbol{\alpha}/\!/\boldsymbol{\beta}$,由定理 1,存在数量 $\lambda$ 使得 $\boldsymbol{\alpha}=\lambda\boldsymbol{\beta}$. 由向量的坐标表示,则有

$$\{a_1,a_2,a_3\}=\{\lambda b_1,\lambda b_2,\lambda b_3\},$$

再由向量坐标表示的唯一性得到 $a_1=\lambda b_1$, $a_2=\lambda b_2$, $a_3=\lambda b_3$. 于是

$$\frac{a_1}{b_1}=\frac{a_2}{b_2}=\frac{a_3}{b_3}=\lambda,$$

结论成立.

**注**　因 $\boldsymbol{\beta}=\{b_1,b_2,b_3\}\neq\boldsymbol{0}$,由坐标表示的唯一性,故它的三个坐标 $b_1,b_2,b_3$ 不全为零. 但是不能排除个别的坐标为零,如 $\boldsymbol{\beta}=\{0,0,2\}\neq\boldsymbol{0}$. 因此,如果在比例式 $\dfrac{a_1}{b_1}=\dfrac{a_2}{b_2}=\dfrac{a_3}{b_3}$ 中某个分母为零,则规定相对应的分子也为零. 从例 5 推导过程中的等式 $a_1=\lambda b_1$, $a_2=\lambda b_2$, $a_3=\lambda b_3$ 可知,这样的规定是合理的. 例如 $\boldsymbol{\alpha}=\{a_1,a_2,a_3\}$, $\boldsymbol{\beta}=\{0,0,2\}$,若 $\boldsymbol{\alpha}/\!/\boldsymbol{\beta}$, 则 $\dfrac{a_1}{0}=\dfrac{a_2}{0}=\dfrac{a_3}{2}$ 的意义是 $\dfrac{0}{0}=\dfrac{0}{0}=\dfrac{a_3}{2}$,即 $a_1=0$, $a_2=0$,这样显然有 $\{0,0,a_3\}/\!/\{0,0,2\}$.

充分性的证明只需反推回去,此处省略.

**例 6**　给定非零向量 $\boldsymbol{v}=\{a_1,a_2,a_3\}$,求它与 $x$ 轴、$y$ 轴、$z$ 轴之间的夹角 $\alpha,\beta,\gamma$ 的余弦.

**解**　由投影定理 $\mathrm{Prj}_x\boldsymbol{v}=|\boldsymbol{v}|\cos\alpha$, $\mathrm{Prj}_y\boldsymbol{v}=|\boldsymbol{v}|\cos\beta$, $\mathrm{Prj}_z\boldsymbol{v}=|\boldsymbol{v}|\cos\gamma$,再根据向量坐标的意义得 $\mathrm{Prj}_x\boldsymbol{v}=a_1$, $\mathrm{Prj}_y\boldsymbol{v}=a_2$, $\mathrm{Prj}_z\boldsymbol{v}=a_3$,于是可得 $\cos\alpha=\dfrac{a_1}{|\boldsymbol{v}|}$, $\cos\beta=\dfrac{a_2}{|\boldsymbol{v}|}$, $\cos\gamma=\dfrac{a_3}{|\boldsymbol{v}|}$,即

$$\cos\alpha=\frac{a_1}{\sqrt{a_1^2+a_2^2+a_3^2}},\quad \cos\beta=\frac{a_2}{\sqrt{a_1^2+a_2^2+a_3^2}},\quad \cos\gamma=\frac{a_3}{\sqrt{a_1^2+a_2^2+a_3^2}}.\tag{4}$$

非零向量 $\boldsymbol{v}$ 与 $x$ 轴、$y$ 轴、$z$ 轴之间的夹角 $\alpha,\beta,\gamma$ 称为 $\boldsymbol{v}$ 的**方向角**;$\cos\alpha,\cos\beta,\cos\gamma$ 称为 $\boldsymbol{v}$ 的**方向余弦**. 由(4)式可得 $\cos^2\alpha+\cos^2\beta+\cos^2\gamma=1$.

将非零向量 $\boldsymbol{v}$ 单位化得到

$$\begin{aligned}\boldsymbol{v}^0&=\frac{1}{|\boldsymbol{v}|}\boldsymbol{v}=\frac{1}{\sqrt{a_1^2+a_2^2+a_3^2}}\{a_1,a_2,a_3\}\\&=\left\{\frac{a_1}{\sqrt{a_1^2+a_2^2+a_3^2}},\frac{a_2}{\sqrt{a_1^2+a_2^2+a_3^2}},\frac{a_3}{\sqrt{a_1^2+a_2^2+a_3^2}}\right\}.\end{aligned}$$

由(4)式及坐标表示的唯一性可得 $\boldsymbol{v}^0=\{\cos\alpha,\cos\beta,\cos\gamma\}$. 可见 $\boldsymbol{v}^0$ 的三个坐标就是 $\boldsymbol{v}$ 的方向余弦.

**例 7**　设向量 $\boldsymbol{v}=\{1,1,1\}$,求 $\boldsymbol{v}$ 与三个坐标轴的夹角.

**解**　由题设得 $|\boldsymbol{v}|=\sqrt{3}$, $\boldsymbol{v}^0=\dfrac{1}{|\boldsymbol{v}|}\boldsymbol{v}=\left\{\dfrac{1}{\sqrt{3}},\dfrac{1}{\sqrt{3}},\dfrac{1}{\sqrt{3}}\right\}=\{\cos\alpha,\cos\beta,\cos\gamma\}$,于是

$$\cos\alpha=\frac{1}{\sqrt{3}},\quad \cos\beta=\frac{1}{\sqrt{3}},\quad \cos\gamma=\frac{1}{\sqrt{3}},\quad 即\quad \alpha=\beta=\gamma=\arccos\frac{1}{\sqrt{3}}.$$

## 习　题　1-2

1. 利用向量的运算律化简下列向量的线性运算:

(1) $\boldsymbol{a}+2\boldsymbol{b}-(\boldsymbol{a}-2\boldsymbol{b})$;

(2) $\boldsymbol{a}-\boldsymbol{b}+5\left(-\dfrac{1}{2}\boldsymbol{b}+\dfrac{\boldsymbol{b}-3\boldsymbol{a}}{5}\right)$;

(3) $(m-n)(\boldsymbol{a}+\boldsymbol{b})-(m+n)(\boldsymbol{a}-\boldsymbol{b})$.

2. 设向量 $\boldsymbol{u}=\boldsymbol{i}-\boldsymbol{j}+2\boldsymbol{k}$, $\boldsymbol{v}=-\boldsymbol{i}+3\boldsymbol{j}-\boldsymbol{k}$,计算 $2\boldsymbol{u}-3\boldsymbol{v}$.

3. 给定向量 $\boldsymbol{a}=\{3,5,-1\}$, $\boldsymbol{b}=\{2,2,3\}$, $\boldsymbol{c}=\{4,-1,-3\}$,求:

(1) $2\boldsymbol{a}$;　(2) $\boldsymbol{a}+\boldsymbol{b}-\boldsymbol{c}$;　(3) $2\boldsymbol{a}-3\boldsymbol{b}+4\boldsymbol{c}$;　(4) $m\boldsymbol{a}+n\boldsymbol{b}$.

4. 给定两点 $A(-3,-3,3)$ 及 $B(3,4,-3)$,求与 $\overrightarrow{AB}$ 平行的单位向量.

5. 给定两点 $A(4,0,5)$ 及 $B(7,1,3)$,求与 $\overrightarrow{AB}$ 同向的单位向量.

6. 设向量的方向余弦分别满足:(1) $\cos\alpha=0$;(2) $\cos\beta=1$;(3) $\cos\alpha=0,\cos\beta=0$. 问:这些向量与坐标轴的关系如何?

7. 求向量 $\boldsymbol{a}=\{1,\sqrt{2},1\}$ 的单位化向量 $\boldsymbol{a}^0$,并求 $\boldsymbol{a}$ 与各个坐标轴的夹角.

8. 证明下列结论:

(1) $\lambda\boldsymbol{\alpha}=\boldsymbol{0}$ 的充分必要条件是 $\lambda=0$ 或 $\boldsymbol{\alpha}=\boldsymbol{0}$;

(2) 如果 $\boldsymbol{\alpha}$ 是单位向量且 $\boldsymbol{\beta}=\lambda\boldsymbol{\alpha}$,则 $|\boldsymbol{\beta}|=|\lambda|$.

## §3 数量积与向量积

### 3.1 数量积

#### 一、数量积的概念与性质

**定义 1** 给定两个向量 $\boldsymbol{\alpha}$ 和 $\boldsymbol{\beta}$,定义它们的**数量积**为

$$\boldsymbol{\alpha}\cdot\boldsymbol{\beta}=|\boldsymbol{\alpha}|\cdot|\boldsymbol{\beta}|\cos\varphi, \tag{1}$$

其中 $\varphi$ 是 $\boldsymbol{\alpha}$ 与 $\boldsymbol{\beta}$ 的夹角.

与向量的数量乘法不同,两个向量的数量积不是向量,而是数量. 数量积也被称为**点积**.

由上节的投影定理,可以得到数量积与投影的关系

$$\boldsymbol{\alpha}\cdot\boldsymbol{\beta}=|\boldsymbol{\alpha}|\cdot \mathrm{Prj}_{\boldsymbol{\alpha}}\boldsymbol{\beta}=|\boldsymbol{\beta}|\cdot \mathrm{Prj}_{\boldsymbol{\beta}}\boldsymbol{\alpha}. \tag{2}$$

由于 $\boldsymbol{\alpha}$ 与 $\boldsymbol{\alpha}$ 的夹角为 $\varphi=0$,因此有

$$\boldsymbol{\alpha}\cdot\boldsymbol{\alpha}=|\boldsymbol{\alpha}|\cdot|\boldsymbol{\alpha}|\cos 0=|\boldsymbol{\alpha}|^2. \tag{3}$$

通常将 $\boldsymbol{\alpha}\cdot\boldsymbol{\alpha}$ 记为 $\boldsymbol{\alpha}^2$. 数量积的引入有很多实际的应用背景.

**例 1** 设物体在常力 $\boldsymbol{F}$ 作用下由点 $A$ 沿直线移动到点 $B$,移动的距离为 $L$,$\boldsymbol{F}$ 与 $\overrightarrow{AB}$ 的夹角为 $\varphi$(图 1-19),求力 $\boldsymbol{F}$ 所做的功 $W$.

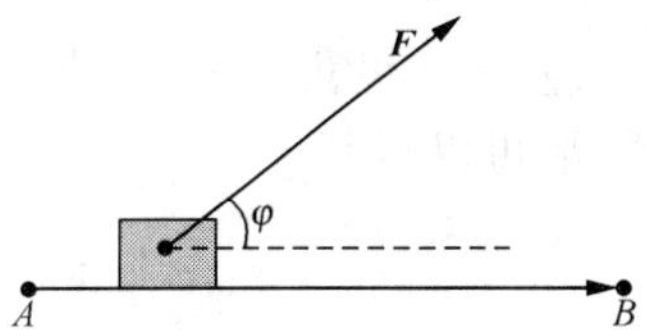

**解** 由物理意义可知 $W=|\boldsymbol{F}|\cdot L\cdot\cos\varphi$,而 $L=|\overrightarrow{AB}|$,因此根据数量积的定义知 $W=\boldsymbol{F}\cdot\overrightarrow{AB}$.

图 1-19

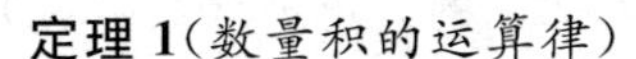

**定理 1**(数量积的运算律)

1) **交换律**:$\boldsymbol{\alpha}\cdot\boldsymbol{\beta}=\boldsymbol{\beta}\cdot\boldsymbol{\alpha}$;

2) **结合律**:$\lambda(\boldsymbol{\alpha}\cdot\boldsymbol{\beta})=(\lambda\boldsymbol{\alpha})\cdot\boldsymbol{\beta}=\boldsymbol{\alpha}\cdot(\lambda\boldsymbol{\beta})$,其中 $\lambda$ 是数量;

3) **分配律**:$(\boldsymbol{\alpha}+\boldsymbol{\beta})\cdot\boldsymbol{\gamma}=\boldsymbol{\alpha}\cdot\boldsymbol{\gamma}+\boldsymbol{\beta}\cdot\boldsymbol{\gamma}$.

**证** 只证 3)分配律. 由公式(2)得

$$\begin{aligned}(\boldsymbol{\alpha}+\boldsymbol{\beta})\cdot\boldsymbol{\gamma}&=|\boldsymbol{\gamma}|\cdot \mathrm{Prj}_{\boldsymbol{\gamma}}(\boldsymbol{\alpha}+\boldsymbol{\beta})=|\boldsymbol{\gamma}|\cdot \mathrm{Prj}_{\boldsymbol{\gamma}}\boldsymbol{\alpha}+|\boldsymbol{\gamma}|\cdot \mathrm{Prj}_{\boldsymbol{\gamma}}\boldsymbol{\beta}\\&=\boldsymbol{\alpha}\cdot\boldsymbol{\gamma}+\boldsymbol{\beta}\cdot\boldsymbol{\gamma}.\end{aligned}$$

**定理 2**(向量垂直与数量积的关系) 向量 $\boldsymbol{\alpha}$ 与 $\boldsymbol{\beta}$ 相互垂直的充分必要条件是 $\boldsymbol{\alpha}\cdot\boldsymbol{\beta}=0$(规定:零向量与任何向量垂直).

**证** 必要性 设 $\boldsymbol{\alpha}$ 与 $\boldsymbol{\beta}$ 相互垂直. 如果 $\boldsymbol{\alpha}=\boldsymbol{0}$ 或 $\boldsymbol{\beta}=\boldsymbol{0}$,则 $|\boldsymbol{\alpha}|=0$ 或 $|\boldsymbol{\beta}|=0$,由数量积的定义可知 $\boldsymbol{\alpha}\cdot\boldsymbol{\beta}=0$,此时必要性成立;如果 $\boldsymbol{\alpha}$ 与 $\boldsymbol{\beta}$ 都是非零向量,垂直时它们的夹角 $\varphi=\frac{\pi}{2}$,于是

$$\boldsymbol{\alpha}\cdot\boldsymbol{\beta}=|\boldsymbol{\alpha}|\cdot|\boldsymbol{\beta}|\cos\frac{\pi}{2}=|\boldsymbol{\alpha}|\cdot|\boldsymbol{\beta}|\cdot 0=0,$$

必要性也成立.

充分性　设 $\boldsymbol{\alpha}\cdot\boldsymbol{\beta}=0$. 如果 $\boldsymbol{\alpha},\boldsymbol{\beta}$ 中有一个是零向量,则 $\boldsymbol{\alpha}$ 与 $\boldsymbol{\beta}$ 垂直. 如果 $\boldsymbol{\alpha}$ 与 $\boldsymbol{\beta}$ 都是非零向量,则 $|\boldsymbol{\alpha}|$ 和 $|\boldsymbol{\beta}|$ 都不为零. 由数量积的定义得 $\boldsymbol{\alpha}\cdot\boldsymbol{\beta}=|\boldsymbol{\alpha}|\cdot|\boldsymbol{\beta}|\cos\varphi=0$,从而只有 $\cos\varphi=0$. 这说明两个向量的夹角 $\varphi=\frac{\pi}{2}$,所以 $\boldsymbol{\alpha}$ 与 $\boldsymbol{\beta}$ 垂直.

**二、数量积的坐标表示**

下面我们来研究数量积的坐标表示. 设向量 $\boldsymbol{\alpha}=\{a_1,a_2,a_3\}$, $\boldsymbol{\beta}=\{b_1,b_2,b_3\}$,则

$$\boldsymbol{\alpha}=a_1\boldsymbol{i}+a_2\boldsymbol{j}+a_3\boldsymbol{k},\quad \boldsymbol{\beta}=b_1\boldsymbol{i}+b_2\boldsymbol{j}+b_3\boldsymbol{k}.$$

根据数量积的运算律可得

$$\begin{aligned}\boldsymbol{\alpha}\cdot\boldsymbol{\beta}&=(a_1\boldsymbol{i}+a_2\boldsymbol{j}+a_3\boldsymbol{k})\cdot(b_1\boldsymbol{i}+b_2\boldsymbol{j}+b_3\boldsymbol{k})\\&=(a_1\boldsymbol{i}+a_2\boldsymbol{j}+a_3\boldsymbol{k})\cdot(b_1\boldsymbol{i})+(a_1\boldsymbol{i}+a_2\boldsymbol{j}+a_3\boldsymbol{k})\cdot(b_2\boldsymbol{j})\\&\quad+(a_1\boldsymbol{i}+a_2\boldsymbol{j}+a_3\boldsymbol{k})\cdot(b_3\boldsymbol{k})\\&=(a_1b_1)\boldsymbol{i}\cdot\boldsymbol{i}+(a_2b_1)\boldsymbol{j}\cdot\boldsymbol{i}+(a_3b_1)\boldsymbol{k}\cdot\boldsymbol{i}\\&\quad+(a_1b_2)\boldsymbol{i}\cdot\boldsymbol{j}+(a_2b_2)\boldsymbol{j}\cdot\boldsymbol{j}+(a_3b_2)\boldsymbol{k}\cdot\boldsymbol{j}\\&\quad+(a_1b_3)\boldsymbol{i}\cdot\boldsymbol{k}+(a_2b_3)\boldsymbol{j}\cdot\boldsymbol{k}+(a_3b_3)\boldsymbol{k}\cdot\boldsymbol{k}.\end{aligned}\tag{4}$$

因向量 $\boldsymbol{i},\boldsymbol{j},\boldsymbol{k}$ 都是单位向量且相互垂直,由(3)式可得 $\boldsymbol{i}\cdot\boldsymbol{i}=|\boldsymbol{i}|^2=1$, $\boldsymbol{j}\cdot\boldsymbol{j}=1$, $\boldsymbol{k}\cdot\boldsymbol{k}=1$,再由垂直与数量积的关系知,在(4)式中,除含有 $\boldsymbol{i}\cdot\boldsymbol{i}$, $\boldsymbol{j}\cdot\boldsymbol{j}$, $\boldsymbol{k}\cdot\boldsymbol{k}$ 的项外,其它数量积都为零,从而

$$\boldsymbol{\alpha}\cdot\boldsymbol{\beta}=a_1b_1+a_2b_2+a_3b_3.\tag{5}$$

这就是**数量积的坐标表示**,它表明 $\boldsymbol{\alpha}$ 与 $\boldsymbol{\beta}$ 的数量积是它们对应坐标的乘积之和.

再由定理 2 可知,$\boldsymbol{\alpha}$ 与 $\boldsymbol{\beta}$ **相互垂直的充分必要条件**是 $a_1b_1+a_2b_2+a_3b_3=0$.

通过数量积的坐标表示,可以推出两个向量夹角余弦的坐标表示. 给定两个非零向量 $\boldsymbol{\alpha}=\{a_1,a_2,a_3\}$ 和 $\boldsymbol{\beta}=\{b_1,b_2,b_3\}$,它们之间的夹角为 $\varphi$. 由数量积的定义 $\boldsymbol{\alpha}\cdot\boldsymbol{\beta}=|\boldsymbol{\alpha}|\cdot|\boldsymbol{\beta}|\cos\varphi$ 及公式(5)可以得到

$$\cos\varphi=\frac{\boldsymbol{\alpha}\cdot\boldsymbol{\beta}}{|\boldsymbol{\alpha}|\cdot|\boldsymbol{\beta}|}=\frac{a_1b_1+a_2b_2+a_3b_3}{\sqrt{a_1^2+a_2^2+a_3^2}\cdot\sqrt{b_1^2+b_2^2+b_3^2}}.\tag{6}$$

**例 2**　已知点 $A(1,1,1)$, $B(2,2,1)$, $C(2,1,2)$,求直线 $AB$ 与 $AC$ 的夹角 $\varphi$ $(0\leqslant\varphi\leqslant\pi)$.

**解**　由于夹角被限制在 0 到 $\pi$ 之间,故求出向量 $\overrightarrow{AB}$ 与 $\overrightarrow{AC}$ 的夹角即可. 因 $\overrightarrow{AB}=\{1,1,0\}$, $\overrightarrow{AC}=\{1,0,1\}$,又由公式(6)得

$$\cos\varphi=\frac{1\times1+1\times0+0\times1}{\sqrt{1^2+1^2+0^2}\cdot\sqrt{1^2+0^2+1^2}}=\frac{1}{2},$$

于是

$$\varphi=\arccos\frac{1}{2}=\frac{\pi}{3}.$$

### 3.2　向量积

**一、向量积的概念及性质**

**定义 2**　给定两个向量 $\boldsymbol{\alpha}$ 和 $\boldsymbol{\beta}$,它们的**向量积**规定为一个向量 $\boldsymbol{\gamma}$,它由下述方式确定:

1) $\boldsymbol{\gamma}$ 的长度为 $|\boldsymbol{\gamma}|=|\boldsymbol{\alpha}|\cdot|\boldsymbol{\beta}|\sin\varphi$,其中 $\varphi$ 是 $\boldsymbol{\alpha}$ 与 $\boldsymbol{\beta}$ 的夹角;

2) $\boldsymbol{\gamma}$ 的方向垂直于 $\boldsymbol{\alpha}$ 与 $\boldsymbol{\beta}$ 所确定的平面(即 $\boldsymbol{\gamma}$ 既垂直于 $\boldsymbol{\alpha}$,又垂直于 $\boldsymbol{\beta}$),$\boldsymbol{\gamma}$ 的指向按照右手法则由 $\boldsymbol{\alpha}$ 转到 $\boldsymbol{\beta}$ 来确定(图 1-20).

按照上述方法确定的向量积 $\boldsymbol{\gamma}$ 记为 $\boldsymbol{\alpha}\times\boldsymbol{\beta}$，因此向量积也称为**叉积**. 需注意，与定义 1 中的数量积不同，向量积不是数量，而是向量.

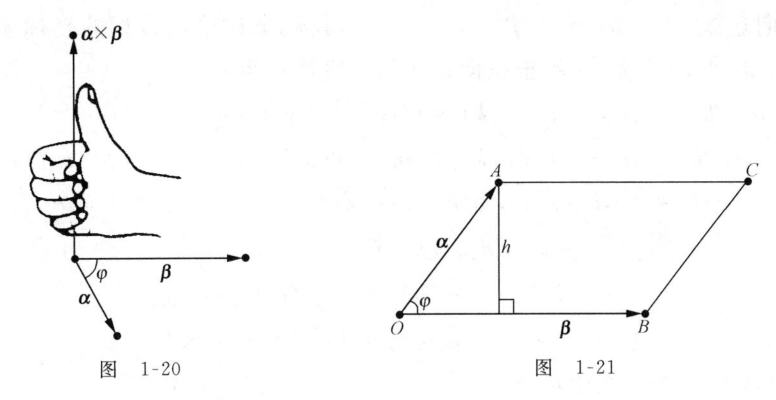


图 1-20　　　图 1-21

**例 3**(向量积的模的几何意义)　设 $\boldsymbol{\alpha}=\overrightarrow{OA}$，$\boldsymbol{\beta}=\overrightarrow{OB}$，则模 $|\boldsymbol{\alpha}\times\boldsymbol{\beta}|$ 表示了以 $\boldsymbol{\alpha}$ 和 $\boldsymbol{\beta}$ 为边的平行四边形 $OBCA$ 的面积(图 1-21).

**证**　底边 $OB$ 上的高 $h=|\boldsymbol{\alpha}|\sin\varphi$，所以，平行四边形 $OBCA$ 的面积为

$$S_{OBCA}=h\,|\boldsymbol{\beta}|=|\boldsymbol{\alpha}|\cdot|\boldsymbol{\beta}|\,\sin\varphi=|\boldsymbol{\alpha}\times\boldsymbol{\beta}|.$$

**定理 3**(向量积的运算律)

1) **反交换律**：$\boldsymbol{\alpha}\times\boldsymbol{\beta}=-(\boldsymbol{\beta}\times\boldsymbol{\alpha})$；

2) **结合律**：$\lambda(\boldsymbol{\alpha}\times\boldsymbol{\beta})=(\lambda\boldsymbol{\alpha})\times\boldsymbol{\beta}=\boldsymbol{\alpha}\times(\lambda\boldsymbol{\beta})$，其中 $\lambda$ 是数量；

3) **分配律**：$\boldsymbol{\gamma}\times(\boldsymbol{\alpha}+\boldsymbol{\beta})=\boldsymbol{\gamma}\times\boldsymbol{\alpha}+\boldsymbol{\gamma}\times\boldsymbol{\beta}$，$(\boldsymbol{\alpha}+\boldsymbol{\beta})\times\boldsymbol{\gamma}=\boldsymbol{\alpha}\times\boldsymbol{\gamma}+\boldsymbol{\beta}\times\boldsymbol{\gamma}$.

**证**　1) 首先，$|\boldsymbol{\alpha}\times\boldsymbol{\beta}|=|\boldsymbol{\alpha}|\cdot|\boldsymbol{\beta}|\sin\varphi$，而 $|-(\boldsymbol{\beta}\times\boldsymbol{\alpha})|=|\boldsymbol{\beta}\times\boldsymbol{\alpha}|=|\boldsymbol{\beta}|\cdot|\boldsymbol{\alpha}|\sin\varphi$，于是两个向量 $\boldsymbol{\alpha}\times\boldsymbol{\beta}$ 与 $-(\boldsymbol{\beta}\times\boldsymbol{\alpha})$ 的模相等. 再由向量积定义中的 2) 知 $\boldsymbol{\alpha}\times\boldsymbol{\beta}$ 与 $\boldsymbol{\beta}\times\boldsymbol{\alpha}$ 方向相反，从而 $\boldsymbol{\alpha}\times\boldsymbol{\beta}$ 与 $-(\boldsymbol{\beta}\times\boldsymbol{\alpha})$ 的方向相同. 根据向量相等的定义可知 $\boldsymbol{\alpha}\times\boldsymbol{\beta}=-(\boldsymbol{\beta}\times\boldsymbol{\alpha})$.

结合律与分配律的证明比较复杂，此处从略.

**注**　由 1) 可知向量积不满足交换律，所以在分配律 3) 中有两个公式，分别称为**左分配律**和**右分配律**. 在演算中应注意不能交换"×"号两侧向量的次序. 例如 $\boldsymbol{\alpha}\times(2\boldsymbol{\beta})=\boldsymbol{\beta}\times(2\boldsymbol{\alpha})$ 和 $\boldsymbol{\gamma}\times(\boldsymbol{\alpha}+\boldsymbol{\beta})=\boldsymbol{\alpha}\times\boldsymbol{\gamma}+\boldsymbol{\beta}\times\boldsymbol{\gamma}$ 都是错误的.

**定理 4**(向量积与向量的平行的关系)　两个向量 $\boldsymbol{\alpha}$ 与 $\boldsymbol{\beta}$ 相互平行的充分必要条件是

$$\boldsymbol{\alpha}\times\boldsymbol{\beta}=\boldsymbol{0}.$$

**证**　*必要性*　设 $\boldsymbol{\alpha}$ 与 $\boldsymbol{\beta}$ 相互平行. 如果 $\boldsymbol{\alpha}=\boldsymbol{0}$ 或 $\boldsymbol{\beta}=\boldsymbol{0}$，则 $|\boldsymbol{\alpha}|=0$ 或 $|\boldsymbol{\beta}|=0$，由向量积的定义可得 $|\boldsymbol{\alpha}\times\boldsymbol{\beta}|=0$，从而 $\boldsymbol{\alpha}\times\boldsymbol{\beta}=\boldsymbol{0}$，结论成立；如果 $\boldsymbol{\alpha}$ 与 $\boldsymbol{\beta}$ 都是非零向量，平行时它们的夹角 $\varphi=0$ 或 $\pi$，无论何种情况都有 $|\boldsymbol{\alpha}\times\boldsymbol{\beta}|=|\boldsymbol{\alpha}|\cdot|\boldsymbol{\beta}|\sin\varphi=0$，从而 $\boldsymbol{\alpha}\times\boldsymbol{\beta}=\boldsymbol{0}$，结论也成立.

*充分性*　设 $\boldsymbol{\alpha}\times\boldsymbol{\beta}=\boldsymbol{0}$，则 $|\boldsymbol{\alpha}\times\boldsymbol{\beta}|=|\boldsymbol{\alpha}|\cdot|\boldsymbol{\beta}|\sin\varphi=0$. 如果 $\boldsymbol{\alpha},\boldsymbol{\beta}$ 中有一个是零向量，则 $\boldsymbol{\alpha}$ 与 $\boldsymbol{\beta}$ 平行(零向量与任何向量平行)；如果 $\boldsymbol{\alpha}$ 与 $\boldsymbol{\beta}$ 都是非零向量，则 $|\boldsymbol{\alpha}|$ 和 $|\boldsymbol{\beta}|$ 都不为零，只有 $\sin\varphi=0$. 这时 $\varphi=0$ 或 $\pi$，无论何种情况 $\boldsymbol{\alpha}$ 与 $\boldsymbol{\beta}$ 都是平行的.

**例 4**　对于基本单位向量 $\boldsymbol{i},\boldsymbol{j},\boldsymbol{k}$，讨论它们的向量积.

**解**　由定理 4 可知 $\boldsymbol{i}\times\boldsymbol{i}=\boldsymbol{0}$，$\boldsymbol{j}\times\boldsymbol{j}=\boldsymbol{0}$，$\boldsymbol{k}\times\boldsymbol{k}=\boldsymbol{0}$. 由于 $\boldsymbol{i},\boldsymbol{j},\boldsymbol{k}$ 都是单位向量，相互垂直，于是 $\boldsymbol{i}\times\boldsymbol{j}=\boldsymbol{k}$，$\boldsymbol{j}\times\boldsymbol{k}=\boldsymbol{i}$，$\boldsymbol{k}\times\boldsymbol{i}=\boldsymbol{j}$(它们的关系见图 1-22). 再由反交换律可得

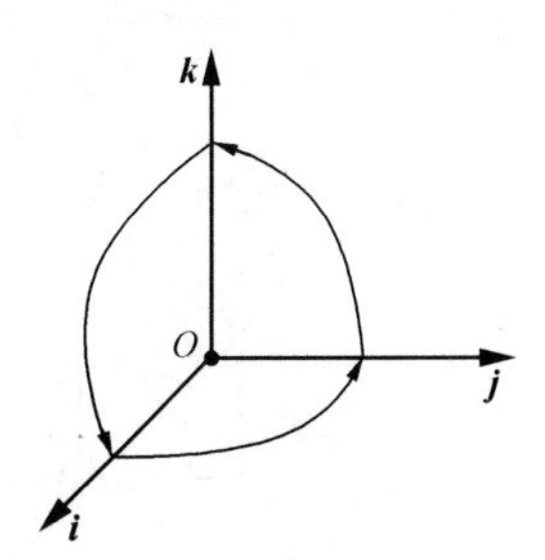


图 1-22

$$\boldsymbol{k}\times\boldsymbol{j}=-\boldsymbol{i},\quad \boldsymbol{j}\times\boldsymbol{i}=-\boldsymbol{k},\quad \boldsymbol{i}\times\boldsymbol{k}=-\boldsymbol{j}.$$

## 二、向量积的坐标表示

对于给定向量 $\boldsymbol{\alpha}=\{a_1,a_2,a_3\}$，$\boldsymbol{\beta}=\{b_1,b_2,b_3\}$，我们来讨论向量积的坐标表示. 此时 $\boldsymbol{\alpha}=a_1\boldsymbol{i}+a_2\boldsymbol{j}+a_3\boldsymbol{k}$，$\boldsymbol{\beta}=b_1\boldsymbol{i}+b_2\boldsymbol{j}+b_3\boldsymbol{k}$，根据向量积的运算律可得

$$\begin{aligned}\boldsymbol{\alpha}\times\boldsymbol{\beta}&=(a_1\boldsymbol{i}+a_2\boldsymbol{j}+a_3\boldsymbol{k})\times(b_1\boldsymbol{i}+b_2\boldsymbol{j}+b_3\boldsymbol{k})\\&=(a_1\boldsymbol{i}+a_2\boldsymbol{j}+a_3\boldsymbol{k})\times(b_1\boldsymbol{i})+(a_1\boldsymbol{i}+a_2\boldsymbol{j}+a_3\boldsymbol{k})\times(b_2\boldsymbol{j})\\&\quad+(a_1\boldsymbol{i}+a_2\boldsymbol{j}+a_3\boldsymbol{k})\times(b_3\boldsymbol{k})\\&=(a_1b_1)\boldsymbol{i}\times\boldsymbol{i}+(a_2b_1)\boldsymbol{j}\times\boldsymbol{i}+(a_3b_1)\boldsymbol{k}\times\boldsymbol{i}\\&\quad+(a_1b_2)\boldsymbol{i}\times\boldsymbol{j}+(a_2b_2)\boldsymbol{j}\times\boldsymbol{j}+(a_3b_2)\boldsymbol{k}\times\boldsymbol{j}\\&\quad+(a_1b_3)\boldsymbol{i}\times\boldsymbol{k}+(a_2b_3)\boldsymbol{j}\times\boldsymbol{k}+(a_3b_3)\boldsymbol{k}\times\boldsymbol{k},\end{aligned}$$

再由例 4 中 $\boldsymbol{i},\boldsymbol{j},\boldsymbol{k}$ 向量积的结论可得

$$\begin{aligned}\boldsymbol{\alpha}\times\boldsymbol{\beta}&=(a_1b_1)\boldsymbol{0}-(a_2b_1)\boldsymbol{k}+(a_3b_1)\boldsymbol{j}+(a_1b_2)\boldsymbol{k}+(a_2b_2)\boldsymbol{0}-(a_3b_2)\boldsymbol{i}\\&\quad-(a_1b_3)\boldsymbol{j}+(a_2b_3)\boldsymbol{i}+(a_3b_3)\boldsymbol{0}\\&=(a_2b_3-a_3b_2)\boldsymbol{i}+(a_3b_1-a_1b_3)\boldsymbol{j}+(a_1b_2-a_2b_1)\boldsymbol{k}.\end{aligned}$$

为了便于记忆，将上式写成行列式的形式

$$\boldsymbol{\alpha}\times\boldsymbol{\beta}=\begin{vmatrix}a_2&a_3\\b_2&b_3\end{vmatrix}\boldsymbol{i}-\begin{vmatrix}a_1&a_3\\b_1&b_3\end{vmatrix}\boldsymbol{j}+\begin{vmatrix}a_1&a_2\\b_1&b_2\end{vmatrix}\boldsymbol{k}=\begin{vmatrix}\boldsymbol{i}&\boldsymbol{j}&\boldsymbol{k}\\a_1&a_2&a_3\\b_1&b_2&b_3\end{vmatrix}.\tag{7}$$

**注**　(7)式中的三阶行列式并不是真正的三阶行列式，只是利用了三阶行列式按照第一行展开的公式. 关于行列式的内容见工专教材或线性代数的教材.

**例 5**　设向量 $\boldsymbol{\alpha}=\{1,2,3\}$，$\boldsymbol{\beta}=\{-1,1,-2\}$，求 $\boldsymbol{\alpha}\times\boldsymbol{\beta}$.

**解**　套用向量积的公式(7)，注意 $\boldsymbol{\alpha},\boldsymbol{\beta}$ 的坐标在行列式中的位置不能交换，则有

$$\begin{aligned}\boldsymbol{\alpha}\times\boldsymbol{\beta}&=\begin{vmatrix}\boldsymbol{i}&\boldsymbol{j}&\boldsymbol{k}\\1&2&3\\-1&1&-2\end{vmatrix}=\begin{vmatrix}2&3\\1&-2\end{vmatrix}\boldsymbol{i}-\begin{vmatrix}1&3\\-1&-2\end{vmatrix}\boldsymbol{j}+\begin{vmatrix}1&2\\-1&1\end{vmatrix}\boldsymbol{k}\\&=-7\boldsymbol{i}-\boldsymbol{j}+3\boldsymbol{k}=\{-7,-1,3\}.\end{aligned}$$

**例 6**　已知空间中的三个点 $A(1,2,3)$，$B(3,4,5)$，$C(2,4,7)$，求 $\triangle ABC$ 的面积 $S$.

**解**　$\triangle ABC$ 的面积是向量 $\overrightarrow{AB}=\{2,2,2\}$ 与 $\overrightarrow{AC}=\{1,2,4\}$ 所确定的平行四边形面积的一半(图 1-23). 由向量积的模的几何意义(例 3)，可得 $S=\dfrac{1}{2}|\overrightarrow{AB}\times\overrightarrow{AC}|$，而

$$\begin{aligned}\overrightarrow{AB}\times\overrightarrow{AC}&=\begin{vmatrix}\boldsymbol{i}&\boldsymbol{j}&\boldsymbol{k}\\2&2&2\\1&2&4\end{vmatrix}\\&=\begin{vmatrix}2&2\\2&4\end{vmatrix}\boldsymbol{i}-\begin{vmatrix}2&2\\1&4\end{vmatrix}\boldsymbol{j}+\begin{vmatrix}2&2\\1&2\end{vmatrix}\boldsymbol{k}\\&=\{4,-6,2\},\end{aligned}$$

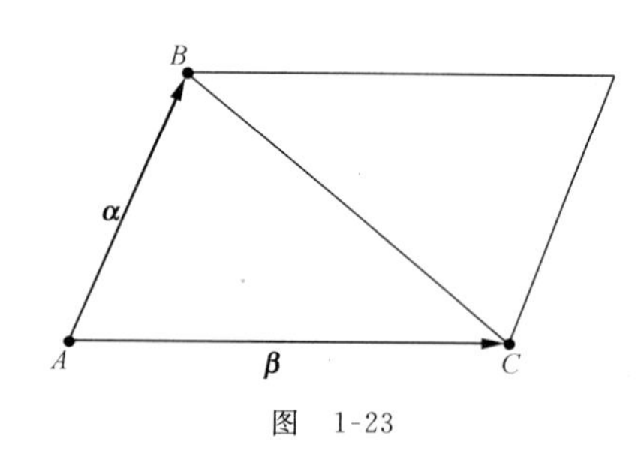

图　1-23

所以

$$S=\frac{1}{2}|\overrightarrow{AB}\times\overrightarrow{AC}|=\frac{1}{2}\sqrt{4^2+(-6)^2+2^2}=\frac{1}{2}\sqrt{56}=\sqrt{14}.$$

以上讨论的都是空间中的向量，有时我们需要讨论位于同一个坐标面上的向量，如在 $Oxy$ 平面上. 这时向量及其线性运算的定义与空间中是完全一样的. 我们可将 $Oxy$ 平面上的向量 $\boldsymbol{\alpha},\boldsymbol{\beta}$ 看做空间中的向量，则它们在 $z$ 轴上的投影都是零. 于是它们的坐标表示具有以下形式：

$$\boldsymbol{\alpha}=a_1\boldsymbol{i}+a_2\boldsymbol{j}+0\boldsymbol{k}=a_1\boldsymbol{i}+a_2\boldsymbol{j}=\{a_1,a_2,0\},$$
$$\boldsymbol{\beta}=b_1\boldsymbol{i}+b_2\boldsymbol{j}+0\boldsymbol{k}=b_1\boldsymbol{i}+b_2\boldsymbol{j}=\{b_1,b_2,0\}.$$

对于线性运算则有

$$\boldsymbol{\alpha}+\boldsymbol{\beta}=(a_1+b_1)\boldsymbol{i}+(a_2+b_2)\boldsymbol{j}=\{a_1+b_1,a_2+b_2,0\},$$
$$\lambda\boldsymbol{\alpha}=\lambda a_1\boldsymbol{i}+\lambda a_2\boldsymbol{j}=\{\lambda a_1,\lambda a_2,0\},\quad \text{其中 } \lambda \text{ 是数量.}$$

可将 $Oxy$ 平面上的向量 $\boldsymbol{\alpha}$ 和 $\boldsymbol{\beta}$ 的坐标表示简记为

$$\boldsymbol{\alpha}=a_1\boldsymbol{i}+a_2\boldsymbol{j}=\{a_1,a_2\},\quad \boldsymbol{\beta}=b_1\boldsymbol{i}+b_2\boldsymbol{j}=\{b_1,b_2\}.$$

于是线性运算的坐标表示也被简化为

$$\boldsymbol{\alpha}+\boldsymbol{\beta}=(a_1+b_1)\boldsymbol{i}+(a_2+b_2)\boldsymbol{j}=\{a_1+b_1,a_2+b_2\},$$
$$\lambda\boldsymbol{\alpha}=\lambda a_1\boldsymbol{i}+\lambda a_2\boldsymbol{j}=\{\lambda a_1,\lambda a_2\},\quad \text{其中 } \lambda \text{ 是数量,}$$

并有 $|\boldsymbol{\alpha}|=\sqrt{a_1^2+a_2^2}$.

总之，对于 $Oxy$ 平面上的向量，空间向量三个坐标的有关演算公式都可以简化为相应的两个坐标的演算. 例如：

向量 $\boldsymbol{\alpha}$ 与 $\boldsymbol{\beta}$ 的数量积 $\boldsymbol{\alpha}\cdot\boldsymbol{\beta}=a_1b_1+a_2b_2$；

向量 $\boldsymbol{\alpha}$ 与 $\boldsymbol{\beta}$ 平行的充要条件是对应坐标成比例 $\dfrac{a_1}{b_1}=\dfrac{a_2}{b_2}$；

向量 $\boldsymbol{\alpha}$ 与 $\boldsymbol{\beta}$ 垂直的充要条件是 $\boldsymbol{\alpha}\cdot\boldsymbol{\beta}=0$，即 $a_1b_1+a_2b_2=0$；

若非零的向量 $\boldsymbol{\alpha}$ 与 $\boldsymbol{\beta}$ 的夹角为 $\varphi$，则 $\cos\varphi=\dfrac{a_1b_1+a_2b_2}{\sqrt{a_1^2+a_2^2}\cdot\sqrt{b_1^2+b_2^2}}$；

非零向量 $\boldsymbol{v}=\{c_1,c_2\}$ 与 $x$ 轴和 $y$ 轴夹角 $\alpha,\beta$ 的余弦称为 $\boldsymbol{v}$ 的**方向余弦**，且有

$$\cos\alpha=\frac{c_1}{\sqrt{c_1^2+c_2^2}},\quad \cos\beta=\frac{c_2}{\sqrt{c_1^2+c_2^2}}.$$

## 习 题 1-3

1. 已知向量 $\boldsymbol{a}=\{3,2,-1\}$，$\boldsymbol{b}=\{1,-1,2\}$，求：

(1) $\boldsymbol{a}\cdot\boldsymbol{b}$； (2) $5\boldsymbol{a}\cdot 3\boldsymbol{b}$； (3) $\boldsymbol{a}\cdot\boldsymbol{i}$, $\boldsymbol{a}\cdot\boldsymbol{j}$, $\boldsymbol{a}\cdot\boldsymbol{k}$.

2. 设向量 $\boldsymbol{a}=\{2,-3,5\}$，$\boldsymbol{b}=\{3,1,-2\}$，求：

(1) $\boldsymbol{a}\cdot\boldsymbol{b}$； (2) $\boldsymbol{b}^2$； (3) $(\boldsymbol{a}+\boldsymbol{b})^2$；

(4) $(\boldsymbol{a}+\boldsymbol{b})\cdot(\boldsymbol{a}-\boldsymbol{b})$； (5) $(3\boldsymbol{a}+\boldsymbol{b})\cdot(\boldsymbol{b}-2\boldsymbol{a})$.

3. 设向量 $\boldsymbol{a}\neq\boldsymbol{0}$ 且 $\boldsymbol{a}\cdot\boldsymbol{b}=\boldsymbol{a}\cdot\boldsymbol{c}$，问：是否有 $\boldsymbol{b}=\boldsymbol{c}$？为什么？

4. 已知向量 $\boldsymbol{a}=\{1,1,-4\}$，$\boldsymbol{b}=\{2,-2,1\}$，求：

(1) $\boldsymbol{a}\cdot\boldsymbol{b}$； (2) $|\boldsymbol{a}|$，$|\boldsymbol{b}|$； (3) $\boldsymbol{a}$ 与 $\boldsymbol{b}$ 的夹角 $\theta$.

5. 证明向量 $\boldsymbol{a}=\{3,2,-1\}$ 与 $\boldsymbol{b}=\{2,-3,0\}$ 相互垂直.

6. 已知三角形的顶点为 $A(-1,2,3)$, $B(1,1,1)$, $C(0,0,5)$,证明此三角形是直角三角形,并求角 $B$.

7. 计算下列向量所对应的向量积 $\boldsymbol{a}\times\boldsymbol{b}$:

(1) $\boldsymbol{a}=\{1,1,1\}$, $\boldsymbol{b}=\{3,-2,1\}$;　　(2) $\boldsymbol{a}=\{0,1,-1\}$, $\boldsymbol{b}=\{1,-1,0\}$.

8. 已知向量 $\boldsymbol{a}=\{3,2,-1\}$, $\boldsymbol{b}=\{1,-1,2\}$,求:

(1) $\boldsymbol{a}\times\boldsymbol{b}$;　　(2) $2\boldsymbol{a}\times 7\boldsymbol{b}$;　　(3) $7\boldsymbol{b}\times 2\boldsymbol{a}$.

9. 设向量 $\boldsymbol{a}\neq\boldsymbol{0}$ 且 $\boldsymbol{a}\times\boldsymbol{b}=\boldsymbol{a}\times\boldsymbol{c}$. 问:是否有 $\boldsymbol{b}=\boldsymbol{c}$? 为什么?

10. 已知向量 $\boldsymbol{a}=\{2,-3,1\}$, $\boldsymbol{b}=\{1,-1,3\}$, $\boldsymbol{c}=\{1,-2,0\}$,计算:

(1) $(\boldsymbol{a}\cdot\boldsymbol{b})\boldsymbol{c}-(\boldsymbol{a}\cdot\boldsymbol{c})\boldsymbol{b}$;　　(2) $(\boldsymbol{a}+\boldsymbol{b})\times(\boldsymbol{b}+\boldsymbol{c})$;　　(3) $(\boldsymbol{a}\times\boldsymbol{b})\cdot\boldsymbol{c}$.

11. 求同时垂直于向量 $\boldsymbol{a}=\{2,1,1\}$ 和 $\boldsymbol{b}=\{4,5,3\}$ 的单位向量.

12. 已知向量 $\overrightarrow{OA}=\{1,0,3\}$, $\overrightarrow{OB}=\{0,1,3\}$,求$\triangle ABO$ 的面积.

## §4　空间中的曲面和曲线

在平面直角坐标系下,方程 $F(x,y)=0$ 的几何图形是 $Oxy$ 平面上的一条曲线. 本节将讨论在空间直角坐标系下方程所表示的常见图形——空间中的曲面和曲线.

### 4.1　曲面方程

在空间中我们将曲面或曲线看做空间中的点按照某种规则运动的轨迹. 在建立了空间直角坐标系后,点的运动或变化可表现在它的坐标上.

**一、曲面方程的引入**

**例 1**　设点 $P(x,y,z)$ 到两个定点 $A(3,-1,2)$ 和 $B(0,1,-1)$ 的距离相等,则点 $P$ 的轨迹就是 $A,B$ 两点的垂直平分面(图 1-24). 问:点 $P$ 的三个坐标 $x,y,z$ 之间的关系是什么?

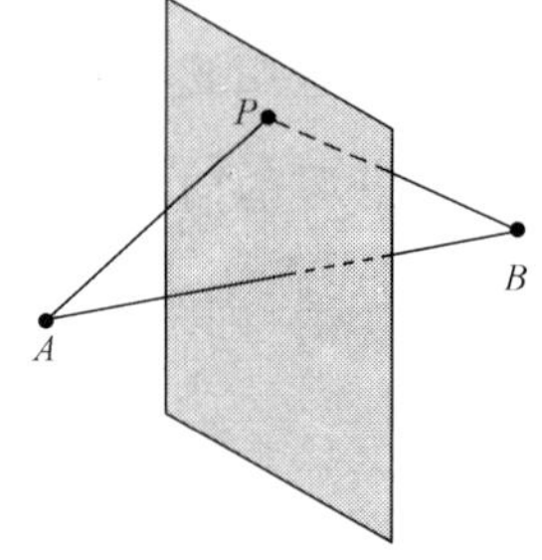

图　1-24

**解**　由 $|AP|=|BP|$,根据两点间距离的公式得

$$\sqrt{(x-3)^2+(y+1)^2+(z-2)^2} = \sqrt{(x-0)^2+(y-1)^2+(z+1)^2},$$

两边平方得

$$(x-3)^2+(y+1)^2+(z-2)^2 = (x-0)^2+(y-1)^2+(z+1)^2,$$

展开得

$$x^2+y^2+z^2-6x+2y-4z+14 = x^2+y^2+z^2-2y+2z+2,$$

化简得

$$3x-2y+3z-6=0. \tag{1}$$

于是可知,点 $P$ 的三个坐标 $x,y,z$ 是这个方程的解,通常称**点 $P$ 的坐标满足方程**(1),或称**点 $P$ 满足方程**(1).

反之,如果方程(1)有一个解 $x,y,z$,它所对应空间中的点为 $P(x,y,z)$,按照上面的推导反推回去,可知点 $P$ 到点 $A,B$ 的距离是相等的,从而这样的点 $P$ 在 $A,B$ 两点的垂直平分面上.

这个例子说明,曲面上的点应满足某个三元方程. 由此我们引入曲面方程的概念.

**定义 1** 给定曲面 $S$ 与三元方程

$$F(x,y,z)=0, \tag{2}$$

且已知方程(2)的解集非空. 若曲面 $S$ 与方程(2)有下述关系:

1) 曲面 $S$ 上的点都满足方程(2),即 $S$ 上任何点的坐标都是方程(2)的解;

2) 方程(2)的解都在 $S$ 上,即方程(2)的任何解 $x,y,z$ 所对应的点 $P(x,y,z)$ 都在 $S$ 上,则称**方程(2)为曲面 $S$ 的方程**,$S$ 称为**方程(2)所表示的曲面**.

由上述定义可以看到,方程的解集确定了它所表示的曲面. 在例 1 中,垂直平分面的方程就是(1)式.

**例 2** 建立球心在点 $P_0(x_0,y_0,z_0)$,半径为 $R$ 的球面方程.

**解** 设 $P(x,y,z)$ 是球面上的任意一点,则点 $P$ 到球心 $P_0$ 的距离应为 $R$(图 1-25). 于是 $|P_0P|=R$,即

$$\sqrt{(x-x_0)^2+(y-y_0)^2+(z-z_0)^2}=R,$$

从而

$$(x-x_0)^2+(y-y_0)^2+(z-z_0)^2=R^2. \tag{3}$$

显然,球面上的点的坐标满足方程(3),反之满足方程(3)的点都在球面上. 称(3)式为**球面的标准方程**.

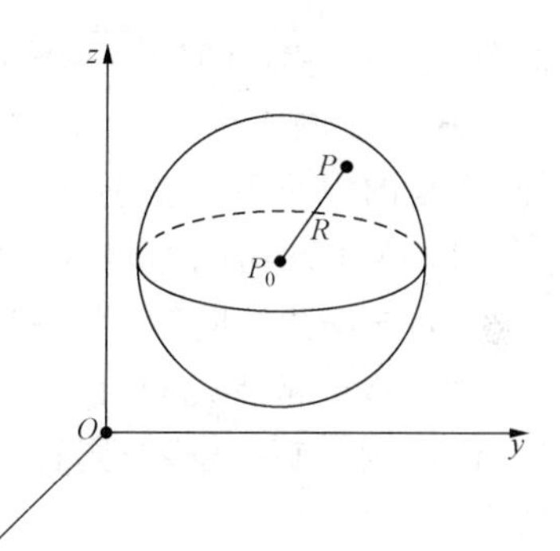

图 1-25

特别地,当 $x_0=y_0=z_0=0$ 时,得到球心在原点(0,0,0),半径为 $R$ 的球面方程为

$$x^2+y^2+z^2=R^2. \tag{4}$$

**例 3** 给定球面方程 $2x^2+2y^2+2z^2-4x+8y+1=0$,求它的球心和半径.

**解** 只需将题目中的方程化为球面的标准方程.

球面方程两端除以 2 得

$$x^2+y^2+z^2-2x+4y+\frac{1}{2}=0,$$

再配方得

$$(x^2-2x+1)+(y^2+4y+4)+z^2+\frac{1}{2}-1-4=0,$$

于是得到球面的标准方程

$$(x-1)^2+(y+2)^2+z^2=\frac{9}{2}.$$

所以球心在点(1,−2,0)处,半径为$\sqrt{\frac{9}{2}}$.

从例 3 可以看到,一个曲面 $S$ 的方程形式不是唯一的. 这是因为在推导球面的标准方程时,其中所做的变形都是同解变形. 同解变形使得不同方程的解集不变,从而它们所表示的曲面是相同的. 于是我们很容易得到下面的定理.

**定理 1** 给定方程 $F(x,y,z)=0$ 和 $G(x,y,z)=0$,它们的解集非空,分别设为 $\Omega_F,\Omega_G$.

1) 这两个方程表示同一个曲面的充分必要条件是它们为同解方程,即 $\Omega_F=\Omega_G$;

2) 如果 $\Omega_F\subset\Omega_G$,即 $G(x,y,z)=0$ 的解集包含了 $F(x,y,z)=0$ 的解集,则 $F(x,y,z)=0$ 表示的曲面是 $G(x,y,z)=0$ 表示的曲面的一部分.

**例 4**　判断方程 $z=\sqrt{1-x^2-y^2}$ 表示的曲面形状.

**解**　方程两端平方得

$$z^2=1-x^2-y^2,$$

移项得

$$x^2+y^2+z^2=1.$$

它表示了球心在原点，半径为 1 的单位球面. 由于原方程 $z=\sqrt{1-x^2-y^2}$ 的解都是方程 $x^2+y^2+z^2=1$ 的解，反之不然. 如点 $(0,0,-1)$ 是 $x^2+y^2+z^2=1$ 的解，但不是 $z=\sqrt{1-x^2-y^2}$ 的解. 所以，原方程表示的曲面是单位球面的一部分. 因 $z=\sqrt{1-x^2-y^2}\geqslant 0$，故原方程表示的曲面是上半单位球面(图 1-26).

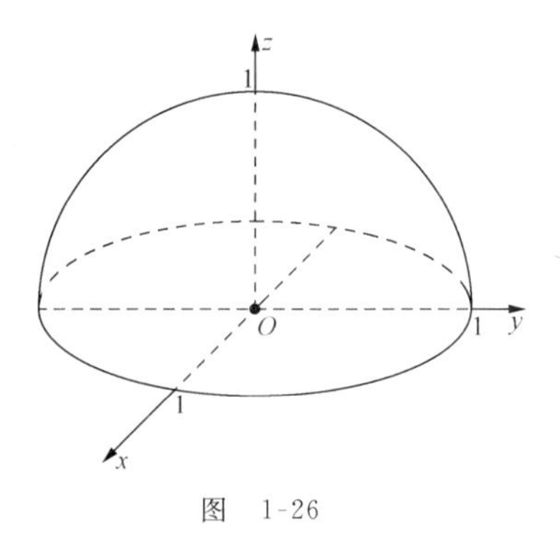

图　1-26

**注**　在例 4 中，当在方程两端平方时，得到的新方程与原方程不同解，它使得方程的解增加. 方程的以下两种变形是同解变形：

1）方程两端同加(减)一个式子或数；

2）方程两端同乘(除)一个非零的数.

例如，通常所说的“移项”就是同解变形，而方程两端平方不一定是同解变形. 尽管如此，我们有时也会使用某些非同解变形(使解增加或减少)，以使方程的表达形式简单或突出方程的特点.

从几何图形上看，球心在原点的球面关于三个坐标面都是对称的. 这种对称性的特征可以表现在它的方程 $x^2+y^2+z^2=R^2$ 上. 下面的定理可使我们根据方程的形式判断曲面关于坐标面的对称性.

**定理 2**　设曲面 $S$ 的方程是 $F(x,y,z)=0$，则曲面 $S$ 关于 $Oxy$ 平面对称的充分必要条件是：如果点 $P(x,y,z)$ 的坐标满足方程，即 $F(x,y,z)=0$，那么必有点 $P'(x,y,-z)$ 的坐标也满足方程，即 $F(x,y,-z)=0$.

简言之，曲面 $S$ 关于 $Oxy$ 平面对称的充分必要条件是：$F(x,y,z)=0$ 与 $F(x,y,-z)=0$ 的形式相同或 $F(x,y,z)=F(x,y,-z)$.

**证**　必要性　设 $S$ 关于 $Oxy$ 平面对称. 如果点 $P(x,y,z)$ 的坐标满足方程，则点 $P$ 在 $S$ 上. 由于点 $P$ 关于 $Oxy$ 平面的对称点 $P'(x,y,-z)$ 也在 $S$ 上，从而 $P'$ 的坐标也满足方程，即 $F(x,y,-z)=0$.

充分性　如果对任何满足方程 $F(x,y,z)=0$ 的点 $P(x,y,z)$，其关于 $Oxy$ 平面的对称点 $P'(x,y,-z)$ 也满足方程，即也有 $F(x,y,-z)=0$，则说明 $P$ 与 $P'$ 都在曲面 $S$ 上. 于是曲面 $S$ 关于 $Oxy$ 平面对称.

曲面 $S$ 关于其它坐标面的**对称性条件**可以简述为：

1）$S$ 关于 $Oyz$ 平面对称的充分必要条件是：若有 $F(x,y,z)=0$，则必有

$$F(-x,y,z)=0\quad\text{或}\quad F(-x,y,z)=F(x,y,z);$$

2）$S$ 关于 $Oxz$ 平面对称的充分必要条件是：若有 $F(x,y,z)=0$，则必有

$$F(x,-y,z)=0\quad\text{或}\quad F(x,-y,z)=F(x,y,z).$$

用定理 2 的方法去研究球面 $x^2+y^2+z^2=R^2$，可知它关于三个坐标面都对称.

**例 5** 研究曲面 $z=x^2+2y^2$ 关于坐标面的对称性.

**解** 将方程中的 $x$ 换为 $-x$，得

$$z=(-x)^2+2y^2=x^2+2y^2,$$

方程形式与原来的相同;将方程中的 $y$ 换为 $-y$，得

$$z=x^2+2(-y)^2=x^2+2y^2,$$

方程形式与原来的相同. 于是曲面关于 $Oyz$ 平面及 $Oxz$ 平面均对称. 但将 $z$ 换为 $-z$,得

$$-z=x^2+2y^2,$$

方程的形式与原来的不同了,从而曲面关于 $Oxy$ 平面不是对称的.

**二、旋转曲面**

**定义 2** 一条平面曲线 $C$ 绕在它所在平面的一条直线 $L$ 旋转一周所生成的曲面称为**旋转曲面**(简称**旋转面**),其中曲线 $C$ 称为旋转曲面的**母线**,直线 $L$ 称为旋转曲面的**旋转轴**.

这里只研究母线在坐标面上,且以坐标轴为旋转轴的旋转面方程.

下面求 $Oyz$ 平面上的曲线 $C$：$f(y,z)=0$ 绕 $z$ 轴旋转的旋转面方程.

设 $P(x,y,z)$为旋转曲面上任一点,过点 $P$ 作垂直于 $z$ 轴的平面,则该平面交 $z$ 轴于点 $M(0,0,z)$,交曲线 $C$ 于点 $P^*(0,y^*,z)$(图 1-27). 由于点 $P$ 是由点 $P^*$ 绕 $z$ 轴得到的,则它们到 $z$ 轴的距离相等,即 $|MP|=|MP^*|$. 因为 $|MP|=\sqrt{x^2+y^2}$, $|MP^*|=|y^*|$,所以 $|y^*|=\sqrt{x^2+y^2}$ 或 $y^*=\pm\sqrt{x^2+y^2}$. 又由于 $P^*$ 在曲线 $C$ 上,因此 $y^*$ ,$z$ 应满足方程 $f(y^*,z)=0$. 将 $y^*=\pm\sqrt{x^2+y^2}$代入这个方程即得旋转曲面应满足的关系式

$$f(\pm\sqrt{x^2+y^2},z)=0. \tag{5}$$

因此,只需将平面曲线方程 $f(y,z)=0$ 中的 $y$ 换成 $\pm\sqrt{x^2+y^2}$ 而 $z$ 保持不变,即可得到绕 $z$ 轴旋转的旋转面方程. 同理,曲线 $C$ 绕 $y$ 轴旋转的旋转面方程为 $f(y,\pm\sqrt{x^2+z^2})=0$. 读者可以自行推出其它坐标面上的曲线绕坐标轴的旋转面方程.

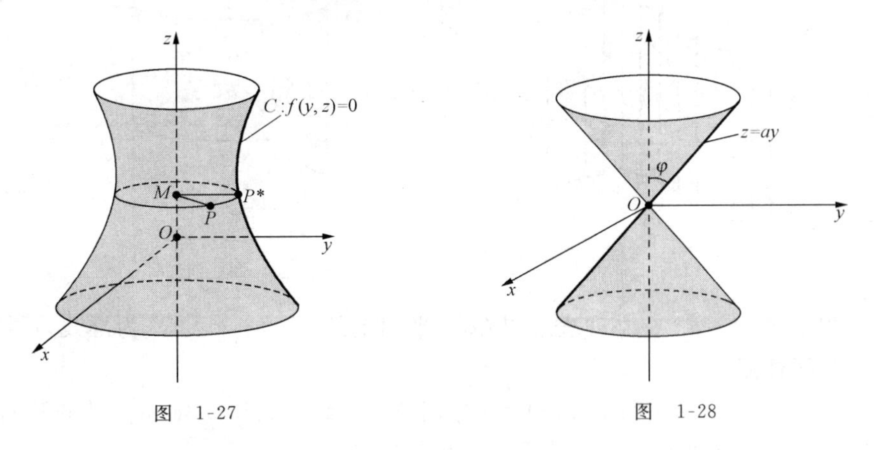


图 1-27　　图 1-28

**例 6** 求 $Oyz$ 平面上的直线 $z=ay$ $(a>0)$绕 $z$ 轴旋转的旋转面方程.

**解** 根据(5)式,此时 $z$ 保持不变,而将 $y$ 换为 $\pm\sqrt{x^2+y^2}$, 得 $z=\pm a\sqrt{x^2+y^2}$,两端平方得到

$$z^2=a^2(x^2+y^2).$$

该曲面称为顶点在原点的**圆锥面**(见图 1-28),其中 $\varphi=\operatorname{arccot}a$ 称为它的**半顶角**,它是 $Oyz$ 平

面上的直线 $z=ay$ 与 $z$ 轴的夹角.

**例 7** 求 $Oyz$ 平面上的抛物线 $z=ay^2$ $(a>0)$绕 $z$ 轴旋转的旋转面方程.

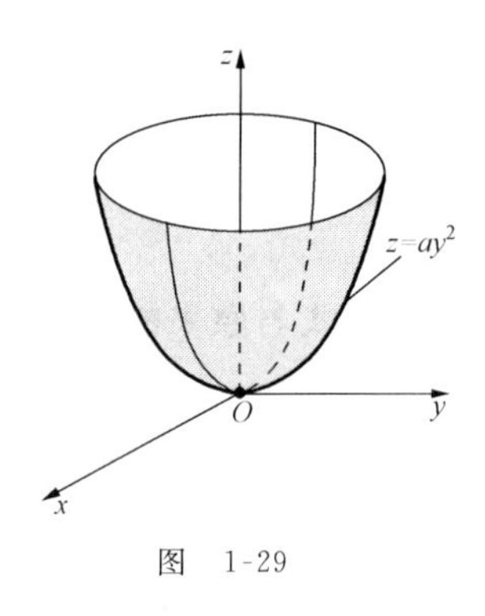

图 1-29

**解** 根据(5)式,此时 $z$ 保持不变,将 $y$ 换为 $\pm\sqrt{x^2+y^2}$,得所求旋转面方程为

$$z=a(x^2+y^2).$$

该旋转面称为**旋转抛物面**(图 1-29).

## 三、母线平行于坐标轴的柱面方程

**定义 3** 平行于定直线 $L$ 并沿定曲线 $C$ 移动的直线 $l$ 所生成的曲面称为**柱面**,动直线 $l$ 在移动中的每一个位置称为柱面的**母线**,曲线 $C$ 称为柱面的**准线**.

现在来建立以 $Oxy$ 平面上的曲线 $C$:$f(x,y)=0$ 为准线,平行于 $z$ 轴的直线 $l$ 为母线的柱面方程(图 1-30).

设 $P(x,y,z)$为柱面上任一点,过 $P$ 作平行于 $z$ 轴的直线交 $Oxy$ 平面于点 $P_1(x,y,0)$. 根据柱面的几何意义可知,$P_1$ 必在准线 $C$ 上,所以点 $P_1$ 的坐标满足曲线 $C$ 的方程 $f(x,y)=0$. 由于这个方程不含 $z$,所以点 $P(x,y,z)$也满足方程 $f(x,y)=0$. 反之,只要点 $P(x,y,z)$的前两个坐标满足方程 $f(x,y)=0$,则点 $P$ 就在所给定的柱面上. 因此,以 $Oxy$ 平面上的曲线 $C$:$f(x,y)=0$ 为准线,母线平行于 $z$ 轴的柱面方程为

$$f(x,y)=0.$$

**注** 对于方程 $f(x,y)=0$,如果把它放在平面直角坐标系下考虑,则它表示平面上的一条曲线;如果这个方程放在空间直角坐标系下考虑,则它表示了母线平行于 $z$ 轴的柱面.

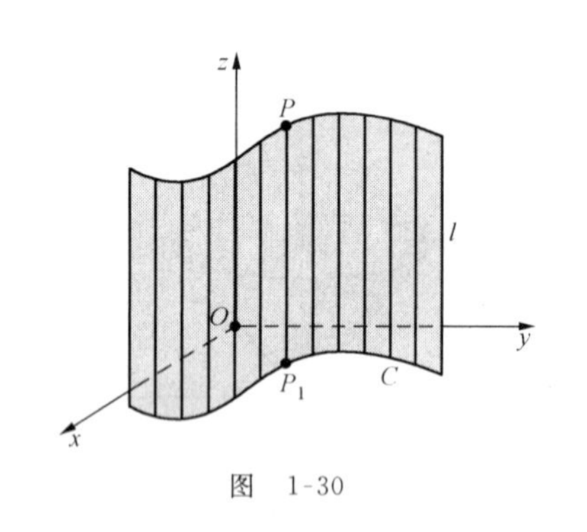

图 1-30

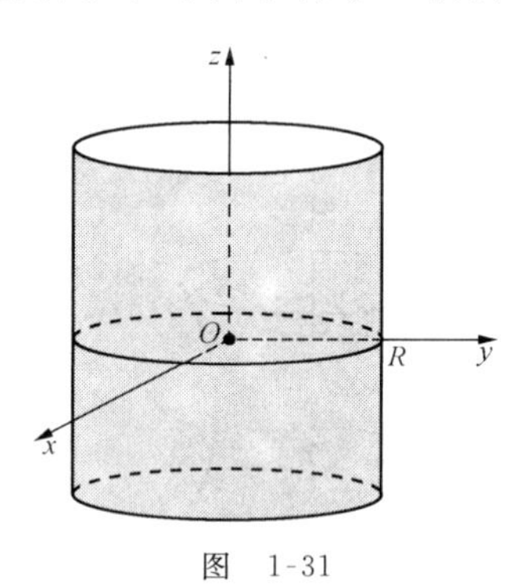

图 1-31

例如,方程 $x^2+y^2=R^2$ 在空间表示以 $Oxy$ 平面上的圆 $x^2+y^2=R^2$ 为准线,母线平行于 $z$ 轴的柱面,称为**圆柱面**(图 1-31).

类似地,方程 $f(y,z)=0$ 和 $f(x,z)=0$ 分别表示母线平行于 $x$ 轴和 $y$ 轴的柱面. 总之,在空间直角坐标系下,二元方程表示母线平行于坐标轴的柱面.

**例 8** 判断下列方程所表示的曲面:

1) $\dfrac{x^2}{a^2}-\dfrac{y^2}{b^2}=1$;  2) $y^2=2px$ $(p>0)$;  3) $x^2+z^2=1$.

**解** 1) 在空间中考虑,由于该方程缺少 $z$,则它表示以 $Oxy$ 平面上的双曲线 $\dfrac{x^2}{a^2}-\dfrac{y^2}{b^2}=1$

为准线,母线平行于 $z$ 轴的柱面,称为**双曲柱面**(图 1-32(a));

2) 在空间中考虑,该方程缺少 $z$,则它表示以 $Oxy$ 平面上的抛物线 $y^2=2px$ ($p>0$)为准线,母线平行于 $z$ 轴的柱面,称为**抛物柱面**(图 1-32(b));

3) 在空间中考虑,该方程缺少 $y$,则它表示以 $Oxz$ 平面上的圆 $x^2+z^2=1$ 为准线,母线平行于 $y$ 轴的圆柱面(图 1-32(c)).

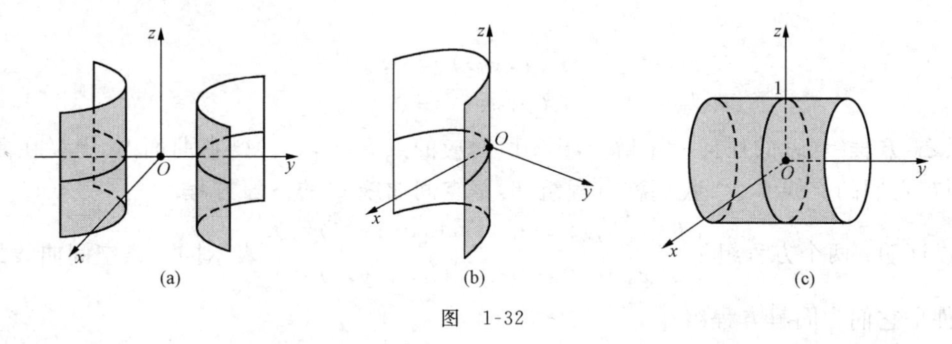


图　1-32

**例 9**　判断下列方程所表示的曲面:

1) $z=1$;　　　2) $y+z=1$.

**解**　1) 在空间方程 $z=1$ 所表示的曲面可以看做以 $Oyz$ 平面上的直线 $z=1$ 为准线,母线平行于 $x$ 轴的柱面;它也是以 $Oxz$ 平面上的直线 $z=1$ 为准线,母线平行于 $y$ 轴的柱面.因此它就是垂直于 $z$ 轴的平面,与 $z$ 轴交于点(0,0,1)处(图 1-33(a));

2) 在空间中考虑,该方程缺少 $x$,则它表示以 $Oyz$ 平面上的直线 $y+z=1$ 为准线,母线平行于 $x$ 轴的柱面,它也是平面(图 1-33(b)).

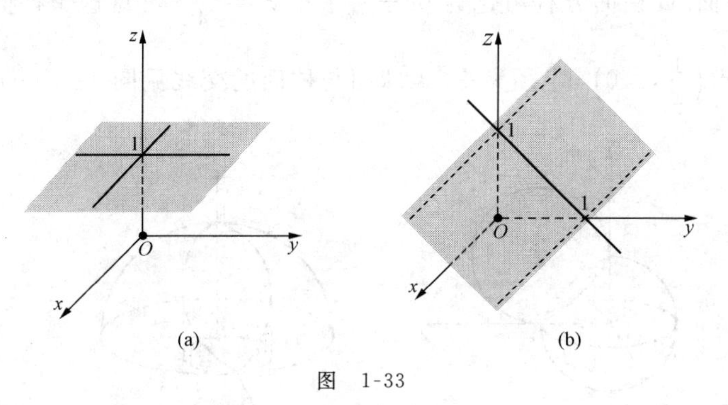


图　1-33

**注**　从这个例题中可以看到,平面也是柱面.一般说来,方程 $z=h$ 表示垂直于 $z$ 轴(平行于 $Oxy$ 平面)的平面,它与 $z$ 轴交于点$(0,0,h)$处.特别地,当 $h=0$ 时,平面 $z=0$ 就是 $Oxy$ 平面.同理,方程 $x=h$ 及 $y=h$ 分别是垂直于 $x$ 轴和 $y$ 轴的平面.特别地,当 $h=0$ 时,平面 $x=0$ 及 $y=0$ 分别是 $Oyz$ 平面和 $Oxz$ 平面.

### 4.2　空间中的曲线方程

#### 一、空间曲线的一般方程

空间中的曲线可以看做两个曲面的交线(图 1-34).例如,可将空间中的直线看做某两个平面的交线;将空间中的圆看做某个球面与某个平面的交线.

一般说来，给定空间中的两个曲面

$$S_1: F(x,y,z)=0,\quad S_2: G(x,y,z)=0,$$

设它们的交线是 $C$，则 $C$ 上的点 $P(x,y,z)$ 既在曲面 $S_1$ 上又在曲面 $S_2$ 上，从而点 $P$ 的坐标既要满足方程 $F(x,y,z)=0$，又要满足方程 $G(x,y,z)=0$，于是点 $P$ 的坐标 $x,y,z$ 是方程组

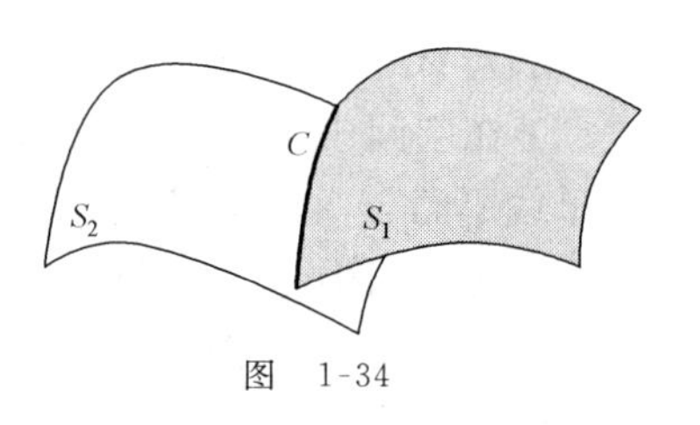

图　1-34

$$\begin{cases} F(x,y,z)=0, \\ G(x,y,z)=0 \end{cases} \tag{6}$$

的解. 反之，方程组(6)的任何一个解 $x,y,z$ 所对应的点 $P(x,y,z)$ 既在曲面 $S_1$ 上又在曲面 $S_2$ 上，从而在它们的交线 $C$ 上. 我们称方程组(6)是空间曲线 $C$ 的**一般方程**.

可以证明：两个方程组 $\begin{cases} F(x,y,z)=0, \\ G(x,y,z)=0 \end{cases}$ 与 $\begin{cases} F_1(x,y,z)=0, \\ G_1(x,y,z)=0 \end{cases}$ 表示同一条空间曲线的充分必要条件是它们为同解方程组.

**例 10**　判断下列曲线的形状：

1) $C: \begin{cases} x^2+y^2+z^2=1, \\ x^2+(y-1)^2+(z-1)^2=1; \end{cases}$　　2) $C: \begin{cases} z=\sqrt{1-x^2-y^2}, \\ x^2+y^2-x=0. \end{cases}$

**解**　1) 这时 $C$ 中的第一个方程表示球心在原点，半径是 1 的球面，第二个方程表示球心在点 $P_0(0,1,1)$，半径也是 1 的球面，因此它们的交线 $C$ 是空间中的一个圆(图 1-35(a))；

2) 曲面 $z=\sqrt{1-x^2-y^2}$ 是球心在原点，半径为 1 的上半球面；曲面 $x^2+y^2-x=0$ 表示母线平行于 $z$ 轴的柱面. 此柱面方程可化为 $\left(x-\frac{1}{2}\right)^2+y^2=\frac{1}{4}$，可见这个柱面的准线是 $Oxy$ 平面上的圆，圆心在点 $\left(\frac{1}{2},0,0\right)$，半径为 $\frac{1}{2}$. 半球面与柱面的交线见图 1-35(b).

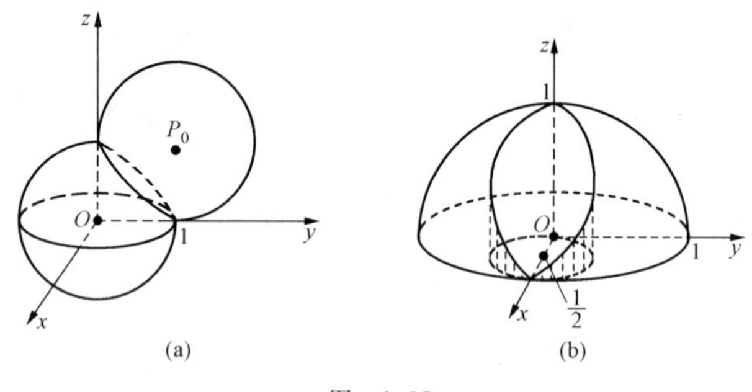

图　1-35

## 二、空间曲线的参数方程

平面曲线可以用参数方程来表达，同样对于空间曲线 $C$ 也有其参数方程表达式

$$C: \begin{cases} x=x(t), \\ y=y(t), \quad (a\leqslant t\leqslant b), \\ z=z(t) \end{cases}$$

其中 $x(t),y(t),z(t)$ 都是 $t$ 的函数. 对于每一个 $t\in[a,b]$，按照相应的函数关系分别确定了三个数值 $x=x(t)$，$y=y(t)$，$z=z(t)$，这三个数值对应着空间中的点 $P(x,y,z)$. 当 $t$ 在$[a,b]$中

变化时，点 $P$ 也在空间中变化，其变化的轨迹就是曲线 $C$. 参数 $t$ 往往有一定的几何或物理意义.

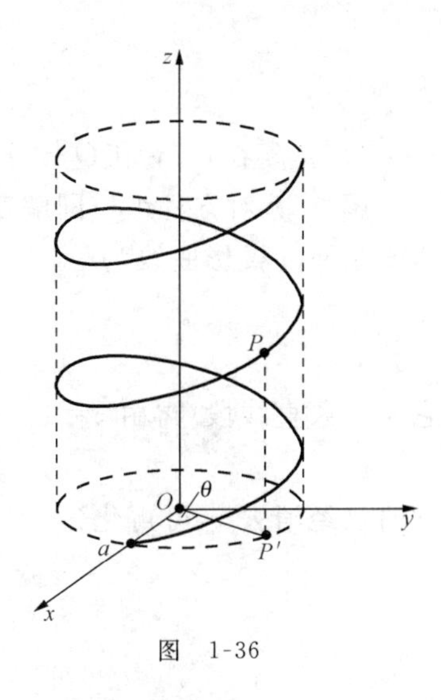

图 1-36

**例 11** 讨论参数方程 $\begin{cases} x = a\cos\theta, \\ y = a\sin\theta, \\ z = k\theta \end{cases}$ 表示的曲线 $C$.

其中 $a,k$ 是正的常数，参数 $\theta\in(-\infty,+\infty)$.

**解** 下面对它的图形进行分析. 先看坐标 $z=k\theta$ 的变化，它表明曲线上的动点 $P(x,y,z)$ 随着参数 $\theta$ 的增大而升高，升高的幅度与 $\theta$ 成正比，比例系数为 $k$. 设点 $P'(x,y,0)$ 是点 $P$ 在 $Oxy$ 平面上的投影，由参数方程可知 $x^2+y^2=a^2\cos^2\theta+a^2\sin^2\theta=a^2$. 这说明 $OP'$ 的长度总是 $a$，也表明点 $P$ 到 $z$ 轴距离总是 $a$，$OP'$ 与 $x$ 轴的夹角为 $\theta$(图 1-36). 点 $P$ 的三个坐标 $x,y,z$ 都随 $\theta$ 的变化而变化，随着 $\theta$ 的增大动点 $P$ 在升高的同时还围绕 $z$ 轴逆时针旋转，并保持与 $z$ 轴的距离为 $a$. 这条曲线 $C$ 称为**螺旋线**.

### 4.3 空间曲线在坐标面上的投影

了解空间曲线在各个坐标面上的投影，对于了解空间曲线是一种非常重要的方法.

给定曲线

$$C:\begin{cases} F(x,y,z)=0, \\ G(x,y,z)=0. \end{cases} \tag{7}$$

将方程组(7)同解变形为

$$\begin{cases} K(x,y,z)=0, \\ H(x,y)=0. \end{cases} \tag{8}$$

由于是同解变形，因此方程组(8)表示的曲线也是 $C$. 方程组(8)的几何意义为：$C$ 也是另外两个曲面 $K(x,y,z)=0$ 与 $H(x,y)=0$ 的交线. 由于 $H(x,y)=0$ 是母线平行于 $z$ 轴(或垂直于 $Oxy$ 平面)的柱面，其准线是 $Oxy$ 平面上的曲线 $H(x,y)=0$，从而 $Oxy$ 平面上的曲线 $H(x,y)=0$ 就是 $C$ 在 $Oxy$ 平面上的投影曲线. 严格地说这条投影曲线应记为

$$\begin{cases} H(x,y)=0, \\ z=0, \end{cases}$$

它表示柱面 $H(x,y)=0$ 与 $Oxy$ 平面的交线.

我们称 $H(x,y)=0$ 为曲线 $C$ 关于 $Oxy$ 平面的**投影柱面**. 因此，若求曲线 $C$ 在 $Oxy$ 平面上的投影柱面，可从方程组(7)的两个曲面方程出发，作一系列同解变形，将 $z$ 消去后即可得到投影柱面的方程. 同理将(7)的两个曲面方程作同解变形，分别消去 $x$ 和 $y$ 得到曲线 $C$ 关于 $Oyz$ 平面和 $Oxz$ 平面的投影柱面方程，记为

$$I(y,z)=0 \quad 和 \quad J(x,z)=0,$$

则 $C$ 在 $Oyz$ 平面和 $Oxz$ 平面上的投影曲线分别为

$$\begin{cases} I(y,z)=0, \\ x=0 \end{cases} \quad 和 \quad \begin{cases} J(x,z)=0, \\ y=0. \end{cases}$$

**例 12** 设空间曲线

$$C:\begin{cases} x^2+y^2+z^2=1, & (9)\\ x^2+(y-1)^2+(z-1)^2=1. & (10)\end{cases}$$

1) 求 $C$ 在 $Oxy$ 和 $Oyz$ 平面上的投影曲线；　2) 求 $C$ 的参数方程.

**解**　1) 对方程组作同解变形,(9)－(10)得方程 $y+z=1$,已经消去了 $x$,所以曲线 $C$ 在 $Oyz$ 平面的投影曲线为

$$\begin{cases} y+z=1,\\ x=0\end{cases}$$

它是一条直线段.再由 $z=1-y$,代入(10)式,得到方程

$$x^2+2y^2-2y=0.$$

此时已经消去 $z$,可再化为

$$\frac{x^2}{\frac{1}{2}}+\frac{\left(y-\frac{1}{2}\right)^2}{\frac{1}{4}}=1,$$

则曲线 $C$ 在 $Oxy$ 平面上的投影曲线为

$$\begin{cases} \dfrac{x^2}{\frac{1}{2}}+\dfrac{\left(y-\frac{1}{2}\right)^2}{\frac{1}{4}}=1,\\ z=0,\end{cases}\tag{11}$$

其形状是一个椭圆.注意到方程组

$$\begin{cases} x^2+y^2+z^2=1,\\ y+z=1\end{cases}$$

与原方程组是同解的,则它也表示了曲线 $C$.由于 $y+z=1$ 是平行于 $x$ 轴的平面,从而可知 $C$ 是球面 $x^2+y^2+z^2=1$ 与平面 $y+z=1$ 交线,据此可判断曲线 $C$ 是空间中的一个圆.这个圆所在的位置及其在 $Oxy$ 平面上的投影见图 1-37.

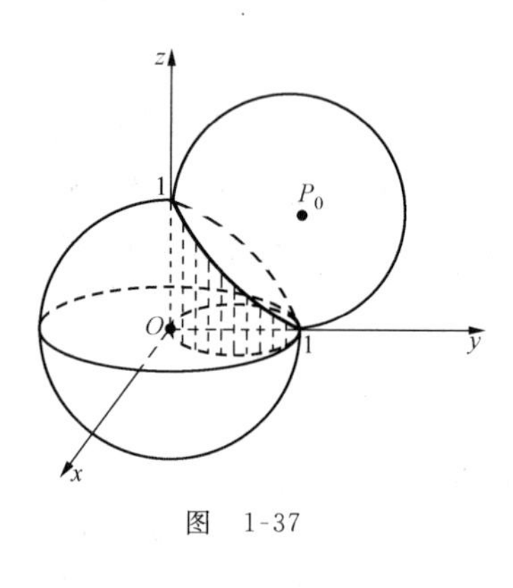

图　1-37

2) 因曲线 $C$ 在 $Oxy$ 平面上的投影曲线是椭圆(11),其参数方程为

$$\begin{cases} x=\dfrac{1}{\sqrt{2}}\cos t,\\ y=\dfrac{1}{2}+\dfrac{1}{2}\sin t,\end{cases}\quad t\in[0,2\pi],\tag{12}$$

因曲线 $C$ 在平面 $z=1-y$ 上,将(12)式代入这个平面方程,于是可以得到曲线 $C$ 的参数方程

$$\begin{cases} x=\dfrac{1}{\sqrt{2}}\cos t,\\ y=\dfrac{1}{2}+\dfrac{1}{2}\sin t,\quad t\in[0,2\pi].\\ z=\dfrac{1}{2}-\dfrac{1}{2}\sin t,\end{cases}$$

**例 13** 设有一个立体由上半球面 $z=\sqrt{4-x^2-y^2}$ 及圆锥面 $z=\sqrt{3(x^2+y^2)}$ 所围成(图 1-38),求它在 $Oxy$ 平面上的投影区域.

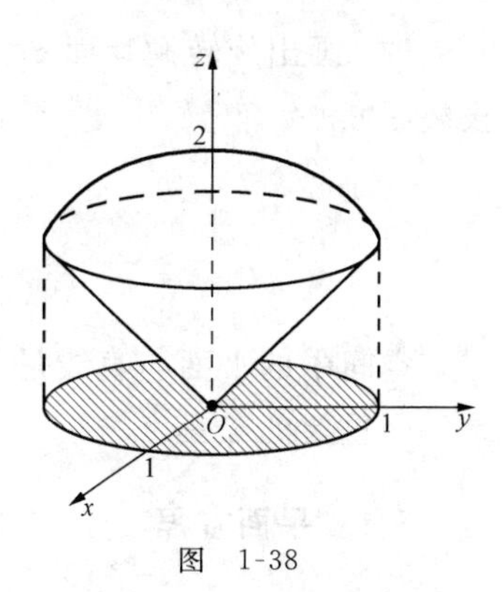


图 1-38

**解** 由立体的图形可知,它在 $Oxy$ 平面上投影区域的边界就是球面与锥面的交线在 $Oxy$ 平面上的投影曲线. 先求出投影曲线.

从交线 $C$:$\begin{cases} z=\sqrt{4-x^2-y^2}, \\ z=\sqrt{3(x^2+y^2)} \end{cases}$ 中消去 $z$ 即可得到投影曲线.

由交线的方程组可得 $\sqrt{4-x^2-y^2}=\sqrt{3(x^2+y^2)}$,化简后可得在 $Oxy$ 平面上的投影曲线 $x^2+y^2=1$. 于是立体的投影区域为 $x^2+y^2\leqslant 1$,见图 1-38 阴影部分.

## 习　题　1-4

1. 求到原点 $O$ 和点 $(2,3,4)$ 的距离之比为 $1:2$ 的点的轨迹方程,它表示何种曲面?

2. 求与点 $(3,2,-1)$ 和 $(4,-3,0)$ 等距离的点的轨迹方程.

3. 写出球心在点 $(3,-2,5)$,半径为 4 的球面方程.

4. 写出球心在点 $(-1,-3,2)$ 且通过点 $(1,-1,1)$ 的球面方程.

5. 求出下列球面的球心和半径:

(1) $x^2+y^2+z^2-6z-7=0$;

(2) $x^2+y^2+z^2-12x+4y-6z=0$;

(3) $x^2+y^2+z^2-2x+4y-4z-7=0$.

6. 下列曲面哪个是母线平行于坐标轴的柱面?若是此种柱面请指出它的准线以及母线平行于哪个坐标轴.

(1) $\dfrac{x^2}{4}+\dfrac{z^2}{9}=1$;　(2) $x^2-y^2=1$;　(3) $y^2-z-1=0$;

(4) $y=z$;　(5) $x^2+y^2=z$.

7. 写出下列旋转面的方程,并画出它们的图形:

(1) $Oyz$ 平面上的曲线 $z=y^2$ 绕 $z$ 轴旋转所得的旋转面;

(2) $Oxy$ 平面上的曲线 $x^2+y^2=9$ 绕 $y$ 轴旋转所得的旋转面;

(3) $Oxy$ 平面上的曲线 $4x^2-9y^2=36$,分别绕 $x$ 轴和 $y$ 轴旋转所得的旋转面;

(4) $Oxz$ 平面上的直线 $x=z$ 绕 $z$ 轴旋转所得的旋转面.

8. 指出下列曲面是怎样旋转而生成的:

(1) $3x^2+3y^2+4z^2=12$;　(2) $x^2-y^2+z^2=1$;　(3) $x^2-9y^2-9z^2=1$.

9. 在空间直角坐标系下,$x$ 轴和 $y$ 轴可看做是空间中的直线,写出它们的一般式方程.

10. 试描述空间曲线 $\begin{cases} z=\sqrt{4a^2-x^2-y^2}, \\ x^2+y^2-2ay=0, \end{cases}$ 并画图,其中 $a>0$.

11. 求球面 $x^2+y^2+z^2=9$ 与平面 $x+z=1$ 的交线在 $Oxy$ 平面上的投影.

12. 画出旋转抛物面 $z=x^2+y^2$ 与平面 $z=4$ 所围成的立体图形，求出它在 $Oxy$ 平面上的投影区域.

## §5 空间中的平面与直线

空间中的平面与直线是空间中最常见也是最简单的几何图形. 在讨论它们的方程时，向量是一个重要的工具.

### 5.1 平面方程

#### 一、平面的点法式方程

给定点 $P_0(x_0,y_0,z_0)$ 及非零向量 $\boldsymbol{n}=\{A,B,C\}$，求经过点 $P_0$ 且垂直于 $\boldsymbol{n}$ 的平面 $\pi$ 的方程. 从几何意义上讲，当 $P_0$ 与 $\boldsymbol{n}$ 给定之后，平面 $\pi$ 就被确定下来，因此 $P_0$ 与 $\boldsymbol{n}$ 是确定平面 $\pi$ 的两个要素.

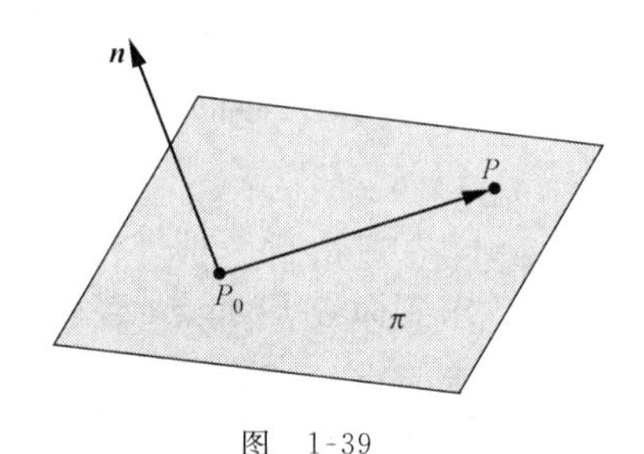

图 1-39

设点 $P(x,y,z)$ 是 $\pi$ 上的一点，则向量 $\overrightarrow{P_0P}$ 总与 $\boldsymbol{n}$ 垂直(图 1-39)，从而

$$\boldsymbol{n}\cdot\overrightarrow{P_0P}=0.$$

由 $\overrightarrow{P_0P}=\{x-x_0,y-y_0,z-z_0\}$，再根据数量积的坐标表示，得到

$$\boldsymbol{n}\cdot\overrightarrow{P_0P}=A(x-x_0)+B(y-y_0)+C(z-z_0)=0. \tag{1}$$

反之，如果点 $P(x,y,z)$ 满足方程(1)，则说明向量 $\overrightarrow{P_0P}$ 垂直于 $\boldsymbol{n}$，于是点 $P(x,y,z)$ 在平面 $\pi$ 上. 称 $\boldsymbol{n}$ 为平面 $\pi$ 的**法向量**，称方程(1)为平面 $\pi$ 的**点法式方程**.

**例 1** 求下列平面的方程：

1) 已知平面经过点 $A(0,1,-1)$，法向量为 $\boldsymbol{n}=\{4,-2,-2\}$；

2) 已知平面经过点 $B(1,1,1)$，法向量为 $\boldsymbol{n}=\{-2,1,1\}$.

**解** 1) 由点法式方程(1)有

$$4\cdot(x-0)+(-2)\cdot(y-1)+(-2)\cdot(z+1)=0,$$

化简得 $2x-y-z=0$.

2) 由点法式方程(1)有

$$(-2)\cdot(x-1)+1\cdot(y-1)+1\cdot(z-1)=0,$$

化简得 $2x-y-z=0$.

**注** 从这个例题可以看到，所给平面的法向量不同，平面经过的点也不同，但所得到的平面仍然是同一个平面. 这从几何意义上是容易理解的. 法向量的意义是标示平面的朝向，因此同一个平面的法向量不是唯一的. 任何与给定的法向量 $\boldsymbol{n}$ 平行的非零向量都可以作为法向量. 本例题中的两个法向量就是相互平行的.

将平面的点法式方程(1)展开得

$$Ax+By+Cz+(-Ax_0-By_0-Cz_0)=0.$$

令$(-Ax_0-By_0-Cz_0)=D$,则方程(1)可变为

$$Ax+By+Cz+D=0. \tag{2}$$

称方程(2)为平面的**一般方程**,它是个三元一次方程.

反之,任给三元一次方程(2),其中$A,B,C$不全为零,则它必是某个平面的方程.

事实上,取方程(2)的一个解$x_0,y_0,z_0$,则它满足$Ax_0+By_0+Cz_0+D=0$.将这个式子与(2)式相减,可得

$$A(x-x_0)+B(y-y_0)+C(z-z_0)=0.$$

它恰是方程(1)所表示的经过点$P_0(x_0,y_0,z_0)$,法向量为$\boldsymbol{n}=\{A,B,C\}$的平面方程.其中由于$A,B,C$不全为零,则$\boldsymbol{n}=\{A,B,C\}\neq\boldsymbol{0}$.

从方程(2)中一次项的系数,我们可以直接写出平面的法向量.

**例 2** 已知平面$\pi$经过三个点$P_1(1,1,1)$,$P_2(-2,1,2)$,$P_3(-3,3,1)$,求$\pi$的方程.

**解法 1** 用点法式方程.

由空间几何的知识可知,空间中不共线的三个点可确定一个平面.我们需根据这三个点确定出平面$\pi$的两个要素:法向量及$\pi$所经过的点.显然,点$P_1,P_2,P_3$中的任何一个都可以当做$\pi$所经过的点.余下的问题就是确定$\pi$的法向量.

因为向量$\overrightarrow{P_1P_2},\overrightarrow{P_1P_3}$都在$\pi$上,如果某个非零向量垂直于$\overrightarrow{P_1P_2},\overrightarrow{P_1P_3}$,则它必垂直于$\overrightarrow{P_1P_2},\overrightarrow{P_1P_3}$所在的平面$\pi$.因此,取法向量$\boldsymbol{n}=\overrightarrow{P_1P_2}\times\overrightarrow{P_1P_3}$(图 1-40).由$\overrightarrow{P_1P_2}=\{-3,0,1\}$,$\overrightarrow{P_1P_3}=\{-4,2,0\}$可得

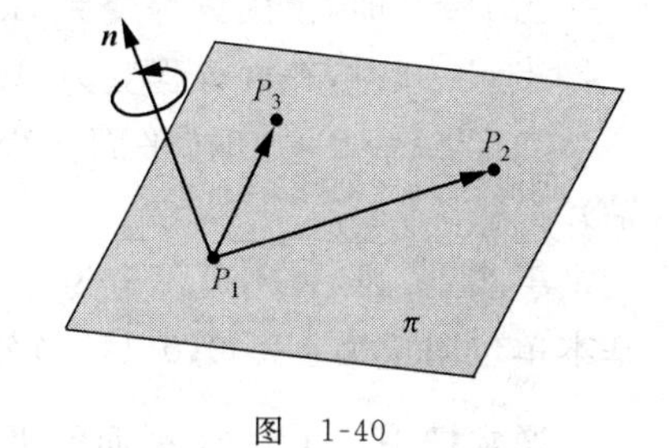


图 1-40

$$\boldsymbol{n}=\overrightarrow{P_1P_2}\times\overrightarrow{P_1P_3}=\begin{vmatrix}\boldsymbol{i}&\boldsymbol{j}&\boldsymbol{k}\\-3&0&1\\-4&2&0\end{vmatrix}$$

$$=\{-2,-4,-6\}.$$

取$P_1$为$\pi$经过的点,则由点法式方程得

$$-2(x-1)-4(y-1)-6(z-1)=0,$$

化简得

$$x+2y+3z-6=0.$$

**解法 2** 用待定系数法.

设$\pi$的一般方程为$Ax+By+Cz+D=0$,只需确定系数$A,B,C,D$.将$P_1,P_2,P_3$的坐标代入一般方程,可得到方程组

$$\begin{cases}A+B+C+D=0,\\-2A+B+2C+D=0,\\-3A+3B+C+D=0.\end{cases}$$

后两个方程分别减去第一个方程得

$$\begin{cases}-3A+C=0,\\-4A+2B=0,\end{cases}$$

所以$C=3A,B=2A$.再代入第一个方程得

$$A+2A+3A+D=0,\quad 故\quad D=-6A.$$

由于 $A,B,C$ 不能同时为零,因此取 $A=1$ 得到 $C=3$, $B=2$, $D=-6$. 所以所求方程为

$$x+2y+3z-6=0.$$

**注** 在解法 2 中,求待定的系数需要解三个方程四个未知数的方程组. 一般说来它的解是不唯一的,我们只需求出一个解即可. 在求解中应注意 $A,B,C$ 不能同时为零.

**二、特殊位置的平面方程**

在平面的一般方程 $Ax+By+Cz+D=0$ 中,根据各项的系数可以判断出平面相对于坐标系的特殊位置.

1) 当 $D=0$ 时, 平面方程变为 $Ax+By+Cz=0$,它表示过原点的平面.

这是因为原点的坐标满足此方程.

2) 当 $A=0$ 时,平面方程变为 $By+Cz+D=0$,它表示平行于 $x$ 轴的平面.

事实上,此时平面的法向量为 $\boldsymbol{n}=\{0,B,C\}\neq\boldsymbol{0}$. $x$ 轴上的基本单位向量为 $\boldsymbol{i}=\{1,0,0\}$. 由 $\boldsymbol{n}\cdot\boldsymbol{i}=0$ 知 $\boldsymbol{n}$ 与 $\boldsymbol{i}$ 垂直,从而此平面与 $x$ 轴平行.

需要说明一下,当 $A=0$ 且 $D=0$ 时,方程 $By+Cz=0$ 表示通过 $x$ 轴的平面. 我们约定,如果直线在某个平面上,就将其看做平面与该直线平行的一种特殊情况.

同理可得:

当 $B=0$ 时,平面方程变为 $Ax+Cz+D=0$,它表示平行于 $y$ 轴的平面;

当 $C=0$ 时,平面方程变为 $Ax+By+D=0$,它表示平行于 $z$ 轴的平面.

3) 当 $A=B=0$ 时,平面方程变为 $Cz+D=0$,它表示平行于 $Oxy$ 平面的平面(垂直于 $z$ 轴).

事实上,因 $A,B,C$ 不全为零,必有 $C\neq0$. 此时平面的法向量为 $\boldsymbol{n}=\{0,0,C\}\neq\boldsymbol{0}$. $z$ 轴上的基本单位向量为 $\boldsymbol{k}=\{0,0,1\}$. 显然 $\boldsymbol{n}$ 与 $\boldsymbol{k}$ 平行,从而此平面与 $Oxy$ 平面平行.

通常把平行于 $Oxy$ 平面的平面方程化为 $z=h$,其中 $h=\dfrac{-D}{C}$,这与本章§4 的例 9 中的结论是一致的. 这里还需要说明一下,今后我们把两个平面重合看做它们平行的一种特殊情况.

同理可得:

当 $B=C=0$ 时,平面方程变为 $Ax+D=0$(可化为 $x=h$),它表示平行于 $Oyz$ 平面的平面(垂直于 $x$ 轴);

当 $A=C=0$ 时,平面方程变为 $By+D=0$(可化为 $y=h$),它表示平行于 $Oxz$ 平面的平面(垂直于 $y$ 轴).

**例 3** 设平面 $\pi$ 的一般方程为 $Ax+By+Cz+D=0$. 如果 $\pi$ 不过原点,并且不与任何坐标轴平行,则 $A,B,C,D$ 都不为零,且 $\pi$ 必与三个坐标轴各有一个交点,$\pi$ 的方程可化为

$$\frac{A}{-D}x+\frac{B}{-D}y+\frac{C}{-D}z=1.$$

令 $a=\dfrac{-D}{A}$, $b=\dfrac{-D}{B}$, $c=\dfrac{-D}{C}$,则 $\pi$ 的方程又化为

$$\frac{x}{a}+\frac{y}{b}+\frac{z}{c}=1. \tag{3}$$

称方程(3)为平面 $\pi$ 的**截距式方程**. 显然,点 $(a,0,0)$, $(0,b,0)$, $(0,0,c)$ 都在平面 $\pi$ 上. 称 $a,b,c$ 是平面 $\pi$ 分别在 $x$ 轴、$y$ 轴、$z$ 轴上的**截距**(图 1-41).

**例 4** 求通过 $x$ 轴和点 $(4,-3,-1)$ 的平面方程.

**解** 设该平面的一般方程为 $Ax+By+Cz+D=0$. 由于平面过 $x$ 轴，则它也必过原点，从而 $A=0, D=0$. 于是该平面方程的形式为 $By+Cz=0$，只需求出系数 $B, C$ 即可. 因平面过点 $(4,-3,-1)$，故将此点的坐标代入到方程中去，得到

$$-3B-C=0, \quad 即 \quad C=-3B.$$

取 $B=1$，则 $C=-3$. 所以所求平面方程为 $y-3z=0$.

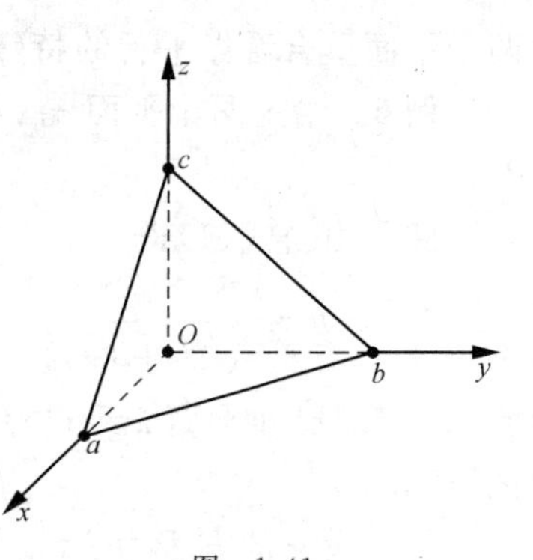


图 1-41

**例 5** 求平面 $3x-4y+z-5=0$ 的截距式方程，并求它在三个坐标轴上的交点.

**解** 移项后方程两端除以 5，得

$$\frac{3}{5}x-\frac{4}{5}y+\frac{1}{5}z=1,$$

从而得到截距式方程

$$\frac{x}{\frac{5}{3}}+\frac{y}{-\frac{5}{4}}+\frac{z}{5}=1.$$

由此，平面与 $x$ 轴、$y$ 轴、$z$ 轴的交点分别为 $\left(\frac{5}{3},0,0\right)$, $\left(0,-\frac{5}{4},0\right)$, $(0,0,5)$.

### 三、两个平面的夹角

给定两个平面

$$\pi_1: A_1x+B_1y+C_1z+D_1=0,$$
$$\pi_2: A_2x+B_2y+C_2z+D_2=0,$$

则它们的法向量分别为

$$\boldsymbol{n}_1=\{A_1,B_1,C_1\} \quad 和 \quad \boldsymbol{n}_2=\{A_2,B_2,C_2\}.$$

规定 $\pi_1$ 与 $\pi_2$ 的夹角 $\theta$ 为它们法向量的夹角，取锐角(图 1-42). 于是当 $\boldsymbol{n}_1$ 与 $\boldsymbol{n}_2$ 的夹角为锐角时，有

$$\cos\theta=\frac{\boldsymbol{n}_1\cdot\boldsymbol{n}_2}{|\boldsymbol{n}_1|\cdot|\boldsymbol{n}_2|}.$$

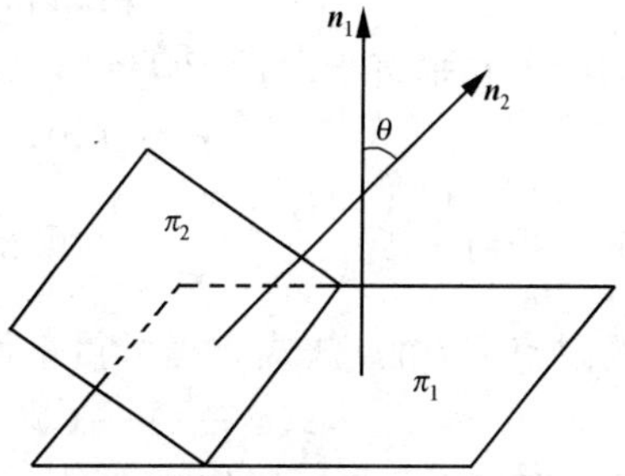

图 1-42

但是，给定的 $\boldsymbol{n}_1$ 与 $\boldsymbol{n}_2$ 的夹角不一定是锐角，当为钝角时，由于法向量不是唯一的，$(-\boldsymbol{n}_1)$ 也是 $\pi_1$ 的法向量，则 $(-\boldsymbol{n}_1)$ 与 $\boldsymbol{n}_2$ 的夹角是锐角 $\theta$. 无论何种情况，总有

$$\cos\theta=\frac{|\boldsymbol{n}_1\cdot\boldsymbol{n}_2|}{|\boldsymbol{n}_1|\cdot|\boldsymbol{n}_2|}=\frac{|A_1A_2+B_1B_2+C_1C_2|}{\sqrt{A_1^2+B_1^2+C_1^2}\cdot\sqrt{A_2^2+B_2^2+C_2^2}}. \tag{4}$$

由于两个平面垂直就是它们的法向量垂直，两个平面平行就是它们的法向量平行，于是容易得到下列结论：

1) $\pi_1$ 与 $\pi_2$ 垂直的充分必要条件为 $A_1A_2+B_1B_2+C_1C_2=0$.

这是因为此时两个平面的法向量的数量积为零.

2) $\pi_1$ 与 $\pi_2$ 平行的充分必要条件为 $\frac{A_1}{A_2}=\frac{B_1}{B_2}=\frac{C_1}{C_2}$.

这是因为此时它们的法向量相互平行，从而两个法向量对应的坐标成比例(此时，我们将

两个平面重合看做平行的特殊情况).

**例 6** 给定两个平面 $\pi_1$: $2x-y+z-6=0$ 和 $\pi_2$: $x+y+2z-5=0$,求这两个平面的夹角 $\theta$.

**解** 由公式(4)得

$$\cos\theta=\frac{|2\cdot 1+(-1)\cdot 1+1\cdot 2|}{\sqrt{2^2+(-1)^2+1^2}\cdot\sqrt{1^2+1^2+2^2}}=\frac{3}{\sqrt{6}\cdot\sqrt{6}}=\frac{1}{2},\quad \text{则}\quad \theta=\frac{\pi}{3}.$$

**例 7** 已知平面 $\pi$ 经过点 $(1,1,-1)$ 并且与给定的平面 $3x-2y+z-2=0$ 平行,求平面 $\pi$ 的方程.

**解** 设 $\pi$ 的方程为 $Ax+By+Cz+D=0$,则其法向量为 $\boldsymbol{n}=\{A,B,C\}$. 由于 $\pi$ 平行于给定的平面,则其法向量 $\boldsymbol{n}$ 平行于给定平面的法向量 $\{3,-2,1\}$. 故可取 $\boldsymbol{n}=\{3,-2,1\}$. 于是 $\pi$ 的方程为

$$3x-2y+z+D=0.$$

再将给定的点 $(1,1,-1)$ 代入此方程得 $3\cdot 1-2\cdot 1-1+D=0$,则 $D=0$. 所以所求方程为

$$3x-2y+z=0.$$

**注** 当法向量 $\boldsymbol{n}$ 确定之后,此题也可利用点法式方程求得平面方程.

**例 8** 已知平面 $\pi$ 经过两点 $P(1,1,1)$ 和 $Q(0,1,-1)$ 且垂直于给定的平面 $x+y+z=0$,求平面 $\pi$ 的方程.

**解法 1** 根据平面的点法式方程,只需求出 $\pi$ 的法向量,设其为 $\boldsymbol{n}=\{A,B,C\}$. 显然,给定平面的法向量为 $\{1,1,1\}$. 由于平面 $\pi$ 垂直于给定的平面,则

$$\{1,1,1\}\cdot\boldsymbol{n}=0,\quad \text{即}\quad A+B+C=0.$$

又由于 $\boldsymbol{n}$ 垂直于向量 $\overrightarrow{PQ}=\{-1,0,-2\}$,则

$$\{-1,0,-2\}\cdot\boldsymbol{n}=0,\quad \text{即}\quad -A-2C=0.$$

解方程组 $\begin{cases}A+B+C=0,\\-A-2C=0,\end{cases}$ 可得到一个解 $A=2,B=-1,C=-1$,则 $\boldsymbol{n}=\{2,-1,-1\}$. 因 $\pi$ 经过点 $P$,由点法式方程可得平面 $\pi$ 的方程为

$$2(x-1)-(y-1)-(z-1)=0,\quad \text{即}\quad 2x-y-z=0.$$

**解法 2** 记号同解法 1. 由于 $\boldsymbol{n}$ 垂直于给定平面的法向量 $\{1,1,1\}$ 及 $\overrightarrow{PQ}=\{-1,0,-2\}$,则取 $\pi$ 的法向量为

$$\boldsymbol{n}=\{1,1,1\}\times\{-1,0,-2\}=\begin{vmatrix}\boldsymbol{i}&\boldsymbol{j}&\boldsymbol{k}\\1&1&1\\-1&0&-2\end{vmatrix}=\{-2,1,1\}.$$

再由点法式方程可得到同样的平面方程 $2x-y-z=0$.

**例 9** 给定平面 $\pi$: $Ax+By+Cz+D=0$ 及点 $P_0(x_0,y_0,z_0)$,求点 $P_0$ 到平面 $\pi$ 的距离 $d$.

**解** 此时 $\pi$ 的法向量为 $\boldsymbol{n}=\{A,B,C\}$. 过 $P_0$ 向 $\pi$ 作垂线,垂足为 $M(x_1,y_1,z_1)$(图 1-43). 此时,法向量 $\boldsymbol{n}$ 必与向量 $\overrightarrow{MP_0}=\{x_0-x_1,y_0-y_1,z_0-z_1\}$ 平行,则它们的夹角 $\theta=0$ 或 $\pi$. 于是

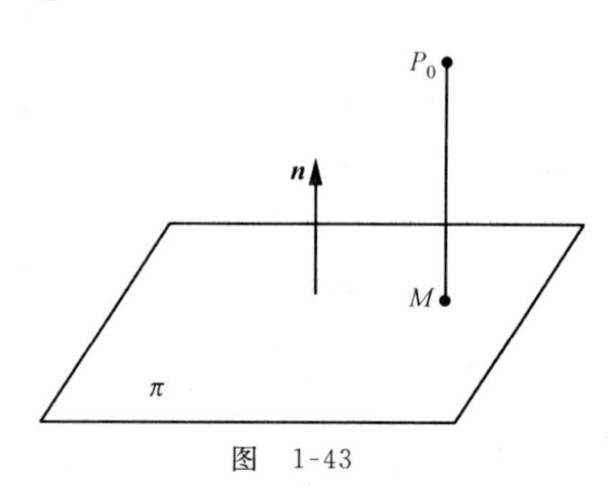

图 1-43

$$\boldsymbol{n}\cdot\overrightarrow{MP_0}=|\boldsymbol{n}|\cdot|\overrightarrow{MP_0}|\cos\theta=\pm|\boldsymbol{n}|\cdot|\overrightarrow{MP_0}|,$$

从而

$$d=|\overrightarrow{MP_0}|=\left|\pm\frac{\boldsymbol{n}\cdot\overrightarrow{MP_0}}{|\boldsymbol{n}|}\right|=\frac{|\boldsymbol{n}\cdot\overrightarrow{MP_0}|}{|\boldsymbol{n}|}. \tag{5}$$

由于

$$\begin{aligned}\boldsymbol{n}\cdot\overrightarrow{MP_0}&=A(x_0-x_1)+B(y_0-y_1)+C(z_0-z_1)\\&=Ax_0+By_0+Cz_0-(Ax_1+By_1+Cz_1),\end{aligned}$$

而 $M$ 在 $\pi$ 上,应有 $Ax_1+By_1+Cz_1=-D$,于是

$$\boldsymbol{n}\cdot\overrightarrow{MP_0}=Ax_0+By_0+Cz_0+D.$$

又由 $|\boldsymbol{n}|=\sqrt{A^2+B^2+C^2}$,代入(5)式得

$$d=\frac{|Ax_0+By_0+Cz_0+D|}{\sqrt{A^2+B^2+C^2}}. \tag{6}$$

(6)式就是点到平面的**距离公式**.

**例 10** 求点 $P(1,2,3)$ 到平面 $2x-2y+z-3=0$ 的距离 $d$.

**解** 由公式(6)得

$$d=\frac{|2\cdot1-2\cdot2+3-3|}{\sqrt{2^2+(-2)^2+1^2}}=\frac{|-2|}{3}=\frac{2}{3}.$$

### 5.2 直线方程

#### 一、直线方程的三种形式

1. 直线的对称式方程

给定点 $P_0(x_0,y_0,z_0)$ 及非零向量 $\boldsymbol{v}=\{l,m,n\}$,则经过点 $P_0$ 且与 $\boldsymbol{v}$ 平行的直线 $L$ 就被确定下来.因此,点 $P_0$ 与 $\boldsymbol{v}$ 是确定直线 $L$ 的两个要素,$\boldsymbol{v}$ 称为 $L$ 的**方向向量**.由此我们求直线 $L$ 的方程.

设点 $P(x,y,z)$ 在 $L$ 上,于是向量

$$\overrightarrow{P_0P}=\{x-x_0,y-y_0,z-z_0\}$$

平行于 $\boldsymbol{v}$(图 1-44),则它们对应的坐标成比例,从而

$$\frac{x-x_0}{l}=\frac{y-y_0}{m}=\frac{z-z_0}{n}. \tag{7}$$

反之,如果点 $P(x,y,z)$ 的坐标满足方程(7),则说明向量 $\overrightarrow{P_0P}$ 平行于 $\boldsymbol{v}$,于是点 $P(x,y,z)$ 在直线 $L$ 上.称方程(7)为直线 $L$ 的**对称式方程**.

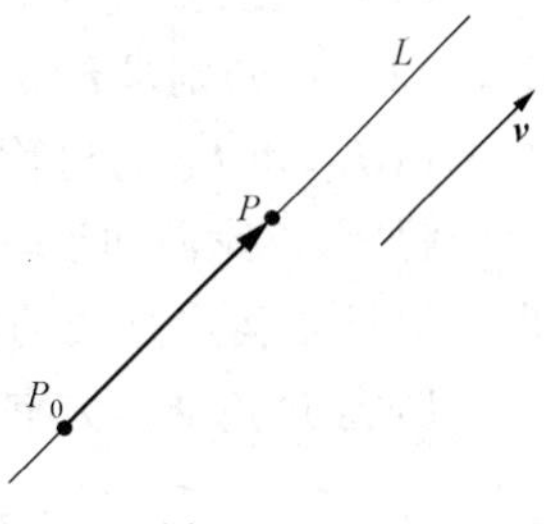

图 1-44

**注** 与平面方程类似,一条直线 $L$ 的方向向量 $\boldsymbol{v}$ 及其所经过的点 $P_0$ 不是唯一的,从而 $L$ 的对称式方程(7)也不是唯一的.任何平行于 $L$ 的非零向量都可以作为 $L$ 的方向向量.

2. 直线的参数式方程

对于直线 $L$ 的对称式方程(7),它表示当点 $P(x,y,z)$ 在 $L$ 上变化时,总保持着方程(7)中的三个比例式相等.但是等于多少,(7)式并没有给出.如果令

$$\frac{x-x_0}{l}=\frac{y-y_0}{m}=\frac{z-z_0}{n}=t,$$

则分别有$\frac{x-x_0}{l}=t$, $\frac{y-y_0}{m}=t$, $\frac{z-z_0}{n}=t$,从而得到直线 $L$ 的**参数式方程**

$$\begin{cases} x = x_0 + lt, \\ y = y_0 + mt, \\ z = z_0 + nt \end{cases} \quad (-\infty < t < +\infty). \tag{8}$$

**例 11**　求经过点$(-1,0,2)$,方向向量为$\{-1,-3,1\}$的直线 $L$ 的对称式方程和参数式方程.

**解**　由对称式方程(7)得直线 $L$ 的对称式方程

$$\frac{x-(-1)}{-1} = \frac{y-0}{-3} = \frac{z-2}{1} \quad 或 \quad -(x+1) = \frac{y}{-3} = (z-2).$$

由参数式方程(8)得直线 $L$ 的参数式方程

$$\begin{cases} x = -1+(-1)t, \\ y = 0+(-3)t, \\ z = 2+1\cdot t, \end{cases} \quad 化简为 \quad \begin{cases} x = -1-t, \\ y = -3t, \\ z = 2+t. \end{cases}$$

3. 直线的一般方程

给定空间中两个平面

$$\pi_1: A_1x+B_1y+C_1z+D_1 = 0, \quad \pi_2: A_2x+B_2y+C_2z+D_2 = 0,$$

如果它们不相互平行,则它们的交线就是空间中的一条直线 $L$. 于是直线 $L$ 的方程可表示为

$$\begin{cases} A_1x+B_1y+C_1z+D_1 = 0, \\ A_2x+B_2y+C_2z+D_2 = 0. \end{cases} \tag{9}$$

称方程组(9)为直线 $L$ 的**一般方程**,它是两个三元一次方程构成的方程组. 根据直线的这种几何意义可知,同一条直线 $L$ 可以由很多平面相交而成. 因此,直线 $L$ 的一般方程也不是唯一的.

显然,方程组(9)表示空间直线的充分必要条件是: 两个平面 $\pi_1,\pi_2$ 的法向量 $\boldsymbol{n}_1=\{A_1,B_1,C_1\}$, $\boldsymbol{n}_2=\{A_2,B_2,C_2\}$不是相互平行的.

**例 12**　已知直线 $L_1$ 经过点 $P_1(1,2,3)$和点 $P_2(3,4,5)$;直线 $L_2$ 经过点 $Q_1(2,2,4)$和点 $Q_2(3,2,5)$. 分别求:

1) $L_1$ 和 $L_2$ 的对称式方程;　　2) $L_1$ 和 $L_2$ 的一般方程.

**解**　1) 我们知道,空间中两个不同的点可唯一确定一条直线. 写出直线的对称式和参数式方程只需确定直线的两个要素: 直线经过的点和它的方向向量.

$L_1$ 经过点 $P_1$,方向向量可取为$\overrightarrow{P_1P_2}=\{2,2,2\}$,故其对称式方程为

$$\frac{x-1}{2} = \frac{y-2}{2} = \frac{z-3}{2} \quad 或 \quad (x-1) = (y-2) = (z-3). \tag{10}$$

$L_2$ 经过点 $Q_1$,方向向量可取为$\overrightarrow{Q_1Q_2}=\{1,0,1\}$,故其对称式方程为

$$\frac{x-2}{1} = \frac{y-2}{0} = \frac{z-4}{1} \quad 或 \quad (x-2) = \frac{y-2}{0} = (z-4). \tag{11}$$

2) $L_1$ 的对称式方程(10)本身就是三元一次方程组

$$\begin{cases} x-1 = y-2, \\ z-3 = y-2, \end{cases} \quad 即 \quad \begin{cases} x-y+1 = 0, \\ y-z+1 = 0. \end{cases}$$

这就是 $L_1$ 的一般方程.

$L_2$ 的对称式方程(11)也是三元一次方程组. 在向量坐标对应成比例的等式中,我们曾约

定，当某个分式的分母为零时相应的分子也为零(见本章§2的有关内容). 这时的方程组为

$$\begin{cases} x-2=z-4, \\ y-2=0, \end{cases} \quad 即 \quad \begin{cases} x-z+2=0, \\ y=2. \end{cases}$$

这就是 $L_2$ 的一般方程.

**例 13** 求直线

$$L: \begin{cases} x+2y+3z-6=0, \\ 2x+3y-4z-1=0 \end{cases} \tag{12}$$

的参数式和对称式方程.

**解** 根据对称式和参数式方程的形式，只需根据方程组(12)确定出 $L$ 的两个要素：$L$ 经过的点 $P_0$ 和方向向量 $\boldsymbol{v}$. 显然，$P_0$ 的坐标是方程组(12)的一个解. 令 $z=0$，则方程组(12)变为

$$\begin{cases} x+2y=6, \\ 2x+3y=1. \end{cases}$$

解这个方程组得 $x=-16, y=11$. 于是点 $P_0(-16,11,0)$ 在直线 $L$ 上.

在方程组(12)中，第一个方程 $x+2y+3z-6=0$ 所表示的平面的法向量为 $\boldsymbol{n}_1=\{1,2,3\}$；第二个方程 $2x+3y-4z-1=0$ 所表示的平面的法向量为 $\boldsymbol{n}_2=\{2,3,-4\}$. 因直线 $L$ 的方向向量 $\boldsymbol{v}$ 与 $\boldsymbol{n}_1, \boldsymbol{n}_2$ 都垂直，则 $\boldsymbol{v}$ 必平行于 $\boldsymbol{n}_1 \times \boldsymbol{n}_2$，从而可取 $L$ 的方向向量为

$$\boldsymbol{v}=\boldsymbol{n}_1 \times \boldsymbol{n}_2=\begin{vmatrix} \boldsymbol{i} & \boldsymbol{j} & \boldsymbol{k} \\ 1 & 2 & 3 \\ 2 & 3 & -4 \end{vmatrix}=\{-17,10,-1\}.$$

于是直线 $L$ 的参数式方程为

$$\begin{cases} x=-16-17t, \\ y=11+10t, \\ z=-t, \end{cases}$$

对称式方程为

$$\frac{x+16}{-17}=\frac{y-11}{10}=\frac{z}{-1}.$$

**二、两条直线的夹角**

给定两条直线 $L_1$ 和 $L_2$，它们的方向向量分别为 $\boldsymbol{v}_1=\{l_1,m_1,n_1\}$，$\boldsymbol{v}_2=\{l_2,m_2,n_2\}$. $L_1$ 与 $L_2$ 的夹角规定为它们方向向量的夹角 $\theta$，取锐角(图 1-45). 于是当方向向量 $\boldsymbol{v}_1$ 与 $\boldsymbol{v}_2$ 的夹角为锐角时，有 $\cos\theta=\dfrac{\boldsymbol{v}_1 \cdot \boldsymbol{v}_2}{|\boldsymbol{v}_1| \cdot |\boldsymbol{v}_2|}$. 但是，给定的 $\boldsymbol{v}_1, \boldsymbol{v}_2$ 的夹角不一定是锐角，当为钝角时，由于方向向量不是唯一的，$(-\boldsymbol{v}_1)$ 也是 $L_1$ 的方向向量，则 $(-\boldsymbol{v}_1)$ 与 $\boldsymbol{v}_2$ 的夹角是锐角 $\theta$. 无论何种情况，总有

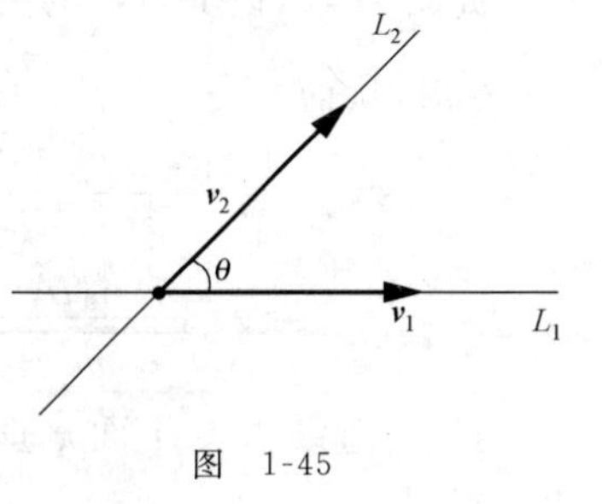


图 1-45

$$\cos\theta=\frac{|\boldsymbol{v}_1 \cdot \boldsymbol{v}_2|}{|\boldsymbol{v}_1| \cdot |\boldsymbol{v}_2|}=\frac{|l_1 l_2+m_1 m_2+n_1 n_2|}{\sqrt{l_1^2+m_1^2+n_1^2} \cdot \sqrt{l_2^2+m_2^2+n_2^2}}. \tag{13}$$

显然，直线 $L_1$ 与 $L_2$ 垂直就是 $\boldsymbol{v}_1$ 与 $\boldsymbol{v}_2$ 垂直；$L_1$ 与 $L_2$ 平行就是 $\boldsymbol{v}_1$ 与 $\boldsymbol{v}_2$ 平行. 于是我们得到：

直线 $L_1$ 与 $L_2$ 垂直的充要条件是：

$$l_1 l_2 + m_1 m_2 + n_1 n_2 = 0; \tag{14}$$

直线 $L_1$ 与 $L_2$ 平行的充要条件是：

$$\frac{l_1}{l_2} = \frac{m_1}{m_2} = \frac{n_1}{n_2}. \tag{15}$$

(此时,我们将两条直线重合看做平行的特殊情况.)

**例 14** 求直线 $L_1:\begin{cases} x+2y+z-1=0, \\ x-2y+z+1=0 \end{cases}$ 与 $L_2:\begin{cases} x-y-z-1=0, \\ x-y+2z+1=0 \end{cases}$ 的夹角 $\theta$.

**解** 只需求出直线 $L_1$ 和 $L_2$ 的方向向量 $\boldsymbol{v}_1,\boldsymbol{v}_2$,再利用公式(13).

在 $L_1$ 的方程中,平面 $x+2y+z-1=0$ 的法向量为$\{1,2,1\}$,平面 $x-2y+z+1=0$ 的法向量为$\{1,-2,1\}$,故可取直线 $L_1$ 的方向向量为

$$\boldsymbol{v}_1 = \{1,2,1\} \times \{1,-2,1\} = \begin{vmatrix} \boldsymbol{i} & \boldsymbol{j} & \boldsymbol{k} \\ 1 & 2 & 1 \\ 1 & -2 & 1 \end{vmatrix} = \{4,0,-4\}.$$

同理取直线 $L_2$ 的方向向量为

$$\boldsymbol{v}_2 = \{1,-1,-1\} \times \{1,-1,2\} = \{-3,-3,0\}.$$

由公式(13)得

$$\cos\theta = \frac{|4\cdot(-3)+0\cdot(-3)+(-4)\cdot 0|}{\sqrt{4^2+0^2+(-4)^2}\cdot\sqrt{(-3)^2+(-3)^2+0^2}} = \frac{1}{2},$$

故 $\theta=\pi/3$.

**三、直线与平面的夹角**

设直线 $L$ 的方向向量为 $\boldsymbol{v}=\{l,m,n\}$,平面 $\pi$ 的法向量为 $\boldsymbol{n}=\{A,B,C\}$. 规定 $L$ 与 $\pi$ 的夹角 $\varphi$ 为:当 $L$ 与 $\pi$ 垂直时,$\varphi=\frac{\pi}{2}$;当 $L$ 与 $\pi$ 不垂直时,$\varphi$ 是 $L$ 与它在 $\pi$ 上的投影直线 $L'$ 的夹角(图 1-46),此时 $0\leqslant\varphi<\frac{\pi}{2}$.

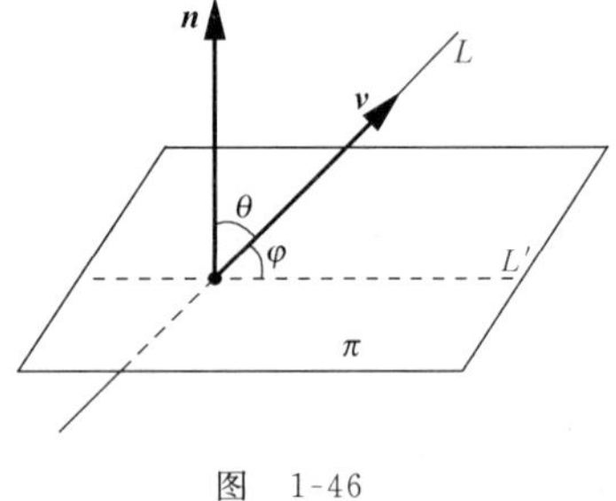

图 1-46

如图 1-46,设 $\boldsymbol{v}$ 与 $\boldsymbol{n}$ 的夹角为 $\theta$,则 $\varphi=\frac{\pi}{2}-\theta$. 于是 $\sin\varphi=|\cos\theta|$,从而

$$\sin\varphi = \frac{|\boldsymbol{v}\cdot\boldsymbol{n}|}{|\boldsymbol{v}|\cdot|\boldsymbol{n}|} = \frac{|lA+mB+nC|}{\sqrt{l^2+m^2+n^2}\cdot\sqrt{A^2+B^2+C^2}}. \tag{16}$$

显然,直线 $L$ 与平面 $\pi$ 垂直就是 $\boldsymbol{v}$ 与 $\boldsymbol{n}$ 平行;直线 $L$ 与平面 $\pi$ 平行就是 $\boldsymbol{v}$ 与 $\boldsymbol{n}$ 垂直. 于是我们得到:

直线 $L$ 与平面 $\pi$ 垂直的充要条件是:

$$\frac{l}{A} = \frac{m}{B} = \frac{n}{C}; \tag{17}$$

直线 $L$ 与平面 $\pi$ 平行的充要条件是:

$$lA + mB + nC = 0. \tag{18}$$

**例 15** 求直线 $L$：$\dfrac{x-1}{2}=\dfrac{y-2}{-1}=\dfrac{z-3}{1}$ 与平面 $\pi$：$x+y+2z-3=0$ 的夹角 $\varphi$ 及交点.

**解** 直线 $L$ 的方向向量为 $\boldsymbol{v}=\{2,-1,1\}$，平面 $\pi$ 的法向量为 $\boldsymbol{n}=\{1,1,2\}$. 由公式(16)有

$$\sin\varphi=\frac{|\boldsymbol{v}\cdot\boldsymbol{n}|}{|\boldsymbol{v}|\cdot|\boldsymbol{n}|}=\frac{|3|}{\sqrt{6}\cdot\sqrt{6}}=\frac{1}{2},\quad 故\quad \varphi=\frac{\pi}{6}.$$

直线 $L$ 的参数方程为

$$\begin{cases}x=1+2t,\\ y=2-t,\\ z=3+t.\end{cases}$$

此参数方程的意义是：随着参数 $t$ 的变化，由参数方程确定的点 $P(x,y,z)$ 在 $L$ 上变化. 当点 $P$ 变化到某个位置时，恰落到平面 $\pi$ 上，这正是所求的交点. 求出此时的参数 $t$，它所对应的点 $P$ 就是交点. 因此，将 $L$ 的参数方程代入平面 $\pi$ 的方程得到

$$(1+2t)+(2-t)+2(3+t)-3=0,$$

化简得 $3t+6=0$，从而 $t=-2$. 再代入参数方程得

$$\begin{cases}x=1+2\cdot(-2),\\ y=2-(-2),\\ z=3+(-2),\end{cases}\qquad 即 \qquad \begin{cases}x=-3,\\ y=4,\\ z=1,\end{cases}$$

于是点 $P(-3,4,1)$ 就是所求的交点.

## 习 题 1-5

1. 求下列平面方程：

(1) 经过点 $(-1,2,1)$，法向量为 $\boldsymbol{n}=\{1,-1,2\}$；

(2) 经过点 $(3,2,-1)$，法向量为 $\boldsymbol{n}=\{0,1,2\}$.

2. 求下列平面的法向量及平面所经过的一个点：

(1) $5x-3y-31=0$； (2) $3x+4y+7z+14=0$.

3. 指出下列各平面的特殊位置(对坐标轴、坐标面的垂直或平行，是否过原点).

(1) $x=0$； (2) $3y-1=0$； (3) $2x-y-6=0$；

(4) $x-\sqrt{3}y=0$； (5) $y+z=1$； (6) $6x+5y-z=0$.

4. 求平面 $2x-2y+z+5=0$ 的法向量的方向余弦.

5. 求经过三个点的平面方程：

(1) 点 $P_1(2,3,0)$，$P_2(-2,-3,4)$，$P_3(0,6,0)$；

(2) 点 $Q_1(4,2,1)$，$Q_2(-1,-2,2)$，$Q_3(0,4,-5)$.

6. 给定平面 $\pi_0$：$2z-8y+z-2=0$ 及点 $P(3,0,-5)$，求平面 $\pi$ 的方程，使得平面 $\pi$ 经过点 $P$ 且与平面 $\pi_0$ 平行.

7. 设平面 $\pi$ 经过两点 $P_1(1,1,1)$ 和 $P_2(2,2,2)$，且与平面 $\pi_0$：$x+y-z=0$ 垂直，求平面 $\pi$ 的方程.

8. 设平面 $\pi$ 经过点 $P(1,-1,1)$，且垂直于两个平面 $\pi_1$：$x-y+z-1=0$ 和 $\pi_2$：$2x+y+z+1=0$，求平面 $\pi$ 的方程.

9. 设平面 $\pi$ 经过点 $P_1(1,2,-1)$ 和 $P_2(-5,2,7)$，且平行于 $x$ 轴，求平面 $\pi$ 的方程.

10. 写出平面 $2x-3y-z+12=0$ 的截距式方程,并求该平面在各个坐标轴上的截距.

11. 求两个平面 $\pi_1: x+y-1=0$ 与 $\pi_2: 2x-2z-15=0$ 的夹角 $\varphi$.

12. 求点 $P(1,2,1)$ 到平面 $x+2y+2z-10=0$ 的距离 $d$.

13. 写出下列直线的对称式方程:

(1) 通过点 $P(2,-2,2)$,方向向量为 $\{1,-3,2\}$;

(2) 通过点 $P_1(2,5,8)$ 和 $P_2(-1,6,3)$;

(3) 通过点 $P(2,-8,3)$,且垂直于平面 $\pi: x+2y-3z-2=0$;

(4) 通过点 $P(-1,2,5)$,且平行于直线 $L: \begin{cases} 2x-3y+6z-4=0, \\ 4x-y+5z+2=0. \end{cases}$

14. 改变下列直线方程的形式:

(1) 将 $\frac{x-1}{3}=-\frac{y}{5}=\frac{z-2}{6}$ 变为参数式和一般式方程;

(2) 将 $\begin{cases} x=1+2t, \\ y=2-t, \\ z=3+t \end{cases}$ 变为对称式和一般式方程;

(3) 将 $\begin{cases} 3x+2y+z-2=0, \\ x+2y+3z+2=0 \end{cases}$ 变为参数式和对称式方程.

15. 求满足下列条件的平面方程:

(1) 通过点 $P(2,1,1)$,且与直线 $L: \begin{cases} x+2y-z+1=0, \\ 2x+y-z=0 \end{cases}$ 垂直;

(2) 通过点 $P(1,2,1)$,且与两条直线

$$L_1: \begin{cases} x+2y-z+1=0, \\ x-y+z-1=0 \end{cases} \quad 和 \quad L_2: \begin{cases} 2x-y+z=0, \\ x-y+z-1=0 \end{cases}$$

都平行;

(3) 通过点 $P(3,1,-2)$ 及直线 $L: \frac{x-4}{5}=\frac{y+3}{2}=\frac{z}{1}$.

16. 求直线 $L_1: \begin{cases} 5x-3y+3z-9=0, \\ 3x-2y+z-1=0 \end{cases}$ 与直线 $L_2: \begin{cases} 2x+2y-z+23=0, \\ 3x+8y+z-18=0 \end{cases}$ 的夹角 $\varphi$.

17. 求直线 $\begin{cases} x+y+3z=0, \\ x-y-z=0 \end{cases}$ 与平面 $x-y-z+1=0$ 的夹角 $\varphi$.

18. 求直线 $\frac{x-2}{1}=\frac{y-3}{1}=\frac{z-4}{2}$ 与平面 $2x+y+z-6=0$ 的交点.

19. 求平面 $x+3y+z-1=0$ 与直线 $\begin{cases} 2x-y-z=0, \\ x-2y-2z+3=0 \end{cases}$ 的交点.

## §6 二 次 曲 面

由三元二次方程表示的曲面统称为**二次曲面**. 在本章§4 中,我们已经接触过一些二次曲面,如球面 $x^2+y^2+z^2=R^2$,圆柱面 $x^2+y^2=R^2$,旋转抛物面 $z=x^2+y^2$ 等. 本节中将介绍一些其它的二次曲面,并介绍判断曲面形状的一种重要方法——**截痕法**.

### 6.1 椭球面

由方程

$$\frac{x^2}{a^2}+\frac{y^2}{b^2}+\frac{z^2}{c^2}=1 \quad (\text{其中 } a>0,\ b>0,\ c>0) \tag{1}$$

所表示的曲面称为**椭球面**.

显然,若使方程(1)有解,应有$|x|\leqslant a$, $|y|\leqslant b$, $|z|\leqslant c$.

下面讨论椭球面的性质及形状.

1. 对称性

将方程(1)中的 $z$ 换为$-z$,由

$$\frac{x^2}{a^2}+\frac{y^2}{b^2}+\frac{(-z)^2}{c^2}=\frac{x^2}{a^2}+\frac{y^2}{b^2}+\frac{z^2}{c^2}$$

可知方程(1)的形式不变,从而方程(1)所示的椭球面关于 $Oxy$ 平面对称. 同理椭球面也关于 $Oyz$ 平面及 $Oxz$ 平面对称.

2. 图形描述

用平面 $z=h$ 去截椭球面(1),截痕(也称截线)为

$$L_h:\begin{cases}\dfrac{x^2}{a^2}+\dfrac{y^2}{b^2}+\dfrac{z^2}{c^2}=1,\\ z=h\end{cases} \quad \text{或} \quad L_h:\begin{cases}\dfrac{x^2}{a^2}+\dfrac{y^2}{b^2}=\dfrac{c^2-h^2}{c^2},\\ z=h.\end{cases} \tag{2}$$

当$|h|>c$ 时,因 $\dfrac{c^2-h^2}{c^2}<0$,此时 $L_h$ 的方程组(2)无解. 这说明截面 $z=h$ 与椭球面(1)无交点. 因此,椭球面(1)必介于两个平面 $z=\pm c$ 之间.

当$|h|=c$ 时,截面为 $z=c$ 和 $z=-c$,则截痕(2)变为

$$L_c:\begin{cases}\dfrac{x^2}{a^2}+\dfrac{y^2}{b^2}=0,\\ z=c\end{cases} \quad \text{和} \quad L_{-c}:\begin{cases}\dfrac{x^2}{a^2}+\dfrac{y^2}{b^2}=0,\\ z=-c.\end{cases}$$

这两个方程组各只有一个解 $\begin{cases}x=0,\\ y=0,\\ z=c\end{cases}$ 和 $\begin{cases}x=0,\\ y=0,\\ z=-c.\end{cases}$ 这说明截面 $z=c$, $z=-c$ 与椭球面(1)各只有一个交点,分别为$(0,0,c)$和$(0,0,-c)$.

当$|h|<c$ 时,$\dfrac{c^2-h^2}{c^2}>0$,在(2)的第一个方程两端同除 $\dfrac{c^2-h^2}{c^2}$,截痕(2)变为

$$L_h:\begin{cases}\dfrac{x^2}{\dfrac{a^2}{c^2}(c^2-h^2)}+\dfrac{y^2}{\dfrac{b^2}{c^2}(c^2-h^2)}=1,\\ z=h,\end{cases}$$

其中的第一个方程消去了 $z$,这说明 $L_h$ 在 $Oxy$ 平面上的投影曲线为椭圆. 截线 $L_h$ 就是它在 $Oxy$ 平面上的投影曲线 $\dfrac{x^2}{\dfrac{a^2}{c^2}(c^2-h^2)}+\dfrac{y^2}{\dfrac{b^2}{c^2}(c^2-h^2)}=1$ 平移到高度为 $h$ 的截面上而得到的,于是 $L_h$ 与投影曲线的形状相同. 椭圆 $L_h$ 的两个半轴长分别为 $\sqrt{\dfrac{a^2}{c^2}(c^2-h^2)}$ 和 $\sqrt{\dfrac{b^2}{c^2}(c^2-h^2)}$,

它们的大小随 $h$ 的变化而变化；椭圆 $L_h$ 的中心在 $z$ 轴上的点 $(0,0,h)$ 处.

由于方程(1)所表示的椭球面关于 $Oxy$ 平面对称，因此我们只需考虑 $Oxy$ 平面的上半空间的图形. 如果 $0 \leqslant h < c$，则 $L_h$ 在上半空间. 当 $h=0$ 时，截面 $z=0$ 就是 $Oxy$ 平面. 此时的截痕为

$$L_0: \begin{cases} \dfrac{x^2}{a^2}+\dfrac{y^2}{b^2}=1, \\ z=0, \end{cases}$$

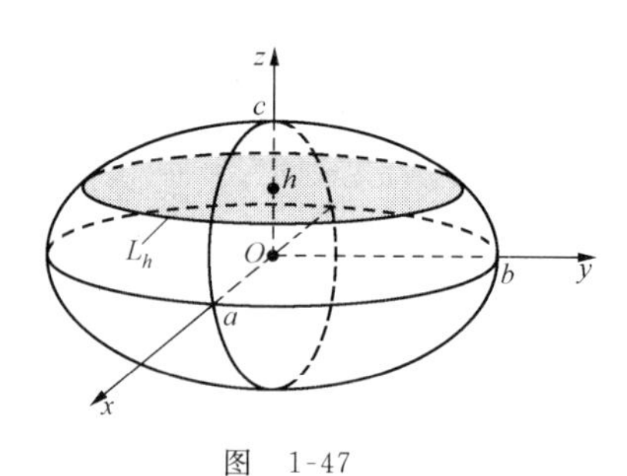

图 1-47

椭圆 $L_0$ 的两个半轴长度分别为 $a,b$. 随着 $h$ 的增大，截面 $z=h$ 升高，两个半轴的长度变小. 当 $h \to c$ 时，两个半轴的长度都趋于零，椭圆 $L_h$ 缩成一个点. 将截面 $z=h$ 由 $z=0$ 连续升高到 $z=c$，截痕 $L_h$ 的变化就勾画出椭球面(1)在上半空间的形状. 再由对称性，我们可画出整个椭球面(1)的大致形状(见图 1-47).

同理可考虑平面 $x=h$ 及 $y=h$ 的截痕的情况. 在上述的讨论中，我们是用平行于坐标面的平面(截面)去截曲面，根据截痕随截面的变化来判断曲面的形状. 这种判断曲面形状的方法称为**截痕法**，它是用来判断曲面形状的重要方法. 在以后关于方程图形的讨论中还将大量用到这种方法.

3. 特殊情况

对于方程(1)所表示的椭球面来说，称原点 $O$ 为它的**中心**，$2a,2b,2c$ 称为它的三个**轴长**.

当 $a=b=c$ 时，方程(1)变为 $x^2+y^2+z^2=a^2$，它表示球心在原点，半径为 $a$ 的球面.

当 $a=b$ 时，方程(1)变为 $\dfrac{x^2+y^2}{a^2}+\dfrac{z^2}{c^2}=1$，它表示 $Oyz$ 平面上的椭圆 $\dfrac{y^2}{a^2}+\dfrac{z^2}{c^2}=1$ 绕 $z$ 轴旋转的旋转面，称为**旋转椭球面**.

方程 $\dfrac{(x-x_0)^2}{a^2}+\dfrac{(y-y_0)^2}{b^2}+\dfrac{(z-z_0)^2}{c^2}=1$ 所表示的曲面也称为椭球面，其形状与方程(1)的相同，只是将椭球面的中心平移到点 $P_0(x_0,y_0,z_0)$. 称方程(1)为椭球面的**标准方程**.

### 6.2 椭圆抛物面

由方程

$$z=\frac{x^2}{a^2}+\frac{y^2}{b^2} \quad (\text{其中 } a>0,b>0) \tag{3}$$

所表示的曲面称为**椭圆抛物面**.

显然，若使方程(3)有解，应有 $z \geqslant 0$.

同样，我们来考虑椭圆抛物面的性质与形状.

1. 对称性

根据方程(3)的特点可判断出，方程(3)所表示的椭圆抛物面关于 $Oxz$ 平面和 $Oyz$ 平面对称.

2. 图形描述

用平面 $z=h$ 去截椭圆抛物面(3)，截痕为

$$L_h: \begin{cases} \dfrac{x^2}{a^2}+\dfrac{y^2}{b^2}=h, \\ z=h. \end{cases} \tag{4}$$

当 $h<0$ 时，$L_h$ 的方程组(4)无解，这说明截面 $z=h$ 与椭圆抛物面(3)无交点．因此，在 $Oxy$ 平面的下半空间没有方程(2)的图形，即椭圆抛物面(3)只在 $Oxy$ 平面的上半空间．

当 $h=0$ 时，方程组(4)变为 $\begin{cases}\dfrac{x^2}{a^2}+\dfrac{y^2}{b^2}=0,\\ z=0,\end{cases}$ 它只有一个解 $\begin{cases}x=0,\\ y=0,\\ z=0.\end{cases}$ 此时截面 $z=0$ 与椭圆抛物面(3)只有一个交点 $(0,0,0)$．

当 $h>0$ 时，截痕(4)可变为 $L_h$：$\begin{cases}\dfrac{x^2}{a^2h}+\dfrac{y^2}{b^2h}=1,\\ z=h,\end{cases}$ 其中的第一个方程消去了 $z$，它表明 $L_h$ 在 $Oxy$ 平面上的投影曲线为椭圆，此椭圆也是 $L_h$ 的形状．椭圆 $L_h$ 的两个半轴长分别为 $\sqrt{a^2h}$ 和 $\sqrt{b^2h}$，它们的大小随着 $h$ 的变化而变化；椭圆 $L_h$ 的中心在 $z$ 轴上的点 $(0,0,h)$ 处．

随着 $h$ 的增大，截面 $z=h$ 升高，两个半轴的长度变大．当 $h\to+\infty$ 时，截面 $z=h$ 无限升高，两个半轴的长度都无限增大．让截面 $z=h$ 由 $z=0$ 连续地无限升高，截痕 $L_h$ 的变化就勾画出图形的形状(图 1-48)．称 $(0,0,0)$ 为此椭圆抛物面的**顶点**，$z$ 轴方向为此椭圆抛物面的开口方向．

用平面 $y=h$ 去截椭圆抛物面(3)，截痕为

$$L_h:\begin{cases}z=\dfrac{x^2}{a^2}+\dfrac{h^2}{b^2},\\ y=h,\end{cases}$$

其中的第一个方程消去了 $y$，它表明 $L_h$ 在 $Oxz$ 平面上的投影曲线为抛物线，此抛物线也正是 $L_h$ 的形状．抛物线的开口向上(图 1-49)．同理可知，用平面 $x=h$ 去截椭圆抛物面(3)的截痕也是抛物线．

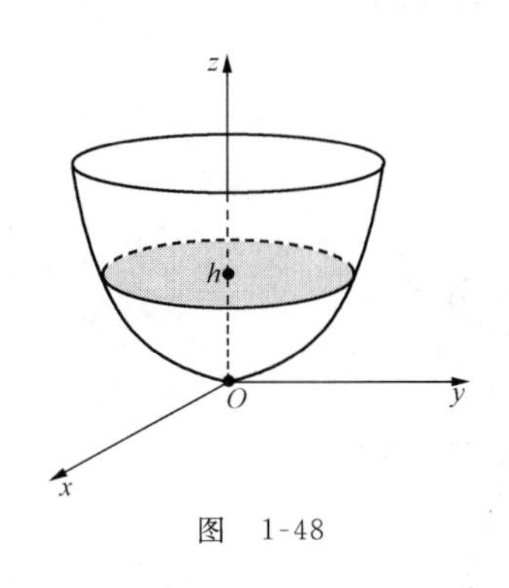

图 1-48

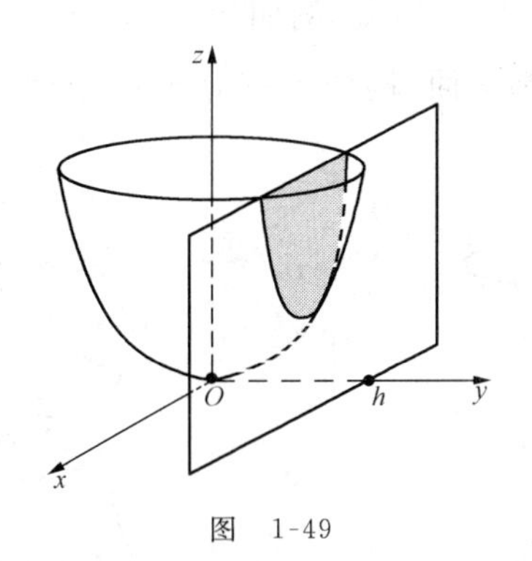

图 1-49

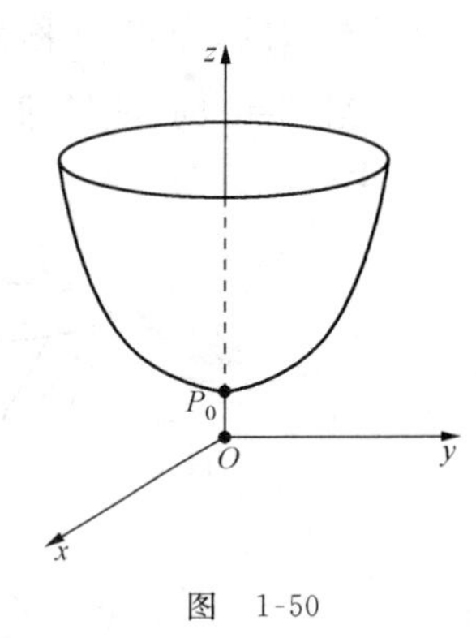

图 1-50

3．特殊情况

当 $a=b$ 时，方程(3)变为 $z=\dfrac{x^2+y^2}{a^2}$，它表示 $Oyz$ 平面上的抛物线 $z=\dfrac{y^2}{a^2}$ 绕 $z$ 轴旋转的**旋转抛物面**．

方程 $z-z_0=\dfrac{x^2}{a^2}+\dfrac{y^2}{b^2}$ 所表示的曲面也称为椭圆抛物面，它是椭圆抛物面(3)的平移，即将顶点平移到点 $P_0(0,0,z_0)$ 处(图 1-50)．称方程(3)为**椭圆抛物面的标准方程**．

**例** 下列方程的曲面都是椭圆抛物面，其中 $a>0,\ b>0$，讨论它们的图形：

1) $-z=\dfrac{x^2}{a^2}+\dfrac{y^2}{b^2}$；　　2) $y=\dfrac{x^2}{a^2}+\dfrac{z^2}{b^2}$．

**解** 我们可用截痕法判断曲面的形状,讨论过程从略.

1) 此方程表示的椭圆抛物面顶点在原点,开口向下(图 1-51(a));

2) 此方程表示的椭圆抛物面顶点也在原点,开口向右(图 1-51(b)).

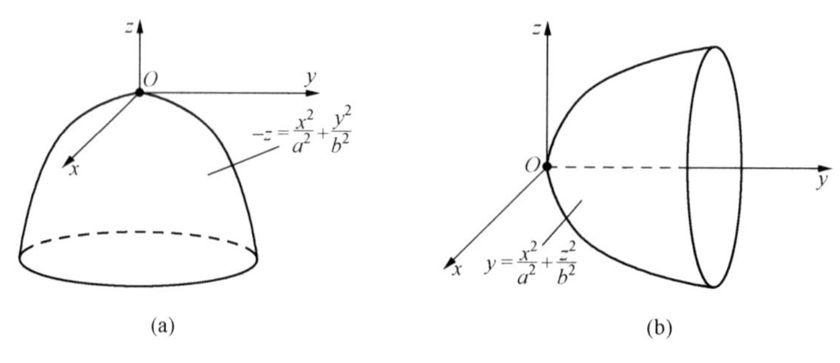


图 1-51

下面介绍其它的二次曲面,图形的讨论留给读者,这里只给出标准方程和图形.

### 6.3 椭圆锥面

由方程

$$z^2=\frac{x^2}{a^2}+\frac{y^2}{b^2}\quad(\text{其中 } a>0,\ b>0) \tag{5}$$

所表示的曲面称为**椭圆锥面**,其图形关于三个坐标面对称(图 1-52). 此时的椭圆锥面称为是**上下开口**的,原点 $O$ 称为椭圆锥面的**顶点**. 例如 $z^2=2x^2+3y^2$ 表示椭圆锥面.

当 $a=b$ 时,椭圆锥面变为圆锥面. 例如 $z^2=x^2+y^2$ 表示圆锥面.

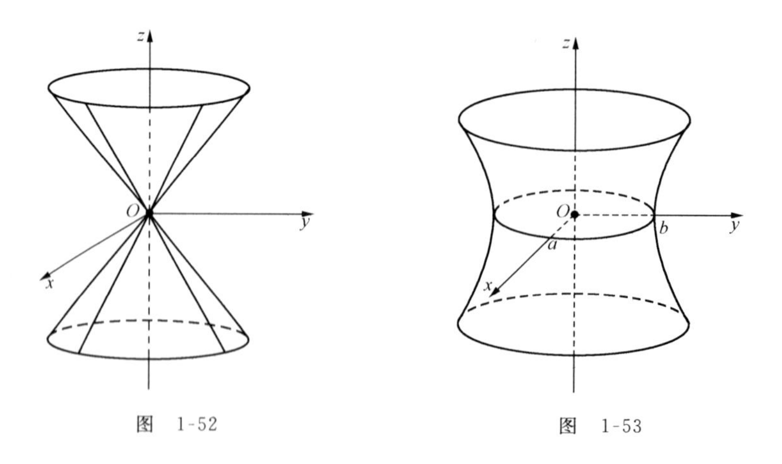


图 1-52　　图 1-53

### 6.4 单叶双曲面

由方程

$$\frac{x^2}{a^2}+\frac{y^2}{b^2}-\frac{z^2}{c^2}=1\quad(\text{其中 } a>0,\ b>0,\ c>0) \tag{6}$$

所表示的曲面称为**单叶双曲面**，其图形关于三个坐标面对称(图1-53). 例如 $x^2+y^2-z^2=1$ 表示单叶双曲面.

### 6.5 双叶双曲面

由方程

$$\frac{x^2}{a^2}+\frac{y^2}{b^2}-\frac{z^2}{c^2}=-1 \quad (\text{其中 } a>0,\ b>0,\ c>0) \qquad (7)$$

所表示的曲面称为**双叶双曲面**，其图形关于三个坐标面对称(图1-54). 例如 $z^2-x^2-y^2=1$ 表示双叶双曲面.

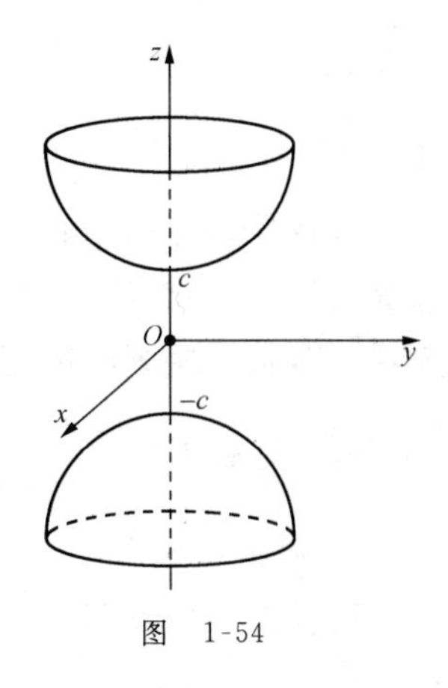


图 1-54

## 习 题 1-6

1. 求下列椭球面的中心和三个轴长：

(1) $9x^2+4y^2+36z^2=36$；

(2) $25x^2+100y^2+4z^2-50x+200y+25=0$.

2. 判断下列二次曲面的类型并画图：

(1) $\frac{x^2}{2}+\frac{y^2}{3}+\frac{z^2}{1}=1$；　(2) $z=2x^2+3y^2$；

(3) $-z=2x^2+3y^2$；　(4) $-z=2(x-1)^2+3(y-1)^2$；

(5) $z=4-(2x^2+3y^2)$；　(6) $y=2x^2+3z^2$；

(7) $\frac{x^2}{2}+\frac{y^2}{3}=1$；　(8) $\frac{x^2}{2}+\frac{z^2}{3}=1$；

(9) $z^2=2x^2+3y^2$；　(10) $z=\sqrt{2x^2+3y^2}$；

(11) $z=\sqrt{6-3x^2-2y^2}$；　(12) $x^2-y^2=0$.

3. 画出下列图形，并指出它们在指定坐标面上的投影：

(1) 由曲面 $z=x^2+2y^2$ 及 $z=6-2x^2-y^2$ 所围的立体，求它在 $Oxy$ 平面上的投影区域；

(2) 由曲面 $z=x^2+y^2$，柱面 $x^2+y^2=ax$ 及平面 $z=0$ 所围的立体，求它在 $Oxy$ 平面上的投影区域；

(3) 由曲面 $z=x^2+y^2$ 及平面 $z=1$ 所围的立体，求它在 $Oxy$ 平面上的投影区域；

(4) 由曲面 $x^2+y^2+(z-a)^2=a^2(a>0)$ 及 $x^2+y^2=z^2$ 所围的立体，求它在 $Oxy$ 平面上的投影区域；

(5) 由曲面 $z=6-x^2-y^2$ 及 $z=\sqrt{x^2+y^2}$ 所围的立体，求它在 $Oxy$ 平面上的投影区域；

(6) 由曲面 $z=\sqrt{x^2+y^2}$ 及 $z=x^2+y^2$ 所围的立体，求它在 $Oxy$ 平面上的投影区域；

(7) 由曲面 $x^2+y^2+z^2=R^2$ 及 $x^2+y^2+z^2=2Rz$ 所围的立体，求它在 $Oxy$ 平面上的投影区域；

(8) 由 $Oxy$ 平面上的曲线 $y^2=2x$ 绕 $x$ 轴旋转而成的曲面与平面 $x=5$ 所围立体，求它在 $Oyz$ 平面上的投影区域.

# 空间解析几何与向量代数内容小结

本章的主要内容是向量和空间图形的方程表示. 本章要求熟练掌握向量的各种运算并理解其几何意义;熟练掌握常用的曲面方程. 这些都是学习多元微积分的基础. 在学习的过程中,读者应多做一些画图练习,以培养自己的空间想象力.

## 一、向量代数

1. 向量的定义

具有大小和方向的量称为向量;只有大小的量称为数量(实数). 向量可以用有向线段 $\overrightarrow{AB}$ 来表示.

2. 向量的模

向量 $\boldsymbol{\alpha}$ 的长度称为向量的模,记为 $|\boldsymbol{\alpha}|$. 模为 1 的向量称为单位向量;长度为零的向量称为零向量,记为 $\mathbf{0}$. 对两个向量的夹角 $\theta$,规定 $0\leqslant\theta\leqslant\pi$.

3. 基本单位向量

与 $x$ 轴、$y$ 轴、$z$ 轴三个坐标轴同方向的单位向量分别记为 $\boldsymbol{i},\boldsymbol{j},\boldsymbol{k}$,称为基本单位向量.

4. 向量的方向角与方向余弦

非零向量 $\boldsymbol{a}$ 分别与 $x$ 轴、$y$ 轴、$z$ 轴三个坐标轴正向的夹角 $\alpha,\beta,\gamma$ 称为 $\boldsymbol{a}$ 的方向角; $\cos\alpha$, $\cos\beta$, $\cos\gamma$ 称为 $\boldsymbol{a}$ 的方向余弦.

5. 向量的坐标表示

若 $\boldsymbol{\alpha}$ 分别在 $x$ 轴、$y$ 轴、$z$ 轴三个坐标轴上的投影为 $a,b,c$,则

$$\boldsymbol{\alpha}=a\boldsymbol{i}+b\boldsymbol{j}+c\boldsymbol{k},$$

记为 $\boldsymbol{\alpha}=\{a,b,c\}$,并称 $a,b,c$ 为向量 $\boldsymbol{\alpha}$ 的坐标. 此时 $|\boldsymbol{\alpha}|=\sqrt{a^2+b^2+c^2}$. 对于给定的点 $M_1(x_1,y_1,z_1)$,$M_2(x_2,y_2,z_2)$,则

$$\begin{aligned}\overrightarrow{M_1M_2}&=(x_2-x_1)\boldsymbol{i}+(y_2-y_1)\boldsymbol{j}+(z_2-z_1)\boldsymbol{k}\\&=\{x_2-x_1,y_2-y_1,z_2-z_1\}.\end{aligned}$$

6. 向量的线性运算

给定向量 $\boldsymbol{\alpha}$, $\boldsymbol{\beta}$ 及数量 $\lambda$,可定义向量的加法 $\boldsymbol{\alpha}+\boldsymbol{\beta}$ 及数量乘法 $\lambda\boldsymbol{\alpha}$,统称为向量的线性运算,其满足运算律:

1) 加法交换律 $\boldsymbol{\alpha}+\boldsymbol{\beta}=\boldsymbol{\beta}+\boldsymbol{\alpha}$;

2) 加法结合律 $(\boldsymbol{\alpha}+\boldsymbol{\beta})+\boldsymbol{\gamma}=\boldsymbol{\alpha}+(\boldsymbol{\beta}+\boldsymbol{\gamma})$;

3) 数量乘法结合律 $\lambda(\mu\boldsymbol{\alpha})=\mu(\lambda\boldsymbol{\alpha})=(\lambda\mu)\boldsymbol{\alpha}$,其中 $\lambda$ 与 $\mu$ 是数量;

4) 数量乘法对于数量加法的分配律 $(\lambda+\mu)\boldsymbol{\alpha}=\lambda\boldsymbol{\alpha}+\mu\boldsymbol{\alpha}$;

5) 数量乘法对于向量加法的分配律 $\lambda(\boldsymbol{\alpha}+\boldsymbol{\beta})=\lambda\boldsymbol{\alpha}+\lambda\boldsymbol{\beta}$.

7. 向量的数量积

给定向量 $\boldsymbol{\alpha}$ 与 $\boldsymbol{\beta}$,它们的数量积定义为 $\boldsymbol{\alpha}\cdot\boldsymbol{\beta}=|\boldsymbol{\alpha}|\cdot|\boldsymbol{\beta}|\cos\varphi$,其中 $\varphi$ 是 $\boldsymbol{\alpha}$ 与 $\boldsymbol{\beta}$ 的夹角.

数量积满足下列运算律:

1) 交换律 $\boldsymbol{\alpha}\cdot\boldsymbol{\beta}=\boldsymbol{\beta}\cdot\boldsymbol{\alpha}$;

2) 结合律 $\lambda(\boldsymbol{\alpha}\cdot\boldsymbol{\beta})=(\lambda\boldsymbol{\alpha})\cdot\boldsymbol{\beta}=\boldsymbol{\alpha}\cdot(\lambda\boldsymbol{\beta})$,其中 $\lambda$ 是数量;

3) 分配律　$(\boldsymbol{\alpha}+\boldsymbol{\beta})\cdot\boldsymbol{\gamma}=\boldsymbol{\alpha}\cdot\boldsymbol{\gamma}+\boldsymbol{\beta}\cdot\boldsymbol{\gamma}$.

8. 向量的向量积

给定两个向量 $\boldsymbol{\alpha}$ 和 $\boldsymbol{\beta}$,它们的向量积定义为一个向量,记为 $\boldsymbol{\alpha}\times\boldsymbol{\beta}$,满足:

1) $|\boldsymbol{\alpha}\times\boldsymbol{\beta}|=|\boldsymbol{\alpha}|\cdot|\boldsymbol{\beta}|\sin\varphi$,其中 $\varphi$ 是 $\boldsymbol{\alpha}$ 与 $\boldsymbol{\beta}$ 的夹角;

2) $\boldsymbol{\alpha}\times\boldsymbol{\beta}$ 的方向垂直于 $\boldsymbol{\alpha}$ 与 $\boldsymbol{\beta}$ 所在的平面,并且与 $\boldsymbol{\alpha},\boldsymbol{\beta}$ 符合右手法则.

向量积满足下列运算律:

1) 反交换律　$\boldsymbol{\alpha}\times\boldsymbol{\beta}=-(\boldsymbol{\beta}\times\boldsymbol{\alpha})$;

2) 结合律　$\lambda(\boldsymbol{\alpha}\times\boldsymbol{\beta})=(\lambda\boldsymbol{\alpha})\times\boldsymbol{\beta}=\boldsymbol{\alpha}\times(\lambda\boldsymbol{\beta})$,其中 $\lambda$ 是数量;

3) 左分配律　$\boldsymbol{\gamma}\times(\boldsymbol{\alpha}+\boldsymbol{\beta})=\boldsymbol{\gamma}\times\boldsymbol{\alpha}+\boldsymbol{\gamma}\times\boldsymbol{\beta}$,

右分配律　$(\boldsymbol{\alpha}+\boldsymbol{\beta})\times\boldsymbol{\gamma}=\boldsymbol{\alpha}\times\boldsymbol{\gamma}+\boldsymbol{\beta}\times\boldsymbol{\gamma}$.

9. 向量及其坐标的有关公式

给定向量 $\boldsymbol{\alpha}=\{a_1,a_2,a_3\}$, $\boldsymbol{\beta}=\{b_1,b_2,b_3\}$ 及数量 $\lambda$,则

1) $\lambda\boldsymbol{\alpha}=\{\lambda a_1,\lambda a_2,\lambda a_3\}$, $\boldsymbol{\alpha}\pm\boldsymbol{\beta}=\{a_1\pm b_1,a_2\pm b_2,a_3\pm b_3\}$.

2) $\boldsymbol{\alpha}\cdot\boldsymbol{\beta}=|\boldsymbol{\alpha}||\boldsymbol{\beta}|\cos\varphi=a_1b_1+a_2b_2+a_3b_3$,其中 $\varphi$ 是两个向量的夹角.于是可推知

$$\cos\varphi=\frac{\boldsymbol{\alpha}\cdot\boldsymbol{\beta}}{|\boldsymbol{\alpha}|\cdot|\boldsymbol{\beta}|}=\frac{a_1b_1+a_2b_2+a_3b_3}{\sqrt{a_1^2+a_2^2+a_3^2}\sqrt{b_1^2+b_2^2+b_3^2}}.$$

3) $$\boldsymbol{\alpha}\times\boldsymbol{\beta}=\begin{vmatrix}a_2 & a_3\\ b_2 & b_3\end{vmatrix}\boldsymbol{i}-\begin{vmatrix}a_1 & a_3\\ b_1 & b_3\end{vmatrix}\boldsymbol{j}+\begin{vmatrix}a_1 & a_2\\ b_1 & b_2\end{vmatrix}\boldsymbol{k}=\begin{vmatrix}\boldsymbol{i} & \boldsymbol{j} & \boldsymbol{k}\\ a_1 & a_2 & a_3\\ b_1 & b_2 & b_3\end{vmatrix}.$$

4) $\boldsymbol{\alpha}$ 与 $\boldsymbol{\beta}$ 平行的充要条件是它们对应的坐标成比例,即 $\frac{a_1}{b_1}=\frac{a_2}{b_2}=\frac{a_3}{b_3}$.

5) $\boldsymbol{\alpha}$ 与 $\boldsymbol{\beta}$ 垂直的充分必要条件是 $\boldsymbol{\alpha}\cdot\boldsymbol{\beta}=0$,即 $a_1b_1+a_2b_2+a_3b_3=0$.

6) 若 $\boldsymbol{\alpha}=\{a_1,a_2,a_3\}\neq\boldsymbol{0}$,则 $\boldsymbol{\alpha}^0=\frac{1}{|\boldsymbol{\alpha}|}\boldsymbol{\alpha}$ 称为 $\boldsymbol{\alpha}$ 的单位化向量,它表示与 $\boldsymbol{\alpha}$ 同方向的单位向量,并有 $\boldsymbol{\alpha}=|\boldsymbol{\alpha}|\boldsymbol{\alpha}^0$.此时

$$\begin{aligned}\boldsymbol{\alpha}^0&=\left\{\frac{a_1}{\sqrt{a_1^2+a_2^2+a_3^2}},\frac{a_2}{\sqrt{a_1^2+a_2^2+a_3^2}},\frac{a_3}{\sqrt{a_1^2+a_2^2+a_3^2}}\right\}\\&=\{\cos\alpha,\cos\beta,\cos\gamma\},\end{aligned}$$

其中 $\cos\alpha$, $\cos\beta$, $\cos\gamma$ 是 $\boldsymbol{\alpha}$ 的方向余弦.

## 二、空间中的曲面与曲线

1. 曲面与曲面方程

给定曲面 $S$ 及三元方程 $F(x,y,z)=0$.如果曲面 $S$ 上的点的坐标都满足方程,反之,方程的解所对应的点都在 $S$ 上,则称 $S$ 为方程 $F(x,y,z)=0$ 所表示的曲面.

两个方程 $F_1(x,y,z)=0$ 和 $F_2(x,y,z)=0$ 表示同一个曲面的充分必要条件是它们为同解方程.

2. 空间曲线的方程

空间中的曲线 $C$ 可以看做两个曲面的交线,它的一般方程为

$$\begin{cases}F(x,y,z)=0,\\ G(x,y,z)=0.\end{cases}$$

空间曲线 $C$ 也可表示为参数方程

$$\begin{cases} x = x(t), \\ y = y(t), \quad (a \leqslant t \leqslant b). \\ z = z(t) \end{cases}$$

3. 旋转面方程

一条平面曲线 $C$ 绕它所在平面的一条直线 $L$ 旋转一周所生成的曲面称为旋转曲面(旋转面),其中曲线 $C$ 称为旋转曲面的母线,直线 $L$ 称为旋转曲面的旋转轴.

$Oyz$ 平面上的曲线 $C$:$\begin{cases} f(y,z) = 0, \\ x = 0 \end{cases}$ 绕 $z$ 轴旋转的旋转面方程为

$$f(\pm\sqrt{x^2+y^2},z) = 0;$$

绕 $y$ 轴旋转的旋转面方程为

$$f(y, \pm\sqrt{x^2+z^2}) = 0.$$

类似可得其它坐标面上的曲线绕坐标轴旋转的旋转面方程.

4. 柱面方程

平行于定直线 $L$ 并沿定曲线 $C$ 移动的直线 $l$ 所生成的曲面称为柱面,其中动直线 $l$ 在移动中的每一个位置称为柱面的母线,曲线 $C$ 称为柱面的准线.

以 $Oxy$ 平面上的曲线 $C$:$\begin{cases} f(x,y) = 0, \\ z = 0 \end{cases}$ 为准线,母线平行于 $z$ 轴的柱面方程为

$$f(x,y) = 0.$$

同理方程 $g(y,z)=0$ 和 $h(x,z)=0$ 分别表示母线平行于 $x$ 轴和 $y$ 轴的柱面.

5. 曲线在坐标面上的投影

在空间曲线 $C$:$\begin{cases} F_1(x,y,z) = 0, \\ F_2(x,y,z) = 0 \end{cases}$ 的方程中,经过同解变形分别消去变量 $x,y,z$,则可得到 $C$ 在 $Oyz$ 平面、$Oxz$ 平面及 $Oxy$ 平面上的投影曲线,分别形如

$$\begin{cases} F(y,z) = 0, \\ x = 0, \end{cases} \quad \begin{cases} G(x,z) = 0, \\ y = 0, \end{cases} \quad \begin{cases} H(x,y) = 0, \\ z = 0. \end{cases}$$

## 三、空间中的平面与直线方程

1. 平面方程

1) **点法式**:给定空间中的点 $P_0(x_0,y_0,z_0)$ 及非零向量 $\boldsymbol{n}=\{A,B,C\}$,则经过点 $P_0$ 且与 $\boldsymbol{n}$ 垂直的平面方程为

$$A(x-x_0)+B(y-y_0)+C(z-z_0) = 0,$$

其中 $\boldsymbol{n}$ 称为平面的法向量.

2) **一般式**:$Ax+By+Cz+D=0$,其中 $A,B,C$ 不全为零.

3) **截距式**:$\frac{x}{a}+\frac{y}{b}+\frac{z}{c}=1$,其中 $a,b,c$ 全不为零,它们分别是平面在 $x,y,z$ 轴上的截距.

4) 两个平面之间的关系:

设两个平面 $\pi_1$ 与 $\pi_2$ 的法向量依次为 $\boldsymbol{n}_1=\{A_1,B_1,C_1\}$ 和 $\boldsymbol{n}_2=\{A_2,B_2,C_2\}$. $\pi_1$ 与 $\pi_2$ 的夹角 $\theta$ 规定为它们法向量的夹角(取锐角). 这时

$$\cos\theta=\frac{|\boldsymbol{n}_1\cdot\boldsymbol{n}_2|}{|\boldsymbol{n}_1|\cdot|\boldsymbol{n}_2|}=\frac{|A_1A_2+B_1B_2+C_1C_2|}{\sqrt{A_1^2+B_1^2+C_1^2}\cdot\sqrt{A_2^2+B_2^2+C_2^2}}.$$

两个平面平行的充要条件是：$\frac{A_1}{A_2}=\frac{B_1}{B_2}=\frac{C_1}{C_2}$；

两个平面垂直的充要条件是：$A_1A_2+B_1B_2+C_1C_2=0$.

5) 点 $P_0(x_0,y_0,z_0)$到平面 $Ax+By+Cz+D=0$ 的距离为 $d=\frac{|Ax_0+By_0+Cz_0+D|}{\sqrt{A^2+B^2+C^2}}$.

2. 直线方程

1) **一般式**：将直线表示为两个平面的交线

$$\begin{cases}A_1x+B_1y+C_1z+D_1=0,\\A_2x+B_2y+C_2z+D_2=0.\end{cases}$$

2) 若直线 $L$ 经过点 $P_0(x_0,y_0,z_0)$且与向量 $\boldsymbol{v}=\{l,m,n\}\neq\boldsymbol{0}$ 平行，则 $L$ 的方程为

① **对称式**：
$$\frac{x-x_0}{l}=\frac{y-y_0}{m}=\frac{z-z_0}{n};$$

② **参数式**：
$$\begin{cases}x=x_0+lt,\\y=y_0+mt,\\z=z_0+nt,\end{cases}\quad -\infty<t<+\infty.$$

其中 $\boldsymbol{v}=\{l,m,n\}$称为直线 $L$ 的方向向量.

3) 两条直线之间的关系：

设两条直线 $L_1$ 和 $L_2$ 方向向量分别为 $\boldsymbol{v}_1=\{l_1,m_1,n_1\}$，$\boldsymbol{v}_2=\{l_2,m_2,n_2\}$. $L_1$ 与 $L_2$ 的夹角 $\theta$ 规定为它们方向向量的夹角(取锐角). 于是

$$\cos\theta=\frac{|\boldsymbol{v}_1\cdot\boldsymbol{v}_2|}{|\boldsymbol{v}_1|\cdot|\boldsymbol{v}_2|}=\frac{|l_1l_2+m_1m_2+n_1n_2|}{\sqrt{l_1^2+m_1^2+n_1^2}\cdot\sqrt{l_2^2+m_2^2+n_2^2}}.$$

$L_1$ 与 $L_2$ 平行的充要条件是：$\frac{l_1}{l_2}=\frac{m_1}{m_2}=\frac{n_1}{n_2}$；

$L_1$ 与 $L_2$ 垂直的充要条件是：$l_1l_2+m_1m_2+n_1n_2=0$.

3. 直线与平面的关系

设直线 $L$ 的方向向量为 $\boldsymbol{v}=\{l,m,n\}$，平面 $\pi$ 的法向量为 $\boldsymbol{n}=\{A,B,C\}$. $L$ 与 $\pi$ 的夹角 $\varphi$ 规定为 $L$ 与它在 $\pi$ 上投影直线 $L'$ 的夹角(锐角). 这时

$$\sin\varphi=\frac{|\boldsymbol{v}\cdot\boldsymbol{n}|}{|\boldsymbol{v}|\cdot|\boldsymbol{n}|}=\frac{|lA+mB+nC|}{\sqrt{l^2+m^2+n^2}\cdot\sqrt{A^2+B^2+C^2}}.$$

$L$ 与 $\pi$ 垂直的充要条件是：$\frac{l}{A}=\frac{m}{B}=\frac{n}{C}$；

$L$ 与 $\pi$ 平行的充要条件是：$lA+mB+nC=0$.

## 四、二次曲面

由三元二次方程所表示的曲面统称为二次曲面. 通常使用截痕法来判断二次曲面的形状. 一些常用的二次曲面的标准形式如下：

1) **球面**：球心在点 $P_0(x_0,y_0,z_0)$，半径为 $R$ 的球面方程为

$$(x-x_0)^2+(y-y_0)^2+(z-z_0)^2=R^2 \quad (\text{图 1-55}).$$

例如,球心在原点,半径为 $R$ 的球面方程为

$$x^2+y^2+z^2=R^2.$$

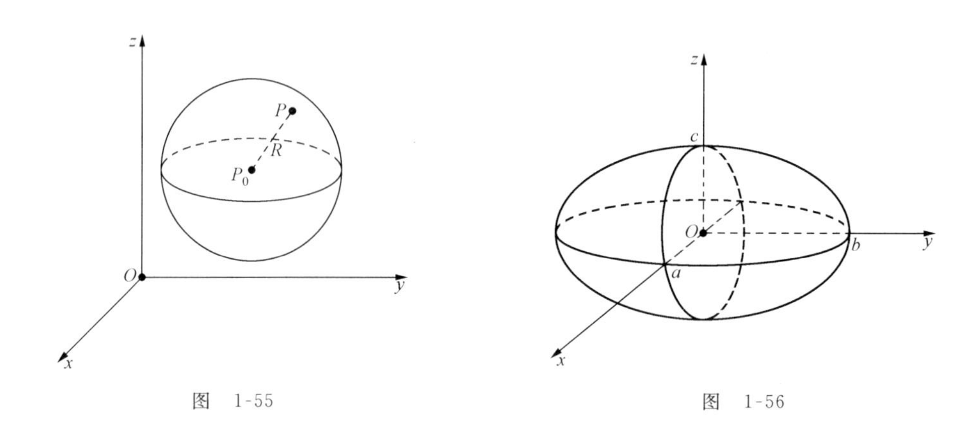


图　1-55　　　　图　1-56

2) **椭球面**:

$$\frac{x^2}{a^2}+\frac{y^2}{b^2}+\frac{z^2}{c^2}=1, \quad \text{其中 } a>0,\ b>0,\ c>0 \quad (\text{图 1-56}).$$

例如 $\frac{x^2}{4}+\frac{y^2}{9}+\frac{z^2}{16}=1$, $x^2+2y^2+3z^2=12$ 等均表示椭球面.

3) **椭圆抛物面**:

$$z=\frac{x^2}{a^2}+\frac{y^2}{b^2}, \quad \text{其中 } a>0,\ b>0 \quad (\text{图 1-57}).$$

例如 $z=x^2+y^2$, $-z=x^2+y^2$ 等均表示椭圆抛物面.

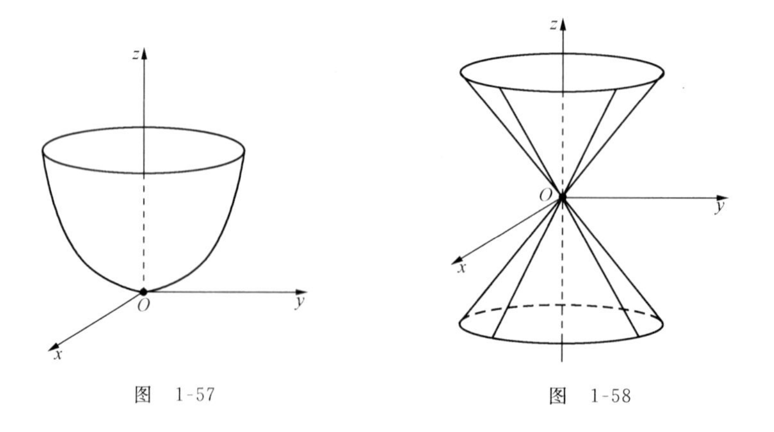


图　1-57　　　　图　1-58

4) **椭圆锥面**:

$$z^2=\frac{x^2}{a^2}+\frac{y^2}{b^2}, \quad \text{其中 } a>0,\ b>0 \quad (\text{图 1-58}).$$

例如 $z^2=x^2+y^2$ 表示椭圆锥面.

5) **单叶双曲面**:

$$\frac{x^2}{a^2}+\frac{y^2}{b^2}-\frac{z^2}{c^2}=1, \quad 其中 a>0, b>0, c>0 \quad (图 1-59).$$

例如 $x^2+y^2-z^2=1$ 表示单叶双曲面.

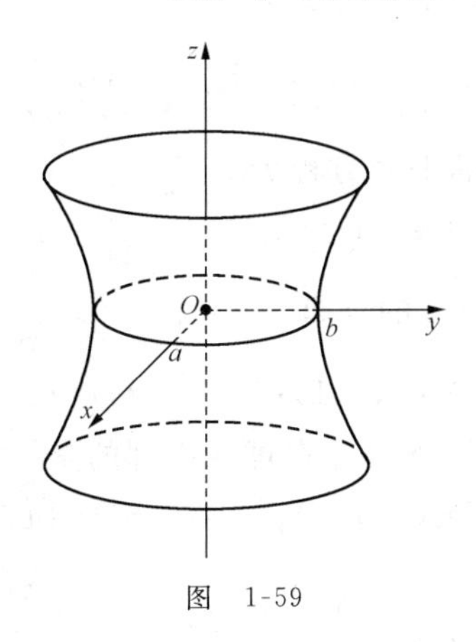


图 1-59

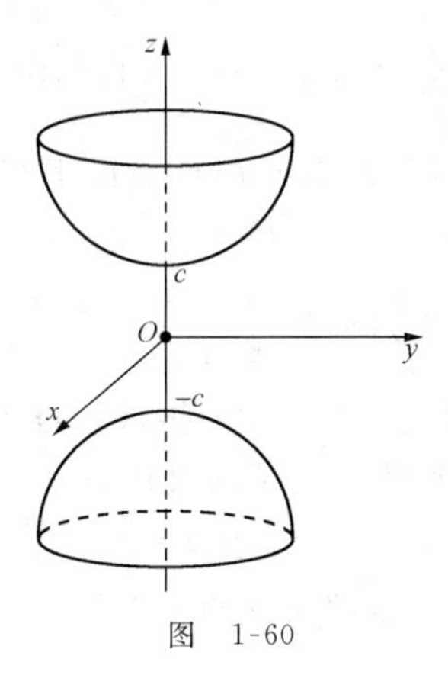


图 1-60

6) **双叶双曲面**:

$$\frac{x^2}{a^2}+\frac{y^2}{b^2}-\frac{z^2}{c^2}=-1, \quad 其中 a>0, b>0, c>0 \quad (图 1-60).$$

例如 $z^2-x^2-y^2=1$ 表示双叶双曲面.

## 复习题一

**一、填空题**

1. 已知两点 $A(4,-7,1)$,$B(6,2,z)$间的距离为 11,则 $z=$________.

2. 设 $z$ 轴上的点 $P$ 到点 $A(-4,1,7)$和 $B(3,5,-2)$的距离相等,则点 $P$ 的坐标为________.

3. 已知向量 $\boldsymbol{a}$ 的模为 2,它与 $x$ 轴、$y$ 轴、$z$ 轴的夹角分别为$\frac{\pi}{3}$,$\frac{\pi}{6}$,$\frac{\pi}{2}$,则 $\boldsymbol{a}=$________.

4. 若向量 $\boldsymbol{a}=\{\lambda,-3,2\}$与向量 $\boldsymbol{b}=\{1,2,-\lambda\}$相互垂直,则 $\lambda=$________.

5. 已知$|\boldsymbol{a}|=3$,$|\boldsymbol{b}|=5$,$|\boldsymbol{a}+\boldsymbol{b}|=6$,则$|\boldsymbol{a}-\boldsymbol{b}|=$________.

6. 若向量 $\boldsymbol{a},\boldsymbol{b},\boldsymbol{c}$ 两两的夹角都为$\frac{\pi}{3}$,且$|\boldsymbol{a}|=4$,$|\boldsymbol{b}|=2$,$|\boldsymbol{c}|=6$,则$|\boldsymbol{a}+\boldsymbol{b}+\boldsymbol{c}|=$________.

7. 设向量 $\overrightarrow{OM}=\{x,y,z\}$,$\boldsymbol{a}=\{1,1,1\}$,则 $\overrightarrow{OM}\times\boldsymbol{a}=$________.

8. $Oxy$ 平面上的曲线 $\begin{cases} y=\mathrm{e}^x, \\ z=0 \end{cases}$ 绕 $x$ 轴旋转的旋转面方程为________.

9. 柱面 $y=2x^2$ 的母线与________轴平行,其准线为________.

10. 曲面 $y=x^2+z^2$ 是 $Oyz$ 平面上的曲线________绕________轴旋转的旋转面.

**二、单项选择题**

1. 已知向量 $\overrightarrow{PQ}=\{4,-4,7\}$的终点为 $Q(2,-1,7)$,则起点 $P$ 的坐标为 (　　)

(A) $(-2,3,0)$;　(B) $(2,-3,0)$;　(C) $(4,-5,14)$;　(D) $(-4,5,14)$.

2. 设向量 $\boldsymbol{a}$ 与 $\boldsymbol{b}$ 平行但方向相反,且 $|\boldsymbol{a}|>|\boldsymbol{b}|>0$,则下列式子正确的是 ( )

(A) $|\boldsymbol{a}+\boldsymbol{b}|<|\boldsymbol{a}|-|\boldsymbol{b}|$; (B) $|\boldsymbol{a}+\boldsymbol{b}|>|\boldsymbol{a}|-|\boldsymbol{b}|$;

(C) $|\boldsymbol{a}+\boldsymbol{b}|=|\boldsymbol{a}|+|\boldsymbol{b}|$; (D) $|\boldsymbol{a}+\boldsymbol{b}|=|\boldsymbol{a}|-|\boldsymbol{b}|$.

3. 已知向量 $\boldsymbol{a}=\{1,1,1\}$,则垂直于 $\boldsymbol{a}$ 及 $y$ 轴的单位向量 $\boldsymbol{b}=$ ( )

(A) $\frac{1}{\sqrt{3}}\{1,-1,1\}$; (B) $\{-1,1,0\}$ (C) $\frac{1}{\sqrt{2}}\{1,0,-1\}$; (D) $\frac{1}{\sqrt{2}}\{1,0,1\}$.

4. 通过点 $M(-5,2,-1)$ 且平行于 $Oyz$ 平面的平面方程为 ( )

(A) $x+5=0$; (B) $y-2=0$; (C) $z+1=0$; (D) $x-1=0$.

5. 设空间直线方程为 $\frac{x}{0}=\frac{y}{1}=\frac{z}{2}$,则此直线经过的点是 ( )

(A) $(0,0,0)$; (B) $(0,1,0)$; (C) $(0,0,1)$; (D) $(2,1,2)$.

6. 设球面方程为 $x^2+(y-1)^2+(z+2)^2=2$,则下列点在球面内部的是 ( )

(A) $(1,2,3)$; (B) $(0,1,-1)$; (C) $(0,1,1)$; (D) $(1,1,1)$.

7. 下列曲面中经过原点的曲面是 ( )

(A) $x=y+z^2+2$; (B) $x^2+y^2+z^2=1$;

(C) $z=y^2+xy^2$; (D) $z=(x+1)^2+y^2$.

8. 曲面 $z=\sqrt{x}+y^2$ 的图形关于 ( )

(A) $Oyz$ 平面对称; (B) $Oxy$ 平面对称; (C) $Oxz$ 平面对称; (D) 原点对称.

9. 在空间直角坐标系下,方程 $3x+5y=0$ 的图形表示 ( )

(A) 通过原点的直线; (B) 垂直于 $z$ 轴的直线;

(C) 垂直于 $z$ 轴的平面; (D) 通过 $z$ 轴的平面.

10. 在空间直角坐标系下,$z$ 轴的对称式方程为 ( )

(A) $\frac{x-1}{0}=\frac{y}{0}=\frac{z}{1}$; (B) $\frac{x}{0}=\frac{y}{0}=\frac{z-3}{-2}$;

(C) $\frac{x}{1}=\frac{y}{0}=\frac{z}{0}$; (D) $\frac{x}{0}=\frac{y}{1}=\frac{z}{0}$.

**三、综合题**

1. 证明以 $A(4,1,9)$, $B(10,-1,6)$, $C(2,4,3)$ 为顶点的三角形是等腰直角三角形.

2. 在 $Oyz$ 平面上求与三个点 $A(3,1,2)$, $B(4,-2,-2)$, $C(0,5,1)$ 等距离的点的坐标.

3. 设有边长为 $a$ 的正方体底面放置在 $Oxy$ 平面上,底面的中心在坐标原点,底面的一个顶点在 $x$ 轴上.画出正方体在空间直角坐标系上的位置,求出它各个顶点的坐标.

4. 设有三个力 $\boldsymbol{F}_1=\{1,2,3\}$, $\boldsymbol{F}_2=\{-2,3,-4\}$, $\boldsymbol{F}_3=\{3,-4,5\}$,求合力 $\boldsymbol{F}$ 的模与方向余弦.

5. 证明下列结论:

(1) 对于任何向量 $\boldsymbol{\alpha}$ 与 $\boldsymbol{\beta}$ 恒有 $|\boldsymbol{\alpha}\cdot\boldsymbol{\beta}|\leqslant|\boldsymbol{\alpha}|\cdot|\boldsymbol{\beta}|$,当且仅当它们平行时等号成立;(提示:利用数量积的定义)

(2) 对于任何实数 $a_1$, $a_2$, $a_3$, $b_1$, $b_2$, $b_3$ 恒有不等式

$$|a_1b_1+a_2b_2+a_3b_3|\leqslant\sqrt{a_1^2+a_2^2+a_3^2}\sqrt{b_1^2+b_2^2+b_3^2}$$

成立,并指出等号成立的条件.(提示:利用上题的结论)

6. 设 $|\boldsymbol{a}+\boldsymbol{b}|=|\boldsymbol{a}-\boldsymbol{b}|$, $\boldsymbol{a}=\{3,-5,8\}$, $\boldsymbol{b}=\{-1,1,z\}$,求 $z$.

7. 设 $|\boldsymbol{a}|=\sqrt{3}$, $|\boldsymbol{b}|=1$, $\boldsymbol{a}$ 与 $\boldsymbol{b}$ 的夹角为 $\frac{\pi}{6}$,求 $\boldsymbol{a}+\boldsymbol{b}$ 与 $\boldsymbol{a}-\boldsymbol{b}$ 的夹角.

8. 证明:两个方程组 $\begin{cases} F_1(x,y,z)=0, \\ G_1(x,y,z)=0 \end{cases}$ 与 $\begin{cases} F_2(x,y,z)=0, \\ G_2(x,y,z)=0 \end{cases}$ 表示同一条曲线的充要条件为它们是同解方程组.

9. 求与三个点 $A(3,7,-4)$, $B(-5,7,-4)$, $C(-5,1,-4)$的距离都相等的点的轨迹.

10. 将空间曲线方程 $\begin{cases} x^2+y^2+z^2=64, \\ y+z=0 \end{cases}$ 化为参数方程.

11. 求以 $C$: $\begin{cases} 2x^2+y^2+z^2=16, \\ x^2-y^2+z^2=0 \end{cases}$ 为准线,母线分别平行于 $x$ 轴和 $y$ 轴的柱面方程.

12. 求点 $A(2,3,1)$在直线 $\frac{x+7}{1}=\frac{y+2}{2}=\frac{z+2}{3}$ 上的投影点的坐标.

# 第二章 多元函数的微分学

一元函数的微积分学讨论的是一个自变量与因变量的关系，它研究的是因变量受到一个自变量因素的影响问题. 但是在现实问题中，因变量往往受到多个自变量因素的影响. 因此，有必要研究多元函数. 本章主要研究二元函数的微分学，它是一元函数微分学的推广，其中的很多结论对于三元以上的函数都成立.

## §1 多元函数的基本概念

看下列多元函数的例子：

1) 长方形的面积 $A$ 与它的长 $x$ 和宽 $y$ 有关系 $A=xy$. 我们称面积 $A$ 是长与宽的二元函数；

2) 在市场上购买某种商品所花的费用 $F$ 与该商品的单位价格 $p$ 和购买量 $q$ 有关系 $F=pq$. 我们称费用 $F$ 是单位价格与购买量的二元函数；

3) 将一笔本金 $R$ 存入银行，所获得的利息 $L$ 与本金 $R$、年利率 $r$ 以及存款的年限 $t$ 有关系 $L=R(1+r)^t-R$（按复利计算）. 我们称利息 $L$ 是本金、年利率以及存款年限的三元函数.

通过这几个例子可以看到，现实事物中的一些量受到多个变量因素的影响. 因此就产生了多元函数的概念. 本节主要研究二元函数及其有关概念.

### 1.1 平面点集

平面中某些点所构成的集合称为**平面点集**. 当建立平面直角坐标系后，平面上的每个点都可以用它的坐标来表示. 因此，平面点集也可以用它们的坐标来表示.

例如，点集 $D=\{(x,y)\mid\sqrt{x^2+y^2}<1\}$ 表示到原点的距离小于 1 的点的集合（图 2-1(a)）. 有时为了方便，经常将这个点集简记为 $D$：$\sqrt{x^2+y^2}<$

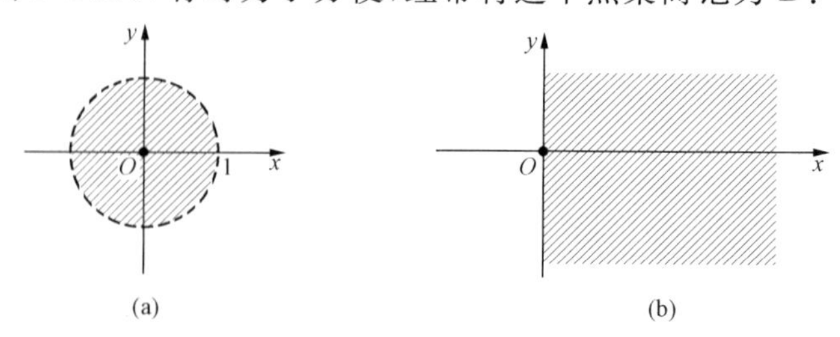

(a) (b)

图 2-1

1,或直接写为$\sqrt{x^2+y^2}<1$. 又如,点集$D=\{(x,y)\mid x>0\}$表示横坐标大于零的点的集合,简记为$D$: $x>0$(图2-1(b)).

我们经常用二元不等式、不等式组或二元方程来表示平面点集. 平面上所有点的集合记为$\mathbf{R}^2$,或$-\infty<x<+\infty$, $-\infty<y<+\infty$.

给定点$P_0(x_0,y_0)$,点集$\{(x,y)\mid\sqrt{(x-x_0)^2+(y-y_0)^2}<\delta\}$ ($\delta>0$为常数) 称为点$P_0$的$\delta$**邻域**,记做$U_\delta(P_0)$,它表示与$P_0$的距离小于$\delta$的点的集合(图2-2(a)),有时简记为$U(P_0)$. 称点集$U_\delta(P_0)-\{P_0\}$为点$P_0$的**去心邻域**,记做$\overset{\circ}{U}_\delta(P_0)$,它表示从邻域$U_\delta(P_0)$中去掉点$P_0$后的集合(图2-2(b)).

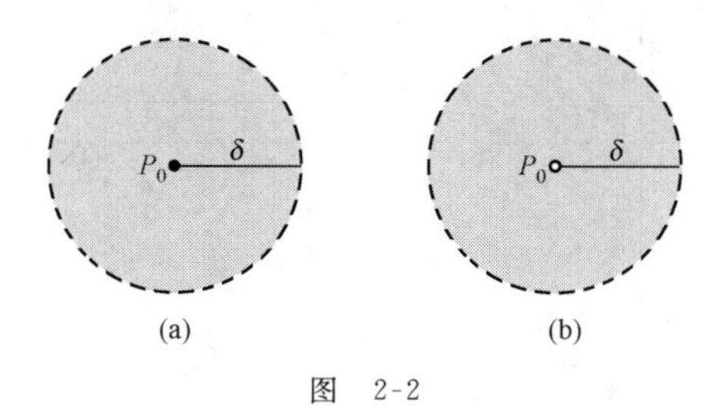

(a) (b)

图 2-2

在平面上由一条或几条曲线围成并且连成一片的点集称为**区域**,这些曲线称为该区域的**边界**,边界上的每个点称为该区域的**边界点**. 如果区域含有它的所有边界,则称该区域是**闭区域**;如果区域不含它的任何边界点,则称该区域为**开区域**.

如果平面点集$D$包含在以原点为圆心的某个圆中,则称点集$D$是**有界**的,否则称为是**无界**的. 点集的有界性表示了点集分布的"延伸性". 从直观上看,当点集分布在平面的有限范围内时,则它是有界的;当点集的分布延伸到无限远处时,则它是无界的.

例如,区域$D_1$: $|x|<1$, $|y|<2$和$D_2$: $|x|\leqslant 2$, $|y|\leqslant 2$.

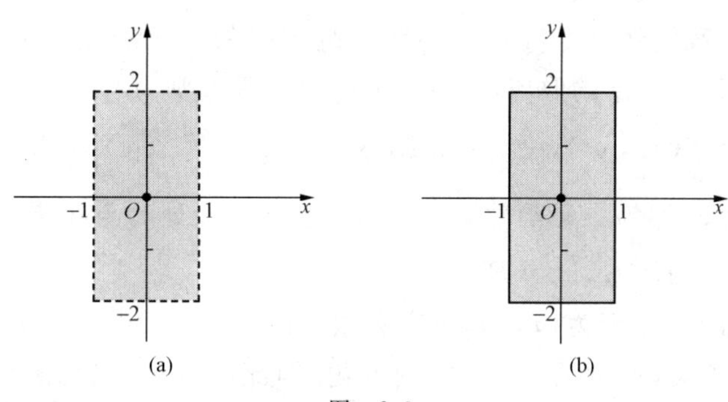

(a) (b)

图 2-3

$D_1$也可表示为$-1<x<1$, $-2<y<2$,它的图形见图2-3(a). 其边界分别为直线$x=1$, $x=-1$, $y=2$, $y=-2$上的某些线段. 边界上的点都不属于$D_1$,从而$D_1$是开区域. 显然$D_1$是有界的.

$D_2$也可表示为$-1\leqslant x\leqslant 1$, $-2\leqslant y\leqslant 2$,它的图形见图2-3(b). 其边界与$D_1$相同,并且边界上的点都属于$D_2$,从而$D_2$是闭区域. 显然$D_2$也是有界的.

区域的边界是区域的重要特征. 若要画出一个区域,应先画出它的边界. 在确定区域的边界时,通常将区域表达中的不等号改为等号. 例如,对于区域$G_1$: $y-x>0$, $G_2$: $y-x\geqslant 0$,将表达式中的不等号改为等号,则它们的边界都为 $y-x=0$. 这条边界将整个平面分为两个部分,那么不等式所表示的是哪一部分呢?我们可以在其中的一个部分上取某个点(不在边界上),它的坐标如果满足不等式,则这个点所在的部分就是不等式所表达的部分;如果不满足不等式,则另一部分就是不等式所表达的部分. 此例中我们取点(0,1),它满足 $G_1$ 和 $G_2$ 中的不等式,从而区域 $G_1$, $G_2$ 表达的部分分别如图 2-4(a)与图 2-4(b)所示. 因边界 $y-x=0$ 上的点都不属于 $G_1$,故它是开区域,且显然无界;因边界 $y-x=0$ 上的点都属于 $G_2$,故它是闭区域,且显然无界.

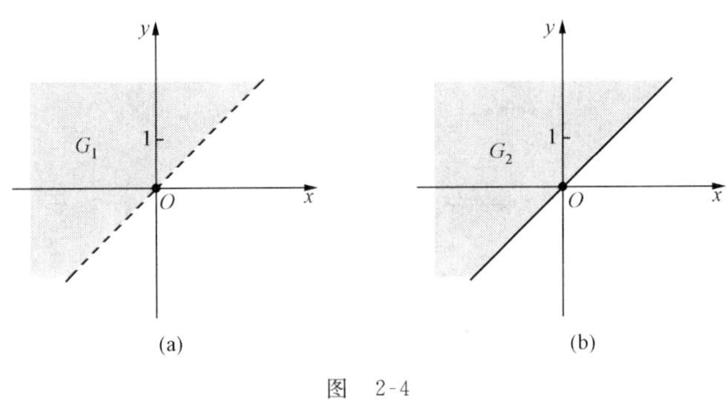


图 2-4

### 1.2 二元函数

**定义 1** 设 $x,y,z$ 是三个变量. 如果变量 $x,y$ 在一定范围内变化时,对于 $x,y$ 的每一组取值,变量 $z$ 按照某个法则 $f$ 总有确定的值与 $x,y$ 对应,则称变量 $z$ 是变量 $x,y$ 的**二元函数**,简称函数,记为 $z=f(x,y)$ 或 $z=z(x,y)$,并称变量 $x,y$ 为二元函数的**自变量**,称变量 $z$ 为**因变量**.

需要说明的是,如果每一组 $x,y$ 所对应的 $z$ 值都是唯一的,则称这样的函数为**单值函数**,否则称为**多值函数**. 如果以后不作特别声明,我们所指的函数都是单值函数. 对于多值函数,我们通常将它拆成若干个单值函数来处理.

与一元函数类似,我们将自变量 $x,y$ 的变化范围称为二元函数 $z=f(x,y)$ 的**定义域**,记为 $D_f$. 对于自变量的某个固定的取值 $x=x_0$, $y=y_0$,按照法则 $f$ 所对应的因变量 $z$ 的值如果是 $z_0$,则记之为 $z_0=f(x_0,y_0)$, $z_0=z(x_0,y_0)$, $z_0=f(x,y)\Big|_{\substack{x=x_0\\y=y_0}}$, $z_0=f(x,y)\Big|_{(x_0,y_0)}$, $z_0=z(x,y)\Big|_{(x_0,y_0)}$ 等. $z_0$ 称为二元函数 $z=f(x,y)$ 在 $x_0$, $y_0$ 处的**函数值**,所有函数值的集合称为二元函数 $z=f(x,y)$ 的**值域**,记为 $R_f$.

通常我们把变化的 $x,y$ 记为 $(x,y)$,将它看做平面上的点 $P(x,y)$,则函数的定义域 $D_f$ 就可以看做是平面上的点集,点 $P$ 在点集 $D_f$ 内变化. 因此,单值的二元函数 $z=f(x,y)$ 就是平面点集 $D_f$ 到实数集的映射(图 2-5).

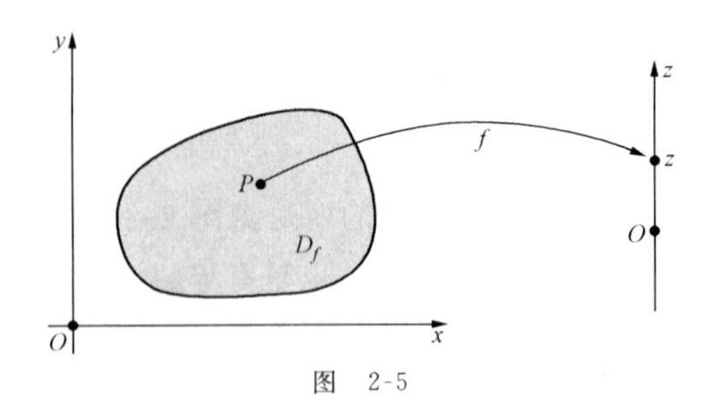


图 2-5

二元函数的定义域及其映射法则 $f$ 是确定一个二元函数的两个基本要素. 但是,对于一些常用的函数有时并不给出定义域,其定义域被默认为使得二元函数 $z=f(x,y)$ 有意义的点 $(x,y)$ 的集合.

一元函数 $y=f(x)$ 的几何图形通常是平面上的曲线,与之类似,二元函数 $z=f(x,y)$ 的几何图形通常表示空间中的曲面. 将点 $(x,y)$ 和它所对应的值 $z$ 放在一起可以构成空间中的点 $M(x,y,z)$. 当点 $(x,y)$ 在 $D_f$ 上变化时,点 $M$ 在空间中变化的轨迹通常是空间中的一个曲面 $\Sigma$. 于是点 $M$ 的坐标可以写成 $(x,y,f(x,y))$. 这时曲面 $\Sigma$ 在 $Oxy$ 平面上的投影就是函数 $z=f(x,y)$ 的定义域 $D_f$(图 2-6).

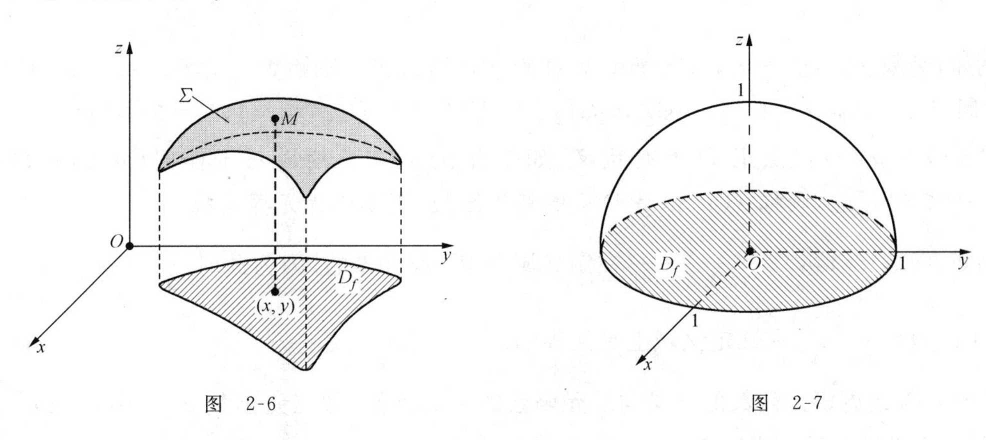


图 2-6　　　　图 2-7

**例 1**　求二元函数 $z=f(x,y)=\sqrt{1-x^2-y^2}$ 的定义域 $D_f$,并画出函数的图形.

**解**　若使得函数有意义,应使得根号下的式子

$$1-x^2-y^2\geqslant 0,\quad 即\quad x^2+y^2\leqslant 1.$$

这就是该函数的定义域 $D_f$.

在等式的两端取平方得

$$z^2=1-x^2-y^2,\quad 即\quad x^2+y^2+z^2=1,$$

此方程表示的图形是球心在原点,半径为 1 的球面. 因 $z\geqslant 0$,故函数的图形应是上半球面(图 2-7).

二元函数与一元函数有着非常密切的关系. 设二元函数 $z=f(x,y)$,点 $P_0(x_0,y_0)\in D_f$. 当固定 $y_0$ 让 $x$ 变化时,$z=f(x,y_0)$ 就是关于 $x$ 的一元函数,记之为 $F(x)$. 一元函数 $F(x)=f(x,y_0)$ 的定义域为直线 $y=y_0$ 上的线段

$$L_{y_0}=\{(x,y_0)|x\in[a,b]\}\quad(图 2\text{-}8(a)),$$

其中 $L_{y_0}$ 在 $x$ 轴上的投影区间取为闭区间 $[a,b]$. 同理,当固定 $x_0$ 让 $y$ 变化时,$z=f(x_0,y)$ 是关于 $y$ 的一元函数,记之为 $G(y)$. 一元函数 $G(y)=f(x_0,y)$ 的定义域为直线 $x=x_0$ 上的线段

$$L_{x_0}=\{(x_0,y)|y\in[c,d]\}\quad(图 2\text{-}8(b)),$$

其中 $L_{x_0}$ 在 $y$ 轴上的投影区间取为闭区间 $[c,d]$. 显然

$$F(x_0)=G(y_0)=f(x_0,y_0).$$

二元函数的某些性质可以通过这样的两个一元函数来讨论.

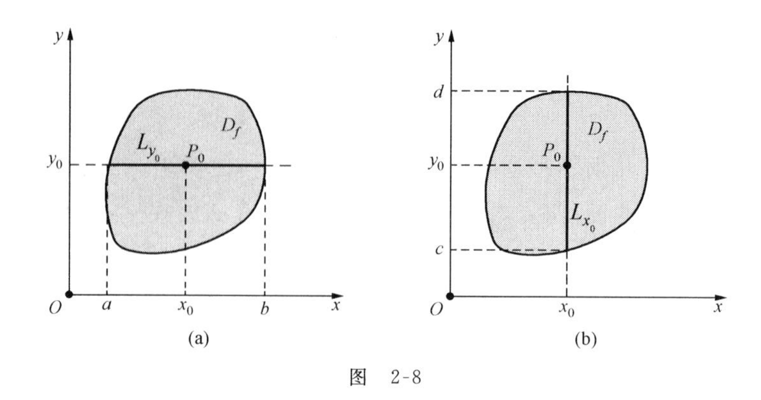


图 2-8

例如,函数 $f(x,y)=x+y^2-\sin xy$,在点 $P_0(1,2)$处. 固定 $y=2$,则 $z=x+4-\sin 2x=F(x)$;固定 $x=1$,则 $z=1+y^2-\sin y=G(y)$. 于是 $F(1)=G(2)=f(1,2)=5-\sin 2$.

设函数 $f(x,y)$在点集 $D$ 上有定义. 如果存在 $M>0$,使得对于任何$(x,y)\in D$ 都有 $|f(x,y)|\leqslant M$ 成立,则称 $f(x,y)$是 $D$ 上的**有界函数**;否则称为**无界函数**.

例如,函数 $f(x,y)=\dfrac{1}{x^2+y^2+1}$ 在定义域上 $\mathbf{R}^2$ 是有界的,因为此时 $\left|\dfrac{1}{x^2+y^2+1}\right|\leqslant 1$;而函数 $g(x,y)=\dfrac{1}{x^2+y^2}$ 在其定义域上是无界的.

三元函数或更多元函数的定义与二元函数的定义类似,如三元函数 $u=f(x,y,z)=x^2+y^2+z^2$,其定义域是整个空间 $\mathbf{R}^3$.

### 1.3 多元函数的构造

很多复杂的多元函数往往是由几个简单的函数经过加、减、乘、除等四则运算或复合而得到的,还有些函数是由多元方程所确定的隐函数得到的,这就是多元函数的构造问题.

**一、多元函数的四则运算**

我们只以二元函数为例. 给定二元函数 $f(x,y)$及 $g(x,y)$且 $D_f\cap D_g\neq\varnothing$,则可用四则运算构造新的函数:

1) 函数的**加法**:$F(x,y)=f(x,y)+g(x,y)$, $D_F=D_f\cap D_g$;

2) 函数的**减法**:$F(x,y)=f(x,y)-g(x,y)$, $D_F=D_f\cap D_g$;

3) 函数的**乘法**:$F(x,y)=f(x,y)\cdot g(x,y)$, $D_F=D_f\cap D_g$;

4) 函数的**除法**:$F(x,y)=\dfrac{f(x,y)}{g(x,y)}$, $D_F=D_f\cap D_g-\{(x,y)\mid g(x,y)=0\}$.

**例 2** 求下列函数的定义域:

1) $F(x,y)=\ln(y-x)-\ln x$;  2) $F(x,y)=\dfrac{\sqrt{4-x^2-y^2}}{\sqrt{x^2+y^2-1}}$.

**解** 1) $F(x,y)$是按照加法的方式构造的. 令 $f(x,y)=\ln(y-x)$,则 $D_f$: $y-x>0$(图 2-9(a));令 $g(x,y)=\ln x$,则 $D_g$: $x>0$(图 2-9(b)). $D_f$ 与 $D_g$ 的交集即为函数$F(x,y)$的定义域,即 $D_f\cap D_g=D_F$: $y-x>0$ 且 $x>0$(图 2-9(c)). 此时 $D_F$ 是开区域,且无界.

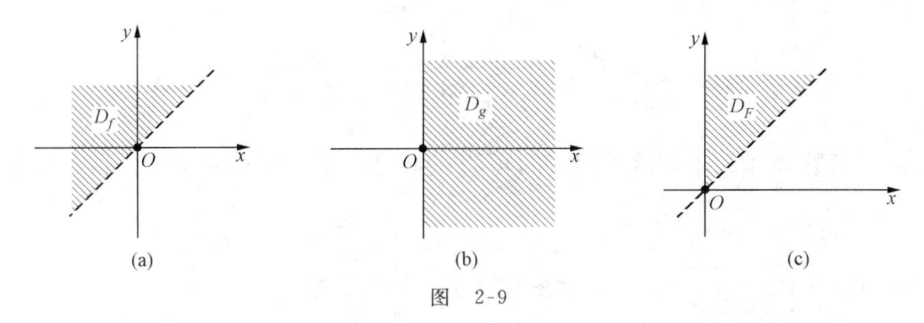


图 2-9

2）此函数是按照除法的方式构造的，应有

$$D_F: 4-x^2-y^2\geqslant 0 \text{ 且 } x^2+y^2-1>0,$$

即 $D_F$：$1<x^2+y^2\leqslant 4$(图 2-10). 这时，$D_F$ 既不是开区域也不是闭区域，且有界.

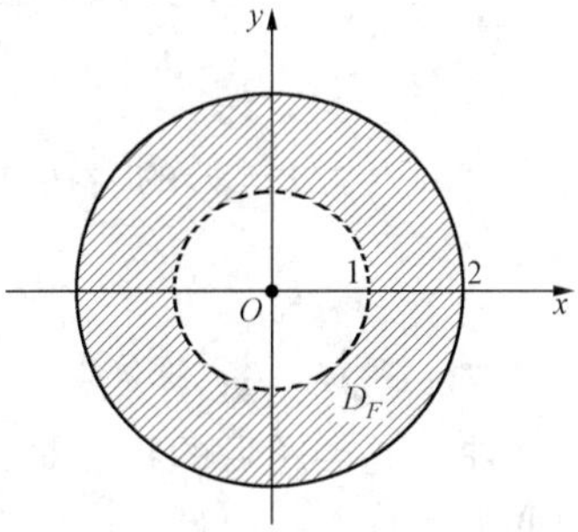

图 2-10

**二、多元函数的复合函数**

多元函数的复合函数比一元函数的复合函数复杂得多.

若函数 $u=f(v)$，$v=g(x,y)$，则复合后构成的新函数为

$$u=F(x,y)=f[g(x,y)],$$

是二元函数. 这时称 $v$ 为**中间变量**，$F(x,y)$ 称为**复合函数**. 如函数 $u=f(v)=\mathrm{e}^v$，$v=g(x,y)=x+y$，则复合函数为

$$u=f[g(x,y)]=\mathrm{e}^{x+y}.$$

若函数 $w=f(u,v)$，$u=\psi(x,y,z)$，$v=\varphi(x,y,z)$，则复合后的新函数为

$$w=F(x,y,z)=f[\psi(x,y,z),\varphi(x,y,z)],$$

是三元函数. 这时的中间变量是 $u$ 和 $v$. 如函数 $w=f(u,v)=v-u$，$u=\psi(x,y,z)=xyz$，$v=\varphi(x,y,z)=x+y+z$，则复合函数

$$w=f[\psi(x,y,z),\varphi(x,y,z)]=x+y+z-xyz.$$

若函数 $z=f(u,v,w)$，$u=\psi(t)$，$v=\varphi(t)$，$w=\lambda(t)$，则复合函数为

$$z=F(t)=f[\psi(t),\varphi(t),\lambda(t)],$$

是一元函数，中间变量分别是 $u,v,w$. 如函数 $z=f(u,v,w)=(u+v)^w$，$u=\psi(t)=\sin t$，$v=\varphi(t)=\cos t$，$w=\lambda(t)=t^2$，则复合函数为

$$z=F(t)=f[\psi(t),\varphi(t),\lambda(t)]=(\sin t+\cos t)^{t^2}.$$

此外，还有一种复合函数，它只对部分中间变量进行复合，如若函数 $z=f(x,u)$，$u=g(x,y)$，则复合函数为

$$z=F(x,y)=f[x,g(x,y)].$$

例如函数 $z=f(x,u)=\dfrac{x}{u}$，$u=g(x,y)=x+\sin y$，则复合函数为

$$z=f[x,g(x,y)]=\frac{x}{x+\sin y}.$$

**例 3** 已知函数 $f(x,y)=\dfrac{xy}{x^2+y^2}$，求 $f\left(1,\dfrac{x}{y}\right)$.

**解** 因 $f(u,v)=\dfrac{uv}{u^2+v^2}$，取 $u=1$，$v=\dfrac{x}{y}$，则有

$$f\left(1,\frac{x}{y}\right)=\frac{1\cdot\frac{x}{y}}{1^2+\left(\frac{x}{y}\right)^2}=\frac{xy}{x^2+y^2}.$$

**注** 如果我们熟悉了复合函数的演算,可直接将表达式 $f(x,y)$中的 $x$ 换为 1,将 $y$ 换为 $\frac{x}{y}$.

**例 4** 设 $f(x+y,x-y)=x^2-y^2$,求函数 $f(x,y)$.

**解** 令 $u=x+y,v=x-y$,解此方程组得

$$x=\frac{u+v}{2},\quad y=\frac{u-v}{2}.$$

代入 $f(x+y,x-y)$的表达式得

$$f(u,v)=\left(\frac{u+v}{2}\right)^2-\left(\frac{u-v}{2}\right)^2=uv.$$

于是 $f(x,y)=xy$.

**注** 此类题目的特点是:已知函数复合之后的表达式,求函数复合之前的表达式. 这里所用的方法具有一般性. 此题还有更简单的解法:因

$$f(x+y,x-y)=x^2-y^2=(x-y)(x+y),$$

故 $f(u,v)=uv$,即 $f(x,y)=xy$.

设有若干个不同的变量,由它们各自的一元基本初等函数出发,经过有限次的加、减、乘、除运算及有限次的复合得到的函数称为**初等函数**. 初等函数是多元微积分中经常用到的函数. 如 $\frac{x}{x^2+y^2}$, $e^{x+y+z}-\sin xyz+\sqrt{1-x^2}$ 等都是初等函数. 初等函数的定义域往往被默认为使得初等函数有意义的点的集合,它经常被省略.

## 三、隐函数

给定二元方程 $F(x,y)=0$,如果该方程有解,则可以确定一元函数 $y=y(x)$. 确定的方法是:给定一个 $x$,根据这个方程确定一个 $y$,使得数组 $x,y$ 成为方程的解(如果有解). 按照这样的法则让 $x$ 对应 $y$,就构成了 $y$ 为 $x$ 的函数 $y=y(x)$,称之为由方程 $F(x,y)=0$ 所确定的**隐函数**.

例如,从方程 $x-2y=0$ 中解出 $y=\frac{x}{2}$,它就是由该方程确定的隐函数.

显然,若 $y=y(x)$是由方程 $F(x,y)=0$ 所确定的隐函数,则复合函数 $F[x,y(x)]\equiv 0$. 相比之下,$y=f(x)$形式的函数称为**显函数**. 当然,由方程 $F(x,y)=0$ 也可以确定 $x$ 为 $y$ 的隐函数 $x=x(y)$.

显函数可以很容易地化为隐函数. 如,对于显函数 $y=f(x)$,它就是方程 $y-f(x)=0$ 所确定的隐函数. 反之,若将一般的隐函数表示为显函数往往很困难. 从上面的例子可知,只需从方程 $F(x,y)=0$ 中解出 $y=y(x)$就可以使得隐函数变为显函数. 但是,有些方程很难解出来,即使能解出来,其表达式也非常的复杂. 因此,有很多函数我们都通过方程用隐函数来表示.

同理,对于有解的三元方程 $F(x,y,z)=0$,可以确定 $z$ 为 $x,y$ 的二元函数 $z=z(x,y)$. 此时,复合函数 $F[x,y,z(x,y)]\equiv 0$. 当然,由 $F(x,y,z)=0$ 也可以确定隐函数 $x=x(y,z)$及 $y=y(x,z)$.

### 1.4 多元函数的极限

我们已经在一元函数中有了极限的概念.尽管各种类型的极限不尽相同,但它们有共同的特点:自变量的变化趋势引起了因变量的变化趋势.多元函数极限也是如此.这里只讨论二元函数的极限.

**定义 2**[①] 设函数 $z=f(x,y)$ 在点 $P_0(x_0,y_0)$ 的某个去心邻域 $U^\circ(P_0)$ 中有定义.若当点 $P(x,y)$ 无限接近点 $P_0$ 时,函数在点 $P$ 的函数值 $f(x,y)$ 与某个实数 $A$ 也无限接近,则称 $A$ 是函数 $f(x,y)$ 在点 $P_0$ 处的**二重极限**,简称为**极限**,记为

$$\lim_{\substack{x\to x_0\\y\to y_0}} f(x,y)=A \quad 或 \quad \lim_{(x,y)\to(x_0,y_0)} f(x,y)=A.$$

**注** 二重极限的定义仍表明自变量 $x,y$ 的变化趋势引起了因变量 $z$ 的变化趋势.需注意以下几点:

1) 在定义 2 中,要求函数在点 $P_0$ 的去心邻域中有定义.这表明点 $P$ 在无限接近点 $P_0$ 的过程中,点 $P$ 永远不等于点 $P_0$,也表明极限值 $A$ 与函数值 $f(x_0,y_0)$ 是否有定义无关.

2) 对于二元初等函数的极限,我们有如下结论:

若 $f(x,y)$ 是初等函数,$P_0(x_0,y_0)\in D_f$,则 $\lim\limits_{\substack{x\to x_0\\y\to y_0}} f(x,y)=f(x_0,y_0)$.这个性质与一元初等函数的极限类似,它就是后续内容中将提到的函数的连续性.在下面的讨论中,我们将直接使用这个结论,如 $\lim\limits_{\substack{x\to 0\\y\to 2}} xy=0\cdot 2=0$,$\lim\limits_{\substack{x\to 0\\y\to 2}} y=2$ 等.

3) 二重极限的性质与一元函数极限的性质类似,如极限的加、减、乘、除四则运算公式,极限的保号性等.在下面的讨论中我们也将直接使用有关性质和公式.

**例 5** 求下列二重极限:

1) $\lim\limits_{\substack{x\to 1\\y\to 2}} \ln(x+y^2)$;  2) $\lim\limits_{\substack{x\to 0\\y\to 2}} \dfrac{\sin xy}{x}$.

**解** 1) 利用初等函数的极限得 $\lim\limits_{\substack{x\to 1\\y\to 2}} \ln(x+y^2)=\ln(1+2^2)=\ln 5$.

2) $\lim\limits_{\substack{x\to 0\\y\to 2}} \dfrac{\sin xy}{x}=\lim\limits_{\substack{x\to 0\\y\to 2}} \dfrac{\sin xy}{xy}\cdot y$.令 $xy=u$,则当 $x\to 0,y\to 2$ 时,$u\to 0$,从而

$$\lim_{\substack{x\to 0\\y\to 2}} \frac{\sin xy}{xy}=\lim_{u\to 0}\frac{\sin u}{u}=1.$$

所以
$$原式=\lim_{\substack{x\to 0\\y\to 2}} \frac{\sin xy}{xy}\cdot \lim_{\substack{x\to 0\\y\to 2}} y=1\cdot 2=2.$$

**定理 1** 函数 $z=f(x,y)$ 在点 $P_0(x_0,y_0)$ 的二重极限存在的充分必要条件是:点 $P(x,y)$ 以任何方式趋向于点 $P_0(x_0,y_0)$ 时,函数 $f(x,y)$ 的极限都存在且相等.(证明略)

这个性质类似于一元函数中左右极限与极限的关系.在一元函数的极限 $\lim\limits_{x\to x_0} f(x)$ 中,自变

---

① 严格来讲,二元函数的极限需用"$\varepsilon$-$\delta$"语言来定义.即:
设函数 $z=f(x,y)$ 在点 $P_0(x_0,y_0)$ 的某个去心邻域 $U^\circ(P_0)$ 中有定义,$A$ 是一个实数.如果对于任意给定的 $\varepsilon>0$,总存在 $\delta>0$,使得点 $P_0$ 的去心邻域 $U_\delta^\circ(P_0)\subset U^\circ(P_0)$,且当点 $P(x,y)\in U_\delta^\circ(P_0)$ 时,总有不等式 $|f(x,y)-A|<\varepsilon$ 成立,则称 $A$ 是函数 $f(x,y)$ 在点 $P_0$ 处的**二重极限**.

量沿 $x$ 轴趋向于 $x_0$ 只有左、右两种方式，所以 $\lim\limits_{x \to x_0} f(x)$ 存在的充要条件是它的左、右极限都存在并且相等. 但在二元函数的极限中，由于平面上的点 $P(x,y)$ 趋于点 $P_0(x_0,y_0)$ 的方式有无穷多种，所以要求点 $P$ 以任意方式趋向于 $P_0$ 时的极限必须是同一个数值 $A$. 如果点 $P$ 只以某些特殊方式趋于 $P_0$，比如沿某几条曲线趋向于点 $P_0$，即使这时极限值都是同一个数值 $A$，我们也不能断定函数的二重极限就一定存在.

由定理 1 可知，对于二重极限 $\lim\limits_{\substack{x \to x_0 \\ y \to y_0}} f(x,y)$，如果能够找到两条不同的路径，使得沿这两条路径 $(x,y) \to (x_0,y_0)$ 时的极限不同，则 $\lim\limits_{\substack{x \to x_0 \\ y \to y_0}} f(x,y)$ 一定不存在.

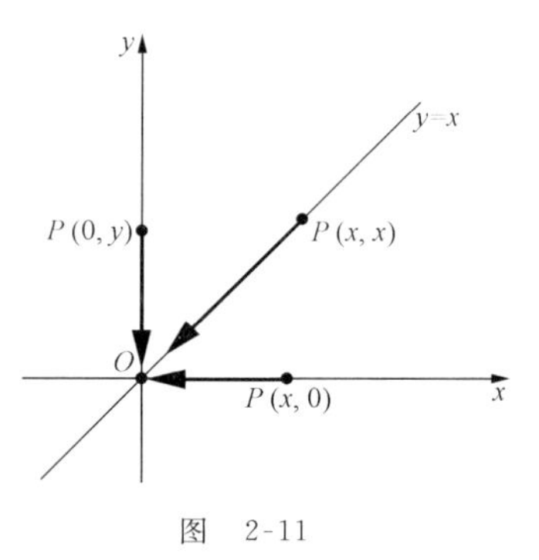

图　2-11

**例 6**　证明极限 $\lim\limits_{\substack{x \to 0 \\ y \to 0}} \dfrac{xy}{x^2+y^2}$ 不存在.

**证**　让点 $P(x,y)$ 沿下列三条不同的路径趋向于原点(图 2-11)：

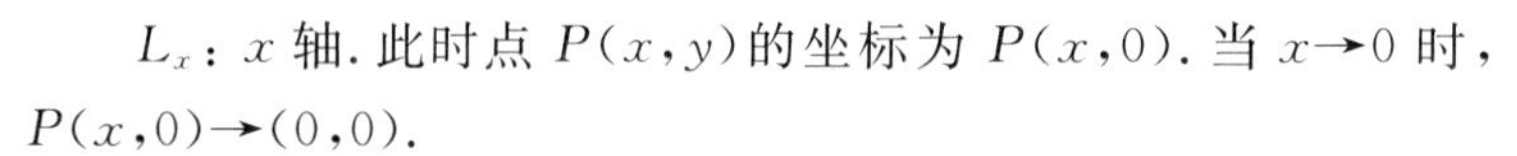

$L_x$：$x$ 轴. 此时点 $P(x,y)$ 的坐标为 $P(x,0)$. 当 $x \to 0$ 时，$P(x,0) \to (0,0)$.

$L_y$：$y$ 轴. 此时点 $P(x,y)$ 的坐标为 $P(0,y)$. 当 $y \to 0$ 时，$P(0,y) \to (0,0)$.

$L$：直线 $y=x$. 此时点 $P(x,y)$ 的坐标为 $P(x,x)$. 当 $x \to 0$ 时，$P(x,x) \to (0,0)$.

在 $L_x$ 上，$\lim\limits_{\substack{x \to 0 \\ y \to 0}} \dfrac{xy}{x^2+y^2} = \lim\limits_{x \to 0} \dfrac{x \cdot 0}{x^2+0^2} = 0$；在 $L_y$ 上，$\lim\limits_{\substack{x \to 0 \\ y \to 0}} \dfrac{xy}{x^2+y^2} = \lim\limits_{y \to 0} \dfrac{0 \cdot y}{0^2+y^2} = 0$. 据此我们并不能断言 $\lim\limits_{\substack{x \to 0 \\ y \to 0}} \dfrac{xy}{x^2+y^2} = 0$. 因为在 $L$ 上，$\lim\limits_{\substack{x \to 0 \\ y \to 0}} \dfrac{xy}{x^2+y^2} = \lim\limits_{x \to 0} \dfrac{x \cdot x}{x^2+x^2} = \dfrac{1}{2} \neq 0$，所以函数在原点的极限不存在.

### 1.5　多元函数的连续性

**定义 3**　设 $f(x,y)$ 在点 $P_0(x_0,y_0)$ 的某个邻域中有定义. 如果 $\lim\limits_{\substack{x \to x_0 \\ y \to y_0}} f(x,y) = f(x_0,y_0)$，则称函数 $f(x,y)$ 在点 $P_0(x_0,y_0)$ **连续**；否则称为**间断**.

简言之，函数在某点连续，就是函数在该点的极限值等于在该点的函数值. 这与一元函数连续的定义是一致的. 按照这样的理解，我们可以将连续的概念推广到多元函数.

若函数在区域 $D$ 的每一个点上都连续，则称函数在区域 $D$ 上是连续的. 如果二元函数 $z=f(x,y)$ 在区域 $D$ 上连续，则它的图形给出的是一个“无孔隙、无裂缝”的曲面. 关于多元函数的连续性，我们不加证明地给出下列**结论**：

1) 连续函数经加、减、乘、除(除式不为零)运算得到的函数仍是连续函数；

2) 连续函数与连续函数的复合函数仍是连续函数；

3) 初等函数在其有定义的区域内连续.

我们知道，如果一元函数在闭区间上连续，则它有一些特殊的性质. 对于二元函数也有类似的结果.

**定理 2(最值定理)**　如果函数 $f(x,y)$ 在有界闭区域 $D$ 上连续，则 $f(x,y)$ 在 $D$ 上一定有最大值和最小值.

由定理 2 可知,有界闭区域上的连续函数一定有界.

**定理 3(介值定理)** 设函数 $f(x,y)$在有界闭区域 $D$ 上连续,$M$ 和 $m$ 分别是 $f(x,y)$在 $D$ 上的最大值和最小值. 对于任何实数 $c$,只要满足 $m\leqslant c\leqslant M$,则至少存在一点$(\bar{x},\bar{y})\in D$,使得 $f(\bar{x},\bar{y})=c$.

## 习 题 2-1

1. 画出下列平面点集,指出它们的边界,说明它们是开区域还是闭区域,有界还是无界.

(1) $D$:$x\geqslant 0$,$y\geqslant 0$,$x+y\geqslant 1$;　　(2) $D$:$|x|+|y|<1$.

2. 求下列函数的定义域 $D$,并作出 $D$ 的图形:

(1) $z=\sqrt{x-\sqrt{y}}$;　　(2) $z=\ln(y^2-2x+1)$;

(3) $z=\dfrac{x^2-y^2}{x^2+y^2}$;　　(4) $z=\dfrac{\sqrt{x+y}}{\sqrt{x-y}}$.

3. 设函数 $f(x,y)=\dfrac{2xy}{x^2-y^2}$,求 $f(2,1)$,$f\left(1,\dfrac{y}{x}\right)$.

4. 已知函数 $f(x,y)=\ln x\cdot\ln y$,求:

(1) $f(x_0+h,y_0+k)-f(x_0,y_0)$;

(2) $f(2,1+k)-f(2,1)$;

(3) $f(1+h,1)-f(1,1)$.

5. 求下列函数的极限:

(1) $\lim\limits_{\substack{x\to 0\\ y\to 1}}\dfrac{1-xy}{x^2-y^2}$;　　(2) $\lim\limits_{\substack{x\to 0\\ y\to 1/2}}\arcsin\sqrt{x+y}$;

(3) $\lim\limits_{\substack{x\to 0\\ y\to 0}}\dfrac{\sin 2(x^2+y^2)}{x^2+y^2}$;　　(4) $\lim\limits_{\substack{x\to 0\\ y\to 0}}\dfrac{2-\sqrt{xy+4}}{xy}$.

6. 求下列函数的表达式:

(1) 圆锥体的体积 $V$ 是底半径 $r$ 与高 $h$ 的函数.

(2) 圆弧的弧长 $l$ 是圆弧的半径 $r$ 与圆心角 $\varphi$ 的函数.

(3) 在边长为 $y$ 的正方形铁板的四个角上都截去边长为 $x$ 的小正方形,然后将它折成方盒子. 求盒子的容积 $V$ 与 $x$,$y$ 的函数关系.

7. 给定曲线

$$C:\begin{cases}x=x(t),\\ y=y(t),\\ z=z(t)\end{cases}\quad(a\leqslant t\leqslant b)$$

及曲面 $S$:$F(x,y,z)=0$,证明曲线 $C$ 在曲面 $S$ 上的充分必要条件是复合函数

$$F[x(t),y(t),z(t)]\equiv 0\quad(a\leqslant t\leqslant b).$$

8. 证明函数 $f(x,y)=\dfrac{x+y}{x-y}$ 在点$(0,0)$处的二重极限不存在.

9. 指出下列函数在何处间断:

(1) $z=\dfrac{1}{x^2+y^2}$;　　(2) $z=\dfrac{y^2+2x}{y^2-x}$.

## §2 偏导数与全微分

### 2.1 偏导数的概念

在研究一元函数的变化率时,我们引入了导数的概念.对于多元函数,我们也需要研究它的变化率问题.由于多元函数的自变量不止一个,因变量与自变量的关系比较复杂,所以当我们研究多元函数时,首先考虑的是自变量各自的变化率问题.这就引入了偏导数的概念.

**定义 1** 设函数 $z=f(x,y)$ 在点 $(x_0,y_0)$ 的某个邻域内有定义.固定 $y=y_0$,对于一元函数 $F(x)=f(x,y_0)$ 的自变量在 $x_0$ 处给出增量 $\Delta x$,则有增量

$$\Delta F = F(x_0+\Delta x)-F(x_0) = f(x_0+\Delta x,y_0)-f(x_0,y_0).$$

若极限

$$\lim_{\Delta x\to 0}\frac{\Delta F}{\Delta x}=\lim_{\Delta x\to 0}\frac{f(x_0+\Delta x,y_0)-f(x_0,y_0)}{\Delta x} \tag{1}$$

存在,则称此极限值为函数 $z=f(x,y)$ 在点 $(x_0,y_0)$ 处**对 $x$ 的偏导数**,记为

$$\left.\frac{\partial z}{\partial x}\right|_{\substack{x=x_0\\y=y_0}},\quad \left.\frac{\partial f}{\partial x}\right|_{\substack{x=x_0\\y=y_0}},\quad f_x(x_0,y_0),\quad z_x(x_0,y_0),\quad z_x\Big|_{\substack{x=x_0\\y=y_0}},\quad z_x\Big|_{(x_0,y_0)}\quad 等.$$

同样 $z=f(x,y)$ 在点 $(x_0,y_0)$ 处**对 $y$ 的偏导数**定义为极限

$$\lim_{\Delta y\to 0}\frac{f(x_0,y_0+\Delta y)-f(x_0,y_0)}{\Delta y}, \tag{2}$$

记为 $\left.\frac{\partial z}{\partial y}\right|_{\substack{x=x_0\\y=y_0}}$, $\left.\frac{\partial f}{\partial y}\right|_{\substack{x=x_0\\y=y_0}}$, $f_y(x_0,y_0)$, $z_y(x_0,y_0)$, $z_y\Big|_{\substack{x=x_0\\y=y_0}}$, $z_y\Big|_{(x_0,y_0)}$ 等.

定义 1 中增量 $\Delta F=f(x_0+\Delta x,y_0)-f(x_0,y_0)$ 称为 $z=f(x,y)$ 在 $(x_0,y_0)$ 处**关于 $x$ 的偏增量**,记为 $\Delta_x z$.类似地,**关于 $y$ 的偏增量**定义为 $\Delta_y z=f(x_0,y_0+\Delta y)-f(x_0,y_0)$.相应地,称 $\Delta z=f(x_0+\Delta y,y_0+\Delta y)-f(x_0,y_0)$ 为 $f(x,y)$ 在 $(x_0,y_0)$ 处的**全增量**.

**注** 1) 从对 $x$ 的偏导数的定义中可知,$f_x(x_0,y_0)$ 就是固定 $y=y_0$ 时,对一元函数 $F(x)=f(x,y_0)$ 求在点 $x_0$ 处的导数,即 $F'(x_0)=f_x(x_0,y_0)$.同理 $f_y(x_0,y_0)$ 就是固定 $x=x_0$ 时,对一元函数 $G(y)=f(x_0,y)$ 求在点 $y_0$ 处的导数,即 $G'(y_0)=f_y(x_0,y_0)$.

2) $f_x(x_0,y_0)$ 的意义仅仅表示 $f(x,y)$ 在点 $(x_0,y_0)$ 处沿 $x$ 轴方向的变化率;$f_y(x_0,y_0)$ 也仅仅表示 $f(x,y)$ 在点 $(x_0,y_0)$ 处沿 $y$ 轴方向的变化率.这两个方向上的变化率并不能反映函数在其它方向上的变化率,相关问题将放在后续内容的方向导数中加以讨论.

3) 在偏导数的记号 $f_x(x_0,y_0)$,$f_y(x_0,y_0)$ 中(有些教材记为 $f'_x(x_0,y_0)$,$f'_y(x_0,y_0)$),下标 $x$ 和 $y$ 仅仅是自变量位置的记号.因此,在很多教材中将它们分别记为 $f_1(x_0,y_0)$ 和 $f_2(x_0,y_0)$.

如果 $f(x,y)$ 在区域 $D$ 内每一点 $(x,y)$ 处对 $x$ 的偏导数都存在,那么这些偏导数构成了 $x,y$ 的二元函数,称为 $z=f(x,y)$ 对自变量 $x$ 的**偏导函数**,记为 $\frac{\partial z}{\partial x}$, $\frac{\partial f}{\partial x}$, $f_x(x,y)$, $f_x$, $f_1$, $z_x$ 等.类似地,可以定义 $z=f(x,y)$ 在区域 $D$ 内对自变量 $y$ 的**偏导函数**,记为 $\frac{\partial z}{\partial y}$, $\frac{\partial f}{\partial y}$, $f_y(x,y)$, $f_y$, $f_2$, $z_y$ 等.

在不至于混淆的情况下,偏导函数也简称为偏导数.偏导数的概念可以类似地推广到二元

以上的多元函数.由偏导数的定义可知,若对某个自变量求偏导数,就是先将其余的自变量看做常数,对这个变量所确定的一元函数求导数,此时可运用一元函数的求导法则.

**例 1** 求函数 $z=x^2-3xy+y^3$ 在点$(1,-2)$处的两个偏导数.

**解** 对 $x$ 求偏导数,把 $y$ 看做常数,此时 $y^3$ 也是常数,于是得

$$\frac{\partial z}{\partial x}=(x^2)'_x-(3xy)'_x+(y^3)'_x=2x-3y+0=2x-3y,$$

$$\left.\frac{\partial z}{\partial x}\right|_{\substack{x=1\\y=-2}}=2+6=8.$$

对 $y$ 求偏导数,把 $x$ 看做常数,此时 $x^2$ 也是常数,于是得

$$\frac{\partial z}{\partial y}=(x^2)'_y-(3xy)'_y+(y^3)'_y=0-3x+3y^2=-3x+3y^2,$$

$$\left.\frac{\partial z}{\partial y}\right|_{\substack{x=1\\y=-2}}=-3+12=9.$$

**例 2** 求函数 $u=\sqrt{x^2+y^2+z^2}$的偏导数.

**解** 此函数是复合函数,中间变量是 $x^2+y^2+z^2$.

先对 $x$ 求偏导数,$y,z$ 都看做常数,则

$$\begin{aligned}\frac{\partial u}{\partial x}&=\frac{1}{2\sqrt{x^2+y^2+z^2}}\cdot(x^2+y^2+z^2)'_x\\&=\frac{1}{2\sqrt{x^2+y^2+z^2}}\cdot 2x=\frac{x}{\sqrt{x^2+y^2+z^2}}=\frac{x}{u}.\end{aligned}$$

同理有

$$\frac{\partial u}{\partial y}=\frac{y}{\sqrt{x^2+y^2+z^2}}=\frac{y}{u},\quad \frac{\partial u}{\partial z}=\frac{z}{\sqrt{x^2+y^2+z^2}}=\frac{z}{u}.$$

**例 3** 设函数 $f(x,y)=\begin{cases}\dfrac{xy}{x^2+y^2}, & x^2+y^2\neq 0,\\ 0, & x^2+y^2=0,\end{cases}$ 求 $f(x,y)$在点$(0,0)$处的两个偏导数.

**解** 因为

$$\frac{f(0+\Delta x,0)-f(0,0)}{\Delta x}=\frac{\dfrac{\Delta x\cdot 0}{(\Delta x)^2+0^2}-0}{\Delta x}=0,$$

所以由偏导数的定义可知

$$f_x(0,0)=\lim_{\Delta x\to 0}\frac{f(0+\Delta x,0)-f(0,0)}{\Delta x}=0.$$

同理 $f_y(0,0)=0$.

**注** 在本题中 $x^2+y^2\neq 0$ 意味着 $x,y$ 不同时为零;$x^2+y^2=0$ 意味着 $x,y$ 都为零,即原点$(0,0)$.当 $x^2+y^2\neq 0$ 时,$f(x,y)$的表达式为 $\dfrac{xy}{x^2+y^2}$,它是初等函数,这个表达式在原点没有意义.但函数 $f(x,y)$在原点$(0,0)$处的函数值是单独定义的.所以 $f(x,y)$在其整个定义域上已经不是初等函数了,在点$(0,0)$处不能用例 1 和例 2 的方法直接求偏导数,只能用偏导数的定义去求偏导数.此外,在本章§1 的例 6 中,我们知道这个函数在原点处的二重极限 $\lim\limits_{\substack{x\to 0\\y\to 0}}\dfrac{xy}{x^2+y^2}$

不存在，从而在点(0,0)处不连续.本题还说明了，尽管 $f(x,y)$ 在点(0,0)处的两个偏导数都存在(简称**可导**)，但在此点不连续.从中可以看到，一元函数中“可导必连续”的性质在多元函数中不再成立了，即在多元函数中可导不一定连续.这是因为偏导数反映的仅仅是函数在沿坐标轴方向上的变化情况，不能全面反映函数在其它方向上的变化情况.

### 2.2　高阶偏导数

设函数 $z=f(x,y)$ 在区域 $D$ 内有偏导函数 $\frac{\partial z}{\partial x}=f_x(x,y)$，$\frac{\partial z}{\partial y}=f_y(x,y)$.如果这两个偏导函数在 $D$ 内仍有偏导数，则称它们的偏导数为 $f(x,y)$ 的**二阶偏导数**.如：

对 $\frac{\partial z}{\partial x}$ 求关于 $x$ 的偏导数，记为 $\frac{\partial^2 z}{\partial x^2}$，即 $\frac{\partial^2 z}{\partial x^2}=\frac{\partial}{\partial x}\left(\frac{\partial z}{\partial x}\right)$，或记为 $f_{xx}(x,y)$，$f_{11}(x,y)$，$z_{xx}$ 等；

对 $\frac{\partial z}{\partial x}$ 求关于 $y$ 的偏导数，记为 $\frac{\partial^2 z}{\partial x\partial y}$，即 $\frac{\partial^2 z}{\partial x\partial y}=\frac{\partial}{\partial y}\left(\frac{\partial z}{\partial x}\right)$，或记为 $f_{xy}(x,y)$，$f_{12}(x,y)$，$z_{xy}$ 等；

对 $\frac{\partial z}{\partial y}$ 求关于 $x$ 的偏导数，记为 $\frac{\partial^2 z}{\partial y\partial x}$，即 $\frac{\partial^2 z}{\partial y\partial x}=\frac{\partial}{\partial x}\left(\frac{\partial z}{\partial y}\right)$，或记为 $f_{yx}(x,y)$，$f_{21}(x,y)$，$z_{yx}$ 等；

对 $\frac{\partial z}{\partial y}$ 求关于 $y$ 的偏导数，记为 $\frac{\partial^2 z}{\partial y^2}$，即 $\frac{\partial^2 z}{\partial y^2}=\frac{\partial}{\partial y}\left(\frac{\partial z}{\partial y}\right)$，或记为 $f_{yy}(x,y)$，$f_{22}(x,y)$，$z_{yy}$ 等.

二元函数的二阶偏导数共有四个，其中将 $\frac{\partial^2 z}{\partial x\partial y}$ 和 $\frac{\partial^2 z}{\partial y\partial x}$ 称为**二阶混合偏导数**.

类似地，可以定义三阶、四阶…… 直至 $n$ 阶偏导数.二阶及二阶以上的偏导数统称为**高阶偏导数**，而 $\frac{\partial z}{\partial x}$，$\frac{\partial z}{\partial y}$ 可称为函数的一阶偏导数.

**例 4**　求函数 $z=x^3-3x^2y+y^3$ 的所有二阶偏导数.

**解**　因为 $\frac{\partial z}{\partial x}=3x^2-6xy$，$\frac{\partial z}{\partial y}=-3x^2+3y^2$，所以 $z$ 的所有二阶偏导数如下：

$$\frac{\partial^2 z}{\partial x^2}=\frac{\partial}{\partial x}\left(\frac{\partial z}{\partial x}\right)=\frac{\partial}{\partial x}(3x^2-6xy)=6x-6y,$$

$$\frac{\partial^2 z}{\partial x\partial y}=\frac{\partial}{\partial y}\left(\frac{\partial z}{\partial x}\right)=\frac{\partial}{\partial y}(3x^2-6xy)=-6x,$$

$$\frac{\partial^2 z}{\partial y\partial x}=\frac{\partial}{\partial x}\left(\frac{\partial z}{\partial y}\right)=\frac{\partial}{\partial x}(-3x^2+3y^2)=-6x,$$

$$\frac{\partial^2 z}{\partial y^2}=\frac{\partial}{\partial y}\left(\frac{\partial z}{\partial y}\right)=\frac{\partial}{\partial y}(-3x^2+3y^2)=6y.$$

可以看到，在本题中两个二阶混合偏导数相等.可以证明下述定理.

**定理 1**　如果函数 $z=f(x,y)$ 的两个混合偏导数 $\frac{\partial^2 z}{\partial x\partial y}$ 及 $\frac{\partial^2 z}{\partial y\partial x}$ 在区域 $D$ 内连续，则在该区域内这两个混合偏导数必相等，即 $\frac{\partial^2 z}{\partial x\partial y}=\frac{\partial^2 z}{\partial y\partial x}$.(证明略)

这个定理说明,在二阶混合偏导数连续的条件下,关于 $x,y$ 的求偏导的次序可以交换. 在实际应用中,我们通常都认为二阶混合偏导数是相等的.

**例 5** 设函数 $z=\ln(x^2+y^2)$,证明此函数满足等式 $\frac{\partial^2 z}{\partial x^2}+\frac{\partial^2 z}{\partial y^2}=0$.

**证** 因 $\frac{\partial z}{\partial x}=\frac{2x}{x^2+y^2}$,$\frac{\partial z}{\partial y}=\frac{2y}{x^2+y^2}$,故

$$\frac{\partial^2 z}{\partial x^2}=2\cdot\frac{(x^2+y^2)-x\cdot 2x}{(x^2+y^2)^2}=\frac{2(y^2-x^2)}{(x^2+y^2)^2},$$

$$\frac{\partial^2 z}{\partial y^2}=2\cdot\frac{(x^2+y^2)-y\cdot 2y}{(x^2+y^2)^2}=\frac{2(x^2-y^2)}{(x^2+y^2)^2}.$$

于是

$$\frac{\partial^2 z}{\partial x^2}+\frac{\partial^2 z}{\partial y^2}=\frac{2(y^2-x^2)}{(x^2+y^2)^2}+\frac{2(x^2-y^2)}{(x^2+y^2)^2}=0.$$

### 2.3 全微分

对于一元函数 $y=f(x)$,如果它在点 $x$ 处的增量 $\Delta y$ 可以表示为

$$\Delta y=f(x+\Delta x)-f(x)=A\Delta x+o(\Delta x), \tag{3}$$

其中 $A$ 不依赖于 $\Delta x$,仅与 $x$ 有关,$o(\Delta x)$是 $\Delta x$ 的高阶无穷小量($\Delta x\to 0$),则称函数在点 $x$ 处可微,称 $\mathrm{d}y=A\Delta x$ 为函数在点 $x$ 处的微分. 此时有 $A=f'(x)$. 与一元函数类似,二元函数也有可微的概念.

**定义 2** 设二元函数 $z=f(x,y)$在点$(x,y)$某邻域中有定义,其全增量为

$$\Delta z=f(x+\Delta x,y+\Delta y)-f(x,y). \tag{4}$$

如果全增量 $\Delta z$ 可以表示为

$$\Delta z=A\Delta x+B\Delta y+o(\rho), \tag{5}$$

其中 $A,B$ 不依赖于 $\Delta x,\Delta y$,仅与 $x,y$ 有关,$\rho=\sqrt{\Delta x^2+\Delta y^2}$,$o(\rho)$是 $\rho$ 的高阶无穷小量($\rho\to 0$),则称函数 $f(x,y)$在点$(x,y)$处可微,并称 $A\Delta x+B\Delta y$ 为此函数在点$(x,y)$处的全微分,记为 $\mathrm{d}z$.

**注** $\rho$ 表示了点 $P(x,y)$到点 $P'(x+\Delta x,y+\Delta y)$的距离(图 2-12). 当 $\Delta x\to 0,\Delta y\to 0$ 时,意味着点 $P'(x+\Delta x,y+\Delta y)\to P(x,y)$,则有 $\rho\to 0$. 反之,若 $\rho\to 0$ 也有 $\Delta x\to 0,\Delta y\to 0$. 根据 $o(\rho)$的意义就有

$$\lim_{\substack{\Delta x\to 0\\ \Delta y\to 0}}\frac{o(\rho)}{\sqrt{\Delta x^2+\Delta y^2}}=\lim_{\rho\to 0}\frac{o(\rho)}{\rho}=0.$$

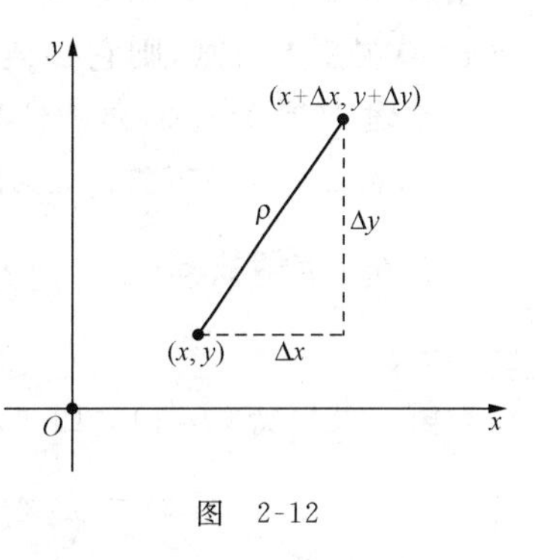

图 2-12

由可微的定义,则有 $\Delta z-\mathrm{d}z=o(\rho)$. 这说明当点 $P$ 与 $P'$ 的距离 $\rho$ 很小时,差 $\Delta z-\mathrm{d}z$ 比 $\rho$ 小得多,此时 $\Delta z\approx\mathrm{d}z$. 全微分 $\mathrm{d}z=A\Delta x+B\Delta y$ 是变量 $\Delta x,\Delta y$ 的线性函数(即一次函数),它的形式比较简单. 这说明函数在点$(x,y)$处的全增量可以用一个简单的线性函数来近似表示.

令 $\frac{o(\rho)}{\rho}=\omega$,则 $o(\rho)=\omega\cdot\rho$. 由 $\lim\limits_{\rho\to 0}\frac{o(\rho)}{\rho}=0$ 可知 $\lim\limits_{\rho\to 0}\omega=0$,于是(5)式可以写为

$$\Delta z=A\Delta x+B\Delta y+\omega\cdot\rho. \tag{6}$$

显然,当函数 $z=f(x,y)$在点$(x,y)$可微时,它也在点$(x,y)$处连续.

如果函数 $z=f(x,y)$ 在区域 $D$ 上的每一点都可微，则称该函数在**区域 $D$ 上可微**.

**定理 2**(可微的必要条件) 如果函数 $z=f(x,y)$ 在点 $(x,y)$ 处可微，则 $z=f(x,y)$ 在点 $(x,y)$ 处的两个偏导数都存在，且(5)式中的常数 $A,B$ 恰是函数的两个偏导数，即

$$A=f_x(x,y),\quad B=f_y(x,y). \tag{7}$$

**证** 设函数 $z=f(x,y)$ 在点 $(x,y)$ 处可微，则在点 $(x,y)$ 的某邻域中(6)式成立. 令 $\Delta y=0$，此时 $\rho=\sqrt{\Delta x^2}=|\Delta x|$，则(6)式变为

$$f(x+\Delta x,y)-f(x,y)=A\cdot\Delta x+\omega\cdot|\Delta x|.$$

当 $\Delta x\neq 0$ 时，上式两边同除以 $\Delta x$，而 $\lim\limits_{\Delta x\to 0}\omega=\lim\limits_{\rho\to 0}\omega=0$ 且 $\dfrac{|\Delta x|}{\Delta x}=\pm 1$ 有界，因此根据偏导数的定义有

$$f_x(x,y)=\lim_{\Delta x\to 0}\frac{f(x+\Delta x,y)-f(x,y)}{\Delta x}=\lim_{\Delta x\to 0}\left(A+\omega\cdot\frac{|\Delta x|}{\Delta x}\right)=A,$$

其中用到 $\lim\limits_{\Delta x\to 0}\omega\cdot\dfrac{|\Delta x|}{\Delta x}=0$.

同理可证 $f_y(x,y)=B$.

由定理 2，当函数 $z=f(x,y)$ 在点 $(x,y)$ 处可微时，$\mathrm{d}z=f_x(x,y)\Delta x+f_y(x,y)\Delta y$. 与一元函数一样，将 $\Delta x,\Delta y$ 分别记为 $\mathrm{d}x,\mathrm{d}y$，分别称为关于**自变量 $x,y$ 的微分**. 从而函数 $z=f(x,y)$ 的全微分可记为

$$\mathrm{d}z=\frac{\partial z}{\partial x}\mathrm{d}x+\frac{\partial z}{\partial y}\mathrm{d}y \quad 或 \quad \mathrm{d}z=f_x(x,y)\mathrm{d}x+f_y(x,y)\mathrm{d}y. \tag{8}$$

在一元函数中，可微与可导是等价的，即“可微必可导，可导必可微”. 定理 2 表明在多元函数中，可微必可导. 但是在多元函数中可导不一定可微. 如本节例 3 中的函数

$$f(x,y)=\begin{cases}\dfrac{xy}{x^2+y^2}, & x^2+y^2\neq 0,\\ 0, & x^2+y^2=0\end{cases}$$

在原点(0,0)的两个偏导数都存在，但在原点不连续，从而在原点不可微. 这是因为：假如 $f(x,y)$ 在原点可微，则它必连续，从而矛盾.

**定理 3**(可微的充分条件) 若函数 $z=f(x,y)$ 的两个偏导数在点 $(x,y)$ 处连续，则函数 $f(x,y)$ 在点 $(x,y)$ 可微.(证明略)

**例 6** 求函数 $z=f(x,y)=\dfrac{x^2}{y}$ 在点 $(1,-2)$ 处，当 $\Delta x=0.02$，$\Delta y=-0.01$ 时的全增量与全微分.

**解** 此时点 $(x,y)=(1,-2)$. 当 $\Delta x=0.02,\Delta y=-0.01$ 时，全增量为

$$\begin{aligned}\Delta z&=f(x+\Delta x,y+\Delta y)-f(x,y)=\frac{(x+\Delta x)^2}{y+\Delta y}-\frac{x^2}{y}\\&=\frac{(1+0.02)^2}{-2-0.01}-\frac{1}{-2}\approx -0.0176.\end{aligned}$$

因为偏导数 $f_x=\dfrac{2x}{y}$，$f_y=-\dfrac{x^2}{y^2}$，所以全微分为

$$\mathrm{d}z=\frac{2x}{y}\Delta x-\frac{x^2}{y^2}\Delta y.$$

在点(1,-2)处,且当 $\Delta x=0.02$, $\Delta y=-0.01$ 时,有

$$dz=-\frac{2\times 1}{2}\times 0.02-\frac{1^2}{2^2}\times(-0.01)=-0.0175.$$

从中可以看到 $\Delta z\approx dz$.

**例 7** 求函数 $z=e^{\frac{x}{y}}$ 的全微分.

**解** 因为 $z_x=\frac{1}{y}e^{\frac{x}{y}}$, $z_y=-\frac{x}{y^2}e^{\frac{x}{y}}$, 所以

$$dz=\frac{1}{y}e^{\frac{x}{y}}dx-\frac{x}{y^2}e^{\frac{x}{y}}dy=\frac{1}{y^2}e^{\frac{x}{y}}(ydx-xdy).$$

全微分的概念及其有关结论都可推广到二元以上的函数.例如,三元函数 $u=f(x,y,z)$ 可微时,

$$du=\frac{\partial u}{\partial x}dx+\frac{\partial u}{\partial y}dy+\frac{\partial u}{\partial z}dz.$$

**例 8** 求函数 $u=\frac{1}{\sqrt{x^2+y^2+z^2}}$ 的全微分.

**解** 此时 $u=(x^2+y^2+z^2)^{-\frac{1}{2}}$,则

$$u_x=-\frac{1}{2}(x^2+y^2+z^2)^{-\frac{3}{2}}\cdot 2x=-\frac{x}{(x^2+y^2+z^2)^{\frac{3}{2}}}.$$

同理

$$u_y=-\frac{y}{(x^2+y^2+z^2)^{\frac{3}{2}}},\quad u_z=-\frac{z}{(x^2+y^2+z^2)^{\frac{3}{2}}}.$$

于是

$$\begin{aligned}du&=-\frac{x}{(x^2+y^2+z^2)^{\frac{3}{2}}}dx-\frac{y}{(x^2+y^2+z^2)^{\frac{3}{2}}}dy-\frac{z}{(x^2+y^2+z^2)^{\frac{3}{2}}}dz\\&=-\frac{xdx+ydy+zdz}{(x^2+y^2+z^2)^{\frac{3}{2}}}.\end{aligned}$$

## 习 题 2-2

1. 证明:函数 $z=\sqrt{x^2+y^2}$ 在点(0,0)连续,但两个偏导数都不存在.
2. 求下列函数的偏导数:

(1) $z=x^3y-xy^3$; (2) $z=\frac{3}{y^2}-\frac{1}{\sqrt[3]{x}}+\ln 5$;

(3) $z=xe^{-xy}$; (4) $z=\frac{x+y}{x-y}$;

(5) $z=\arctan\frac{y}{x}$; (6) $z=\sin(xy)+\cos^2(xy)$;

(7) $u=\sin(x^2+y^2+z^2)$; (8) $u=x^{\frac{y}{z}}$.

3. 设函数 $f(x,y)=x+y-\sqrt{x^2+y^2}$,求 $f_x(3,4)$.
4. 设函数 $f(x,y)=(1+xy)^y$,求 $f_y(1,1)$.

5. 求下列函数的所有二阶偏导数：

(1) $z=x^3+y^3-2x^2y^2$；　　(2) $z=\arctan\dfrac{x}{y}$；

(3) $z=x^y$；　　(4) $z=e^y\cos(x-y)$.

6. 设函数 $f(x,y,z)=xy^2+yz^2+zx^2$，求 $f_{xx}(0,0,1)$，$f_{xz}(1,0,2)$，$f_{yz}(0,-1,0)$，$f_{zzx}(2,0,1)$.

7. 设函数 $f(x,y)=\ln(\sqrt{x}+\sqrt{y})$，求证 $x\dfrac{\partial f}{\partial x}+y\dfrac{\partial f}{\partial y}=\dfrac{1}{2}$.

8. 设函数 $u=\sqrt{x^2+y^2+z^2}$，证明此函数满足等式 $\dfrac{\partial^2 u}{\partial x^2}+\dfrac{\partial^2 u}{\partial y^2}+\dfrac{\partial^2 u}{\partial z^2}=\dfrac{2}{u}$.

9. 求下列函数的全微分：

(1) $z=xy+\dfrac{x}{y}$；　　(2) $z=\ln(1+x^2+y^2)$；

(3) $z=y^x$；　　(4) $u=x^{yz}$.

10. 求函数 $z=\dfrac{y}{x}$ 在点(2,1)处，当 $\Delta x=0.1$，$\Delta y=-0.2$ 时的全增量与全微分.

## §3 复合函数与隐函数的偏导数

### 3.1 复合函数的偏导数

对于可导的一元函数 $y=f(u)$ 和 $u=\varphi(x)$，则它们的复合函数 $y=f[\varphi(x)]$ 也可导，且

$$\frac{dy}{dx}=\frac{dy}{du}\cdot\frac{du}{dx}.$$

我们在本章§1中已经讨论过，多元函数的复合要比一元函数的复合情况复杂得多.因此有关的偏导数问题也难以用同一个公式去表达.这里只就几种特殊的多元复合函数的偏导数进行讨论，从中归纳出复合函数求偏导数的链式法则.

**定理1** 如果函数 $u=\varphi(x)$ 及 $v=\psi(x)$ 都在点 $x$ 处可微，函数 $z=f(u,v)$ 在对应点的 $(u,v)$ 处也可微，则复合函数 $z=f[\varphi(x),\psi(x)]$ 在点 $x$ 处可导，而且有

$$\frac{dz}{dx}=\frac{\partial z}{\partial u}\cdot\frac{du}{dx}+\frac{\partial z}{\partial v}\cdot\frac{dv}{dx}. \tag{1}$$

**证** 这时的复合函数是关于 $x$ 的一元函数.在点 $x$ 处给自变量以增量 $\Delta x$，则中间变量 $\varphi(x)$ 与 $\psi(x)$ 也有相应的增量

$$\Delta u=\varphi(x+\Delta x)-\varphi(x),\quad \Delta v=\psi(x+\Delta x)-\psi(x).$$

由此引起了因变量 $z=f(u,v)$ 有增量

$$\Delta z=f(u+\Delta u,v+\Delta v)-f(u,v).$$

因 $z=f(u,v)$ 在点 $(u,v)$ 处可微，根据本章§2的公式(6)有

$$\Delta z=A\Delta u+B\Delta v+\omega\rho, \tag{2}$$

其中 $\rho=\sqrt{(\Delta u)^2+(\Delta v)^2}$，$A$，$B$ 与 $\Delta u$，$\Delta v$ 无关，且当 $\rho\to 0$ 时 $\omega\to 0$.

当 $\Delta x\neq 0$ 时，(2)式两端除以 $\Delta x$，则有

$$\frac{\Delta z}{\Delta x}=A\cdot\frac{\Delta u}{\Delta x}+B\cdot\frac{\Delta v}{\Delta x}+\omega\cdot\frac{\rho}{\Delta x}. \tag{3}$$

由于 $\varphi(x)$ 及 $\psi(x)$ 在点 $x$ 处可微,从而它们在点 $x$ 处连续且可导,因此当 $\Delta x\to 0$ 时,$\Delta u\to 0$,$\Delta v\to 0$. 于是,当 $\Delta x\to 0$ 时,$\rho\to 0$,从而 $\omega\to 0$. 再由 $\varphi(x)$ 及 $\psi(x)$ 的可导性,则当 $\Delta x\to 0$ 时,

$$\frac{\Delta u}{\Delta x}\to\frac{\mathrm{d}u}{\mathrm{d}x},\quad \frac{\Delta v}{\Delta x}\to\frac{\mathrm{d}v}{\mathrm{d}x},$$

从而 $\frac{\rho}{\Delta x}=\pm\sqrt{\left(\frac{\Delta u}{\Delta x}\right)^2+\left(\frac{\Delta v}{\Delta x}\right)^2}$ 有界. 所以 $\lim\limits_{\Delta x\to 0}\omega\cdot\frac{\rho}{\Delta x}=0$. 故由(3)式得

$$\lim_{\Delta x\to 0}\frac{\Delta z}{\Delta x}=A\cdot\frac{\mathrm{d}u}{\mathrm{d}x}+B\cdot\frac{\mathrm{d}v}{\mathrm{d}x}.$$

根据导数的定义可知,函数 $z=f[\varphi(x),\psi(x)]$ 在点 $x$ 处可导且

$$\frac{\mathrm{d}z}{\mathrm{d}x}=A\cdot\frac{\mathrm{d}u}{\mathrm{d}x}+B\cdot\frac{\mathrm{d}v}{\mathrm{d}x}.$$

又因 $f(u,v)$ 可微,根据 §2 的定理 2 可知 $A=\frac{\partial z}{\partial u}$, $B=\frac{\partial z}{\partial v}$,所以公式(1)成立.

称(1)式中复合函数的导数 $\frac{\mathrm{d}z}{\mathrm{d}x}$ 为**全导数**.

**例 1** 对于复合函数 $z=u^v$, $u=x$, $v=x$,求 $\frac{\mathrm{d}z}{\mathrm{d}x}$.

**解** 这时的复合函数是关于 $x$ 的一元函数. 因为

$$\frac{\partial z}{\partial u}=vu^{v-1},\quad \frac{\partial z}{\partial v}=u^v\ln u,\quad \frac{\mathrm{d}u}{\mathrm{d}x}=1,\quad \frac{\mathrm{d}v}{\mathrm{d}x}=1,$$

所以由公式(1)得

$$\frac{\mathrm{d}z}{\mathrm{d}x}=vu^{v-1}\times 1+u^v\ln u\times 1=xx^{x-1}\times 1+x^x\ln x\times 1=x^x(1+\ln x).$$

**注** 如果把 $u=x$, $v=x$ 代入 $z=u^v$,则复合函数为 $z=x^x$. 再用一元函数的求导方法可得同样的结果.

**定理 2** 如果函数 $u=\varphi(x,y)$ 及 $v=\psi(x,y)$ 在点 $(x,y)$ 处都是可微的,函数 $z=f(u,v)$ 在对应点 $(u,v)$ 处也可微,则复合函数 $z=f[\varphi(x,y),\psi(x,y)]$ 在点 $(x,y)$ 的两个偏导数都存在,并有

$$\frac{\partial z}{\partial x}=\frac{\partial z}{\partial u}\cdot\frac{\partial u}{\partial x}+\frac{\partial z}{\partial v}\cdot\frac{\partial v}{\partial x},\quad \frac{\partial z}{\partial y}=\frac{\partial z}{\partial u}\cdot\frac{\partial u}{\partial y}+\frac{\partial z}{\partial v}\cdot\frac{\partial v}{\partial y}. \tag{4}$$

事实上,此时中间变量 $u$ 与 $v$ 的两个偏导数都存在. 在求 $\frac{\partial z}{\partial x}$ 时,把 $y$ 看成常数,此时的 $u$ 和 $v$ 都是 $x$ 的一元函数,所以可运用公式(1). 这时需把公式(1)中导数记号改写为偏导数记号,就可得到公式(4)中的第一个公式. 同理可得出公式(4)中的第二个公式.

**注** 公式(4)中的记号 $\frac{\partial z}{\partial x}$, $\frac{\partial z}{\partial y}$ 的意义分别是对复合之后的自变量 $x,y$ 求偏导数,而 $\frac{\partial z}{\partial u}$, $\frac{\partial z}{\partial v}$ 的意义分别是对复合之前的中间变量 $u,v$ 求偏导数.

**例 2** 对于复合函数 $z=u^2\ln v$, $u=x+y$, $v=x-y$, 求 $\frac{\partial z}{\partial x}$, $\frac{\partial z}{\partial y}$.

**解** 因为 $\frac{\partial z}{\partial u}=2u\ln v$, $\frac{\partial z}{\partial v}=\frac{u^2}{v}$, $\frac{\partial u}{\partial x}=1$, $\frac{\partial v}{\partial x}=1$, $\frac{\partial u}{\partial y}=1$, $\frac{\partial v}{\partial y}=-1$,所以

$$\frac{\partial z}{\partial x}=\frac{\partial z}{\partial u}\cdot\frac{\partial u}{\partial x}+\frac{\partial z}{\partial v}\cdot\frac{\partial v}{\partial x}=2u\ln v\cdot 1+\frac{u^2}{v}\cdot 1$$
$$=2(x+y)\ln(x-y)+\frac{(x+y)^2}{x-y},$$
$$\frac{\partial z}{\partial y}=\frac{\partial z}{\partial u}\cdot\frac{\partial u}{\partial y}+\frac{\partial z}{\partial v}\cdot\frac{\partial v}{\partial y}=2u\ln v\cdot 1+\frac{u^2}{v}\cdot(-1)$$
$$=2(x+y)\ln(x-y)-\frac{(x+y)^2}{x-y}.$$

**注** 如果将中间变量 $u=x+y$, $v=x-y$ 代入函数 $z=u^2\ln v$,则 $z=(x+y)^2\ln(x-y)$. 直接求偏导数可以得到同样的结果.

**定理 3** 如果函数 $u=\varphi(x,y)$在点$(x,y)$处可微,函数 $z=f(u)$在对应点 $u$ 处也可微,则复合函数 $z=f[\varphi(x,y)]$在点$(x,y)$的偏导数存在,且

$$\frac{\partial z}{\partial x}=\frac{\mathrm{d}z}{\mathrm{d}u}\cdot\frac{\partial u}{\partial x},\quad \frac{\partial z}{\partial y}=\frac{\mathrm{d}z}{\mathrm{d}u}\cdot\frac{\partial u}{\partial y}. \tag{5}$$

事实上,此时 $z=f(u)$是中间变量 $u$ 的一元函数,而我们也可以将它看做是两个中间变量 $u,v$ 的二元函数,只是当 $v$ 变化时函数值并不变化,即对于变量 $v$ 来说,$f(u)$是常数. 于是 $\frac{\partial z}{\partial v}=0$,运用公式(4),并将 $\frac{\partial z}{\partial u}$ 改为 $\frac{\mathrm{d}z}{\mathrm{d}u}$ 即可.

**例 3** 对于复合函数 $z=\mathrm{e}^u$, $u=x^2\sin y$,求 $\frac{\partial z}{\partial x}$, $\frac{\partial z}{\partial y}$.

**解** 因为 $\frac{\mathrm{d}z}{\mathrm{d}u}=\mathrm{e}^u$, $\frac{\partial u}{\partial x}=2x\sin y$, $\frac{\partial u}{\partial y}=x^2\cos y$,所以由公式(5)得

$$\frac{\partial z}{\partial x}=\frac{\mathrm{d}z}{\mathrm{d}u}\cdot\frac{\partial u}{\partial x}=\mathrm{e}^u\cdot 2x\sin y=2x\sin y\cdot\mathrm{e}^{x^2\sin y},$$
$$\frac{\partial z}{\partial y}=\frac{\mathrm{d}z}{\mathrm{d}u}\cdot\frac{\partial u}{\partial y}=\mathrm{e}^u\cdot x^2\cos y=x^2\cos y\cdot\mathrm{e}^{x^2\sin y}.$$

**注** 如果将中间变量 $u=x^2\sin y$ 代入 $z=\mathrm{e}^u$,则有 $z=\mathrm{e}^{x^2\sin y}$. 直接求偏导数可以得到同样的结果.

从以上三个定理给出的复合函数求偏导数的公式中可以归纳出它们的两个特点,称之为**链式法则**:

1) 所求的偏导数的个数是复合后自变量的个数;

2) 每个偏导数都是若干个项的和,这些项是对各个中间变量的偏导数乘以这个中间变量对于该自变量的偏导数. 因此,项的个数就是中间变量的个数.

根据链式法则,公式(1),(4),(5)都可以统一起来,只需注意当遇到一元函数的情况时,相应的偏导数的记号应改为导数的记号. 根据归纳出的法则,我们就能够写出其它多元复合函数的偏导数.

例如,假设以下函数都可微,考虑复合函数的导数或偏导数:

1) 若函数 $z=f(u,v,w)$,而 $u=u(t)$, $v=v(t)$, $w=w(t)$,则复合函数

$$z=f[u(t),v(t),w(t)]$$

的全导数为

$$\frac{\mathrm{d}z}{\mathrm{d}t}=\frac{\partial z}{\partial u}\cdot\frac{\mathrm{d}u}{\mathrm{d}t}+\frac{\partial z}{\partial v}\cdot\frac{\mathrm{d}v}{\mathrm{d}t}+\frac{\partial z}{\partial w}\cdot\frac{\mathrm{d}w}{\mathrm{d}t}; \tag{6}$$

2) 若函数 $z=f(u,v,w)$,而 $u=u(x,y)$, $v=v(x,y)$, $w=w(x,y)$,则复合函数

$$z=f[u(x,y),v(x,y),w(x,y)]$$

的偏导数为

$$\begin{aligned}\frac{\partial z}{\partial x}&=\frac{\partial z}{\partial u}\cdot\frac{\partial u}{\partial x}+\frac{\partial z}{\partial v}\cdot\frac{\partial v}{\partial x}+\frac{\partial z}{\partial w}\cdot\frac{\partial w}{\partial x},\\ \frac{\partial z}{\partial y}&=\frac{\partial z}{\partial u}\cdot\frac{\partial u}{\partial y}+\frac{\partial z}{\partial v}\cdot\frac{\partial v}{\partial y}+\frac{\partial z}{\partial w}\cdot\frac{\partial w}{\partial y};\end{aligned} \tag{7}$$

3) 若函数 $w=f(u,v)$,而 $u=u(x,y,z)$, $v=v(x,y,z)$,则复合函数

$$w=f[u(x,y,z),v(x,y,z)]$$

的偏导数为

$$\begin{aligned}\frac{\partial w}{\partial x}&=\frac{\partial w}{\partial u}\cdot\frac{\partial u}{\partial x}+\frac{\partial w}{\partial v}\cdot\frac{\partial v}{\partial x},\\ \frac{\partial w}{\partial y}&=\frac{\partial w}{\partial u}\cdot\frac{\partial u}{\partial y}+\frac{\partial w}{\partial v}\cdot\frac{\partial v}{\partial y},\\ \frac{\partial w}{\partial z}&=\frac{\partial w}{\partial u}\cdot\frac{\partial u}{\partial z}+\frac{\partial w}{\partial v}\cdot\frac{\partial v}{\partial z}.\end{aligned} \tag{8}$$

**例 4** 设函数 $w=F(x,y,z)$, $z=\varphi(x,y)$都可微,求复合函数 $w=F[x,y,\varphi(x,y)]$的偏导数.

**解** 这个复合函数只对其中的一个中间变量 $z$ 进行了复合,我们可以将它看做由函数 $w=F(u,v,z)$和中间变量 $u=x$, $v=y$, $z=\varphi(x,y)$复合而成,复合之后的自变量只有两个.

因为 $\frac{\partial u}{\partial x}=1$, $\frac{\partial u}{\partial y}=0$, $\frac{\partial v}{\partial x}=0$, $\frac{\partial v}{\partial y}=1$,所以

$$\begin{aligned}\frac{\partial w}{\partial x}&=\frac{\partial w}{\partial u}\cdot\frac{\partial u}{\partial x}+\frac{\partial w}{\partial v}\cdot\frac{\partial v}{\partial x}+\frac{\partial w}{\partial z}\cdot\frac{\partial z}{\partial x}\\ &=\frac{\partial w}{\partial u}\cdot 1+\frac{\partial w}{\partial v}\cdot 0+\frac{\partial w}{\partial z}\cdot\frac{\partial z}{\partial x}=\frac{\partial w}{\partial u}+\frac{\partial w}{\partial z}\cdot\frac{\partial z}{\partial x},\\ \frac{\partial w}{\partial y}&=\frac{\partial w}{\partial u}\cdot\frac{\partial u}{\partial y}+\frac{\partial w}{\partial v}\cdot\frac{\partial v}{\partial y}+\frac{\partial w}{\partial z}\cdot\frac{\partial z}{\partial y}\\ &=\frac{\partial w}{\partial u}\cdot 0+\frac{\partial w}{\partial v}\cdot 1+\frac{\partial w}{\partial z}\cdot\frac{\partial z}{\partial y}=\frac{\partial w}{\partial v}+\frac{\partial w}{\partial z}\cdot\frac{\partial z}{\partial y}.\end{aligned}$$

或者记为

$$\frac{\partial w}{\partial x}=\frac{\partial F}{\partial x}+\frac{\partial F}{\partial z}\cdot\frac{\partial z}{\partial x},\quad \frac{\partial w}{\partial y}=\frac{\partial F}{\partial y}+\frac{\partial F}{\partial z}\cdot\frac{\partial z}{\partial y}. \tag{9}$$

**注** 这是一个比较复杂的复合函数,但是如果掌握好链式法则,我们仍可以处理好它求偏导数的问题.与此类似的复合函数在隐函数的偏导数中将有应用.此外,公式(9)中的记号 $\frac{\partial w}{\partial x}$ 与 $\frac{\partial F}{\partial x}$ 的意义是不同的. $\frac{\partial w}{\partial x}$ 表示对于复合后的函数求自变量 $x$ 的偏导数,而 $\frac{\partial F}{\partial x}$ 表示对函数 $F(x,y,z)$中的第一个变量 $x$ 求偏导数,即 $F_1(x,y,z)$.

**例 5** 设 $f$ 是可微的二元函数,求 $z=f(xy,x^2-y^2)$的全微分 $\mathrm{d}z$.

**解** 设 $z=f(u,v)$, $u=xy$, $v=x^2-y^2$,则

$$\frac{\partial z}{\partial x}=f_u\cdot u_x+f_v\cdot v_x=yf_u+2xf_v,$$

$$\frac{\partial z}{\partial y}=f_u\cdot u_y+f_v\cdot v_y=xf_u-2yf_v,$$

从而
$$dz=(yf_u+2xf_v)dx+(xf_u-2yf_v)dy.$$

**注** $f_u$ 与 $f_v$ 仍然是复合函数,即 $f_u=f_u(xy,x^2-y^2)$, $f_v=f_v(xy,x^2-y^2)$.

**例 6*** 设 $u=f(x,y)$ 有连续的二阶偏导数,而 $x=e^s\cos t$, $y=e^s\sin t$,证明:

$$\frac{\partial^2 u}{\partial x^2}+\frac{\partial^2 u}{\partial y^2}=e^{-2s}\left(\frac{\partial^2 u}{\partial s^2}+\frac{\partial^2 u}{\partial t^2}\right).$$

**证** 因为

$$\frac{\partial u}{\partial s}=\frac{\partial u}{\partial x}\cdot\frac{\partial x}{\partial s}+\frac{\partial u}{\partial y}\cdot\frac{\partial y}{\partial s}=\frac{\partial u}{\partial x}\cdot e^s\cos t+\frac{\partial u}{\partial y}\cdot e^s\sin t,$$

$$\frac{\partial u}{\partial t}=\frac{\partial u}{\partial x}\cdot\frac{\partial x}{\partial t}+\frac{\partial u}{\partial y}\cdot\frac{\partial y}{\partial t}=-\frac{\partial u}{\partial x}\cdot e^s\sin t+\frac{\partial u}{\partial y}\cdot e^s\cos t,$$

注意 $\frac{\partial u}{\partial x}$, $\frac{\partial u}{\partial y}$ 仍然是中间变量为 $x,y$ 的复合函数,并注意 $\frac{\partial^2 u}{\partial x\partial y}=\frac{\partial^2 u}{\partial y\partial x}$,于是

$$\begin{aligned}\frac{\partial^2 u}{\partial s^2}&=\left[\frac{\partial}{\partial s}\left(\frac{\partial u}{\partial x}e^s\cos t\right)\right]+\left[\frac{\partial}{\partial s}\left(\frac{\partial u}{\partial y}e^s\sin t\right)\right]\\&=\left[\frac{\partial}{\partial s}\left(\frac{\partial u}{\partial x}\right)\cdot e^s\cos t+\frac{\partial u}{\partial x}\cdot\frac{\partial}{\partial s}(e^s\cos t)\right]+\left[\frac{\partial}{\partial s}\left(\frac{\partial u}{\partial y}\right)\cdot e^s\sin t+\frac{\partial u}{\partial y}\cdot\frac{\partial}{\partial s}(e^s\sin t)\right]\\&=\left[\left(\frac{\partial^2 u}{\partial x^2}\cdot\frac{\partial x}{\partial s}+\frac{\partial^2 u}{\partial x\partial y}\cdot\frac{\partial y}{\partial s}\right)\cdot e^s\cos t+\frac{\partial u}{\partial x}\cdot e^s\cos t\right]\\&\quad+\left[\left(\frac{\partial^2 u}{\partial y\partial x}\cdot\frac{\partial x}{\partial s}+\frac{\partial^2 u}{\partial y^2}\cdot\frac{\partial y}{\partial s}\right)\cdot e^s\sin t+\frac{\partial u}{\partial y}\cdot e^s\sin t\right]\\&=\frac{\partial^2 u}{\partial x^2}\cdot e^{2s}\cos^2 t+2\frac{\partial^2 u}{\partial x\partial y}\cdot e^{2s}\cos t\sin t+\frac{\partial^2 u}{\partial y^2}\cdot e^{2s}\sin^2 t+\frac{\partial u}{\partial x}\cdot e^s\cos t+\frac{\partial u}{\partial y}\cdot e^s\sin t,\end{aligned}$$

$$\begin{aligned}\frac{\partial^2 u}{\partial t^2}&=\left[-\frac{\partial}{\partial t}\left(\frac{\partial u}{\partial x}e^s\sin t\right)\right]+\left[\frac{\partial}{\partial t}\left(\frac{\partial u}{\partial y}e^s\cos t\right)\right]\\&=\left[-\frac{\partial}{\partial t}\left(\frac{\partial u}{\partial x}\right)\cdot e^s\sin t-\frac{\partial u}{\partial x}\cdot\frac{\partial}{\partial t}(e^s\sin t)\right]+\left[\frac{\partial}{\partial t}\left(\frac{\partial u}{\partial y}\right)\cdot e^s\cos t+\frac{\partial u}{\partial y}\cdot\frac{\partial}{\partial t}(e^s\cos t)\right]\\&=\left[-\left(\frac{\partial^2 u}{\partial x^2}\cdot\frac{\partial x}{\partial t}+\frac{\partial^2 u}{\partial x\partial y}\cdot\frac{\partial y}{\partial t}\right)\cdot e^s\sin t-\frac{\partial u}{\partial x}\cdot e^s\cos t\right]\\&\quad+\left[\left(\frac{\partial^2 u}{\partial y\partial x}\cdot\frac{\partial x}{\partial t}+\frac{\partial^2 u}{\partial y^2}\cdot\frac{\partial y}{\partial t}\right)\cdot e^s\cos t-\frac{\partial u}{\partial y}\cdot e^s\sin t\right]\\&=\frac{\partial^2 u}{\partial x^2}\cdot e^{2s}\sin^2 t-2\frac{\partial^2 u}{\partial x\partial y}\cdot e^{2s}\cos t\sin t+\frac{\partial^2 u}{\partial y^2}\cdot e^{2s}\cos^2 t-\frac{\partial u}{\partial x}\cdot e^s\cos t-\frac{\partial u}{\partial y}\cdot e^s\sin t.\end{aligned}$$

将这两个关于 $s,t$ 的二阶偏导数相加可得

$$\frac{\partial^2 u}{\partial s^2}+\frac{\partial^2 u}{\partial t^2}=e^{2s}\left(\frac{\partial^2 u}{\partial x^2}+\frac{\partial^2 u}{\partial y^2}\right),\quad 于是\quad \frac{\partial^2 u}{\partial x^2}+\frac{\partial^2 u}{\partial y^2}=e^{-2s}\left(\frac{\partial^2 u}{\partial s^2}+\frac{\partial^2 u}{\partial t^2}\right).$$

### 3.2 隐函数的偏导数

在本章§1中,我们引入了隐函数的概念.这里我们讨论隐函数的导数和偏导数问题.

**定理 4**(隐函数的导数和偏导数)

1) 设二元函数 $F(x,y)$ 在点 $(x_0,y_0)$ 的某邻域中有连续的偏导数,且

$$F_y(x_0,y_0)\neq 0,\quad F(x_0,y_0)=0,\tag{10}$$

则方程 $F(x,y)=0$ 在点 $(x_0,y_0)$ 的某邻域中可唯一确定具有连续导数的隐函数 $y=f(x)$,使得 $y_0=f(x_0)$,并有

$$\frac{\mathrm{d}y}{\mathrm{d}x}=-\frac{F_x}{F_y}.\tag{11}$$

2) 设函数 $F(x,y,z)$ 在点 $(x_0,y_0,z_0)$ 的某邻域中有连续的偏导数,且

$$F_z(x_0,y_0,z_0)\neq 0,\quad F(x_0,y_0,z_0)=0,\tag{12}$$

则方程 $F(x,y,z)=0$ 在点 $(x_0,y_0,z_0)$ 的某邻域中可唯一确定具有连续偏导数的隐函数 $z=f(x,y)$,使得 $z_0=f(x_0,y_0)$,并有

$$\frac{\partial z}{\partial x}=-\frac{F_x}{F_z},\quad \frac{\partial z}{\partial y}=-\frac{F_y}{F_z}.\tag{13}$$

**证** 隐函数存在性的证明省略,只证公式(11)和(13).

1) 由隐函数的意义可知,复合函数 $F[x,f(x)]\equiv 0$. 在这个等式的两端对 $x$ 求导数,由链式法则(参照本节例 4)可得 $\frac{\partial F}{\partial x}+\frac{\partial F}{\partial y}\cdot\frac{\mathrm{d}y}{\mathrm{d}x}=0$. 将 $\frac{\mathrm{d}y}{\mathrm{d}x}$ 解出得到

$$\frac{\mathrm{d}y}{\mathrm{d}x}=-\frac{\frac{\partial F}{\partial x}}{\frac{\partial F}{\partial y}}=-\frac{F_x}{F_y},$$

即(11)式成立.

2) 由隐函数的意义可知,复合函数 $F[x,y,f(x,y)]\equiv 0$. 在这个等式的两端分别对 $x$ 和 $y$ 求偏导数,由链式法则(参照本节例 4)可得

$$\frac{\partial F}{\partial x}+\frac{\partial F}{\partial z}\cdot\frac{\partial z}{\partial x}=0,\quad \frac{\partial F}{\partial y}+\frac{\partial F}{\partial z}\cdot\frac{\partial z}{\partial y}=0.$$

分别将 $\frac{\partial z}{\partial x}$ 与 $\frac{\partial z}{\partial y}$ 解出得到

$$\frac{\partial z}{\partial x}=-\frac{\frac{\partial F}{\partial x}}{\frac{\partial F}{\partial z}}=-\frac{F_x}{F_z},\quad \frac{\partial z}{\partial y}=-\frac{\frac{\partial F}{\partial y}}{\frac{\partial F}{\partial z}}=-\frac{F_y}{F_z},$$

从而(13)式成立.

**例 7** 给定方程 $x^2+y^2=R^2$,求由此确定的 $y$ 为 $x$ 的函数的导数 $\frac{\mathrm{d}y}{\mathrm{d}x}$.

**解** 令 $F(x,y)=x^2+y^2-R^2$,则 $F_x=2x, F_y=2y$. 由公式(11)得

$$\frac{\mathrm{d}y}{\mathrm{d}x}=-\frac{F_x}{F_y}=-\frac{x}{y}.$$

**例 8** 给定方程 $\mathrm{e}^{-xy}-2z+\mathrm{e}^z=0$,求由此确定的 $z$ 为 $x,y$ 的函数的偏导数 $\frac{\partial z}{\partial x},\frac{\partial z}{\partial y}$.

**解** 令 $F(x,y,z)=\mathrm{e}^{-xy}-2z+\mathrm{e}^z$,则

$$F_x=-y\mathrm{e}^{-xy},\quad F_y=-x\mathrm{e}^{-xy},\quad F_z=-2+\mathrm{e}^z.$$

由公式(13)得

$$\frac{\partial z}{\partial x}=-\frac{F_x}{F_z}=\frac{y\mathrm{e}^{-xy}}{\mathrm{e}^z-2},\quad \frac{\partial z}{\partial y}=-\frac{F_y}{F_z}=\frac{x\mathrm{e}^{-xy}}{\mathrm{e}^z-2}.$$

**注** 1) 对于隐函数存在的条件,在求隐函数的导数或偏导数时经常被默认是满足的,不再加以讨论和强调.

2) 在例 7 中,得到的导函数应该是关于 $x$ 的一元函数,而这里得到的导函数 $\frac{\mathrm{d}y}{\mathrm{d}x}=-\frac{x}{y}$ 却是二元函数的形式. 此时应该将变量 $y$ 理解为关于 $x$ 的函数 $y=y(x)$,所以得到的导函数实质上仍然是关于 $x$ 的一元函数. 根据隐函数的意义,此时 $y$ 的取值与 $x$ 有关,$x$ 与 $y$ 这一对数值应满足方程 $x^2+y^2=R^2$. 同样,例 8 中的偏导函数中含有变量 $z$,此时 $z$ 的意义应理解为关于 $x,y$ 的函数 $z=z(x,y)$. $z$ 的取值与 $x,y$ 有关,$x,y$ 与 $z$ 这一组数值应满足方程

$$\mathrm{e}^{-xy}-2z+\mathrm{e}^z=0.$$

**例 9*** 给定方程 $x^2+y^2=R^2$,求由此确定的 $y$ 为 $x$ 的函数的二阶导数 $\frac{\mathrm{d}^2y}{\mathrm{d}x^2}$.

**解** 在例 7 中,我们已经求得一阶导数 $\frac{\mathrm{d}y}{\mathrm{d}x}=-\frac{x}{y}$,求二阶导数时应牢记 $y$ 是自变量 $x$ 的函数.

由分式的导数公式得

$$\frac{\mathrm{d}^2y}{\mathrm{d}x^2}=\frac{\mathrm{d}\left(-\frac{x}{y}\right)}{\mathrm{d}x}=-\frac{(x)'y-xy'}{y^2}=-\frac{y-xy'}{y^2},$$

并将一阶导数 $y'=-\frac{x}{y}$ 代入得

$$\frac{\mathrm{d}^2y}{\mathrm{d}x^2}=-\frac{y-x\left(-\frac{x}{y}\right)}{y^2}=-\frac{\frac{x^2+y^2}{y}}{y^2}=-\frac{x^2+y^2}{y^3}.$$

再由 $x^2+y^2=R^2$ 得 $\frac{\mathrm{d}^2y}{\mathrm{d}x^2}=-\frac{R^2}{y^3}$.

**例 10** 设由方程 $\frac{x^2}{4}+\frac{y^2}{8}+\frac{z^2}{16}=1$ 确定了 $z$ 为 $x,y$ 的函数,求:

1) 全微分 $\mathrm{d}z$; 2)* 求二阶偏导数 $\frac{\partial^2 z}{\partial x^2}$ 及 $\frac{\partial^2 z}{\partial x\partial y}$.

**解** 方程可变形为 $4x^2+2y^2+z^2-16=0$. 令 $F(x,y,z)=4x^2+2y^2+z^2-16$.

1) 因为 $F_x=8x$, $F_y=4y$, $F_z=2z$,则

$$\frac{\partial z}{\partial x}=-\frac{F_x}{F_z}=-\frac{4x}{z},\quad \frac{\partial z}{\partial y}=-\frac{F_y}{F_z}=-\frac{2y}{z}.$$

再由全微分公式得

$$\mathrm{d}z=-\frac{4x}{z}\mathrm{d}x-\frac{2y}{z}\mathrm{d}y.$$

2) 求二阶偏导数时应记住 $z$ 为自变量 $x,y$ 的函数,则

$$\frac{\partial^2 z}{\partial x^2}=\frac{\partial}{\partial x}\left(-\frac{4x}{z}\right)=-4\cdot\frac{z-xz_x}{z^2}=-4\cdot\frac{z+\frac{4x^2}{z}}{z^2}=-\frac{4(z^2+4x^2)}{z^3},$$

$$\frac{\partial^2 z}{\partial x\partial y}=\frac{\partial}{\partial y}\left(-\frac{4x}{z}\right)=\frac{4x}{z^2}\cdot z_y=\frac{4x}{z^2}\left(-\frac{2y}{z}\right)=-\frac{8xy}{z^3}.$$

## 习 题 2-3

1. 用链式法则求下列复合函数的偏导数或导数,并将中间变量代入复合函数后再对自变量求导来验证所得的结果:

(1) 设 $z=\frac{x}{y}$, $x=e^t$, $y=\ln t$;

(2) 设 $z=x^2y-xy^2$, $x=r\cos\theta$, $y=r\sin\theta$;

(3) 设 $z=u^2\ln v$, $u=\frac{y}{x}$, $v=3y-2x$;

(4) 设 $z=e^u$, $u=x\sin y$.

2. 求下列复合函数的偏导数及全微分,其中 $f$ 是可微函数:

(1) $z=f(x^2-y^2,e^{xy})$; (2) $z=f\left(x+\frac{1}{y},y+\frac{1}{x}\right)$; (3) $z=f\left(xy+\frac{y}{x}\right)$.

3. 设 $u=f(x,y,t)$, $x=x(s,t)$, $y=y(s,t)$,求复合函数的偏导数 $\frac{\partial u}{\partial s}$, $\frac{\partial u}{\partial t}$.

4. 设 $z=y+F(u)$, $u=x^2-y^2$,其中 $F$ 是可微函数,证明

$$y\frac{\partial z}{\partial x}+x\frac{\partial z}{\partial y}=x.$$

5. 设函数 $f$ 有二阶连续的导数或偏导数,求下列函数的二阶偏导数:

(1) $z=f(x^2+y^2)$; (2) $z=f(x+y,xy)$; (3) $z=f\left(2x,\frac{x}{y}\right)$.

6. 求下列由方程所确定的隐函数的导数或偏导数:

(1) 设 $xy-\ln y=a$,求 $\frac{dy}{dx}$;

(2) 设 $\ln\sqrt{x^2+y^2}=\arctan\frac{y}{x}$,求 $\frac{dy}{dx}$;

(3) 设 $x+y+z=e^{-(x+y+z)}$,求 $\frac{\partial z}{\partial x}$ 和 $\frac{\partial z}{\partial y}$;

(4) 设 $z^x=y^z$,求 $\frac{\partial z}{\partial x}$ 和 $\frac{\partial z}{\partial y}$;

(5) 设 $x+2y+2z-2\sqrt{xyz}=0$,求 $\frac{\partial z}{\partial x}$ 和 $\frac{\partial z}{\partial y}$;

(6) 设 $x^2-4x+y^2+z^2=0$,求 $\frac{\partial x}{\partial y}$ 和 $\frac{\partial x}{\partial z}$.

7. 求由下列方程所确定的函数 $z=f(x,y)$ 的全微分:

(1) $x^2+y^2+z^2=2z$; (2) $x\cos y+y\cos z+z\cos x=0$.

8. 设 $e^z-xyz=0$,求 $\frac{\partial^2 z}{\partial x^2}$, $\frac{\partial^2 z}{\partial y^2}$, $\frac{\partial^2 z}{\partial x\partial y}$.

9. 设 $2\sin(x+2y-3z)=x+2y-3z$,证明 $\frac{\partial z}{\partial x}+\frac{\partial z}{\partial y}=1$.

## §4 偏导数的应用

### 4.1 多元函数的极值与最值

#### 一、多元函数的极值

在一元函数中,我们曾引入了极值的概念.这个概念同样也可以引入到多元函数中.

**定义 1** 设函数 $z=f(x,y)$ 在区域 $D$ 上有定义,点 $P_0(x_0,y_0)$ 的某个邻域 $U\subset D$(图2-13).

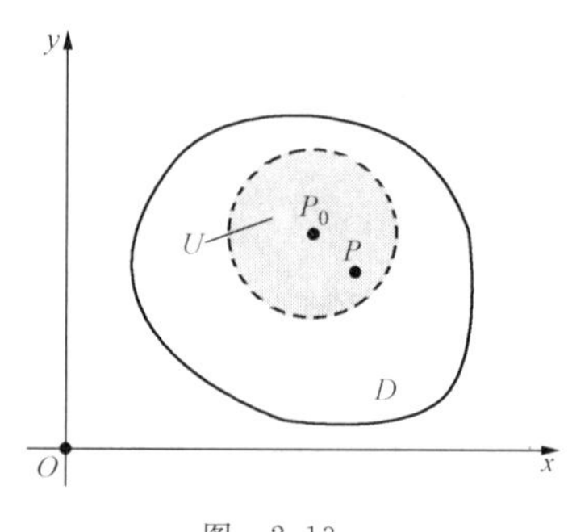

图 2-13

1) 如果对于 $U$ 中异于 $P_0(x_0,y_0)$ 的任何点 $P(x,y)$,总有不等式 $f(x,y)<f(x_0,y_0)$ 成立,则称 $f(x_0,y_0)$ 为函数 $f(x,y)$ 的一个**极大值**,$P_0(x_0,y_0)$ 称为**极大值点**.

2) 如果对于 $U$ 中异于 $P_0(x_0,y_0)$ 的任何点 $P(x,y)$,总有不等式 $f(x,y)>f(x_0,y_0)$ 成立,则称 $f(x_0,y_0)$ 为函数 $f(x,y)$ 的一个**极小值**,$P_0(x_0,y_0)$ 称为**极小值点**.

**注** 极大值和极小值统称为**极值**,极大值点和极小值点统称为**极值点**.以极大值为例,由定义可知,$f(x_0,y_0)$ 是函数 $z=f(x,y)$ 在 $U$ 上的最大值,但它不一定是 $D$ 上的最大值.故极大值是函数在局部范围 $U$ 上的最大值.显然,如果 $f(x,y)$ 在 $D$ 上的最大值在点 $P_0$ 取到,则它一定是极大值.同理,极小值也是局部范围 $U$ 上的最小值.如果$f(x,y)$在 $D$ 上的最小值在点 $P_0$ 取到,则它也一定是极小值.总之,极值是可疑的最值,极值是局部范围内的最值.这个概念对于一元函数以及多元函数都是一样的.此外,这里所要求的极值点 $P_0$ 应是函数定义域的内点,即 $P_0$ 不是定义域的边界点.

**定理 1**(极值的必要条件) 设函数 $z=f(x,y)$ 在点 $P_0(x_0,y_0)$ 的两个偏导数都存在,且函数在该点取得极值,则

$$f_x(x_0,y_0)=0,\quad f_y(x_0,y_0)=0.$$

**证** 不妨设 $z=f(x,y)$ 在点 $P_0(x_0,y_0)$ 处有极小值,由极小值的定义,在点$(x_0,y_0)$的某邻域 $U$ 内,对异于 $P_0$ 的任何点 $P(x,y)$ 都有 $f(x,y)>f(x_0,y_0)$ 成立.在这个邻域中取点 $P(x,y_0)\neq P_0(x_0,y_0)$(图 2-14).令一元函数 $F(x)=f(x,y_0)$,则在邻域 $U$ 中恒有

$$F(x)=f(x,y_0)>f(x_0,y_0)=F(x_0)$$

成立.这说明一元函数 $F(x)$ 在点 $x_0$ 处取得极小值.由 $f_x(x_0,y_0)$存在,则 $F(x)$在点 $x_0$ 可导.根据一元函数极值存在的必要条件则有

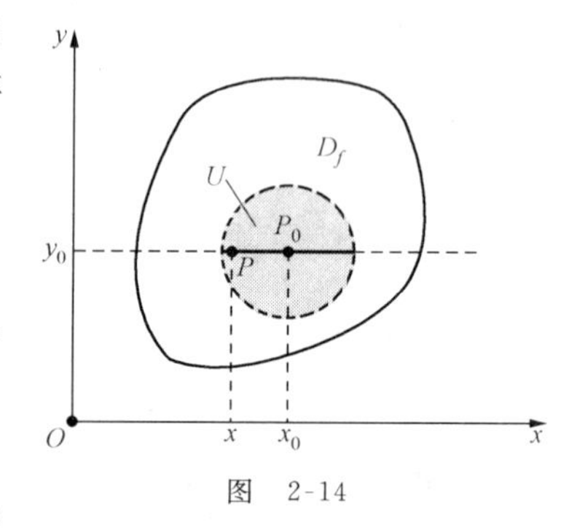

图 2-14

$$F'(x_0)=0,\quad 即\quad f_x(x_0,y_0)=0.$$

同理有 $f_y(x_0,y_0)=0$.

使得 $f_x(x,y)=0$, $f_y(x,y)=0$ 的点称为函数 $z=f(x,y)$的**驻点**.

**例 1** 讨论函数 $z=f(x,y)=3x^2+4y^2$ 的极值.

**解** 由于总有 $f(x,y)\geqslant 0$,且只在点$(0,0)$才有 $f(0,0)=0$,因此 $f(0,0)=0$ 是最小值,从而是极小值.这个函数的图像是第一章中讨论过的椭圆抛

物面(图 2-15).从图像上也可以看到,函数只有极小值 $z=0$.对函数求偏导数得 $z_x=6x$, $z_y=8y$.令 $z_x=0$, $z_y=0$,解方程组

$$\begin{cases}z_x=6x=0,\\z_y=8y=0,\end{cases}$$

得到唯一的驻点(0,0).从而验证了定理 1 的结论.

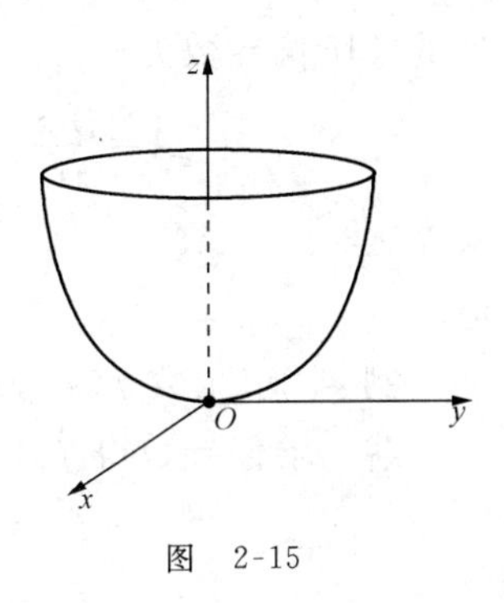

图 2-15

定理 1 可简言为:**可导的极值点一定是驻点**.反之,**驻点不一定是极值点**.

**例 2** 对于函数 $z=f(x,y)=xy$,讨论点(0,0)是否为函数的驻点,是否为函数的极值点.

**解** 对函数求偏导数得 $z_x=y$, $z_y=x$.令 $z_x=0$, $z_y=0$,解这个方程组可得驻点(0,0).但是(0,0)不是函数的极值点.

事实上,对于点(0,0)的任何邻域 $U$,总可以在 $U$ 的第一象限中找到点 $P_1(x_1,y_1)$,这时 $x_1>0,y_1>0$,于是 $z=f(x_1,y_1)=x_1\cdot y_1>0$;也可以在 $U$ 的第二象限中找到点 $P_2(x_2,y_2)$,这时 $x_2<0$, $y_2>0$,于是 $z=f(x_2,y_2)=x_2\cdot y_2<0$(图 2-16).

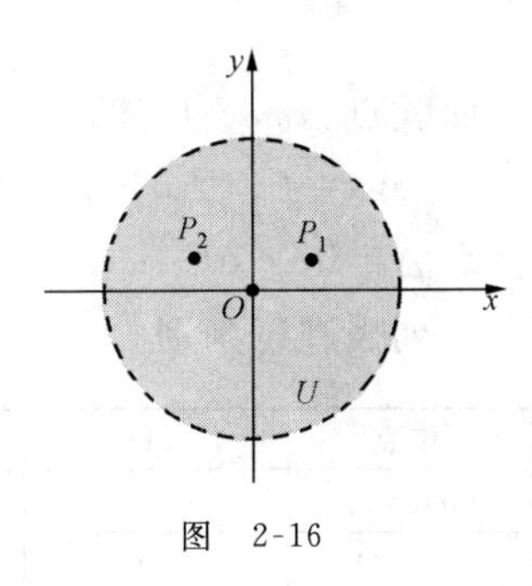

图 2-16

假定驻点(0,0)是极大值点,则极大值为 $f(0,0)=0$,于是存在(0,0)的一个邻域 $U$,当 $(x,y)\in U$ 时,$f(x,y)\leqslant f(0,0)=0$.但总有 $P_1(x_1,y_1)\in U$,使得 $z=f(x_1,y_1)>0$,矛盾.假若驻点(0,0)是极小值点,则极小值为 $f(0,0)=0$,于是存在(0,0)的一个邻域 $U$,当 $(x,y)\in U$ 时,$f(x,y)\geqslant f(0,0)=0$.但总有 $P_2(x_2,y_2)\in U$,使得 $z=f(x_2,y_2)<0$,矛盾.从而驻点(0,0)不是函数的极值点.

由例 1、例 2 可以看到,驻点不一定是极值点,但它是可疑的极值点.下面的定理给出了驻点是极值点的充分条件.

**定理 2**(极值的充分条件) 设函数 $z=f(x,y)$ 在其驻点 $(x_0,y_0)$ 的某个邻域内有二阶的连续偏导数.令 $A=f_{xx}(x_0,y_0)$, $B=f_{xy}(x_0,y_0)$, $C=f_{yy}(x_0,y_0)$, $\Delta=B^2-AC$,于是有

1) 如果 $\Delta<0$,则点 $(x_0,y_0)$ 是函数的极值点,且

当 $A<0$ 时,$f(x_0,y_0)$ 是极大值;当 $A>0$ 时,$f(x_0,y_0)$ 是极小值.

2) 如果 $\Delta>0$,则点 $(x_0,y_0)$ 不是函数的极值点.

3) 如果 $\Delta=0$,则函数 $z=f(x,y)$ 在点 $(x_0,y_0)$ 有无极值不能确定,需用其它方法判别.

证明略.

由定理 1 和定理 2 可归纳出求二元函数 $z=f(x,y)$ 极值的步骤:

1) 解方程组 $\begin{cases}f_x(x,y)=0,\\f_y(x,y)=0,\end{cases}$ 求出 $f(x,y)$ 的全部驻点;

2) 对每个驻点 $(x_0,y_0)$,计算

$$A=f_{xx}(x_0,y_0),\quad B=f_{xy}(x_0,y_0),\quad C=f_{yy}(x_0,y_0),\quad \Delta=B^2-AC;$$

3) 根据定理 2 判断在驻点 $(x_0,y_0)$ 处函数有无极值、有何种极值.

**例 3** 求函数 $z=x^2-xy+y^2-2x+y$ 的极值.

**解** 令 $\dfrac{\partial z}{\partial x}=2x-y-2=0$, $\dfrac{\partial z}{\partial y}=-x+2y+1=0$,解这个方程组,得驻点为(1,0).在驻点

处的二阶偏导数为

$$A=\frac{\partial^2 z}{\partial x^2}\bigg|_{(1,0)}=2,\quad B=\frac{\partial^2 z}{\partial x\partial y}\bigg|_{(1,0)}=-1,\quad C=\frac{\partial^2 z}{\partial y^2}\bigg|_{(1,0)}=2,$$

从而 $\Delta=B^2-AC=-3<0$,所以在点(1,0)处函数取得极值. 因 $A>0$,故 $z(1,0)=-1$ 是极小值.

**例 4** 求函数 $f(x,y)=x^3-y^3-3x^2+27y$ 的极值.

**解** 求偏导数得 $f_x(x,y)=3x^2-6x$, $f_y(x,y)=-3y^2+27$. 令

$$\begin{cases} f_x=3x^2-6x=0, \\ f_y=-3y^2+27=0, \end{cases} \quad 得 \quad \begin{cases} x(x-2)=0, \\ (y-3)(y+3)=0, \end{cases}$$

解为

$$\begin{cases} x=0, \\ y=3, \end{cases} \quad \begin{cases} x=0, \\ y=-3, \end{cases} \quad \begin{cases} x=2, \\ y=3, \end{cases} \quad \begin{cases} x=2, \\ y=3, \end{cases}$$

从而驻点 $(x_0,y_0)$ 有四个:(0,3),(0,−3),(2,3),(2,−3). 在驻点处计算二阶偏导数

$$A=f_{xx}(x_0,y_0)=6x_0-6,\quad B=f_{xy}(x_0,y_0)=0,\quad C=f_{yy}(x_0,y_0)=-6y_0,$$

并令 $\Delta=B^2-AC$.

列表进行判别:

| 驻点 | $A$ | $B$ | $C$ | $B^2-AC$ | 有无极值 | 极值 |
|---|---|---|---|---|---|---|
| (0,−3) | −6 | 0 | 18 | 108 | 无 | |
| (0, 3) | −6 | 0 | −18 | −108 | 有 | 极大值 54 |
| (2,−3) | 6 | 0 | 18 | −108 | 有 | 极小值−58 |
| (2, 3) | 6 | 0 | −18 | 108 | 无 | |

对于偏导数不存在的点来说,也可能是极值点. 例如,函数 $z=\sqrt{x^2+y^2}$ 在点(0,0)的两个偏导数都不存在(见习题 2-2,第 1 题),但由极值的定义,该函数在点(0,0)取得极小值. 因此,二元函数的极值点可能是驻点或偏导数不存在的点,这些点都是可疑的极值点.

对于二元以上的多元函数取得极值的必要条件与定理 1 的结论类似. 如,设三元函数 $u=f(x,y,z)$ 在点 $P_0(x_0,y_0,z_0)$ 取得极值且在点 $P_0$ 处的偏导数都存在,则

$$f_x(x_0,y_0,z_0)=0,\quad f_y(x_0,y_0,z_0)=0,\quad f_z(x_0,y_0,z_0)=0.$$

## 二、多元函数的最值

在数学上,函数的最大值和最小值问题(统称为最值问题)通常包含两个方面的内容. 首先,需要解决最值的存在性,即什么样的函数,自变量在什么样的范围内存在最值. 对于多元函数,我们已有的结论是:有界闭区域上的连续函数一定有最值. 但是在其它情况下函数是否有最值往往需要对具体情况作具体分析. 这个问题在数学上一直是很困难和复杂的问题. 其次,在函数最值存在的前提下如何求得最值. 求最值的基本思想是在给定的区域上找出全部可疑的最值点,在这些可疑的最值点上比较函数值的大小,最大者为最大值,最小者为最小值. 如果最值在区域内部(不在边界上)取到,则最值点一定是极值点. 于是极值点是可疑的最值点,从而驻点和不可导点都是可疑的最值点. 在实际应用中,我们经常用这种方法来求函数在开区域 $D$ 内的最大值或最小值. 但使用这种方法的前提是所求的最值必须存在. 而最值的存在性可以根据实际问题的情况来认定,不必再进行理论上的讨论. 例如,根据实际情况已经认定可微函

数在区域 $D$ 的内部有最大值或最小值,并且在 $D$ 内求得了唯一的驻点(可疑点),则该点处的函数值就是所求的最大值或最小值.如果函数在闭区域上存在最值,则它可能在区域内部取到,也可能在边界上取到.因此可疑的最值点不仅是区域内的驻点和不可导点,也可能是边界上的某些点.这时还需要在区域的边界上讨论函数的取值情况.

**例 5** 在 $Oxy$ 平面上求一点 $P(x,y)$,使得它到三个点 $P_1(0,0)$,$P_2(1,0)$,$P_3(0,1)$ 距离的平方和最小,并求最小值.

**解** 点 $P(x,y)$ 与 $P_1(0,0)$,$P_2(1,0)$,$P_3(0,1)$ 的距离的平方分别为

$$|PP_1|^2 = x^2+y^2,\quad |PP_2|^2=(x-1)^2+y^2,\quad |PP_3|^2=x^2+(y-1)^2,$$

它们的平方和为

$$\begin{aligned} z &= (x^2+y^2)+[(x-1)^2+y^2]+[x^2+(y-1)^2] \\ &= 3x^2+3y^2-2x-2y+2. \end{aligned}$$

问题归结为在开区域 $\mathbf{R}^2$ 内求函数 $z$ 的最小值.

解方程组 $\begin{cases} \dfrac{\partial z}{\partial x}=6x-2=0, \\ \dfrac{\partial z}{\partial y}=6y-2=0 \end{cases}$ 得到驻点 $\left(\dfrac{1}{3},\dfrac{1}{3}\right)$.

由实际问题考虑,$z$ 的最小值存在且驻点是唯一的,可以断定在点 $\left(\dfrac{1}{3},\dfrac{1}{3}\right)$ 处函数取得最小值,最小值为 $z\left(\dfrac{1}{3},\dfrac{1}{3}\right)=\dfrac{4}{3}$.

**例 6** 用铁板制作一个容积为 32 $\mathrm{m}^3$ 的无盖长方体水箱,问:当水箱的长、宽、高分别为多少米时,用料最省?

**解** 若使得用料最省,应使得表面积最小.设长、宽、高分别为 $x,y,z$(图 2-17),则表面积

$$S = xy+2yz+2xz.$$

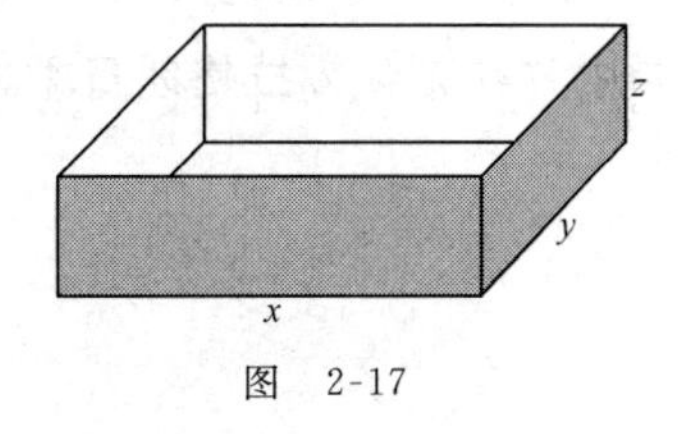

图 2-17

但是水箱的容积被限制为 32 $\mathrm{m}^3$,应有 $xyz=32$,于是 $z=\dfrac{32}{xy}$.由此得到

$$S=S(x,y)=xy+\frac{64}{x}+\frac{64}{y}.$$

因此,这个问题归结为在开区域 $D$: $x>0,y>0$ 上求函数 $S(x,y)$ 的最小值.

解方程组

$$\begin{cases} \dfrac{\partial S}{\partial x}=y-\dfrac{64}{x^2}=0, \\ \dfrac{\partial S}{\partial y}=x-\dfrac{64}{y^2}=0. \end{cases}$$

由方程组的第一个方程可得 $\dfrac{x^2y-64}{x^2}=0$,于是 $x^2y=64$;同理由方程组的第二个方程可得 $xy^2=64$.所以 $x^2y=xy^2$.由 $x>0,y>0$ 可知 $x=y$,再代入 $x^2y=64$ 就有 $x^3=64$,即 $x=4$,进而 $y=4$.于是函数的驻点为(4,4).

由实际问题考虑,最小值一定存在且驻点是唯一的,从而所得驻点是最小值点.此时由

$z=\frac{32}{xy}$ 可得 $z=2$. 因此,当长和宽都为 4 m,高为 2 m 时用料最省.

## 三、条件极值

前面讨论的极值问题,对于自变量除了定义域的限制外,别无其它限制条件,一般称为**无条件极值问题**. 但在实际问题中会遇到对函数的自变量还有附加条件的极值问题.

**例 7** 在直线 $x+y=2$ 上求点,使得该点到原点的距离最短.

**解** 对于平面上的点 $(x,y)$,它到原点的距离为 $d=\sqrt{x^2+y^2}$. 由于这个点在给定的直线上,它的坐标应满足方程 $x+y=2$. 这个问题的数学提法是:在满足约束条件 $x+y=2$ 下,求函数 $d=\sqrt{x^2+y^2}$ 的最小值,并将这个函数称为**目标函数**.

这个问题的解法比较简单. 若使 $d$ 达到最小,应使 $\rho=d^2=x^2+y^2$ 达到最小. 由约束条件可得 $y=2-x$,代入到 $\rho$ 的表达式得 $\rho=x^2+(2-x)^2=2x^2-4x+4$. 用一元函数求极值的方法,令 $\rho'=4x-4=0$,得到驻点 $x=1$. 再代入约束条件,可得 $y=1$. 由实际问题考虑,最小值一定存在且驻点是唯一的,从而直线上的点 $(1,1)$ 到原点的距离 $d=\sqrt{1^2+1^2}=\sqrt{2}$ 是最短距离.

这个问题的解决是因为能够很容易地从约束条件 $x+y=2$ 中解出 $y=2-x$,否则这样的问题解决起来将非常困难. 我们将此类问题称为**条件极值问题**.

二元函数条件极值的一般提法是:在约束条件 $\varphi(x,y)=0$ 下,求函数 $z=f(x,y)$ 的极小值或极大值.

下面给出求解条件极值的一般方法.

**定理 3**(拉格朗日(Lagrange)乘数法) 设二元函数 $f(x,y)$ 和 $\varphi(x,y)$ 在所考虑的区域内有连续的偏导数,且 $\varphi_x(x,y)$,$\varphi_y(x,y)$ 不同时为零. 令

$$L(x,y)=f(x,y)+\lambda\varphi(x,y), \tag{1}$$

其中常数 $\lambda$ 称为**拉格朗日乘数**,$L(x,y)$ 称为**拉格朗日函数**. 求 $L$ 的两个偏导数,并建立方程组

$$\begin{cases} \frac{\partial L}{\partial x}=f_x(x,y)+\lambda\varphi_x(x,y)=0, \\ \frac{\partial L}{\partial y}=f_y(x,y)+\lambda\varphi_y(x,y)=0, \\ \varphi(x,y)=0. \end{cases} \tag{2}$$

如果函数 $z=f(x,y)$ 在约束条件 $\varphi(x,y)=0$ 下的极值点是 $(x_0,y_0)$,则存在 $\lambda_0$,使得 $\lambda_0,x_0,y_0$ 是方程组(2)的解. (证明从略)

拉格朗日乘数法给出了求条件极值的一般性方法,它的步骤是:

1) 根据目标函数和约束条件写出拉格朗日函数(1).

2) 建立方程组(2).

3) 求出方程组(2)的全部解. 如果 $\lambda_0,x_0,y_0$ 是方程组(2)的解,则点 $(x_0,y_0)$ 是这个条件极值问题的可疑极值点.

4) 判断点 $(x_0,y_0)$ 是否为条件极值的极值点.

**注** 拉格朗日乘数法只给出了点 $(x_0,y_0)$ 取得条件极值的必要条件,即 $(x_0,y_0)$ 是可疑的极值点,而是否为极值点还需具体分析. 此外,在求解方程组时往往没有必要将相应的 $\lambda_0$ 解出.

我们用拉格朗日乘数法去解例 7 中的问题.

此时的约束条件可以写为 $x+y-2=0$,构造拉格朗日函数

$$L(x,y)=\sqrt{x^2+y^2}+\lambda(x+y-2).$$

解方程组

$$\begin{cases} L_x=\dfrac{x}{\sqrt{x^2+y^2}}+\lambda=0, \\ L_y=\dfrac{y}{\sqrt{x^2+y^2}}+\lambda=0, \\ x+y-2=0. \end{cases}$$

由第一和第二个方程可得 $\dfrac{x}{\sqrt{x^2+y^2}}=\dfrac{y}{\sqrt{x^2+y^2}}$,于是 $x=y$. 代入第三个方程可得 $x=y=1$. 所以点(1,1)就是可疑的极值点.

从几何的意义上讲,所求的最小距离一定存在,而可疑点只有一个,故点(1,1)到原点的距离最小,最小值为 $d=\sqrt{2}$. 得到的结果与例 7 的结果是一致的.

**注** 在此题求解的过程中没有解出相应的 $\lambda_0$,且最小距离存在性是由实际问题事先认定的.

其它多元函数也有条件极值的问题. 如,在约束条件 $\varphi(x,y,z)=0$ 下,求函数 $u=f(x,y,z)$ 的极值. 如,例 6 中的问题就可以表述为:在约束条件 $xyz=32$ 下,求函数

$$S=xy+2yz+2xz$$

的最小值. 我们也有类似定理 3 的结论.

**定理 4** 设三元函数 $f(x,y,z)$ 和 $\varphi(x,y,z)$ 在所考虑的区域内有连续的偏导数,且 $\varphi_x(x,y,z)$, $\varphi_y(x,y,z)$, $\varphi_z(x,y,z)$ 不同时为零. 令

$$L(x,y,z)=f(x,y,z)+\lambda\varphi(x,y,z), \tag{3}$$

其中,常数 $\lambda$ 称为拉格朗日乘数,$L(x,y,z)$ 称为拉格朗日函数. 求 $L$ 的三个偏导数,并建立方程组

$$\begin{cases} \dfrac{\partial L}{\partial x}=f_x(x,y,z)+\lambda\varphi_x(x,y,z)=0, \\ \dfrac{\partial L}{\partial y}=f_y(x,y,z)+\lambda\varphi_y(x,y,z)=0, \\ \dfrac{\partial L}{\partial z}=f_z(x,y,z)+\lambda\varphi_z(x,y,z)=0, \\ \varphi(x,y,z)=0. \end{cases} \tag{4}$$

如果函数 $u=f(x,y,z)$ 在约束条件 $\varphi(x,y,z)=0$ 下的极值点是 $(x_0,y_0,z_0)$,则存在 $\lambda_0$,使得 $\lambda_0$, $x_0$, $y_0$, $z_0$ 是方程组(4)的解.

**例 8** 用铁板制作一个长方体的箱子,要求其表面积为 96 $\mathrm{m}^2$. 问:怎样的尺寸才可使箱子的容积最大? 并求最大容积.

**解** 设箱子的长、宽、高分别为 $x,y,z$(图 2-18),则箱子的容积 $V=xyz$. 由于限定表面积为 96 $\mathrm{m}^2$,则有 $2xy+2yz+2xz=96$,即 $xy+yz+xz=48$. 问题归结为在约束条件 $xy+yz+xz=48$ 下,求 $V=xyz$ 的最大值. 根据实际情况知 $x,y,z$ 都大于零.

构造拉格朗日函数 $L(x,y,z)=xyz+\lambda(xy+yz+xz-48)$. 解方程组

$$\begin{cases}\dfrac{\partial L}{\partial x}=yz+\lambda(y+z)=0,\\ \dfrac{\partial L}{\partial y}=xz+\lambda(x+z)=0,\\ \dfrac{\partial L}{\partial z}=xy+\lambda(x+y)=0,\\ xy+yz+xz=48.\end{cases}$$

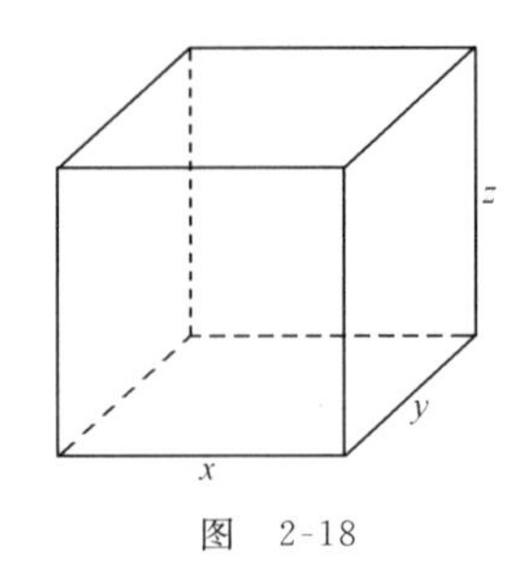

图 2-18

方程组的前三个方程分别乘 $x,y,z$,则分别有

$$xyz=-\lambda(xy+xz),\quad xyz=-\lambda(xy+yz),\quad xyz=-\lambda(xz+yz).$$

于是

$$-\lambda(xy+xz)=-\lambda(xy+yz)=-\lambda(xz+yz).\tag{5}$$

如果 $\lambda=0$,由 $x,y,z$ 都大于零可知,方程组中前三个方程都不可能成立,于是 $\lambda\neq0$.(5)式同除$(-\lambda)$可得 $xy+xz=xy+yz=xz+yz$. 由第一个等式 $xy+xz=xy+yz$ 可得 $xz=yz$,再由 $z>0$ 可得 $x=y$. 同理可得 $y=z$. 于是 $x=y=z$. 再代入原方程组的最后一个方程可得 $3x^2=48$,即 $x=4$. 从而 $y=4,z=4$. 这样点$(4,4,4)$为可疑的极值点.

由实际问题考虑,容积的最大值一定存在且可疑点是唯一的,从而当长、宽、高都为 4 m 时容积最大,此时的容积为 $V=4^3\ \mathrm{m}^3=64\ \mathrm{m}^3$.

**注** 此题也可以化为无条件极值去求解. 由约束条件 $xy+yz+xz=48$ 可以解出 $z=\dfrac{48-xy}{x+y}$,再代入目标函数得 $V=V(x,y)=\dfrac{xy(48-xy)}{x+y}$,则问题转化为求函数 $V(x,y)$在开区域 $D$: $x>0,y>0$ 上的最大值.

此外,还有多个约束条件的条件极值问题. 如,在约束条件 $\varphi(x,y,z)=0$ 和 $\psi(x,y,z)=0$ 下,求 $u=f(x,y,z)$的极值. 此时的拉格朗日函数为

$$L(x,y,z)=f(x,y,z)+\lambda\varphi(x,y,z)+\mu\psi(x,y,z),$$

其中常数 $\lambda,\mu$ 是拉格朗日乘数. 令 $L$ 的三个偏导数等于零,并与两个约束条件放在一起建立方程组并求解. 若得到的解为 $\lambda_0$, $\mu_0$, $x_0$, $y_0$, $z_0$, 则点$(x_0,y_0,z_0)$就是可疑的极值点.

### 4.2 偏导数的几何应用

#### 一、空间曲线的切线与法平面

**定义 2** 给定空间中的曲线 $L$,点 $P_0$ 是 $L$ 上的一个定点. 设点 $P$ 是 $L$ 上异于 $P_0$ 的点,直线 $P_0P$ 称为经过 $P_0$ 的一条**割线**. 当点 $P$ 沿曲线 $L$ 无限接近点 $P_0$ 时,割线 $P_0P$ 的极限位置 $P_0T$ 称为曲线 $L$ 在点 $P_0$ 的**切线**. 经过点 $P_0$ 且垂直于切线的平面 $\pi$ 称为曲线在点 $P_0$ 的**法平面**(图 2-19).

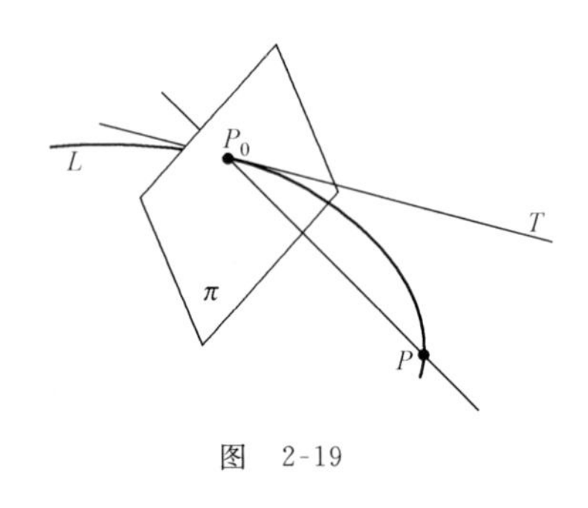

图 2-19

给定空间曲线

$$L:\begin{cases}x=x(t),\\ y=y(t),\\ z=z(t),\end{cases}$$

其中的三个函数都有连续的导数且导数不同时为零. $L$ 上的点 $P_0(x_0,y_0,z_0)$对应的参数为 $t_0$,即 $x_0=x(t_0)$, $y_0=y(t_0)$, $z_0=z(t_0)$. 我们来推导在点 $P_0$ 处的切线与法平面的方程.

如果在 $t_0$ 处给出增量 $\Delta t$,则

$$\Delta x = x(t_0+\Delta t)-x(t_0),\quad \Delta y = y(t_0+\Delta t)-y(t_0),\quad \Delta z = z(t_0+\Delta t)-z(t_0),$$

即

$$x_0+\Delta x = x(t_0+\Delta t),\quad y_0+\Delta y = y(t_0+\Delta t),\quad z_0+\Delta z = z(t_0+\Delta t),$$

于是参数 $t=t_0+\Delta t$ 对应曲线 $L$ 上的点为 $P(x_0+\Delta x, y_0+\Delta y, z_0+\Delta z)$. 则割线 $P_0P$ 的方向向量可取为 $\overrightarrow{P_0P}=\{\Delta x,\Delta y,\Delta z\}$,也可以取与 $\overrightarrow{P_0P}$平行的向量$\left\{\frac{\Delta x}{\Delta t},\frac{\Delta y}{\Delta t},\frac{\Delta z}{\Delta t}\right\}$作为割线的方向向量. 当 $\Delta t\to 0$ 时,点 $P$ 沿 $L$ 趋向于点 $P_0$,此时有

$$\frac{\Delta x}{\Delta t}\to x'(t_0),\quad \frac{\Delta y}{\Delta t}\to y'(t_0),\quad \frac{\Delta z}{\Delta t}\to z'(t_0),$$

即

$$\left\{\frac{\Delta x}{\Delta t},\frac{\Delta y}{\Delta t},\frac{\Delta z}{\Delta t}\right\}\to\{x'(t_0),y'(t_0),z'(t_0)\}\neq\mathbf{0}.$$

这表明,当割线趋向于切线时,割线的方向向量趋向于切线的方向向量. 因此可以取切线的方向向量为 $\boldsymbol{s}=\{x'(t_0),y'(t_0),z'(t_0)\}$. 于是,切线 $P_0T$ 的方程为

$$\frac{x-x_0}{x'(t_0)}=\frac{y-y_0}{y'(t_0)}=\frac{z-z_0}{z'(t_0)}. \tag{6}$$

由于切线的方向向量就是法平面 $\pi$ 的法向量,因此根据平面的点法式方程可得法平面 $\pi$ 的方程为

$$x'(t_0)(x-x_0)+y'(t_0)(y-y_0)+z'(t_0)(z-z_0)=0. \tag{7}$$

我们将向量$\{x'(t_0),y'(t_0),z'(t_0)\}$称为曲线 $L$ 在点 $P_0$ 的**切向量**.

**例 9** 求螺旋线 $\begin{cases}x=2\cos\theta,\\ y=2\sin\theta,\\ z=\theta\end{cases}$ $(-\infty<\theta<+\infty)$在点 $P_0(2,0,2\pi)$处的切线和法平面.

**解** 此时点 $P_0$ 对应的参数为 $\theta_0=2\pi$. 因 $x'=-2\sin\theta$, $y'=2\cos\theta$, $z'=1$,故 $x'(2\pi)=0$, $y'(2\pi)=2$, $z'(2\pi)=1$. 从而切向量 $\boldsymbol{s}=\{0,2,1\}$,切线方程为

$$\frac{x-2}{0}=\frac{y}{2}=\frac{z-2\pi}{1},$$

法平面方程为

$$0\cdot(x-2)+2\cdot(y-0)+1\cdot(z-2\pi)=0,\quad 即\quad 2y+z-2\pi=0.$$

我们经常遇到求 $Oxy$ 平面上的曲线 $L$:$\begin{cases}x=x(t),\\ y=y(t)\end{cases}$ 在点 $P_0(x_0,y_0)$处的切线问题,其中 $x_0=x(t_0)$, $y_0=y(t_0)$. 如果 $x'(t)$, $y'(t)$连续且不同时为零,同样可以得到点 $P_0$ 的切线方程为

$$\frac{x-x_0}{x'(t_0)}=\frac{y-y_0}{y'(t_0)}. \tag{8}$$

这时 $Oxy$ 平面上的向量$\{x'(t_0),y'(t_0)\}$是切向量.

事实上,我们可以将平面曲线 $L$ 看做空间中的曲线

$$\begin{cases}x=x(t),\\ y=y(t),\\ z=0,\end{cases}$$

此时的切向量为$\{x'(t_0),y'(t_0),0\}$. 因此,空间中的切线为

$$\frac{x-x_0}{x'(t_0)}=\frac{y-y_0}{y'(t_0)}=\frac{z}{0},$$

它就是 $Oxy$ 平面上的切线

$$\frac{x-x_0}{x'(t_0)}=\frac{y-y_0}{y'(t_0)}.$$

## 二、空间曲面的切平面与法线

设曲面 $\Sigma$ 的方程为 $F(x,y,z)=0$. 假定函数 $F(x,y,z)$ 有连续的偏导数且三个偏导数不同时为零. 点 $P_0(x_0,y_0,z_0)$ 是 $\Sigma$ 上的一个点, $\Gamma$ 是曲面 $\Sigma$ 上经过点 $P_0$ 的曲线. 设 $\Gamma$ 的参数方程为 $\begin{cases}x=x(t),\\y=y(t),\\z=z(t),\end{cases}$ 在点 $P_0$ 处对应的参数是 $t=t_0$, 即 $x_0=x(t_0)$, $y_0=y(t_0)$, $z_0=z(t_0)$. 假定曲线参数方程中的三个函数有连续的导数且导数不同时为零. 因为 $\Gamma$ 在 $\Sigma$ 上, 则

$$F[x(t),y(t),z(t)]\equiv 0, \quad \text{于是} \quad \frac{\mathrm{d}}{\mathrm{d}t}F[x(t),y(t),z(t)]\equiv 0.$$

由链式法则可得

$$F_x(x,y,z)\cdot x'(t)+F_y(x,y,z)\cdot y'(t)+F_z(x,y,z)\cdot z'(t)\equiv 0.$$

取 $t=t_0$ 则有

$$F_x(x_0,y_0,z_0)\cdot x'(t_0)+F_y(x_0,y_0,z_0)\cdot y'(t_0)+F_z(x_0,y_0,z_0)\cdot z'(t_0)=0. \tag{9}$$

令向量 $\boldsymbol{n}=\{F_x(x_0,y_0,z_0),F_y(x_0,y_0,z_0),F_z(x_0,y_0,z_0)\}$, $\boldsymbol{s}=\{x'(t_0),y'(t_0),z'(t_0)\}$, $\boldsymbol{s}$ 的几何意义是 $\Gamma$ 在点 $P_0$ 处切线的方向向量, 则(9)式可表示为 $\boldsymbol{n}\cdot\boldsymbol{s}=0$. 这说明 $\boldsymbol{n}$ 与 $\boldsymbol{s}$ 相互垂直.

显然, 向量 $\boldsymbol{n}$ 只与 $\Sigma$ 上的点 $P_0$ 有关. 当点 $P_0$ 固定, $\boldsymbol{n}$ 就唯一确定下来. 但 $\boldsymbol{s}$ 不仅与点 $P_0$ 有关, 也与 $\Gamma$ 有关. (9)式说明了, $\Sigma$ 上所有经过点 $P_0$ 的曲线的切线都与固定方向 $\boldsymbol{n}$ 垂直. 于是这些曲线在点 $P_0$ 的切线都位于同一个平面 $\pi$ 上(图 2-20). 我们将这个平面 $\pi$ 称为曲面 $\Sigma$ 在点 $P_0$ 的**切平面**. 因为切平面 $\pi$ 经过点 $P_0$, 与 $\boldsymbol{n}$ 垂直, 故由平面的点法式方程可得切平面 $\pi$ 的方程为

$$F_x(x_0,y_0,z_0)\cdot(x-x_0)+F_y(x_0,y_0,z_0)\cdot(y-y_0)+F_z(x_0,y_0,z_0)\cdot(z-z_0)=0. \tag{10}$$

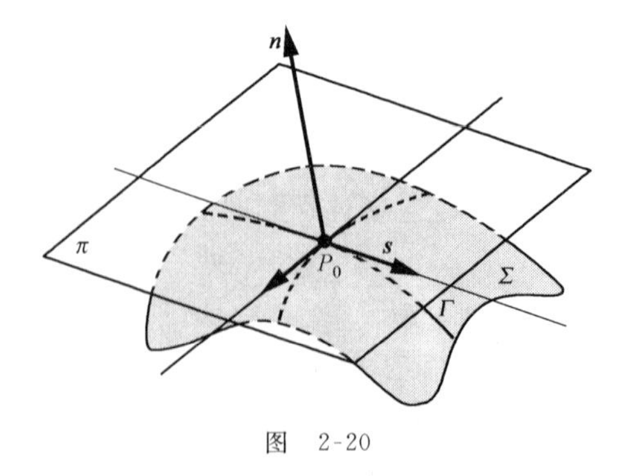


图 2-20

经过点 $P_0$ 垂直于切平面 $\pi$ 的直线称为曲面在该点的**法线**. 此时法线的方程为

$$\frac{x-x_0}{F_x(x_0,y_0,z_0)}=\frac{y-y_0}{F_y(x_0,y_0,z_0)}=\frac{z-z_0}{F_z(x_0,y_0,z_0)}. \tag{11}$$

在点 $P_0$ 处,垂直于切平面的向量称为在该点的**法向量**,则法向量可以取为

$$\boldsymbol{n}=\{F_x(x_0,y_0,z_0),F_y(x_0,y_0,z_0),F_z(x_0,y_0,z_0)\}.$$

将 $\boldsymbol{n}$ 单位化得

$$\boldsymbol{n}^0=\frac{\boldsymbol{n}}{|\boldsymbol{n}|}=\left\{\frac{F_x}{\sqrt{F_x^2+F_y^2+F_z^2}},\frac{F_y}{\sqrt{F_x^2+F_y^2+F_z^2}},\frac{F_z}{\sqrt{F_x^2+F_y^2+F_z^2}}\right\},$$

则**法向量的方向余弦**为

$$\cos\alpha=\frac{F_x}{\sqrt{F_x^2+F_y^2+F_z^2}},\quad \cos\beta=\frac{F_y}{\sqrt{F_x^2+F_y^2+F_z^2}},\quad \cos\gamma=\frac{F_z}{\sqrt{F_x^2+F_y^2+F_z^2}},\tag{12}$$

其中 $F_x$, $F_y$, $F_z$ 分别表示 $F_x(x_0,y_0,z_0)$, $F_y(x_0,y_0,z_0)$, $F_z(x_0,y_0,z_0)$.

如果曲面 $\Sigma$ 的方程由 $z=f(x,y)$ 的形式给出,点 $P_0(x_0,y_0,z_0)$ 是 $\Sigma$ 上的一个点,则 $z_0=f(x_0,y_0)$. 令 $F(x,y,z)=f(x,y)-z$,则 $\Sigma$ 的方程就变为 $F(x,y,z)=0$. 此时,

$$F_x=f_x(x,y),\quad F_y=f_y(x,y),\quad F_z=-1,$$

在点 $P_0$ 处的法向量取为

$$\boldsymbol{n}=\{f_x(x_0,y_0),f_y(x_0,y_0),-1\}.$$

由(10)式得在点 $P_0$ 的切平面方程

$$f_x(x_0,y_0)(x-x_0)+f_y(x_0,y_0)(y-y_0)-(z-z_0)=0\tag{13}$$

或

$$z-z_0=f_x(x_0,y_0)(x-x_0)+f_y(x_0,y_0)(y-y_0).\tag{14}$$

再由(11)式得法线方程

$$\frac{x-x_0}{f_x(x_0,y_0)}=\frac{y-y_0}{f_y(x_0,y_0)}=\frac{z-z_0}{-1}.\tag{15}$$

如果取 $-\boldsymbol{n}$ 作为法向量,则其方向余弦为

$$\cos\alpha=\frac{-f_x}{\sqrt{1+f_x^2+f_y^2}},\quad \cos\beta=\frac{-f_y}{\sqrt{1+f_x^2+f_y^2}},\quad \cos\gamma=\frac{1}{\sqrt{1+f_x^2+f_y^2}}.\tag{16}$$

由于 $\cos\gamma>0$,这时的法向量与 $z$ 轴的夹角 $\gamma$ 是锐角.

**例 10** 求椭球面 $2x^2+y^2+z^2=15$ 在点(1,2,3)处的切平面和法线方程.

**解** 令 $F(x,y,z)=2x^2+y^2+z^2-15$,则 $F_x=4x$, $F_y=2y$, $F_z=2z$,从而

$$F_x(1,2,3)=4,\quad F_y(1,2,3)=4,\quad F_z(1,2,3)=6,$$

故取法向量 $\boldsymbol{n}=\{4,4,6\}$. 于是,切平面方程为

$$4(x-1)+4(y-2)+6(z-3)=0,\quad 即\quad 2x+2y+3z-15=0;$$

法线方程为

$$\frac{x-1}{4}=\frac{y-2}{4}=\frac{z-3}{6},\quad 即\quad \frac{x-1}{2}=\frac{y-2}{2}=\frac{z-3}{3}.$$

**例 11** 求旋转抛物面 $z=x^2+y^2$ 在点(1,2,5)处的切平面与法线方程.

**解** 因 $z_x=2x$, $z_y=2y$, $z_x(1,2)=2$, $z_y(1,2)=4$,故取法向量 $\boldsymbol{n}=\{2,4,-1\}$. 所以切平面方程为

$$2(x-1)+4(y-2)-(z-5)=0,\quad 即\quad 2x+4y-z-5=0;$$

法线方程为

$$\frac{x-1}{2}=\frac{y-2}{4}=\frac{z-5}{-1}.$$

## 4.3 方向导数与梯度

### 一、方向导数

在讲到偏导数的定义时,我们曾提到函数 $z=f(x,y)$ 的两个偏导数 $\frac{\partial z}{\partial x},\frac{\partial z}{\partial y}$ 分别表示了函数沿平行于 $x$ 轴和 $y$ 轴方向上的变化率. 但是在很多实际问题中,往往需要知道函数 $z=f(x,y)$ 沿其它方向的变化率,还需要知道函数沿什么方向的变化率最大. 这就要引入方向导数的概念.

设函数 $z=f(x,y)$ 在点 $P(x,y)$ 的某个邻域中有定义,$l$ 是从点 $P$ 引出的一条射线,$Q(x+\Delta x,y+\Delta y)$ 是 $l$ 上的点,则点 $P$ 与 $Q$ 之间的距离为 $\rho=\sqrt{(\Delta x)^2+(\Delta y)^2}$ (图 2-21). 此时函数的全增量为

$$\Delta z = f(x+\Delta x,y+\Delta y)-f(x,y).$$

于是

$$\frac{\Delta z}{\rho}=\frac{f(x+\Delta x,y+\Delta y)-f(x,y)}{\rho} \tag{17}$$

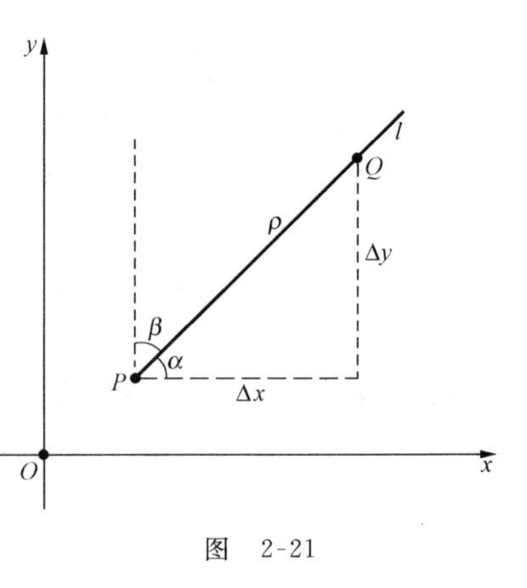


图 2-21

表示了函数在 $P,Q$ 两点间沿 $l$ 方向的平均变化率. 如果当点 $Q$ 沿射线 $l$ 趋于点 $P$ 时,(17)式的极限存在,则将这个极限值称为函数 $z=f(x,y)$ 在点 $P$ 处沿方向 $l$ 的**方向导数**,记为 $\frac{\partial f}{\partial l}$ 或 $\frac{\partial z}{\partial l}$. 当点 $Q$ 沿射线 $l$ 趋于点 $P$ 时必有 $\rho\to 0$,于是

$$\frac{\partial z}{\partial l}=\lim_{\rho\to 0}\frac{\Delta z}{\rho}=\lim_{\rho\to 0}\frac{f(x+\Delta x,y+\Delta y)-f(x,y)}{\rho}. \tag{18}$$

**定理 5** 如果函数 $z=f(x,y)$ 在点 $P(x,y)$ 处可微,则在点 $P$ 处沿任意方向 $l$ 的方向导数存在且有

$$\frac{\partial z}{\partial l}=\frac{\partial z}{\partial x}\cos\alpha+\frac{\partial z}{\partial y}\cos\beta, \tag{19}$$

其中,$\alpha,\beta$ 分别是 $l$ 与 $x$ 轴、$y$ 轴正向的夹角(图 2-21).

**证** 由可微的定义,函数在点 $P$ 处的全增量可以表示为

$$\begin{aligned}\Delta z&= f(x+\Delta x,y+\Delta y)-f(x,y)\\&=\frac{\partial z}{\partial x}\cdot\Delta x+\frac{\partial z}{\partial y}\cdot\Delta y+o(\rho).\end{aligned}$$

显然, $\Delta x=\rho\cos\alpha$, $\Delta y=\rho\cos\beta$. 由(18)式可得

$$\begin{aligned}\frac{\partial z}{\partial l}&=\lim_{\rho\to 0}\frac{\Delta z}{\rho}=\lim_{\rho\to 0}\left(\frac{\partial z}{\partial x}\cdot\cos\alpha+\frac{\partial z}{\partial y}\cdot\cos\beta+\frac{o(\rho)}{\rho}\right)\\&=\frac{\partial z}{\partial x}\cdot\cos\alpha+\frac{\partial z}{\partial y}\cdot\cos\beta.\end{aligned}$$

从这个定理可以看到,方向导数中射线 $l$ 的意义仅仅表示一个方向,这个方向可以用单位向量 $\{\cos\alpha,\cos\beta\}$ 来表示.

**例 12** 设函数 $z=x^2y$, $l$ 是由点(1,1)出发与 $x$ 轴、$y$ 轴正向所成的夹角分别为 $\alpha=\frac{\pi}{6}$,

$\beta=\frac{\pi}{3}$的一条射线(图 2-22),求方向导数$\left.\frac{\partial z}{\partial l}\right|_{(1,1)}$.

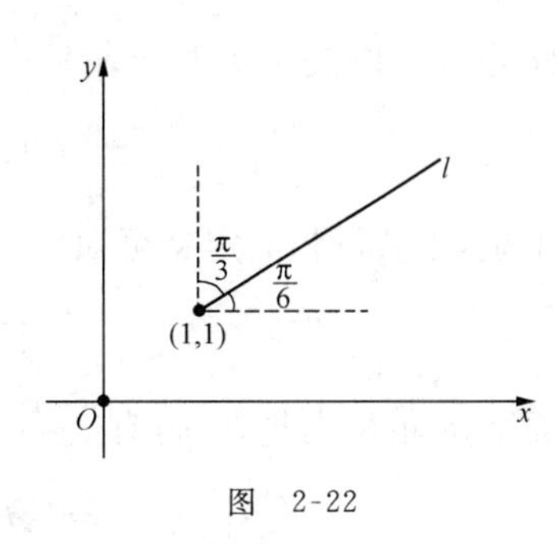

图 2-22

**解** 因为

$$\left.\frac{\partial z}{\partial x}\right|_{(1,1)}=2xy\Big|_{(1,1)}=2,\quad \left.\frac{\partial z}{\partial y}\right|_{(1,1)}=x^2\Big|_{(1,1)}=1,$$

$$\cos\alpha=\cos\frac{\pi}{6}=\frac{\sqrt{3}}{2},\quad \cos\beta=\cos\frac{\pi}{3}=\frac{1}{2},$$

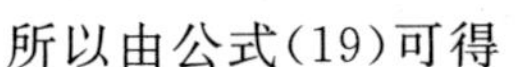
所以由公式(19)可得

$$\left.\frac{\partial z}{\partial l}\right|_{(1,1)}=2\cdot\frac{\sqrt{3}}{2}+1\cdot\frac{1}{2}=\sqrt{3}+\frac{1}{2}.$$

方向导数的概念可以推广到三元函数. 设函数 $u=f(x,y,z)$在点 $P(x,y,z)$的某个邻域中有定义,$l$ 是由点 $P$ 出发的一条射线,点 $Q(x+\Delta x,y+\Delta y,z+\Delta z)$是 $l$ 上的一个点. 函数 $f(x,y,z)$在点 $P$ 处沿方向 $l$ 的方向导数定义为

$$\frac{\partial f}{\partial l}=\frac{\partial u}{\partial l}=\lim_{\rho\to 0}\frac{f(x+\Delta x,y+\Delta y,z+\Delta z)-f(x,y,z)}{\rho},\tag{20}$$

其中 $\rho=\sqrt{(\Delta x)^2+(\Delta y)^2+(\Delta z)^2}$ 是点 $P$ 到点 $Q$ 的距离. 如同定理 4,若函数 $u=f(x,y,z)$在点 $P(x,y,z)$可微,射线 $l$ 的方向余弦为 $\cos\alpha,\cos\beta,\cos\gamma$,则该函数在点 $P$ 处沿 $l$ 的方向导数为

$$\frac{\partial u}{\partial l}=\frac{\partial u}{\partial x}\cos\alpha+\frac{\partial u}{\partial y}\cos\beta+\frac{\partial u}{\partial z}\cos\gamma.\tag{21}$$

**例 13** 求函数 $u=f(x,y,z)=xy+yz+zx$ 在点(1,1,2)处沿方向角为 $\alpha=60°$, $\beta=45°$, $\gamma=60°$ 的方向导数.

**解** 由题设得 $\frac{\partial u}{\partial x}=y+z$, $\frac{\partial u}{\partial y}=x+z$, $\frac{\partial u}{\partial z}=x+y$,于是

$$\left.\frac{\partial u}{\partial x}\right|_{(1,1,2)}=3,\quad \left.\frac{\partial u}{\partial y}\right|_{(1,1,2)}=3,\quad \left.\frac{\partial u}{\partial z}\right|_{(1,1,2)}=2.$$

此时 $\cos\alpha=\cos60°=\frac{1}{2}$, $\cos\beta=\cos45°=\frac{\sqrt{2}}{2}$, $\cos\gamma=\cos60°=\frac{1}{2}$,故由公式(21)得

$$\left.\frac{\partial u}{\partial l}\right|_{(1,1,2)}=3\cdot\frac{1}{2}+3\cdot\frac{\sqrt{2}}{2}+2\cdot\frac{1}{2}=\frac{1}{2}(5+3\sqrt{2}).$$

## 二、梯度

当点 $P$ 固定,方向 $l$ 变化时,函数的方向导数 $\frac{\partial u}{\partial l}$ 也随之变化. 这说明对于固定的点,函数在不同方向上的变化率也有所不同. 那么在点 $P$ 的什么方向上,函数的变化率可以达到最大? 为此我们引入梯度的概念.

给定可微的二元函数 $z=f(x,y)$,则在点$(x_0,y_0)$处可确定一个向量

$$f_x(x_0,y_0)\boldsymbol{i}+f_y(x_0,y_0)\boldsymbol{j},\tag{22}$$

称之为函数 $z=f(x,y)$在点$(x_0,y_0)$处的**梯度**,记为 $\mathbf{grad}f(x_0,y_0)$,即

$$\mathbf{grad}f(x_0,y_0)=f_x(x_0,y_0)\boldsymbol{i}+f_y(x_0,y_0)\boldsymbol{j}=\{f_x(x_0,y_0),f_y(x_0,y_0)\}.\tag{23}$$

假定 $\mathbf{grad}f(x_0,y_0)\neq\mathbf{0}$,并设方向 $l$ 的方向余弦为 $\cos\alpha,\cos\beta$. 记向量 $\boldsymbol{e}_l=\{\cos\alpha,\cos\beta\}$,则 $\boldsymbol{e}_l$ 是单位向量,它表示了 $l$ 的方向. 由公式(19)可知,$z=f(x,y)$在点$(x_0,y_0)$处沿 $l$ 方向的方

向导数可以表示为两个向量的数量积形式,即

$$\left.\frac{\partial z}{\partial l}\right|_{(x_0,y_0)}=f_x(x_0,y_0)\cos\alpha+f_y(x_0,y_0)\cos\beta=\mathbf{grad}f(x_0,y_0)\cdot\boldsymbol{e}_l.$$

于是,由数量积的定义可知

$$\left.\frac{\partial z}{\partial l}\right|_{(x_0,y_0)}=|\mathbf{grad}f(x_0,y_0)|\cdot|\boldsymbol{e}_l|\cdot\cos\theta,$$

而 $\boldsymbol{e}_l$ 是单位向量,于是有

$$\left.\frac{\partial z}{\partial l}\right|_{(x_0,y_0)}=|\mathbf{grad}f(x_0,y_0)|\cdot\cos\theta,$$

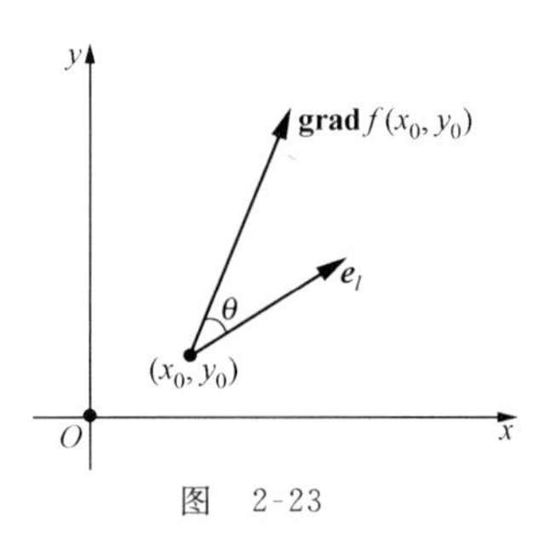

图 2-23

其中 $\theta$ 是梯度 $\mathbf{grad}f(x_0,y_0)$ 与向量 $\boldsymbol{e}_l$ 的夹角(图 2-23). 梯度 $\mathbf{grad}f(x_0,y_0)$ 由点 $(x_0,y_0)$ 唯一确定,当方向 $l$ 变化时,$\theta$ 随之变化,从而方向导数 $\left.\frac{\partial z}{\partial l}\right|_{(x_0,y_0)}$ 也随之变化. 当 $\theta=0$ 时,$\cos\theta=1$,这时向量 $\boldsymbol{e}_l$ 与梯度 $\mathbf{grad}f(x_0,y_0)$ 的方向一致,此时的方向导数也达到最大值 $|\mathbf{grad}f(x_0,y_0)|$. 这说明函数 $z=f(x,y)$ 在点 $(x_0,y_0)$ 处沿梯度方向的变化率最大. 更准确地说,沿梯度方向函数的增长速度最快. 同理,沿梯度方向的反方向函数的下降速度最快.

梯度的概念可以推广到三元函数. 设函数 $u=f(x,y,z)$ 在空间区域 $G$ 内可微,则对于 $G$ 内的点 $P_0(x_0,y_0,z_0)$ 可唯一确定一个向量

$$\begin{aligned}&f_x(x_0,y_0,z_0)\boldsymbol{i}+f_y(x_0,y_0,z_0)\boldsymbol{j}+f_z(x_0,y_0,z_0)\boldsymbol{k}\\&=\{f_x(x_0,y_0,z_0),f_y(x_0,y_0,z_0),f_z(x_0,y_0,z_0)\},\end{aligned}\tag{24}$$

称之为函数 $u=f(x,y,z)$ 在点 $P_0(x_0,y_0,z_0)$ 处的梯度,记为 $\mathbf{grad}f(x_0,y_0,z_0)$. 类似地,可以证明在点 $P_0$ 处,函数 $u=f(x,y,z)$ 沿梯度方向的方向导数达到最大值 $|\mathbf{grad}f(x_0,y_0,z_0)|$.

**例 14** 求函数 $z=\ln(x^2+y^2)$ 的梯度.

**解** 因 $\frac{\partial z}{\partial x}=\frac{2x}{x^2+y^2}$, $\frac{\partial z}{\partial y}=\frac{2y}{x^2+y^2}$,故函数 $z=\ln(x^2+y^2)$ 的梯度为

$$\mathbf{grad}\ln(x^2+y^2)=\frac{2x}{x^2+y^2}\boldsymbol{i}+\frac{2y}{x^2+y^2}\boldsymbol{j}.$$

**例 15** 设函数 $f(x,y,z)=x^2+y^2+z^2$,在点 $(2,1,-1)$ 处求方向 $l$,使得函数在该点沿 $l$ 的方向导数达到最大,并求 $l$ 的方向余弦和最大的方向导数.

**解** 根据梯度的意义,函数沿梯度方向的方向导数最大. 因

$$\mathbf{grad}f=\{f_x,f_y,f_z\}=\{2x,2y,2z\},$$

故 $\mathbf{grad}f(2,1,-1)=\{4,2,-2\}$. 因此,函数在点 $(2,1,-1)$ 沿 $\boldsymbol{g}=\{4,2,-2\}$ 的方向导数最大. 将 $\boldsymbol{g}$ 单位化得

$$\boldsymbol{g}^0=\frac{\boldsymbol{g}}{|\boldsymbol{g}|}=\left\{\frac{2}{\sqrt{6}},\frac{1}{\sqrt{6}},\frac{-1}{\sqrt{6}}\right\},$$

于是所求的方向余弦为

$$\cos\alpha=\frac{2}{\sqrt{6}},\quad\cos\beta=\frac{1}{\sqrt{6}},\quad\cos\gamma=\frac{-1}{\sqrt{6}}.$$

函数在该点最大的方向导数就是该点梯度的模 $|\mathbf{grad}f(2,1,-1)|=\sqrt{24}=2\sqrt{6}$.

## 习 题 2-4

1. 求下列函数的极值:

(1) $z=4(x-y)-x^2-y^2$;

(2) $z=\mathrm{e}^{2x}(x+y^2+2y)$;

(3) $z=xy+\dfrac{50}{x}+\dfrac{20}{y}$ $(x>0,\ y>0)$;

(4) $z=x^3+y^3-3xy$;

(5) $z=\dfrac{y^2}{b^2}-\dfrac{x^2}{a^2}+1$ $(a>0,\ b>0)$;

(6) $z=5-\sqrt{x^2+y^2}$.

2. 用拉格朗日乘数法求下列条件极值的可疑极值点,并用无条件极值的方法确定是否取得极值:

(1) 目标函数 $z=xy$,约束条件 $x+y=1$;

(2) 目标函数 $z=x^2+y^2$,约束条件 $\dfrac{x}{a}+\dfrac{y}{b}=1$;

(3) 目标函数 $u=x-2y+2z$,约束条件 $x^2+y^2+z^2=1$.

3. 将一个正数 $a$ 分为三个正数之和,使得它们的乘积最大.

4. 造一个容积为 27 $\mathrm{m}^3$ 的长方体水箱,应如何选择水箱的尺寸可使得用料最省?

5. 在斜边的长度为 $l$ 的一切直角三角形中求出最大周长的直角三角形.

6. 求内接于半径为 $R$ 的球且体积最大的圆柱体的高.

7. 求内接于椭圆 $\dfrac{x^2}{a^2}+\dfrac{y^2}{b^2}=1$ 且面积最大的矩形的各边长度.

8. 求下列空间曲线在指定点处的切线和法平面方程:

(1) 曲线 $x=\dfrac{t}{1+t},\ y=\dfrac{1+t}{t},\ z=t^2$ 在对应于 $t=1$ 的点处;

(2) 曲线 $x=t^2,\ y=1-t,\ z=t^3$ 在点$(1,0,1)$处;

(3) 曲线 $x=3\cos\theta,\ y=3\sin\theta,\ z=4\theta$ 在点$\left(\dfrac{3}{\sqrt{2}},\dfrac{3}{\sqrt{2}},\pi\right)$处.

9. 求出曲线 $x=t,\ y=t^2,\ z=t^3$ 上的点,使得该点的切线平行于平面 $x+2y+z=4$.

10. 求下列曲面在指定点的切平面与法线方程:

(1) $z=y+\ln\dfrac{x}{y}$,在点$(1,1,1)$处;

(2) $z^2=x^2+y^2$,在点$(3,4,5)$处;

(3) $x^3+y^3+z^3+xyz-6=0$,在点$(1,2,-1)$处;

(4) $\mathrm{e}^z-z+xy=3$,在点$(2,1,0)$处.

11. 求曲面 $x^2+2y^2+3z^2=21$ 上平行于平面 $x+4y+6z=0$ 的切平面方程.

12. 在曲面 $z=xy$ 上求一点,使得曲面在该点的法线垂直于平面 $x+3y+z+9=0$,并求此法线方程.

13. 证明:

(1) 球面上各点处的法线通过球心;

(2) 平面上任意点处的切平面都是该平面本身.

14. 求下列方向导数：

(1) 函数 $z=x^2-y^2$ 在点(1,1)处，沿与 $x$ 轴正向成60°角的方向 $l$ 的方向导数；

(2) 函数 $z=x^2+y^2$ 在点(1,2)处，沿从点 $A(1,2)$ 到点 $B(2,2+\sqrt{3})$ 的方向 $l$ 的方向导数；

(3) 函数 $u=xy^2+z^3-xyz$ 在点(1,1,2)处，沿方向角为 $\alpha=\frac{\pi}{3}$，$\beta=\frac{\pi}{4}$，$\gamma=\frac{\pi}{3}$ 的方向 $l$ 的方向导数；

(4) 函数 $u=xyz$ 在点(5,1,2)处，沿从点 $A(5,1,2)$ 到点 $B(9,4,14)$ 的方向 $l$ 的方向导数.

15. 分别求函数 $u=x^2+2y^2+3z^2+xy+3x-2y-6z$ 在点 $O(0,0,0)$，$A(1,1,1)$，$B(2,0,1)$ 处的梯度. 问：在何处函数的梯度为 $\mathbf{0}$？

16. 求函数 $z=\sqrt{xy}$ 在点(4,2)处的最大变化率.

## 多元函数的微分学内容小结

多元函数微分学是一元函数微分学的推广和发展，两者的处理方法有很多相似之处. 由于自变量个数的增加，多元函数的微分学又产生了很多新内容，如偏导数、全微分、方向导数、条件极值等. 本章以二元函数为主讲述有关内容.

### 一、多元函数的定义、极限、连续及其性质

1. 多元函数

设 $x,y,z$ 是三个变量. 如果变量 $x,y$ 在一定范围内变化时，对于 $x,y$ 的每一组取值，变量 $z$ 按照某个法则 $f$ 总有确定的值与 $x,y$ 对应，则称变量 $z$ 是变量 $x,y$ 的二元函数，简称为函数，记为 $z=f(x,y)$ 或 $z=z(x,y)$ 或 $f(x,y)$，并称变量 $x,y$ 为函数的自变量，称变量 $z$ 为因变量. 自变量 $x,y$ 的变化范围称为这个函数的定义域，通常记为 $D_f$；因变量 $z$ 的变化范围称为函数的值域，记为 $R_f$.(若不作特别声明，本书中所指的函数都是单值函数)

二元函数 $z=f(x,y)$ 的定义域 $D_f$ 是平面上的点集，二元函数的几何图形是空间中的曲面，这个曲面在 $Oxy$ 平面上的投影是 $D_f$.

多元函数的定义与二元函数类似.

2. 二重极限

设函数 $z=f(x,y)$ 在点 $P_0(x_0,y_0)$ 的某个去心邻域 $U^\circ(P_0)$ 中有定义. 当点 $P(x,y)$ 无限接近点 $P_0$ 时，函数在点 $P$ 的函数值 $f(x,y)$ 与某个实数 $A$ 也无限接近，则称 $A$ 是函数 $f(x,y)$ 在点 $P_0$ 处的二重极限，简称为极限，记为

$$\lim_{\substack{x\to x_0\\ y\to y_0}} f(x,y)=A \quad 或 \quad \lim_{(x,y)\to(x_0,y_0)} f(x,y)=A.$$

**性质** 函数 $z=f(x,y)$ 在点 $P_0(x_0,y_0)$ 的二重极限存在的充分必要条件是：点 $P(x,y)$ 以任何方式趋向于点 $P_0(x_0,y_0)$ 时，函数 $f(x,y)$ 的极限都存在且相等.

用这个性质判断函数 $z=f(x,y)$ 在点 $P_0(x_0,y_0)$ 的二重极限不存在是很方便的. 例如，若点 $P(x,y)$ 沿两条不同的路径趋于 $P_0(x_0,y_0)$ 时，函数 $f(x,y)$ 的极限不同，则极限 $\lim\limits_{\substack{x\to x_0\\ y\to y_0}} f(x,y)$ 不存在.

3. 连续性

如果 $\lim\limits_{\substack{x\to x_0\\y\to y_0}}f(x,y)=f(x_0,y_0)$,则称函数 $f(x,y)$ 在点 $(x_0,y_0)$ 处连续.

初等函数在其有定义的区域内处处连续.

4. 最值定理

如果 $f(x,y)$ 在有界闭区域 $D$ 上连续,则 $f(x,y)$ 在 $D$ 上一定有最大值和最小值.

由此可知,有界闭区域上的连续函数一定有界.

5. 介值定理

设 $f(x,y)$ 在有界闭区域 $D$ 上连续,$M$ 和 $m$ 分别是 $f(x,y)$ 在 $D$ 上的最大值和最小值.对于任何实数 $c$,只要满足 $m\leqslant c\leqslant M$,则至少存在一点 $(\bar{x},\bar{y})\in D$,使得 $f(\bar{x},\bar{y})=c$.

## 二、偏导数与全微分

1. 偏导数

设函数 $z=f(x,y)$ 在点 $(x_0,y_0)$ 的某个邻域内有定义.固定 $y=y_0$,对于一元函数 $F(x)=f(x,y_0)$ 的自变量在 $x_0$ 处给出增量 $\Delta x$,则有增量

$$\Delta F=F(x_0+\Delta x)-F(x_0)=f(x_0+\Delta x,y_0)-f(x_0,y_0).$$

若极限

$$\lim_{\Delta x\to 0}=\frac{\Delta F}{\Delta x}=\lim_{\Delta x\to 0}\frac{f(x_0+\Delta x,y_0)-f(x_0,y_0)}{\Delta x}$$

存在,则称此极限值为函数 $z=f(x,y)$ 在点 $(x_0,y_0)$ 处对 $x$ 的偏导数,记为

$$\left.\frac{\partial z}{\partial x}\right|_{\substack{x=x_0\\y=y_0}},\quad \left.\frac{\partial f}{\partial x}\right|_{\substack{x=x_0\\y=y_0}},\quad f_x(x_0,y_0),\quad z_x(x_0,y_0),\quad z_x\Big|_{\substack{x=x_0\\y=y_0}},\quad z_x\Big|_{(x_0,y_0)}\text{等}.$$

同样 $z=f(x,y)$ 在点 $(x_0,y_0)$ 处对 $y$ 的偏导数定义为

$$\lim_{\Delta y\to 0}\frac{f(x_0,y_0+\Delta y)-f(x_0,y_0)}{\Delta y},$$

记为 $\left.\frac{\partial z}{\partial y}\right|_{\substack{x=x_0\\y=y_0}}$, $\left.\frac{\partial f}{\partial y}\right|_{\substack{x=x_0\\y=y_0}}$, $f_y(x_0,y_0)$, $z_y(x_0,y_0)$, $z_y\Big|_{\substack{x=x_0\\y=y_0}}$, $z_y\Big|_{(x_0,y_0)}$ 等.

类似地,可定义多元函数的偏导数.

对多元函数中的某一个自变量求偏导数,就是将其余的自变量看做常数,对这个变量求一元函数的导数.

2. 高阶偏导数

设函数 $z=f(x,y)$ 在区域 $D$ 内有偏导函数 $\frac{\partial z}{\partial x}=f_x(x,y)$, $\frac{\partial z}{\partial y}=f_y(x,y)$.如果这两个偏导函数在 $D$ 内仍有偏导数,则称它们的偏导数为函数的二阶偏导数.二元函数的二阶偏导数共有四个,其记号和意义分别为

$$\frac{\partial}{\partial x}\left(\frac{\partial z}{\partial x}\right)=\frac{\partial^2 z}{\partial x^2}=f_{xx}(x,y)=f_{11}(x,y),\quad \text{或记为 } f_{11},\ z_{11};$$

$$\frac{\partial}{\partial y}\left(\frac{\partial z}{\partial x}\right)=\frac{\partial^2 z}{\partial x\partial y}=f_{xy}(x,y)=f_{12}(x,y),\quad \text{或记为 } f_{12},\ z_{12};$$

$$\frac{\partial}{\partial x}\left(\frac{\partial z}{\partial y}\right)=\frac{\partial^2 z}{\partial y\partial x}=f_{yx}(x,y)=f_{21}(x,y),\quad \text{或记为 } f_{21},\ z_{21};$$

$$\frac{\partial}{\partial y}\left(\frac{\partial z}{\partial y}\right)=\frac{\partial^2 z}{\partial y^2}=f_{yy}(x,y)=f_{22}(x,y),\quad \text{或记为 } f_{22},\ z_{22}.$$

其中,$f_{xy}(x,y)$及$f_{yx}(x,y)$称为二阶混合偏导数.

**性质**　如果函数$z=f(x,y)$的两个二阶混合偏导数$f_{xy}(x,y)$及$f_{yx}(x,y)$都连续,则它们相等.

3. 全微分

设二元函数$z=f(x,y)$在点$(x,y)$某个邻域中的全增量为

$$\Delta z=f(x+\Delta x,y+\Delta y)-f(x,y).$$

如果它可以表示为

$$\Delta z=A\Delta x+B\Delta y+o(\rho),$$

其中$A,B$不依赖于$\Delta x,\Delta y$,仅与$x,y$有关,$\rho=\sqrt{\Delta x^2+\Delta y^2}$,$o(\rho)$是$\rho$的高阶无穷小量$(\rho\to 0)$,则称该函数在点$(x,y)$处可微,称$A\Delta x+B\Delta y$为该函数在点$(x,y)$处的全微分,记为$\mathrm{d}z$.

当函数$z=f(x,y)$在点$(x,y)$处可微时,

$$f_x(x,y)=A,\quad f_y(x,y)=B.$$

记$\Delta x=\mathrm{d}x,\Delta y=\mathrm{d}y$,于是

$$\mathrm{d}z=f_x(x,y)\mathrm{d}x+f_y(x,y)\mathrm{d}y\quad \text{或}\quad \mathrm{d}z=\frac{\partial z}{\partial x}\mathrm{d}x+\frac{\partial z}{\partial y}\mathrm{d}y.$$

**性质**　如果函数$z=f(x,y)$的两个偏导数在点$(x,y)$处连续,则函数在该点可微.

同理可以定义三元函数$u=f(x,y,z)$的全微分,并有

$$\mathrm{d}u=\frac{\partial u}{\partial x}\mathrm{d}x+\frac{\partial u}{\partial y}\mathrm{d}y+\frac{\partial u}{\partial z}\mathrm{d}z.$$

4. 可微、可导及连续之间的关系

在多元函数中,可微、可导及连续之间的关系与一元函数的情况有所不同.在多元函数中有:

1) 可微必可导,可导不一定可微;

2) 可微必连续,连续不一定可微;

3) 可导不一定连续,连续不一定可导.

5. 复合函数的偏导数

复合函数的求导公式(链式法则):

1) 若$z=f(u,v)$, $u=\varphi(x)$, $v=\psi(x)$可微,则复合函数$z=f[\varphi(x),\psi(x)]$可导,并有

$$\frac{\mathrm{d}z}{\mathrm{d}x}=\frac{\partial z}{\partial u}\cdot\frac{\mathrm{d}u}{\mathrm{d}x}+\frac{\partial z}{\partial v}\cdot\frac{\mathrm{d}v}{\mathrm{d}x};$$

2) 若$z=f(u,v)$, $u=\varphi(x,y)$, $v=\psi(x,y)$可微,则复合函数$z=f[\varphi(x,y),\psi(x,y)]$的偏导数存在,并有

$$\frac{\partial z}{\partial x}=\frac{\partial z}{\partial u}\cdot\frac{\partial u}{\partial x}+\frac{\partial z}{\partial v}\cdot\frac{\partial v}{\partial x},\quad \frac{\partial z}{\partial y}=\frac{\partial z}{\partial u}\cdot\frac{\partial u}{\partial y}+\frac{\partial z}{\partial v}\cdot\frac{\partial v}{\partial y};$$

3) 若$z=f(u)$, $u=\varphi(x,y)$可微,则复合函数$z=f[\varphi(x,y)]$的偏导数存在,并有

$$\frac{\partial z}{\partial x}=\frac{\mathrm{d}z}{\mathrm{d}u}\cdot\frac{\partial u}{\partial x},\quad \frac{\partial z}{\partial y}=\frac{\mathrm{d}z}{\mathrm{d}u}\cdot\frac{\partial u}{\partial y}.$$

6. 隐函数的偏导数

1) 设二元函数 $F(x,y)$ 在点 $(x_0,y_0)$ 的某个邻域中有连续的偏导数,且

$$F_y(x_0,y_0)\neq 0,\quad F(x_0,y_0)=0,$$

则方程 $F(x,y)=0$ 在点 $(x_0,y_0)$ 的某邻域中可唯一确定具有连续导数的函数 $y=f(x)$,使得 $y_0=f(x_0)$,并有

$$\frac{\mathrm{d}y}{\mathrm{d}x}=-\frac{F_x}{F_y}.$$

2) 设三元函数 $F(x,y,z)$ 在点 $(x_0,y_0,z_0)$ 的某个邻域中有连续的偏导数,且

$$F_z(x_0,y_0,z_0)\neq 0,\quad F(x_0,y_0,z_0)=0,$$

则方程 $F(x,y,z)=0$ 在点 $(x_0,y_0,z_0)$ 的某邻域中可唯一确定具有连续偏导数的函数 $z=f(x,y)$,使得 $z_0=f(x_0,y_0)$,并有

$$\frac{\partial z}{\partial x}=-\frac{F_x}{F_z},\quad \frac{\partial z}{\partial y}=-\frac{F_y}{F_z}.$$

## 三、二元函数的极值

1. 极值的定义

设函数 $z=f(x,y)$ 在区域 $D$ 上有定义,点 $P_0(x_0,y_0)$ 的某个邻域 $U\subset D$.

如果对于 $U$ 中异于 $P_0(x_0,y_0)$ 的任何点 $P(x,y)$,总有不等式 $f(x,y)<f(x_0,y_0)$ 成立,则称 $f(x_0,y_0)$ 为函数的极大值,$P_0(x_0,y_0)$ 称为极大值点.

如果对于 $U$ 中异于 $P_0(x_0,y_0)$ 的任何点 $P(x,y)$,总有不等式 $f(x,y)>f(x_0,y_0)$ 成立,则称 $f(x_0,y_0)$ 为函数的极小值,$P_0(x_0,y_0)$ 称为极小值点.

2. 取得极值的必要条件

**性质** 如果函数 $z=f(x,y)$ 在点 $P_0(x_0,y_0)$ 的两个偏导数都存在,且在该点函数取得极值,则

$$f_x(x_0,y_0)=0,\quad f_y(x_0,y_0)=0.$$

使得函数 $z=f(x,y)$ 的两个偏导数都等于零的点称为驻点. 与一元函数类似,可导的极值点必是驻点,但极值点不一定是驻点.

3. 取得极值的充分条件

**性质** 设 $z=f(x,y)$ 在驻点 $(x_0,y_0)$ 的某个邻域内有二阶的连续偏导数. 令

$$A=f_{xx}(x_0,y_0),\quad B=f_{xy}(x_0,y_0),\quad C=f_{yy}(x_0,y_0),\quad \Delta=B^2-AC,$$

于是有

1) 如果 $\Delta<0$,则点 $(x_0,y_0)$ 是函数的极值点,且

当 $A<0$ 时,$f(x_0,y_0)$ 是极大值;当 $A>0$ 时,$f(x_0,y_0)$ 是极小值.

2) 如果 $\Delta>0$,则点 $(x_0,y_0)$ 不是函数的极值点.

3) 如果 $\Delta=0$,则函数 $z=f(x,y)$ 在点 $(x_0,y_0)$ 有无极值不能确定,需用其它方法判别.

4. 条件极值

1) 求二元函数 $z=f(x,y)$ 在约束条件 $\varphi(x,y)=0$ 下的极值,可以按照如下步骤进行:

① 构造拉格朗日函数:$L(x,y)=f(x,y)+\lambda\varphi(x,y)$.

② 解方程组

$$\begin{cases}\dfrac{\partial L}{\partial x}=f_x(x,y)+\lambda\varphi_x(x,y)=0,\\ \dfrac{\partial L}{\partial y}=f_y(x,y)+\lambda\varphi_y(x,y)=0,\\ \varphi(x,y)=0.\end{cases}$$

若 $\lambda_0$, $x_0$, $y_0$ 是方程组的解,则$(x_0,y_0)$是该条件极值问题的可疑极值点.

2) 求三元函数 $z=f(x,y,z)$在约束条件 $\varphi(x,y,z)=0$ 下的极值点,可以按照如下步骤进行:

① 构造拉格朗日函数:$L(x,y,z)=f(x,y,z)+\lambda\varphi(x,y,z)$.

② 解方程组

$$\begin{cases}\dfrac{\partial L}{\partial x}=f_x(x,y,z)+\lambda\varphi_x(x,y,z)=0,\\ \dfrac{\partial L}{\partial y}=f_y(x,y,z)+\lambda\varphi_y(x,y,z)=0,\\ \dfrac{\partial L}{\partial z}=f_z(x,y,z)+\lambda\varphi_z(x,y,z)=0,\\ \varphi(x,y,z)=0.\end{cases}$$

如果 $\lambda_0$, $x_0$, $y_0$, $z_0$ 是方程组的解,则点$(x_0,y_0,z_0)$是该条件极值问题的可疑极值点.

### 四、多元微分学的几何应用

1. 空间曲线的切线与法平面

给定空间曲线 $L$:$\begin{cases}x=x(t),\\ y=y(t),\\ z=z(t),\end{cases}$其中的三个函数有连续的导数且导数不同时为零.设 $L$ 上的点 $P_0(x_0,y_0,z_0)$对应的参数为 $t_0$,则曲线 $L$ 在点 $P_0(x_0,y_0,z_0)$处的切向量为

$$\{x'(t_0),y'(t_0),z'(t_0)\}.$$

此时的切线方程为

$$\frac{x-x_0}{x'(t_0)}=\frac{y-y_0}{y'(t_0)}=\frac{z-z_0}{z'(t_0)};$$

曲线 $L$ 在点 $P_0(x_0,y_0,z_0)$的法平面方程为

$$x'(t_0)(x-x_0)+y'(t_0)(y-y_0)+z'(t_0)(z-z_0)=0.$$

2. 曲面的切平面与法线

给定曲面 $\Sigma$ 的方程 $F(x,y,z)=0$,函数 $F(x,y,z)$有连续的偏导数且三个偏导数不同时为零.设点 $P_0(x_0,y_0,z_0)$是 $\Sigma$ 上的一个点,则曲面 $\Sigma$ 在点 $P_0(x_0,y_0,z_0)$处的法向量为

$$\{F_x(x_0,y_0,z_0),F_y(x_0,y_0,z_0),F_z(x_0,y_0,z_0)\}.$$

此时的切平面方程为

$$F_x(x_0,y_0,z_0)\cdot(x-x_0)+F_y(x_0,y_0,z_0)\cdot(y-y_0)+F_z(x_0,y_0,z_0)\cdot(z-z_0)=0;$$

曲面 $\Sigma$ 在点 $P_0(x_0,y_0,z_0)$处的法线方程为

$$\frac{x-x_0}{F_x(x_0,y_0,z_0)}=\frac{y-y_0}{F_y(x_0,y_0,z_0)}=\frac{z-z_0}{F_z(x_0,y_0,z_0)}.$$

**五、方向导数与梯度**

1. 方向导数

若函数 $u=f(x,y,z)$ 在点 $P(x,y,z)$ 可微，方向 $l$ 的方向余弦为 $\cos\alpha$, $\cos\beta$, $\cos\gamma$，则函数在点 $P(x,y,z)$ 沿方向 $l$ 的方向导数为

$$\frac{\partial u}{\partial l}=\frac{\partial u}{\partial x}\cos\alpha+\frac{\partial u}{\partial y}\cos\beta+\frac{\partial u}{\partial z}\cos\gamma.$$

2. 梯度

设函数 $u=f(x,y,z)$ 在空间区域 $G$ 内可微，则函数在点 $P_0(x_0,y_0,z_0)\in G$ 处的梯度定义为一个向量

$$\mathbf{grad}f(x_0,y_0,z_0)=f_x(x_0,y_0,z_0)\boldsymbol{i}+f_y(x_0,y_0,z_0)\boldsymbol{j}+f_z(x_0,y_0,z_0)\boldsymbol{k}.$$

梯度方向是函数变化率最大的方向. 在梯度方向上函数的方向导数取得最大值

$$|\mathbf{grad}f(x_0,y_0,z_0)|.$$

## 复习题二

**一、填空题**

1. 设函数 $f(x,y)=\dfrac{xy}{x^2+y^2}$，则 $f\left(\dfrac{y}{x},1\right)=$__________.

2. 若函数 $f(x,y)=\ln(x-\sqrt{x^2-y^2})$ $(x>y>0)$，则 $f(x+y,x-y)=$__________.

3. 二元函数 $z=\dfrac{1}{\ln(x+y)}$ 的定义域为__________.

4. 若 $x^y=y^x$，则 $\dfrac{\mathrm{d}y}{\mathrm{d}x}=$__________.

5. 由方程 $xyz+\sqrt{x^2+y^2+z^2}=\sqrt{2}$ 所确定的函数 $z=z(x,y)$ 在点 $(1,0,-1)$ 处的全微分 $\mathrm{d}z=$__________.

6. 函数 $u=\ln(x^2+y^2+z^2)$ 在点 $M(1,2,-2)$ 处的梯度为__________.

7. 椭圆 $\begin{cases}3x^2+2y^2=12,\\ z=0\end{cases}$ 绕 $y$ 轴旋转的旋转面在点 $M(0,\sqrt{3},\sqrt{2})$ 处指向外侧的单位法向量为__________.

8. 设 $z=f(u,v,w)$ 可微，$u=x^2$, $v=\sin e^y$, $w=\ln y$，则 $\dfrac{\partial z}{\partial y}=$__________.

9. 设函数 $f(x,y)$ 满足 $xf_x(x,y)+yf_y(x,y)=f(x,y)$，$f_x(1,-1)=3$，点 $P(1,-1,2)$ 在曲面 $z=f(x,y)$ 上，则在点 $P$ 的切平面方程为__________.

10. 函数 $f(x,y)=x^3-4x^2+2xy-y^2$ 的极大值点是__________.

**二、单项选择题**

1. 设函数 $f(x,y)=xy-x^3y-xy^3$，则 $f(x,y)$ 在下列曲线上的表达式错误的是 ( )

(A) 在直线 $x=1$ 上 $f(x,y)=-y^3$；

(B) 在直线 $y=0$ 上 $f(x,y)=0$；

(C) 在圆 $x^2+y^2=1$ 上 $f(x,y)=0$；

(D) 在抛物线 $y=x^2$ 上 $f(x,y)=x^3-2x^7$.

2. 如果函数 $z=x^2+y^2$ 在所给的区域 $D$ 上有最大值和最小值,则 $D$ 为 ( )

(A) $D$:$(x-4)^2+(y+5)^2<100$;　(B) $D$:$(x-4)^2+(y+5)^2\leqslant 4$;

(C) $D$:$x>0,y\geqslant 0$;　(D) $D$:$x+y\leqslant 2$.

3. 设函数 $f(x,y)$在点$(x_0,y_0)$的某邻域中有定义,则下列结论正确的是 ( )

(A) 若 $f_x(x_0,y_0)$,$f_y(x_0,y_0)$都存在,则 $f(x,y)$在点$(x_0,y_0)$处连续;

(B) 若 $f_x(x_0,y_0)$,$f_y(x_0,y_0)$都存在,则 $f(x,y)$在点$(x_0,y_0)$处可微;

(C) 若 $f_x(x_0,y_0)$,$f_y(x_0,y_0)$都不存在,则 $f(x,y)$在点$(x_0,y_0)$处不连续;

(D) 若 $f_x(x,y)$,$f_y(x,y)$都在点$(x_0,y_0)$处连续,则 $f(x,y)$在点$(x_0,y_0)$处连续.

4. 设函数

$$f(x,y)=\begin{cases}(x^2+y^2)\sin\dfrac{1}{x^2+y^2}, & x^2+y^2\neq 0,\\ 0, & x^2+y^2=0,\end{cases}$$

则 $f(x,y)$在原点$(0,0)$处 ( )

(A) 偏导数不存在;　(B) 不可微;

(C) 偏导数连续;　(D) 可微.

5. 设 $z=z(x,y)$是由方程 $\mathrm{e}^z-xyz=0$ 确定的函数,则 $\dfrac{\partial z}{\partial x}=$ ( )

(A) $\dfrac{z}{1+z}$;　(B) $\dfrac{y}{x(1+z)}$;　(C) $\dfrac{z}{x(z-1)}$;　(D) $\dfrac{y}{x(1-z)}$.

6. 已知函数 $f(x,y)$在点$(x_0,y_0)$的偏导数存在,则下列结论正确的是 ( )

(A) $f(x,y)$在$(x_0,y_0)$点连续;

(B) $f(x,y)$在$(x_0,y_0)$点可微;

(C) $f(x,y_0)$在 $x=x_0$ 点连续;

(D) $f(x,y)$在$(x_0,y_0)$点有任意方向的方向导数.

7. 设函数 $F(x,y)$有连续的偏导数,且 $F(x,y)(y\mathrm{d}x+x\mathrm{d}y)$是某个函数 $u(x,y)$的全微分,则 $F(x,y)$应满足 ( )

(A) $\dfrac{\partial F}{\partial x}=\dfrac{\partial F}{\partial y}$;　(B) $x\dfrac{\partial F}{\partial x}=y\dfrac{\partial F}{\partial y}$;

(C) $y\dfrac{\partial F}{\partial x}=x\dfrac{\partial F}{\partial y}$;　(D) $-x\dfrac{\partial F}{\partial x}=y\dfrac{\partial F}{\partial y}$.

8. 函数 $f(x,y)=\sqrt{x^2+y^2}$ 在点$(0,0)$处 ( )

(A) 连续;　(B) 不连续;　(C) 可微;　(D) 偏导数存在.

9. 在曲线 $x=t,y=-t^2,z=t^3$ 的所有切线中,与平面 $x+2y+z=4$ 平行的切线 ( )

(A) 只有一条;　(B) 只有两条;　(C) 至少有三条;　(D) 不存在.

10. 设函数 $f(x,y)$在点$(x_0,y_0)$的某个邻域 $U$ 中有定义,则下列结论错误的是 ( )

(A) 若在点$(x_0,y_0)$沿任何方向的方向导数都存在,则函数在点$(x_0,y_0)$处的偏导数存在;

(B) 若 $f(x,y)$可微且 $\mathbf{g}=\mathbf{grad}f(x_0,y_0)\neq\mathbf{0}$,则在点$(x_0,y_0)$,函数沿方向 $\mathbf{g}$ 的增长速度最快;

(C) 若 $f(x,y)$可微且 $\mathbf{g}=\mathbf{grad}f(x_0,y_0)\neq\mathbf{0}$,则在点$(x_0,y_0)$,函数沿方向$(-\mathbf{g})$的下降速

度最快；

(D) 若 $f(x,y)$ 可微，则在点 $(x_0,y_0)$ 沿任何方向的方向导数都存在.

**三、综合题**

1. 设函数 $f\left(x+y,\dfrac{y}{x}\right)=x^2-y^2$，求 $f(x,y)$.

2. 设函数 $f(x,y)=x^2+y^2-xy\arctan\dfrac{x}{y}$，证明：$f(tx,ty)=t^2f(x,y)$.

3. 设函数 $f(x,y)=x+(y-1)\arcsin\sqrt{\dfrac{x}{y}}$，求 $f_x(x,1)$.

4. 已知矩形的宽为 $x=6$ m，长为 $y=8$ m. 如果宽增加 5 cm，长减少 10 cm，问：该矩形的对角线大约改变了多少？（提示：利用全微分）

5. 设函数

$$z=f(x,y)=\begin{cases}\dfrac{x^2y^2}{(x^2+y^2)^{3/2}}, & x^2+y^2\neq 0,\\ 0, & x^2+y^2=0,\end{cases}$$

证明：该函数在原点连续，两个偏导数都存在，但在原点不可微.

6. 求函数 $z=(x^2+y^2)e^{\frac{x^2+y^2}{xy}}$ 的偏导数.

7. 设函数 $z=\dfrac{y}{f(x^2-y^2)}$，其中 $f$ 为可导函数，证明：$\dfrac{1}{x}\cdot\dfrac{\partial z}{\partial x}+\dfrac{1}{y}\cdot\dfrac{\partial z}{\partial y}=\dfrac{z}{y^2}$.

8. 设 $x=x(y,z)$，$y=y(x,z)$，$z=z(x,y)$ 都是方程 $F(x,y,z)=0$ 所确定的具有连续偏导数的函数，证明：$\dfrac{\partial x}{\partial y}\cdot\dfrac{\partial y}{\partial z}\cdot\dfrac{\partial z}{\partial x}=-1$.

9. 设 $z^3-3xyz=a^3$，求 $\dfrac{\partial^2 z}{\partial x\partial y}$.

10. 设 $F(x,x+y,x+y+z)=0$，其中 $F$ 可微，求 $\dfrac{\partial z}{\partial x}$ 和 $\dfrac{\partial z}{\partial y}$.

11. 求 $I(a,b)=\displaystyle\int_0^1(ax+b-x^2)^2\mathrm{d}x$ 的极小值点.

12. 设 $z(x,y)$ 是由方程 $\sin xyz-\dfrac{1}{z-xy}=1$ 所确定的函数，求 $z_x(0,1)$.

13. 横断面为半圆形的柱形敞口容器(图 2-24)，柱长为 $H$，半圆的直径为 $2R$. 如果容器的表面积为定值 $S$，问：当 $H$ 和 $R$ 各为多少时可使得容器的容积最大？

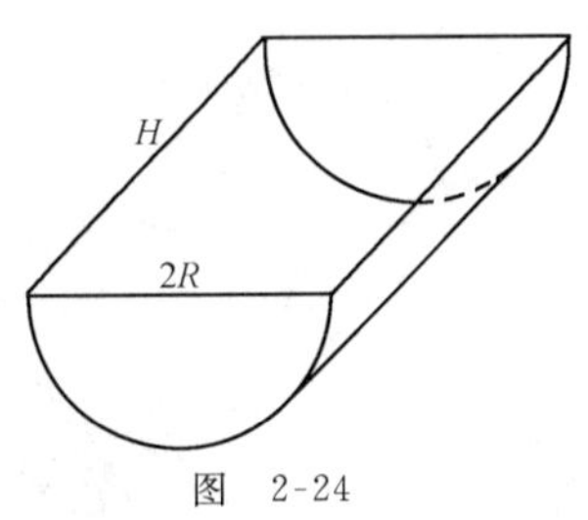

图 2-24

14. 已知矩形的周长为 $2p$，将它绕其一边旋转而得一个旋转体. 问：当矩形的边长各为多少时可使得旋转体的体积最大？

15. 求内接于半径为 $a$ 的球且有最大体积的长方体.

16. 在第Ⅰ卦限内作椭球面 $\dfrac{x^2}{a^2}+\dfrac{y^2}{b^2}+\dfrac{z^2}{c^2}=1$ 的切平面，使得该切平面与三个坐标面所围四面体的体积最小. 求出这个切平面的切点及相应的最小体积.

17. 工厂生产某种产品的数量 $S$(单位：吨)与所用的两种原料 $A$，$B$ 的数量 $x$，$y$(单位：吨)的关系为 $S=0.005x^2y$. 现准备向银行贷款 150 万元购进原料，已知 $A$，$B$ 两种原料每吨的价格分别为 1 万元和 2 万元，问：怎样购进两种原料才能使产品的产量最大？

18. 证明曲面 $xyz=a^3(a>0)$ 上每一点的切平面与坐标面所围的四面体的体积为一个常数，并求此常数.

19. 证明曲面 $\sqrt{x}+\sqrt{y}+\sqrt{z}=\sqrt{a}(a>0)$ 上每一点处的切平面在坐标轴上的截距之和等于 $a$.

20. 证明球面 $x^2+y^2+z^2=2ax$ 与 $x^2+y^2+z^2=2by$ 相互正交(即交点处两个曲面的法线相互垂直).

21. 问在空间的哪些点上，函数 $u=x^3+y^3+z^3-3xyz$ 的梯度分别满足下列条件：

(1) 垂直于 $z$ 轴；　　(2) 平行于 $z$ 轴.

# 第三章 重积分

定积分有很多重要的应用,如求平面图形的面积、旋转体的体积、变力做功问题等.由于定积分的被积函数是一元函数,积分范围是直线上的区间,这就限制了定积分在更大范围上的应用.大量的实际应用问题因为涉及多元函数,于是就产生了多元函数的积分学.本章所讲的重积分以及下一章的曲线积分和曲面积分,都属于多元函数积分学,它们都是在定积分的基础上推广开来的,因而无论从定义、性质、计算上来说都与定积分有着密切的联系.

## §1 二重积分

### 1.1 二重积分的概念与性质

#### 一、二重积分概念的引入

1. 曲顶柱体的体积问题

设曲面 $\Sigma$ 的方程为 $z=f(x,y)$,$(x,y)\in D$,其中 $D$ 是有界闭区域,则曲面 $\Sigma$ 在 $Oxy$ 平面上的投影是 $D$. 假定 $f(x,y)$ 连续(此时也称 $\Sigma$ 是连续曲面)且 $f(x,y)\geqslant 0$,则 $\Sigma$ 在 $Oxy$ 平面的上方.以 $D$ 的边界为准线,作母线平行于 $z$ 轴的柱面.在此柱面内以 $\Sigma$ 为顶,以平面区域 $D$ 为底所围的空间区域称为**曲顶柱体**(图3-1).我们来求这个曲顶柱体的体积 $V$.

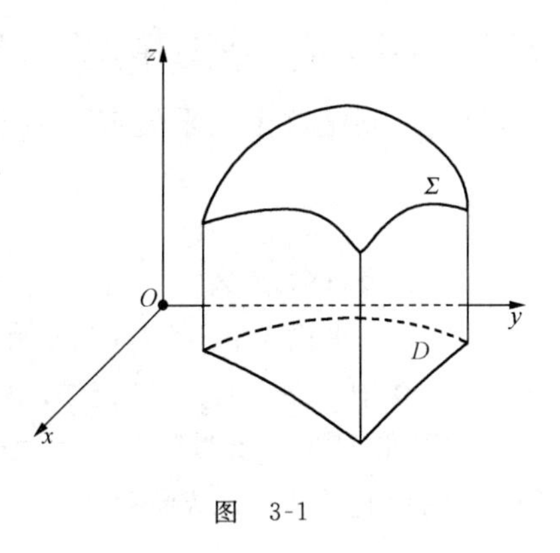


图 3-1

如果曲顶 $\Sigma$ 是某个平面 $z=h$,则曲顶柱体是平顶柱体.这时柱体的高度不随点 $(x,y)$ 的变化而变化,于是有

$$V = D\text{ 的面积}\times\text{高} = D\text{ 的面积}\times h. \tag{1}$$

但是,当 $\Sigma$ 是一般的曲面时,高度 $z=f(x,y)$ 随着点 $(x,y)$ 在 $D$ 内的变化而变化,因此这样的体积问题已经不能用通常的体积公式(1)来计算.我们又一次遇到了"变与不变"的矛盾.回忆起在定积分中求曲边梯形的面积问题,在那里解决问题的方法是在微小的局部以"不变代变".这样的方法也可以用来解决曲顶柱体的体积问题.

首先,用一组曲线网将 $D$ 任意分割成 $n$ 个小的闭区域: $\Delta\sigma_1$, $\Delta\sigma_2$, $\cdots$,

$\Delta\sigma_n$(也用这些记号表示相应的小闭区域的面积). 分别以这些小闭区域的边界为准线,作母线平行于 $z$ 轴的柱面,这些柱面将原来的曲顶柱体分为 $n$ 个小的曲顶柱体,依次记为 $\Delta V_1$, $\Delta V_2$, $\cdots$, $\Delta V_n$(也用这些记号表示相应的小曲顶柱体的体积),则

$$V = \Delta V_1 + \Delta V_2 + \cdots + \Delta V_n = \sum_{i=1}^{n}\Delta V_i. \quad (2)$$

当这些小闭区域都很小时,由于 $f(x,y)$ 连续,因此在同一个小闭区域上高度 $f(x,y)$ 的变化幅度也很小. 此时,每一个小曲顶柱体都可以近似地看做平顶柱体. 我们在每个小闭区域 $\Delta\sigma_i$ 上任取点 $P_i(\xi_i,\eta_i)$,以 $f(\xi_i,\eta_i)$ 为高,底为 $\Delta\sigma_i$ 作平顶柱体(图 3-2),则它的体积为 $f(\xi_i,\eta_i)\Delta\sigma_i$. 因此,相应的小曲顶柱体的体积

$$\Delta V_i \approx f(\xi_i,\eta_i)\Delta\sigma_i \quad (i = 1,2,\cdots,n).$$

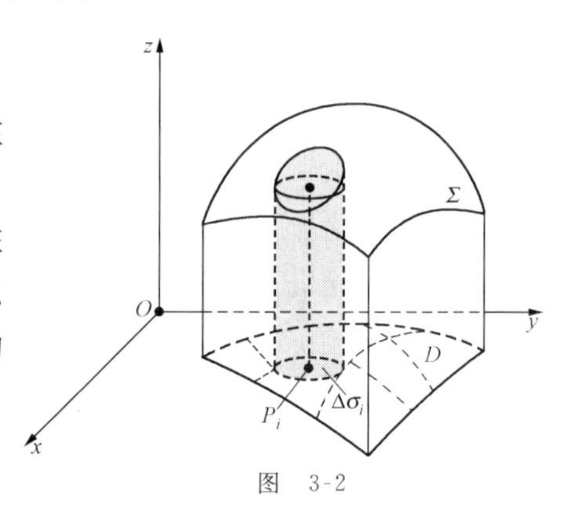

图 3-2

于是由(2)式则有

$$\begin{aligned} V &\approx f(\xi_1,\eta_1)\Delta\sigma_1 + f(\xi_2,\eta_2)\Delta\sigma_2 + \cdots + f(\xi_n,\eta_n)\Delta\sigma_n \\ &= \sum_{i=1}^{n} f(\xi_i,\eta_i)\Delta\sigma_i. \end{aligned}$$

$\sum\limits_{i=1}^{n} f(\xi_i,\eta_i)\Delta\sigma_i$ 仅仅是 $V$ 的近似值,但是,如果各个小闭区域被分割得越细密,这种近似程度就越好. 将 $n$ 个小闭区域直径[①]中的最大值记为 $\lambda$,如果 $\lambda$ 很小,则各个小闭区域都很小,也表明分割得很细密. 如果这样的分割无限地细密下去,即 $\lambda\to 0$ 时,相应的和式 $\sum\limits_{i=1}^{n} f(\xi_i,\eta_i)\Delta\sigma_i$ 的极限存在,则把这个极限值定义为该曲顶柱体的体积,即

$$V = \lim_{\lambda\to 0}\sum_{i=1}^{n} f(\xi_i,\eta_i)\Delta\sigma_i. \quad (3)$$

2. 平面板的质量

将 $Oxy$ 平面上的有界闭区域 $D$ 看做是一个平面板,平面板上点 $(x,y)$ 处的密度为 $\rho(x,y)$,其中 $\rho(x,y)\geqslant 0$ 且连续. 我们来计算平面板的质量 $M$.

如果平面板上质量的分布是均匀的,即密度恒为常数 $\rho(x,y)\equiv c$,则这时的密度不随点 $(x,y)$ 的变化而变化,从而有

$$M = D\text{ 的面积} \times c. \quad (4)$$

但是,如果平面板上质量的分布是不均匀的,即密度 $\rho(x,y)$ 是随着点 $(x,y)$ 的变化而变化,平面板的质量就不能按照公式(4)来计算了. 这又是一个“变与不变”的矛盾,我们可以用处理曲顶柱体体积的方法来处理这类质量问题.

用一组曲线网将 $D$ 分为有限个小平面板 $\Delta\sigma_1$, $\Delta\sigma_2$, $\cdots$, $\Delta\sigma_n$(也用这些记号表示相应的小平面板的面积,图 3-3),每个小平面板都有相应的质量 $\Delta M_1$, $\Delta M_2$, $\cdots$, $\Delta M_n$,则

$$M = \Delta M_1 + \Delta M_2 + \cdots + \Delta M_n = \sum_{i=1}^{n}\Delta M_i. \quad (5)$$

由于密度 $\rho(x,y)$ 是连续函数,当这些小平面板的直径都很小时,$\rho(x,y)$ 在每个小平面板上的

① 一个闭区域的直径是指闭区域上所有两点间距离的最大值. 当闭区域是圆域时,闭区域的直径就是圆域的直径.

变化也很小,所以可以认为每个小平面板上的质量分布是近似均匀的,即认为在每个小平面板 $\Delta\sigma_i$ 上的密度近似于一个常数.在每个小平面板上任取一点 $(\xi_i,\eta_i)\in\Delta\sigma_i(i=1,2,\cdots,n)$,将 $\Delta\sigma_i$ 上的密度近似看做在点 $(\xi_i,\eta_i)$ 处的密度 $\rho(\xi_i,\eta_i)$,则在 $\Delta\sigma_i$ 上的质量 $\Delta M_i\approx\rho(\xi_i,\eta_i)\Delta\sigma_i(i=1,2,\cdots,n)$.于是由(5)式得

$$M\approx\rho(\xi_1,\eta_1)\Delta\sigma_1+\rho(\xi_2,\eta_2)\Delta\sigma_2+\cdots+\rho(\xi_n,\eta_n)\Delta\sigma_n$$
$$=\sum_{i=1}^{n}\rho(\xi_i,\eta_i)\Delta\sigma_i.$$

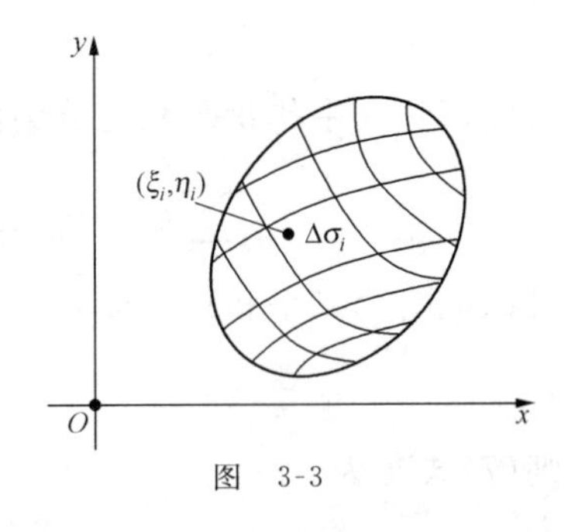

图 3-3

对 $D$ 的分割越细密,这种近似程度就越好.仍用 $\lambda$ 表示所有小平面板直径的最大值,它是分割细密程度的度量.如果分割无限细密下去,即 $\lambda\to0$ 时,相应的和式 $\sum_{i=1}^{n}\rho(\xi_i,\eta_i)\Delta\sigma_i$ 的极限存在,则把这个极限值定义为该平面板的质量,即

$$M=\lim_{\lambda\to0}\sum_{i=1}^{n}\rho(\xi_i,\eta_i)\Delta\sigma_i. \tag{6}$$

## 二、二重积分的定义

上述两个问题的实际意义虽然不同,但是它们所使用的数学方法却是一样的.于是我们归纳出二重积分的概念.

**定义** 设 $z=f(x,y)$ 是定义在有界闭区域 $D$ 上的函数.将 $D$ 任意分割成 $n$ 个小闭区域:$\Delta\sigma_1,\Delta\sigma_2,\cdots,\Delta\sigma_n$(也表示相应小闭区域的面积).在每个 $\Delta\sigma_i$ 上任取一点 $(\xi_i,\eta_i)$,作乘积 $f(\xi_i,\eta_i)\Delta\sigma_i(i=1,2,\cdots,n)$,并作和式 $\sum_{i=1}^{n}f(\xi_i,\eta_i)\Delta\sigma_i$.如果各小闭区域直径中的最大值 $\lambda$ 趋于零时,这个和式的极限存在,则此极限值称为函数 $z=f(x,y)$ 在闭区域 $D$ 上的**二重积分**,记为

$$\iint_D f(x,y)\mathrm{d}\sigma,\quad 即\quad \iint_D f(x,y)\mathrm{d}\sigma=\lim_{\lambda\to0}\sum_{i=1}^{n}f(\xi_i,\eta_i)\Delta\sigma_i, \tag{7}$$

其中 $f(x,y)$ 称为**被积函数**,$f(x,y)\mathrm{d}\sigma$ 称为**被积表达式**,$\mathrm{d}\sigma$ 称为**面积元素**,$x$ 和 $y$ 称为**积分变量**,$D$ 称为**积分区域**,$\sum_{i=1}^{n}f(\xi_i,\eta_i)\Delta\sigma_i$ 称为**积分和**.此时也称 $f(x,y)$ 在 $D$ 上**可积**.

**注** 1) 二重积分的定义可以分为三个步骤:对函数定义域的分割,作积分和,取积分和的极限.与定积分的定义相比较,这是它们的共同点.以后我们还可以看到,这三个步骤也是其它积分的共同点.

2) (7)式中的极限是一种特殊的极限,它的意义是:无论对定义域作何种分割,也无论各个 $\Delta\sigma_i$ 上的点 $(\xi_i,\eta_i)$ 怎样选取,只要 $\lambda$ 充分小,积分和 $\sum_{i=1}^{n}f(\xi_i,\eta_i)\Delta\sigma_i$ 就会与某个实数充分接近.

3) 面积元素的记号 $\mathrm{d}\sigma$ 是由积分和中的 $\Delta\sigma_i$ 转化而来,因此它的直观意义是微小的面积.

在二重积分的定义中,对于区域 $D$ 的分割是任意的.现考虑用平行于坐标轴的直线网来分割 $D$(图 3-4).将含边界点的小闭区域记为 $\Delta\sigma_k'$;不含边界点的小闭区域都是矩形区域,记为 $\Delta\sigma_j$,设其边长分别为 $\Delta x_j,\Delta y_j$,则小矩形的面积为

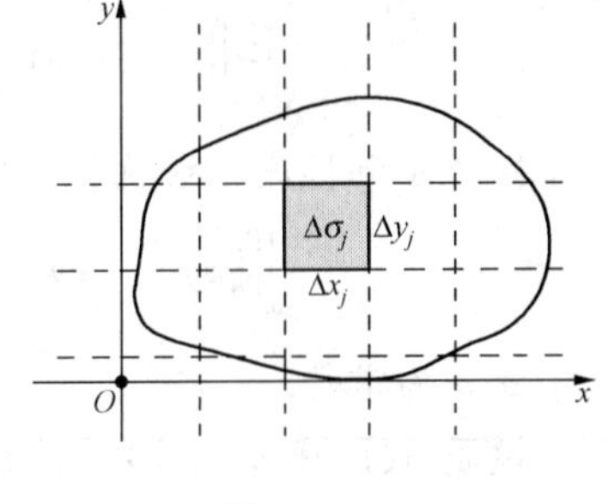

图 3-4

$$\Delta\sigma_j = \Delta x_j \Delta y_j.$$

因此,(7)式中的积分和可分为两个部分,即

$$\sum_{i=1}^{n} f(\xi_i,\eta_i)\Delta\sigma_i = \sum_j f(\xi_j,\eta_j)\Delta x_j \Delta y_j + \sum_k f(\xi_k,\eta_k)\Delta\sigma_k'.$$

可以证明第二个和式的极限

$$\lim_{\lambda\to 0}\sum_k f(\xi_k,\eta_k)\Delta\sigma_k' = 0,$$

则(7)式变为

$$\iint_D f(x,y)\mathrm{d}\sigma = \lim_{\lambda\to 0}\sum_j f(\xi_j,\eta_j)\Delta x_j \Delta y_j.$$

通常将这种分割下的二重积分记为 $\iint_D f(x,y)\mathrm{d}x\mathrm{d}y$ ,即

$$\iint_D f(x,y)\mathrm{d}\sigma = \iint_D f(x,y)\mathrm{d}x\mathrm{d}y.$$

这时的面积元素 $\mathrm{d}\sigma=\mathrm{d}x\mathrm{d}y$,称为**直角坐标下的面积元素**,它是由和式中的记号 $\Delta x_j\Delta y_j$ 转化而来的.

由定积分的定义,当 $f(x,y)\geqslant 0$ 时,(3)式中曲顶柱体的体积可以表示为

$$V = \iint_D f(x,y)\mathrm{d}\sigma. \tag{8}$$

通常称之为二重积分的几何意义.

同理,(6)式中平面板的质量也可表示为二重积分:

$$M = \iint_D \rho(x,y)\mathrm{d}\sigma. \tag{9}$$

根据二重积分的定义可以得到下列**结论**(证明略):

1) 若函数 $f(x,y)$在有界闭区域 $D$ 上可积,则 $f(x,y)$在 $D$ 上有界;

2) 若函数 $f(x,y)$在有界闭区域 $D$ 上连续,则 $f(x,y)$在 $D$ 上可积;

## 三、二重积分的性质

由于二重积分与定积分的共性,所以二重积分与定积分有很多共同的性质.下面总是假定所给出的函数都在相应的区域上可积,我们不加证明地直接叙述二重积分的一些重要性质:

**性质 1** 常数因子 $k$ 可以提到积分号外面,即 $\iint_D kf(x,y)\mathrm{d}\sigma = k\iint_D f(x,y)\mathrm{d}\sigma$.

**性质 2** 函数和(或差)的积分等于积分的和(或差),即

$$\iint_D [f(x,y)\pm g(x,y)]\mathrm{d}\sigma = \iint_D f(x,y)\mathrm{d}\sigma \pm \iint_D g(x,y)\mathrm{d}\sigma.$$

性质 1 和性质 2 统称为二重积分的**线性性质**,它们可以用如下统一的公式来表达:

$$\iint_D [af(x,y)+bg(x,y)]\mathrm{d}\sigma = a\iint_D f(x,y)\mathrm{d}\sigma + b\iint_D g(x,y)\mathrm{d}\sigma,$$

其中 $a,b$ 为常数.

**性质 3**(区域可加性) 若积分区域 $D$ 被分为两区域 $D_1$ 与 $D_2$(此时记 $D=D_1+D_2$),则在 $D$ 上的二重积分等于 $D_1$ 与 $D_2$ 上二重积分之和,即

$$\iint_D f(x,y)\mathrm{d}\sigma=\iint_{D_1} f(x,y)\mathrm{d}\sigma+\iint_{D_2} f(x,y)\mathrm{d}\sigma.$$

**性质 4**(单调性) 若在 $D$ 上恒有 $f(x,y)\geqslant g(x,y)$,则

$$\iint_D f(x,y)\mathrm{d}\sigma\geqslant\iint_D g(x,y)\mathrm{d}\sigma.$$

由单调性可推知,若在 $D$ 上恒有 $f(x,y)\geqslant 0$,则 $\iint\limits_D f(x,y)\mathrm{d}\sigma\geqslant 0$;

又由于在 $D$ 上恒有 $-|f(x,y)|\leqslant f(x,y)\leqslant|f(x,y)|$,则由单调性有

$$-\iint_D |f(x,y)|\mathrm{d}\sigma\leqslant\iint_D f(x,y)\mathrm{d}\sigma\leqslant\iint_D |f(x,y)|\mathrm{d}\sigma.$$

于是

$$\left|\iint_D f(x,y)\mathrm{d}\sigma\right|\leqslant\iint_D |f(x,y)|\mathrm{d}\sigma.$$

**性质 5**(估值公式) 设在 $D$ 上恒有 $m\leqslant f(x,y)\leqslant M$,其中 $m,M$ 为常数,则

$$m\cdot|D|\leqslant\iint_D f(x,y)\mathrm{d}\sigma\leqslant M\cdot|D|,$$

其中 $|D|$ 表示区域 $D$ 的面积(以下都用 $|D|$ 表示 $D$ 的面积).

**性质 6**(积分中值定理) 设函数 $f(x,y)$ 在有界闭区域 $D$ 上连续,则在 $D$ 上至少存在一点 $(\xi,\eta)$,使得

$$\iint_D f(x,y)\mathrm{d}\sigma=f(\xi,\eta)\cdot|D|.$$

特别地,当 $f(x,y)\equiv 1$ 时,

$$\iint_D 1\mathrm{d}\sigma=\iint_D \mathrm{d}\sigma=|D|. \tag{10}$$

### 1.2 直角坐标下二重积分的计算

下面我们根据二重积分的几何意义来讨论在直角坐标下它的计算问题.这种计算是将二重积分化为两个依次进行的定积分,称为**二次积分或累次积分**.

设积分区域可以表示为

$$D:a\leqslant x\leqslant b,\ \varphi_1(x)\leqslant y\leqslant\varphi_2(x),$$

其中 $\varphi_1(x),\varphi_2(x)$ 在区间 $[a,b]$ 上连续.能够表示为这种形式的区域称为 X **型区域**,其特点是:$D$ 在 $x$ 轴上的投影区间为 $[a,b]$;过区间 $(a,b)$ 中点 $x$ 作垂直于 $x$ 轴的直线 $\mathrm{x}=x$,它与 $D$ 的边界最多有两个交点(图 3-5).当这样的直线沿水平方向移动时,这些交点的轨迹分别构成了 $D$ 的两条边界线.位于上方的边界线 $y=\varphi_2(x)$ 称为**上边界**;位于下方的边界线 $y=\varphi_1(x)$ 称为**下边界**.

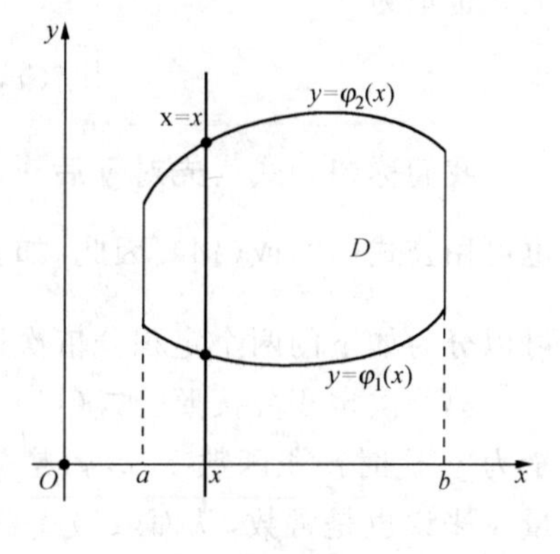

图 3-5

设连续函数 $z=f(x,y)\geqslant 0,(x,y)\in D$.它所表示的曲面 $\Sigma$ 在 $Oxy$ 平面上的投影就是区域 $D$.以 $\Sigma$ 为曲顶,$D$ 为

底的曲顶柱体的体积 $V$ 可表示为二重积分：

$$V=\iint_D f(x,y)\mathrm{d}x\mathrm{d}y.$$

我们采用定积分的方法来计算这个体积，这个计算过程也就是二重积分的计算过程.

在区间$[a,b]$上任意固定一点 $x_0$，用过 $x_0$ 且垂直于 $x$ 轴的平面去截曲顶柱体(图 3-6(a))，并设截面面积为 $S(x_0)$. 截面在 $Oyz$ 平面上的投影是以区间$[\varphi_1(x_0),\varphi_2(x_0)]$为底，曲线 $z=f(x_0,y)$为曲边的曲边梯形(图 3-6(b)). 根据定积分求曲边梯形的面积公式，这个曲边梯形的面积为

$$S(x_0)=\int_{\varphi_1(x_0)}^{\varphi_2(x_0)} f(x_0,y)\mathrm{d}y.$$

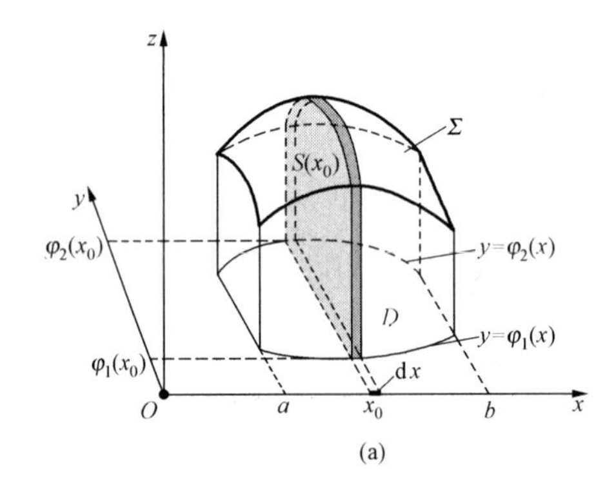

(a)

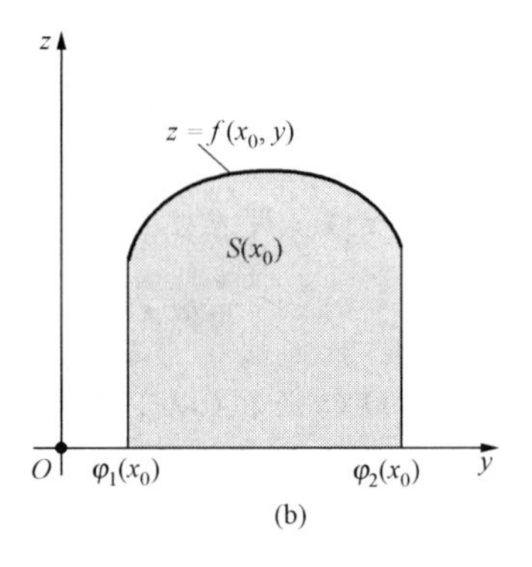

(b)

图 3-6

把 $x_0$ 记为 $x$，则截面的面积为

$$S(x)=\int_{\varphi_1(x)}^{\varphi_2(x)} f(x,y)\mathrm{d}y. \tag{11}$$

曲顶柱体的体积微元是 $\mathrm{d}V=S(x)\mathrm{d}x$，则曲顶柱体的体积为

$$V=\int_a^b S(x)\mathrm{d}x. \tag{12}$$

从而有计算公式

$$\iint_D f(x,y)\mathrm{d}x\mathrm{d}y=\int_a^b\left[\int_{\varphi_1(x)}^{\varphi_2(x)} f(x,y)\mathrm{d}y\right]\mathrm{d}x. \tag{13}$$

上式也记为

$$\iint_D f(x,y)\mathrm{d}x\mathrm{d}y=\int_a^b\mathrm{d}x\int_{\varphi_1(x)}^{\varphi_2(x)} f(x,y)\mathrm{d}y. \tag{14}$$

我们称(14)式为**先对 $y$ 后对 $x$ 的二次积分**. 如果 $f(x,y)$不是非负函数，二重积分的计算也可用公式(13)或(14). 因此，如果 $D$ 是 X 型区域，在 $D$ 上的二重积分 $\iint_D f(x,y)\mathrm{d}x\mathrm{d}y$ 的计算可以分为如下的两个定积分依次进行：

第一次定积分按照公式(11)进行，也称为**内层积分**. 在这个积分中将 $x$ 看做常数，积分变量为 $y$. 这时被积函数 $f(x,y)$是关于 $y$ 的一元函数，积分上限 $\varphi_2(x)$和下限 $\varphi_1(x)$对于积分变量 $y$ 来说也是常数，从而(11)式是积分变量为 $y$ 的定积分，其积分值与 $x$ 有关. 因此积分的结果是关于 $x$ 的函数 $S(x)$. 第二次定积分按照公式(12)进行，也称为**外层积分**. 它的积分变量

是 $x$,被积函数是内层积分的结果 $S(x)$,积分的上、下限分别是常数 $b$ 和 $a$.

我们在计算二重积分时,确定二次积分的各个积分限是重要的一步.为此我们作出一个直观的描述:外层积分的积分限由 $D$ 在 $x$ 轴上的投影区间$[a,b]$确定.根据 $a\leqslant b$,取 $a$ 为下限,$b$ 为上限. 内层积分由上边界 $y=\varphi_2(x)$和下边界 $y=\varphi_1(x)$确定.根据 $\varphi_1(x)\leqslant\varphi_2(x)$,取 $\varphi_1(x)$ 为下限,$\varphi_2(x)$为上限.

对于内层积分 $\int_{\varphi_1(x)}^{\varphi_2(x)} f(x,y)\mathrm{d}y$ ,当把 $x$ 看做是常数,积分变量 $y$ 从 $\varphi_1(x)$变到 $\varphi_2(x)$时,点$(x,y)$沿垂直于 $x$ 轴的直线段 x$=x$ 从下边界点变到上边界点.我们用由下边界点指向上边界点的箭头来表示这种变化(图 3-7).每一个箭头都由一个 $x$ 确定,当 $x$ 从 $a$ 变到 $b$ 时,这些箭头扫过了整个积分区域 $D$.我们将公式(14)中确定积分限的方法归纳为一句话:从小到大,从边界到边界.这里“从小到大”是指积分的下限总是小于等于上限.

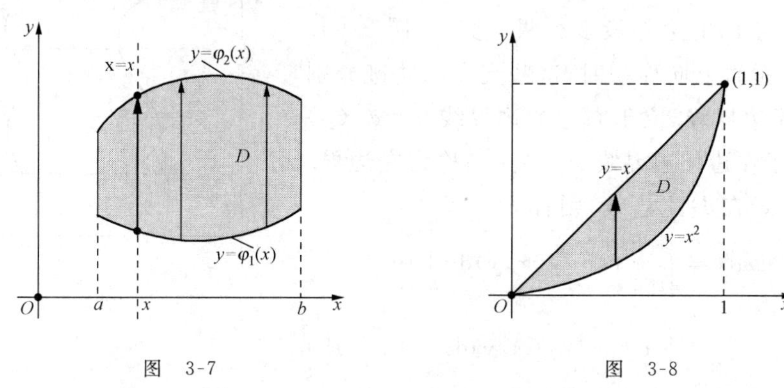


图 3-7　　　　图 3-8

**例 1** 计算二重积分 $I=\iint\limits_D xy\,\mathrm{d}x\mathrm{d}y$ ,其中 $D$ 是由抛物线 $y=x^2$ 及直线 $y=x$ 所围的区域.

**解** 积分区域 $D$ 如图 3-8 所示,其中抛物线与直线的交点坐标由方程组$\begin{cases}y=x^2,\\y=x\end{cases}$的解确定.显然,$D$ 在 $x$ 轴上的投影区间为$[0,1]$,上边界为 $y=x$,下边界为 $y=x^2$,从而

$$D:\ 0\leqslant x\leqslant 1,\ x^2\leqslant y\leqslant x,$$

于是

$$I=\int_0^1\mathrm{d}x\int_{x^2}^x xy\,\mathrm{d}y.$$

如前所述,先做内层积分 $\int_{x^2}^x xy\,\mathrm{d}y$ 的计算,将 $x$ 看做常数,对 $y$ 求定积分,即

$$\int_{x^2}^x xy\,\mathrm{d}y=\frac{xy^2}{2}\bigg|_{x^2}^x=\frac{x\cdot x^2}{2}-\frac{x\cdot x^4}{2}=\frac{1}{2}(x^3-x^5).$$

可见内层积分的结果是关于 $x$ 的函数.外层积分就是对这个函数在$[0,1]$上再求定积分,从而

$$I=\frac{1}{2}\int_0^1(x^3-x^5)\mathrm{d}x=\frac{1}{2}\left(\frac{1}{4}x^4-\frac{1}{6}x^6\right)\bigg|_0^1=\frac{1}{24}.$$

将整个计算过程连接起来,就有

$$I=\int_0^1\mathrm{d}x\int_{x^2}^x xy\,\mathrm{d}y=\int_0^1\left(\frac{xy^2}{2}\bigg|_{x^2}^x\right)\mathrm{d}x=\frac{1}{2}\int_0^1(x^3-x^5)\mathrm{d}x=\frac{1}{24}.$$

**注** 在做内层积分时,由于 $x$ 被看做常数,则 $\int_{x^2}^x xy\,\mathrm{d}y=x\int_{x^2}^x y\,\mathrm{d}y$ .这时二次积分也写为

$$I=\int_0^1 x\mathrm{d}x\int_{x^2}^{x} y\mathrm{d}y,$$

于是

$$I=\int_0^1 x\left(\frac{y^2}{2}\bigg|_{x^2}^{x}\right)\mathrm{d}x=\int_0^1 x\left(\frac{x^2}{2}-\frac{x^4}{2}\right)\mathrm{d}x=\frac{1}{24}.$$

这样的计算更加简明.

设积分区域 $D$ 可以表示为

$$D:\ c\leqslant y\leqslant d,\ \psi_1(y)\leqslant x\leqslant \psi_2(y),$$

其中 $\psi_1(y)$,$\psi_2(y)$在区间$[c,d]$上连续. 能够表示为这种形式的区域称为 Y **型区域**,其特点是:$D$ 在 $y$ 轴上的投影区间为$[c,d]$,过区间$(c,d)$内一点 $y$ 作垂直于 $y$ 轴的直线 y=$y$,它与 $D$ 的边界最多有两个交点(图 3-9). 当这样的直线沿垂直方向移动时,这些交点的轨迹分别构成了 $D$ 的两条边界线. 位于右边的边界线 $x=\psi_2(y)$ 称为**右边界**,位于左边的边界线 $x=\psi_1(y)$ 称为**左边界**. 同样,如果 $f(x,y)$在 $D$ 上连续,则有

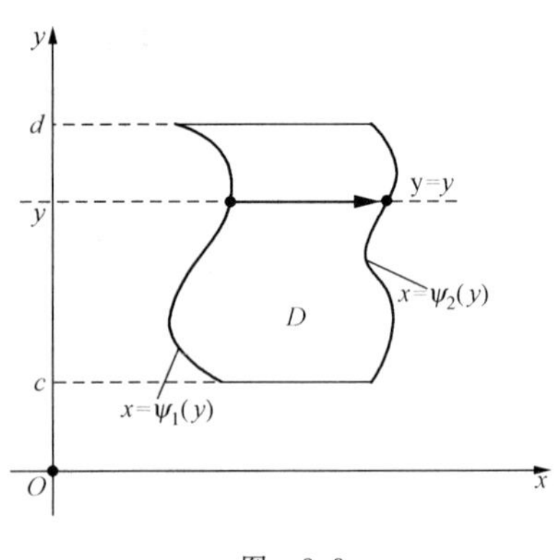


图 3-9

$$\iint_D f(x,y)\mathrm{d}x\mathrm{d}y=\int_c^d\left[\int_{\psi_1(y)}^{\psi_2(y)} f(x,y)\mathrm{d}x\right]\mathrm{d}y$$

$$=\int_c^d \mathrm{d}y\int_{\psi_1(y)}^{\psi_2(y)} f(x,y)\mathrm{d}x. \qquad (15)$$

我们称(15)式为**先对 $x$ 后对 $y$ 的二次积分**. 与前述的二次积分类似,外层积分的积分限由 $D$ 在 $y$ 轴上的投影区间$[c,d]$确定;内层积分的下限是左边界 $x=\psi_1(y)$,上限是右边界 $x=\psi_2(y)$. 做内层积分计算时,将 $y$ 看做常数,积分变量是 $x$. 这时需注意,左、右边界线都应表示成 $x$ 为 $y$ 的函数形式.

如在例 1 中,积分区域 $D$ 不仅是 X 型区域,它也是 Y 型区域(图 3-10). $D$ 在 $y$ 轴上的投影区间是$[0,1]$,左边界是 $x=y$,右边界是 $x=\sqrt{y}$,因此

$$D:\ 0\leqslant y\leqslant 1,\ y\leqslant x\leqslant\sqrt{y}.$$

于是

$$I=\int_0^1\mathrm{d}y\int_y^{\sqrt{y}} xy\,\mathrm{d}x=\int_0^1\left(\int_y^{\sqrt{y}} xy\,\mathrm{d}x\right)\mathrm{d}y$$

$$=\int_0^1\left(\frac{x^2y}{2}\bigg|_y^{\sqrt{y}}\right)\mathrm{d}y$$

$$=\int_0^1\left(\frac{y\cdot y}{2}-\frac{y^2\cdot y}{2}\right)\mathrm{d}y$$

$$=\frac{1}{2}\int_0^1(y^2-y^3)\mathrm{d}y=\frac{1}{24}.$$

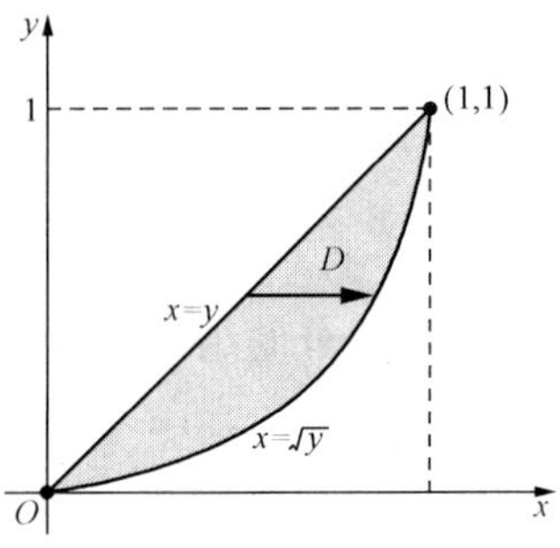

图 3-10

**例 2**　依照不同的积分次序计算 $I=\iint_D xy\,\mathrm{d}x\mathrm{d}y$,其中 $D$ 由抛物线 $y^2=x$ 及直线 $y=x-2$ 围成.

**解** 先画出积分区域 $D$ 的图形. 解方程组 $\begin{cases} y^2=x, \\ y=x-2 \end{cases}$ 可得两个交点 $(4,2)$,$(1,-1)$,故区域 $D$ 的图形如图 3-11 阴影部分所示.

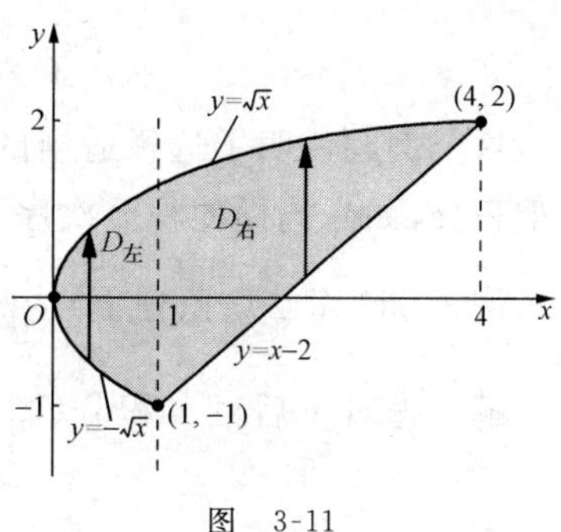

图 3-11

如果先对 $y$ 后对 $x$ 积分,这时的上边界为一条曲线 $y=\sqrt{x}$,而下边界为两条曲线 $y=-\sqrt{x}$ 和 $y=x-2$. 因此需作出辅助线 $x=1$,将 $D$ 分为两个区域 $D_{左}$ 和 $D_{右}$(图 3-11). 它们在 $x$ 轴上的投影分别为区间 $[0,1]$ 和 $[1,4]$. 根据积分的区域可加性,有

$$I=\iint\limits_{D_{左}} xy\,\mathrm{d}x\mathrm{d}y+\iint\limits_{D_{右}} xy\,\mathrm{d}x\mathrm{d}y.$$

分别在这两个区域上做二次积分,此时,

$$D_{左}:0\leqslant x\leqslant 1,-\sqrt{x}\leqslant y\leqslant \sqrt{x},\quad D_{右}:1\leqslant x\leqslant 4,x-2\leqslant y\leqslant \sqrt{x},$$

于是

$$\begin{aligned}\iint\limits_{D_{左}} xy\,\mathrm{d}x\mathrm{d}y&=\int_0^1 x\mathrm{d}x\int_{-\sqrt{x}}^{\sqrt{x}} y\mathrm{d}y=\int_0^1 x\left(\frac{1}{2}y^2\Big|_{-\sqrt{x}}^{\sqrt{x}}\right)\mathrm{d}x\\&=\frac{1}{2}\int_0^1 x[(\sqrt{x})^2-(-\sqrt{x})^2]\mathrm{d}x\\&=\frac{1}{2}\int_0^1 0\mathrm{d}x=0,\end{aligned}$$

$$\begin{aligned}\iint\limits_{D_{右}} xy\,\mathrm{d}x\mathrm{d}y&=\int_1^4 x\mathrm{d}x\int_{x-2}^{\sqrt{x}} y\mathrm{d}y=\int_1^4 x\left(\frac{1}{2}y^2\Big|_{x-2}^{\sqrt{x}}\right)\mathrm{d}x\\&=\frac{1}{2}\int_1^4 x[(\sqrt{x})^2-(x-2)^2]\mathrm{d}x\\&=\frac{1}{2}\int_1^4(-x^3+5x^2-4x)\mathrm{d}x=\frac{45}{8}.\end{aligned}$$

所以 $I=0+\frac{45}{8}=\frac{45}{8}$.

如果先对 $x$ 后对 $y$ 积分,这时的左边界为 $x=y^2$,右边界为 $x=y+2$,它们各为一条曲线(图 3-12). $D$ 在 $y$ 轴上的投影为 $[-1,2]$,因此 $D$: $-1\leqslant y\leqslant 2$, $y^2\leqslant x\leqslant y+2$,从而

$$\begin{aligned}I&=\iint\limits_D xy\,\mathrm{d}x\mathrm{d}y=\int_{-1}^2 y\mathrm{d}y\int_{y^2}^{y+2} x\mathrm{d}x\\&=\int_{-1}^2 y\left(\frac{x^2}{2}\Big|_{y^2}^{y+2}\right)\mathrm{d}y\\&=\int_{-1}^2\frac{1}{2}[y(y+2)^2-y^5]\mathrm{d}y\end{aligned}$$

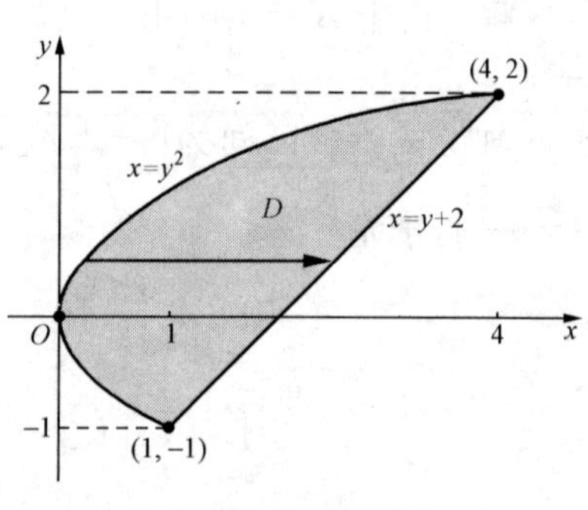

图 3-12

$$= \frac{1}{2}\left(\frac{y^4}{4}+\frac{4y^3}{3}+2y^2-\frac{y^6}{6}\right)\Big|_{-1}^{2} = \frac{45}{8}.$$

这个例题说明了选择适当的二次积分次序可以使得二重积分的计算变得简单.对于某些二重积分,如果选择的积分次序不当,二重积分甚至无法计算出来.请看下例.

**例 3** 计算二重积分 $I=\iint\limits_D x^2 e^{-y^2}\,dx dy$,其中 $D$ 由直线 $y=x$, $y=1$ 及 $y$ 轴围成.

**解** 先对 $y$ 后对 $x$ 积分(图 3-13(a)),则有

$$I=\int_0^1 x^2 dx\int_x^1 e^{-y^2}dy.$$

由于内层积分中 $e^{-y^2}$ 的原函数不是初等函数,所以内层积分无法计算,从而无法计算二重积分 $I$.

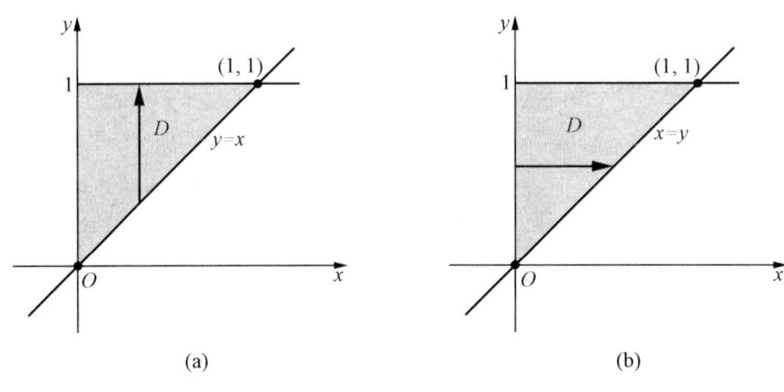


图 3-13

如果选择先对 $x$ 后对 $y$ 积分(图 3-13(b)),则

$$I=\int_0^1 e^{-y^2}dy\int_0^y x^2 dx=\int_0^1 e^{-y^2}\left(\frac{1}{3}x^3\Big|_0^y\right)dy=\frac{1}{3}\int_0^1 y^3 e^{-y^2}dy$$

$$=\frac{1}{3\cdot 2}\int_0^1 y^2 e^{-y^2}dy^2 \xlongequal{令\ u=y^2} \frac{1}{6}\int_0^1 u e^{-u}du$$

$$=\frac{1}{6}(-ue^{-u}-e^{-u})\Big|_0^1=\frac{1}{6}-\frac{1}{3e}.$$

**例 4** 设区域 $D$ 由抛物线 $y^2=2x$ 及直线 $y=x-4$ 围成,求 $D$ 的面积 $A$.

**解** 由于 $A=\iint\limits_D dx dy$,只需计算这个二重积分即可.积分区域 $D$ 见图 3-14 阴影部分.$D$ 在 $y$ 轴上的投影区间为$[-2,4]$,左边界为 $x=\frac{1}{2}y^2$,右边界为 $x=y+4$,于是

$$A=\int_{-2}^4 dy\int_{\frac{1}{2}y^2}^{y+4}dx=\int_{-2}^4 x\Big|_{\frac{1}{2}y^2}^{y+4}dy$$

$$=\int_{-2}^4\left[(y+4)-\frac{1}{2}y^2\right]dy$$

$$=\left(\frac{1}{2}y^2+4y-\frac{1}{6}y^3\right)\Big|_{-2}^4=18.$$

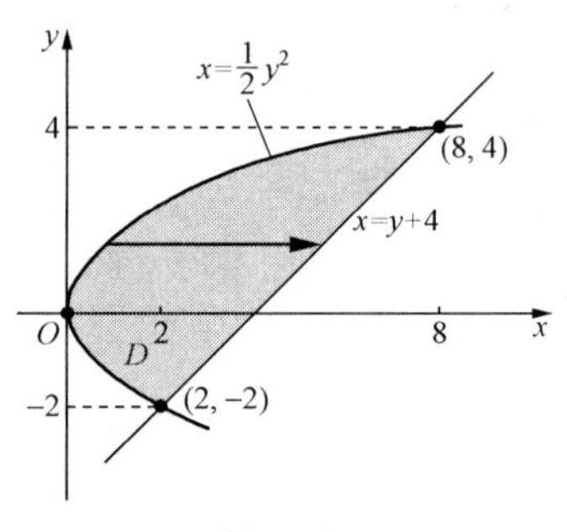


图 3-14

以上的讨论都是在积分区域 $D$ 为 X 型或 Y 型时将二重积分化为二次积分去计算. 如果积分区域 $D$ 不是这两类区域,则需将 $D$ 分割成若干个 X 型或 Y 型的小区域,然后利用区域可加性分别在各个小区域上做二次积分后再相加. 如图 3-15 阴影部分的区域 $D$,就可分为五个 X 型的小区域: $D_1$, $D_2$, $D_3$, $D_4$, $D_5$.

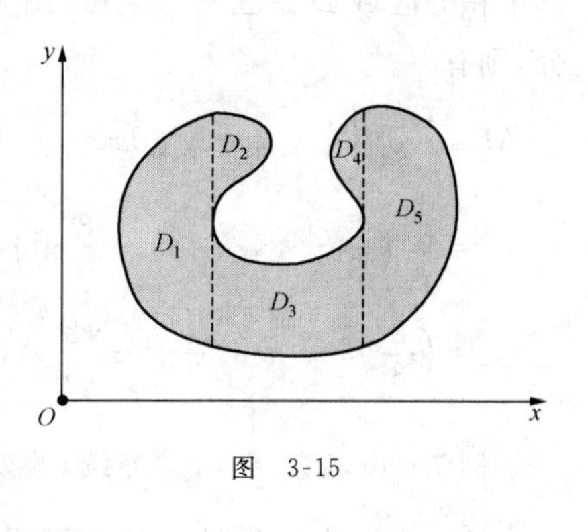


图 3-15

**例 5** 设区域 $D$: $0\leqslant y\leqslant 1$, $y\leqslant x\leqslant 2-y$, 函数 $f(x,y)$在 $D$ 上连续,将二重积分 $I=\iint\limits_D f(x,y)\mathrm{d}x\mathrm{d}y$ 表示为两种不同次序的二次积分.

**解** 画出 $D$ 的图形时应先确定它的边界. 将 $D$ 中的不等式号改为等号,于是可得 $D$ 的边界为 $y=x$, $x=2-y$ 及 $x$ 轴,从而 $D$ 的图形如图 3-16(a)所示.

先对 $x$ 后对 $y$ 积分(图 3-16(a)),得到

$$I=\int_0^1\mathrm{d}y\int_y^{2-y}f(x,y)\mathrm{d}x.$$

如果先对 $y$ 后对 $x$ 积分,需用直线 $x=1$ 将 $D$ 分为两个区域 $D_{左}$ 和 $D_{右}$ 两部分(图 3-16(b)),于是

$$I=\iint\limits_{D_{左}}f(x,y)\mathrm{d}x\mathrm{d}y+\iint\limits_{D_{右}}f(x,y)\mathrm{d}x\mathrm{d}y.$$

分别作出先对 $y$ 后对 $x$ 的二次积分,则有

$$I=\int_0^1\mathrm{d}x\int_0^x f(x,y)\mathrm{d}y+\int_1^2\mathrm{d}x\int_0^{2-x}f(x,y)\mathrm{d}y.$$

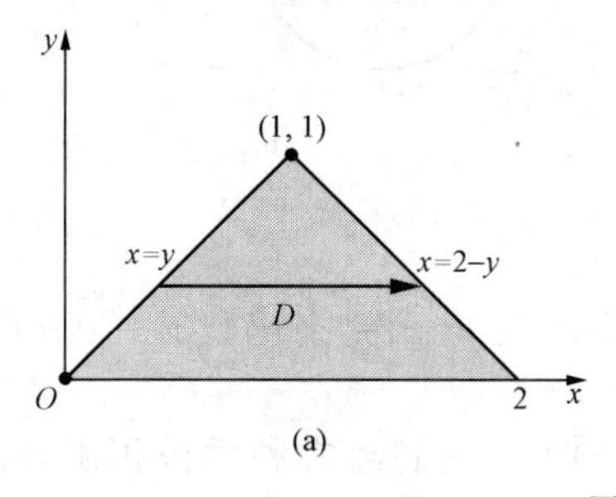


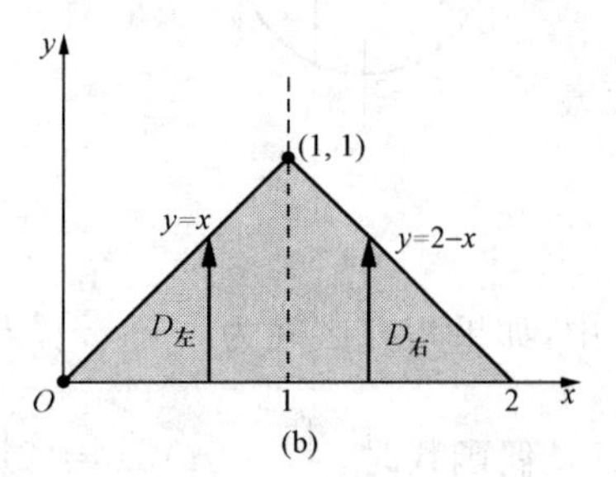


图 3-16

**例 6** 设平面板所在的闭区域 $D$ 是由直线 $x+y=2$, $y=x$ 及 $y=0$ 围成,它在任意点$(x,y)$处的密度是该点到原点距离的平方,求平面板的质量 $M$.

**解** 此时的密度函数为 $\rho(x,y)=x^2+y^2$. 由(9)式可知

$$M=\iint\limits_D\rho(x,y)\mathrm{d}x\mathrm{d}y=\iint\limits_D(x^2+y^2)\mathrm{d}x\mathrm{d}y,$$

其中积分区域 $D$ 是三角形区域(图 3-17). 先对 $x$ 后对 $y$ 积分,则有

$$M=\int_0^1\mathrm{d}y\int_y^{2-y}(x^2+y^2)\mathrm{d}x=\int_0^1\left(\frac{1}{3}x^3+y^2x\right)\Big|_y^{2-y}\mathrm{d}y$$

$$=\int_0^1\left(\frac{8}{3}-4y+4y^2-\frac{8}{3}y^3\right)\mathrm{d}y$$

$$=\left(\frac{8}{3}y-2y^2+\frac{4}{3}y^3-\frac{2}{3}y^4\right)\Big|_0^1=\frac{4}{3}.$$

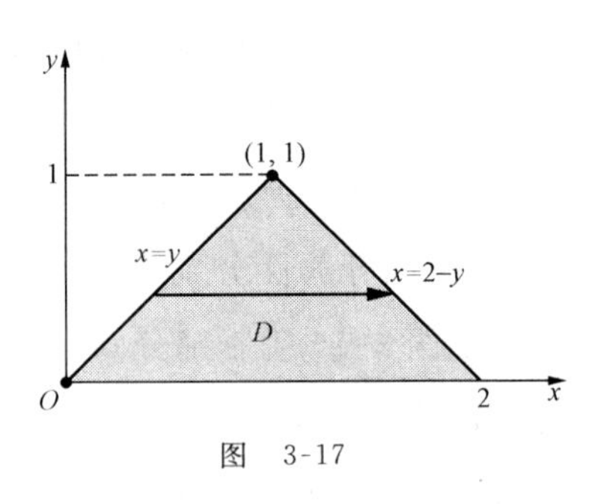


图 3-17

**例 7** 设函数 $f(x,y)$ 连续,改变二次积分 $I=\int_{-2}^{2}\mathrm{d}x\int_{-\sqrt{4-x^2}}^{4-x^2}f(x,y)\mathrm{d}y$ 的次序.

**解** 先画出积分区域 $D$ 的图形. 由给出的积分限可知

$$D:-2\leqslant x\leqslant 2,-\sqrt{4-x^2}\leqslant y\leqslant 4-x^2.$$

原积分是先对 $y$ 后对 $x$ 的二次积分(图 3-18(a)). 若改变积分次序,先对 $x$ 后对 $y$ 积分,需把 $D$ 用直线 $y=0$ 分为 $D_上$ 和 $D_下$ 两个区域(图 3-18(b)). 因此

$$I=\iint\limits_D f(x,y)\mathrm{d}x\mathrm{d}y=\iint\limits_{D_上}f(x,y)\mathrm{d}x\mathrm{d}y+\iint\limits_{D_下}f(x,y)\mathrm{d}x\mathrm{d}y$$

$$=\int_0^4\mathrm{d}y\int_{-\sqrt{4-y}}^{\sqrt{4-y}}f(x,y)\mathrm{d}x+\int_{-2}^{0}\mathrm{d}y\int_{-\sqrt{4-y^2}}^{\sqrt{4-y^2}}f(x,y)\mathrm{d}x.$$

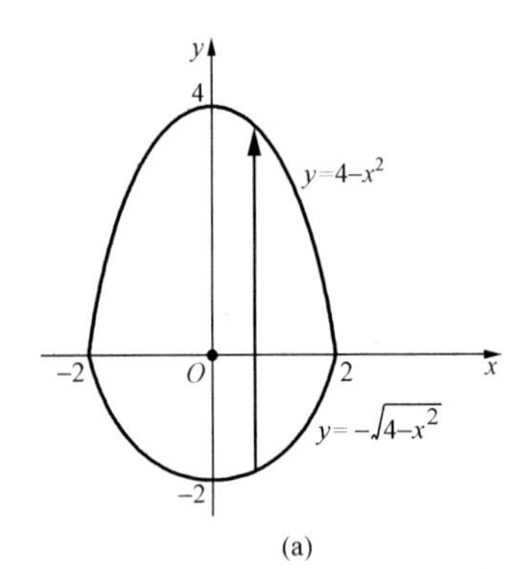


(a)

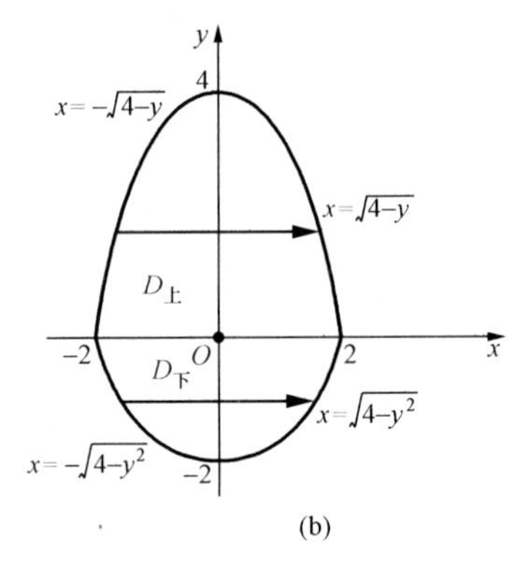


(b)

图 3-18

在定积分中,如果积分区间为[$-a,a$],当被积函数 $f(x)$ 是奇函数时,$\int_{-a}^{a}f(x)\mathrm{d}x=0$;当被积函数 $f(x)$ 是偶函数时,$\int_{-a}^{a}f(x)\mathrm{d}x=2\int_0^a f(x)\mathrm{d}x$. 我们经常利用被积函数的奇偶性来简化定积分的计算. 在二重积分中,我们也可以利用积分区域的对称性,结合被积函数的奇偶性来简化计算.

**结论 1**(二重积分的对称奇偶性) 设积分区域 $D$ 关于 $y$ 轴对称,它被 $y$ 轴分为左右对称的两部分:$D=D_左+D_右$.

1) 若被积函数 $f(x,y)$ 关于 $x$ 是奇函数,即对于任何 $y$,都有 $f(-x,y)=-f(x,y)$,则

$$I=\iint_D f(x,y)\mathrm{d}x\mathrm{d}y=0.$$

2) 若被积函数 $f(x,y)$ 关于 $x$ 是偶函数,即对于任何 $y$,都有 $f(-x,y)=f(x,y)$,则

$$I=\iint_D f(x,y)\mathrm{d}x\mathrm{d}y=2\iint_{D_{左}} f(x,y)\mathrm{d}x\mathrm{d}y=2\iint_{D_{右}} f(x,y)\mathrm{d}x\mathrm{d}y.$$

我们用图 3-19 所示的区域来说明以上结论. 设 $D$ 在 $y$ 轴上的投影为$[a,b]$. 由于 $D$ 关于 $y$ 轴对称,若右边界为 $x=\psi(y)$,则左边界就为 $x=-\psi(y)$. 于是

$$I=\int_a^b \mathrm{d}y\int_{-\psi(y)}^{\psi(y)} f(x,y)\mathrm{d}x.$$

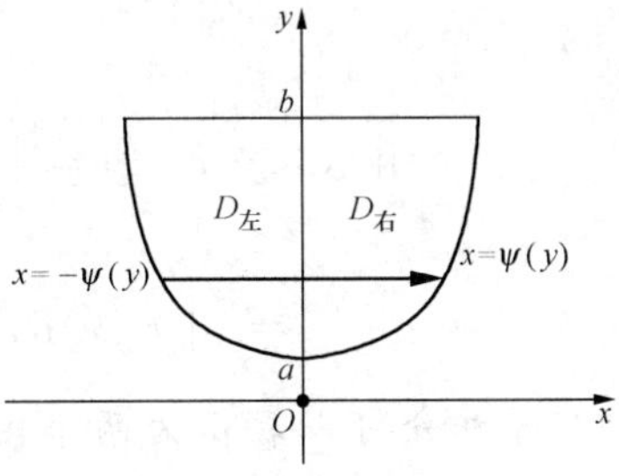

当 $f(x,y)$关于 $x$ 是奇函数时,内层积分

$$\int_{-\psi(y)}^{\psi(y)} f(x,y)\mathrm{d}x=0,$$

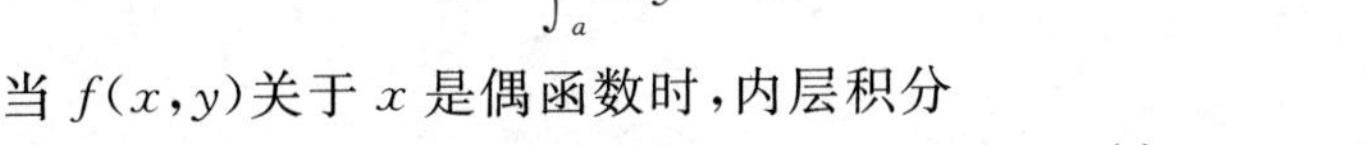

从而
$$I=\int_a^b 0\mathrm{d}y=0.$$

图 3-19

当 $f(x,y)$关于 $x$ 是偶函数时,内层积分

$$\int_{-\psi(y)}^{\psi(y)} f(x,y)\mathrm{d}x=2\int_0^{\psi(y)} f(x,y)\mathrm{d}x,$$

于是

$$I=2\int_a^b \mathrm{d}x\int_0^{\psi(y)} f(x,y)\mathrm{d}y=2\iint_{D_{右}} f(x,y)\mathrm{d}x\mathrm{d}y.$$

同理
$$I=2\iint_{D_{左}} f(x,y)\mathrm{d}x\mathrm{d}y.$$

如果积分区域关于 $x$ 轴对称,当考虑被积函数具有相应的奇偶性时,也可得到类似的结论. 请读者自行叙述此种情况下二重积分的对称奇偶性.

**例 8** 计算二重积分 $I=\iint_D y\cos xy\mathrm{d}x\mathrm{d}y$,其中

1) $D=[-1,1]\times[0,1]$(图 3-20(a)); 2) $D=[0,1]\times[-1,1]$(图 3-20(b)).

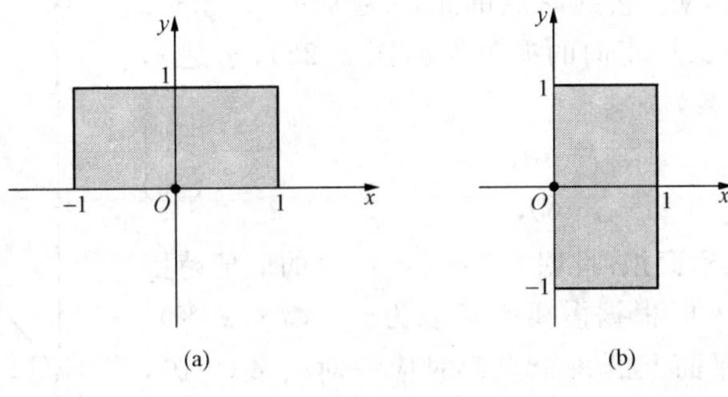


图 3-20

**解** 1) 此时的积分区域关于 $y$ 轴对称,被积函数 $y\cos xy$ 关于 $x$ 是偶函数,从而

$$I=\iint_D y\cos xy\mathrm{d}x\mathrm{d}y=2\int_0^1 \mathrm{d}y\int_0^1 y\cos xy\mathrm{d}x=2\int_0^1 \sin(xy)\Big|_0^1\mathrm{d}y$$

$$= 2\int_0^1 \sin y\mathrm{d}y = 2(1-\cos 1).$$

2) 此时积分区域关于 $x$ 轴对称,被积函数关于 $y$ 是奇函数,从而 $I=0$.

在矩形域上的二重积分有时也有简算方法.

**结论 2** 如果积分区域是矩形区域 $D=[a,b]\times[c,d]$(图 3-21),被积函数是关于 $x$ 和 $y$ 的两个一元函数的乘积

$$f(x,y) = h(x)g(y),$$

则有

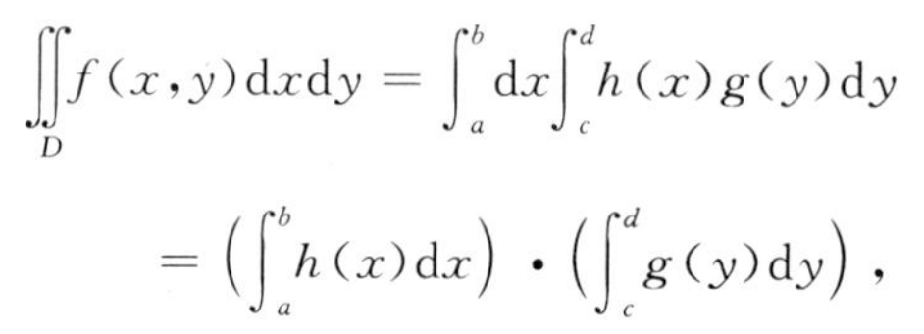

$$\iint_D f(x,y)\mathrm{d}x\mathrm{d}y = \int_a^b \mathrm{d}x\int_c^d h(x)g(y)\mathrm{d}y$$

$$= \left(\int_a^b h(x)\mathrm{d}x\right)\cdot\left(\int_c^d g(y)\mathrm{d}y\right),$$

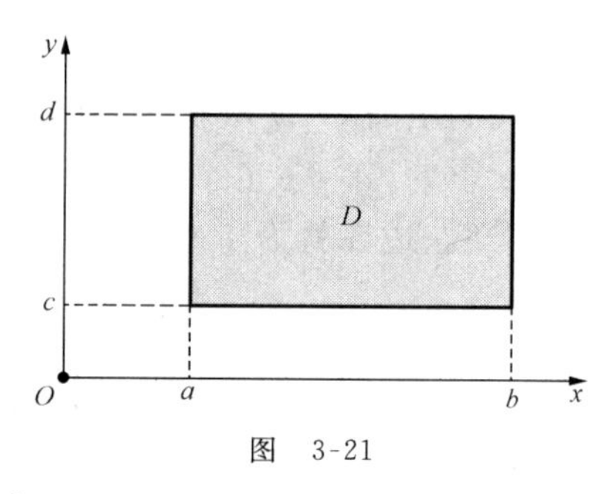


图 3-21

即二重积分可以表示为两个定积分的乘积(请读者自行证明).

例如

$$\int_0^1 \mathrm{d}x\int_0^{\frac{\pi}{2}} x\sin y\mathrm{d}y = \left(\int_0^1 x\mathrm{d}x\right)\cdot\left(\int_0^{\frac{\pi}{2}}\sin y\mathrm{d}y\right) = \frac{1}{2}\cdot 1 = \frac{1}{2}.$$

此时 $D=[0,1]\times\left[0,\frac{\pi}{2}\right]$, $f(x,y)=x\sin y$.

这些二重积分的简算方法,可使得某些二重积分的计算大大简化.但是必需注意使用这些简算方法的前提条件.

### 1.3 极坐标下二重积分的计算

#### 一、平面点的极坐标表示

对某些以圆形、扇形和环形域为积分区域的二重积分,用极坐标表示比较方便,而某些被积函数用极坐标表示也比较简单.类似于定积分的积分换元法,我们可以考虑对二重积分作极坐标变换,以使二重积分的计算变得比较简单.

对于平面上的点$(x,y)$,它到原点的距离为 $r=\sqrt{x^2+y^2}$.设该点到原点的连线与 $x$ 轴正向的夹角为 $\theta$(图 3-22),于是 $r$,$\theta$ 与点的坐标 $x$,$y$ 的关系为

$$\begin{cases} x = r\cos\theta, \\ y = r\sin\theta, \end{cases} \tag{16}$$

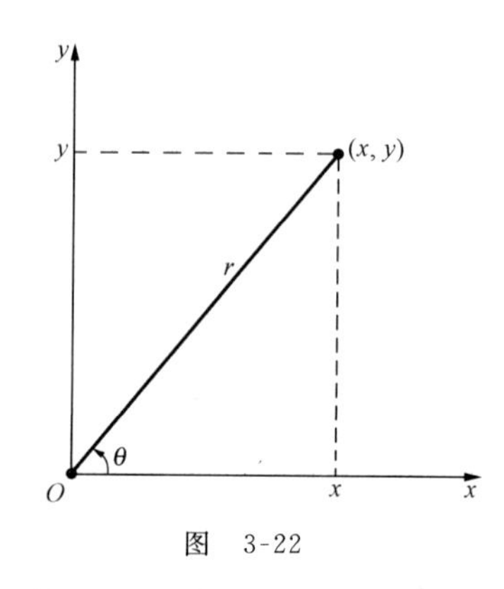


图 3-22

称之为**直角坐标的极坐标变换**.此时 $0\leqslant r<+\infty$,$\theta$ 的取值范围习惯上取为 $0\leqslant\theta<2\pi$(有时根据需要也可取为 $-\pi<\theta\leqslant\pi$ 等).按照这样的几何意义,平面上的每个点都对应一对实数$(r,\theta)$,称为该点的**极坐标表示**.称原点 $O$ 为**极点**,$x$ 轴为**极轴**.

在极坐标下,某些曲线的方程形式被大大简化.例如,在直角坐标下,方程 $x^2+y^2=1$ 表示了圆心在原点,半径为 1 的圆,而将极坐标变换(16)代入到该圆的方程中去得到

$$(r\cos\theta)^2 + (r\sin\theta)^2 = 1,$$

于是
$$r^2 = 1, \quad 即 \quad r = 1.$$

这就是在极坐标下该圆的方程形式.又如,在直角坐标下,方程 $y=x(x>0)$ 表示了从原点出发的射线,而将极坐标变换(16)代入这个方程得 $r\sin\theta = r\cos\theta$,于是

$$\frac{r\sin\theta}{r\cos\theta} = \frac{\sin\theta}{\cos\theta} = \tan\theta = 1, \quad 即 \quad \theta = \frac{\pi}{4}.$$

这就是极坐标下这条射线的方程形式.

一般来说,在极坐标下,方程 $r=r_c$($r_c$ 为大于零的常数)表示圆心在原点,半径为 $r_c$ 的圆(图 3-23(a));方程 $\theta=\theta_c$(常数)表示了从原点出发的一条射线,射线与 $x$ 轴正向的夹角为 $\theta_c$(图 3-23(b)).

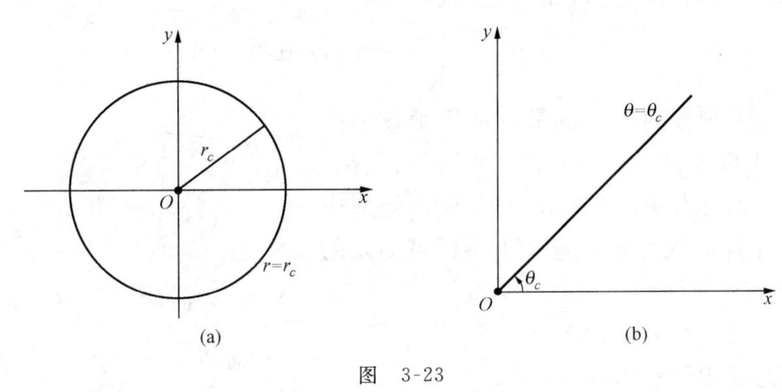


图 3-23

## 二、在极坐标下计算二重积分

设积分区域为 $D$,由二重积分的定义

$$\iint_D f(x,y)\mathrm{d}\sigma = \lim_{\lambda\to 0}\sum_{i=1}^{n} f(\xi_i,\eta_i)\Delta\sigma_i.$$

以极点 $O$ 为中心的一族同心圆 $r=$常数,以及从极点 $O$ 出发的一族射线 $\theta=$常数,可以将区域 $D$ 分为 $n$ 个小闭区域(图 3-24).在这些小区域中,含有 $D$ 的边界的小区域记为 $\Delta\sigma_k'$,不含边界的小区域记为 $\Delta\sigma_j$($\Delta\sigma_j$ 与 $\Delta\sigma_k'$ 也表示相应的面积).根据扇形的面积公式,$\Delta\sigma_j$ 的面积为

$$\Delta\sigma_j = \frac{1}{2}(r_j+\Delta r_j)^2\Delta\theta_j - \frac{1}{2}r_j^2\Delta\theta_j = \frac{1}{2}(2r_j+\Delta r_j)\Delta r_j\Delta\theta_j$$

$$= \frac{r_j+(r_j+\Delta r_j)}{2}\Delta r_j\Delta\theta_j = \bar{r}_j\Delta r_j\Delta\theta_j,$$

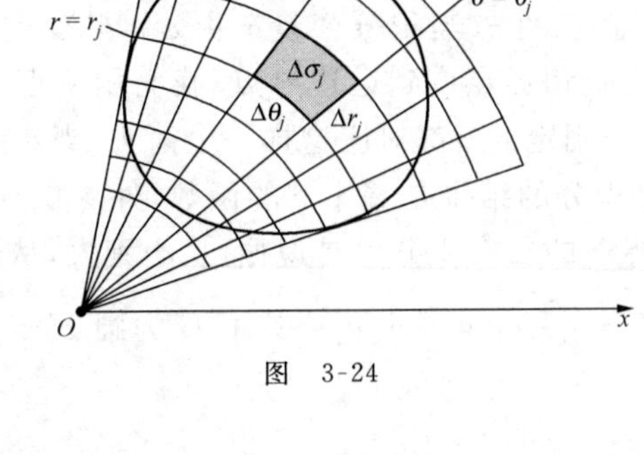

图 3-24

其中 $\bar{r}_j$ 是 $r_j$ 与 $r_j+\Delta r_j$ 的平均值.在这个小闭区域 $\Delta\sigma_j$ 上取极坐标下的点为$(\bar{r}_j,\bar{\theta}_j)$,它对应 $\Delta\sigma_j$ 上直角坐标下的点$(\xi_j,\eta_j)$,即 $\xi_j=\bar{r}_j\cos\bar{\theta}_j$, $\eta_j=\bar{r}_j\sin\bar{\theta}_j$.于是

$$\sum_{i=1}^{n}f(\xi_i,\eta_i)\Delta\sigma_i=\sum_j f(\xi_j,\eta_j)\Delta\sigma_j+\sum_k f(\xi_k,\eta_k)\Delta\sigma_k$$
$$=\sum_j f(\bar{r}_j\cos\bar{\theta}_j,\bar{r}_j\sin\bar{\theta}_j)\bar{r}_j\Delta r_j\Delta\theta_j+\sum_k f(\xi_k,\eta_k)\Delta\sigma'_k.$$

可以证明 $\lim\limits_{\lambda\to 0}\sum\limits_k f(\xi_k,\eta_k)\Delta\sigma'_k=0$,从而

$$\lim_{\lambda\to 0}\sum_{i=1}^{n}f(\xi_i,\eta_i)\Delta\sigma_i=\lim_{\lambda\to 0}\sum_j f(\bar{r}_j\cos\bar{\theta}_j,\bar{r}_j\sin\bar{\theta}_j)\bar{r}_j\Delta r_j\Delta\theta_j.$$

由二重积分的定义可知,极坐标下的二重积分为

$$\iint_D f(x,y)\mathrm{d}\sigma=\iint_D f(r\cos\theta,r\sin\theta)r\mathrm{d}r\mathrm{d}\theta.\tag{17}$$

可见,极坐标下二重积分的形式就是将被积函数中的 $x$ 和 $y$ 分别用极坐标变换 $x=r\cos\theta,y=r\sin\theta$ 去代换;将 $\mathrm{d}\sigma$ 换为 $r\mathrm{d}r\mathrm{d}\theta$.对于区域 $D$ 在极坐标下的分割中(图 3-24),在相差高阶无穷小的意义下小区域 $\Delta\sigma_j$ 的面积

$$\Delta\sigma_j\approx r_j\Delta r_j\Delta\theta_j.$$

因此,极坐标下的面积元素为 $\mathrm{d}\sigma=r\mathrm{d}r\mathrm{d}\theta$.

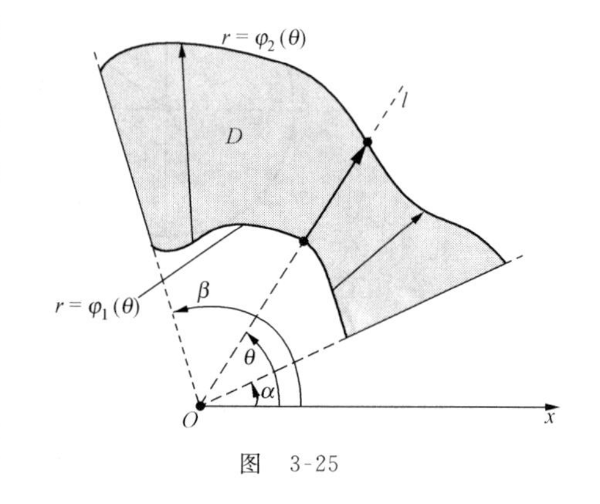

图 3-25

极坐标下的二重积分仍要化为二次积分来计算,习惯上我们先对 $r$ 后对 $\theta$ 积分.设积分区域在极坐标下可以表示为

$$D:\ \alpha\leqslant\theta\leqslant\beta,\ \varphi_1(\theta)\leqslant r\leqslant\varphi_2(\theta),$$

其中 $\varphi_1(\theta),\varphi_2(\theta)$在区间$[\alpha,\beta]$上连续,$D$ 的形状如图 3-25 所示.可以证明,如果 $f(x,y)$在 $D$ 上连续,则

$$\iint_D f(x,y)\mathrm{d}x\mathrm{d}y=\iint_D f(r\cos\theta,r\sin\theta)r\mathrm{d}r\mathrm{d}\theta=\int_\alpha^\beta\mathrm{d}\theta\int_{\varphi_1(\theta)}^{\varphi_2(\theta)}f(r\cos\theta,r\sin\theta)r\mathrm{d}r.\tag{18}$$

这时积分**区域 $D$ 的特点**是:它夹在两条射线 $\theta=\alpha$ 与 $\theta=\beta$ 之间;从原点出发穿过 $D$ 的射线 $l$ 与 $D$ 的边界至多有两个交点,这两个交点一个离原点较近,另一个离原点较远.当 $l$ 与 $x$ 轴的夹角 $\theta$ 在$[\alpha,\beta]$之间变化时,与 $l$ 的这些交点构成了 $D$ 的两条边界线,近边界 $r=\varphi_1(\theta)$及远边界 $r=\varphi_2(\theta)$.

利用公式(18)计算时,应先计算内层积分 $\int_{\varphi_1(\theta)}^{\varphi_2(\theta)}f(r\cos\theta,r\sin\theta)r\mathrm{d}r$,此时 $\theta$ 看做固定不变的常数,积分变量是 $r$.对于固定的 $\theta$,当积分变量 $r$ 由 $\varphi_1(\theta)$变到 $\varphi_2(\theta)$时,积分区域中的点$(r,\theta)$沿夹角为 $\theta$ 的射线 $l$ 由近边界点变到远边界点.我们用从近边界点沿 $l$ 到远边界点的箭头表示这种变化.对于每一个固定的 $\theta$ 都对应这样一个箭头,当 $\theta$ 在从 $\alpha$ 变到 $\beta$ 时,这些箭头扫过了整个积分区域 $D$.内层积分的结果是关于 $\theta$ 的函数,外层积分就是对这个函数在$[\alpha,\beta]$上作定积分.可以看到,极坐标下的二次积分也是遵循"从小到大,从边界到边界"的规则.

**例 9** 计算二重积分 $I=\iint\limits_D\arctan\dfrac{y}{x}\mathrm{d}x\mathrm{d}y$,其中 $D$ 为圆 $x^2+y^2=1$ 及 $x^2+y^2=4$ 与直线

$y=x, y=0$ 所围的第一象限的区域.

**解** 将极坐标变换 $x=r\cos\theta, y=r\sin\theta$ 代入到边界方程中去.边界 $x^2+y^2=1$ 及 $x^2+y^2=4$ 在极坐标下的方程分别为

$$r=1 \quad 和 \quad r=2,$$

它们依次是近边界和远边界.直线 $y=x$ 变为 $r\sin\theta=r\cos\theta$,则

$$\frac{r\sin\theta}{r\cos\theta}=\tan\theta=1, \quad 即 \quad \theta=\frac{\pi}{4}.$$

直线 $y=0$ 变为 $r\sin\theta=0$,则

$$\sin\theta=0, \quad 即 \quad \theta=0.$$

沿着与 $x$ 轴的夹角为 $\theta$ 的射线,从近边界 $r=1$ 出发的箭头穿过积分区域指向远边界 $r=2$,且当 $\theta$ 从 0 变到 $\frac{\pi}{4}$ 时,这些箭头扫过了整个积分区域(图 3-26),于是在极坐标下,

$$D:\ 0\leqslant\theta\leqslant\frac{\pi}{4},\ 1\leqslant r\leqslant 2.$$

这时被积函数变为

$$\arctan\frac{y}{x}=\arctan\frac{r\sin\theta}{r\cos\theta}=\arctan(\tan\theta)=\theta.$$

所以

$$I=\iint_D\arctan\frac{y}{x}\mathrm{d}\sigma=\int_0^{\frac{\pi}{4}}\mathrm{d}\theta\int_1^2\theta r\,\mathrm{d}r=\left(\int_0^{\frac{\pi}{4}}\theta\mathrm{d}\theta\right)\cdot\left(\int_1^2 r\mathrm{d}r\right)$$

$$=\left(\frac{\theta^2}{2}\Big|_0^{\frac{\pi}{4}}\right)\cdot\left(\frac{r^2}{2}\Big|_1^2\right)=\frac{\pi^2}{32}\cdot\frac{3}{2}=\frac{3\pi^2}{64}.$$

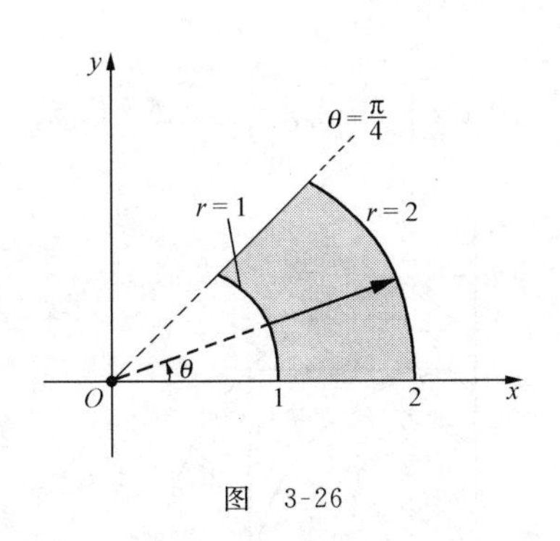

图 3-26

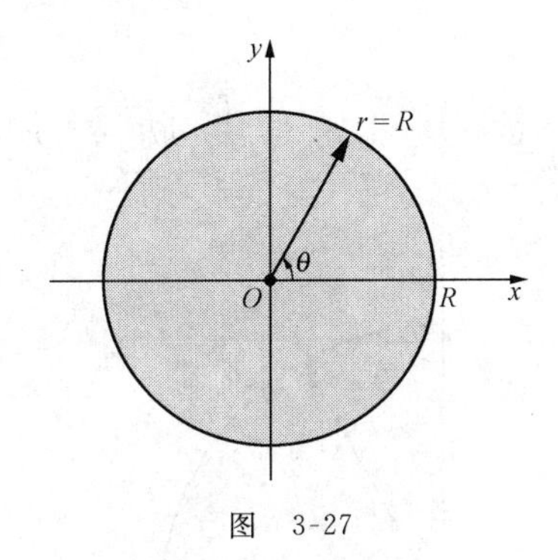

图 3-27

**例 10** 计算二重积分 $I=\iint_D\cos(x^2+y^2)\mathrm{d}x\mathrm{d}y$ ,其中 $D$: $x^2+y^2\leqslant R^2$.

**解** 区域 $D$ 的边界为 $x^2+y^2=R^2$,在极坐标下变为 $r=R$.可以将原点看做近边界.从原点出发的箭头穿过 $D$ 指向远边界 $r=R$,且当箭头与 $x$ 轴的夹角 $\theta$ 从 0 变到 $2\pi$ 时,这些箭头扫过了整个积分区域 $D$(图 3-27),因此在极坐标下,$D$: $0\leqslant\theta\leqslant2\pi, 0\leqslant r\leqslant R$. 于是

$$I=\int_0^{2\pi}\mathrm{d}\theta\int_0^R\cos r^2\cdot r\mathrm{d}r=\left(\int_0^{2\pi}\mathrm{d}\theta\right)\cdot\left(\int_0^R\cos r^2\cdot r\mathrm{d}r\right)=\pi\sin R^2.$$

**例 11** 计算二重积分 $I=\iint_D\sqrt{x^2+y^2}\mathrm{d}x\mathrm{d}y$ ,其中 $D$: $x^2+y^2\leqslant 2x$.

**解**　由边界方程 $x^2+y^2=2x$ 可得

$$(x-1)^2+y^2=1,$$

它是圆心在(1,0),半径为 1 的圆.在极坐标下,边界 $x^2+y^2=2x$ 变为

$$(r\cos\theta)^2+(r\sin\theta)^2=2r\cos\theta,\quad 即\quad r=2\cos\theta.$$

原点可看做近边界,从原点出发的箭头穿过 $D$ 指向远边界 $r=2\cos\theta$,且当箭头与 $x$ 轴的夹角 $\theta$ 从 $-\frac{\pi}{2}$ 变到 $\frac{\pi}{2}$ 时,这些箭头扫过了整个积分区域 $D$(图 3-28),因此在极坐标下

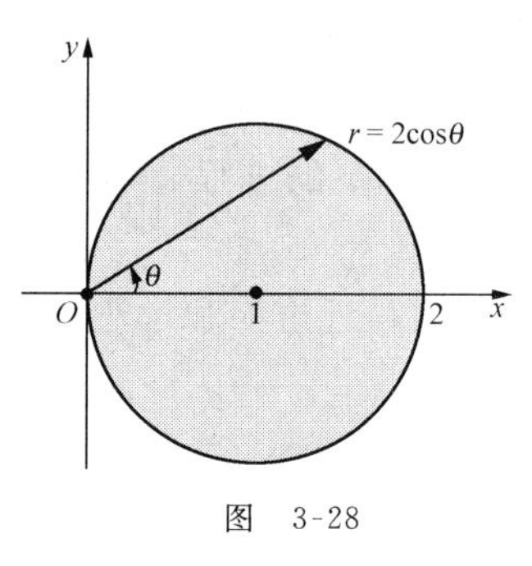

图　3-28

$$D:-\frac{\pi}{2}\leqslant\theta\leqslant\frac{\pi}{2},\quad 0\leqslant r\leqslant 2\cos\theta.$$

于是

$$I=\iint_D\sqrt{x^2+y^2}\,\mathrm{d}x\mathrm{d}y=\int_{-\frac{\pi}{2}}^{\frac{\pi}{2}}\mathrm{d}\theta\int_0^{2\cos\theta}r\cdot r\mathrm{d}r$$

$$=\int_{-\frac{\pi}{2}}^{\frac{\pi}{2}}\left(\frac{1}{3}r^3\Big|_0^{2\cos\theta}\right)\mathrm{d}\theta=\int_{-\frac{\pi}{2}}^{\frac{\pi}{2}}\frac{8}{3}\cos^3\theta\mathrm{d}\theta=\frac{32}{9}.$$

**例 12**　计算二重积分 $I=\iint_{D_R}\mathrm{e}^{-x^2-y^2}\mathrm{d}x\mathrm{d}y$,其中 $D_R$ 是圆域 $x^2+y^2\leqslant R^2$ 在第一象限的部分.

**解**　积分区域见图 3-29.在极坐标下,圆域的边界变为 $r=R,\theta=0$ 和 $\theta=\frac{\pi}{2}$,则

$$D_R:0\leqslant\theta\leqslant\frac{\pi}{2},\quad 0\leqslant r\leqslant R.$$

于是

$$I=\iint_{D_R}\mathrm{e}^{-(x^2+y^2)}\mathrm{d}x\mathrm{d}y=\int_0^{\frac{\pi}{2}}\mathrm{d}\theta\int_0^R\mathrm{e}^{-r^2}r\mathrm{d}r=\left(\int_0^{\frac{\pi}{2}}\mathrm{d}\theta\right)\cdot\left(\int_0^R\mathrm{e}^{-r^2}r\mathrm{d}r\right)=\frac{\pi}{4}(1-\mathrm{e}^{-R^2}).$$

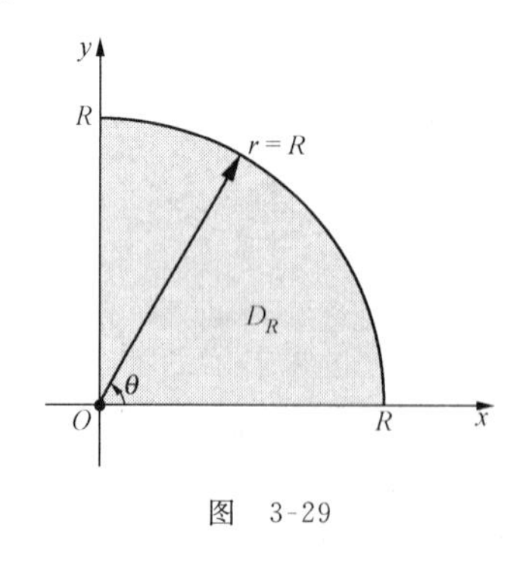

图　3-29

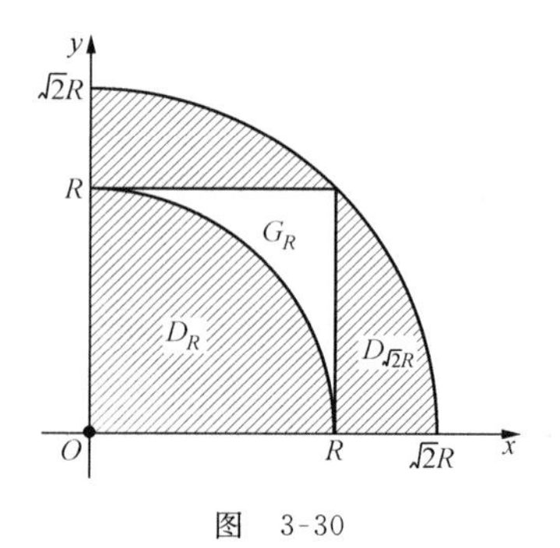

图　3-30

**注**　本题如果在直角坐标下计算,由于积分 $\int\mathrm{e}^{-x^2}\mathrm{d}x,\int\mathrm{e}^{-y^2}\mathrm{d}y$ 不能用初等函数表示,所以无论先对 $x$ 还是先对 $y$ 积分都不可能计算出结果.

由例 12 可以推出一个重要的积分公式:

$$I=\int_0^{+\infty}\mathrm{e}^{-x^2}\mathrm{d}x=\frac{\sqrt{\pi}}{2}.$$

事实上,令 $I_R = \int_0^R e^{-x^2}\,dx$,由无穷限广义积分的定义有

$$I = \int_0^{+\infty} e^{-x^2}\,dx = \lim_{R\to+\infty} I_R.$$

考虑

$$I_R^2 = \left(\int_0^R e^{-x^2}\,dx\right)\cdot\left(\int_0^R e^{-x^2}\,dx\right) = \left(\int_0^R e^{-x^2}\,dx\right)\cdot\left(\int_0^R e^{-y^2}\,dy\right) = \iint\limits_{G_R} e^{-x^2-y^2}\,dx\,dy,$$

其中 $G_R$ 是矩形域:$[0,R]\times[0,R]$. 沿用例 12 的记号,显然有 $D_R\subset G_R\subset D_{\sqrt{2}R}$(图 3-30). 由于被积函数 $e^{-x^2-y^2}>0$,则有

$$\iint\limits_{D_R} e^{-x^2-y^2}\,dx\,dy \leqslant \iint\limits_{G_R} e^{-x^2-y^2}\,dx\,dy \leqslant \iint\limits_{D_{\sqrt{2}R}} e^{-x^2-y^2}\,dx\,dy.$$

根据例 12 的结果,有

$$\lim_{R\to+\infty}\iint\limits_{D_R} e^{-x^2-y^2}\,dx\,dy = \lim_{R\to+\infty}\frac{\pi}{4}(1-e^{-R^2}) = \frac{\pi}{4}.$$

同理

$$\lim_{R\to+\infty}\iint\limits_{D_{\sqrt{2}R}} e^{-x^2-y^2}\,dx\,dy = \frac{\pi}{4}.$$

由夹逼准则得

$$I^2 = \lim_{R\to+\infty} I_R^2 = \lim_{R\to+\infty}\iint\limits_{G_R} e^{-x^2-y^2}\,dx\,dy = \frac{\pi}{4},$$

于是

$$I = \int_0^{+\infty} e^{-x^2}\,dx = \frac{\sqrt{\pi}}{2}.$$

由于 $e^{-x^2}$ 是偶函数,进一步可以推出:$\int_{-\infty}^{+\infty} e^{-x^2}\,dx = \sqrt{\pi}$.

一般来说,当积分区域 $D$ 为圆形、扇形或环形域,而被积函数含有 $x^2+y^2$ 或 $\arctan\frac{y}{x}$ 等式子时,用极坐标计算二重积分往往比较简单.

**例 13** 求旋转抛物面 $\Sigma_1$: $z=x^2+y^2$ 及 $\Sigma_2$: $z=2-x^2-y^2$ 所围立体的体积 $V$.

**解** 所围立体的形状见图 3-31,它在 $Oxy$ 平面上的投影区域为 $D$. 设以 $D$ 为底,分别以 $\Sigma_1$ 和 $\Sigma_2$ 为顶的曲顶柱体的体积为 $V_1$ 和 $V_2$,则 $V=V_2-V_1$. 根据二重积分的几何意义可得

$$V_1 = \iint\limits_D (x^2+y^2)\,dx\,dy,\quad V_2 = \iint\limits_D (2-x^2-y^2)\,dx\,dy.$$

积分区域 $D$ 的边界是 $\Sigma_1$ 与 $\Sigma_2$ 的交线在 $Oxy$ 平面上的投影. 从交线的方程 $\begin{cases} z=x^2+y^2, \\ z=2-x^2-y^2 \end{cases}$ 中消去变量 $z$,则得到交线在 $Oxy$ 平面上的投影曲线为 $x^2+y^2=1$,从而 $D$: $x^2+$

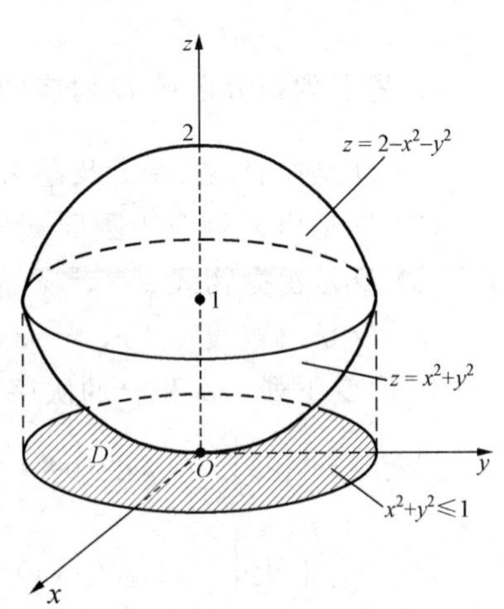


图 3-31

$y^2\leqslant 1$. 于是

$$V=\iint\limits_D(2-x^2-y^2)\mathrm{d}x\mathrm{d}y-\iint\limits_D(x^2+y^2)\mathrm{d}x\mathrm{d}y=2\iint\limits_D(1-x^2-y^2)\mathrm{d}x\mathrm{d}y.$$

利用极坐标计算：

$$V=2\int_0^{2\pi}\mathrm{d}\theta\int_0^1(1-r^2)r\mathrm{d}r=4\pi\left[-\frac{1}{4}(1-r^2)^2\right]\Big|_0^1=\pi.$$

## 习 题 3-1

1. 不用计算，利用二重积分的性质判断下列二重积分的符号：

(1) $I=\iint\limits_D y^2x\mathrm{e}^{-xy}\mathrm{d}\sigma$，其中 $D$：$0\leqslant x\leqslant 1$，$-1\leqslant y\leqslant 0$；

(2) $I=\iint\limits_D\ln(1-x^2-y^2)\mathrm{d}\sigma$，其中 $D$：$x^2+y^2\leqslant\frac{1}{4}$.

2. 用直角坐标计算下列二重积分：

(1) $I=\iint\limits_D x\mathrm{e}^{xy}\mathrm{d}x\mathrm{d}y$，其中 $D$：$0\leqslant x\leqslant 1$，$-1\leqslant y\leqslant 0$；

(2) $I=\iint\limits_D\frac{\mathrm{d}x\mathrm{d}y}{(x-y)^2}$，其中 $D$：$1\leqslant x\leqslant 2$，$3\leqslant y\leqslant 4$；

(3) $I=\iint\limits_D(3x+2y)\mathrm{d}x\mathrm{d}y$，其中 $D$ 是由两个坐标轴及直线 $x+y=2$ 围成；

(4) $I=\iint\limits_D x\cos(x+y)\mathrm{d}x\mathrm{d}y$，其中 $D$ 是顶点分别为 $(0,0)$，$(\pi,0)$，$(\pi,\pi)$ 的三角形区域；

(5) $I=\iint\limits_D xy^2\mathrm{d}x\mathrm{d}y$，其中 $D$ 是由抛物线 $y^2=2x$ 和直线 $x=\frac{1}{2}$ 所围的区域；

(6) $I=\iint\limits_D\frac{x^2}{y^2}\mathrm{d}x\mathrm{d}y$，其中 $D$ 是由直线 $x=2$，$y=x$ 和双曲线 $xy=1$ 围成的区域；

(7) $I=\iint\limits_D x\sqrt{y}\mathrm{d}x\mathrm{d}y$，其中 $D$ 是由抛物线 $y=\sqrt{x}$ 和 $y=x^2$ 所围的区域.

3. 将下列积分区域 $D$ 对应的二重积分 $I=\iint\limits_D f(x,y)\mathrm{d}x\mathrm{d}y$ 按两种次序化为二次积分：

(1) $D$ 是由直线 $y=x$ 及抛物线 $y^2=4x$ 围成的区域；

(2) $D$ 是由 $x$ 轴及半圆周 $x^2+y^2=4(y\geqslant 0)$ 所围的区域；

(3) $D$ 是由抛物线 $y=x^2$ 及 $y=4-x^2$ 所围的区域；

(4) $D$ 是由直线 $y=x$，$y=3x$，$x=1$ 和 $x=3$ 所围的区域.

4. 改变下列二次积分的次序：

(1) $I=\int_0^1\mathrm{d}y\int_y^{\sqrt{y}}f(x,y)\mathrm{d}x$；

(2) $I=\int_0^1\mathrm{d}y\int_{-\sqrt{1-y^2}}^{\sqrt{1-y^2}}f(x,y)\mathrm{d}x$；

(3) $I=\int_1^{\mathrm{e}}\mathrm{d}x\int_0^{\ln x}f(x,y)\mathrm{d}y$；

(4) $I=\int_{-1}^{1}\mathrm{d}x\int_{-\sqrt{1-x^2}}^{1-x^2}f(x,y)\mathrm{d}y$；

(5) $I=\int_0^1\mathrm{d}x\int_0^x f(x,y)\mathrm{d}y+\int_1^2\mathrm{d}x\int_0^{2-x}f(x,y)\mathrm{d}y$.

5. 用极坐标计算下列二重积分：

(1) $I=\iint\limits_D(6-3x-2y)\mathrm{d}x\mathrm{d}y$，其中 $D$：$x^2+y^2\leqslant R^2$；

(2) $I=\iint\limits_D\sqrt{R^2-x^2-y^2}\mathrm{d}x\mathrm{d}y$，其中 $D$：$x^2+y^2\leqslant Rx$；

(3) $I=\iint\limits_D\sin\sqrt{x^2+y^2}\mathrm{d}x\mathrm{d}y$，其中 $D$：$\pi^2\leqslant x^2+y^2\leqslant 4\pi^2$；

(4) $I=\iint\limits_D\ln(1+x^2+y^2)\mathrm{d}x\mathrm{d}y$，其中 $D$ 是 $x^2+y^2\leqslant 1$ 在第一象限的部分；

6. 将下列二次积分化为极坐标下的二次积分：

(1) $I=\int_0^R\mathrm{d}x\int_0^{\sqrt{R^2-x^2}}f(x^2+y^2)\mathrm{d}y$；

(2) $I=\int_0^{2R}\mathrm{d}y\int_0^{\sqrt{2Ry-y^2}}f(x,y)\mathrm{d}x$；

(3) $I=\int_0^1\mathrm{d}x\int_0^{x^2}f(x,y)\mathrm{d}y$.

7. 选择适当的坐标计算下列二重积分：

(1) $I=\iint\limits_D\sqrt{1-x^2-y^2}\mathrm{d}\sigma$，其中 $D$：$x^2+y^2\leqslant 1$，$x\geqslant 0$，$y\geqslant 0$；

(2) $I=\iint\limits_D y^2\mathrm{d}\sigma$，其中 $D$：$-\frac{\pi}{2}\leqslant x\leqslant\frac{\pi}{4}$，$0\leqslant y\leqslant\cos x$；

(3) $I=\iint\limits_D \mathrm{e}^{x^2+y^2}\mathrm{d}\sigma$，其中 $D$：$x^2+y^2\leqslant 4$；

(4) $I=\iint\limits_D xy\mathrm{d}\sigma$，其中 $D$ 是由 $y=x$，$y=x+a$，$y=a$ 及 $y=3a(a>0)$ 围成的区域；

(5) $I=\iint\limits_D(x^2-y^2)\mathrm{d}\sigma$，其中 $D$：$0\leqslant y\leqslant\sin x$，$0\leqslant x\leqslant\pi$.

8. 利用二重积分计算下列平面图形的面积：

(1) 平面图形由抛物线 $y^2=2x$ 与直线 $y=x-4$ 围成；

(2) 平面图形由曲线 $y=\cos x$ 在 $[0,2\pi]$ 内的部分与直线 $y=1$ 围成.

9. 简算下列二重积分：

(1) $I=\iint\limits_D x\sin y\mathrm{d}x\mathrm{d}y$，其中 $D$：$1\leqslant x\leqslant 2$，$0\leqslant y\leqslant\frac{\pi}{2}$；(提示：化为两个单积分)

(2) $I=\iint\limits_D 3\mathrm{d}x\mathrm{d}y$，其中 $D$：$4x^2+9y^2\leqslant 36$；(提示：利用椭圆的面积公式 $\pi ab$)

(3) $I=\iint\limits_{D}\sin x\cdot\cos y^2\mathrm{d}x\mathrm{d}y$，其中 $D$：$x^2+y^2\leqslant4$；(提示：利用对称奇偶性)

(4) $I=\iint\limits_{D}x^2y\mathrm{d}x\mathrm{d}y$，其中 $D$：$1\leqslant x\leqslant2$，$y^2\leqslant x$；(提示：利用对称奇偶性)

(5) $I=\iint\limits_{D}(xy^2+x^2y)\mathrm{d}x\mathrm{d}y$，其中 $D$：$x^2+y^2\leqslant4$；(提示：利用对称奇偶性)

(6) $I=\iint\limits_{D}(x+y)^2\mathrm{d}x\mathrm{d}y$，其中 $D$：$x^2+y^2\leqslant1$.(提示：利用对称奇偶性，极坐标)

10. 求由四个平面 $x=0$，$x=1$，$y=0$，$y=1$ 所围的柱体被平面 $z=0$ 及 $2x+3y+z=6$ 截得的立体的体积.

11. 求由平面 $x=0$，$y=0$，$x+y=1$ 所围成的柱体被平面 $z=0$ 及抛物面 $x^2+y^2=6-z$ 截得的立体的体积.

12. 求由曲面 $z=x^2+2y^2$ 及 $z=6-2x^2-y^2$ 所围的立体的体积.

13. 设平面板所在的区域 $D$ 由直线 $y=0$，$y=x$ 及 $x=1$ 围成，它在点 $(x,y)$ 处的密度为 $\rho(x,y)=x^2+y^2$，求该平面板的质量.

14. 在极坐标下，设平面板所在的区域由螺线 $r=2\theta\left(0\leqslant\theta\leqslant\frac{\pi}{2}\right)$ 上的一段弧与射线 $\theta=\frac{\pi}{2}$ 围成(图 3-32 阴影部分). 平面板上任意一点的密度是该点到原点距离的平方，求平面板的质量.

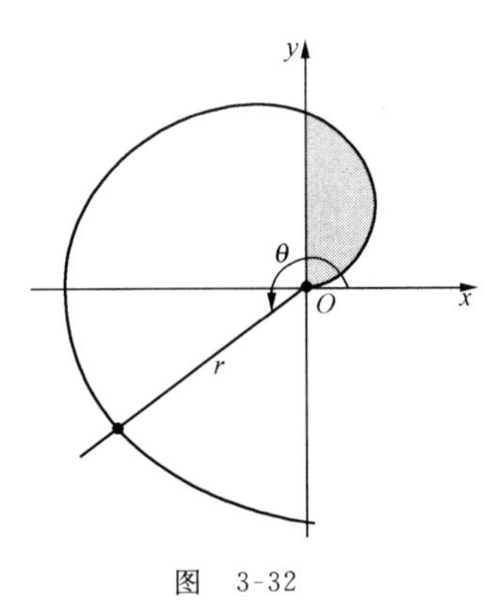


图 3-32

## §2 三重积分

在这一节中我们将二重积分的概念和相应的思想方法推广到空间中的三重积分.

### 2.1 三重积分的概念与性质

我们从一个物理应用的例子来引入三重积分的概念.

设空间物体 $\Omega$ 上点 $(x,y,z)$ 处的密度为 $\rho(x,y,z)\geqslant0$，并假定它是连续的，求物体的质量 $M$.

如果质量的分布是均匀的，即 $\rho(x,y,z)\equiv k$(常数)，则

$$M=k\times V_\Omega\quad(V_\Omega\text{ 表示 }\Omega\text{ 的体积}).$$

如果 $\rho(x,y,z)\neq k$，则我们可以用类似于二重积分求平面板质量的方法来解决这个问题. 先将 $\Omega$ 分为一系列的小闭区域 $\Delta v_1$，$\Delta v_2$，…，$\Delta v_n$(它们也表示相应的体积)，并设各个小区域的质量分别为 $\Delta M_1$，$\Delta M_2$，…，$\Delta M_n$. 由于 $\rho(x,y,z)$ 连续，因此当 $\Delta v_i$ 很小时，$\rho(x,y,z)$ 在 $\Delta v_i$ 上的变化幅度也很小. 在每一个小区域上任取一个点 $(\xi_i,\eta_i,\zeta_i)\in\Delta v_i$，将在 $\Delta v_i$ 上的质量分布近似看做是密度为 $\rho(\xi_i,\eta_i,\zeta_i)$ 的均匀分布，于是 $\Delta M_i\approx\rho(\xi_i,\eta_i,\zeta_i)\Delta v_i$，从而

$$M=\sum_{i=1}^{n}\Delta M_i\approx\sum_{i=1}^{n}\rho(\xi_i,\eta_i,\zeta_i)\Delta v_i.$$

用 $\lambda$ 表示所有小区域直径的最大值, $\lambda$ 越小,每个小区域也越小,和式 $\sum_{i=1}^{n}\rho(\xi_i,\eta_i,\zeta_i)\Delta v_i$ 与 $M$ 的近似程度就越好. 因此,如果 $\lambda\to 0$ 时,相应的和式 $\sum_{i=1}^{n}\rho(\xi_i,\eta_i,\zeta_i)\Delta v_i$ 的极限存在,则把这个极限值定义为该物体的质量,即

$$M=\lim_{\lambda\to 0}\sum_{i=1}^{n}\rho(\xi_i,\eta_i,\zeta_i)\Delta v_i. \tag{1}$$

由此我们引入三重积分的概念.

**定义** 设函数 $f(x,y,z)$ 是空间中有界闭区域 $\Omega$ 上的函数. 将 $\Omega$ 任意分割为 $n$ 个小的有界闭区域 $\Delta v_1,\Delta v_2,\cdots,\Delta v_n$ ($\Delta v_i$ 也表示相应的体积). 在每个小闭区域 $\Delta v_i$ 上任取一点 $(\xi_i,\eta_i,\zeta_i)$,作乘积 $f(\xi_i,\eta_i,\zeta_i)\Delta v_i(i=1,2,\cdots,n)$,并作和式 $\sum_{i=1}^{n}f(\xi_i,\eta_i,\zeta_i)\Delta v_i$. 如果各个小闭区域直径中的最大值 $\lambda$ 趋于零时,这个和式的极限存在,则称此极限值为函数 $f(x,y,z)$ 在区域 $\Omega$ 上的**三重积分**,记做 $\iiint\limits_{\Omega}f(x,y,z)\mathrm{d}v$, 即

$$\iiint\limits_{\Omega}f(x,y,z)\mathrm{d}v=\lim_{\lambda\to 0}\sum_{i=1}^{n}f(\xi_i,\eta_i,\zeta_i)\Delta v_i,$$

其中, $\mathrm{d}v$ 称为三重积分的**体积元素**,它是由积分和 $\sum_{i=1}^{n}f(\xi_i,\eta_i,\zeta_i)\Delta v_i$ 中的 $\Delta v_i$ 转化而来. 这时也称函数 $f(x,y,z)$ 在区域 $\Omega$ 上**可积**.

可以看到,三重积分与二重积分的定义是类似的,因此它们的有关术语及某些性质也是相同的. 如,积分的线性性质、积分的区域可加性及积分不等式等. 也可以证明: 如果函数 $f(x,y,z)$ 在空间上的有界闭区域 $\Omega$ 上连续,则 $f(x,y,z)$ 在 $\Omega$ 上可积.

由(1)式可知,上述求物体的质量问题可以归结为计算三重积分的问题,即

$$M=\iiint\limits_{\Omega}\rho(x,y,z)\mathrm{d}v. \tag{2}$$

在直角坐标下,体积元素记为 $\mathrm{d}v=\mathrm{d}x\mathrm{d}y\mathrm{d}z$,它表示用平行于坐标面的平面族分割 $\Omega$,于是

$$\iiint\limits_{\Omega}f(x,y,z)\mathrm{d}v=\iiint\limits_{\Omega}f(x,y,z)\mathrm{d}x\mathrm{d}y\mathrm{d}z.$$

特别地,若在 $\Omega$ 上 $f(x,y,z)\equiv 1$,则

$$\iiint\limits_{\Omega}1\mathrm{d}v=\iiint\limits_{\Omega}\mathrm{d}v=|\Omega|, \tag{3}$$

其中 $|\Omega|$ 表示 $\Omega$ 的体积.

### 2.2 直角坐标下三重积分的计算

类似于二重积分的计算,三重积分的计算在通常情况下需化为三次积分来进行. 下面我们仅叙述化三重积分为三次积分的方法,不做严格证明.

设积分区域可以表示为

$$\Omega:\ z_1(x,y)\leqslant z\leqslant z_2(x,y),\quad (x,y)\in D_{xy},$$

其中, $D_{xy}$ 是 $\Omega$ 在 $Oxy$ 平面上的投影,它是 $Oxy$ 平面上的有界闭区域, $z_1(x,y)$ 和 $z_2(x,y)$ 都是

$D_{xy}$ 上的连续函数. 这时 $\Omega$ 的特点是：在 $D_{xy}$ 上任一点 $(x,y)$ 作平行于 $z$ 轴的直线，则直线与 $\Omega$ 的边界至多有两个交点. 这两个交点一个在上方，另一个在下方. 当这些平行于 $z$ 轴的直线变动时，这些交点分别构成了 $\Omega$ 的两个边界面：上边界面为 $z=z_2(x,y)$，下边界面为 $z=z_1(x,y)$. 因此，$\Omega$ 的边界面由三部分组成，一部分是以 $D_{xy}$ 的边界为准线，母线平行于 $z$ 轴的柱面，另外两部分则是上边界面和下边界面(图 3-33).

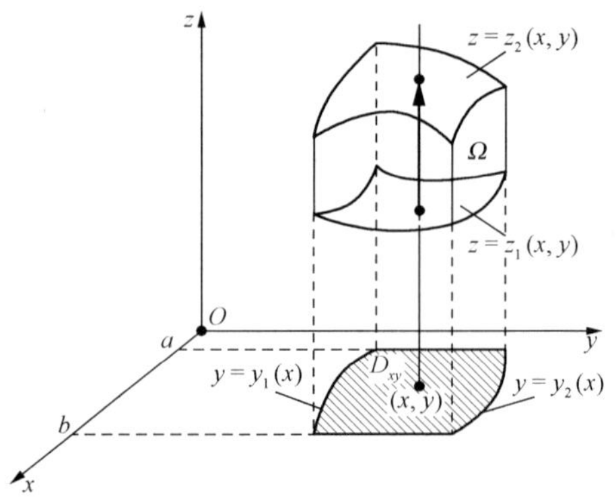

图 3-33

计算三重积分时，先固定 $x$ 和 $y$，则 $f(x,y,z)$ 是关于 $z$ 的函数. 将它在闭区间 $[z_1(x,y),z_2(x,y)]$ 上作定积分，积分变量为 $z$，积分的结果是关于 $x,y$ 的函数，记为

$$F(x,y)=\int_{z_1(x,y)}^{z_2(x,y)} f(x,y,z)\mathrm{d}z.$$

当 $x,y$ 固定，积分变量 $z$ 从 $z_1(x,y)$ 变到 $z_2(x,y)$ 时，点 $(x,y,z)$ 沿图 3-33 中的箭头从下边界面变到上边界面. 然后在 $D_{xy}$ 上对 $F(x,y)$ 作二重积分，则有

$$\iiint_{\Omega} f(x,y,z)\mathrm{d}x\mathrm{d}y\mathrm{d}z=\iint_{D_{xy}} F(x,y)\mathrm{d}x\mathrm{d}y,$$

即

$$\iiint_{\Omega} f(x,y,z)\mathrm{d}x\mathrm{d}y\mathrm{d}z=\iint_{D_{xy}}\left[\int_{z_1(x,y)}^{z_2(x,y)} f(x,y,z)\mathrm{d}z\right]\mathrm{d}x\mathrm{d}y. \tag{4}$$

通常记为

$$\iiint_{\Omega} f(x,y,z)\mathrm{d}x\mathrm{d}y\mathrm{d}z=\iint_{D_{xy}}\mathrm{d}x\mathrm{d}y\int_{z_1(x,y)}^{z_2(x,y)} f(x,y,z)\mathrm{d}z. \tag{5}$$

这样计算的三重积分称为“先一后二”的积分.

如果 $D_{xy}$ 还可以表示为 $a\leqslant x\leqslant b, y_1(x)\leqslant y\leqslant y_2(x)$(图 3-33)，这时积分区域 $\Omega$ 可以表示为

$$a\leqslant x\leqslant b,\quad y_1(x)\leqslant y\leqslant y_2(x),\quad z_1(x,y)\leqslant z\leqslant z_2(x,y),$$

则(5)式变为

$$\iiint_{\Omega} f(x,y,z)\mathrm{d}x\mathrm{d}y\mathrm{d}z=\int_a^b\mathrm{d}x\int_{y_1(x)}^{y_2(x)}\mathrm{d}y\int_{z_1(x,y)}^{z_2(x,y)} f(x,y,z)\mathrm{d}z. \tag{6}$$

称之为先对 $z$、再对 $y$、后对 $x$ 的三次积分. 类似于二次积分，三次积分是依次进行的三个定积分. 积分限的确定依然遵循着“从小到大，从边界到边界”的规则.

当用平行于 $x$ 轴或 $y$ 轴的直线穿过 $\Omega$ 时，如果直线与 $\Omega$ 的边界至多有两个交点，我们同样可以将三重积分化为相应的“先一后二”的积分，进一步再化为相应的三次积分.

**例 1** 计算三重积分 $I=\iiint_{\Omega} x\mathrm{d}x\mathrm{d}y\mathrm{d}z$，其中 $\Omega$ 由三个坐标面及平面 $\pi$：$x+2y+z=1$ 围成.

**解** 先求出平面 $\pi$ 与三个坐标轴的交点 $A,B,C$. $\Omega$ 的上边界面仍为平面 $\pi$：$z=1-x-2y$；下边界面为 $Oxy$ 平面 $(z=0)$ 上的区域 $D_{xy}$，它也是 $\Omega$ 在 $Oxy$ 平面上的投影(图 3-34(a)).

由方程组$\begin{cases}x+2y+z=1,\\z=0\end{cases}$可得平面 $\pi$ 与 $Oxy$ 平面的交线 $x+2y=1$,它是 $D_{xy}$ 的一条边界线,$D_{xy}$ 的另外两条边界线分别是 $x$ 轴和 $y$ 轴(图 3-34(b)). 这时

$$\Omega:0\leqslant x\leqslant 1,\ 0\leqslant y\leqslant \frac{1}{2}(1-x),\ 0\leqslant z\leqslant 1-x-2y.$$

先对 $z$、再对 $y$、后对 $x$ 作三次积分,则有

$$I=\iint\limits_{D_{xy}}\mathrm{d}x\mathrm{d}y\int_0^{1-x-2y}x\mathrm{d}z=\int_0^1 x\mathrm{d}x\int_0^{\frac{1}{2}(1-x)}\mathrm{d}y\int_0^{1-x-2y}\mathrm{d}z$$

$$=\int_0^1 x\mathrm{d}x\int_0^{\frac{1}{2}(1-x)}\left(z\Big|_0^{1-x-2y}\right)\mathrm{d}y=\int_0^1 x\mathrm{d}x\int_0^{\frac{1}{2}(1-x)}[(1-x-2y)-0]\mathrm{d}y$$

$$=\int_0^1 x\mathrm{d}x\int_0^{\frac{1}{2}(1-x)}(1-x-2y)\mathrm{d}y=\frac{1}{4}\int_0^1(x-2x^2+x^3)\mathrm{d}x=\frac{1}{48}.$$

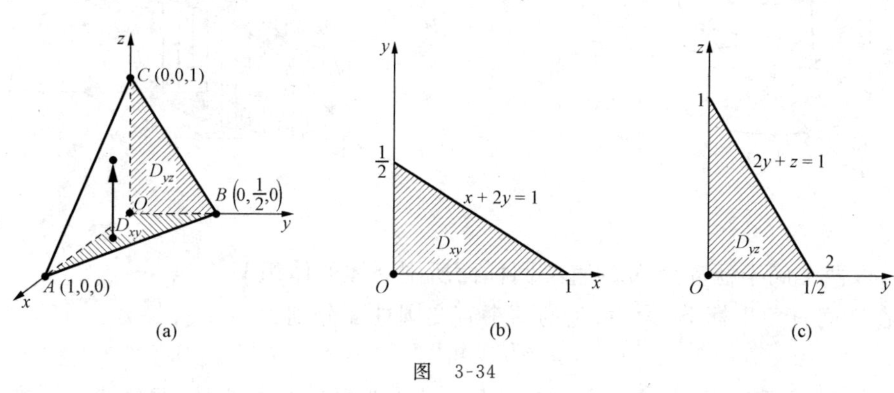


图 3-34

也可以将 $\Omega$ 投影到 $Oyz$ 平面上,投影区域为 $D_{yz}$(图 3-34(c)). 这时

$$\Omega:0\leqslant z\leqslant 1,\ 0\leqslant y\leqslant \frac{1}{2}(1-z),\ 0\leqslant x\leqslant 1-2y-z.$$

先对 $x$、再对 $y$、后对 $z$ 作三次积分,则有

$$I=\iint\limits_{D_{yz}}\mathrm{d}y\mathrm{d}z\int_0^{1-2y-z}x\mathrm{d}x=\int_0^1\mathrm{d}z\int_0^{\frac{1}{2}(1-z)}\mathrm{d}y\int_0^{1-2y-z}x\mathrm{d}x$$

$$=\int_0^1\mathrm{d}z\int_0^{\frac{1}{2}(1-z)}\left(\frac{1}{2}x^2\Big|_0^{1-2y-z}\right)\mathrm{d}y=\int_0^1\mathrm{d}z\int_0^{\frac{1}{2}(1-z)}\frac{1}{2}(1-2y-z)^2\mathrm{d}y$$

$$=\frac{1}{12}\int_0^1(1-z)^3\mathrm{d}z=\frac{1}{48}.$$

**例 2** 计算三重积分 $I=\iiint\limits_{\Omega}z\mathrm{d}x\mathrm{d}y\mathrm{d}z$,其中 $\Omega$ 为双曲面 $z=\sqrt{2+x^2+y^2}$,锥面 $z=\sqrt{x^2+y^2}$ 及柱面 $x^2+y^2=4$ 围成.

**解** $\Omega$ 的上边界面为 $z=\sqrt{2+x^2+y^2}$,下边界面为 $z=\sqrt{x^2+y^2}$(图 3-35). 将 $\Omega$ 投影到 $Oxy$ 平面上,投影区域为 $D_{xy}$: $x^2+y^2\leqslant 4$. 于是

$$\Omega:x^2+y^2\leqslant 4,\ \sqrt{x^2+y^2}\leqslant z\leqslant\sqrt{2+x^2+y^2},$$

因此

$$I=\iint_{D_{xy}}\mathrm{d}x\mathrm{d}y\int_{\sqrt{x^2+y^2}}^{\sqrt{2+x^2+y^2}}z\mathrm{d}z=\iint_{D_{xy}}\left(\frac{1}{2}z^2\Big|_{\sqrt{x^2+y^2}}^{\sqrt{2+x^2+y^2}}\right)\mathrm{d}x\mathrm{d}y$$
$$=\iint_{D_{xy}}\frac{1}{2}[(\sqrt{2+x^2+y^2})^2-(\sqrt{x^2+y^2})^2]\mathrm{d}x\mathrm{d}y$$
$$=\iint_{D_{xy}}\mathrm{d}x\mathrm{d}y=4\pi,$$

其中,最后一步的二重积分是求 $D_{xy}$ 的面积.

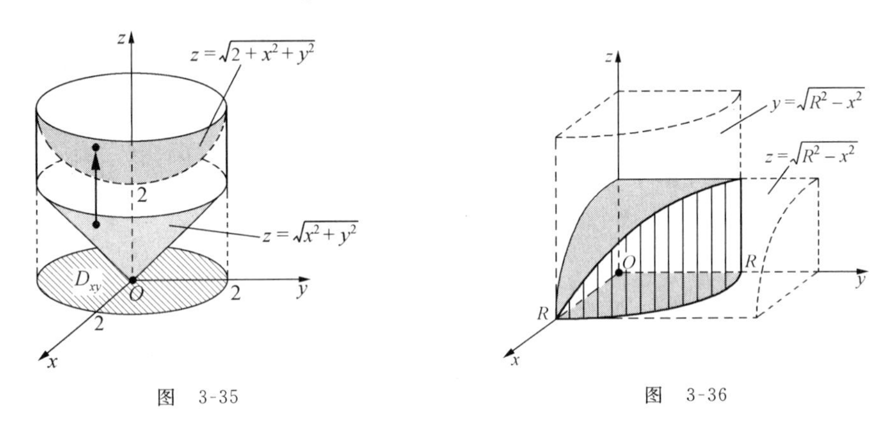


图 3-35　　　　图 3-36

**例 3** 求两个底半径都为 $R$ 的直交圆柱面所围立体的体积 $V$.

**解** 在空间直角坐标下,设横、竖的两个直交圆柱面分别为

$$x^2+z^2=R^2 \quad 和 \quad x^2+y^2=R^2.$$

立体关于三个坐标面对称,它被三个坐标面分为八个形状对称的立体,只需求出它在第一卦限的部分 $\Omega$ 的体积(图 3-36). 这时横、竖直交柱面的方程分别为 $z=\sqrt{R^2-x^2}$ 和 $y=\sqrt{R^2-x^2}$.

由(3)式,就有 $V=8\iiint_{\Omega}\mathrm{d}v$. $\Omega$ 的上边界面为横圆柱面 $z=\sqrt{R^2-x^2}$,下边界面为 $z=0$,而上边界面在 $Oxy$ 平面上的投影为 $D_{xy}$: $0\leqslant y\leqslant\sqrt{R^2-x^2}$, $0\leqslant x\leqslant R$,于是

$$V=8\int_0^R\mathrm{d}x\int_0^{\sqrt{R^2-x^2}}\mathrm{d}y\int_0^{\sqrt{R^2-x^2}}\mathrm{d}z=8\int_0^R\mathrm{d}x\int_0^{\sqrt{R^2-x^2}}\sqrt{R^2-x^2}\mathrm{d}y$$
$$=8\int_0^R(R^2-x^2)\mathrm{d}x=\frac{16}{3}R^3.$$

**注** 从这三个例题可以看到,三重积分的计算比二重积分更为复杂. 这不仅因为三次积分本身的复杂性,而且因为空间中的图形比平面图形更难以把握和想象. 因此在做三重积分的计算时一定要先画图,要熟悉空间解析几何中的一些常用曲面.

我们再考虑另一种计算三重积分的方法(仅限于给出方法). 设积分区域 $\Omega$ 如图 3-37 所示. 将积分区域 $\Omega$ 投影到 $z$ 轴上,投影的区间为 $[c,d]$.

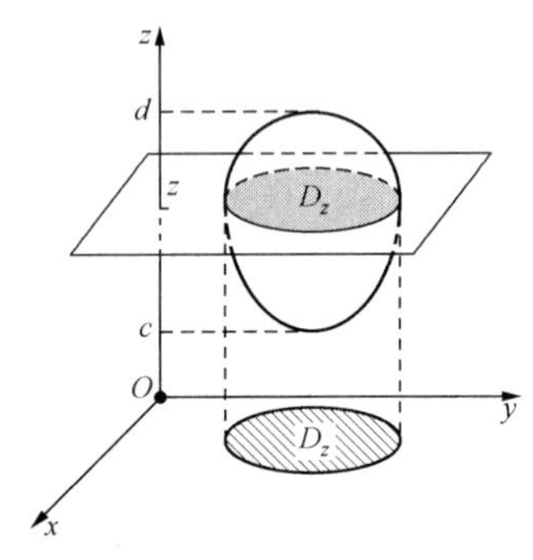


图 3-37

用平面 $z=z$(常数)去截 $\Omega$,截面为 $D_z$,它在 $Oxy$ 平面上的投影区域与 $D_z$ 的形状相同,仍记为 $D_z$. 将 $z$ 看做常数,则

$f(x,y,z)$是关于 $x,y$ 的二元函数,先对 $x,y$ 作二重积分

$$\iint_{D_z} f(x,y,z)\mathrm{d}x\mathrm{d}y.$$

由于 $D_z$ 只与 $z$ 有关,因此,这个二重积分的结果是关于 $z$ 的一元函数 $F(z)$. 再对 $F(z)$在$[c,d]$上作定积分可得

$$\iiint_{\Omega} f(x,y,z)\mathrm{d}x\mathrm{d}y\mathrm{d}z = \int_c^d F(z)\mathrm{d}z = \int_c^d \mathrm{d}z\iint_{D_z} f(x,y,z)\mathrm{d}x\mathrm{d}y.$$

这样计算的三重积分称为"先二后一"的积分.

**例 4** 计算三重积分 $I=\iiint_{\Omega} z\mathrm{d}x\mathrm{d}y\mathrm{d}z$,其中 $\Omega$ 由旋转抛物面 $z=4-x^2-y^2$ 及 $Oxy$ 平面围成.

**解** 这时 $\Omega$ 在 $z$ 轴上的投影区间为$[0,4]$(图 3-38). 用平面 $z=z$(常数)去截 $\Omega$ 得到截面 $D_z$,则

$$I = \int_0^4 \mathrm{d}z\iint_{D_z} z\mathrm{d}x\mathrm{d}y = \int_0^4 z\mathrm{d}z\iint_{D_z}\mathrm{d}x\mathrm{d}y.$$

$D_z$ 在 $Oxy$ 平面的投影是圆域:$x^2+y^2\leqslant 4-z$($z$ 对于积分变量 $x$,$y$ 来说是常数),其面积为 $\pi(4-z)$,因此内层积分就是 $D_z$ 的面积,即

$$\iint_{D_z}\mathrm{d}x\mathrm{d}y = \pi(4-z).$$

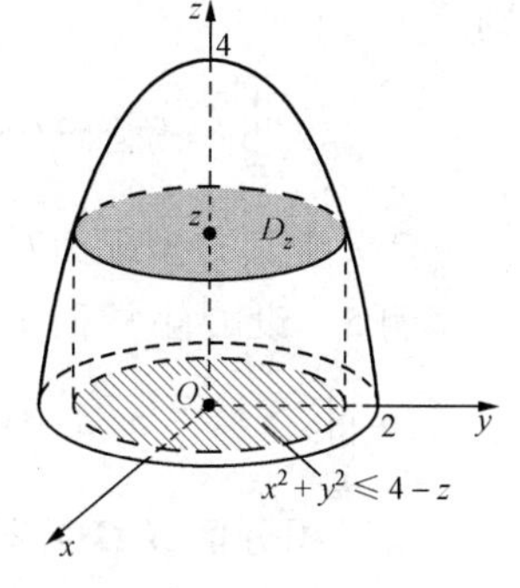


图 3-38

于是

$$I = \pi\int_0^4 z(4-z)\mathrm{d}z = \frac{32\pi}{3}.$$

又如,我们也可以用"先二后一"的积分计算例 1 中的三重积分. 此时 $\Omega$ 在 $x$ 轴上的投影为区间$[0,1]$(图 3-39(a)). 用平面 $x=x$(常数)去截 $\Omega$ 得到截面 $D_x$,则

$$I = \int_0^1 \mathrm{d}x\iint_{D_x} x\mathrm{d}y\mathrm{d}z = \int_0^1 x\mathrm{d}x\iint_{D_x}\mathrm{d}y\mathrm{d}z.$$

$D_x$ 在 $Oyz$ 平面上的投影是直角三角形,$2y+z=(1-x)$($x$ 是常数)是它的斜边,两个直角边的长度分别是$\frac{1}{2}(1-x)$和$(1-x)$,于是 $D_x$ 的面积是$\frac{1}{4}(1-x)^2$(图 3-39(b)),从而

$$I = \int_0^1 x\mathrm{d}x\iint_{D_x}\mathrm{d}y\mathrm{d}z = \frac{1}{4}\int_0^1 x(1-x)^2\mathrm{d}x = \frac{1}{48}.$$

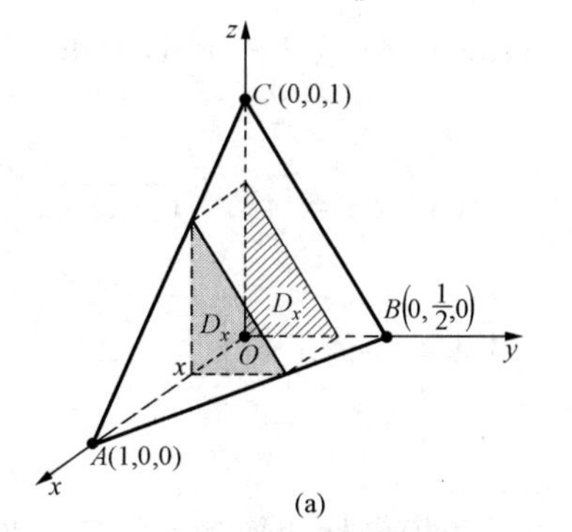


图 3-39

当积分区域关于坐标面对称，被积函数 $f(x,y,z)$ 具有奇偶性时，像二重积分中一样，利用这些特点可以简化三重积分的计算. 这样的简算也称为对称奇偶性.

例如，设积分区域 $\Omega$ 关于 $Oxy$ 平面对称，则 $Oxy$ 平面将 $\Omega$ 对称地分为 $\Omega_{上}$ 和 $\Omega_{下}$ 两部分.

1）如果被积函数 $f(x,y,z)$ 关于 $z$ 是奇函数，即对于任何固定的 $x,y$，总有

$$f(x,y,-z)=-f(x,y,z),$$

则

$$\iiint_{\Omega} f(x,y,z)\mathrm{d}x\mathrm{d}y\mathrm{d}z=0.$$

2）如果被积函数 $f(x,y,z)$ 关于 $z$ 是偶函数，即对于任何固定的 $x,y$，总有

$$f(x,y,-z)=f(x,y,z),$$

则

$$\iiint_{\Omega} f(x,y,z)\mathrm{d}x\mathrm{d}y\mathrm{d}z=2\iiint_{\Omega_{上}} f(x,y,z)\mathrm{d}x\mathrm{d}y\mathrm{d}z=2\iiint_{\Omega_{下}} f(x,y,z)\mathrm{d}x\mathrm{d}y\mathrm{d}z.$$

$\Omega$ 关于其它坐标面对称时，根据被积函数的奇偶性，也可得到与上述类似的结论.

**例 5** 设 $\Omega$ 由柱面 $x^2+y^2=1$ 以及平面 $z=0,z=1$ 围成，在 $\Omega$ 上计算下列三重积分：

1）$\iiint\limits_{\Omega} y^3\sqrt{1-x^2}\mathrm{d}x\mathrm{d}y\mathrm{d}z$；　　2）$\iiint\limits_{\Omega}\sqrt{1-x^2}\mathrm{d}x\mathrm{d}y\mathrm{d}z$.

**解** 积分区域 $\Omega$ 见图 3-40.

1）被积函数 $y^3\sqrt{1-x^2}$ 关于 $y$ 是奇函数，而 $\Omega$ 关于 $Oxz$ 平面对称，从而

$$\iiint_{\Omega} y^3\sqrt{1-x^2}\mathrm{d}x\mathrm{d}y\mathrm{d}z=0.$$

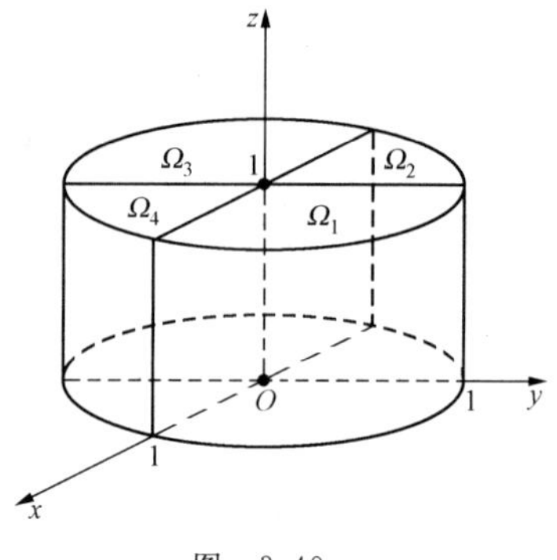

图 3-40

2）$Oxz$ 平面和 $Oyz$ 平面将积分区域 $\Omega$ 分为对称的四个部分 $\Omega_1$，$\Omega_2$，$\Omega_3$，$\Omega_4$. 由于积分区域 $\Omega$ 关于 $Oyz$ 平面对称，而被积函数 $\sqrt{1-x^2}$ 关于 $x$ 是偶函数，则

$$\iiint_{\Omega}\sqrt{1-x^2}\mathrm{d}x\mathrm{d}y\mathrm{d}z=2\iiint_{\Omega_1+\Omega_4}\sqrt{1-x^2}\mathrm{d}x\mathrm{d}y\mathrm{d}z.$$

又由于 $\Omega_1+\Omega_4$ 关于 $Oxz$ 平面对称，$\sqrt{1-x^2}$ 关于 $y$ 是偶函数，于是

$$\begin{aligned}\iiint_{\Omega}\sqrt{1-x^2}\mathrm{d}x\mathrm{d}y\mathrm{d}z&=2\iiint_{\Omega_1+\Omega_4}\sqrt{1-x^2}\mathrm{d}x\mathrm{d}y\mathrm{d}z=4\iiint_{\Omega_1}\sqrt{1-x^2}\mathrm{d}x\mathrm{d}y\mathrm{d}z\\&=4\int_0^1\sqrt{1-x^2}\mathrm{d}x\int_0^{\sqrt{1-x^2}}\mathrm{d}y\int_0^1\mathrm{d}z=4\int_0^1\sqrt{1-x^2}\mathrm{d}x\int_0^{\sqrt{1-x^2}}\mathrm{d}y\\&=4\int_0^1(1-x^2)\mathrm{d}x=\frac{8}{3}.\end{aligned}$$

## 2.3 柱面坐标下三重积分的计算

用“先一后二”的方法计算三重积分时，可以采用极坐标变换来计算后一步的二重积分.

**例 6** 计算三重积分 $I=\iiint\limits_{\Omega}\sqrt{x^2+y^2}\,\mathrm{d}x\mathrm{d}y\mathrm{d}z$，其中 $\Omega$ 由旋转抛物面 $z=x^2+y^2$ 及平面 $z=1$ 围成.

**解** 此时 $\Omega$ 的上边界面为 $z=1$，下边界面为 $z=x^2+y^2$. 它们的交线在 $Oxy$ 平面上的投影为 $x^2+y^2=1$，从而 $\Omega$ 在 $Oxy$ 平面上的投影区域为 $D_{xy}$：$x^2+y^2\leqslant 1$(图 3-41). 于是

$$I=\iint\limits_{D_{xy}}\mathrm{d}x\mathrm{d}y\int_{x^2+y^2}^{1}\sqrt{x^2+y^2}\,\mathrm{d}z=\iint\limits_{D_{xy}}[1-(x^2+y^2)]\sqrt{x^2+y^2}\,\mathrm{d}x\mathrm{d}y.$$

利用极坐标计算得

$$I=\int_0^{2\pi}\mathrm{d}\theta\int_0^1(1-r^2)r\cdot r\mathrm{d}r=\frac{4}{15}\pi.$$

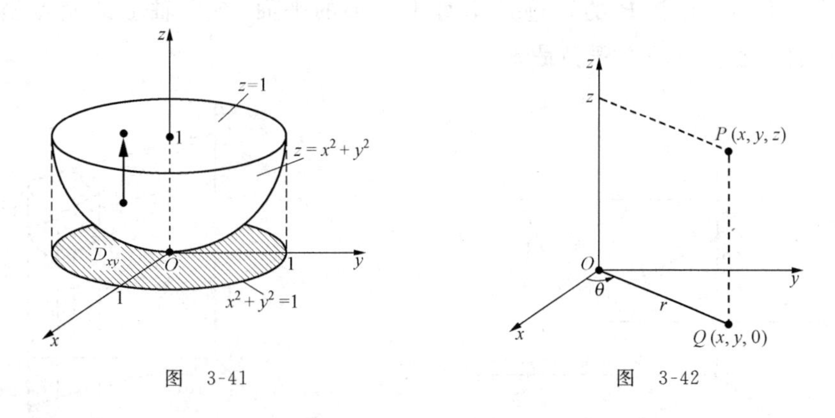


图 3-41　　　　图 3-42

受这个例题的启发，我们引入空间点的柱面坐标概念，用以计算三重积分.

给定空间中的点 $P(x,y,z)$，它在 $Oxy$ 平面上的投影点为 $Q(x,y,0)$. 设这时原点到点 $Q$ 的距离为 $r$，线段 $OQ$ 与 $x$ 轴正向的夹角为 $\theta$，则 $(r,\theta)$ 就是点 $Q$ 在 $Oxy$ 平面上的极坐标表示，且 $x=r\cos\theta, y=r\sin\theta$(图 3-42). 这样，空间中的点 $P$ 就可以用三个有序数 $r,\theta,z$ 来表示，记为 $P(r,\theta,z)$，其中 $r,\theta,z$ 称为空间点 $P$ 的**柱面坐标**. 这时，坐标 $z$ 表示了点 $P$ 的高度，坐标 $r$ 是点 $P$ 到 $z$ 轴的距离. 点 $P$ 的柱面坐标与直角坐标的变换关系为

$$\begin{cases} x=r\cos\theta, & 0\leqslant r<+\infty, \\ y=r\sin\theta, & 0\leqslant\theta<2\pi, \\ z=z, & -\infty<z<+\infty. \end{cases}\tag{7}$$

在柱面坐标下，某些曲面可以表示得非常简单. 例如：

1) 方程 $r=r_c$(常数)，其意义是：点 $P(r,\theta,z)$ 中的第一个坐标 $r$ 取固定值 $r_c$，其余两个坐标 $\theta,z$ 任意变化时，动点 $P$ 与 $z$ 轴保持固定的距离 $r_c$. 根据 $r,\theta,z$ 的几何意义，点 $P$ 的轨迹是轴心为 $z$ 轴，半径为 $r_c$ 的圆柱面(图 3-43). 它对应直角坐标下的方程是 $x^2+y^2=r_c^2$.

2) 方程 $\theta=\theta_c$(常数)，其意义是：点 $P(r,\theta,z)$ 中的第二个坐标 $\theta$ 取固定值 $\theta_c$，当其余两个坐标 $r,z$ 任意变化时，动点 $P$ 的轨迹是从 $z$ 轴出发的半平面，它与 $x$ 轴的夹角是 $\theta_c$(图 3-44). 它对应直角坐标下的方程是 $y=x\cdot\tan\theta_c$.

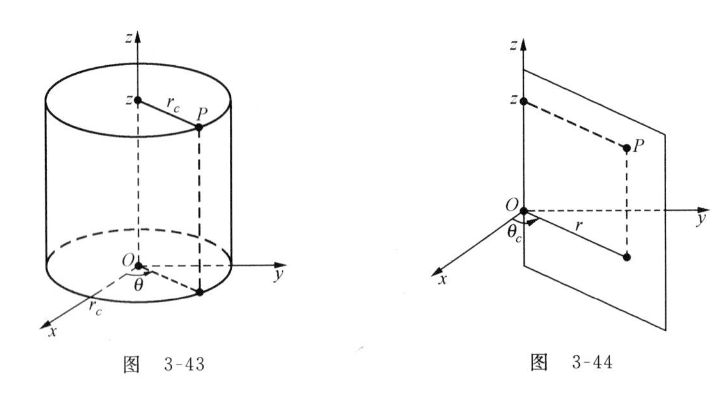


图 3-43　　图 3-44

3) 方程 $z=z_c$(常数),其意义是:点 $P(r,\theta,z)$ 中的第三个坐标 $z$ 取固定值 $z_c$,当其余两个坐标 $r,\theta$ 任意变化时,动点 $P$ 的轨迹是垂直于 $z$ 轴的平面,在 $z$ 轴上的交点坐标为 $z_c$(图 3-45).它对应直角坐标下的方程仍是 $z=z_c$.

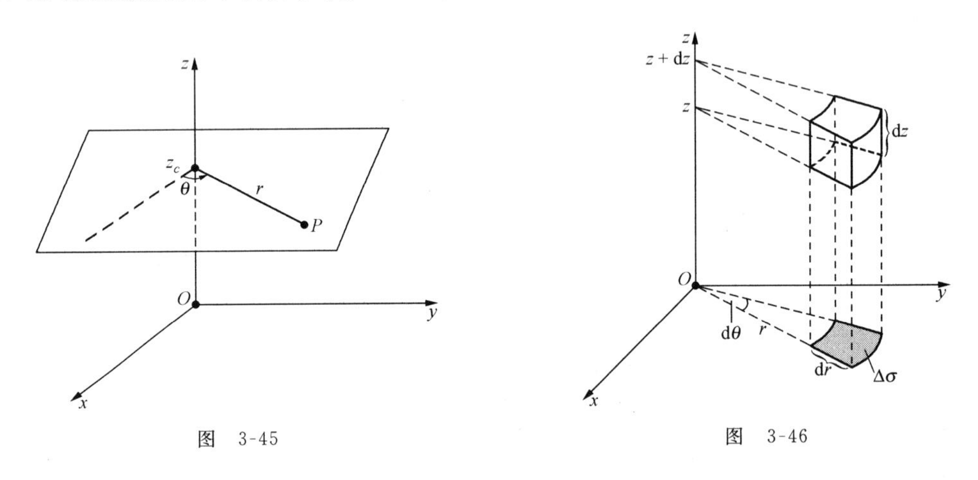


图 3-45　　图 3-46

三族曲面 $r=$常数、$\theta=$常数、$z=$常数,将空间分为一系列的小闭区域,它们都是柱体.考虑其中由 $r,\theta,z$ 的微小增量 $\mathrm{d}r,\mathrm{d}\theta,\mathrm{d}z$ 所构成的小柱体的体积 $\Delta v$,它等于小柱体的底面积乘以高 $\mathrm{d}z$(图 3-46).设这个小柱体的底面在 $Oxy$ 平面上的投影为 $\Delta\sigma$(也表示对应小区域的面积).根据极坐标变换,在相差高阶无穷小的意义下 $\Delta\sigma\approx r\mathrm{d}r\mathrm{d}\theta$.于是也在相差高阶无穷小的意义下 $\Delta v\approx r\mathrm{d}r\mathrm{d}\theta\mathrm{d}z$,从而得到柱面坐标下的体积元素为

$$\mathrm{d}v = r\mathrm{d}r\mathrm{d}\theta\mathrm{d}z. \tag{8}$$

如果 $f(x,y,z)$ 在有界闭区域 $\Omega$ 上连续,将柱面坐标变换(7)和体积元素(8)代入三重积分就得到

$$\iiint\limits_{\Omega} f(x,y,z)\mathrm{d}v = \iiint\limits_{\Omega} f(r\cos\theta,r\sin\theta,z)r\mathrm{d}r\mathrm{d}\theta\mathrm{d}z. \tag{9}$$

柱面坐标下的三重积分通常化为先对 $z$、再对 $r$、后对 $\theta$ 的三次积分进行计算.在直角坐标下,这时的积分区域需表示为如下形式(有时可能需分割为几部分才能实现):

$$\Omega:\ z_1(x,y)\leqslant z\leqslant z_2(x,y),\quad (x,y)\in D,$$

其中 $D$ 是 $\Omega$ 在 $Oxy$ 平面上的投影(图 3-47).在柱面坐标下,上边界面 $z=z_2(x,y)$ 和下边界面 $z=z_1(x,y)$ 分别变为 $z=z_2(r,\theta)$ 和 $z=z_1(r,\theta)$.由“先一后二”方法,(9)式可变为

$$\iiint_{\Omega} f(x,y,z)\mathrm{d}v = \iint_D \mathrm{d}x\mathrm{d}y\int_{z_1(x,y)}^{z_2(x,y)} f(x,y,z)\mathrm{d}z$$

$$= \iint_D \mathrm{d}r\mathrm{d}\theta\int_{z_1(r,\theta)}^{z_2(r,\theta)} f(r\cos\theta, r\sin\theta, z)r\mathrm{d}z. \qquad (10)$$

如果投影区域 $D$ 在极坐标下还可以表示为

$$D: \alpha \leqslant \theta \leqslant \beta,\ r_1(\theta) \leqslant r \leqslant r_2(\theta) \quad (图 3\text{-}47),$$

则在柱面坐标下

$$\Omega: \alpha \leqslant \theta \leqslant \beta,\ r_1(\theta) \leqslant r \leqslant r_2(\theta),\ z_1(r,\theta) \leqslant z \leqslant z_2(r,\theta).$$

于是进一步可将(10)式化为三次积分

$$\iiint_{\Omega} f(x,y,z)\mathrm{d}v = \int_{\alpha}^{\beta}\mathrm{d}\theta\int_{r_1(\theta)}^{r_2(\theta)}\mathrm{d}r\int_{z_1(r,\theta)}^{z_2(r,\theta)} f(r\cos\theta, r\sin\theta, z)r\mathrm{d}z.$$

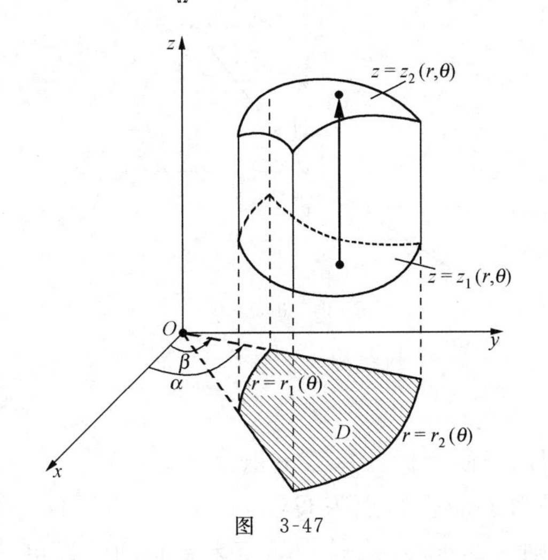

图 3-47

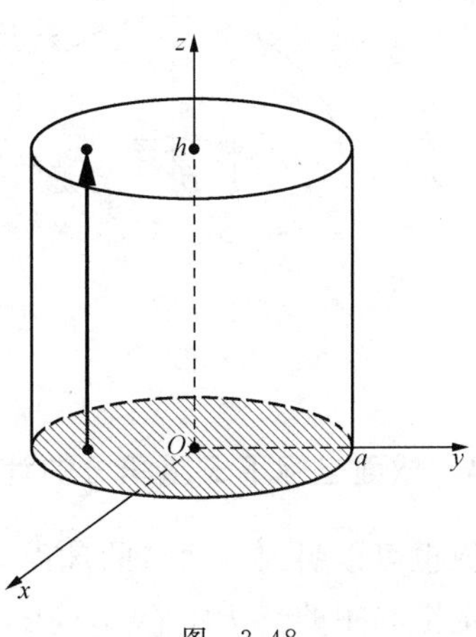

图 3-48

**例 7** 计算三重积分 $I = \iiint_{\Omega}(x^2+y^2)\mathrm{d}x\mathrm{d}y\mathrm{d}z$，其中 $\Omega$ 由圆柱面 $x^2+y^2=a^2$，平面 $z=0$ 和 $z=h(h>0)$ 围成(图 3-48).

**解** 在柱面坐标下，$\Omega$ 的上、下边界面分别为 $z=h$ 和 $z=0$.

$\Omega$ 在 $Oxy$ 平面上的投影为 $D$：$0\leqslant r\leqslant a$，$0\leqslant\theta\leqslant 2\pi$. 在柱面坐标下，

$$\Omega: 0 \leqslant r \leqslant a,\ 0 \leqslant \theta < 2\pi,\ 0 \leqslant z \leqslant h,$$

则

$$\iiint_{\Omega}(x^2+y^2)\mathrm{d}x\mathrm{d}y\mathrm{d}z = \iiint_{\Omega} r^2 \cdot r\mathrm{d}r\mathrm{d}\theta\mathrm{d}z = \int_0^{2\pi}\mathrm{d}\theta\int_0^a r^3\mathrm{d}r\int_0^h \mathrm{d}z = \frac{1}{2}\pi h a^4.$$

**例 8** 计算三重积分 $I = \iiint_{\Omega} z\mathrm{d}x\mathrm{d}y\mathrm{d}z$，其中 $\Omega$ 为半球体 $x^2+y^2+z^2\leqslant 1$，$z\geqslant 0$.

**解** 积分区域 $\Omega$ 见图 3-49. 用柱面坐标变换，上边界面 $z=\sqrt{1-x^2-y^2}$ 变为 $z=\sqrt{1-r^2}$，下边界面为 $z=0$，又 $\Omega$ 在 $Oxy$ 平面上的投影为

$$D: 0 \leqslant r \leqslant 1,\ 0 \leqslant \theta \leqslant 2\pi,$$

于是在柱面坐标下

$$\Omega: 0 \leqslant r \leqslant 1,\ 0 \leqslant \theta \leqslant 2\pi,\ 0 \leqslant z \leqslant \sqrt{1-r^2}.$$

所以

$$\begin{aligned} I &= \iint_D \mathrm{d}r\mathrm{d}\theta \int_0^{\sqrt{1-r^2}} zr\,\mathrm{d}z = \int_0^{2\pi}\mathrm{d}\theta\int_0^1 r\mathrm{d}r\int_0^{\sqrt{1-r^2}} z\mathrm{d}z \\ &= 2\pi\int_0^1 r\left(\frac{1}{2}z^2\Big|_0^{\sqrt{1-r^2}}\right)\mathrm{d}r \\ &= \pi\int_0^1 r(1-r^2)\mathrm{d}r \\ &= \pi\left(\frac{1}{2}r^2-\frac{1}{4}r^4\right)\Big|_0^1 = \frac{\pi}{4}. \end{aligned}$$

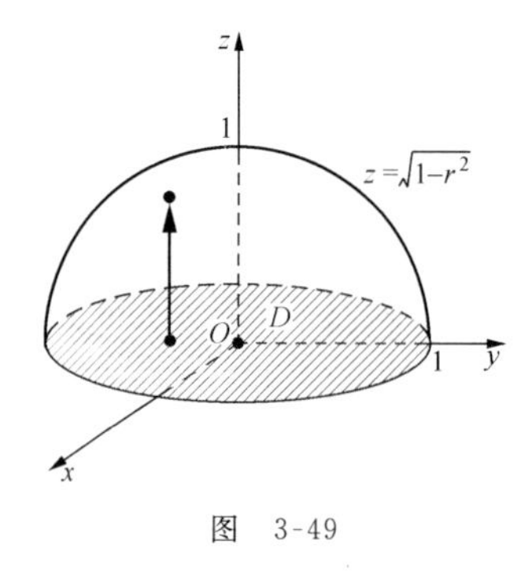

图 3-49

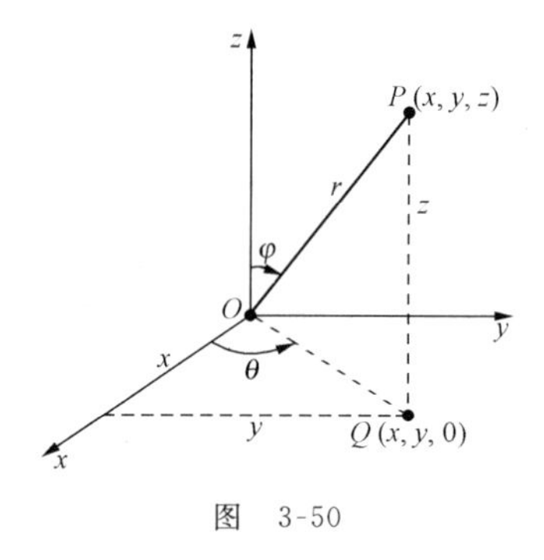

图 3-50

## 2.4 球面坐标下三重积分的计算

我们也可以引入空间点的球面坐标,并利用球面坐标计算三重积分.

给定空间中的点 $P(x,y,z)$,它在 $Oxy$ 平面上的投影点为 $Q(x,y,0)$(图 3-50). 设线段 $OP$ 的长度为 $r$,它与 $z$ 轴正向的夹角设为 $\varphi$,则 $z=r\cos\varphi$. 线段 $OQ$ 与 $x$ 轴正向的夹角设为 $\theta$,从而它的长度 $|OQ|=r\sin\varphi$. 再由 $x=|OQ|\cos\theta, y=|OQ|\sin\theta$ 可得

$$\begin{cases} x = r\cos\theta\sin\varphi, \\ y = r\sin\theta\sin\varphi, \\ z = r\cos\varphi. \end{cases} \tag{11}$$

称 $r,\varphi,\theta$ 为点 $P$ 的**球面坐标**,这时可将点 $P$ 记为 $P(r,\varphi,\theta)$. 根据 $r,\varphi,\theta$ 的几何意义可知,它们的变化范围分别 $0\leqslant r<+\infty$, $0\leqslant\varphi\leqslant\pi$, $0\leqslant\theta<2\pi$. 变换(11)称为点的直角坐标与球面坐标的**变换公式**.

在球面坐标下,根据变换(11)的几何意义,某些曲面方程的形式会变得十分简单. 例如:

1) 方程 $r=r_c$(常数),其意义是:点 $P(r,\varphi,\theta)$ 中的第一个坐标 $r$ 取固定值 $r_c$,当另外两个坐标 $\varphi,\theta$ 变化时,动点 $P$ 与原点保持固定的距离 $r_c$. 这样点 $P$ 的轨迹是球心在原点,半径为 $r_c$ 的球面(图 3-51). 它对应直角坐标下的方程是 $x^2+y^2+z^2=r_c^2$.

2) 方程 $\varphi=\varphi_c$(常数),其意义是:点 $P(r,\varphi,\theta)$ 中的第二个坐标 $\varphi$ 取固定值 $\varphi_c$,当其余两个坐标 $r,\theta$ 变化时,原点到动点 $P$ 的连线与 $z$ 轴保持固定的夹角 $\varphi_c$. 根据 $r,\varphi,\theta$ 的几何意义,此时点 $P$ 的轨迹是顶点在原点,半顶角为 $\varphi_c$ 的半锥面(图 3-52). 它对应直角坐标下的方程是

$$x^2+y^2=z^2\tan^2\varphi_c.$$

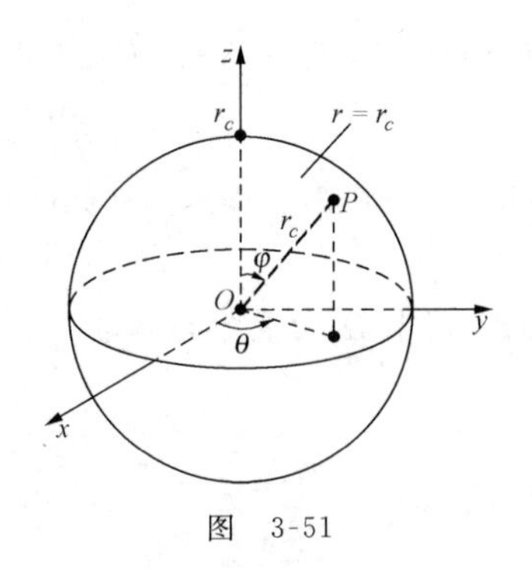

图 3-51

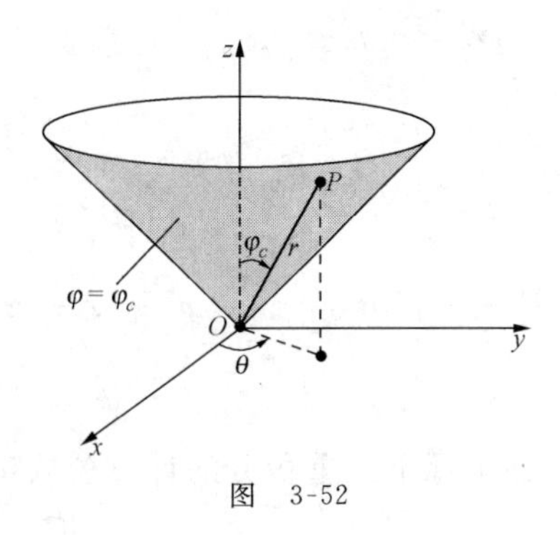

图 3-52

3) 方程 $\theta=\theta_c$(常数),其意义是:点 $P(r,\varphi,\theta)$ 中的第三个坐标 $\theta$ 取固定值 $\theta_c$,当其余两个坐标 $r,\varphi$ 变化时,原点到动点 $P$ 的连线在 $Oxy$ 平面上的投影与 $x$ 轴保持固定的夹角 $\theta_c$. 根据 $r,\varphi,\theta$ 的几何意义,此时点 $P$ 的轨迹是从 $z$ 轴出发的半平面,它与 $x$ 轴的夹角是 $\theta_c$(图 3-53). 它对应直角坐标下的方程是 $y=x\cdot\tan\theta_c$.

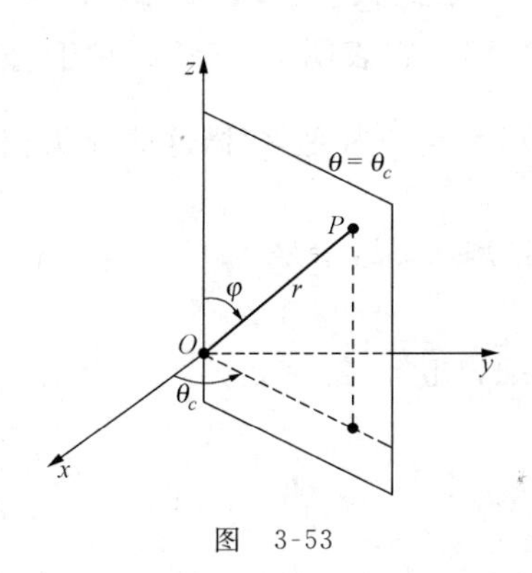

图 3-53

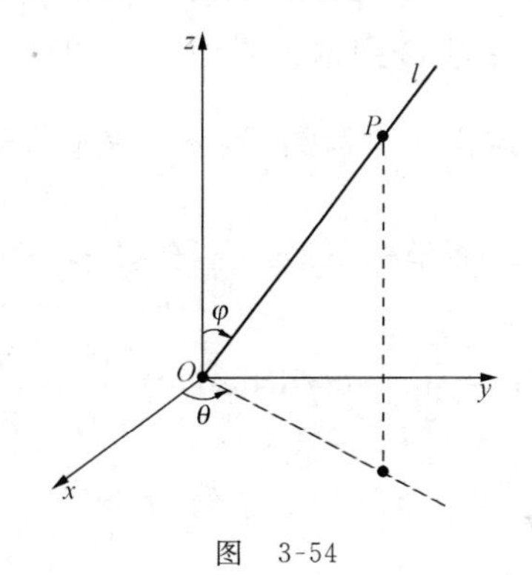

图 3-54

此外,对于固定的 $\varphi,\theta$,当 $r$ 在 $[0,+\infty)$ 上变化时,点 $P(r,\varphi,\theta)$ 的轨迹是从原点出发的射线 $l$(图 3-54). 而当 $\varphi$ 在 $[0,\pi]$ 上变化,$\theta$ 在 $[0,2\pi]$ 上变化时,这样的射线扫过了整个空间.

三族曲面 $r=$ 常数、$\varphi=$ 常数、$\theta=$ 常数,将空间分为一系列的小闭区域. 考虑由 $r,\varphi,\theta$ 各取微小增量 $\mathrm{d}r$, $\mathrm{d}\varphi,\mathrm{d}\theta$ 所张成的六面体的体积 $\Delta v$(图 3-55). 可以证明,在相差高阶无穷小的意义下 $\Delta v\approx r^2\sin\varphi\mathrm{d}r\mathrm{d}\varphi\mathrm{d}\theta$. 于是得到球面坐标下的体积元素

$$\mathrm{d}v = r^2\sin\varphi\mathrm{d}r\mathrm{d}\varphi\mathrm{d}\theta. \tag{12}$$

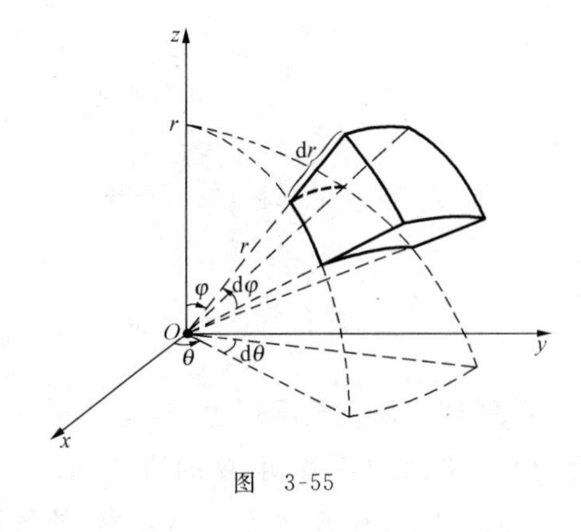

图 3-55

如果 $f(x,y,z)$ 在有界闭区域 $\Omega$ 上连续,将球面坐标变换(11)和体积元素(12)代入三重积分得到

$$\iiint_{\Omega} f(x,y,z)\mathrm{d}v = \iiint_{\Omega} f(r\cos\theta\sin\varphi, r\sin\theta\sin\varphi, r\cos\varphi)r^2\sin\varphi\mathrm{d}r\mathrm{d}\varphi\mathrm{d}\theta. \tag{13}$$

球面坐标下的三重积分通常化为先对 $r$、再对 $\varphi$、最后对 $\theta$ 的三次积分进行计算,这时积分区域在球面坐标下需具有如下形式:

$$\Omega:\ \alpha\leqslant\theta\leqslant\beta,\ \varphi_1(\theta)\leqslant\varphi\leqslant\varphi_2(\theta),\ r_1(\varphi,\theta)\leqslant r\leqslant r_2(\varphi,\theta).$$

则公式(13)变为

$$\iiint\limits_{\Omega} f(x,y,z)\mathrm{d}v=\int_{\alpha}^{\beta}\mathrm{d}\theta\int_{\varphi_1(\theta)}^{\varphi_2(\theta)}\mathrm{d}\varphi\int_{r_1(\varphi,\theta)}^{r_2(\varphi,\theta)} f(r\cos\theta\sin\varphi,r\sin\theta\sin\varphi,r\cos\varphi)r^2\sin\varphi\mathrm{d}r. \tag{14}$$

**例 9** 计算三重积分 $I=\iiint\limits_{\Omega}(x^2+y^2+z^2)\mathrm{d}x\mathrm{d}y\mathrm{d}z$，其中 $\Omega$ 为上半球体：

$$x^2+y^2+z^2\leqslant 1,\quad z\geqslant 0.$$

**解** 由球面坐标下三重积分的计算公式(13)可得

$$I=\iiint\limits_{\Omega} r^4\sin\varphi\mathrm{d}r\mathrm{d}\varphi\mathrm{d}\theta.$$

上半球面 $x^2+y^2+z^2=1,z\geqslant0$ 是 $\Omega$ 的一个边界面，将球面坐标变换(11)代入到这个球面方程中去，得到 $r=1$.

先对 $r$ 积分时，将 $\varphi,\theta$ 都看做固定的常数. 当 $r$“从小到大”变化时，相应的动点 $(r,\varphi,\theta)$ 画出从原点出发穿过 $\Omega$ 到达边界面 $r=1$ 的箭头(图 3-56)，它表明 $0\leqslant r\leqslant1$. 对于每一对固定的 $\varphi,\theta$，都可对应这样一个箭头，当 $\varphi,\theta$ 在 $0\leqslant\theta\leqslant2\pi$，$0\leqslant\varphi\leqslant\dfrac{\pi}{2}$ 内变化时，这些箭头扫过了积分区域 $\Omega$. 因此，在球面坐标下 $\Omega$：$0\leqslant\theta\leqslant2\pi$，$0\leqslant\varphi\leqslant\dfrac{\pi}{2}$，$0\leqslant r\leqslant1$，于是

$$I=\iiint\limits_{\Omega} r^4\sin\varphi\mathrm{d}r\mathrm{d}\varphi\mathrm{d}\theta=\int_0^{2\pi}\mathrm{d}\theta\int_0^{\frac{\pi}{2}}\sin\varphi\mathrm{d}\varphi\int_0^1 r^4\mathrm{d}r=2\pi\cdot1\cdot\frac{1}{5}=\frac{2}{5}\pi.$$

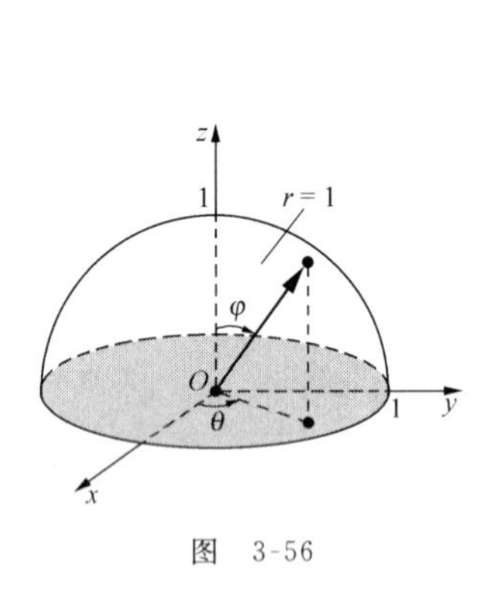

图 3-56

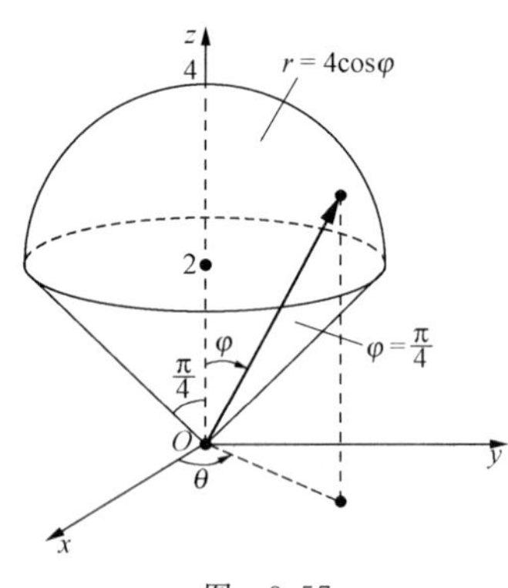

图 3-57

**例 10** 设空间区域为 $\Omega$：$x^2+y^2+z^2\leqslant4z$，$z\geqslant\sqrt{x^2+y^2}$. $\Omega$ 上任意一点的密度等于该点到 $Oxy$ 平面的距离，求 $\Omega$ 的质量 $M$.

**解** 此时在 $\Omega$ 上点 $(x,y,z)$ 处的密度为 $\rho(x,y,z)=|z|$. 由公式(2)得

$$M=\iiint\limits_{\Omega}|z|\mathrm{d}v.$$

用球面坐标计算这个三重积分. $\Omega$ 的边界面为上半锥面 $z=\sqrt{x^2+y^2}$ 和球面 $x^2+y^2+z^2=4z$. 球面方程可以变为 $x^2+y^2+(z-2)^2=4$，它表明球面的球心在点(0,0,2)，半径为 2(图 3-57). 将球面坐标变换公式(11)代入该球面的方程 $x^2+y^2+z^2=4z$，可得 $r=4\cos\varphi$. 上半锥

面的顶点在原点,开口向上,在球面坐标下该锥面的方程为 $\varphi=\frac{\pi}{4}$. 由于在 $\Omega$ 上 $z\geqslant 0$,则密度 $\rho(x,y,z)=z$. 由公式(13)有

$$I=\iiint_{\Omega} z\,\mathrm{d}x\mathrm{d}y\mathrm{d}z=\iiint_{\Omega} r^3\cos\varphi\sin\varphi\,\mathrm{d}r\mathrm{d}\varphi\mathrm{d}\theta.$$

先对 $r$ 积分时,将 $\varphi,\theta$ 都看做常数. 当 $r$"从小到大"变化时,相应的动点 $(r,\varphi,\theta)$ 画出从原点出发穿过 $\Omega$ 到达边界面 $r=4\cos\varphi$ 的箭头,这表明 $0\leqslant r\leqslant 4\cos\varphi$. 对于每一对固定的 $\varphi,\theta$,都对应这样一个箭头,当 $\varphi,\theta$ 在 $0\leqslant\varphi\leqslant\frac{\pi}{4}$, $0\leqslant\theta\leqslant 2\pi$ 内变化时,这些箭头扫过了积分区域 $\Omega$. 因此,在球面坐标下 $\Omega$: $0\leqslant\theta\leqslant 2\pi$, $0\leqslant\varphi\leqslant\frac{\pi}{4}$, $0\leqslant r\leqslant 4\cos\varphi$,于是

$$\begin{aligned}I&=\int_0^{2\pi}\mathrm{d}\theta\int_0^{\frac{\pi}{4}}\cos\varphi\sin\varphi\,\mathrm{d}\varphi\int_0^{4\cos\varphi}r^3\,\mathrm{d}r=2\pi\int_0^{\frac{\pi}{4}}\cos\varphi\sin\varphi\left(\frac{1}{4}r^4\Big|_0^{4\cos\varphi}\right)\mathrm{d}\varphi\\&=128\pi\int_0^{\frac{\pi}{4}}\cos^5\varphi\sin\varphi\,\mathrm{d}\varphi=-128\pi\int_0^{\frac{\pi}{4}}\cos^5\varphi\,\mathrm{d}\cos\varphi\\&=-\frac{128\pi}{6}\cos^6\varphi\Big|_0^{\frac{\pi}{4}}=\frac{56}{3}\pi.\end{aligned}$$

## 习 题 3-2

1. 将下列积分区域 $\Omega$ 所对应的三重积分 $I=\iiint_{\Omega} f(x,y,z)\,\mathrm{d}v$ 化为先对 $z$、再对 $y$、后对 $x$ 的三次积分:

(1) $\Omega$ 是由三个坐标面及平面 $x+y+z=1$ 所围的四面体;

(2) $\Omega$ 是由旋转抛物面 $z=x^2+y^2$ 及平面 $z=1$ 围成的区域;

(3) $\Omega$ 是由椭圆抛物面 $z=x^2+2y^2$ 及抛物柱面 $z=2-x^2$ 围成的区域;

(4) $\Omega$: $x^2+y^2+z^2\leqslant a^2$, $x\geqslant 0$, $y\geqslant 0$,其中 $a>0$.

2. 计算下列三重积分:

(1) $I=\iiint_{\Omega}(x+y+z)\,\mathrm{d}x\mathrm{d}y\mathrm{d}z$,其中 $\Omega$: $0\leqslant x\leqslant 2$, $|y|\leqslant 1$, $0\leqslant z\leqslant 3$;

(2) $I=\iiint_{\Omega}\frac{\mathrm{d}x\mathrm{d}y\mathrm{d}z}{(1+x+y+z)^3}$,其中 $\Omega$ 是由 $x=0$, $y=0$, $z=0$, $x+y+z=1$ 围成的四面体;

(3) $I=\iiint_{\Omega} y\,\mathrm{d}x\mathrm{d}y\mathrm{d}z$,其中 $\Omega$ 是由柱面 $y=x^2$ 及平面 $z+y=1$, $z=0$ 围成的区域;

(4) $I=\iiint_{\Omega} xyz\,\mathrm{d}x\mathrm{d}y\mathrm{d}z$,其中 $\Omega$ 是由 $x^2+y^2+z^2=1$ 及三个坐标面所围的第一卦限内的区域;

(5) $I=\iiint_{\Omega} xz\,\mathrm{d}x\mathrm{d}y\mathrm{d}z$,其中 $\Omega$ 是由平面 $z=0$, $z=y$, $y=1$ 以及抛物柱面 $y=x^2$ 围成的区域.

3. 设 $\Omega$: $a\leqslant x\leqslant b$, $c\leqslant y\leqslant d$, $l\leqslant z\leqslant m$,证明:

$$\iiint\limits_{\Omega} f_1(x)\cdot f_2(y)\cdot f_3(z)\mathrm{d}x\mathrm{d}y\mathrm{d}z=\left(\int_a^b f_1(x)\mathrm{d}x\right)\cdot\left(\int_c^d f_2(y)\mathrm{d}y\right)\cdot\left(\int_l^m f_3(z)\mathrm{d}z\right).$$

4. 用“先二后一”的方法计算下列三重积分：

(1) $I=\iiint\limits_{\Omega} z^2\mathrm{d}v$，其中 $\Omega$ 是由平面 $\frac{x}{a}+\frac{y}{b}+\frac{z}{c}=1$ 及三个坐标面围成的区域，$a,b,c$ 都是正数；

(2) $I=\iiint\limits_{\Omega} y^2\mathrm{d}v$，其中 $\Omega$：$\frac{x^2}{a^2}+\frac{y^2}{b^2}+\frac{z^2}{c^2}\leqslant 1$.

5. 用柱面坐标计算下列三重积分：

(1) $I=\iiint\limits_{\Omega} xy\mathrm{d}v$，其中 $\Omega$ 是由 $x^2+y^2=1$ 及平面 $z=0,z=1$ 所围的在第一卦限内的区域；

(2) $I=\iiint\limits_{\Omega} z\mathrm{d}v$，其中 $\Omega$ 是由曲面 $z=\sqrt{2-x^2-y^2}$ 及 $z=x^2+y^2$ 围成的区域；

(3) $I=\iiint\limits_{\Omega}(x^2+y^2)\mathrm{d}v$，其中 $\Omega$ 是由曲面 $x^2+y^2=2z$ 及平面 $z=2$ 围成的区域.

6. 用球面坐标计算下列三重积分：

(1) $I=\iiint\limits_{\Omega}(x^2+y^2+z^2)\mathrm{d}v$，其中 $\Omega$ 是由球面 $x^2+y^2+z^2=1$ 所围的区域；

(2) $I=\iiint\limits_{\Omega} xyz\mathrm{d}v$，其中 $\Omega$ 是球面 $x^2+y^2+z^2=1$ 在第一卦限所围的区域；

(3) $I=\iiint\limits_{\Omega} z^2\mathrm{d}v$，其中 $\Omega$ 是两个球体 $x^2+y^2+z^2\leqslant R^2$ 和 $x^2+y^2+z^2\leqslant 2Rz$ 的公共部分.

7. 简算下列三重积分：

(1) $I=\int_0^1\mathrm{d}x\int_0^1\mathrm{d}y\int_0^1 xyz\mathrm{e}^{x+y}\mathrm{d}z$；(提示：表示为三个定积分的乘积)

(2) $I=\iiint\limits_{\Omega} 6\mathrm{d}v$，其中 $\Omega$：$x^2+y^2+z^2\leqslant 1$；$\left(\text{提示：利用球体的体积公式}\frac{4}{3}\pi R^3\right)$

(3) $I=\iiint\limits_{\Omega} z\sin x\sin y^2\mathrm{d}v$，其中 $\Omega$：$x^2+y^2+z\leqslant 4$，$z\geqslant 0$；(提示：利用对称奇偶性)

(4) $I=\iiint\limits_{\Omega} x^4y^3z^2\mathrm{d}v$，其中 $\Omega$：$0\leqslant x\leqslant 1$，$-1\leqslant y\leqslant 1$，$0\leqslant z\leqslant x^2+y^2$；(提示：利用对称奇偶性)

(5) $I=\iiint\limits_{\Omega}(x+y+z)^2\mathrm{d}v$，其中 $\Omega$：$x^2+y^2+z^2\leqslant 1$.(提示：利用对称奇偶性，球面坐标)

8. 用三重积分计算下列曲面所围成的立体的体积：

(1) $z=6-x^2-y^2$ 及 $z=\sqrt{x^2+y^2}$；

(2) $z=\sqrt{5-x^2-y^2}$ 及 $x^2+y^2=4z$.

9. 设球心在原点，半径为 $R$ 的球体，在其上任意一点处的密度与该点到球心的距离成正比，求该球体的质量.

# §3 重积分的应用

在前两节的讨论中看到,二重积分和三重积分可以用来解决曲顶柱体的体积、平面图形的面积、平面板的质量以及空间物体的质量等应用问题.但是重积分的应用远不止这些.下面我们利用积分的思想将一些几何与物理应用问题化为重积分来解决.

## 3.1 曲面的面积

设曲面$\Sigma$由方程$z=f(x,y),(x,y)\in D$给出,则$D$为$\Sigma$在$Oxy$平面上的投影.假定$D$是有界闭区域,$f(x,y)$在$D$上有连续的偏导数.我们来求$\Sigma$的面积$S$.

将$D$任意分为$n$个小闭区域$\Delta\sigma_1,\Delta\sigma_2,\cdots,\Delta\sigma_n$(也表示相应的面积),在第$i$个小区域上任取点$P_i(x_i,y_i)\in\Delta\sigma_i$,令$z_i=f(x_i,y_i)$,则点$M_i(x_i,y_i,z_i)\in\Sigma$.过点$M_i$作曲面$\Sigma$的切平面$\pi_i$,其单位长的法向量为$\boldsymbol{n}_i$.以$\Delta\sigma_i$的边界为准线,母线平行于$z$轴的柱面割出$\Sigma$上的一小块曲面$\Delta S_i$(也表示相应的面积),同时这个柱面还割出切平面$\pi_i$上的一小块平面$\Delta A_i$(也表示相应的面积,图3-58).用$\Delta A_i$近似代替$\Delta S_i$,则

$$S=\sum_{i=1}^{n}\Delta S_i\approx\sum_{i=1}^{n}\Delta A_i.$$

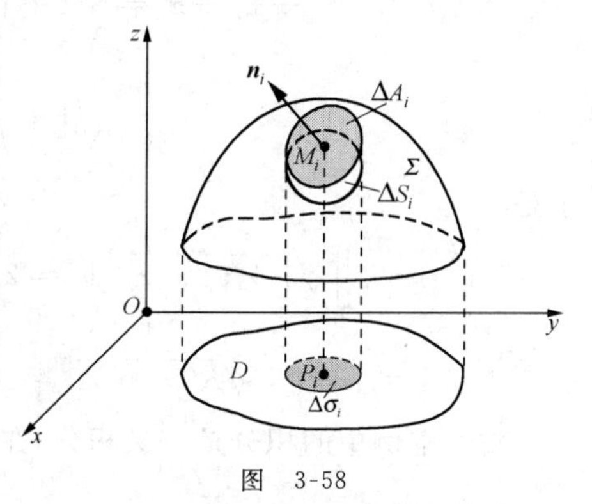


图 3-58

设$\boldsymbol{n}_i=\{\cos\alpha_i,\cos\beta_i,\cos\gamma_i\}$,取$\Delta A_i$的法向量$\boldsymbol{n}_i$与$z$轴的夹角小于$\frac{\pi}{2}$,则由第二章§4的公式(16)可知

$$\cos\gamma_i=\frac{1}{\sqrt{1+f_x^2(x_i,y_i)+f_y^2(x_i,y_i)}}.$$

因$\Delta\sigma_i$是$\Delta A_i$在$Oxy$平面上的投影,则它们的面积关系为$\Delta\sigma_i=\Delta A_i\cos\gamma_i$,从而

$$\Delta A_i=\frac{\Delta\sigma_i}{\cos\gamma_i}=\sqrt{1+f_x^2(x_i,y_i)+f_y^2(x_i,y_i)}\cdot\Delta\sigma_i.$$

于是

$$S\approx\sum_{i=1}^{n}\sqrt{1+f_x^2(x_i,y_i)+f_y^2(x_i,y_i)}\cdot\Delta\sigma_i.$$

区域$D$的分割越细密,这种近似程度就越好.仍设$\lambda$表示各个小闭区域直径中的最大值.如果

$$\lim_{\lambda\to0}\sum_{i=1}^{n}\sqrt{1+f_x^2(x_i,y_i)+f_y^2(x_i,y_i)}\cdot\Delta\sigma_i$$

存在,则定义此极限值为曲面$\Sigma$的面积$S$.根据二重积分的定义,则有

$$S=\lim_{\lambda\to0}\sum_{i=1}^{n}\sqrt{1+f_x^2(x_i,y_i)+f_y^2(x_i,y_i)}\cdot\Delta\sigma_i=\iint_D\sqrt{1+f_x^2(x,y)+f_y^2(x,y)}\mathrm{d}\sigma.\quad(1)$$

记

$$\mathrm{d}S=\sqrt{1+f_x^2(x,y)+f_y^2(x,y)}\mathrm{d}\sigma\quad 或\quad \mathrm{d}S=\sqrt{1+f_x^2(x,y)+f_y^2(x,y)}\mathrm{d}x\mathrm{d}y,$$

称为曲面$\Sigma$的面积微元.

可以看到,推导曲面面积公式(1)的基本方法是在曲面的微小局部以切平面近似代替曲面,称之为“以平代曲”.这与推导曲线弧长的指导思想是一致的.

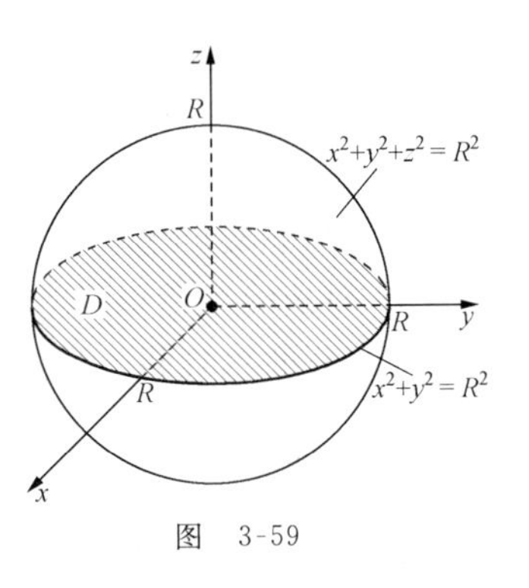


图 3-59

**例 1** 求以 $R$ 为半径的球体的表面积 $A$.

**解** 将球心放在原点,建立球面方程

$$x^2+y^2+z^2=R^2.$$

由对称性,则上半球面 $z=\sqrt{R^2-x^2-y^2}$ 的面积为 $\dfrac{A}{2}$. 球面在 $Oxy$ 平面上的投影为 $D$: $x^2+y^2\leqslant R^2$(图 3-59),又由于

$$\sqrt{1+z_x^2+z_y^2}=\sqrt{1+\left(\frac{-x}{\sqrt{R^2-x^2-y^2}}\right)^2+\left(\frac{-y}{\sqrt{R^2-x^2-y^2}}\right)^2}$$

$$=\sqrt{1+\frac{x^2+y^2}{R^2-x^2-y^2}}=\frac{R}{\sqrt{R^2-x^2-y^2}},$$

于是

$$A=2\iint\limits_D\sqrt{1+z_x^2+z_y^2}\,\mathrm{d}\sigma=2\iint\limits_D\frac{R}{\sqrt{R^2-x^2-y^2}}\mathrm{d}\sigma=2R\int_0^{2\pi}\mathrm{d}\theta\int_0^R\frac{r}{\sqrt{R^2-r^2}}\mathrm{d}r$$

$$=4\pi R\left(-\sqrt{R^2-r^2}\right)\Big|_0^R=4\pi R^2.$$

**注** 本例中的积分是广义积分,在计算上做了简化处理.

## *3.2 质心

设在 $Oxy$ 平面上由 $n$ 个质点 $M_1(x_1,y_1)$, $M_2(x_2,y_2)$, $\cdots$, $M_n(x_n,y_n)$ 构成一个质点系,它们的质量依次为 $m_1,m_2,\cdots,m_n$. 记

$$M_y=\sum_{i=1}^n x_i m_i,\quad M_x=\sum_{i=1}^n y_i m_i,$$

它们分别称为质点系对于 $y$ 轴和 $x$ 轴的**静矩**. 令

$$\bar{x}=\frac{M_y}{M},\quad \bar{y}=\frac{M_x}{M},$$

称点 $(\bar{x},\bar{y})$ 为这个质点系的**质心**,其中 $M=\sum\limits_{i=1}^n m_i$ 是质点系的**总质量**.

上述是质量呈离散分布时质心的定义. 对质量呈连续分布的情形,我们来讨论相应的质心问题.

设平面板在 $Oxy$ 平面上所占的有界闭区域为 $D$,平面板的密度函数 $\rho(x,y)\geqslant 0$ 是连续的. 我们来求平面板的质心. 在本章§1中已经知道平面板的质量

$$M=\iint\limits_D\rho(x,y)\mathrm{d}x\mathrm{d}y,$$

我们只需求出平面板对于 $y$ 轴和 $x$ 轴的静矩 $M_y,M_x$ 即可.

利用积分学的原理,将 $D$ 任意分割为 $n$ 个小区域 $\Delta\sigma_1$, $\Delta\sigma_2$, $\cdots$, $\Delta\sigma_n$,在第 $i$ 个小区域上任取点 $(\xi_i,\eta_i)$, $i=1,2,\cdots,n$(图 3-60). 当分割很细密时,每个小区域都可以近似看做是一个质点,从而这 $n$ 个小区域可近似看做位于 $(\xi_i,\eta_i)$ 处,质量为 $\rho(\xi_i,\eta_i)\Delta\sigma_i(i=1,2,\cdots,n)$ 的质点系.

我们用这个质点系对 $y$ 轴和 $x$ 轴的静矩来近似代替平面板相应的静矩,即

$$M_y \approx \sum_{i=1}^{n} \xi_i \rho(\xi_i, \eta_i) \Delta\sigma_i, \quad M_x \approx \sum_{i=1}^{n} \eta_i \rho(\xi_i, \eta_i) \Delta\sigma_i.$$

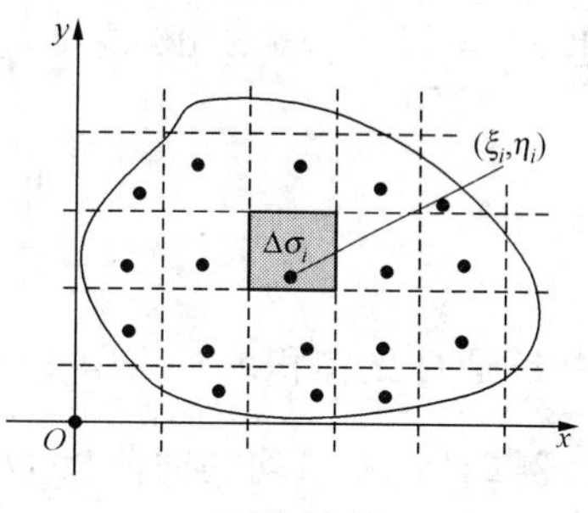


图 3-60

分割越细密,这种近似程度就越好. 设 $\lambda$ 是这些小区域直径的最大值. 令 $\lambda\to 0$,则分割无限细密. 如果极限

$$\lim_{\lambda\to 0}\sum_{i=1}^{n} \xi_i \rho(\xi_i, \eta_i) \Delta\sigma_i$$

存在,则定义此极限值为平面板对 $y$ 轴的静矩 $M_y$. 同理可定义极限值

$$\lim_{\lambda\to 0}\sum_{i=1}^{n} \eta_i \rho(\xi_i, \eta_i) \Delta\sigma_i$$

为平面板对 $x$ 轴的静矩 $M_x$. 由二重积分的定义可知

$$M_y = \iint_D x\rho(x,y)\,d\sigma, \quad M_x = \iint_D y\rho(x,y)\,d\sigma, \tag{2}$$

从而

$$\bar{x} = \frac{\iint_D x\rho(x,y)\,d\sigma}{\iint_D \rho(x,y)\,d\sigma}, \quad \bar{y} = \frac{\iint_D y\rho(x,y)\,d\sigma}{\iint_D \rho(x,y)\,d\sigma}. \tag{3}$$

如果质量在 $D$ 上的分布是均匀的,即密度 $\rho(x,y)$ 恒为常数 $k$,则由

$$M = \iint_D k\,d\sigma = kA, \quad M_y = \iint_D xk\,d\sigma = k\iint_D x\,d\sigma, \quad M_x = \iint_D yk\,d\sigma = k\iint_D y\,d\sigma,$$

可知

$$\bar{x} = \frac{\iint_D x\,d\sigma}{A}, \quad \bar{y} = \frac{\iint_D y\,d\sigma}{A}, \tag{4}$$

其中 $A$ 是平面板 $D$ 的面积. 当质量是均匀分布时,我们将质心称为**形心**.

设质量在空间的有界闭区域 $\Omega$ 上连续分布,$\Omega$ 上的密度函数为 $\rho(x,y,z)\geqslant 0$. 根据质心的物理意义和类似的推导,可得到空间物体 $\Omega$ 的质心为$(\bar{x},\bar{y},\bar{z})$,其中

$$\bar{x} = \frac{\iiint_\Omega x\rho(x,y,z)\,dv}{\iiint_\Omega \rho(x,y,z)\,dv} = \frac{\iiint_\Omega x\rho(x,y,z)\,dv}{M},$$

$$\bar{y} = \frac{\iiint_\Omega y\rho(x,y,z)\,dv}{\iiint_\Omega \rho(x,y,z)\,dv} = \frac{\iiint_\Omega y\rho(x,y,z)\,dv}{M},$$

$$\bar{z} = \frac{\iiint_\Omega z\rho(x,y,z)\,dv}{\iiint_\Omega \rho(x,y,z)\,dv} = \frac{\iiint_\Omega z\rho(x,y,z)\,dv}{M}. \tag{5}$$

这里 $M=\iiint\limits_{\Omega}\rho(x,y,z)\mathrm{d}v$ 是 $\Omega$ 的质量. 特别当密度 $\rho(x,y,z)$ 恒为常数时,同理有

$$\bar{x}=\frac{\iiint\limits_{\Omega}x\,\mathrm{d}v}{V},\quad \bar{y}=\frac{\iiint\limits_{\Omega}y\,\mathrm{d}v}{V},\quad \bar{z}=\frac{\iiint\limits_{\Omega}z\,\mathrm{d}v}{V},\tag{6}$$

其中 $V$ 是 $\Omega$ 的体积.

**例 2** 设质量均匀的薄板 $D$ 是椭圆 $\frac{x^2}{a^2}+\frac{y^2}{b^2}=1(a,b>0)$ 所围区域在第一象限的部分(图 3-61),求薄板 $D$ 的形心.

**解** 
$$M_y=\iint\limits_{D}x\,\mathrm{d}\sigma=\int_0^a x\mathrm{d}x\int_0^{b\sqrt{1-\frac{x^2}{a^2}}}\mathrm{d}y=\int_0^a bx\sqrt{1-\frac{x^2}{a^2}}\mathrm{d}x$$
$$=-\frac{1}{3}a^2b\left(1-\frac{x^2}{a^2}\right)^{\frac{3}{2}}\Bigg|_0^a=\frac{1}{3}a^2b.$$

同理 $M_x=\iint\limits_{D}y\,\mathrm{d}\sigma=\frac{1}{3}ab^2$. 这时 $D$ 的面积 $A=\frac{1}{4}\pi ab$,于是由公式(4)可得

$$\bar{x}=\frac{\frac{1}{3}a^2b}{\frac{1}{4}\pi ab}=\frac{4a}{3\pi},\quad \bar{y}=\frac{\frac{1}{3}ab^2}{\frac{1}{4}\pi ab}=\frac{4b}{3\pi}.$$

所以形心为$\left(\frac{4a}{3\pi},\frac{4b}{3\pi}\right)$.

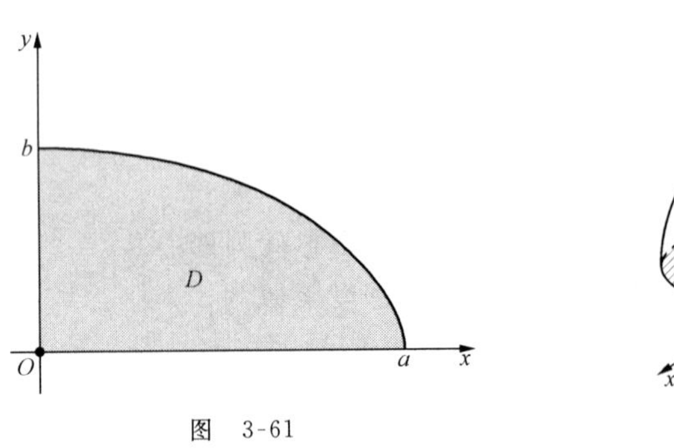


图 3-61

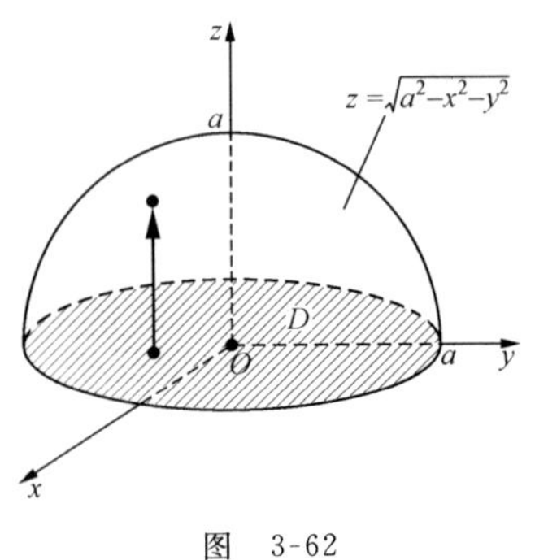


图 3-62

**例 3** 求均匀半球体 $\Omega$: $x^2+y^2+z^2\leqslant a^2, z\geqslant 0$ 的形心(图 3-62).

**解** 由 $\Omega$ 的对称性,根据物理意义可知 $\bar{x}=\bar{y}=0$. $\Omega$ 的体积为 $V=\frac{2}{3}\pi a^3$. $\Omega$ 在 $Oxy$ 平面上的投影为 $D$: $x^2+y^2\leqslant a^2$,从而

$$\iiint\limits_{\Omega}z\,\mathrm{d}v=\iint\limits_{D}\mathrm{d}x\mathrm{d}y\int_0^{\sqrt{a^2-x^2-y^2}}z\mathrm{d}z=\frac{1}{2}\iint\limits_{D}(a^2-x^2-y^2)\mathrm{d}x\mathrm{d}y$$
$$=\frac{1}{2}\int_0^{2\pi}\mathrm{d}\theta\int_0^a(a^2-r^2)r\mathrm{d}r=\frac{\pi}{4}a^4,$$

于是

$$\bar{z}=\frac{\iiint\limits_{\Omega} z\,\mathrm{d}v}{V}=\frac{\frac{\pi}{4}a^4}{\frac{2}{3}\pi a^3}=\frac{3a}{8}.$$

所以形心为$\left(0,0,\frac{3a}{8}\right)$.

### *3.3 转动惯量

设质点 $M$ 到直线 $L$ 的距离为 $r$,它的质量为 $m$. 在力学中,把 $I_L=r^2m$ 称为质点 $M$ 对于 $L$ 的**转动惯量**. 设由 $n$ 个质点 $M_1, M_2, \cdots, M_n$ 组成的质点系,各个质点到直线 $L$ 的距离依次为 $r_1, r_2, \cdots, r_n$(图 3-63),相应的质量为 $m_1, m_2, \cdots, m_n$. 这个质点系的各个质点对于 $L$ 的转动惯量之和 $I_L$ 称为这个质点系对于 $L$ **转动惯量**,即

$$I_L=\sum_{i=1}^{n}r_i^2m_i. \tag{7}$$

上述是质量呈离散分布时转动惯量的定义. 如果质量呈连续分布,我们来求此时的转动惯量.

设平面板在 $Oxy$ 平面上所占的有界闭区域为 $D$,平面板的密度函数 $\rho(x,y)\geqslant 0$ 是连续的,求平面板对于 $x$ 轴的转动惯量 $I_x$.

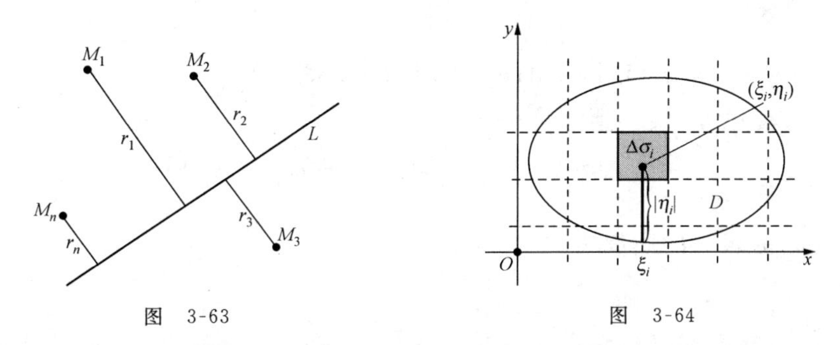


图 3-63　　图 3-64

利用积分学的原理,将 $D$ 任意分割为 $n$ 个小区域 $\Delta\sigma_1, \Delta\sigma_2, \cdots, \Delta\sigma_n$,在第 $i$ 个小区域上任取点$(\xi_i,\eta_i)$,$i=1,2,\cdots,n$(图 3-64). 当分割很细密时,每个小区域都可以近似看做是一个质点,从而这 $n$ 个小区域可近似看做位于$(\xi_i,\eta_i)$处,质量为 $\rho(\xi_i,\eta_i)\Delta\sigma_i$($i=1,2,\cdots,n$)的质点系. 用这个质点系对 $x$ 轴的转动惯量近似代替平面板对 $x$ 轴的转动惯量. 由于第 $i$ 个近似质点$(\xi_i,\eta_i)$到 $x$ 轴的距离为$|\eta_i|$,于是

$$I_x\approx\sum_{i=1}^{n}\eta_i^2\rho(\xi_i,\eta_i)\Delta\sigma_i.$$

分割越细密,这种近似程度就越好. 设 $\lambda$ 是这些小区域直径的最大值. 令 $\lambda\to 0$,则分割无限细密. 如果极限

$$\lim_{\lambda\to 0}\sum_{i=1}^{n}\eta_i^2\rho(\xi_i,\eta_i)\Delta\sigma_i$$

存在,则定义此极限值为平面板对 $x$ 轴的转动惯量 $I_x$. 由二重积分的定义可知

$$I_x=\iint\limits_{D}y^2\rho(x,y)\,\mathrm{d}\sigma. \tag{8}$$

同理,可定义平面板对 $y$ 轴的转动惯量为

$$I_y=\iint_D x^2\rho(x,y)\mathrm{d}\sigma. \tag{9}$$

如果直线通过原点且垂直与 $Oxy$ 平面,同理可推出平面板对该直线的转动惯量为

$$I_O=\iint_D (x^2+y^2)\rho(x,y)\mathrm{d}\sigma. \tag{10}$$

如果质量在空间的有界闭区域 $\Omega$ 上连续分布,$\Omega$ 上的密度函数为 $\rho(x,y,z)\geqslant 0$,读者可类比地自行推出 $\Omega$ 分别对 $x,y,z$ 轴的转动惯量为

$$\begin{aligned}I_x&=\iiint_\Omega (y^2+z^2)\rho(x,y,z)\mathrm{d}v,\\ I_y&=\iiint_\Omega (x^2+z^2)\rho(x,y,z)\mathrm{d}v,\\ I_z&=\iiint_\Omega (x^2+y^2)\rho(x,y,z)\mathrm{d}v.\end{aligned} \tag{11}$$

**例 4** 求半径为 $a$ 的均匀半圆薄片对于其直径边的转动惯量 $I$.

**解** 由于质量是均匀分布的,可设密度 $\rho(x,y)$ 恒为常数 $k$. 如图 3-65 建立平面直角坐标系,则薄片所在区域为 $D$: $x^2+y^2\leqslant a^2$, $y\geqslant 0$,求对 $x$ 轴的转动惯量 $I_x$. 由公式(8),利用极坐标有

$$\begin{aligned}I=I_x&=\iint_D ky^2\mathrm{d}x\mathrm{d}y=k\int_0^\pi\mathrm{d}\theta\int_0^a r^3\sin^2\theta\mathrm{d}r\\ &=k\left(\int_0^\pi\sin^2\theta\mathrm{d}\theta\right)\cdot\left(\int_0^a r^3\mathrm{d}r\right)=\frac{\pi}{8}ka^4=\frac{1}{4}Ma^2,\end{aligned}$$

其中 $M=k\cdot\frac{\pi}{2}a^2$ 是薄片的质量.

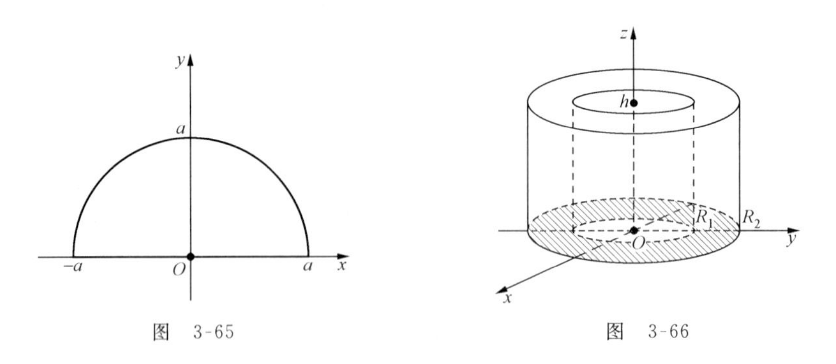


图 3-65　　图 3-66

**例 5** 求密度均匀,高为 $h$ 的圆环套(图 3-66)对其轴线的转动惯量.

**解** 此时的密度 $\rho(x,y,z)$ 恒为常数 $k$. 圆环套 $\Omega$ 在 $Oxy$ 平面上的投影为

$$D:\ R_1^2\leqslant x^2+y^2\leqslant R_2^2.$$

由公式(11)可知,所求转动惯量为

$$I_z=\iiint_\Omega k(x^2+y^2)\mathrm{d}x\mathrm{d}y\mathrm{d}z.$$

利用柱面坐标可得

$$I_z = k\int_0^{2\pi} \mathrm{d}\theta \int_{R_1}^{R_2} r^3 \mathrm{d}r \int_0^h \mathrm{d}z = k \cdot 2\pi \cdot \frac{1}{4}(R_2^4 - R_1^4) \cdot h = \frac{\pi kh}{2}(R_2^4 - R_1^4).$$

**习 题 3-3**

1. 求球面 $x^2+y^2+z^2=4a^2$ 含在柱面 $x^2+y^2=2ax(a>0)$ 内部的面积 $A$.

2. 求锥面 $z=\sqrt{x^2+y^2}$ 被柱面 $z^2=2x$ 所割下部分的曲面面积 $A$.

3. 求曲面 $x^2+y^2=2az$ 被柱面 $x^2+y^2=3a^2$ 所割下部分的面积 $A$,其中 $a>0$.

4. 求位于两个圆 $x^2+(y-1)^2=1$ 和 $x^2+(y-2)^2=4$ 之间的均匀薄板的形心.

5. 设平面薄片所占的闭区域 $D$ 由抛物线 $y=x^2$ 及直线 $y=x$ 围成,它在点 $(x,y)$ 处的面密度为 $\rho(x,y)=x^2y$,求该薄片的质心.

6. 求旋转抛物面 $z=x^2+y^2$ 及平面 $z=1$ 所围成的质量均匀分布的物体的形心.

7. 求质量均匀分布的物体 $\Omega$：$\frac{x^2}{a^2}+\frac{y^2}{b^2}+\frac{z^2}{c^2}\leqslant 1$，$x\geqslant 0$，$y\geqslant 0$，$z\geqslant 0$ 的形心.

8. 设平面板 $D$ 由 $y^2=\frac{9}{2}x$，$x=2$ 围成,其面密度恒等于1,求它对于 $x$ 轴和 $y$ 轴的转动惯量.

9. 设球体上任意一点处的密度与该点到球心的距离成正比,求它对于通过球心的一条直线的转动惯量.

## 重积分内容小结

将一元函数定积分的方法推广到多元函数,是本章所讲述的重积分内容.重积分的定义、性质与定积分是类似的,它的各种计算方法最终都要化为依次进行的定积分.

### 一、二重积分

1. 二重积分的定义

设 $z=f(x,y)$ 是定义在有界闭区域 $D$ 上的函数.将 $D$ 任意分割成 $n$ 个小闭区域 $\Delta\sigma_1$, $\Delta\sigma_2$, $\cdots$, $\Delta\sigma_n$(也表示相应的面积),在每个 $\Delta\sigma_i$ 上任取点 $(\xi_i,\eta_i)$,作乘积 $f(\xi_i,\eta_i)\Delta\sigma_i(i=1,2,\cdots,n)$,并作和式 $\sum\limits_{i=1}^{n} f(\xi_i,\eta_i)\Delta\sigma_i$.如果各小闭区域直径中的最大值 $\lambda$ 趋于零时,这个和式的极限存在,则称此极限值为函数 $z=f(x,y)$ 在闭区域 $D$ 上的二重积分,记做 $\iint\limits_D f(x,y)\mathrm{d}\sigma$,即

$$\iint\limits_D f(x,y)\mathrm{d}\sigma = \lim_{\lambda\to 0}\sum_{i=1}^{n} f(\xi_i,\eta_i)\Delta\sigma_i.$$

直角坐标下的面积元素可记为 $\mathrm{d}\sigma=\mathrm{d}x\mathrm{d}y$,此时的二重积分可记为 $\iint\limits_D f(x,y)\mathrm{d}x\mathrm{d}y$.

若 $f(x,y)$ 在有界闭区域 $D$ 上连续,则二重积分 $\iint\limits_D f(x,y)\mathrm{d}\sigma$ 一定存在.

2. 二重积分的性质

假定以下所给出的函数都是可积的.

1) **线性性质**:

$$\iint_D kf(x,y)\mathrm{d}\sigma = k\iint_D f(x,y)\mathrm{d}\sigma, \quad \text{其中 } k \text{ 是常数};$$

$$\iint_D [f(x,y) \pm g(x,y)]\mathrm{d}\sigma = \iint_D f(x,y)\mathrm{d}\sigma \pm \iint_D g(x,y)\mathrm{d}\sigma.$$

2) **区域可加性**:若积分区域 $D$ 被分为两部分 $D_1$ 和 $D_2$,则

$$\iint_D f(x,y)\mathrm{d}\sigma = \iint_{D_1} f(x,y)\mathrm{d}\sigma + \iint_{D_2} f(x,y)\mathrm{d}\sigma.$$

3) **单调性**:若在 $D$ 上恒有 $f(x,y) \geqslant g(x,y)$,则

$$\iint_D f(x,y)\mathrm{d}\sigma \geqslant \iint_D g(x,y)\mathrm{d}\sigma.$$

由单调性 3)可推知 $\left|\iint_D f(x,y)\mathrm{d}\sigma\right| \leqslant \iint_D |f(x,y)|\mathrm{d}\sigma.$

若在 $D$ 上恒有 $f(x,y) \geqslant 0$,则 $\iint_D f(x,y)\mathrm{d}\sigma \geqslant 0$.

4) **估值公式**:设在 $D$ 上恒有 $m \leqslant f(x,y) \leqslant M$,其中 $m,M$ 为常数,则

$$m \cdot |D| \leqslant \iint_D f(x,y)\mathrm{d}\sigma \leqslant M \cdot |D|,$$

其中 $|D|$ 表示区域 $D$ 的面积.

5) **积分中值定理**:设 $f(x,y)$ 在有界闭区域 $D$ 上连续,则在 $D$ 上至少存在一点 $(\xi,\eta)$,使得

$$\iint_D f(x,y)\mathrm{d}\sigma = f(\xi,\eta) \cdot |D|.$$

由性质 5)可推知 $\iint_D \mathrm{d}\sigma = |D|$.

## 二、二重积分的计算

### 1. 直角坐标下二重积分的计算

1) 若积分区域可以表示为 $D$: $a \leqslant x \leqslant b$, $\varphi_1(x) \leqslant y \leqslant \varphi_2(x)$,则

$$\iint_D f(x,y)\mathrm{d}x\mathrm{d}y = \int_a^b \mathrm{d}x \int_{\varphi_1(x)}^{\varphi_2(x)} f(x,y)\mathrm{d}y;$$

2) 若积分区域可以表示为 $D$: $c \leqslant y \leqslant d$, $\psi_1(y) \leqslant x \leqslant \psi_2(y)$,则

$$\iint_D f(x,y)\mathrm{d}x\mathrm{d}y = \int_c^d \mathrm{d}y \int_{\psi_1(y)}^{\psi_2(y)} f(x,y)\mathrm{d}x.$$

### 2. 极坐标下二重积分的计算

直角坐标与极坐标的关系为

$$\begin{cases} x = r\cos\theta, \\ y = r\sin\theta \end{cases} \quad (0 \leqslant r < +\infty,\ 0 \leqslant \theta < 2\pi).$$

此时面积元素为 $\mathrm{d}\sigma = r\mathrm{d}r\mathrm{d}\theta$ 或 $\mathrm{d}x\mathrm{d}y = r\mathrm{d}r\mathrm{d}\theta$. 若在极坐标下积分区域可以表示为

$$D: \alpha \leqslant \theta \leqslant \beta,\ \varphi_1(\theta) \leqslant r \leqslant \varphi_2(\theta),$$

则

$$\iint_D f(x,y)\mathrm{d}x\mathrm{d}y = \iint_D f(r\cos\theta, r\sin\theta) r\mathrm{d}r\mathrm{d}\theta = \int_\alpha^\beta \mathrm{d}\theta \int_{\varphi_1(\theta)}^{\varphi_2(\theta)} f(r\cos\theta, r\sin\theta) r\mathrm{d}r.$$

## 三、三重积分

### 1. 三重积分的定义

设函数 $f(x,y,z)$ 是定义在空间中有界闭区域 $\Omega$ 上的函数. 将 $\Omega$ 任意分割为 $n$ 个小闭区域 $\Delta v_1$, $\Delta v_2$, …, $\Delta v_n$(也表示相应的体积),在每个小闭区域 $\Delta v_i$ 中任取一点 $(\xi_i,\eta_i,\zeta_i)(i=1,2,\cdots,n)$,作乘积 $f(\xi_i,\eta_i,\zeta_i)\Delta v_i(i=1,2,\cdots,n)$,并作和式 $\sum\limits_{i=1}^{n} f(\xi_i,\eta_i,\zeta_i)\Delta v_i$ . 如果当各小闭区域直径中的最大值 $\lambda$ 趋于零时,这个和式的极限存在,则称此极限值为函数 $f(x,y,z)$ 在区域 $\Omega$ 上的三重积分,记为 $\iiint\limits_\Omega f(x,y,z)\mathrm{d}v$ ,即

$$\iiint_\Omega f(x,y,z)\mathrm{d}v = \lim_{\lambda\to 0}\sum_{i=1}^{n} f(\xi_i,\eta_i,\zeta_i)\Delta v_i.$$

在直角坐标下三重积分记为 $\iiint\limits_\Omega f(x,y,z)\mathrm{d}x\mathrm{d}y\mathrm{d}z$ .

若函数 $f(x,y,z)$ 在有界闭区域 $\Omega$ 上连续,则三重积分 $\iiint\limits_\Omega f(x,y,z)\mathrm{d}v$ 存在.

### 2. 三重积分的性质

三重积分的性质与二重积分类似,不再重复. 需注意

$$\iiint_\Omega 1\mathrm{d}v = \iiint_\Omega \mathrm{d}v = |\Omega|,$$

其中 $|\Omega|$ 表示 $\Omega$ 的体积.

## 四、三重积分的计算

### 1. 直角坐标下三重积分的计算

1)"先一后二"法:

若积分区域可表示为 $\Omega$: $a\leqslant x\leqslant b$, $y_1(x)\leqslant y\leqslant y_2(x)$, $z_1(x,y)\leqslant z\leqslant z_2(x,y)$,则

$$\iiint_\Omega f(x,y,z)\mathrm{d}x\mathrm{d}y\mathrm{d}z = \iint_{D_{xy}} \mathrm{d}x\mathrm{d}y \int_{z_1(x,y)}^{z_2(x,y)} f(x,y,z)\mathrm{d}z$$
$$= \int_a^b \mathrm{d}x \int_{y_1(x)}^{y_2(x)} \mathrm{d}y \int_{z_1(x,y)}^{z_2(x,y)} f(x,y,z)\mathrm{d}z,$$

其中 $D_{xy}$ 是 $\Omega$ 在 $Oxy$ 坐标面上的投影.

2)"先二后一"法:

设积分区域 $\Omega$ 在 $z$ 轴上的投影区间为 $[c,d]$,用平面 $z=z$(常数)去截 $\Omega$,截面为 $D_z$,则

$$\iiint_\Omega f(x,y,z)\mathrm{d}x\mathrm{d}y\mathrm{d}z = \int_c^d \mathrm{d}z \iint_{D_z} f(x,y,z)\mathrm{d}x\mathrm{d}y,$$

其中$\iint\limits_{D_z} f(x,y,z)\mathrm{d}x\mathrm{d}y$是将$D_z$投影到$Oxy$坐标面上所作的二重积分.

2. 柱面坐标下三重积分的计算

直角坐标与柱面坐标的关系为

$$\begin{cases} x = r\cos\theta, \\ y = r\sin\theta, \\ z = z \end{cases} \quad (0 \leqslant r < +\infty,\ 0 \leqslant \theta < 2\pi,\ -\infty < z < +\infty).$$

此时体积元素为$\mathrm{d}v = r\mathrm{d}r\mathrm{d}\theta\mathrm{d}z$或$\mathrm{d}x\mathrm{d}y\mathrm{d}z = r\mathrm{d}r\mathrm{d}\theta\mathrm{d}z$. 如果积分区域在柱面坐标下可表示为

$$\Omega:\ \alpha \leqslant \theta \leqslant \beta,\ r_1(\theta) \leqslant r \leqslant r_2(\theta),\ z_1(r,\theta) \leqslant z \leqslant z_2(r,\theta),$$

则

$$\iiint\limits_{\Omega} f(x,y,z)\mathrm{d}x\mathrm{d}y\mathrm{d}z = \iiint\limits_{\Omega} f(r\cos\theta, r\sin\theta, z) r\mathrm{d}r\mathrm{d}\theta\mathrm{d}z$$
$$= \int_{\alpha}^{\beta}\mathrm{d}\theta\int_{r_1(\theta)}^{r_2(\theta)}\mathrm{d}r\int_{z_1(r,\theta)}^{z_2(r,\theta)} f(r\cos\theta, r\sin\theta, z) r\mathrm{d}z.$$

3. 球面坐标下计算三重积分

直角坐标与球面坐标的关系为

$$\begin{cases} x = r\cos\theta\sin\varphi, \\ y = r\sin\theta\sin\varphi, \\ z = r\cos\varphi \end{cases} \quad (0 \leqslant r < +\infty,\ 0 \leqslant \varphi \leqslant \pi,\ 0 \leqslant \theta < 2\pi).$$

此时体积元素为$\mathrm{d}v = r^2\sin\varphi\mathrm{d}r\mathrm{d}\varphi\mathrm{d}\theta$或$\mathrm{d}x\mathrm{d}y\mathrm{d}z = r^2\sin\varphi\mathrm{d}r\mathrm{d}\varphi\mathrm{d}\theta$. 如果积分区域在球面坐标下可表示为

$$\Omega:\ \alpha \leqslant \theta \leqslant \beta,\ \varphi_1(\theta) \leqslant \varphi \leqslant \varphi_2(\theta),\ r_1(\varphi,\theta) \leqslant r \leqslant r_2(\varphi,\theta),$$

则

$$\iiint\limits_{\Omega} f(x,y,z)\mathrm{d}x\mathrm{d}y\mathrm{d}z = \iiint\limits_{\Omega} f(r\cos\theta\sin\varphi, r\sin\theta\sin\varphi, r\cos\varphi) r^2\sin\varphi\mathrm{d}r\mathrm{d}\varphi\mathrm{d}\theta$$
$$= \int_{\alpha}^{\beta}\mathrm{d}\theta\int_{\varphi_1(\theta)}^{\varphi_2(\theta)}\mathrm{d}\varphi\int_{r_1(\varphi,\theta)}^{r_2(\varphi,\theta)} f(r\cos\theta\sin\varphi, r\sin\theta\sin\varphi, r\cos\varphi) r^2\sin\varphi\mathrm{d}r.$$

## 五、重积分的应用

1. 曲顶柱体的体积

设曲面$\Sigma$的方程为$z = f(x,y)$，$(x,y)\in D$，其中$D$是有界闭区域. 如果函数$f(x,y)$连续且$f(x,y)\geqslant 0$，则以$D$为底，$\Sigma$为顶的曲顶柱体的体积

$$V = \iint\limits_{D} f(x,y)\mathrm{d}x\mathrm{d}y.$$

2. 质量

设质量在平面板$D$上连续分布，密度为$\rho(x,y)\geqslant 0$，则平面板的质量

$$M = \iint\limits_{D} \rho(x,y)\mathrm{d}x\mathrm{d}y.$$

设物质的质量在空间物体$\Omega$上连续分布，密度为$\rho(x,y,z)\geqslant 0$，则物体的质量为

$$M=\iiint\limits_{\Omega}\rho(x,y,z)\mathrm{d}x\mathrm{d}y\mathrm{d}z.$$

3. 曲面面积

设曲面 $\Sigma$ 的方程为 $z=f(x,y),(x,y)\in D$,其中 $D$ 是有界闭区域,函数 $f(x,y)$ 在 $D$ 上有连续的偏导数,则曲面 $\Sigma$ 的面积为

$$S=\iint\limits_{D}\sqrt{1+f_x^2(x,y)+f_y^2(x,y)}\mathrm{d}\sigma.$$

*4. 质心

设质量在平面板 $D$ 上连续分布,平面板的密度函数为 $\rho(x,y)\geqslant 0$. 平面板的质心设为 $(\bar{x},\bar{y})$,则

$$\bar{x}=\frac{M_y}{M},\quad \bar{y}=\frac{M_x}{M},$$

其中 $M=\iint\limits_{D}\rho(x,y)\mathrm{d}x\mathrm{d}y$ 是平面板的质量,

$$M_y=\iint\limits_{D}x\rho(x,y)\mathrm{d}\sigma,\quad M_x=\iint\limits_{D}y\rho(x,y)\mathrm{d}\sigma$$

分别是平面板对于 $y$ 轴和 $x$ 轴的静矩. 从而

$$\bar{x}=\frac{\iint\limits_{D}x\rho(x,y)\mathrm{d}\sigma}{\iint\limits_{D}\rho(x,y)\mathrm{d}\sigma},\quad \bar{y}=\frac{\iint\limits_{D}y\rho(x,y)\mathrm{d}\sigma}{\iint\limits_{D}\rho(x,y)\mathrm{d}\sigma}.$$

特别地,当密度恒为常数时,

$$\bar{x}=\frac{1}{A}\iint\limits_{D}x\mathrm{d}\sigma,\quad \bar{y}=\frac{1}{A}\iint\limits_{D}y\mathrm{d}\sigma,$$

其中 $A$ 是平面板 $D$ 的面积. 此时 $(\bar{x},\bar{y})$ 称为平面板 $D$ 的形心.

设质量在空间有界闭区域 $\Omega$ 上连续分布,$\Omega$ 上的密度函数为 $\rho(x,y,z)\geqslant 0$,$\Omega$ 的质心为 $(\bar{x},\bar{y},\bar{z})$,则

$$\bar{x}=\frac{\iiint\limits_{\Omega}x\rho(x,y,z)\mathrm{d}v}{\iiint\limits_{\Omega}\rho(x,y,z)\mathrm{d}v}=\frac{\iiint\limits_{\Omega}x\rho(x,y,z)\mathrm{d}v}{M},$$

$$\bar{y}=\frac{\iiint\limits_{\Omega}y\rho(x,y,z)\mathrm{d}v}{\iiint\limits_{\Omega}\rho(x,y,z)\mathrm{d}v}=\frac{\iiint\limits_{\Omega}y\rho(x,y,z)\mathrm{d}v}{M},$$

$$\bar{z}=\frac{\iiint\limits_{\Omega}z\rho(x,y,z)\mathrm{d}v}{\iiint\limits_{\Omega}\rho(x,y,z)\mathrm{d}v}=\frac{\iiint\limits_{\Omega}z\rho(x,y,z)\mathrm{d}v}{M},$$

其中 $M=\iiint\limits_{\Omega}\rho(x,y,z)\mathrm{d}v$ 是 $\Omega$ 的质量. 特别地，当密度函数恒为常数时，$(\bar{x},\bar{y},\bar{z})$ 称为 $\Omega$ 的形心. 此时

$$\bar{x}=\frac{\iiint\limits_{\Omega}x\,\mathrm{d}v}{V},\quad \bar{y}=\frac{\iiint\limits_{\Omega}y\,\mathrm{d}v}{V},\quad \bar{z}=\frac{\iiint\limits_{\Omega}z\,\mathrm{d}v}{V},$$

其中 $V$ 是 $\Omega$ 的体积.

*5. 转动惯量

设质量在平面板 $D$ 上连续分布，其密度函数为 $\rho(x,y)\geqslant 0$，则平面板对于 $x$ 轴和 $y$ 轴的转动惯量分别为

$$I_x=\iint\limits_{D}y^2\rho(x,y)\mathrm{d}\sigma,\quad I_y=\iint\limits_{D}x^2\rho(x,y)\mathrm{d}\sigma.$$

如果质量在空间物体 $\Omega$ 上连续分布，$\Omega$ 上的密度函数为 $\rho(x,y,z)\geqslant 0$，则 $\Omega$ 对 $x$ 轴、$y$ 轴及 $z$ 轴的转动惯量分别为

$$I_x=\iiint\limits_{\Omega}(y^2+z^2)\rho(x,y,z)\mathrm{d}v,\quad I_y=\iiint\limits_{\Omega}(x^2+z^2)\rho(x,y,z)\mathrm{d}v,$$

$$I_z=\iiint\limits_{\Omega}(x^2+y^2)\rho(x,y,z)\mathrm{d}v.$$

## 复习题三

**一、填空题**

1. 设 $D$ 是以三点 $(0,0)$，$(1,0)$，$(0,1)$ 为顶点的三角形区域，则由二重积分的几何意义知 $\iint\limits_{D}(1-x-y)\mathrm{d}x\mathrm{d}y=$ ________.

2. 设 $f(x,y)$ 为连续函数，则由平面 $z=0$，柱面 $x^2+y^2=1$ 和曲面 $z=f^2(x,y)$ 所围的立体的体积可用二重积分表示为________.

3. 设区域 $D$：$x^2+y^2\leqslant a^2(a>0)$，又有 $\iint\limits_{D}(x^2+y^2)\mathrm{d}x\mathrm{d}y=8\pi$，则 $a=$ ________.

4. 设函数 $f(x,y,z)$ 连续，$I=\int_0^1\mathrm{d}x\int_0^{\sqrt{1-x^2}}\mathrm{d}y\int_{x^2+y^2}^1 f(x,y,z)\mathrm{d}z$. 如果将这个三次积分改为先对 $x$、再对 $y$、后对 $z$ 的三次积分，则 $I=$ ________.

5. 设区域 $\Omega$：$0\leqslant x\leqslant\pi$，$0\leqslant y\leqslant\pi$，$0\leqslant z\leqslant\pi$，则 $\iiint\limits_{\Omega}\sin^2 x\cdot\sin^2 y\cdot\sin^2 z\mathrm{d}v=$ ________.

**二、单项选择题**

1. 设 $f(x,y)$ 是连续函数，$a>0$，则 $\int_0^a\mathrm{d}x\int_0^x f(x,y)\mathrm{d}y$ 等于　(　　)

(A) $\int_0^a\mathrm{d}y\int_0^y f(x,y)\mathrm{d}x$；　(B) $\int_0^a\mathrm{d}y\int_y^a f(x,y)\mathrm{d}x$；

(C) $\int_0^a\mathrm{d}y\int_a^y f(x,y)\mathrm{d}x$；　(D) $\int_0^a\mathrm{d}y\int_0^a f(x,y)\mathrm{d}x$.

2. 设 $D$ 是 $Oxy$ 平面上以 $(1,1)$,$(-1,1)$ 和 $(-1,-1)$ 为顶点的三角形区域,$D_1$ 是 $D$ 在第一象限的部分,则 $\iint\limits_D (xy+\cos x\sin y)\mathrm{d}x\mathrm{d}y$ 等于 (　　)

(A) $2\iint\limits_{D_1}\cos x\sin y\mathrm{d}x\mathrm{d}y$;　　(B) $2\iint\limits_{D_1}xy\mathrm{d}x\mathrm{d}y$;

(C) $4\iint\limits_{D_1}(xy+\cos x\sin y)\mathrm{d}x\mathrm{d}y$;　　(D) 0.

3. 设有空间区域 $\Omega$: $x^2+y^2+z^2\leqslant R^2(z\geqslant 0)$ 及 $\Omega_1$: $x^2+y^2+z^2\leqslant R^2(x\geqslant 0,y\geqslant 0,z\geqslant 0)$,则下列结论正确的是 (　　)

(A) $\iiint\limits_{\Omega}x\mathrm{d}v=4\iiint\limits_{\Omega_1}x\mathrm{d}v$;　　(B) $\iiint\limits_{\Omega}y\mathrm{d}v=4\iiint\limits_{\Omega_1}y\mathrm{d}v$;

(C) $\iiint\limits_{\Omega}z\mathrm{d}v=4\iiint\limits_{\Omega_1}z\mathrm{d}v$;　　(D) $\iiint\limits_{\Omega}xyz\mathrm{d}v=4\iiint\limits_{\Omega_1}xyz\mathrm{d}v$.

4. 设区域 $D$ 由圆 $x^2+y^2=2ax(a>0)$ 围成,则二重积分 $\iint\limits_D \mathrm{e}^{-x^2-y^2}\mathrm{d}\sigma=$ (　　)

(A) $2\int_0^{\frac{\pi}{2}}\mathrm{d}\theta\int_0^{2a\cos\theta}\mathrm{e}^{-r^2}\mathrm{d}r$;　　(B) $\int_{-\frac{\pi}{2}}^{\frac{\pi}{2}}\mathrm{d}\theta\int_0^{2a\cos\theta}\mathrm{e}^{-r^2}\mathrm{d}r$;

(C) $\int_0^{\pi}\mathrm{d}\theta\int_0^{2a\cos\theta}\mathrm{e}^{-r^2}r\mathrm{d}r$;　　(D) $\int_{-\frac{\pi}{2}}^{\frac{\pi}{2}}\mathrm{d}\theta\int_0^{2a\cos\theta}\mathrm{e}^{-r^2}r\mathrm{d}r$.

5. 设 $\Omega$ 是由圆锥面 $z^2=3x^2+3y^2(z\geqslant 0)$ 及球面 $x^2+y^2+z^2=a^2(z\geqslant 0)$ 所围的区域,用球面坐标计算三重积分 $I=\iiint\limits_{\Omega}\sin(x^2+y^2+z^2)\mathrm{d}v$,则下列结论错误的是 (　　)

(A) $I=\int_0^{\frac{\pi}{3}}\mathrm{d}\varphi\int_0^{2\pi}\mathrm{d}\theta\int_0^a r^2\sin r^2\sin\varphi\mathrm{d}r$;　　(B) $I=\int_0^{\frac{\pi}{6}}\mathrm{d}\varphi\int_0^{2\pi}\mathrm{d}\theta\int_0^a r^2\sin r^2\sin\varphi\mathrm{d}r$;

(C) $I=2\int_0^{\frac{\pi}{6}}\mathrm{d}\varphi\int_0^{\pi}\mathrm{d}\theta\int_0^a r^2\sin r^2\sin\varphi\mathrm{d}r$;　　(D) $I=4\int_0^{\frac{\pi}{6}}\mathrm{d}\varphi\int_0^{\frac{\pi}{2}}\mathrm{d}\theta\int_0^a r^2\sin r^2\sin\varphi\mathrm{d}r$.

**三、综合题**

1. 计算二重积分 $I=\iint\limits_D \mathrm{e}^{x+y}\mathrm{d}x\mathrm{d}y$,其中 $D$: $|x|+|y|\leqslant 1$.

2. 计算二重积分 $I=\iint\limits_D\sqrt{x^2+y^2}\mathrm{d}x\mathrm{d}y$,其中 $D$ 是由圆 $x^2+y^2=a^2$ 及 $x^2+y^2=ax$ 所围区域在第一象限的部分.

3. 计算二重积分 $I=\iint\limits_D\frac{\sin y}{y}\mathrm{d}x\mathrm{d}y$,其中 $D$ 是由 $y^2=x$ 及 $y=x$ 围成的区域.

4. 计算三重积分 $\iiint\limits_{\Omega}(|x|+|y|+|z|)\mathrm{d}v$,其中 $\Omega$: $x^2+y^2+z^2\leqslant a^2$.

5. 计算由曲面 $z=x^2+y^2$,三个坐标面及平面 $x+y=1$ 所围立体的体积.

6. 计算由三个坐标面与平面 $x=4$,$y=4$ 及 $z=x^2+y^2+1$ 所围立体的体积.

7. 求两个圆柱面 $x^2+y^2=a^2$ 和 $x^2+z^2=a^2$ 所围立体的表面积 $A$.

8. 求曲面 $z=\frac{xy}{a}$ 被柱面 $x^2+y^2=a^2$ 所割下部分的面积 $A$.

# 第四章 曲线积分与曲面积分

在上一章,我们已经把积分概念从积分区域为数轴上的一个区间推广到积分区域为平面或空间的一个闭区域的情形.本章将把积分概念推广到积分区域为一段曲线弧或一块曲面的情形,这两种积分分别称为曲线积分和曲面积分.和重积分不同,由于实际问题的不同要求,有时需要用两个数的乘积,有时需要用两个向量的数量积,故引入了两种不同类型的曲线积分和曲面积分,即对弧长的曲线积分和对坐标的曲线积分,以及对面积的曲面积分和对坐标的曲面积分.本章将介绍这些积分的概念、性质、计算方法以及它们和重积分之间的关系.

## §1 对弧长的曲线积分

### 1.1 对弧长的曲线积分的概念与性质

设质量不均匀分布的曲线形构件所占位置是在 $Oxy$ 平面内的一条曲线 $L$,它的端点为 $A,B$(图 4-1),其上任一点 $M(x,y)$ 处的线密度为 $\rho(x,y)>0$. 现在要计算该曲线形构件的质量.

先分析这个问题的困难之处.如果该曲线构件的质量是均匀分布的,即其线密度是常量,那么构件的质量就等于它的线密度与曲线长度的乘积.所以,我们的困难就是线密度是变量.我们又一次遇到了"变与不变"的矛盾.处理曲边梯形面积等问题的经验告诉我们,总体上是变的,在微小的局部可以"以不变代变",所以我们在曲线 $L$ 上插入点

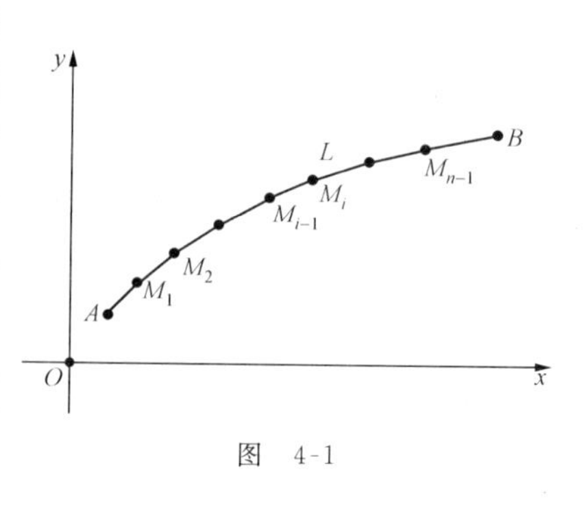

图 4-1

$M_1(x_1,y_1)$, $M_2(x_2,y_2)$, $\cdots$, $M_i(x_i,y_i)$, $\cdots$, $M_{n-1}(x_{n-1},y_{n-1})$将曲线 $L$ 分成 $n$ 小段,记 $M_0=A,M_n=B$,取其中有代表性的一小段 $\overset{\frown}{M_{i-1}M_i}$ 来进行分析.线密度 $\rho(x,y)$连续变化时,在这一小段上 $\rho(x,y)$的变化很小,于是,我们可以在 $\overset{\frown}{M_{i-1}M_i}$ 上任取一点$(\xi_i,\eta_i)$,用这一点的线密度 $\rho(\xi_i,\eta_i)$近似代替这小段上的线密度,从而得到这一小段构件的质量 $\Delta M_i$ 的近似值 $\rho(\xi_i,\eta_i)\Delta s_i$,即

$$\Delta M_i \approx \rho(\xi_i, \eta_i)\Delta s_i,$$

其中 $\Delta s_i$ 表示小弧段 $\widehat{M_{i-1}M_i}$ 的长度. 所以整个曲线形构件的质量的近似值为

$$\sum_{i=1}^{n}\Delta M_i \approx \sum_{i=1}^{n}\rho(\xi_i, \eta_i)\Delta s_i.$$

用 $\lambda$ 表示所有小弧段长度的最大值. 注意到上述近似值的近似程度依赖于分割的细密程度,即 $\lambda$ 值越小,近似程度越好. 为了得到整个曲线形构件质量的精确值,令 $\lambda\to 0$,对上述和式取极限. 如果 $\lim\limits_{\lambda\to 0}\sum\limits_{i=1}^{n}\rho(\xi_i, \eta_i)\Delta s_i$ 存在,则称该极限值

$$M = \lim_{\lambda\to 0}\sum_{i=1}^{n}\rho(\xi_i, \eta_i)\Delta s_i$$

为整个曲线形构件的质量.

抽象掉上述问题的物理意义,我们引入下面的定义.

**定义** 设 $L$ 为 $Oxy$ 平面内的一条光滑曲线弧[①],端点为 $A,B$,函数 $f(x,y)$ 在 $L$ 上有界. 在 $L$ 上任意插入一系列点 $M_1(x_1,y_1)$, $M_2(x_2,y_2)$, $\cdots$, $M_{n-1}(x_{n-1},y_{n-1})$,并取 $M_0=A$, $M_n=B$,把 $L$ 分成 $n$ 个小段. 令第 $i$ 个小弧段的长度为 $\Delta s_i$,又 $(\xi_i,\eta_i)$ 为第 $i$ 个小弧段上的任意一点,作乘积 $f(\xi_i,\eta_i)\Delta s_i(i=1,2,\cdots,n)$,并对 $i$ 求和 $\sum\limits_{i=1}^{n}f(\xi_i,\eta_i)\Delta s_i$ . 如果当各个小弧段的长度的最大值 $\lambda\to 0$ 时,这个和式的极限存在,则称此极限值为函数 $f(x,y)$ 在曲线弧 $L$ 上**对弧长的曲线积分**或**第一类曲线积分**,记做 $\int_L f(x,y)\mathrm{d}s$ ,即

$$\int_L f(x,y)\mathrm{d}s = \lim_{\lambda\to 0}\sum_{i=1}^{n}f(\xi_i,\eta_i)\Delta s_i, \tag{1}$$

其中 $f(x,y)$ 叫做**被积函数**,$L$ 叫做**积分弧段**.

可以证明,当 $L$ 是光滑曲线弧段,且 $f(x,y)$ 在曲线弧段 $L$ 上连续时,$f(x,y)$ 在 $L$ 上的对弧长的曲线积分存在. 以后我们总假定 $f(x,y)$ 在 $L$ 上是连续的.

根据对弧长的曲线积分的定义,当曲线构件的线密度 $\rho(x,y)>0$ 在曲线 $L$ 上连续时,该构件的质量 $M=\int_L \rho(x,y)\mathrm{d}s$ .

对弧长的曲线积分有下列**性质**(设讨论的曲线积分存在):

1) $\int_L [f(x,y)\pm g(x,y)]\mathrm{d}s = \int_L f(x,y)\mathrm{d}s \pm \int_L g(x,y)\mathrm{d}s$ .

2) 如果 $k$ 为常数,则

$$\int_L kf(x,y)\mathrm{d}s = k\int_L f(x,y)\mathrm{d}s.$$

**注** 由性质 1),2)容易看出,如果 $k_1,k_2$ 是任意常数,则有

$$\int_L [k_1 f(x,y)+k_2 g(x,y)]\mathrm{d}s = k_1\int_L f(x,y)\mathrm{d}s + k_2\int_L g(x,y)\mathrm{d}s.$$

我们称这个性质为曲线积分的**线性性质**.

---

① 当曲线上每一点处都具有切线,且切线随切点的移动而连续转动,这样的曲线称为**光滑曲线**. 这反映到曲线的参数方程 $x=x(t)$, $y=y(t)$ 上,即 $x'(t)$, $y'(t)$ 都连续.

3) 若曲线弧 $L=L_1+L_2$,则有

$$\int_L f(x,y)\mathrm{d}s=\int_{L_1} f(x,y)\mathrm{d}s+\int_{L_2} f(x,y)\mathrm{d}s.$$

4) 变换 $L$ 的起点和终点,对弧长的曲线积分的值不会改变.

5) $\int_L \mathrm{d}s=|L|$,其中 $|L|$ 表示曲线 $L$ 的弧长.

在定积分中,当 $a<b$ 时,有 $\int_a^b \mathrm{d}x=b-a$ 是积分区间的长度;在二重积分中,有 $\iint\limits_D \mathrm{d}x\mathrm{d}y=|D|$,其中 $|D|$ 表示平面闭区域 $D$ 的面积;在三重积分中,有 $\iiint\limits_\Omega \mathrm{d}x\mathrm{d}y\mathrm{d}z=|\Omega|$,其中 $|\Omega|$ 表示空间闭区域 $\Omega$ 的体积. 性质 5)可以看成是它们的推广.

### 1.2　对弧长的曲线积分的计算法

从(1)式中容易看出,在 $\int_L f(x,y)\mathrm{d}s$ 中,点 $(x,y)$ 在曲线 $L$ 上,因此 $(x,y)$ 必满足曲线 $L$ 的方程;$\mathrm{d}s$ 是由小弧段的弧长 $\Delta s_i$ 转化来的,所以 $\mathrm{d}s$ 是曲线 $L$ 的弧微分. 于是,我们有下面对弧长曲线积分的计算公式.

**定理**　设函数 $f(x,y)$ 在曲线弧 $L$ 上有定义且连续,$L$ 的参数方程为

$$\begin{cases} x=\psi(t), \\ y=\varphi(t) \end{cases} \quad (\alpha\leqslant t\leqslant\beta),$$

其中 $\psi(t),\varphi(t)$ 在 $[\alpha,\beta]$ 上具有连续的一阶导数,且

$$\psi'^2(t)+\varphi'^2(t)\neq 0,$$

则对弧长的曲线积分 $\int_L f(x,y)\mathrm{d}s$ 存在,且

$$\int_L f(x,y)\mathrm{d}s=\int_\alpha^\beta f[\psi(t),\varphi(t)]\sqrt{\psi'^2(t)+\varphi'^2(t)}\,\mathrm{d}t. \tag{2}$$

若曲线 $L$ 是用直角坐标方程给出的,即 $L$: $y=y(x)$, $a\leqslant x\leqslant b$,则它可以转化为以 $x$ 为参数的参数方程 $\begin{cases} x=x, \\ y=y(x) \end{cases}$ $(a\leqslant x\leqslant b)$,从而 $\mathrm{d}s=\sqrt{1+\left(\frac{\mathrm{d}y}{\mathrm{d}x}\right)^2}\,\mathrm{d}x$,于是

$$\int_L f(x,y)\mathrm{d}s=\int_a^b f[x,y(x)]\sqrt{1+\left(\frac{\mathrm{d}y}{\mathrm{d}x}\right)^2}\,\mathrm{d}x.$$

若曲线 $L$ 是用极坐标方程给出的,即 $L$: $r=r(\theta)$, $\theta_0\leqslant\theta\leqslant\theta_1$,则它也可以转化为参数方程

$$\begin{cases} x=r(\theta)\cos\theta, \\ y=r(\theta)\sin\theta \end{cases} \quad (\theta_0\leqslant\theta\leqslant\theta_1).$$

注意

$$x'(\theta)=r'(\theta)\cos\theta-r(\theta)\sin\theta, \quad y'(\theta)=r'(\theta)\sin\theta+r(\theta)\cos\theta,$$

从而

$$\mathrm{d}s=\sqrt{x'^2(\theta)+y'^2(\theta)}\,\mathrm{d}\theta=\sqrt{r^2(\theta)+r'^2(\theta)}\,\mathrm{d}\theta,$$

于是

$$\int_L f(x,y)\mathrm{d}s=\int_{\theta_0}^{\theta_1} f[r(\theta)\cos\theta,r(\theta)\sin\theta]\sqrt{r^2(\theta)+r'^2(\theta)}\,\mathrm{d}\theta.$$

公式(2)还可以推广到空间曲线 $L$ 的情况. 设空间曲线 $L$ 的参数方程为

$$\begin{cases} x = \psi(t), \\ y = \varphi(t), \quad (\alpha \leqslant x \leqslant \beta), \\ z = \omega(t) \end{cases}$$

其中 $\psi(t)$, $\varphi(t)$, $\omega(t)$ 在 $[\alpha,\beta]$ 上具有连续的一阶导数,且

$$\psi'^2(t) + \varphi'^2(t) + \omega'^2(t) \neq 0,$$

则对弧长的曲线积分 $\int_L f(x,y,z)\mathrm{d}s$ 存在,且

$$\int_L f(x,y,z)\mathrm{d}s = \int_\alpha^\beta f[\psi(t),\varphi(t),\omega(t)]\sqrt{\psi'^2(t)+\varphi'^2(t)+\omega'^2(t)}\,\mathrm{d}t.$$

值得特别注意的是,上述所有对弧长的曲线积分的计算公式右端的定积分中,为保证弧微分 $\mathrm{d}s$ 为正,定积分的下限必须不大于上限,即 $\alpha\leqslant\beta$, $a\leqslant b$, $\theta_0\leqslant\theta_1$.

**例 1** 计算对弧长的曲线积分 $I=\int_L \sqrt{y}\,\mathrm{d}s$,其中 $L$ 是抛物线 $y=x^2$ 上点 $O(0,0)$ 与 $B(1,1)$ 之间的一段弧(图 4-2).

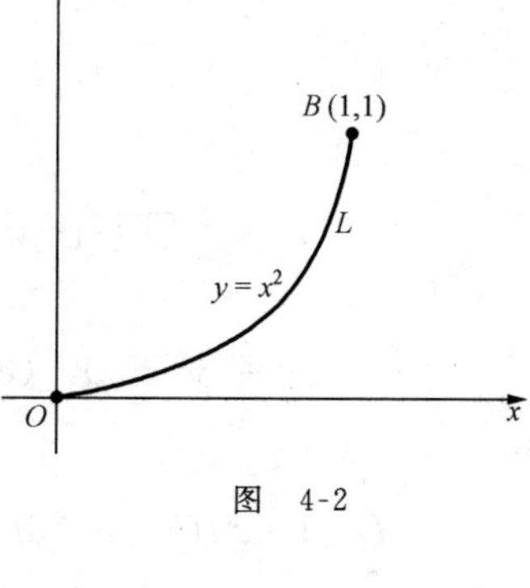

图 4-2

**分析** 本题中,曲线 $L$ 是由直角坐标方程给出的,如上所述,这类方程可以看成是以 $x$ 为参数的参数方程

$$\begin{cases} x = x, \\ y = y(x), \end{cases}$$

其弧微分的公式为

$$\mathrm{d}s = \sqrt{1+y'^2}\,\mathrm{d}x.$$

**解** 根据上面的分析,因为 $L$ 的方程为 $y=x^2$,所以

$$\mathrm{d}s=\sqrt{1+y'^2}\,\mathrm{d}x=\sqrt{1+(2x)^2}\,\mathrm{d}x.$$

故

$$\begin{aligned} I &= \int_L \sqrt{y}\,\mathrm{d}s = \int_0^1 \sqrt{x^2}\sqrt{1+(2x)^2}\,\mathrm{d}x = \int_0^1 \sqrt{1+4x^2}\,x\,\mathrm{d}x \\ &= \frac{1}{8}\int_0^1 (1+4x^2)^{\frac{1}{2}}\mathrm{d}(1+4x^2) = \frac{1}{12}(1+4x^2)^{\frac{3}{2}}\Big|_0^1 \\ &= \frac{1}{12}(5\sqrt{5}-1). \end{aligned}$$

**例 2** 计算对弧长的曲线积分 $I=\int_L y^2\mathrm{d}s$,其中 $L$ 是半径为 $R$,中心角为 $2\alpha$ 的一段圆弧(图 4-3).

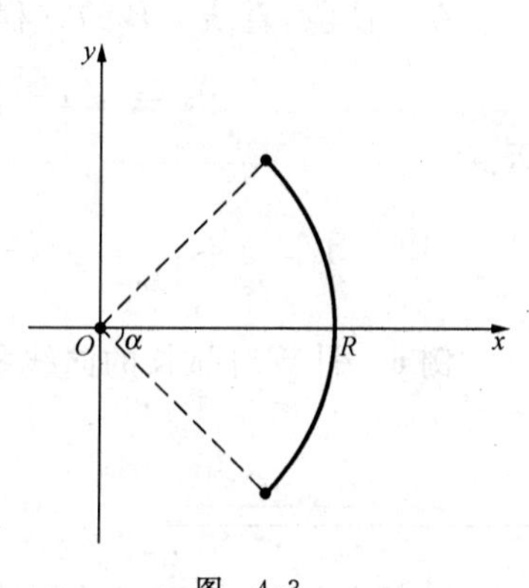

图 4-3

**解** 因为 $L$ 是半径为 $R$ 的一段圆弧,故 $L$ 的参数方程为

$$\begin{cases} x = R\cos\theta, \\ y = R\sin\theta \end{cases} \quad (-\alpha \leqslant \theta \leqslant \alpha),$$

且 $\mathrm{d}s=R\mathrm{d}\theta$,从而

$$\begin{aligned} I &= \int_{-\alpha}^{\alpha} R^2\sin^2\theta R\,\mathrm{d}\theta = 2R^3\int_0^\alpha \sin^2\theta\,\mathrm{d}\theta \\ &= 2R^3\int_0^\alpha \frac{1-\cos2\theta}{2}\mathrm{d}\theta = R^3\left(\alpha-\frac{1}{2}\sin2\alpha\right). \end{aligned}$$

**例 3** 计算对弧长的曲线积分 $I=\oint_L e^{\sqrt{x^2+y^2}}ds$ ①,其中 $L$ 为圆周 $x^2+y^2=a^2(a>0)$.

**解** 因为 $(x,y)$ 在圆周 $L$ 上,所以 $x^2+y^2=a^2$,从而 $e^{\sqrt{x^2+y^2}}=e^a$. 于是

$$I=\oint_L e^{\sqrt{x^2+y^2}}ds=\oint_L e^a ds=e^a\oint_L ds.$$

而 $\oint_L ds$ 为曲线 $L$ 的弧长,即圆周长 $2\pi a$,因此

$$I=e^a\oint_L ds=2\pi a e^a.$$

**例 4** 计算对弧长的曲线积分 $I=\int_L(x^2+y^2)ds$,其中 $L$ 为曲线

$$\begin{cases} x=a(\cos t+t\sin t), \\ y=a(\sin t-t\cos t) \end{cases} \quad (0\leqslant t\leqslant 2\pi,\ a>0).$$

**解** 因为

$$x'(t)=a(-\sin t+\sin t+t\cos t)=at\cos t,$$
$$y'(t)=a(\cos t-\cos t+t\sin t)=at\sin t,$$

所以

$$ds=\sqrt{x'(t)^2+y'(t)^2}dt=\sqrt{a^2t^2(\cos^2 t+\sin^2 t)}dt=a|t|\ dt.$$

又

$$x^2+y^2=a^2[(\cos t+t\sin t)^2+(\sin t-t\cos t)^2]=a^2(1+t^2),$$

所以

$$I=\int_0^{2\pi}a^3t(1+t^2)dt=a^3\left(\frac{1}{2}t^2+\frac{1}{4}t^4\right)\Big|_0^{2\pi}$$
$$=2\pi^2a^3(1+2\pi^2).$$

**例 5** 计算对弧长的曲线积分 $I=\int_L x^2y ds$,其中 $L$ 为折线 $OAB$,这里点 $O,A,B$ 依次为 $(0,0),(0,2),(1,0)$(图 4-4).

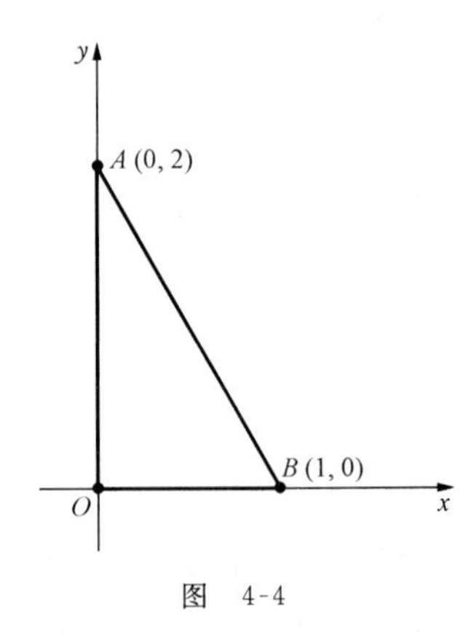

图 4-4

**解** $I=\int_{OA}x^2y ds+\int_{AB}x^2y ds.$

在 $OA$ 段,$x=0$,故 $\int_{OA}x^2y ds=0$;

在 $AB$ 段,直线 $AB$ 的方程为 $y=2-2x$,故

$$ds=\sqrt{1+y'^2}dx=\sqrt{5}dx.$$

因此

$$I=0+\int_{AB}x^2y ds=\int_0^1 x^2(2-2x)\sqrt{5}dx=\sqrt{5}\left(\frac{2}{3}x^3-\frac{1}{2}x^4\right)\Big|_0^1=\frac{\sqrt{5}}{6}.$$

**例 6** 计算对弧长的曲线积分 $I=\int_C xyz ds$,其中 $C$ 是螺旋线的一段:

---

① 积分号 $\oint_L f(x,y)ds$ 表示曲线弧为封闭曲线的对弧长的曲线积分.

$$\begin{cases} x = a\cos\theta, \\ y = a\sin\theta, \quad (0 \leqslant \theta \leqslant 2\pi). \\ z = k\theta \end{cases}$$

**解** $I = \int_0^{2\pi} ka^2\theta\cos\theta\sin\theta \cdot \sqrt{a^2\sin^2\theta + a^2\cos^2\theta + k^2}\,\mathrm{d}\theta$

$$= \frac{1}{2}ka^2\sqrt{a^2+k^2}\int_0^{2\pi}\theta\sin2\theta\mathrm{d}\theta = \frac{1}{2}ka^2\sqrt{a^2+k^2}\cdot\left(-\frac{1}{2}\right)\int_0^{2\pi}\theta\mathrm{d}\cos2\theta$$

$$= -\frac{1}{4}ka^2\sqrt{a^2+k^2}\left(\theta\cos2\theta\Big|_0^{2\pi} - \int_0^{2\pi}\cos2\theta\mathrm{d}\theta\right)$$

$$= -\frac{\pi}{2}ka^2\sqrt{a^2+k^2}.$$

### 习　题　4-1

1. 计算对弧长的曲线积分 $\int_C \frac{1}{x-y}\mathrm{d}s$，其中 $C$ 为从点 $A(0,-2)$ 到点 $B(4,0)$ 的线段.

2. 计算对弧长的曲线积分 $\oint_C (x^2+y^2)^n\mathrm{d}s$，其中 $C$ 是圆周 $x^2+y^2=a^2$.

3. 计算对弧长的曲线积分 $\oint_C \mathrm{e}^{\sqrt{x^2+y^2}}\mathrm{d}s$，其中 $C$ 是圆周 $x^2+y^2=4$.

4. 计算对弧长的曲线积分 $\int_C y^2\mathrm{d}s$，其中 $C$ 为右半单位圆周.

5. 计算对弧长的曲线积分 $\int_C y^2\mathrm{d}s$，其中 $C$ 为摆线 $x=a(t-\sin t)$，$y=a(1-\cos t)$ $(0\leqslant t\leqslant 2\pi)$.

6. 计算对弧长的曲线积分 $\int_C xy\mathrm{d}s$，其中 $C$ 为抛物线 $2x=y^2$ 上由点 $A\left(\frac{1}{2},-1\right)$ 到点 $B(2,2)$ 的一段弧.

7. 计算对弧长的曲线积分 $\oint_C (x+y)\mathrm{d}s$，其中 $C$ 是联结点 $O(0,0)$，$A(1,0)$，$B(1,1)$ 的三角形边界.

8. 计算对弧长的曲线积分 $\int_C z\mathrm{d}s$，其中 $C$ 为螺线 $x=t\cos t$，$y=t\sin t$，$z=t$ $(0\leqslant t\leqslant t_0)$.

## §2　对坐标的曲线积分

### 2.1　对坐标的曲线积分的概念与性质

**一、变力沿曲线所做的功**

设一个质点在 $Oxy$ 平面内沿一条光滑曲线 $L$ 从 $A$ 点运动到 $B$ 点，在运动过程中，该质点受到变力

$$\boldsymbol{F}(x,y) = P(x,y)\boldsymbol{i} + Q(x,y)\boldsymbol{j}$$

的作用，其中 $P(x,y)$，$Q(x,y)$ 在 $L$ 上连续. 现要计算在运动过程中，力 $\boldsymbol{F}$ 对质点所做的功.

如果质点在常力作用下沿直线从 $A$ 点运动到 $B$ 点，我们知道，力对质点所做的功 $W$ 应等于向量 $\boldsymbol{F}$ 与 $\overrightarrow{AB}$ 的数量积，即

$$W = \boldsymbol{F} \cdot \overrightarrow{AB}.$$

我们现在遇到的困难是：

1) 力 $\boldsymbol{F}$ 不是常力，而是随点 $(x,y)$ 的变化而变化的变力；

2) 质点不是沿直线运动，而是沿曲线运动.

我们又一次遇到了“变与不变”，“直与曲”的矛盾. 多次处理这类问题的经验告诉我们，总体上是变的，在微小的局部可以“以不变代变”；总体上是曲的，在微小的局部可以“以直代曲”. 这就启发我们应用与处理计算曲线构件质量问题类似的方法.

在曲线 $L$ 上自点 $A$ 向点 $B$ 插入 $n-1$ 个点 $M_1(x_1,y_1)$，$M_2(x_2,y_2)$，…，$M_i(x_i,y_i)$，…，$M_{n-1}(x_{n-1},y_{n-1})$，将曲线 $L$ 分成 $n$ 个小弧段，并令 $M_0=A, M_n=B$. 取其中有方向的弧段 $\overset{\frown}{M_{i-1}M_i}$ 作代表进行分析(图 4-5). 由于 $\overset{\frown}{M_{i-1}M_i}$ 光滑且很短，故可以用有向线段

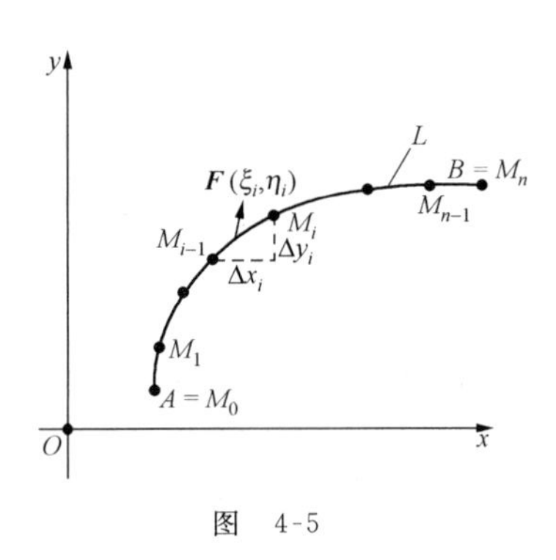

图 4-5

$$\overrightarrow{M_{i-1}M_i} = \Delta x_i \boldsymbol{i} + \Delta y_i \boldsymbol{j}$$

来近似代替它，其中 $\Delta x_i = x_i - x_{i-1}$，$\Delta y_i = y_i - y_{i-1}$. 又由于函数 $P(x,y)$，$Q(x,y)$ 在 $L$ 上连续，因此可以在 $\overset{\frown}{M_{i-1}M_i}$ 上任取一点 $(\xi_i,\eta_i)$，用这点的力

$$\boldsymbol{F}(\xi_i,\eta_i) = P(\xi_i,\eta_i)\boldsymbol{i} + Q(\xi_i,\eta_i)\boldsymbol{j}$$

来近似代替这一小段上各点的力. 于是，质点沿曲线 $L$ 从 $M_{i-1}$ 点运动到 $M_i$ 点时，力 $\boldsymbol{F}$ 对质点所做的功 $\Delta W_i$ 就可以用常力 $\boldsymbol{F}(\xi_i,\eta_i)$ 沿 $\overrightarrow{M_{i-1}M_i}$ 所做的功来近似代替，即

$$\begin{aligned}\Delta W_i &\approx \boldsymbol{F}(\xi_i,\eta_i) \cdot \overrightarrow{M_{i-1}M_i} \\ &= [P(\xi_i,\eta_i)\boldsymbol{i} + Q(\xi_i,\eta_i)\boldsymbol{j}] \cdot (\Delta x_i \boldsymbol{i} + \Delta y_i \boldsymbol{j}) \\ &= P(\xi_i,\eta_i)\Delta x_i + Q(\xi_i,\eta_i)\Delta y_i.\end{aligned}$$

所以，质点沿曲线从 $A$ 点运动到 $B$ 点时，力 $\boldsymbol{F}$ 对质点所做的功的近似值为

$$\sum_{i=1}^{n} \Delta W_i \approx \sum_{i=1}^{n} [P(\xi_i,\eta_i)\Delta x_i + Q(\xi_i,\eta_i)\Delta y_i].$$

为将上述功的近似值转化为精确值，注意到近似程度的好坏依赖于对曲线 $L$ 分割的细密程度，分割越细，精确度越好，我们用 $\lambda$ 表示 $n$ 个小弧段的长度的最大值，令 $\lambda \to 0$ (即分割无限变细)，对上述和式取极限. 若极限

$$\lim_{\lambda \to 0} \sum_{i=1}^{n} [P(\xi_i,\eta_i)\Delta x_i + Q(\xi_i,\eta_i)\Delta y_i]$$

存在，则定义此极限值为我们所要求的功 $W$.

## 二、对坐标的曲线积分的定义

求上述和的极限在很多物理问题和其它问题中也会遇到，故将其物理意义抽象掉，引入下面的定义.

**定义** 设 $L$ 为 $Oxy$ 平面内从点 $A$ 到点 $B$ 的一条有向光滑曲线弧，函数 $P(x,y)$，$Q(x,y)$ 在 $L$ 上有界. 在 $L$ 上沿 $L$ 的方向任意插入一点列

$$M_1(x_1,y_1),\ M_2(x_2,y_2),\ \cdots,\ M_i(x_i,y_i),\ \cdots,\ M_{n-1}(x_{n-1},y_{n-1})$$

把 $L$ 分成 $n$ 个有向小弧段 $\overset{\frown}{M_{i-1}M_i}$ $(i=1,2,\cdots,n; M_0=A, M_n=B)$. 设 $\Delta x_i = x_i - x_{i-1}$，$\Delta y_i =$

$y_i - y_{i-1}$,点$(\xi_i,\eta_i)$为 $\widehat{M_{i-1}M_i}$ 上任意取定的一点. 如果当各小弧段长度的最大值 $\lambda \to 0$ 时,$\sum_{i=1}^{n} P(\xi_i,\eta_i)\Delta x_i$ 的极限存在,则称此极限值为函数 $P(x,y)$在有向曲线弧 $L$ 上**对坐标 $x$ 的曲线积分**,记做 $\int_L P(x,y)\mathrm{d}x$;类似地,如果 $\lim_{\lambda\to 0}\sum_{i=1}^{n} Q(\xi_i,\eta_i)\Delta y_i$ 存在,则称此极限值为函数 $Q(x,y)$在有向曲线弧 $L$ 上**对坐标 $y$ 的曲线积分**,记做 $\int_L Q(x,y)\mathrm{d}y$. 其中 $P(x,y)$,$Q(x,y)$叫做**被积函数**,$L$ 叫做**积分弧段**. 以上两个积分也称为**第二类曲线积分**.

可以证明,当 $L$ 是光滑曲线弧段,且 $P(x,y)$,$Q(x,y)$在曲线弧段 $L$ 上连续时,则对坐标 $x$ 和对坐标 $y$ 的两个曲线积分都存在. 今后如不声明,我们总假定 $P(x,y)$,$Q(x,y)$在 $L$ 上是连续的.

因此,设质点在力 $\boldsymbol{F}(x,y)=P(x,y)\boldsymbol{i}+Q(x,y)\boldsymbol{j}$ 作用下沿光滑曲线 $L$ 从 $A$ 点运动到 $B$ 点,当 $P(x,y)$,$Q(x,y)$在 $L$ 上连续时,力 $\boldsymbol{F}$ 对质点所做的功

$$W = \int_L P(x,y)\mathrm{d}x + Q(x,y)\mathrm{d}y.$$

上述定义可以完全类似地推广到积分弧段为空间有向光滑曲线弧段 $L$ 的情形. 记与曲线弧段 $L$ 上的有向微弧段 $\widehat{M_{i-1}M_i}$ 对应的有向线段为

$$\overrightarrow{M_{i-1}M_i} = \Delta x_i\boldsymbol{i} + \Delta y_i\boldsymbol{j} + \Delta z_i\boldsymbol{k},$$

并设作用在质点上的变力为三维向量

$$\boldsymbol{F} = P(x,y,z)\boldsymbol{i} + Q(x,y,z)\boldsymbol{j} + R(x,y,z)\boldsymbol{k},$$

则力 $\boldsymbol{F}$ 对质点所作的功为

$$W = \lim_{\lambda\to 0}\sum_{i=1}^{n}[P(\xi_i,\eta_i,\zeta_i)\Delta x_i + Q(\xi_i,\eta_i,\zeta_i)\Delta y_i + R(\xi_i,\eta_i,\zeta_i)\Delta z_i].$$

由此引入的对坐标的曲线积分为

$$\int_L P(x,y,z)\mathrm{d}x + Q(x,y,z)\mathrm{d}y + R(x,y,z)\mathrm{d}z.$$

**三、对坐标的曲线积分的性质**

由上述对坐标的曲线积分的定义,不难看出对坐标的曲线积分有下列**性质**(假设讨论的曲线积分存在):

1) **可加性**:如果有向弧 $L$ 的起点为 $A$,终点为 $B$,$M$ 为曲线弧 $L$ 上一点,记弧段 $\widehat{AM}$ 为 $L_1$,$\widehat{MB}$ 为 $L_2$,则

$$\int_L P\mathrm{d}x + Q\mathrm{d}y = \int_{L_1} P\mathrm{d}x + Q\mathrm{d}y + \int_{L_2} P\mathrm{d}x + Q\mathrm{d}y; \tag{1}$$

2) 设 $L$ 是有向曲线弧段,$-L$ 是与 $L$ 方向相反的有向曲线弧段,则

$$\int_{-L} P(x,y)\mathrm{d}x = -\int_L P(x,y)\mathrm{d}x,\quad \int_{-L} Q(x,y)\mathrm{d}y = -\int_L Q(x,y)\mathrm{d}y. \tag{2}$$

性质 2)说明了对坐标的曲线积分与对弧长的曲线积分的重要区别. 这也提醒我们,对坐标的曲线积分必须要注意曲线 $L$ 的方向.

### 2.2 对坐标的曲线积分的计算法

根据对坐标的曲线积分

$$\int_{L_{AB}} P(x,y)\mathrm{d}x + Q(x,y)\mathrm{d}y \tag{3}$$

的定义,容易看出上式中$(x,y)$点总是在曲线$L_{AB}$上,$\mathrm{d}x$,$\mathrm{d}y$分别为曲线$L_{AB}$上点$(x,y)$的坐标的微分.因此,如果曲线$L_{AB}$的参数方程为$\begin{cases} x=\psi(t), \\ y=\varphi(t), \end{cases}$当参数$t$单调地由$\alpha$变到$\beta$时,点$(x,y)$从$L_{AB}$的起点$A$沿曲线运动到终点$B$,即$A$点的坐标为$(\psi(\alpha),\varphi(\alpha))$,$B$点的坐标为$(\psi(\beta),\varphi(\beta))$,又$\psi(t)$,$\varphi(t)$在以$\alpha$及$\beta$为端点的闭区间上具有连续的一阶导数,且$\psi'^2(t)+\varphi'^2(t)\neq 0$,则(3)式中

$$x=\psi(t),\quad y=\varphi(t),\quad \mathrm{d}x=\psi'(t)\mathrm{d}t,\quad \mathrm{d}y=\varphi'(t)\mathrm{d}t,$$

且有下面的计算公式:

$$\int_{L_{AB}} P(x,y)\mathrm{d}x + Q(x,y)\mathrm{d}y = \int_{\alpha}^{\beta} \{P[\psi(t),\varphi(t)]\psi'(t) + Q[\psi(t),\varphi(t)]\varphi'(t)\}\mathrm{d}t. \tag{4}$$

类似地,可将公式(4)推广到空间的情况.设空间曲线$L_{AB}$的参数方程为

$$\begin{cases} x=\psi(t), \\ y=\varphi(t), \\ z=\omega(t), \end{cases}$$

当参数$t$单调地由$\alpha$变到$\beta$时,曲线上点$M(x,y,z)$从$L_{AB}$的起点$A$沿曲线运动到终点$B$,又$\psi(t)$,$\varphi(t)$,$\omega(t)$在以$\alpha$及$\beta$为端点的闭区间上具有连续的一阶导数,且

$$\psi'^2(t)+\varphi'^2(t)+\omega'^2(t)\neq 0,$$

则对坐标的曲线积分

$$\begin{aligned} &\int_{L_{AB}} P(x,y,z)\mathrm{d}x + Q(x,y,z)\mathrm{d}y + R(x,y,z)\mathrm{d}z \\ &= \int_{\alpha}^{\beta} \{P[\psi(t),\varphi(t),\omega(t)]\psi'(t) + Q[\psi(t),\varphi(t),\omega(t)]\varphi'(t) \\ &\quad + R[\psi(t),\varphi(t),\omega(t)]\omega'(t)\}\mathrm{d}t. \end{aligned} \tag{5}$$

值得注意的是上述公式中定积分的下限$\alpha$不一定不大于上限$\beta$.

**例 1** 计算对坐标的曲线积分$I=\int_L (x+y)\mathrm{d}x+(x-y)\mathrm{d}y$,其中$L$为:

1) 以坐标原点$O$为圆心,以$R$为半径的圆周上从点$A(R,0)$到点$B(0,R)$的四分之一圆周(图4-6(a));

2) 有向折线$AOB$(图4-6(b)).

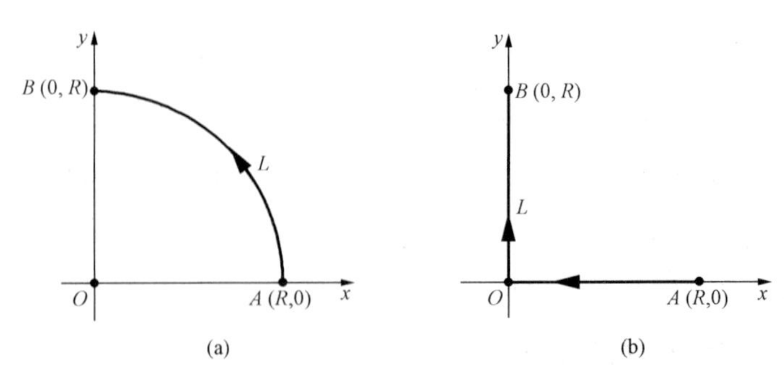


图 4-6

**解** 1) 曲线 $L$ 的参数方程为

$$\begin{cases} x = R\cos t, \\ y = R\sin t \end{cases} \quad \left(0 \leqslant t \leqslant \frac{\pi}{2}\right),$$

且当 $t$ 单调地由 0 变为 $\frac{\pi}{2}$ 时,曲线 $L$ 上的点 $(x,y)$ 从起点 $A(R,0)$ 运动到终点 $B(0,R)$,所以

$$\begin{aligned} I &= \int_0^{\frac{\pi}{2}} [R(\cos t + \sin t)R(-\sin t) + R(\cos t - \sin t)R\cos t]\mathrm{d}t \\ &= R^2\int_0^{\frac{\pi}{2}} [(\cos^2 t - \sin^2 t) - 2\sin t\cos t]\mathrm{d}t = R^2\int_0^{\frac{\pi}{2}} (\cos 2t - \sin 2t)\mathrm{d}t \\ &= \frac{R^2}{2}(\sin 2t + \cos 2t)\Big|_0^{\frac{\pi}{2}} = -R^2; \end{aligned}$$

2) 折线 $AOB$ 中 $AO$ 段的方程为 $y=0$,所以在此段 $\mathrm{d}y=0$;$OB$ 段的方程为 $x=0$,所以在此段 $\mathrm{d}x=0$. 于是

$$\begin{aligned} I &= \int_{AO} (x+y)\mathrm{d}x + (x-y)\mathrm{d}y + \int_{OB} (x+y)\mathrm{d}x + (x-y)\mathrm{d}y \\ &= \int_R^0 x\,\mathrm{d}x + \int_0^R (-y)\mathrm{d}y = -R^2. \end{aligned}$$

**例 2** 计算对坐标的曲线积分 $I = \int_L xy\mathrm{d}x + (y-x)\mathrm{d}y$,其中 $L$ 为:

1) 图 4-7(a)中有向折线 $ABO$,其中 $A,B,O$ 三点依次为 $(-1,1),(0,1),(0,0)$;

2) 图 4-7(b)中有向直线 $AO$.

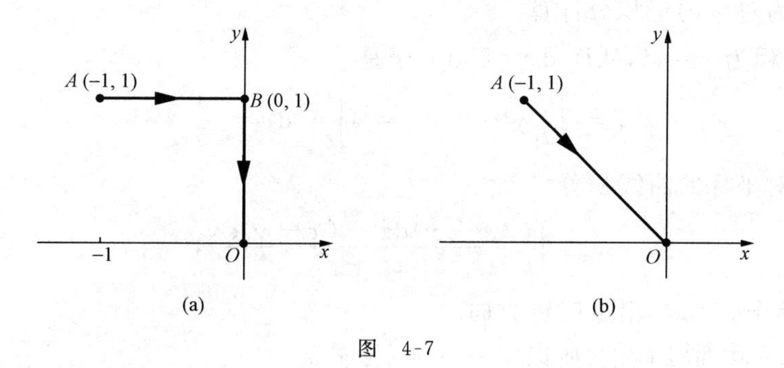


图 4-7

**解** 1) $AB$ 的方程为 $y=1$, $BO$ 的方程为 $x=0$,从而在 $AB$ 线上 $\mathrm{d}y=0$,在 $BO$ 线上 $\mathrm{d}x=0$,因此

$$\begin{aligned} I &= \int_L xy\mathrm{d}x + (y-x)\mathrm{d}y \\ &= \int_{AB} xy\mathrm{d}x + (y-x)\mathrm{d}y + \int_{BO} xy\mathrm{d}x + (y-x)\mathrm{d}y \\ &= \int_{-1}^0 x\mathrm{d}x + \int_1^0 y\mathrm{d}y = -1. \end{aligned}$$

2) $AO$ 的方程为 $y=-x$,从而在 $AO$ 上 $\mathrm{d}y=-\mathrm{d}x$,因此

$$I = \int_L xy\mathrm{d}x + (y-x)\mathrm{d}y = \int_{AO} xy\mathrm{d}x + (y-x)\mathrm{d}y$$

$$= \int_{-1}^{0}(-x^2)\mathrm{d}x - (-x-x)\mathrm{d}x = \int_{-1}^{0}(2x-x^2)\mathrm{d}x$$

$$= \left(x^2 - \frac{1}{3}x^3\right)\Big|_{-1}^{0} = -\frac{4}{3}.$$

**注** 在例 1 中,1),2)两次积分曲线的起点、终点相同,选取的积分路径不同,但积分值相同.在例 2 中,1),2)两次积分曲线的起点、终点也相同,但选取的积分路径不同,积分值也不相同.一般地,什么情况下,对坐标的曲线积分值只与积分曲线的起点与终点有关,而与路径无关?什么情况下,不仅与积分曲线的起点与终点有关,也与路径有关呢?这将在下一节讨论.

**例 3** 计算对坐标的曲线积分 $I=\int_L xy\,\mathrm{d}x$,其中 $L$ 为抛物线 $y^2=x$ 上从点 $A(1,-1)$ 到 $B(1,1)$ 的一段弧(图 4-8).

**解** 解法 1 化为对 $x$ 的定积分计算.

曲线段 $L$ 在 $\widehat{AO}$ 段的方程为 $y=-\sqrt{x}$,在 $\widehat{OB}$ 段的方程为 $y=\sqrt{x}$,故

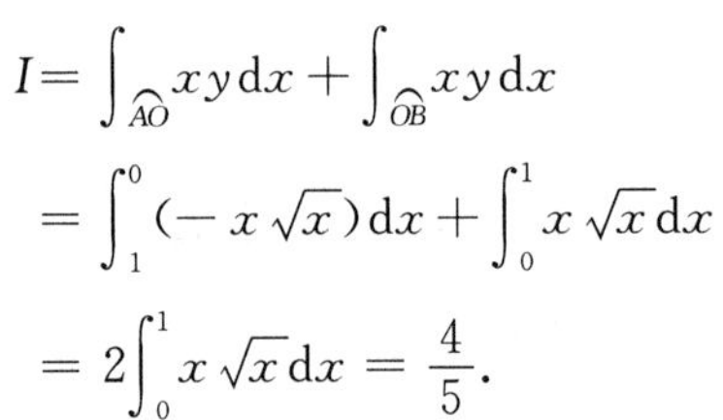

$$I = \int_{\widehat{AO}} xy\,\mathrm{d}x + \int_{\widehat{OB}} xy\,\mathrm{d}x$$

$$= \int_{1}^{0}(-x\sqrt{x})\mathrm{d}x + \int_{0}^{1} x\sqrt{x}\,\mathrm{d}x$$

$$= 2\int_{0}^{1} x\sqrt{x}\,\mathrm{d}x = \frac{4}{5}.$$

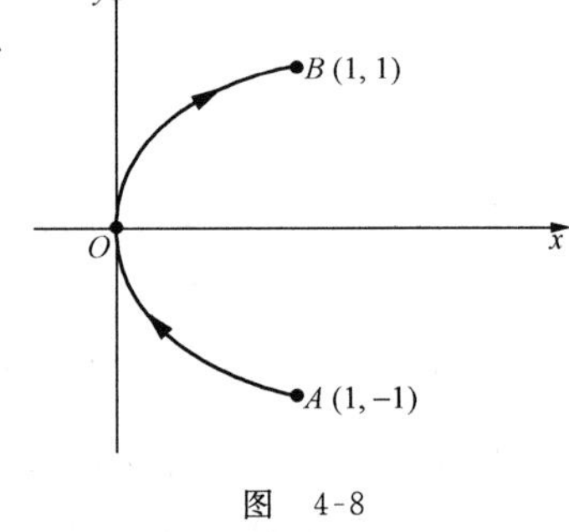

图 4-8

解法 2 化为对 $y$ 的定积分计算.

曲线 $L$ 的方程为 $x=y^2$,从而 $\mathrm{d}x=2y\mathrm{d}y$,于是

$$I = \int_{-1}^{1} y^3 \cdot 2y\mathrm{d}y = 4\int_{0}^{1} y^4\mathrm{d}y = \frac{4}{5}.$$

**例 4** 计算对坐标的曲线积分

$$I = \oint_L \frac{(x+y)\mathrm{d}x - (x-y)\mathrm{d}y}{x^2+y^2},$$

其中 $L$ 为圆周 $x^2+y^2=a^2$,沿逆时针方向.

**解** 因为 $x,y$ 在曲线 $L$ 上,所以 $x^2+y^2=a^2$.于是

$$I = \oint_L \frac{1}{a^2}[(x+y)\mathrm{d}x - (x-y)\mathrm{d}y].$$

$L$ 的参数方程为

$$\begin{cases} x = a\cos t, \\ y = a\sin t \end{cases} \quad (0 \leqslant t \leqslant 2\pi),$$

从而 $\mathrm{d}x=-a\sin t\mathrm{d}t$,$\mathrm{d}y=a\cos t\mathrm{d}t$,因此

$$I = \int_{0}^{2\pi} \frac{1}{a^2}[a(\cos t+\sin t)(-a\sin t) - a(\cos t - \sin t)a\cos t]\mathrm{d}t$$

$$= \int_{0}^{2\pi}(-1)\mathrm{d}t = -2\pi.$$

**例 5** 计算对坐标的曲线积分

$$I=\int_{\Gamma} x^{3}\mathrm{d}x+3zy^{2}\mathrm{d}y-x^{2}y\mathrm{d}z,$$

其中 $\Gamma$ 是从点 $A(3,2,1)$ 到点 $B(0,0,0)$ 的直线段 $AB$.

**解** 直线段 $AB$ 的方程是 $\frac{x}{3}=\frac{y}{2}=\frac{z}{1}$,化为参数方程为

$$\begin{cases}x=3t,\\ y=2t,\\ z=t.\end{cases}$$

当 $t$ 从 1 变到 0 时,点 $(x,y,z)$ 从点 $A$ 沿直线段 $AB$ 运动到点 $B$,因此

$$I=\int_{1}^{0}[(3t)^{3}\cdot 3+3t\cdot(2t)^{2}\cdot 2-(3t)^{2}\cdot 2t]\mathrm{d}t=-\frac{87}{4}.$$

**例 6** 设一个质点在 $M(x,y)$ 处受到力 $\boldsymbol{F}$ 的作用,$\boldsymbol{F}$ 的大小与 $M$ 点到原点 $O$ 的距离成正比,$\boldsymbol{F}$ 的方向恒指向原点.此质点由点 $A(a,0)$ 沿椭圆 $\frac{x^{2}}{a^{2}}+\frac{y^{2}}{b^{2}}=1$ 按逆时针方向移动到点 $B(0,b)$(图 4-9),求质点运动过程中力 $\boldsymbol{F}$ 对它所做的功.

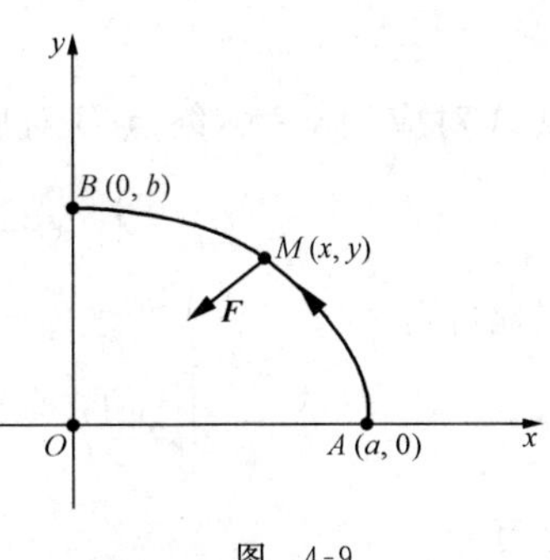


图 4-9

**解** $\overrightarrow{OM}=x\boldsymbol{i}+y\boldsymbol{j}$,$|\overrightarrow{OM}|=\sqrt{x^{2}+y^{2}}$.由假设知力 $\boldsymbol{F}$ 的大小与 $M$ 点到原点 $O$ 的距离成正比,$\boldsymbol{F}$ 的方向恒指向原点,故

$$\boldsymbol{F}=-k(x\boldsymbol{i}+y\boldsymbol{j}),$$

其中 $k>0$ 是比例常数.于是此质点由点 $A(a,0)$ 沿椭圆 $\frac{x^{2}}{a^{2}}+\frac{y^{2}}{b^{2}}=1$ 按逆时针方向移动到点 $B(0,b)$ 时,力 $\boldsymbol{F}$ 所做的功

$$W=\int_{\widehat{AB}}(-kx)\mathrm{d}x+(-ky)\mathrm{d}y=(-k)\int_{\widehat{AB}}x\mathrm{d}x+y\mathrm{d}y.$$

利用椭圆的参数方程 $x=a\cos t,y=b\sin t$,且曲线的起点 $A(a,0)$ 和终点 $B(0,b)$ 分别对应 $t=0$ 和 $t=\frac{\pi}{2}$,于是

$$\begin{aligned}W&=(-k)\int_{0}^{\frac{\pi}{2}}[x(t)x'(t)+y(t)y'(t)]\mathrm{d}t\\&=(-k)\int_{0}^{\frac{\pi}{2}}[-(a^{2}\cos t\sin t)+b^{2}\sin t\cos t]\mathrm{d}t\\&=k(a^{2}-b^{2})\int_{0}^{\frac{\pi}{2}}\sin t\cos t\mathrm{d}t=\frac{k}{2}(a^{2}-b^{2}).\end{aligned}$$

**例 7** 求力 $\boldsymbol{F}=y\boldsymbol{i}+z\boldsymbol{j}+x\boldsymbol{k}$ 沿有向闭曲线 $\Gamma$ 所做的功 $W$,其中 $\Gamma$ 为平面 $x+y+z=1$ 被三个坐标面所截的三角形的整个边界,从 $z$ 轴正方向看去,沿顺时针方向(图 4-10).

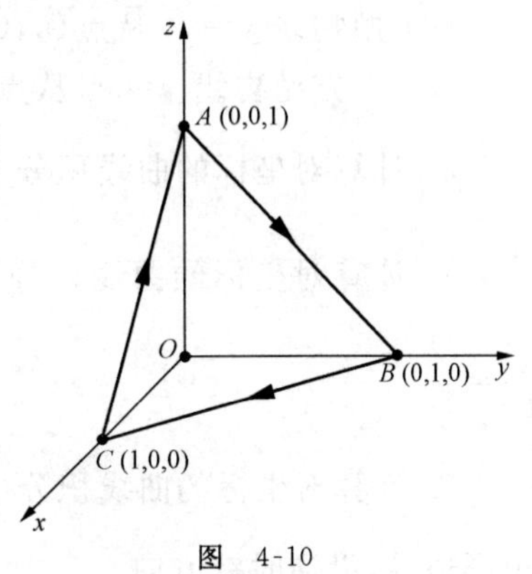


图 4-10

**解** 力 $\boldsymbol{F}$ 沿 $\Gamma$ 所做的功 $W=\oint_{\Gamma}y\mathrm{d}x+z\mathrm{d}y+x\mathrm{d}z$.

设点 $A,B,C$ 的坐标依次为 $(0,0,1),(0,1,0),(1,0,0)$,则有向闭曲线 $\Gamma$ 由有向线段 $\overrightarrow{AB}$,

$\overrightarrow{BC},\overrightarrow{CA}$ 组成.故

$$\begin{aligned} W &= \oint_{\Gamma} y\mathrm{d}x + z\mathrm{d}y + x\mathrm{d}z \\ &= \int_{AB} y\mathrm{d}x + z\mathrm{d}y + x\mathrm{d}z + \int_{BC} y\mathrm{d}x + z\mathrm{d}y + x\mathrm{d}z \\ &\quad + \int_{CA} y\mathrm{d}x + z\mathrm{d}y + x\mathrm{d}z. \end{aligned}$$

其中,线段 $AB$ 的方程为$\begin{cases} y+z=1, \\ x=0 \end{cases}$可以转化成用 $y$ 作参数的参数方程

$$\begin{cases} x = 0, \\ y = y, \\ z = 1 - y, \end{cases}$$

起点 $A$ 对应到 $y=0$,终点 $B$ 对应到 $y=1$,所以

$$\int_{AB} y\mathrm{d}x + z\mathrm{d}y + x\mathrm{d}z = \int_0^1 (1-y)\mathrm{d}y = \frac{1}{2}.$$

类似地可得

$$\int_{BC} y\mathrm{d}x + z\mathrm{d}y + x\mathrm{d}z = \int_{CA} y\mathrm{d}x + z\mathrm{d}y + x\mathrm{d}z = \frac{1}{2}.$$

于是有

$$W = \frac{1}{2} + \frac{1}{2} + \frac{1}{2} = \frac{3}{2}.$$

## 习 题 4-2

1. 计算对坐标的曲线积分 $\int_C (x^2 - 2xy)\mathrm{d}x + (y^2 - 2xy)\mathrm{d}y$ ,其中 $C$ 为抛物线 $y=x^2$ 上对应于 $x=-1$ 到 $x=1$ 的一段弧.

2. 计算对坐标的曲线积分 $\int_C xy\mathrm{d}x + (y-x)\mathrm{d}y$ ,其中 $C$ 为

(1) 直线 $y=x$ 从点(0,0)到点(1,1)的线段;

(2) 抛物线 $y=x^2$ 从点(0,0)到点(1,1)的一段弧;

(3) 立方抛物线 $y=x^3$ 从点(0,0)到点(1,1)的一段弧.

3. 计算对坐标的曲线积分 $\oint_C y\mathrm{d}x + x\mathrm{d}y$ ,其中 $C$ 为椭圆周 $\frac{x^2}{a^2}+\frac{y^2}{b^2}=1$,沿逆时针方向.

4. 计算对坐标的曲线积分 $\int_C y^2\mathrm{d}x + x^2\mathrm{d}y$ ,其中 $C$ 为沿逆时针方向的上半椭圆周 $\frac{x^2}{a^2}+\frac{y^2}{b^2}=1$.

5. 计算对坐标的曲线积分 $\oint_C (x^2+y^2)\mathrm{d}y$ ,其中 $C$ 为直线 $x=1,y=1,x=3,y=5$ 构成的矩形边界,沿逆时针方向.

6. 计算对坐标的曲线积分 $\int_C x\mathrm{d}x + y\mathrm{d}y + (x+y-1)\mathrm{d}z$ ,其中 $C$ 为由点 $A(1,1,1)$ 到点 $B(1,3,4)$ 的直线段.

7. 计算对坐标的曲线积分$\int_C 2xy\,\mathrm{d}x+x^2\,\mathrm{d}y$，其中$C$为圆周$x^2+y^2=a^2$上由点$A(0,a)$到点$B(a,0)$的较短的一段弧.

8. 计算对坐标的曲线积分$\oint_C \dfrac{(x+y)\,\mathrm{d}x-(x-y)\,\mathrm{d}y}{x^2+y^2}$，其中$C$为圆周$x^2+y^2=a^2$，沿逆时针方向.

9. 计算对坐标的曲线积分$\oint_C (2x+y)\,\mathrm{d}x+(x+2y)\,\mathrm{d}y$，其中$C$是坐标轴与直线$\dfrac{x}{3}+\dfrac{y}{4}=1$构成的三角形边界，沿逆时针方向.

## §3 格林(Green)公式及其应用

### 3.1 格林公式

在定积分中，我们知道，如果$f(x)$在$[a,b]$上连续，$F(x)$是$f(x)$的一个原函数，则有牛顿-莱布尼兹(Newton-Leibniz)公式

$$\int_a^b f(x)\,\mathrm{d}x = F(b)-F(a).$$

它说明，$f(x)$在闭区间$[a,b]$上的定积分可以用它的原函数在区间$[a,b]$两个端点(即区间$[a,b]$的边界)的函数值来表达. 这个重要的公式能否推广，如何推广？下面的格林公式就来回答这个问题. 它告诉我们如何把一个平面有界闭区域上的二重积分用其边界曲线上对坐标的曲线积分来表达.

为介绍格林公式，我们先介绍几个概念.

1) **平面单连通区域** 设$D$为平面区域. 如果$D$内任一闭曲线所围的部分都属于$D$，则称$D$为**单连通区域**，否则称为**复连通区域**. 通俗地说，平面单连通区域就是不含“洞”(包括“点洞”)的区域，复连通区域就是含有“洞”(包括“点洞”)的区域. 例如，平面区域

$$\{(x,y)\mid x^2+y^2<1\},\quad \{(x,y)\mid y>0\}$$

都是单连通区域；而区域

$$\{(x,y)\mid 1<x^2+y^2<2\},\quad \{(x,y)\mid 0<x^2+y^2<1\}$$

都是复连通区域. 又如，图 4-11(a)，(b)中阴影部分区域都是单连通区域；图 4-12(a)，(b)中阴影部分区域都是复连通区域.

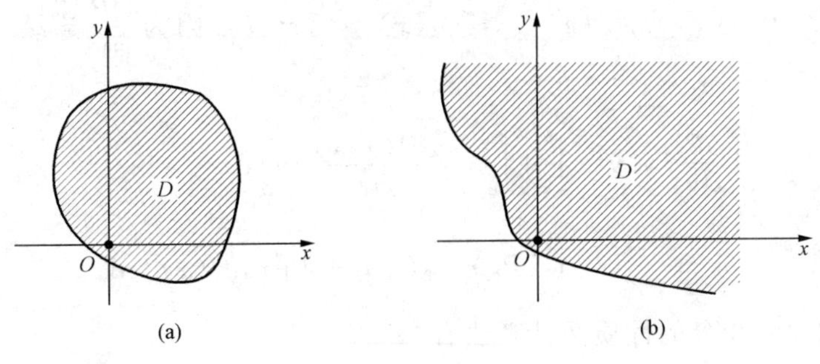


图 4-11

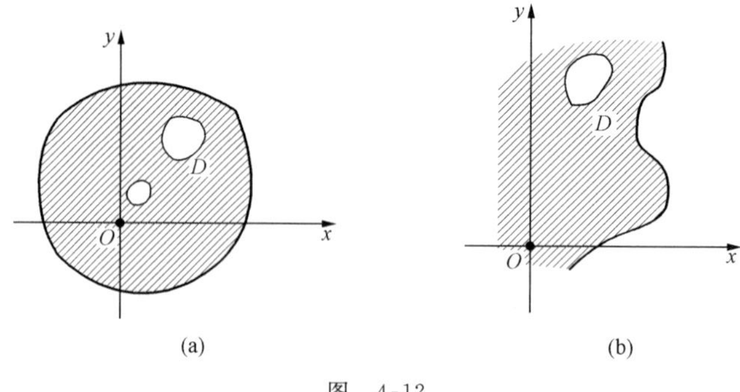


图 4-12

2）**平面区域边界曲线的定向** 设平面区域 $D$ 的边界曲线为 $L$. 当人沿 $L$ 行走时，若区域 $D$ 总位于其左边时，则规定人行走的方向为边界 $L$ 的正向. 所以，在图 4-13 中，外边界曲线的正向为逆时针方向，而内边界曲线的正向为顺时针方向.

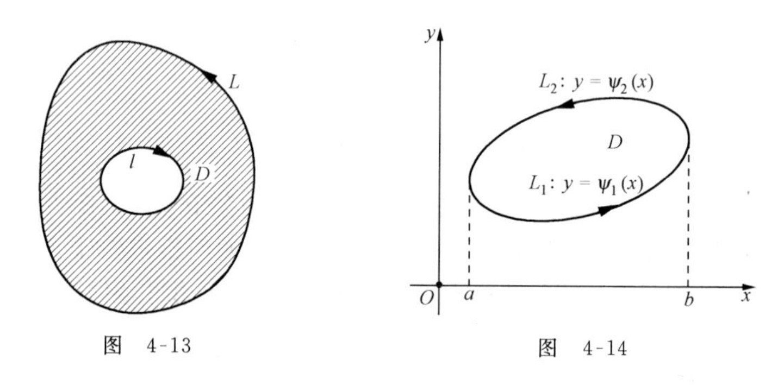


图 4-13　　图 4-14

**定理 1(格林公式)** 设平面闭区域 $D$ 由分段光滑的曲线 $L$ 围成，函数 $P(x,y)$, $Q(x,y)$ 在 $D$ 上具有连续的一阶偏导数，则有

$$\iint_D \left(\frac{\partial Q}{\partial x}-\frac{\partial P}{\partial y}\right)\mathrm{d}x y=\oint_L P\mathrm{d}x+Q\mathrm{d}y, \tag{1}$$

其中 $L$ 是 $D$ 的取正向的边界曲线.

**证** 我们先对一种简单区域的情况给出证明.

假设 $D$ 既是 X 型区域，又是 Y 型区域(图 4-14)，其特点是：穿过区域 $D$ 内部且平行于坐标轴的直线与 $D$ 的边界曲线 $L$ 最多有两个交点.

如图 4-14，设 $D=\{(x,y)\mid \varphi_1(x)\leqslant y\leqslant \varphi_2(x), a\leqslant x\leqslant b\}$. 因为 $\dfrac{\partial P}{\partial y}$ 连续，所以由二重积分的计算法有

$$\begin{aligned}\iint_D \frac{\partial P}{\partial y}\mathrm{d}x\mathrm{d}y&=\int_a^b\left[\int_{\varphi_1(x)}^{\varphi_2(x)}\frac{\partial P(x,y)}{\partial y}\mathrm{d}y\right]\mathrm{d}x\\&=\int_a^b\{P[x,\varphi_2(x)]-P[x,\varphi_1(x)]\}\mathrm{d}x;\end{aligned}$$

另外，由对坐标的曲线积分的性质及计算法有

$$\oint_L P\mathrm{d}x=\int_{L_1}P\mathrm{d}x+\int_{L_2}P\mathrm{d}x$$

$$=\int_a^b P[x,\psi_1(x)]\mathrm{d}x+\int_b^a P[x,\psi_2(x)]\mathrm{d}x$$

$$=\int_a^b \{P[x,\psi_1(x)]-P[x,\psi_2(x)]\}\mathrm{d}x$$

$$=-\int_a^b \{P[x,\psi_2(x)]-P[x,\psi_1(x)]\}\mathrm{d}x.$$

因此

$$-\iint_D \frac{\partial P}{\partial y}\mathrm{d}x\mathrm{d}y=\oint_L P\mathrm{d}x. \tag{2}$$

因为 $D$ 又是 Y 型区域，故也可设 $D=\{(x,y)\mid\varphi_1(y)\leqslant x\leqslant\varphi_2(y),c\leqslant x\leqslant d\}$，类似地可以证明

$$\iint_D \frac{\partial Q}{\partial x}\mathrm{d}x\mathrm{d}y=\oint_L Q\mathrm{d}y. \tag{3}$$

由于 $D$ 既是 X 型又是 Y 型的区域，(2)，(3)两式同时成立，合并后即得公式(1).

对于一般情形，如果区域 $D$ 不满足上面的条件，那么可以引入一条或几条辅助线，将 $D$ 分成几个满足上述条件的闭区域. 例如，图 4-15 所示的闭区域 $D$，它的边界曲线 $L$ 为 $\widehat{MNPM}$，引入一条辅助线 $ABC$，把 $D$ 分成 $D_1,D_2,D_3$ 三部分，其中每个部分都满足上述条件. 对每个部分应用公式(1)得

$$\iint_{D_1}\left(\frac{\partial Q}{\partial x}-\frac{\partial P}{\partial y}\right)\mathrm{d}xy=\oint_{\widehat{MCBAM}}P\mathrm{d}x+Q\mathrm{d}y,$$

$$\iint_{D_2}\left(\frac{\partial Q}{\partial x}-\frac{\partial P}{\partial y}\right)\mathrm{d}xy=\oint_{\widehat{BPAB}}P\mathrm{d}x+Q\mathrm{d}y,$$

$$\iint_{D_3}\left(\frac{\partial Q}{\partial x}-\frac{\partial P}{\partial y}\right)\mathrm{d}xy=\oint_{\widehat{CNBC}}P\mathrm{d}x+Q\mathrm{d}y.$$

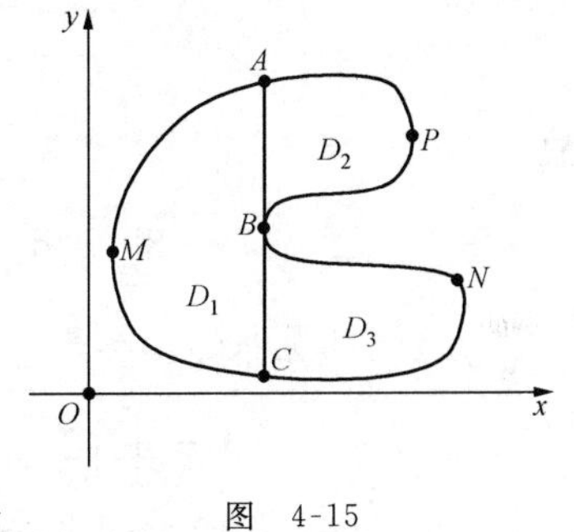

图 4-15

把这三个等式相加，注意到相加时辅助曲线上的曲线积分相互抵消，便得

$$\iint_D\left(\frac{\partial Q}{\partial x}-\frac{\partial P}{\partial y}\right)\mathrm{d}xy=\oint_L P\mathrm{d}x+Q\mathrm{d}y,$$

其中 $L$ 为闭区域 $D$ 的正向边界曲线.

应用格林公式可以实现曲线积分与二重积分之间的相互转化，这在很多情况下可以使计算变得简单.

**例 1** 计算曲线积分 $I=\oint_L(x^3-x^2y)\mathrm{d}x+(xy^2+y^3)\mathrm{d}y$，其中

1) $L$ 为圆周 $x^2+y^2=a^2$，取逆时针方向；

2) $L$ 为以 $O(0,0)$，$A(1,0)$，$B(0,1)$为顶点的三角形边界，逆时针方向.

**解** 1) 令 $P=(x^3-x^2y)$，$Q=(xy^2+y^3)$，则

$$\frac{\partial Q}{\partial x}=y^2,\quad \frac{\partial P}{\partial y}=-x^2.$$

若将 $L$ 所围成的闭区域记为 $D$，如图 4-16，则据格林公式有

$$I=\oint_L (x^3-x^2y)\mathrm{d}x+(xy^2+y^3)\mathrm{d}y=\iint_D (x^2+y^2)\mathrm{d}x\mathrm{d}y$$

$$=\int_0^{2\pi}\mathrm{d}\theta\int_0^a r^3\mathrm{d}r=\frac{\pi}{2}a^4;$$

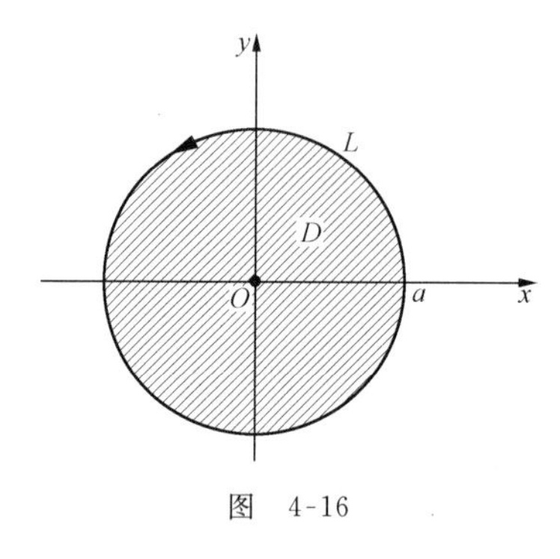

图 4-16

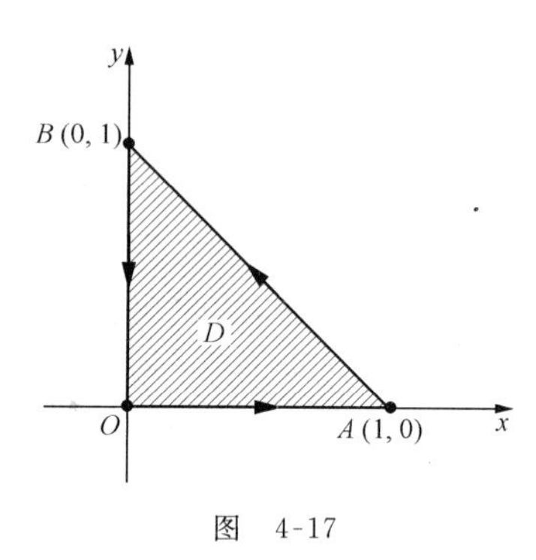

图 4-17

2) 将 $L$ 所围成闭区域记为 $D$,如图 4-17,则

$$I=\oint_L (x^3-x^2y)\mathrm{d}x+(xy^2+y^3)\mathrm{d}y=\iint_D (x^2+y^2)\mathrm{d}x\mathrm{d}y.$$

据对称性,容易看出

$$\iint_D x^2\mathrm{d}x\mathrm{d}y=\iint_D y^2\mathrm{d}x\mathrm{d}y.$$

故

$$I=2\iint_D x^2\mathrm{d}x\mathrm{d}y=2\int_0^1 x^2\mathrm{d}x\int_0^{1-x}\mathrm{d}y=2\int_0^1 x^2(1-x)\mathrm{d}x=\frac{1}{6}.$$

**例 2** 计算曲线积分

$$I=\oint_L (2xy-y^2\cos x+y)\mathrm{d}x+(1-2y\sin x+3x^2y^2)\mathrm{d}y,$$

其中 $L$ 取圆周 $x^2+y^2=1$ 的逆时针方向.

**解** 令 $P=2xy-y^2\cos x+y$, $Q=1-2y\sin x+3x^2y^2$,则

$$\frac{\partial Q}{\partial x}=6xy^2-2y\cos x,\quad \frac{\partial P}{\partial y}=2x-2y\cos x+1.$$

如果设 $D$ 为由曲线 $L$ 所围成的闭区域,则据格林公式有

$$I=\iint_D\left(\frac{\partial Q}{\partial x}-\frac{\partial P}{\partial y}\right)\mathrm{d}x\mathrm{d}y=\iint_D(6xy^2-2x-1)\mathrm{d}x\mathrm{d}y.$$

注意 $D$ 关于 $y$ 轴是对称的,且 $6xy^2-2x$ 是 $x$ 的奇函数,所以

$$\iint_D(6xy^2-2x)\mathrm{d}x\mathrm{d}y=0.$$

于是

$$I=\iint_D(-1)\mathrm{d}x\mathrm{d}y=-\pi.$$

**例 3** 计算曲线积分 $I=\oint_L\frac{x\mathrm{d}y-y\mathrm{d}x}{x^2+y^2}$,其中 $L$ 是圆 $x^2+y^2=R^2$ 的逆时针方向.

**解** 因为$(x,y)$在曲线 $L$ 上,所以 $x^2+y^2=R^2$. 因此

$$I=\frac{1}{R^2}\oint_L x\,\mathrm{d}y-y\,\mathrm{d}x$$
$$=\frac{1}{R^2}\iint_D\left[\frac{\partial}{\partial x}x-\frac{\partial}{\partial y}(-y)\right]\mathrm{d}x\mathrm{d}y \quad (\text{注意：}Q(x,y)=x,\ P(x,y)=-y)$$
$$=\frac{1}{R^2}\iint_D 2\,\mathrm{d}x\mathrm{d}y,$$

其中 $D$ 为以 $L$ 为边界的闭区域，即圆 $x^2+y^2\leqslant R^2$. 又因为

$$\iint_D 2\,\mathrm{d}x\mathrm{d}y=2\pi R^2,\quad \text{所以}\quad I=2\pi.$$

**例 4** 计算曲线积分

$$I=\int_L(\mathrm{e}^x\sin y-my)\mathrm{d}x+(\mathrm{e}^x\cos y-m)\mathrm{d}y,$$

其中 $L$ 为从点 $A(a,0)$ 经上半圆周 $x^2+y^2=ax(a>0)$ 到点 $O(0,0)$ 的一段圆弧.

**分析** 这不是封闭曲线上的曲线积分，我们可以通过增加辅助线 $L_1$，使得 $\Gamma=L+L_1$ 成封闭曲线(图 4-18). 应用格林公式，计算出在 $\Gamma$ 上的曲线积分，再通过计算 $L_1$ 上的曲线积分，最后求出 $L$ 上的曲线积分.

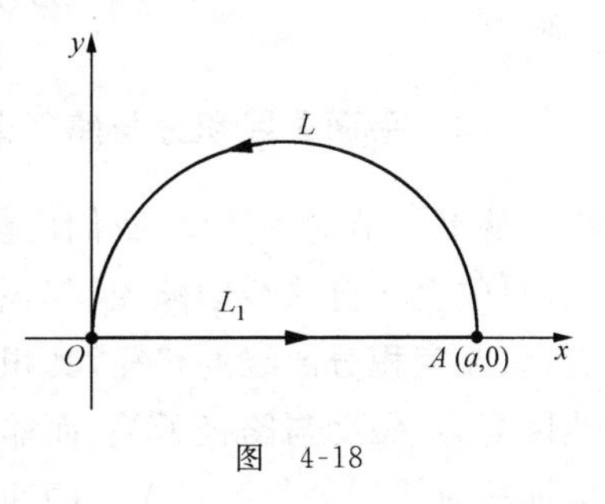

图 4-18

**解** 取 $x$ 轴上从点 $O$ 到点 $A$ 的直线段为 $L_1$，则 $\Gamma=L+L_1$ 形成一个封闭曲线. 记 $D$ 为由该曲线所围成的闭区域.

令 $P=\mathrm{e}^x\sin y-my$，$Q=\mathrm{e}^x\cos y-m$，则

$$\frac{\partial P}{\partial y}=\mathrm{e}^x\cos y-m,\quad \frac{\partial Q}{\partial x}=\mathrm{e}^x\cos y.$$

据格林公式有

$$\oint_\Gamma(\mathrm{e}^x\sin y-my)\mathrm{d}x+(\mathrm{e}^x\cos y-m)\mathrm{d}y$$
$$=\iint_D[\mathrm{e}^x\cos y-(\mathrm{e}^x\cos y-m)]\mathrm{d}x\mathrm{d}y=\iint_D m\,\mathrm{d}x\mathrm{d}y$$
$$=m\cdot\frac{1}{2}\pi\left(\frac{a}{2}\right)^2=\frac{m\pi}{8}a^2.$$

据曲线积分的性质，易知

$$I=\oint_\Gamma(\mathrm{e}^x\sin y-my)\mathrm{d}x+(\mathrm{e}^x\cos y-m)\mathrm{d}y-\int_{L_1}(\mathrm{e}^x\sin y-my)\mathrm{d}x+(\mathrm{e}^x\cos y-m)\mathrm{d}y,$$

而在 $L_1$ 上 $y=0$，从而 $\mathrm{d}y=0$，故

$$\int_{L_1}(\mathrm{e}^x\sin y-my)\mathrm{d}x+(\mathrm{e}^x\cos y-m)\mathrm{d}y=0.$$

于是

$$I=\oint_\Gamma(\mathrm{e}^x\sin y-my)\mathrm{d}x+(\mathrm{e}^x\cos y-m)\mathrm{d}y=\frac{m\pi}{8}a^2.$$

上面的例子主要是应用二重积分来计算曲线积分，有时我们也会应用曲线积分来计算二重积分. 作为这种情形的一个例子，可以应用曲线积分来计算平面图形 $D$ 的面积 $A=$

$\iint\limits_D \mathrm{d}x\mathrm{d}y$. 设 $D$ 的正向边界曲线为 $L$. 为将此二重积分转化为曲线积分,需适当地选择 $P(x,y)$,$Q(x,y)$,使得在 $D$ 上 $\dfrac{\partial Q}{\partial x}-\dfrac{\partial P}{\partial y}=1$. 所以可以选择

$$Q=\frac{1}{2}x,\quad P=-\frac{1}{2}y.\quad (\text{当然这样的选择不唯一})$$

于是

$$A=\iint\limits_D \mathrm{d}x\mathrm{d}y=\frac{1}{2}\oint_L x\,\mathrm{d}y-y\,\mathrm{d}x. \tag{4}$$

**例 5**　求椭圆 $L$: $x=a\cos t, y=b\sin t\ (0\leqslant t\leqslant 2\pi)$ 所围的面积 $A$.

**解**　据公式(4)有

$$\begin{aligned}A&=\frac{1}{2}\oint_L x\,\mathrm{d}y-y\,\mathrm{d}x=\frac{1}{2}\int_0^{2\pi}[x(t)y'(t)-y(t)x'(t)]\mathrm{d}t\\&=\frac{1}{2}\int_0^{2\pi}ab(\cos^2 t+\sin^2 t)\mathrm{d}t=\pi ab.\end{aligned}$$

### 3.2　平面曲线积分与路径无关的条件

从上一节的例题中,我们已注意到有些对坐标的曲线积分,如不改变积分曲线的起点和终点,只改变积分曲线的路径,其积分值不变. 而对另一些曲线积分不改变积分曲线的起点和终点,只改变积分曲线的路径,其积分值就会改变. 这种情况反映到物理上是保守力(如重力,弹性恢复力)做功与路径无关,而非保守力(如摩擦力)做功与路径有关. 这就引导我们要讨论对坐标的曲线积分与路径无关的问题. 下面先要给出线积分与路径无关的概念.

设 $P(x,y)$,$Q(x,y)$ 是定义在区域 $D$ 内的连续函数. 如果对于区域 $D$ 内任意两点 $A$,$B$ 以及 $D$ 内从点 $A$ 到点 $B$ 的任意两条曲线 $L_1$,$L_2$(图 4-19)总有

$$\int_{L_1}P\mathrm{d}x+Q\mathrm{d}y=\int_{L_2}P\mathrm{d}x+Q\mathrm{d}y,$$

则称曲线积分 $\int_L P\mathrm{d}x+Q\mathrm{d}y$ 在 $D$ 内**与路径无关**;否则称该曲线积分在 $D$ 内**与路径有关**.

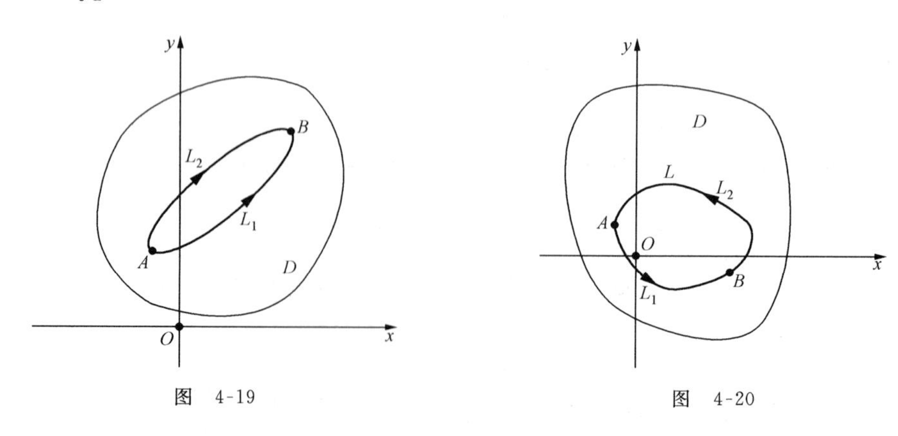


图　4-19　　　　图　4-20

容易看出,如果曲线积分与路径无关,在 $D$ 内任取一条封闭曲线 $L$,并在其上任取两点 $A$,$B$,该封闭曲线被分成由点 $A$ 到点 $B$ 的曲线段 $L_1$ 和由点 $B$ 到点 $A$ 的曲线段 $L_2$(图 4-20),则有

$$\int_L P\mathrm{d}x+Q\mathrm{d}y=\int_{L_1} P\mathrm{d}x+Q\mathrm{d}y+\int_{L_2} P\mathrm{d}x+Q\mathrm{d}y.$$

如果记$-L_2$为沿$L_2$相反的方向从点$A$到点$B$的曲线段,则据对坐标的曲线积分的性质有

$$\int_{-L_2} P\mathrm{d}x+Q\mathrm{d}y=-\int_{L_2} P\mathrm{d}x+Q\mathrm{d}y.$$

因为在$D$内由线积分与路径无关,所以

$$-\int_{L_2} P\mathrm{d}x+Q\mathrm{d}y=\int_{L_1} P\mathrm{d}x+Q\mathrm{d}y.$$

于是

$$\oint_L P\mathrm{d}x+Q\mathrm{d}y=-\int_{L_2} P\mathrm{d}x+Q\mathrm{d}y+\int_{L_2} P\mathrm{d}x+Q\mathrm{d}y=0.$$

这表明,如果曲线积分$\int_L P\mathrm{d}x+Q\mathrm{d}y$在$D$内与路径无关,则在$D$内沿任意有向闭曲线的曲线积分

$$\oint_L P\mathrm{d}x+Q\mathrm{d}y=0.$$

反之,如果在$D$内的任意有向闭曲线$C$上曲线积分都为0,则该曲线积分在$D$内与路径无关.由此可以得**结论**:曲线积分$\int_L P\mathrm{d}x+Q\mathrm{d}y$在$D$内与路径无关的充分必要条件是它沿$D$内任何一条闭曲线$C$的曲线积分为0.

**定理2** 设开区域$D$是一个单连通区域,函数$P(x,y)$,$Q(x,y)$在$D$内具有连续的一阶偏导数,则曲线积分$\int_L P\mathrm{d}x+Q\mathrm{d}y$在$D$内与路径无关(或沿$D$内任何一条闭曲线的线积分为0)的充分必要条件是

$$\frac{\partial Q}{\partial x}=\frac{\partial P}{\partial y}$$

在$D$内处处成立.

**证** 充分性 已知$\frac{\partial Q}{\partial x}=\frac{\partial P}{\partial y}$在$D$内处处成立,要证:对$D$内任意一条闭曲线$C$,有

$$\oint_C P\mathrm{d}x+Q\mathrm{d}y=0.$$

因为$D$是一个单连通区域,所以闭曲线$C$所包围的区域$B$全部都在$D$内.于是,$\frac{\partial Q}{\partial x}=\frac{\partial P}{\partial y}$在$B$内处处成立.应用格林公式有

$$\oint_C P\mathrm{d}x+Q\mathrm{d}y=\iint_B\left(\frac{\partial Q}{\partial x}-\frac{\partial P}{\partial y}\right)\mathrm{d}x\mathrm{d}y.$$

因为在$B$内处处有$\frac{\partial Q}{\partial x}=\frac{\partial P}{\partial y}$,所以$\iint_B\left(\frac{\partial Q}{\partial x}-\frac{\partial P}{\partial y}\right)\mathrm{d}x\mathrm{d}y=0$,从而

$$\oint_C P\mathrm{d}x+Q\mathrm{d}y=0.$$

必要性 已知沿$D$内任何一条闭曲线$C$的曲线积分$\oint_C P\mathrm{d}x+Q\mathrm{d}y=0$,要证:

$$\frac{\partial Q}{\partial x}=\frac{\partial P}{\partial y}$$

在 $D$ 内处处成立.

应用反证法. 假设在 $D$ 内至少存在一点 $M_0$，使得 $\left(\frac{\partial Q}{\partial x}-\frac{\partial P}{\partial y}\right)\Big|_{M_0}\neq 0$，不妨设

$$\left(\frac{\partial Q}{\partial x}-\frac{\partial P}{\partial y}\right)\Big|_{M_0}=a>0.$$

由于 $\frac{\partial P}{\partial y}$，$\frac{\partial Q}{\partial x}$ 在 $D$ 内连续，因此可以在 $D$ 内取到一个以 $M_0$ 为圆心，半径足够小的圆形闭区域 $K$，使得在 $K$ 上恒有

$$\frac{\partial Q}{\partial x}-\frac{\partial P}{\partial y}\geqslant\frac{a}{2}.$$

于是由格林公式及二重积分的性质就有

$$\oint_{\gamma}P\mathrm{d}x+Q\mathrm{d}y=\iint_{K}\left(\frac{\partial Q}{\partial x}-\frac{\partial P}{\partial y}\right)\mathrm{d}x\mathrm{d}y\geqslant\frac{a}{2}\cdot|K|,$$

其中 $\gamma$ 是区域 $K$ 的正向边界曲线，$|K|$ 是区域 $K$ 的面积. 因为 $a>0$，$|K|>0$，故

$$\oint_{\gamma}P\mathrm{d}x+Q\mathrm{d}y>0,$$

与已知沿 $D$ 内任何一条闭曲线的曲线积分 $\oint_C P\mathrm{d}x+Q\mathrm{d}y=0$ 矛盾. 所以，反证法假设不真. 于是必要性得证.

值得注意的是定理 2 中 $D$ 是单连通区域的条件不能缺. 这只要看例 3 的曲线积分

$$I=\oint_L\frac{x\mathrm{d}y-y\mathrm{d}x}{x^2+y^2}.$$

在区域 $\{(x,y)\mid 0<x^2+y^2<+\infty\}$ 内，取

$$P(x,y)=\frac{-y}{x^2+y^2},\quad Q(x,y)=\frac{x}{x^2+y^2},$$

则

$$\frac{\partial Q}{\partial x}=\frac{x^2+y^2-2x^2}{(x^2+y^2)^2}=\frac{y^2-x^2}{(x^2+y^2)^2},$$

$$\frac{\partial P}{\partial y}=\frac{-(x^2+y^2)+2y^2}{(x^2+y^2)^2}=\frac{y^2-x^2}{(x^2+y^2)^2},$$

即在 $D$ 内恒有

$$\frac{\partial Q}{\partial x}=\frac{\partial P}{\partial y}.$$

但例 3 说明取 $L$ 为 $x^2+y^2=R^2$ 的正向，有

$$\oint_L\frac{x\mathrm{d}y-y\mathrm{d}x}{x^2+y^2}=2\pi\neq 0.$$

这表明曲线积分 $\int_L\frac{x\mathrm{d}y-y\mathrm{d}x}{x^2+y^2}$ 与路径有关，其原因在于 $D$ 不是单连通区域而是复连通区域.

**例 6**　设函数 $f(x)$ 在 $(-\infty,+\infty)$ 内具有连续的一阶导数，$L$ 是上半平面 $y>0$ 内的任意有向分段光滑曲线段，其起点为 $A\left(\frac{1}{2},2\right)$，终点为 $B\left(\frac{1}{3},3\right)$，求曲线积分

$$I=\int_L\frac{1}{y}[1+y^2f(xy)]\mathrm{d}x+\frac{x}{y^2}[y^2f(xy)-1]\mathrm{d}y.\tag{5}$$

**分析** 此处并没有给出 $L$ 的具体路径，只给了 $L$ 的起点和终点的位置，这就启发我们考虑线积分是否与路径无关.

**解** 令 $P=\frac{1}{y}[1+y^2f(xy)]$，$Q=\frac{x}{y^2}[y^2f(xy)-1]$，则

$$\frac{\partial Q}{\partial x}=\frac{1}{y^2}[y^2f(xy)-1]+\frac{x}{y^2}\cdot y^2f'(xy)\cdot y$$

$$=-\frac{1}{y^2}+f(xy)+xyf'(xy),$$

$$\frac{\partial P}{\partial y}=-\frac{1}{y^2}[1+y^2f(xy)]+\frac{1}{y}\cdot[2yf(xy)+y^2f'(xy)\cdot x]$$

$$=-\frac{1}{y^2}+f(xy)+xyf'(xy),$$

即
$$\frac{\partial Q}{\partial x}=\frac{\partial P}{\partial y}.$$

由定理 2 知，曲线积分(5)与路径无关. 故 $L$ 选取任意路径，其积分值都相同. 为计算方便，选择折线 $ACB$(如图 4-21). 在 $AC$ 段，$y=2$，$\mathrm{d}y=0$；在 $CB$ 段，$x=\frac{1}{3}$，$\mathrm{d}x=0$. 于是

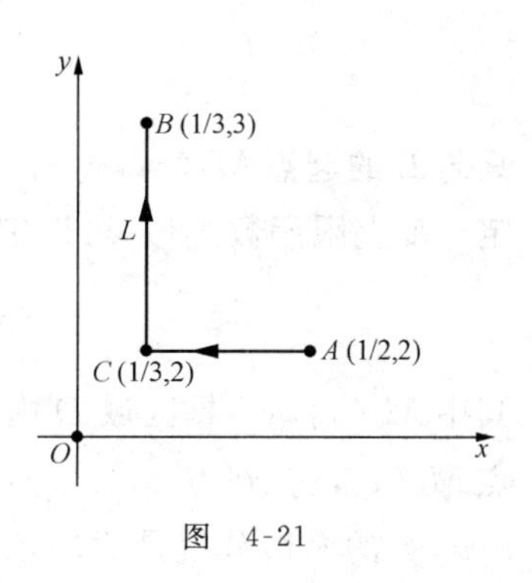


图 4-21

$$I=\int_{\frac{1}{2}}^{\frac{1}{3}}\frac{1}{2}[1+4f(2x)]\mathrm{d}x+\int_{2}^{3}\frac{1}{3y^2}\left[y^2f\left(\frac{1}{3}y\right)-1\right]\mathrm{d}y$$

$$=\frac{1}{2}\left(\frac{1}{3}-\frac{1}{2}\right)+\int_{1}^{\frac{2}{3}}f(x)\mathrm{d}x+\int_{\frac{2}{3}}^{1}f(y)\mathrm{d}y+\frac{1}{3}\cdot\frac{1}{y}\Big|_2^3$$

$$=-\frac{1}{12}-\frac{1}{18}=-\frac{5}{36}.$$

### 3.3 二元函数的全微分求积

由一元函数微积分我们知道，如果函数 $f(x)$在$[a,b]$上连续，令 $\Phi(x)=\int_a^x f(t)\mathrm{d}t$，则对任意给定的 $x\in[a,b]$，有

$$\Phi'(x)=f(x),\quad 从而\quad \mathrm{d}\Phi(x)=f(x)\mathrm{d}x.$$

这也说明，只要 $f(x)$在$[a,b]$上连续，则存在 $F(x)$，使得 $f(x)\mathrm{d}x$ 是函数 $F(x)$的微分，且

$$F(x)=\int_a^x f(t)\mathrm{d}t+C.$$

这个结果能否推广到二元函数？即要问：对二元函数 $P(x,y)$，$Q(x,y)$，它们满足什么条件时，$P(x,y)\mathrm{d}x+Q(x,y)\mathrm{d}y$ 恰好是一个二元函数 $u(x,y)$的全微分？能否求出此二元函数 $u(x,y)$的表达式？

设 $P(x,y)\mathrm{d}x+Q(x,y)\mathrm{d}y$ 恰好是一个二元函数 $u(x,y)$的全微分，即

$$\mathrm{d}u(x,y)=P(x,y)\mathrm{d}x+Q(x,y)\mathrm{d}y,$$

则

$$\frac{\partial u}{\partial x}=P(x,y),\quad \frac{\partial u}{\partial y}=Q(x,y).$$

如果 $P(x,y)$,$Q(x,y)$有连续的一阶偏导数,则由第二章§2 中的定理 1 可知

$$\frac{\partial^2 u}{\partial x\partial y}=\frac{\partial^2 u}{\partial y\partial x},\quad \text{即}\quad \frac{\partial P}{\partial y}=\frac{\partial Q}{\partial x}.$$

于是,有下面的定理.

**定理 3** 设开区域 $D$ 为单连通区域,函数 $P(x,y)$,$Q(x,y)$在 $D$ 内具有连续的一阶偏导数,则 $P(x,y)\mathrm{d}x+Q(x,y)\mathrm{d}y$ 在 $D$ 内为某一函数 $u(x,y)$的全微分的充分必要条件是等式

$$\frac{\partial P}{\partial y}=\frac{\partial Q}{\partial x}\tag{6}$$

在 $D$ 内处处成立.

**证** 前面已证明了必要性. 下面只证充分性.

由于在单连通区域 $D$ 内有 $\frac{\partial P}{\partial y}=\frac{\partial Q}{\partial x}$ 处处成立,据定理 2 知在区域 $D$ 内曲线积分

$$\int_L P(x,y)\mathrm{d}x+Q(x,y)\mathrm{d}y$$

只与 $L$ 的起点 $M_0(x_0,y_0)$和终点 $M(x,y)$有关,而与积分路径无关. 于是与一元函数微积分中定义变上限函数类似,可以定义

$$u(x,y)=\int_{(x_0,y_0)}^{(x,y)}P(x,y)\mathrm{d}x+Q(x,y)\mathrm{d}y,\tag{7}$$

其中 $M_0(x_0,y_0)$是区域 $D$ 内的一个固定点,点 $M(x,y)\in D$. 这里的积分曲线可以取 $D$ 内从点 $M_0(x_0,y_0)$到点 $M(x,y)$的任意路径,则 $u(x,y)$是定义在 $D$ 内的二元函数. 下面证明 $u(x,y)$的全微分就是 $P(x,y)\mathrm{d}x+Q(x,y)\mathrm{d}y$. 这只要证明

$$\frac{\partial u}{\partial x}=P(x,y),\quad \frac{\partial u}{\partial y}=Q(x,y).$$

根据偏导数的定义,有

$$\frac{\partial u}{\partial x}=\lim_{\Delta x\to 0}\frac{u(x+\Delta x,y)-u(x,y)}{\Delta x}.$$

由(7)式得

$$u(x+\Delta x,y)=\int_{(x_0,y_0)}^{(x+\Delta x,y)}P(x,y)\mathrm{d}x+Q(x,y)\mathrm{d}y.$$

由于在 $D$ 内曲线积分与路径无关,由此我们可以选择由点 $M_0(x_0,y_0)$到点 $M(x,y)$的任意路径,然后沿平行于 $x$ 轴的直线段从点 $M(x,y)$到点 $N(x+\Delta x,y)$的路径(图 4-22). 这样就有

$$u(x+\Delta x,y)=\int_{(x_0,y_0)}^{(x,y)}P(x,y)\mathrm{d}x+Q(x,y)\mathrm{d}y+\int_{(x,y)}^{(x+\Delta x,y)}P(x,y)\mathrm{d}x+Q(x,y)\mathrm{d}y,$$

从而

$$u(x+\Delta x,y)-u(x,y)=\int_{(x,y)}^{(x+\Delta x,y)}P(x,y)\mathrm{d}x+Q(x,y)\mathrm{d}y.$$

因为直线 $MN$ 的方程为 $y=$常数,所以 $\mathrm{d}y=0$. 根据对坐标的曲线积分的计算公式知,上式即为

$$u(x+\Delta x,y)-u(x,y)=\int_x^{x+\Delta x}P(x,y)\mathrm{d}x.$$

根据定积分的积分中值定理,得

$$u(x+\Delta x,y)-u(x,y)=P(\xi,y)\Delta x,$$

其中$\xi$是$x$与$x+\Delta x$之间的某个数值.上式两边同时除以$\Delta x$,并令$\Delta x\to 0$取极限.因为$P(x,y)$在$D$内有连续的一阶偏导数,故$P(x,y)$在$D$内连续,于是有

$$\frac{\partial u(x,y)}{\partial x}=P(x,y).$$

同理可证

$$\frac{\partial u(x,y)}{\partial y}=Q(x,y).$$

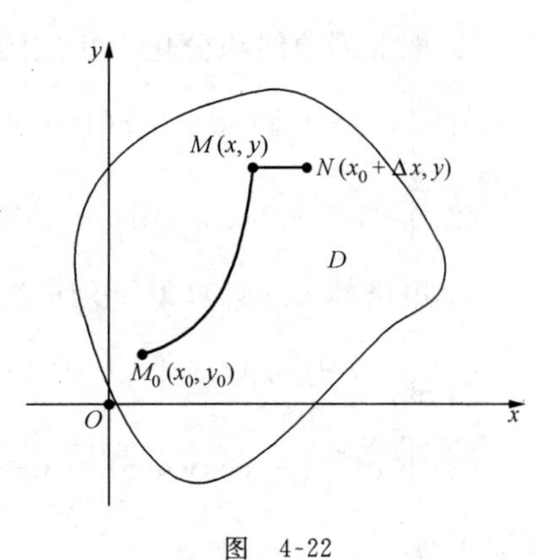

图 4-22

这就证明了定理的充分性.

定理3不仅回答了$P(x,y),Q(x,y)$满足什么条件时,$P(x,y)\mathrm{d}x+Q(x,y)\mathrm{d}y$恰好是一个二元函数$u(x,y)$的全微分的问题,而且其证明也告诉我们可以取

$$u(x,y)=\int_{(x_0,y_0)}^{(x,y)}P(x,y)\mathrm{d}x+Q(x,y)\mathrm{d}y.$$

进一步可以证明全部满足上述条件的$u(x,y)$的表达式为

$$u(x,y)=\int_{(x_0,y_0)}^{(x,y)}P(x,y)\mathrm{d}x+Q(x,y)\mathrm{d}y+C,$$

其中$C$为任意常数.

**例7** 验证$(x+2y)\mathrm{d}x+(2x+y)\mathrm{d}y$在整个$Oxy$平面内是某个二元函数$u(x,y)$的全微分,并求这样的一个$u(x,y)$.

**解** 令$P(x,y)=(x+2y)$, $Q(x,y)=(2x+y)$,则

$$\frac{\partial P}{\partial y}=2=\frac{\partial Q}{\partial x}$$

在整个$Oxy$平面内处处成立.据定理3,$(x+2y)\mathrm{d}x+(2x+y)\mathrm{d}y$是某个二元函数$u(x,y)$的全微分,且可取

$$u(x,y)=\int_{(0,0)}^{(x,y)}(x+2y)\mathrm{d}x+(2x+y)\mathrm{d}y.$$

选积分路径如图4-23所示,有

$$\begin{aligned}u(x,y)&=\int_{(0,0)}^{(x,y)}(x+2y)\mathrm{d}x+(2x+y)\mathrm{d}y\\&=\int_{OA}(x+2y)\mathrm{d}x+(2x+y)\mathrm{d}y\\&\quad+\int_{AB}(x+2y)\mathrm{d}x+(2x+y)\mathrm{d}y\\&=\int_0^x x\mathrm{d}x+\int_0^y(2x+y)\mathrm{d}y\\&=\frac{1}{2}x^2+2xy+\frac{1}{2}y^2.\end{aligned}$$

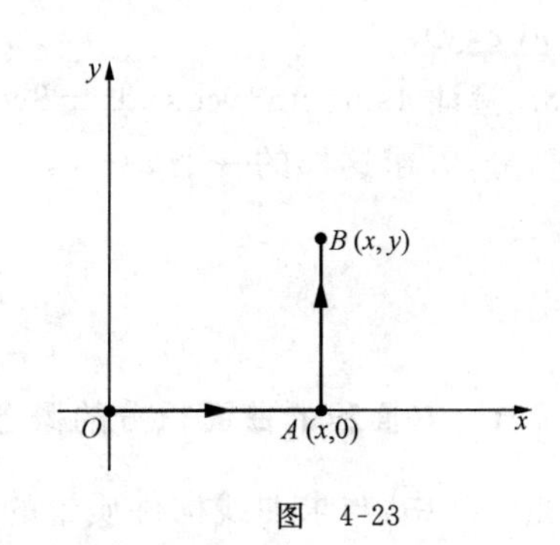

图 4-23

## 习　题　4-3

1. 把下列曲线积分化为相应的二重积分，其中 $C$ 是平面区域 $D$ 的正向边界：

(1) $\oint_C (1-x^2)y\mathrm{d}x + x(1+y^2)\mathrm{d}y$；

(2) $\oint_C (\mathrm{e}^{xy}+2x\cos y)\mathrm{d}x + (\mathrm{e}^{xy}-x^2\sin y)\mathrm{d}y$.

2. 用格林公式计算沿下列曲线 $C$ 的曲线积分：

(1) $\oint_C (x+y)\mathrm{d}x-(x-y)\mathrm{d}y$，其中 $C$ 为 $\dfrac{x^2}{a^2}+\dfrac{y^2}{b^2}\leqslant 1$ 的边界曲线取正向；

(2) $\oint_C \mathrm{e}^x[(1-\cos y)\mathrm{d}x-(y-\sin y)\mathrm{d}y]$，其中 $C$ 为区域 $0\leqslant x\leqslant \pi$，$0\leqslant y\leqslant \sin x$ 的边界曲线取正向.

3. 计算曲线积分 $\int_C (2xy+3x\mathrm{e}^x)\mathrm{d}x+(x^2-y\cos y)\mathrm{d}y$，其中 $C$ 为抛物线 $y=1-(x-1)^2$ 从点 $O(0,0)$ 到点 $A(2,0)$ 的一段弧.

4. 验证下列各曲线积分与路径无关，并计算其值：

(1) $\int_{(0,1)}^{(2,3)} (x+y)\mathrm{d}x+(x-y)\mathrm{d}y$；

(2) $\int_{(-1,-2)}^{(1,2)} (x^2+xy)\mathrm{d}x+\left(y^2+\dfrac{x^2}{2}\right)\mathrm{d}y$；

(3) $\int_{(3,4)}^{(5,2)} \dfrac{x\mathrm{d}x+y\mathrm{d}y}{x^2+y^2}$.

5. 判断曲线积分

$$\int_{(1,2)}^{(3,4)} (6xy^2-y^3)\mathrm{d}x+(6x^2y-3xy^2)\mathrm{d}y$$

是否与路径无关，并计算此积分.

6. 计算曲线积分

$$\int_C (y^2+x\mathrm{e}^{2y})\mathrm{d}x+(x^2\mathrm{e}^{2y}+1)\mathrm{d}y,$$

其中 $C$ 是沿第一象限半圆弧 $(x-2)^2+y^2=4$，由点 $O(0,0)$ 到点 $A(4,0)$ 的一段弧.

7. 验证 $2xy\mathrm{d}x+x^2\mathrm{d}y$ 在整个 $Oxy$ 平面内是某个二元函数 $u(x,y)$ 的全微分，并求这样的一个 $u(x,y)$.

8. 验证 $4\sin x\sin 3y\cos x\mathrm{d}x-3\cos 3y\cos 2x\mathrm{d}y$ 在整个 $Oxy$ 平面内是某个二元函数 $u(x,y)$ 的全微分，并求这样的一个 $u(x,y)$.

# §4　对面积的曲面积分

### 4.1　对面积的曲面积分的概念和性质

在实际中，与求曲线构件质量的问题类似，我们也会遇到求质量不均匀分布的曲面块质量的问题，即曲线 $L$ 改为曲面 $\Sigma$，曲线 $L$ 上的线密度 $\rho(x,y)>0$ 改为曲面 $\Sigma$ 上的面密度

$\rho(x,y,z)>0$. 应用与求曲线构件质量问题类似的处理方法，将曲面分割成 $n$ 小块：$\Delta S_1$，$\Delta S_2$，…，$\Delta S_i$，…，$\Delta S_n$. 在每一小块曲面 $\Delta S_i$ 上任取一点 $(\xi_i,\eta_i,\zeta_i)$，作乘积 $\rho(\xi_i,\eta_i,\zeta_i)\Delta S_i$ ($\Delta S_i$ 在这里表示第 $i$ 小块曲面的面积)，再求和 $\sum\limits_{i=1}^{n}\rho(\xi_i,\eta_i,\zeta_i)\Delta S_i$，得曲面质量的近似值. 令分割无限变细，即小块曲面 $\Delta S_1,\Delta S_2,\cdots,\Delta S_n$ 的直径(曲面的直径即曲面上任意两点间距离的最大值)的最大值 $\lambda\to 0$. 若上述和式的极限

$$\lim_{\lambda\to 0}\sum_{i=1}^{n}\rho(\xi_i,\eta_i,\zeta_i)\Delta S_i$$

存在，则定义此极限值为该曲面的质量.

对曲面 $\Sigma$ 上定义的函数 $f(x,y,z)$ 取代 $\rho(x,y,z)$ 进行的上述运算，在其它问题中也会遇到. 抽去它们的物理意义，引入下面的对面积的曲面积分的定义.

**定义** 设 $\Sigma$ 是光滑曲面(光滑曲面是指曲面上各点处都有切平面，且当点在曲面上连续移动时，切平面也在连续移动)，函数 $f(x,y,z)$ 在 $\Sigma$ 上有界. 把 $\Sigma$ 任意分成 $n$ 个小块：$\Delta S_1$，$\Delta S_2$，…，$\Delta S_i$，…，$\Delta S_n$ ($\Delta S_i$ 既表示第 $i$ 块小曲面，同时又代表这块小曲面的面积). 取 $(\xi_i,\eta_i,\zeta_i)$ 为 $\Delta S_i$ 上任意一点，作乘积 $f(\xi_i,\eta_i,\zeta_i)\Delta S_i$ $(i=1,2,\cdots,n)$，并作和

$$\sum_{i=1}^{n}f(\xi_i,\eta_i,\zeta_i)\Delta S_i.$$

如果当各小块曲面 $\Delta S_i$ 的直径的最大值 $\lambda\to 0$ 时，这和的极限存在，则称此极限值为函数 $f(x,y,z)$ 在曲面 $\Sigma$ 上**对面积的曲面积分**或**第一类曲面积分**，记做 $\iint\limits_{\Sigma}f(x,y,z)\mathrm{d}S$，即

$$\iint_{\Sigma}f(x,y,z)\mathrm{d}S=\lim_{\lambda\to 0}\sum_{i=1}^{n}f(\xi_i,\eta_i,\zeta_i)\Delta S_i,\tag{1}$$

其中 $f(x,y,z)$ 叫做**被积函数**，$\Sigma$ 叫做**积分曲面**.

可以证明，若 $\Sigma$ 是一块光滑曲面，$f(x,y,z)$ 在 $\Sigma$ 上连续，则对面积的曲面积分(1)总是存在的. 今后我们都假设 $f(x,y,z)$ 在 $\Sigma$ 上连续.

如果 $\Sigma$ 是分片光滑的①，我们规定函数在 $\Sigma$ 上对面积的曲面积分等于函数在光滑的各块曲面上对面积的曲面积分之和. 例如，设 $\Sigma$ 可以分成两块光滑曲面 $\Sigma_1,\Sigma_2$ (记做 $\Sigma=\Sigma_1+\Sigma_2$)，则规定

$$\iint_{\Sigma}f(x,y,z)\mathrm{d}S=\iint_{\Sigma_1}f(x,y,z)\mathrm{d}S+\iint_{\Sigma_2}f(x,y,z)\mathrm{d}S.$$

因此，今后我们也可以在分片光滑的曲面上定义对面积的曲面积分.

与对弧长的曲线积分类似，对面积的曲面积分有下列**性质**(假设讨论的曲面积分存在)：

1) $\iint\limits_{\Sigma}[f(x,y,z)\pm g(x,y,z)]\mathrm{d}S=\iint\limits_{\Sigma}f(x,y,z)\mathrm{d}S\pm\iint\limits_{\Sigma}g(x,y,z)\mathrm{d}S.$

2) 如果 $k$ 为常数，则

$$\iint_{\Sigma}kf(x,y,z)\mathrm{d}S=k\iint_{\Sigma}f(x,y,z)\mathrm{d}S.$$

① 分片光滑的曲面是指由有限块光滑曲面所组成的曲面. 以后我们总假定曲面是光滑或分片光滑的.

**注** 由性质 1), 2),容易看出,如果 $k_1,k_2$ 是任意常数,则有

$$\iint_{\Sigma}[k_1 f(x,y,z)+k_2 g(x,y,z)]\mathrm{d}S = k_1\iint_{\Sigma}f(x,y,z)\mathrm{d}S + k_2\iint_{\Sigma}g(x,y,z)\mathrm{d}S.$$

我们称这个性质为曲面积分的**线性性质**.

3) 若 $\Sigma$ 可以分成两块曲面 $\Sigma_1$, $\Sigma_2(\Sigma=\Sigma_1+\Sigma_2)$,则有

$$\iint_{\Sigma}f(x,y,z)\mathrm{d}S = \iint_{\Sigma_1}f(x,y,z)\mathrm{d}S + \iint_{\Sigma_2}f(x,y,z)\mathrm{d}S.$$

4) $\iint_{\Sigma}\mathrm{d}S = |\Sigma|$,其中 $|\Sigma|$ 为曲面 $\Sigma$ 的面积.

### 4.2 对面积的曲面积分的计算法

设积分曲面 $\Sigma$ 由方程

$$z = z(x,y)$$

确定,$\Sigma$ 在 $Oxy$ 平面上的投影区域为 $D_{xy}$,函数 $z(x,y)$ 在 $D_{xy}$ 上具有连续的一阶偏导数,被积函数 $f(x,y,z)$ 在 $\Sigma$ 上连续. 注意在曲面积分 $\iint_{\Sigma}f(x,y,z)\mathrm{d}S$ 中,积分变量 $x,y,z$ 在积分曲面 $\Sigma$ 上,所以满足曲面的方程,即 $z=z(x,y)$;$\mathrm{d}S$ 是由小曲面 $\Delta S_i$ 的面积转化来的,由第三章 §3 中的公式(1),可知曲面的面积微元

$$\mathrm{d}S = \sqrt{1+z_x^2+z_y^2}\,\mathrm{d}x\mathrm{d}y.$$

于是有下面的计算公式:

$$\iint_{\Sigma}f(x,y,z)\mathrm{d}S = \iint_{D_{xy}}f[x,y,z(x,y)]\sqrt{1+z_x^2+z_y^2}\,\mathrm{d}x\mathrm{d}y.$$

**例 1** 计算曲面积分 $\iint_{\Sigma}\sqrt{R^2-x^2-y^2}\,\mathrm{d}S$,其中 $\Sigma$ 为球心在坐标原点,半径为 $R$ 的上半球面.

**解** $\Sigma$ 的方程为 $z=\sqrt{R^2-x^2-y^2}$,$\Sigma$ 在 $Oxy$ 平面上的投影为圆形区域 $D$: $x^2+y^2\leqslant R^2$. 又因为

$$\frac{\partial z}{\partial x} = \frac{-x}{\sqrt{R^2-x^2-y^2}},\quad \frac{\partial z}{\partial y} = \frac{-y}{\sqrt{R^2-x^2-y^2}},$$

$$\sqrt{1+\left(\frac{\partial z}{\partial x}\right)^2+\left(\frac{\partial z}{\partial y}\right)^2} = \sqrt{1+\frac{x^2+y^2}{R^2-x^2-y^2}} = \frac{R}{\sqrt{R^2-x^2-y^2}},$$

所以

$$\begin{aligned}\iint_{\Sigma}\sqrt{R^2-x^2-y^2}\,\mathrm{d}S &= \iint_{D}\sqrt{R^2-x^2-y^2}\sqrt{1+\left(\frac{\partial z}{\partial x}\right)^2+\left(\frac{\partial z}{\partial y}\right)^2}\,\mathrm{d}x\mathrm{d}y\\ &= \iint_{D}R\,\mathrm{d}x\mathrm{d}y = \pi R^3.\end{aligned}$$

**例 2** 计算曲面积分 $I=\iint_{\Sigma}\left(z+2x+\frac{4}{3}y\right)\mathrm{d}S$,其中 $\Sigma$ 是平面 $\frac{x}{2}+\frac{y}{3}+\frac{z}{4}=1$ 在第一卦限

中的部分(如图 4-24).

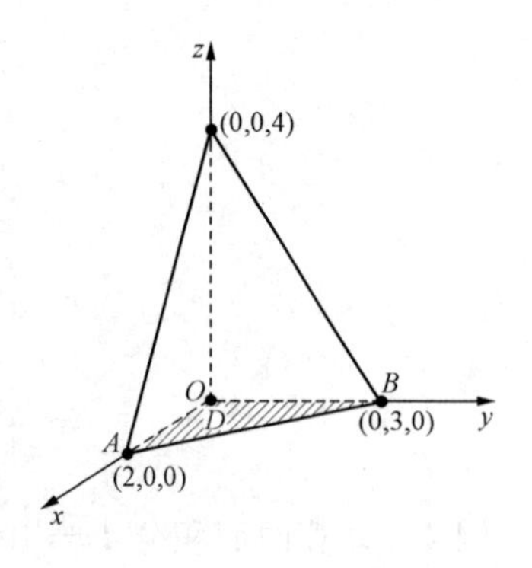

图 4-24

**解** $\Sigma$ 在 $Oxy$ 平面上的投影 $D$ 为 $Oxy$ 平面上由 $x$ 轴、$y$ 轴和联结 $A(2,0)$,$B(0,3)$两点的直线所围的三角形区域(如图 4-24).又因为曲面 $\Sigma$ 的方程为

$$\frac{x}{2}+\frac{y}{3}+\frac{z}{4}=1,\quad 即\quad z=4-2x-\frac{4}{3}y,$$

所以

$$\frac{\partial z}{\partial x}=-2,\quad \frac{\partial z}{\partial y}=-\frac{4}{3},$$

$$z+2x+\frac{4}{3}y=4.$$

所以

$$\mathrm{d}S=\sqrt{1+z_x^2+z_y^2}\,\mathrm{d}x\mathrm{d}y=\sqrt{1+(-2)^2+\left(-\frac{4}{3}\right)^2}\,\mathrm{d}x\mathrm{d}y=\frac{\sqrt{61}}{3}\mathrm{d}x\mathrm{d}y,$$

于是

$$I=\iint_D 4\cdot\frac{\sqrt{61}}{3}\mathrm{d}x\mathrm{d}y=\frac{4}{3}\sqrt{61}\iint_D\mathrm{d}x\mathrm{d}y$$

$$=\frac{4}{3}\sqrt{61}\,|D|=4\sqrt{61},$$

其中$|D|$表示区域 $D$ 的面积($D$ 为直角三角形,故其面积等于两直角边边长的乘积的一半).

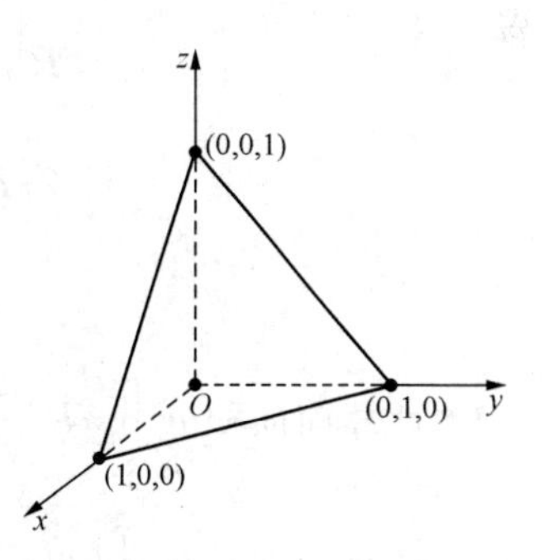

图 4-25

**例 3** 计算曲面积分 $\oint\!\!\!\oint_\Sigma xyz\,\mathrm{d}S$,其中 $\Sigma$ 是由平面 $x=0$, $y=0$,$z=0$ 及 $x+y+z=1$ 所围成的四面体的整个边界曲面(图 4-25).

**解** 整个边界曲面 $\Sigma$ 在平面 $x=0$, $y=0$, $z=0$ 及 $x+y+z=1$ 上的部分依次记为 $\Sigma_1$, $\Sigma_2$, $\Sigma_3$, $\Sigma_4$,于是

$$\oint\!\!\!\oint_\Sigma xyz\,\mathrm{d}S=\iint_{\Sigma_1}xyz\,\mathrm{d}S+\iint_{\Sigma_2}xyz\,\mathrm{d}S+\iint_{\Sigma_3}xyz\,\mathrm{d}S+\iint_{\Sigma_4}xyz\,\mathrm{d}S.$$

在 $\Sigma_1$, $\Sigma_2$, $\Sigma_3$ 上,被积函数 $f(x,y,z)=xyz$ 均为 0,所以

$$\iint_{\Sigma_1}xyz\,\mathrm{d}S=\iint_{\Sigma_2}xyz\,\mathrm{d}S=\iint_{\Sigma_3}xyz\,\mathrm{d}S=0.$$

在 $\Sigma_4$ 上,$z=1-x-y$,所以在其上,

$$\mathrm{d}S=\sqrt{1+z_x^2+z_y^2}\,\mathrm{d}x\mathrm{d}y=\sqrt{1+(-1)^2+(-1)^2}\,\mathrm{d}x\mathrm{d}y=\sqrt{3}\mathrm{d}x\mathrm{d}y.$$

设 $D_{xy}$ 是 $\Sigma_4$ 在 $Oxy$ 平面上的投影区域,即 $Oxy$ 平面上 $x=0$, $y=0$ 及 $x+y=1$ 所围的三角形区域,因此

$$\oint\!\!\!\oint_\Sigma xyz\,\mathrm{d}S=\iint_{\Sigma_4}xyz\,\mathrm{d}S=\iint_{D_{xy}}xy(1-x-y)\sqrt{3}\mathrm{d}x\mathrm{d}y$$

$$=\sqrt{3}\int_0^1 x\mathrm{d}x\int_0^{1-x}y(1-x-y)\mathrm{d}y$$

$$=\sqrt{3}\int_0^1 x\left[\frac{1}{2}y^2(1-x)-\frac{1}{3}y^3\right]\Big|_0^{1-x}\mathrm{d}x$$

$$=\sqrt{3}\int_0^1 x\cdot\frac{1}{6}(1-x)^3\mathrm{d}x$$

$$=\frac{\sqrt{3}}{6}\int_0^1(x-3x^2+3x^3-x^4)\mathrm{d}x$$

$$=\frac{\sqrt{3}}{6}\cdot\frac{1}{20}=\frac{\sqrt{3}}{120}.$$

**例 4** 计算曲面积分 $I=\iint\limits_{\Sigma}(x^2+y^2+z^2)^2\mathrm{d}S$，其中 $\Sigma$ 为以原点为球心，以 $R$ 为半径的上半球面.

**解** $\Sigma$ 的方程为 $x^2+y^2+z^2=R^2\ (z>0)$，所以

$$I=\iint\limits_{\Sigma}R^4\mathrm{d}S=R^4\iint\limits_{\Sigma}\mathrm{d}S$$

$$=R^4\cdot 2\pi R^2\quad\left(\text{因为}\iint\limits_{\Sigma}\mathrm{d}S\text{ 等于曲面}\Sigma\text{ 的面积}\right)$$

$$=2\pi R^6.$$

### 习 题 4-4

1. 计算曲面积分 $\iint\limits_{\Sigma}\sqrt{R^2-x^2-y^2}\mathrm{d}S$，其中 $\Sigma$ 为球心在坐标原点，半径为 1 的下半球面.

2. 计算曲面积分 $\iint\limits_{\Sigma}(6x+4y+3z)\mathrm{d}S$，其中 $\Sigma$ 为平面 $\frac{x}{2}+\frac{y}{3}+\frac{z}{4}=1$ 在第一卦限中的部分.

3. 求曲面积分 $\iint\limits_{\Sigma}(x^2+y^2-z^2-1)\mathrm{d}S$，其中 $\Sigma$ 是 $z=\sqrt{x^2+y^2}$ 中 $0\leqslant z\leqslant 1$ 的部分.

4. 计算曲面积分 $\iint\limits_{\Sigma}z^2\mathrm{d}S$，其中 $\Sigma$ 是柱面 $x^2+y^2=4$ 介于 $z=0$，$z=3$ 之间的部分.

5. 设抛物面壳 $\Sigma$：$z=\frac{1}{2}(x^2+y^2)\ (0<z<1)$ 上任一点 $M(x,y,z)$ 处的面密度 $\mu(x,y,z)=z$，求此抛物面壳的质量.

## §5 对坐标的曲面积分

### 5.1 对坐标的曲面积分的概念与性质

与对弧长的曲线积分类似，我们引入了对面积的曲面积分. 自然想到，与对坐标的曲线积分类似，也要引入对坐标的曲面积分. 这也是诸如求流体通过某一曲面的流量等许多实际问题所需要的. 在对坐标的曲线积分中，曲线是有向曲线. 在对坐标的曲面积分中，曲面也是有向曲面. 为此，首先对曲面的侧作一些说明.

通常我们遇到的曲面都是双侧曲面，例如方程 $z=z(x,y)$ 表示的曲面有上侧、下侧之分；又例如一块包围某一空间区域的封闭曲面有外侧、内侧之分.这些都是双侧曲面的例子.一般地，任意取定光滑曲面 $S$ 上的一点 $M_0$，取定曲面在 $M_0$ 点的法向量的一个朝向，让动点 $M$ 从点 $M_0$ 出发沿 $S$ 上任何一条不越过 $S$ 边界的闭曲线运动再回到点 $M_0$，同时让点 $M$ 的法向量连续地变化，若动点 $M$ 回到点 $M_0$ 时，法向量的朝向与出发时相同，则称该曲面是**双侧**的；否则称该曲面是**单侧**的.事实上，确实存在单侧曲面.如图 4-26(a)所示的一条带子，带子的两端分别是两条线段 $AB$ 和 $A'B'$，它是一个双侧曲面.将它的一侧涂上黑色，另一侧涂上白色，以此来区别它的两侧.现将带子的两端对接起来.若带子的两端按照 $A$ 与 $A'$，$B$ 与 $B'$ 的方式对接，得到的仍是一个双侧曲面(图 4-26(b)).但是，若先扭转带子，然后按照 $A$ 与 $B'$，$B$ 与 $A'$ 的方式对接，则黑白两侧在对接处很自然地连接起来(图 4-26(c)).这时的曲面是一个单侧曲面，它就是著名的麦比乌斯(Möbius)带.

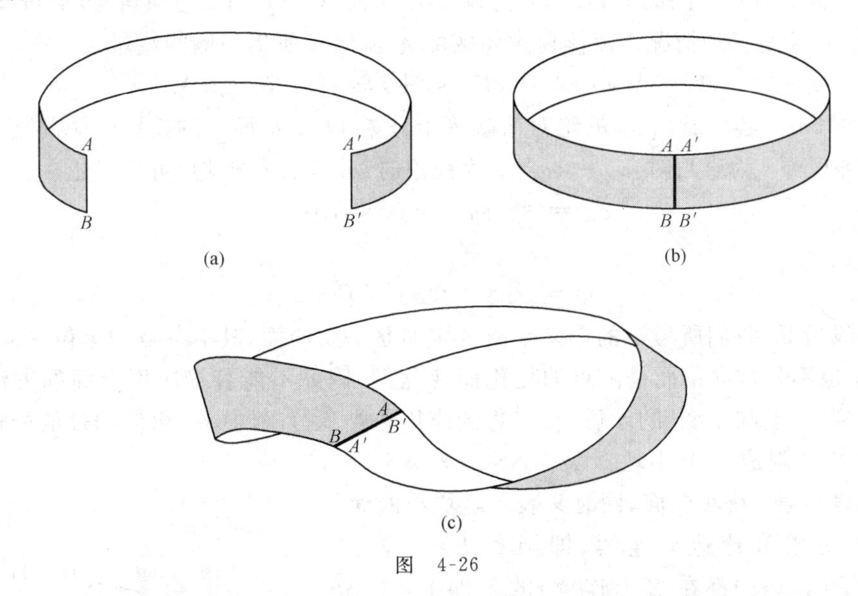


图 4-26

今后我们所涉及的曲面都指双侧曲面.对于双侧曲面，其上每一点的法向量都有两个彼此相反的方向.如果规定其中一个指向为正向，这样曲面上的点连同其指定的法向量正向就确定了曲面的一侧.如对由方程 $z=f(x,y)$ 所确定的曲面，如果规定其法向量与 $z$ 轴正向夹角为锐角，这就确定了曲面的上侧；反之，若规定其法向量与 $z$ 轴正向夹角为钝角就确定了曲面的下侧.确定了侧的曲面就是**定向曲面**.

设稳定的不可压缩的流体(假定其密度为 1)的速度由

$$\boldsymbol{v}(x,y,z)=P(x,y,z)\boldsymbol{i}+Q(x,y,z)\boldsymbol{j}+R(x,y,z)\boldsymbol{k}$$

确定，$\Sigma$ 是一块有向曲面，函数 $P(x,y,z)$，$Q(x,y,z)$，$R(x,y,z)$ 都在 $\Sigma$ 上连续.在单位时间内流向 $\Sigma$ 指定侧的流体的质量称为**流向 $\Sigma$ 定侧的流量**，记为 $\Phi$.下面讨论流量 $\Phi$ 的求法.

首先分析简单情况，如果曲面是空间的一块面积为 $A$ 的平面闭区域，设

$$\boldsymbol{n}=\boldsymbol{i}\cos\alpha+\boldsymbol{j}\cos\beta+\boldsymbol{k}\cos\gamma$$

为该曲面指定一侧的单位法向量，且流体在此区域各点处的流速 $\boldsymbol{v}=P\boldsymbol{i}+Q\boldsymbol{j}+R\boldsymbol{k}$ 也是一个常向量(图 4-27).那么，当 $\boldsymbol{v}$ 与 $\boldsymbol{n}$ 垂直时，在单位时间通过这闭区域 $A$ 流向 $\boldsymbol{n}$ 所指一侧的流量为 0；当 $\boldsymbol{v}$ 与 $\boldsymbol{n}$ 不垂直时，单位时间通过这闭区域 $A$ 流向 $\boldsymbol{n}$ 所指一侧的流体的体积恰是以 $A$ 为

底,以 $\boldsymbol{v}$ 为斜高的斜柱体(图 4-28)的体积.因为假定流体密度为 1,所以通过闭区域 $A$ 流向 $\boldsymbol{n}$

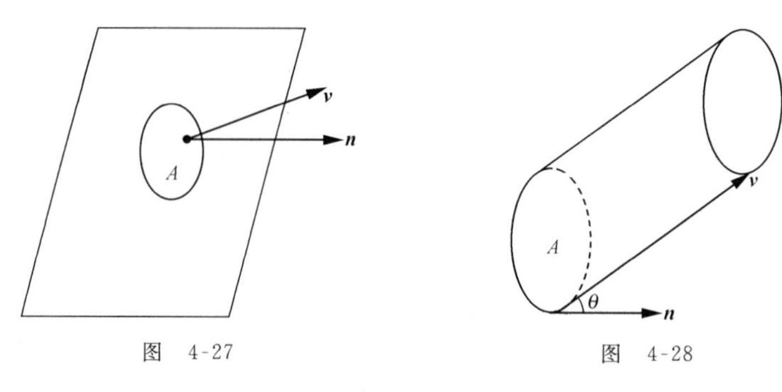


图 4-27　　图 4-28

所指一侧的流量的绝对值等于上述斜柱体的体积值,即为 $A|\boldsymbol{v}||\cos\theta|$(这里 $A$ 为闭区域 $A$ 的面积),其中 $\theta$ 为 $\boldsymbol{v}$ 与 $\boldsymbol{n}$ 之间的夹角.当 $\theta$ 为锐角时,流量 $\Phi>0$,当 $\theta$ 为钝角时,流量 $\Phi<0$.综合 $\theta$ 为直角、锐角、钝角三种情况该流体通过闭区域 $A$ 流向 $\boldsymbol{n}$ 所指一侧的流量

$$\Phi = A(\boldsymbol{v}\cdot\boldsymbol{n}) = (P\cos\alpha + Q\cos\beta + R\cos\gamma)A.$$

令 $\sigma_{xy}=A\cos\gamma$,容易看出 $\sigma_{xy}$ 的绝对值就等于 $A$ 在 $Oxy$ 平面上的投影区域的面积.当 $\gamma$ 为锐角时,$\sigma_{xy}>0$;当 $\gamma$ 为直角时,$\sigma_{xy}=0$;当 $\gamma$ 为钝角时,$\sigma_{xy}<0$.类似地,可以讨论

$$\sigma_{yz} = A\cos\alpha,\quad \sigma_{zx} = A\cos\beta.$$

于是

$$\Phi = P\sigma_{yz} + Q\sigma_{zx} + R\sigma_{xy}.$$

对于一般情况,我们所考虑的不是平面区域而是一块曲面,其上各点的单位法向量是变化的,且流速 $\boldsymbol{v}$ 也不是常向量而是随点的变化而变化的.因此不能直接应用上面的方法计算.我们又一次遇到了"变与不变"的矛盾.自然想到应用各类积分问题中一再使用过的处理方法.

把曲面 $\Sigma$ 分割成 $n$ 个小块:$\Delta S_1,\Delta S_2,\cdots,\Delta S_i,\cdots,\Delta S_n$($\Delta S_i$ 既表示第 $i$ 块小曲面,同时又表示这块小曲面的面积).在 $\Sigma$ 光滑和流速 $\boldsymbol{v}$ 连续(即函数 $P(x,y,z)$,$Q(x,y,z)$,$R(x,y,z)$都在 $\Sigma$ 上连续)的条件下,在 $\Delta S_i$ 上任取一点$(\xi_i,\eta_i,\zeta_i)$,用这点的单位法向量

$$\boldsymbol{n}_i = \boldsymbol{i}\cos\alpha_i + \boldsymbol{j}\cos\beta_i + \boldsymbol{k}\cos\gamma_i$$

近似代替 $\Delta S_i$ 上各点的单位法向量,用$(\xi_i,\eta_i,\zeta_i)$点的流速

$$\boldsymbol{v}_i(\xi_i,\eta_i,\zeta_i) = P(\xi_i,\eta_i,\zeta_i)\boldsymbol{i} + Q(\xi_i,\eta_i,\zeta_i)\boldsymbol{j} + R(\xi_i,\eta_i,\zeta_i)\boldsymbol{k}$$

近似代替 $\Delta S_i$ 上各点处的流速(图 4-29),从而得到通过 $\Delta S_i$ 流向指定侧的流量 $\Delta\Phi_i$ 的近似值

$$\Delta\Phi_i \approx (\boldsymbol{v}_i\cdot\boldsymbol{n}_i)\Delta S_i \quad (i=1,2,\cdots,n),$$

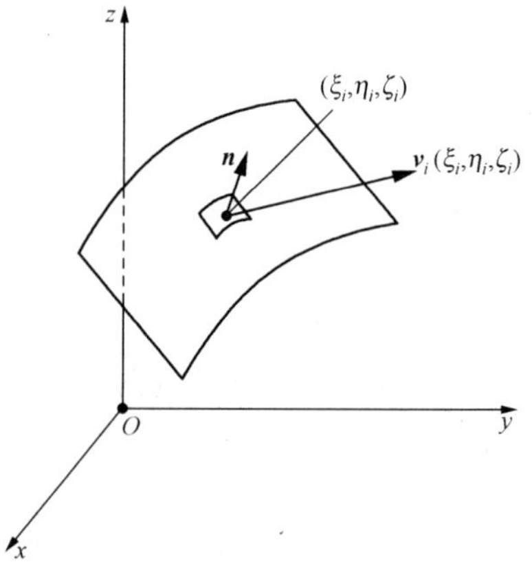

图 4-29

于是通过 $\Sigma$ 流向指定一侧的流量的近似值为

$$\sum_{i=1}^{n}(\boldsymbol{v}_i\cdot\boldsymbol{n}_i)\Delta S_i = \sum_{i=1}^{n}[P(\xi_i,\eta_i,\zeta_i)\cos\alpha_i + Q(\xi_i,\eta_i,\zeta_i)\cos\beta_i + R(\xi_i,\eta_i,\zeta_i)\cos\gamma_i]\Delta S_i$$

$$\xlongequal{\text{记为}} \sum_{i=1}^{n}[P(\xi_i,\eta_i,\zeta_i)\sigma_{iyz} + Q(\xi_i,\eta_i,\zeta_i)\sigma_{izx} + R(\xi_i,\eta_i,\zeta_i)\sigma_{ixy}].$$

为使近似值转化为精确值,令所有 $\Delta S_i$ 的直径的最大值 $\lambda\to 0$. 若上述和式的极限存在,则定义此极限值为通过 $\Sigma$ 流向指定一侧的流量.

这样的极限还会在其它问题中遇到,抽去它们的物理意义,就得出下面的对坐标的曲面积分的定义.

**定义** 设 $\Sigma$ 为光滑的有向曲面,函数 $R(x,y,z)$ 在 $\Sigma$ 上有界. 把 $\Sigma$ 任意分成 $n$ 块小曲面:$\Delta S_1,\Delta S_2,\cdots,\Delta S_i,\cdots,\Delta S_n$($\Delta S_i$ 既表示第 $i$ 块小曲面,同时又表示这块小曲面的面积). 设 $(\xi_i,\eta_i,\zeta_i)$ 是在小曲面 $\Delta S_i$ 上任取的一点,$\cos\alpha_i,\cos\beta_i,\cos\gamma_i$ 为小曲面 $\Delta S_i$ 在 $(\xi_i,\eta_i,\zeta_i)$ 点的单位法向量 $\boldsymbol{n}_i$ 的方向余弦,记 $\sigma_{ixy}=\cos\gamma_i\Delta S_i$(注意 $\sigma_{ixy}$ 的绝对值等于 $\Delta S_i$ 在 $Oxy$ 平面上的投影区域的面积,其符号的正负由 $\gamma_i$ 为锐角或钝角而定). 如果当所有 $\Delta S_i$ 的直径的最大值 $\lambda\to 0$ 时,极限

$$\lim_{\lambda\to 0}\sum_{i=1}^{n}R(\xi_i,\eta_i,\zeta_i)\sigma_{ixy}$$

存在,则称此极限值为函数 $R(x,y,z)$ 在有向曲面 $\Sigma$ 上**对坐标 $x,y$ 的曲面积分**,记做 $\iint\limits_{\Sigma}R(x,y,z)\mathrm{d}x\mathrm{d}y$,即

$$\iint\limits_{\Sigma}R(x,y,z)\mathrm{d}x\mathrm{d}y=\lim_{\lambda\to 0}\sum_{i=1}^{n}R(\xi_i,\eta_i,\zeta_i)\sigma_{ixy},$$

其中 $R(x,y,z)$ 叫做**被积函数**,$\Sigma$ 叫做**积分曲面**.

类似地可以定义函数 $P(x,y,z)$ 在有向曲面 $\Sigma$ 上**对坐标 $y,z$ 的曲面积分** $\iint\limits_{\Sigma}P(x,y,z)\mathrm{d}y\mathrm{d}z$,及函数 $Q(x,y,z)$ 在有向曲面 $\Sigma$ 上**对坐标 $z,x$ 的曲面积分** $\iint\limits_{\Sigma}Q(x,y,z)\mathrm{d}z\mathrm{d}x$,它们分别为

$$\iint\limits_{\Sigma}P(x,y,z)\mathrm{d}y\mathrm{d}z=\lim_{\lambda\to 0}\sum_{i=1}^{n}P(\xi_i,\eta_i,\zeta_i)\sigma_{iyz},$$

$$\iint\limits_{\Sigma}Q(x,y,z)\mathrm{d}z\mathrm{d}x=\lim_{\lambda\to 0}\sum_{i=1}^{n}Q(\xi_i,\eta_i,\zeta_i)\sigma_{izx},$$

其中

$$\sigma_{iyz}=\cos\alpha_i\Delta S_i,\quad \sigma_{izx}=\cos\beta_i\Delta S_i.$$

以上三个曲面积分称为**第二类曲面积分**.

可以证明,当 $P(x,y,z)$, $Q(x,y,z)$, $R(x,y,z)$ 在光滑的有向曲面 $\Sigma$ 上连续时,上述三个对坐标的曲面积分都存在. 以后总假定 $P(x,y,z)$, $Q(x,y,z)$, $R(x,y,z)$ 在 $\Sigma$ 上连续.

在应用上出现较多的是三个曲面积分之和,记为

$$\iint\limits_{\Sigma}P(x,y,z)\mathrm{d}y\mathrm{d}z+Q(x,y,z)\mathrm{d}z\mathrm{d}x+R(x,y,z)\mathrm{d}x\mathrm{d}y$$

$$=\iint\limits_{\Sigma}P(x,y,z)\mathrm{d}y\mathrm{d}z+\iint\limits_{\Sigma}Q(x,y,z)\mathrm{d}z\mathrm{d}x+\iint\limits_{\Sigma}R(x,y,z)\mathrm{d}x\mathrm{d}y.$$

如果 $\Sigma$ 是分片光滑的有向曲面,我们规定在 $\Sigma$ 上对坐标的曲面积分等于函数在各块光滑曲面上对坐标的曲面积分之和.

对坐标的曲面积分具有与对坐标的曲线积分相类似的一些**性质**. 例如:

如果把 $\Sigma$ 分成 $\Sigma_1$ 和 $\Sigma_2$,则

$$\iint_{\Sigma} P\mathrm{d}y\mathrm{d}z + Q\mathrm{d}z\mathrm{d}x + R\mathrm{d}x\mathrm{d}y$$
$$= \iint_{\Sigma_1} P\mathrm{d}y\mathrm{d}z + Q\mathrm{d}z\mathrm{d}x + R\mathrm{d}x\mathrm{d}y + \iint_{\Sigma_2} P\mathrm{d}y\mathrm{d}z + Q\mathrm{d}z\mathrm{d}x + R\mathrm{d}x\mathrm{d}y.$$

值得注意的是,如果$-\Sigma$表示取与$\Sigma$相反侧的有向曲面,则

$$\iint_{-\Sigma} P(x,y,z)\mathrm{d}y\mathrm{d}z = -\iint_{\Sigma} P(x,y,z)\mathrm{d}y\mathrm{d}z,$$
$$\iint_{-\Sigma} Q(x,y,z)\mathrm{d}z\mathrm{d}x = -\iint_{\Sigma} Q(x,y,z)\mathrm{d}z\mathrm{d}x,$$
$$\iint_{-\Sigma} R(x,y,z)\mathrm{d}x\mathrm{d}y = -\iint_{\Sigma} R(x,y,z)\mathrm{d}x\mathrm{d}y.$$

所以,特别要强调的是对坐标的曲面积分必须注意积分曲面所取的侧.

### 5.2 对坐标的曲面积分的计算法

设积分曲面$\Sigma$是由方程$z=z(x,y)$所给出的曲面,规定了曲面的一侧,$D_{xy}$为曲面$\Sigma$在$Oxy$平面上的投影区域,被积函数$R(x,y,z)$在$\Sigma$上连续.因为$(x,y,z)$在曲面上,即$x,y,z$满足曲面方程,而在式$\iint\limits_{\Sigma} R(x,y,z)\mathrm{d}x\mathrm{d}y$中,$\mathrm{d}x\mathrm{d}y$是由$\sigma_{ixy}=\cos\gamma_i\Delta S_i$转化而来,所以不难理解,当$\Sigma$为曲面$z=z(x,y)$的上侧(即有向曲面$\Sigma$的法向量$\boldsymbol{n}$与$z$轴的正方向的夹角为锐角)时,

$$\iint_{\Sigma} R(x,y,z)\mathrm{d}x\mathrm{d}y = \iint_{D_{xy}} R[x,y,z(x,y)]\mathrm{d}x\mathrm{d}y;$$

当$\Sigma$为曲面$z=z(x,y)$的下侧(即有向曲面$\Sigma$的法向量$\boldsymbol{n}$与$z$轴正方向的夹角为钝角)时,

$$\iint_{\Sigma} R(x,y,z)\mathrm{d}x\mathrm{d}y = -\iint_{D_{xy}} R[x,y,z(x,y)]\mathrm{d}x\mathrm{d}y.$$

上式中$\iint\limits_{D_{xy}} R[x,y,z(x,y)]\mathrm{d}x\mathrm{d}y$为二重积分.

请注意对坐标的曲面积分$\iint\limits_{\Sigma} R(x,y,z)\mathrm{d}x\mathrm{d}y$与二重积分$\iint\limits_{D_{xy}} R[x,y,z(x,y)]\mathrm{d}x\mathrm{d}y$二式中$\mathrm{d}x\mathrm{d}y$的区别,对坐标的曲面积分中$\mathrm{d}x\mathrm{d}y$是从$\cos\gamma_i\Delta S_i$转化而来的,故它是代数量,有正、负之分,其正负取决于$\gamma_i$是锐角还是钝角;而在二重积分$\iint\limits_{D_{xy}} R[x,y,z(x,y)]\mathrm{d}x\mathrm{d}y$中$\mathrm{d}x\mathrm{d}y$是由将$D_{xy}$分割成$n$小块的第$i$块$\Delta\sigma_i$的面积转化而来的,故它是算术量,总是非负的.

**例 1** 求曲面积分$I=\iint\limits_{\Sigma} xyz\mathrm{d}x\mathrm{d}y$,其中$\Sigma$是柱面$x^2+z^2=a^2$在第一,第五两个卦限内被平面$y=0$及$y=h(h>0)$所截下部分的外侧(图 4-30).

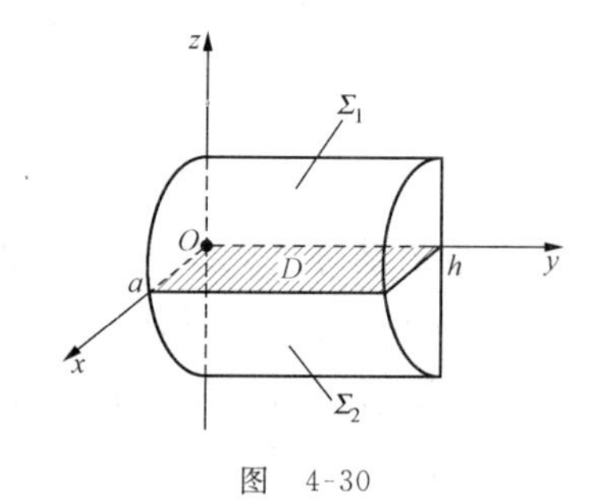

图 4-30

**解** $\Sigma$可以看成由$\Sigma_1$,$\Sigma_2$两部分组成,$\Sigma_1$为柱面在第一

卦限部分取上侧，$\Sigma_2$ 为柱面在第五卦限部分取下侧，$\Sigma_1$，$\Sigma_2$ 在 $Oxy$ 平面上的投影区域均为矩形

$$D: 0 \leqslant x \leqslant a, \ 0 \leqslant y \leqslant h.$$

对于 $\Sigma_1$ 有 $z=\sqrt{a^2-x^2}$，对于 $\Sigma_2$ 有 $z=-\sqrt{a^2-x^2}$，所以

$$\begin{aligned}
I &= \iint_{\Sigma_1} xyz\,\mathrm{d}x\mathrm{d}y + \iint_{\Sigma_2} xyz\,\mathrm{d}x\mathrm{d}y \\
&= \iint_D xy\sqrt{a^2-x^2}\,\mathrm{d}x\mathrm{d}y - \iint_D xy(-\sqrt{a^2-x^2})\,\mathrm{d}x\mathrm{d}y \\
&= 2\iint_D xy\sqrt{a^2-x^2}\,\mathrm{d}x\mathrm{d}y \\
&= 2\int_0^a x\sqrt{a^2-x^2}\,\mathrm{d}x\int_0^h y\,\mathrm{d}y \\
&= \frac{h^2}{2}\left[-\int_0^a \sqrt{a^2-x^2}\,\mathrm{d}(a^2-x^2)\right] \\
&= \frac{h^2}{2}\left[-\frac{2}{3}(a^2-x^2)^{3/2}\right]\Bigg|_0^a \\
&= \frac{1}{3}h^2a^3.
\end{aligned}$$

**例 2** 计算曲面积分

$$I = \iint_\Sigma x^2\,\mathrm{d}y\mathrm{d}z + y^2\,\mathrm{d}z\mathrm{d}x + z^2\,\mathrm{d}x\mathrm{d}y,$$

其中 $\Sigma$ 是长方体 $\Omega$ 的整个表面的外侧，$\Omega=\{(x,y,z)\mid 0\leqslant x\leqslant a, 0\leqslant y\leqslant b, 0\leqslant z\leqslant c\}$(图 4-31).

**解** 把有向曲面分成以下六部分：

$\Sigma_1$：$z=c$ $(0\leqslant x\leqslant a, 0\leqslant y\leqslant b)$的上侧；

$\Sigma_2$：$z=0$ $(0\leqslant x\leqslant a, 0\leqslant y\leqslant b)$的下侧；

$\Sigma_3$：$x=a$ $(0\leqslant y\leqslant b, 0\leqslant z\leqslant c)$的前侧；

$\Sigma_4$：$x=0$ $(0\leqslant y\leqslant b, 0\leqslant z\leqslant c)$的后侧；

$\Sigma_5$：$y=b$ $(0\leqslant x\leqslant a, 0\leqslant z\leqslant c)$的右侧；

$\Sigma_6$：$y=0$ $(0\leqslant x\leqslant a, 0\leqslant z\leqslant c)$的左侧.

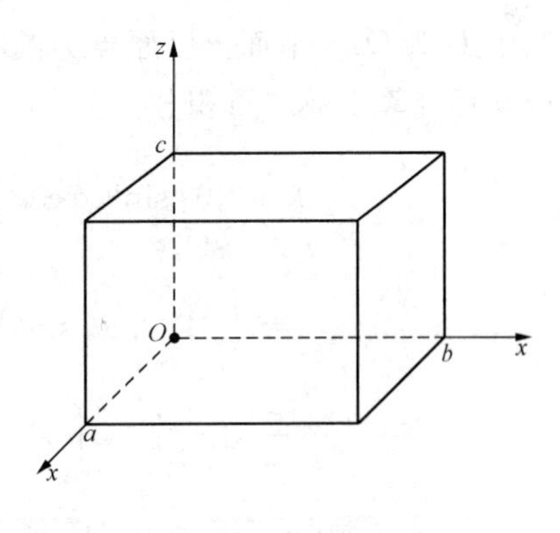


图 4-31

容易看出 $\Sigma_1$，$\Sigma_2$，$\Sigma_5$，$\Sigma_6$ 在 $Oyz$ 平面的投影的面积为 0(或者说它的法向量与 $x$ 轴垂直)，故

$$\iint_{\Sigma_i} x^2\,\mathrm{d}y\mathrm{d}x = 0 \quad (i=1,2,5,6).$$

于是

$$\iint_\Sigma x^2\,\mathrm{d}y\mathrm{d}z = \iint_{\Sigma_3} x^2\,\mathrm{d}y\mathrm{d}z + \iint_{\Sigma_4} x^2\,\mathrm{d}y\mathrm{d}z = \iint_{D_{yz}} a^2\,\mathrm{d}y\mathrm{d}z - 0 = a^2bc.$$

类似地可得

$$\iint_\Sigma y^2\,\mathrm{d}z\mathrm{d}x = ab^2c, \quad \iint_\Sigma z^2\,\mathrm{d}x\mathrm{d}y = abc^2.$$

因此 $I=abc(a+b+c)$.

**例 3** 计算曲面积分 $I=\iint\limits_{\Sigma}xyz\,\mathrm{d}x\mathrm{d}y$，其中 $\Sigma$ 是球面 $x^2+y^2+z^2=1$ 的外侧在 $x\geqslant 0, y\geqslant 0$ 的部分.

**解** 把 $\Sigma$ 分成 $\Sigma_1,\Sigma_2$ 两部分，$\Sigma_1$ 的方程为 $z=-\sqrt{1-x^2-y^2}$，$\Sigma_2$ 的方程为 $z=\sqrt{1-x^2-y^2}$，$\Sigma_1$，$\Sigma_2$ 在 $Oxy$ 平面上的投影区域都为 $D$(图 4-32)，所以

$$\begin{aligned}I&=\iint\limits_{\Sigma_1}xyz\,\mathrm{d}x\mathrm{d}y+\iint\limits_{\Sigma_2}xyz\,\mathrm{d}x\mathrm{d}y\\&=-\iint\limits_{D}xy(-\sqrt{1-x^2-y^2})\,\mathrm{d}x\mathrm{d}y+\iint\limits_{D}xy\sqrt{1-x^2-y^2}\,\mathrm{d}x\mathrm{d}y\\&=2\iint\limits_{D}xy\sqrt{1-x^2-y^2}\,\mathrm{d}x\mathrm{d}y,\end{aligned}$$

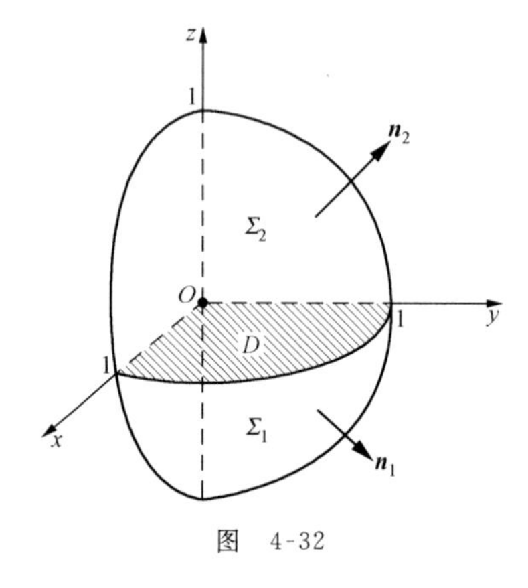

图 4-32

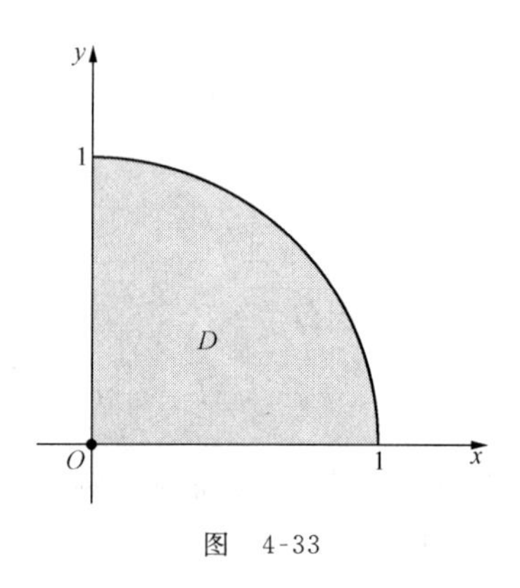

图 4-33

其中 $D$ 为 $Oxy$ 平面上以原点为圆心，以 1 为半径的圆限制在第一象限的部分(图 4-33). 利用极坐标计算上述二重积分，有

$$\begin{aligned}I&=2\iint\limits_{D}r^2\sin\theta\cos\theta\sqrt{1-r^2}\,r\mathrm{d}r\mathrm{d}\theta=2\int_0^{\frac{\pi}{2}}\sin\theta\cos\theta\mathrm{d}\theta\int_0^1 r^3\sqrt{1-r^2}\,\mathrm{d}r\\&=\left(2\int_0^{\frac{\pi}{2}}\sin\theta\mathrm{d}\sin\theta\right)\cdot\left(\int_0^1 r^3\sqrt{1-r^2}\,\mathrm{d}r\right)\\&=\sin^2\theta\Big|_0^{\frac{\pi}{2}}\cdot\int_0^1 r^3\sqrt{1-r^2}\,\mathrm{d}r=\int_0^1 r^3\sqrt{1-r^2}\,\mathrm{d}r.\end{aligned}$$

令 $u=1-r^2$，则 $\mathrm{d}u=-2r\mathrm{d}r$，从而 $r\mathrm{d}r=-\dfrac{1}{2}\mathrm{d}u$. 当 $r=0$ 时，$u=1$；当 $r=1$ 时，$u=0$. 于是有

$$I=-\frac{1}{2}\int_1^0(1-u)\sqrt{u}\,\mathrm{d}u=\frac{1}{2}\int_0^1(\sqrt{u}-u\sqrt{u})\,\mathrm{d}u=\frac{1}{3}-\frac{1}{5}=\frac{2}{15}.$$

### 5.3 高斯(Gauss)公式

作为牛顿-莱布尼兹公式、格林公式的推广，这一部分要介绍高斯公式，它将揭示空间立体有界闭区域上的三重积分与其边界曲面外侧上对坐标的曲面积分之间的联系.

**定理(高斯公式)** 设空间有界闭区域 $\Omega$ 是由分片光滑的闭曲面 $\Sigma$ 所围成，函数

$P(x,y,z)$, $Q(x,y,z)$, $R(x,y,z)$在$\Omega$上具有连续的一阶偏导数,则有

$$\iiint_{\Omega}\left(\frac{\partial P}{\partial x}+\frac{\partial Q}{\partial y}+\frac{\partial R}{\partial z}\right)\mathrm{d}v=\oiint_{\Sigma}P\mathrm{d}y\mathrm{d}z+Q\mathrm{d}z\mathrm{d}x+R\mathrm{d}x\mathrm{d}y$$

或

$$\iiint_{\Omega}\left(\frac{\partial P}{\partial x}+\frac{\partial Q}{\partial y}+\frac{\partial R}{\partial z}\right)\mathrm{d}v=\oiint_{\Sigma}\boldsymbol{v}\cdot\boldsymbol{n}\mathrm{d}S=\oiint_{\Sigma}(P\cos\alpha+Q\cos\beta+R\cos\gamma)\mathrm{d}S,$$

其中$\Sigma$是$\Omega$的整个表面的外侧,$\boldsymbol{v}=P\boldsymbol{i}+Q\boldsymbol{j}+R\boldsymbol{k}$,$\boldsymbol{n}$为$\Sigma$上点$(x,y,z)$处的单位法向量,$\cos\alpha$, $\cos\beta$,$\cos\gamma$为法向量$\boldsymbol{n}$的方向余弦.

**证** 设闭区域$\Omega$在$Oxy$平面上的投影区域为$D_{xy}$,假定穿过$\Omega$内部且平行于$z$轴的直线与$\Omega$的边界曲面$\Sigma$的交点最多是两个,这样$\Sigma$由$\Sigma_1$,$\Sigma_2$和$\Sigma_3$三部分组成,其中$\Sigma_1$,$\Sigma_2$分别由方程$z=z_1(x,y)$和$z=z_2(x,y)$给定,这里$z_1(x,y)\leqslant z_2(x,y)$,$\Sigma_1$取下侧,$\Sigma_2$取上侧,$\Sigma_3$是以$D_{xy}$的边界曲线为准线,母线平行于$z$轴的柱面上的一部分,取外侧(图 4-34).

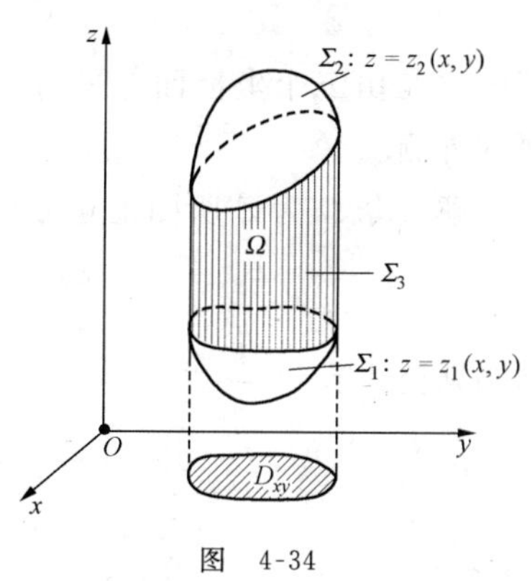


图 4-34

根据三重积分的计算法有

$$\iiint_{\Omega}\frac{\partial R}{\partial z}\mathrm{d}v=\iint_{D_{xy}}\left[\int_{z_1(x,y)}^{z_2(x,y)}\frac{\partial R}{\partial z}\mathrm{d}z\right]\mathrm{d}x\mathrm{d}y$$
$$=\iint_{D_{xy}}\{R[x,y,z_2(x,y)]-R[x,y,z_1(x,y)]\}\mathrm{d}x\mathrm{d}y. \tag{1}$$

根据曲面积分的计算法有

$$\iint_{\Sigma_1}R(x,y,z)\mathrm{d}x\mathrm{d}y=-\iint_{D_{xy}}R[x,y,z_1(x,y)]\mathrm{d}x\mathrm{d}y,$$

$$\iint_{\Sigma_2}R(x,y,z)\mathrm{d}x\mathrm{d}y=\iint_{D_{xy}}R[x,y,z_2(x,y)]\mathrm{d}x\mathrm{d}y.$$

而因为$\Sigma_3$在$Oxy$平面上的投影区域的面积为0($\Sigma_3$的法向量与$z$轴垂直),所以

$$\iint_{\Sigma_3}R(x,y,z)\mathrm{d}x\mathrm{d}y=0.$$

把以上三式相加,得

$$\oiint_{\Sigma}R(x,y,z)\mathrm{d}x\mathrm{d}y=\iint_{D_{xy}}\{R[x,y,z_2(x,y)]-R[x,y,z_1(x,y)]\}\mathrm{d}x\mathrm{d}y. \tag{2}$$

比较(1),(2)两式,得

$$\iiint_{\Omega}\frac{\partial R}{\partial z}\mathrm{d}v=\oiint_{\Sigma}R(x,y,z)\mathrm{d}x\mathrm{d}y.$$

如果穿过$\Omega$内部且平行于$x$轴的直线以及平行于$y$轴的直线与$\Omega$的边界曲面$\Sigma$的交点也都最多是两个,那么类似地可以得到

$$\iiint_{\Omega}\frac{\partial P}{\partial x}\mathrm{d}v=\oiint_{\Sigma}P(x,y,z)\mathrm{d}y\mathrm{d}z,$$

$$\iiint\limits_{\Omega}\frac{\partial Q}{\partial y}\mathrm{d}v=\oiint\limits_{\Sigma}Q(x,y,z)\mathrm{d}z\mathrm{d}x.$$

以上三式两端相加,即得高斯公式.

在上述证明中,对闭区域 $\Omega$ 作了下面的限制,即穿过 $\Omega$ 内部且与坐标轴平行的直线与 $\Omega$ 的边界曲面 $\Sigma$ 的交点最多是两个.如果不满足这样的条件,可以引进辅助面把 $\Sigma$ 分成几个满足上述条件的区域,并注意到沿辅助曲面相反的两侧的曲面积分的绝对值相等,符号相反,二者之和为 0,因此高斯公式仍然正确.

**例 4** 计算曲面积分

$$I=\oiint\limits_{\Sigma}(x^3-yz)\mathrm{d}y\mathrm{d}z-2x^2y\mathrm{d}z\mathrm{d}x+z\mathrm{d}x\mathrm{d}y,$$

其中 $\Sigma$ 是由三个坐标面与平行于坐标面的平面 $x=a$, $y=a$, $z=a(a>0)$所围成正立方体表面的外侧.

**解** 令 $\Omega$ 为 $\Sigma$ 所围正立方体闭区域,$P=(x^3-yz)$, $Q=-2x^2y$, $R=z$,则

$$\frac{\partial P}{\partial x}=3x^2,\quad \frac{\partial Q}{\partial y}=-2x^2,\quad \frac{\partial R}{\partial z}=1.$$

据高斯公式有

$$\begin{aligned}I&=\oiint\limits_{\Sigma}(x^3-yz)\mathrm{d}y\mathrm{d}z-2x^2y\mathrm{d}z\mathrm{d}x+z\mathrm{d}x\mathrm{d}y\\&=\oiint\limits_{\Sigma}P\mathrm{d}y\mathrm{d}z+Q\mathrm{d}z\mathrm{d}x+R\mathrm{d}x\mathrm{d}y=\iiint\limits_{\Omega}\left(\frac{\partial P}{\partial x}+\frac{\partial Q}{\partial y}+\frac{\partial R}{\partial z}\right)\mathrm{d}v\\&=\iiint\limits_{\Omega}(3x^2-2x^2+1)\mathrm{d}v=\iiint\limits_{\Omega}(x^2+1)\mathrm{d}v\\&=\iint\limits_{D_{yz}}\mathrm{d}y\mathrm{d}z\int_0^a(x^2+1)\mathrm{d}x=\iint\limits_{D_{yz}}\left(\frac{1}{3}a^3+a\right)\mathrm{d}y\mathrm{d}z,\end{aligned}$$

其中 $D_{yz}$ 为 $\Omega$ 在 $Oyz$ 平面上的投影区域,即 $Oyz$ 平面上由直线 $y=0$, $y=a$, $z=0$, $z=a$ 所围成的正方形区域.于是

$$I=\iint\limits_{D_{yz}}\left(\frac{1}{3}a^3+a\right)\mathrm{d}y\mathrm{d}z=\left(\frac{1}{3}a^3+a\right)\iint\limits_{D_{yz}}\mathrm{d}y\mathrm{d}z=\frac{1}{3}a^5+a^3.$$

**例 5** 计算曲面积分

$$I=\iint\limits_{\Sigma}x^2\mathrm{d}y\mathrm{d}z+y^2\mathrm{d}z\mathrm{d}x+z^2\mathrm{d}x\mathrm{d}y,$$

其中 $\Sigma$ 为锥面 $z=\sqrt{x^2+y^2}$ 介于平面 $z=0$ 及 $z=h(h>0)$之间部分的下侧(图 4-35).

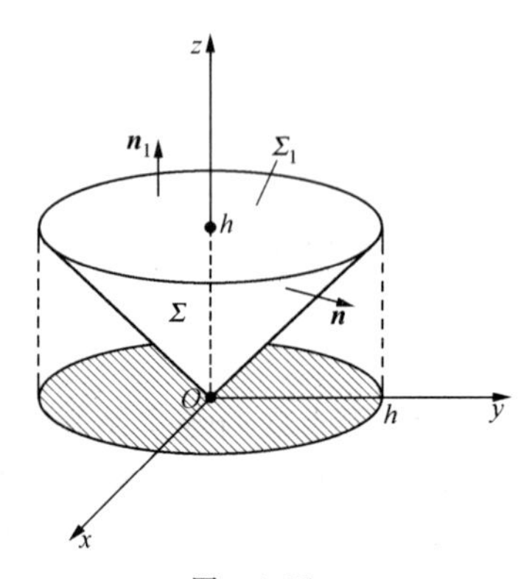

图 4-35

**解** 这里 $\Sigma$ 不是封闭曲面,为使用高斯公式,取 $\Sigma_1$ 为平面 $z=h$ 被限制在锥面 $z=\sqrt{x^2+y^2}$ 内部的上侧,与 $\Sigma$ 构成一个封闭曲面的外侧.令 $\Sigma$ 与 $\Sigma_1$ 所围的立体区域为 $\Omega$,则 $\Sigma$ 与 $\Sigma_1$ 在 $Oxy$ 平面上的投影区域均为 $Oxy$ 平面上以原点 $O$ 为圆心,以 $h$ 为半径的圆域 $x^2+y^2\leqslant h^2$.

据高斯公式有

$$\begin{aligned}&\iint\limits_{\Sigma+\Sigma_1}\!\!\!\!\!\!\!\!\!\!\!\!\bigcirc\;\;\; x^2\mathrm{d}y\mathrm{d}z+y^2\mathrm{d}z\mathrm{d}x+z^2\mathrm{d}x\mathrm{d}y\\&=\iiint\limits_{\Omega}2(x+y+z)\mathrm{d}v=\iiint\limits_{\Omega}2(x+y)\mathrm{d}v+2\iiint\limits_{\Omega}z\mathrm{d}v\\&=2\iint\limits_{D_{xy}}(x+y)\mathrm{d}x\mathrm{d}y\int_{\sqrt{x^2+y^2}}^{h}\mathrm{d}z+2\iint\limits_{D_{xy}}\mathrm{d}x\mathrm{d}y\int_{\sqrt{x^2+y^2}}^{h}z\mathrm{d}z.\end{aligned}$$

注意 $D_{xy}$ 关于 $x$ 轴、$y$ 轴都对称，且 $x,y$ 分别为 $x,y$ 的奇函数，所以

$$2\iint\limits_{D_{xy}}(x+y)\mathrm{d}x\mathrm{d}y\int_{\sqrt{x^2+y^2}}^{h}\mathrm{d}z=0.$$

而

$$\begin{aligned}2\iint\limits_{D_{xy}}\mathrm{d}x\mathrm{d}y\int_{\sqrt{x^2+y^2}}^{h}z\mathrm{d}z&=\iint\limits_{D_{xy}}[h^2-(x^2+y^2)]\mathrm{d}x\mathrm{d}y\\&=h^2\cdot\pi h^2-\iint\limits_{D_{xy}}(x^2+y^2)\mathrm{d}x\mathrm{d}y=\pi h^4-\int_0^{2\pi}\mathrm{d}\theta\int_0^h r^2 r\mathrm{d}r\\&=\pi h^4-2\pi\cdot\frac{1}{4}h^4=\frac{\pi}{2}h^4,\end{aligned}$$

因此

$$\iint\limits_{\Sigma}x^2\mathrm{d}y\mathrm{d}z+y^2\mathrm{d}z\mathrm{d}x+z^2\mathrm{d}x\mathrm{d}y+\iint\limits_{\Sigma_1}x^2\mathrm{d}y\mathrm{d}z+y^2\mathrm{d}z\mathrm{d}x+z^2\mathrm{d}x\mathrm{d}y=\frac{\pi}{2}h^4,$$

从而

$$\begin{aligned}I&=\iint\limits_{\Sigma}x^2\mathrm{d}y\mathrm{d}z+y^2\mathrm{d}z\mathrm{d}x+z^2\mathrm{d}x\mathrm{d}y\\&=\frac{\pi}{2}h^4-\iint\limits_{\Sigma_1}x^2\mathrm{d}y\mathrm{d}z+y^2\mathrm{d}z\mathrm{d}x+z^2\mathrm{d}x\mathrm{d}y.\end{aligned}$$

因为 $\Sigma_1$ 在 $Oyz$ 平面和 $Ozx$ 平面的投影区域的面积都为 0，故

$$\iint\limits_{\Sigma_1}x^2\mathrm{d}y\mathrm{d}z+y^2\mathrm{d}z\mathrm{d}x=0.$$

而 $\iint\limits_{\Sigma_1}z^2\mathrm{d}x\mathrm{d}y=h^2\iint\limits_{\Sigma_1}\mathrm{d}x\mathrm{d}y=\pi h^4$，于是

$$I=\frac{\pi}{2}h^4-(0+\pi h^4)=-\frac{\pi}{2}h^4.$$

### 5.4 散度

我们首先简单地介绍数量场与向量场的概念.

所谓场就是某个物理量在一个空间区域上的分布. 由于物理量分为数量和向量，所以场分为数量场和向量场. 从数学角度来说，如果对于空间区域 $G$ 内任一点 $M(x,y,z)$，都有一个确定的数量 $f(M)=f(x,y,z)$ 与之对应，则称在这空间区域 $G$ 内确定了一个函数. 一个数量场

可以用 $G$ 上定义的一个数量函数 $f(x,y,z)$ 来表示(例如温度场,密度场等).如果与 $M$ 点对应的是一个向量 $\boldsymbol{A}(M)$,则称在空间区域 $G$ 内确定了一个向量场(例如力场,速度场等).一个向量场可以用 $G$ 上定义的一个向量值函数

$$\boldsymbol{A}(M)=\boldsymbol{A}(x,y,z)=P(x,y,z)\boldsymbol{i}+Q(x,y,z)\boldsymbol{j}+R(x,y,z)\boldsymbol{k}$$

来表示,其中 $P(x,y,z)$, $Q(x,y,z)$, $R(x,y,z)$ 都是数值函数.

下面介绍向量场的通量和散度的概念.

设 $\boldsymbol{A}=P(x,y,z)\boldsymbol{i}+Q(x,y,z)\boldsymbol{j}+R(x,y,z)\boldsymbol{k}$ ,$\Sigma$ 为取定了侧的有向曲面,$\boldsymbol{n}=\boldsymbol{i}\cos\alpha+\boldsymbol{j}\cos\beta+\boldsymbol{k}\cos\gamma$ 为该曲面的单位法向量.我们称对坐标的曲面积分

$$\begin{aligned}\iint_{\Sigma}\boldsymbol{A}\cdot\boldsymbol{n}\mathrm{d}S&=\iint_{\Sigma}[P(x,y,z)\cos\alpha+Q(x,y,z)\cos\beta+R(x,y,z)\cos\gamma]\mathrm{d}S\\&=\iint_{\Sigma}P(x,y,z)\mathrm{d}y\mathrm{d}z+Q(x,y,z)\mathrm{d}z\mathrm{d}x+R(x,y,z)\mathrm{d}x\mathrm{d}y\end{aligned}$$

为**向量场 $\boldsymbol{A}$ 沿 $\boldsymbol{n}$ 通过曲面 $\Sigma$ 的通量**.

如果 $\boldsymbol{A}$ 是流体的速度场,可能在场内某些点有源泉,由该处冒出流体,不同的源泉处,冒出的流体的强度也可能不同;而在有些点可能有渗洞,在该处会吸收流体,不同的渗洞处吸收流体的强度也会不同.为了刻画流体场内各点处的这种性质,我们引入向量场内一点的散度的概念.

设 $M(x,y,z)$ 为流体速度场内一点,$\Sigma$ 为包围 $M$ 点的一个封闭曲面的外侧,则 $\oint\!\!\oint_{\Sigma}\boldsymbol{A}\cdot\boldsymbol{n}\mathrm{d}S$ 为单位时间内由 $\Sigma$ 内侧向外侧流出的流体的总量.令 $\Omega$ 表示 $\Sigma$ 所包围的空间立体区域,$V$ 表示 $\Omega$ 的体积.据高斯公式有

$$\iiint_{\Omega}\left(\frac{\partial P}{\partial x}+\frac{\partial Q}{\partial y}+\frac{\partial R}{\partial z}\right)\mathrm{d}v=\oint\!\!\oint_{\Sigma}\boldsymbol{A}\cdot\boldsymbol{n}\mathrm{d}S,$$

等式两边同时除以 $V$,得

$$\frac{1}{V}\iiint_{\Omega}\left(\frac{\partial P}{\partial x}+\frac{\partial Q}{\partial y}+\frac{\partial R}{\partial z}\right)\mathrm{d}z=\frac{1}{V}\oint\!\!\oint_{\Sigma}\boldsymbol{A}\cdot\boldsymbol{n}\mathrm{d}S.$$

上式右端表示包围在 $\Sigma$ 内的源泉在单位时间单位体积内所流出的流体的平均值.上式左端应用积分中值定理知,存在 $\Omega$ 上一点 $(\xi,\eta,\zeta)$,使得

$$\left(\frac{\partial P}{\partial x}+\frac{\partial Q}{\partial y}+\frac{\partial R}{\partial z}\right)\bigg|_{(\xi,\eta,\zeta)}=\frac{1}{V}\iiint_{\Omega}\left(\frac{\partial P}{\partial x}+\frac{\partial Q}{\partial y}+\frac{\partial R}{\partial z}\right)\mathrm{d}v.$$

于是

$$\left(\frac{\partial P}{\partial x}+\frac{\partial Q}{\partial y}+\frac{\partial R}{\partial z}\right)\bigg|_{(\xi,\eta,\zeta)}=\frac{1}{V}\oint\!\!\oint_{\Sigma}\boldsymbol{A}\cdot\boldsymbol{n}\mathrm{d}S.$$

为了刻画 $M(x,y,z)$ 这一点流出流体的性质,我们令 $\Omega$ 缩向 $M$ 点取极限,得

$$\left(\frac{\partial P}{\partial x}+\frac{\partial Q}{\partial y}+\frac{\partial R}{\partial z}\right)\bigg|_{M}=\lim_{\Omega\to M}\frac{1}{V}\oint\!\!\oint_{\Sigma}\boldsymbol{A}\cdot\boldsymbol{n}\mathrm{d}S.$$

我们称 $\left(\frac{\partial P}{\partial x}+\frac{\partial Q}{\partial y}+\frac{\partial R}{\partial z}\right)\bigg|_{(x,y,z)}$ 为向量场 $\boldsymbol{A}=P\boldsymbol{i}+Q\boldsymbol{j}+R\boldsymbol{k}$ 在点 $M(x,y,z)$ 的**散度**,记为 $\mathrm{div}\boldsymbol{A}\big|_M$,即

$$\mathrm{div}\boldsymbol{A}\big|_M=\frac{\partial P}{\partial x}+\frac{\partial Q}{\partial y}+\frac{\partial R}{\partial z}\bigg|_M.$$

散度是描述向量场中各点流出流体的强度的量,它是一个数量.

若 $\mathrm{div}\boldsymbol{A}|_M>0$,表示 $M$ 点是一个源泉,这点流出流体;

若 $\mathrm{div}\boldsymbol{A}|_M<0$,表示 $M$ 点是一个渗洞,这点吸收流体;

若 $\mathrm{div}\boldsymbol{A}|_M=0$,表示 $M$ 点既不是源泉也不是渗洞,在这点既不流出流体,也不吸收流体.

设 $\boldsymbol{A}=P\boldsymbol{i}+Q\boldsymbol{j}+R\boldsymbol{k}$ 是一个向量场,定义 $\mathrm{div}\boldsymbol{A}=\frac{\partial P}{\partial x}+\frac{\partial Q}{\partial y}+\frac{\partial R}{\partial z}$ 为向量场的散度.

**例 6** 求向量场 $\boldsymbol{A}=(x^2+yz)\boldsymbol{i}+(y^2+zx)\boldsymbol{j}+(z^2+xy)\boldsymbol{k}$ 的散度.

**解** 记 $P=x^2+yz,\ Q=y^2+zx,\ R=z^2+xy$,则

$$\mathrm{div}\boldsymbol{A}=\frac{\partial P}{\partial x}+\frac{\partial Q}{\partial y}+\frac{\partial R}{\partial z}=2x+2y+2z=2(x+y+z).$$

## 习 题 4-5

1. 将对坐标的曲面积分 $\iint\limits_{\Sigma}x^2y^2z\mathrm{d}x\mathrm{d}y$ 化为二重积分,其中 $\Sigma$ 分别为:

(1) 球面 $x^2+y^2+z^2=R^2$ 上半部分的上侧;

(2) 球面 $x^2+y^2+z^2=R^2$ 下半部分的下侧;

(3) 球面 $x^2+y^2+z^2=R^2$ 下半部分的上侧.

2. 计算曲面积分 $\iint\limits_{\Sigma}y^2\mathrm{d}z\mathrm{d}x$,其中 $\Sigma$ 是曲面 $z=\sqrt{1-x^2-y^2}$ 的上侧.

3. 利用高斯公式计算曲面积分 $\oint\!\!\!\oint\limits_{\Sigma}xy^2\mathrm{d}y\mathrm{d}z+yz^2\mathrm{d}z\mathrm{d}x+zx^2\mathrm{d}x\mathrm{d}y$,其中 $\Sigma$ 为球面 $x^2+y^2+z^2=R^2$ 的外侧.

4. 用高斯公式计算曲面积分 $\oint\!\!\!\oint\limits_{\Sigma}yz\mathrm{d}x\mathrm{d}y+zx\mathrm{d}y\mathrm{d}z+xy\mathrm{d}z\mathrm{d}x$,其中 $\Sigma$ 为柱面 $x^2+y^2=R^2$ 与坐标平面 $Oxy$,平面 $z=H(H>0)$ 所围成立体表面的外侧.

5. 计算下列向量场在指定点的散度:

(1) $\boldsymbol{A}\big|_{(1,1,3)}=\{4x,-2xy,z^2\}\big|_{(1,1,3)}$;  (2) $\boldsymbol{A}\big|_{(2,1,-2)}=\{xy,yz,zx\}\big|_{(2,1,-2)}$.

6. 求下列向量场的散度:

(1) $\boldsymbol{A}=(x^2+yz)\boldsymbol{i}+(y^2+xz)\boldsymbol{j}+(z^2+xy)\boldsymbol{k}$;

(2) $\boldsymbol{A}=\mathrm{e}^{xy}\boldsymbol{i}+\cos(xy)\boldsymbol{j}+\cos(xz^2)\boldsymbol{k}$;

(3) $\boldsymbol{A}=y^2\boldsymbol{i}+xy\boldsymbol{j}+xz\boldsymbol{k}$.

# 曲线积分与曲面积分内容小结

本章介绍了曲线积分与曲面积分.从数学角度来讲,与重积分类似,曲线积分与曲面积分都是定积分的推广,它们都是用于处理非均匀变化,具有可加性的整体量的.诸如求质量不均匀分布的各种形体的质量,变力所做的功,不均匀流体的流量等,其处理的方法都是将整体进行分割,在微小的局部取近似,求和,令分割无限变细取极限.正因为曲线、曲面积分的基本思想与定积分一致,所以它们的定义及性质也与定积分的类似.

本章的重点有两部分,一部分是曲线、曲面积分的计算,其基本方法就是转化为定积分或

重积分的计算;另一部分是介绍揭示平面有界闭区域上的二重积分与该区域边界曲线的对坐标的曲线积分之间关系的格林公式和揭示空间有界闭区域上的三重积分与该区域的边界曲面的对坐标的曲面积分之间关系的高斯公式.

## 一、曲线积分、曲面积分的计算公式

1. 对弧长的曲线积分的计算公式

在$\int_L f(x,y)\mathrm{d}s$中,$L$为一段光滑的平面曲线.设$L$的参数方程为

$$\begin{cases} x = x(t), \\ y = y(t) \end{cases} \quad (\alpha \leqslant t \leqslant \beta),$$

$f(x,y)$为定义在曲线$L$上的一连续函数.

为熟练掌握$\int_L f(x,y)\mathrm{d}s$的计算公式,关键是把握以下两点:

1) 积分变量$x,y$在曲线$L$上,故$x,y$满足曲线$L$的方程;

2) $\mathrm{d}s$是曲线$L$的弧长的微分,故$\mathrm{d}s=\sqrt{x'^2(t)+y'^2(t)}\mathrm{d}t$.

所以有如下的计算公式:

$$\int_L f(x,y)\mathrm{d}s = \int_\alpha^\beta f[x(t),y(t)]\sqrt{x'^2(t)+y'^2(t)}\mathrm{d}t.$$

值得注意的是,为保证$\mathrm{d}s$为正,必须$\alpha<\beta$,以使$\mathrm{d}t>0$.

类似地,对$L$是空间曲线段的情况,有类似的公式.

设$L$的方程为

$$\begin{cases} x = x(t), \\ y = y(t), \\ z = z(t) \end{cases} \quad (\alpha \leqslant t \leqslant \beta),$$

函数$f(x,y,z)$在$L$上连续,则对弧长的曲线积分

$$\int_L f(x,y,z)\mathrm{d}s = \int_\alpha^\beta f[x(t),y(t),z(t)]\sqrt{x'^2(t)+y'^2(t)+z'^2(t)}\mathrm{d}t.$$

2. 对坐标的曲线积分

在$\int_{L_{AB}} P(x,y)\mathrm{d}x + Q(x,y)\mathrm{d}y$中,$L_{AB}$是以$A$为起点,以$B$为终点的光滑平面曲线.设$L_{AB}$的参数方程为

$$\begin{cases} x = x(t), \\ y = y(t) \end{cases} \quad (t\text{介于}\alpha\text{与}\beta\text{之间,取到}\alpha,\beta).$$

$A$点的坐标为$(x(\alpha),y(\alpha))$,$B$点的坐标为$(x(\beta),y(\beta))$.

为熟练掌握曲线积分$\int_{L_{AB}} P(x,y)\mathrm{d}x + Q(x,y)\mathrm{d}y$的计算公式,关键是把握以下两点:

1) 积分变量$x,y$在$L_{AB}$上,故满足曲线方程$x=x(t)$,$y=y(t)$;

2) $\mathrm{d}x,\mathrm{d}y$为曲线$L_{AB}$上从点$A$到点$B$的小向量$\mathbf{ds}$的坐标,故

$$\mathrm{d}x = x'(t)\mathrm{d}t, \quad \mathrm{d}y = y'(t)\mathrm{d}t.$$

所以,对坐标的曲线积分的计算公式为

$$\int_{L_{AB}} P(x,y)\mathrm{d}x + Q(x,y)\mathrm{d}y = \int_{\alpha}^{\beta}\{P[x(t),y(t)]x'(t) + Q[x(t),y(t)]y'(t)\}\mathrm{d}t.$$

因为 $\mathrm{d}x,\mathrm{d}y$ 为向量 $\mathbf{ds}$(从 $A$ 向 $B$ 的方向)的坐标,所以 $\alpha,\beta$ 分别对应于点 $A,B$ 的参数 $t$ 的值,可能 $\alpha<\beta$,也可能 $\alpha>\beta$.

类似地,对于空间曲线 $L_{AB}$,也有类似的计算公式.

设 $L_{AB}$ 是以 $A$ 为起点,以 $B$ 为终点,参数方程为

$$\begin{cases} x = x(t), \\ y = y(t), \quad (t\text{ 介于 }\alpha\text{ 与 }\beta\text{ 之间,取到 }\alpha,\beta) \\ z = z(t) \end{cases}$$

的空间曲线,点 $A$ 的坐标为 $(x(\alpha),y(\alpha),z(\alpha))$,点 $B$ 的坐标为 $(x(\beta),y(\beta),z(\beta))$,$P(x,y,z)$,$Q(x,y,z)$,$R(x,y,z)$ 在曲线 $L_{AB}$ 上连续,则

$$\begin{aligned} &\int_{L_{AB}} P(x,y,z)\mathrm{d}x + Q(x,y,z)\mathrm{d}y + R(x,y,z)\mathrm{d}z \\ &\quad = \int_{\alpha}^{\beta}\{P[x(t),y(t),z(t)]x'(t) + Q[x(t),y(t),z(t)]y'(t) \\ &\qquad + R[x(t),y(t),z(t)]z'(t)\}\mathrm{d}t. \end{aligned}$$

3. 对面积的曲面积分

在 $\iint\limits_{\Sigma} f(x,y,z)\mathrm{d}S$ 中,$\Sigma$ 是一块光滑曲面.设 $\Sigma$ 的方程为 $z=z(x,y)$,它在 $Oxy$ 平面上的投影区域为 $D_{xy}$,$f(x,y,z)$ 是定义在曲面 $\Sigma$ 上的连续函数.

为熟练掌握对面积的曲面积分 $\iint\limits_{\Sigma} f(x,y,z)\mathrm{d}S$ 的计算公式,关键是把握以下两点:

1) 积分变量 $x,y,z$ 在积分区域上,即在曲面 $\Sigma$ 上,故满足曲面方程 $z=z(x,y)$;

2) $\mathrm{d}S$ 表示曲面 $\Sigma$ 上小曲面元的面积,故 $\mathrm{d}S=\sqrt{1+\left(\frac{\partial z}{\partial x}\right)^2+\left(\frac{\partial z}{\partial y}\right)^2}\,\mathrm{d}x\mathrm{d}y$.

所以,有以下公式:

$$\iint\limits_{\Sigma} f(x,y,z)\mathrm{d}S = \iint\limits_{D_{xy}} f[x,y,z(x,y)]\sqrt{1+\left(\frac{\partial z}{\partial x}\right)^2+\left(\frac{\partial z}{\partial y}\right)^2}\,\mathrm{d}x\mathrm{d}y.$$

如果曲面 $\Sigma$ 的方程为 $y=y(z,x)$(或 $x=x(y,z)$),$\Sigma$ 在 $Ozx$ 平面(或 $Oyz$ 平面)上的投影为 $D_{zx}$(或 $D_{yz}$),则曲面积分的计算公式为

$$\iint\limits_{\Sigma} f(x,y,z)\mathrm{d}S = \iint\limits_{D_{zx}} f[x,y(z,x),z]\sqrt{1+\left(\frac{\partial y}{\partial z}\right)^2+\left(\frac{\partial y}{\partial x}\right)^2}\,\mathrm{d}z\mathrm{d}x$$

$$\left(\text{或}\quad \iint\limits_{\Sigma} f(x,y,z)\mathrm{d}S = \iint\limits_{D_{yz}} f[x(y,z),y,z]\sqrt{1+\left(\frac{\partial x}{\partial y}\right)^2+\left(\frac{\partial x}{\partial z}\right)^2}\,\mathrm{d}y\mathrm{d}z\right).$$

4. 对坐标的曲面积分

在 $\iint\limits_{\Sigma} R(x,y,z)\mathrm{d}x\mathrm{d}y$ 中,$\Sigma$ 是一块光滑有向曲面.设 $\Sigma$ 方程为 $z=z(x,y)$,它在 $Oxy$ 平面上的投影区域为 $D_{xy}$.如果 $\Sigma$ 的法向量与 $z$ 轴的正向的夹角为 $\gamma$,则

$$\iint\limits_{\Sigma} R(x,y,z)\mathrm{d}x\mathrm{d}y=\begin{cases}+\iint\limits_{D_{xy}} R[x,y,z(x,y)]\mathrm{d}x\mathrm{d}y, & 0<\gamma<\frac{\pi}{2},\\ -\iint\limits_{D_{xy}} R[x,y,z(x,y)]\mathrm{d}x\mathrm{d}y, & \frac{\pi}{2}<\gamma<\pi,\\ 0, & \gamma=\frac{\pi}{2}.\end{cases}$$

类似地,有以下的公式:

如果$\Sigma$的方程为$y=y(z,x)$,它在$Ozx$平面上的投影区域为$D_{zx}$,$\Sigma$的法向量与$y$轴的正向的夹角为$\beta$, $Q(x,y,z)$在$\Sigma$上连续,则

$$\iint\limits_{\Sigma} Q(x,y,z)\mathrm{d}z\mathrm{d}x=\begin{cases}+\iint\limits_{D_{zx}} Q[x,y(z,x),z]\mathrm{d}z\mathrm{d}x, & 0<\beta<\frac{\pi}{2},\\ -\iint\limits_{D_{zx}} Q[x,y(z,x),z]\mathrm{d}z\mathrm{d}x, & \frac{\pi}{2}<\beta<\pi,\\ 0, & \beta=\frac{\pi}{2};\end{cases}$$

如果$\Sigma$的方程为$x=x(y,z)$,它在$Oyz$平面上的投影区域为$D_{yz}$,$\Sigma$的法向量与$x$轴的正向的夹角为$\alpha$,$P(x,y,z)$在$\Sigma$上连续,则

$$\iint\limits_{\Sigma} P(x,y,z)\mathrm{d}y\mathrm{d}z=\begin{cases}+\iint\limits_{D_{yz}} P[x(y,z),y,z]\mathrm{d}y\mathrm{d}z, & 0<\alpha<\frac{\pi}{2},\\ -\iint\limits_{D_{yz}} P[x(y,z),y,z]\mathrm{d}y\mathrm{d}z, & \frac{\pi}{2}<\alpha<\pi,\\ 0, & \alpha=\frac{\pi}{2}.\end{cases}$$

## 二、格林公式和平面曲线积分与路径无关的条件

1. 格林公式

设有界闭区域$D$由分段光滑的曲线$L$围成,函数$P(x,y)$,$Q(x,y)$在$D$上具有连续的一阶偏导数,则有

$$\iint\limits_{D}\left(\frac{\partial Q}{\partial x}-\frac{\partial P}{\partial y}\right)\mathrm{d}x\mathrm{d}y=\oint_{L} P\mathrm{d}x+Q\mathrm{d}y,$$

其中$L$是$D$的取正向的边界曲线.

2. 平面曲线积分与路径无关的条件

设开区域$D$是一个单连通区域,函数$P(x,y)$,$Q(x,y)$在$D$内具有连续的一阶偏导数,则曲线积分$\int_{L} P\mathrm{d}x+Q\mathrm{d}y$在$D$内与路径无关(或沿$D$内任何一条闭曲线的线积分为0)的充分必要条件是$\frac{\partial Q}{\partial x}=\frac{\partial P}{\partial y}$在$D$内处处成立.

## 三、高斯公式

设空间有界闭区域$\Omega$是由分片光滑的闭曲面$\Sigma$所围成,函数$P(x,y,z)$,$Q(x,y,z)$,

$R(x,y,z)$在$\Omega$上具有连续的一阶偏导数,则有

$$\iiint_{\Omega}\left(\frac{\partial P}{\partial x}+\frac{\partial Q}{\partial y}+\frac{\partial R}{\partial z}\right)\mathrm{d}v=\oiint_{\Sigma}P\,\mathrm{d}y\mathrm{d}z+Q\mathrm{d}z\mathrm{d}x+R\mathrm{d}x\mathrm{d}y,$$

其中$\Sigma$取外侧.

## 复习题四

### 一、填空题

1. 设$C$是曲线$y=\ln x$上对应于$x=1$和$x=2$之间的一段弧,则$\int_C x^2\mathrm{d}s=$________.

2. 设$C$是圆心在原点,半径为$a$的右半圆周,则$\int_C x\,\mathrm{d}s=$________.

3. 设$C$是抛物线$x=y^2$由$(1,-1)$到$(4,2)$的一段弧,则$\int_C y\,\mathrm{d}x=$________.

4. 设$L$为取逆时针方向的圆周$x^2+y^2=9$,则$\oint_L(2xy-2y)\mathrm{d}x+(x^2-4x)\mathrm{d}y=$________.

5. 设$L$是圆周$x^2+y^2=a^2$上由点$A(a,0)$到点$B(0,a)$较短的一段弧,则$\int_L 2xy\,\mathrm{d}x+(1+x^2)\mathrm{d}y=$________.

6. 设$\Sigma$为球面$x^2+y^2+z^2=a^2$,则$\iint_{\Sigma}(x^2+y^2+z^2)\mathrm{d}S=$________.

7. 设$\Sigma$是圆柱面$x^2+y^2=4$介于$z=0,z=3$之间部分的外侧,则$\iint_{\Sigma}x^2\mathrm{d}x\mathrm{d}y=$________.

8. 设$\Sigma$为半球面$z=\sqrt{a^2-x^2-y^2}$的上侧,则$\iint_{\Sigma}x^2\mathrm{d}y\mathrm{d}z=$________.

9. 设$\Sigma$为上半球面$x^2+y^2+z^2=a^2$的外侧,则$\iint_{\Sigma}z\,\mathrm{d}x\mathrm{d}y=$________.

### 二、单项选择题

1. 设$L$为双曲线$xy=1$从点$\left(\frac{1}{2},2\right)$到点$(1,1)$的一段弧,则$\int_L y\,\mathrm{d}s=$ ( )

(A) $\int_2^1 y\sqrt{1+\frac{1}{y^4}}\mathrm{d}y$; (B) $\int_1^2 y\sqrt{1+\frac{1}{y^4}}\mathrm{d}y$;

(C) $\int_{\frac{1}{2}}^2 y\sqrt{1+\frac{1}{x^2}}\mathrm{d}x$; (D) $\int_{\frac{1}{2}}^2\left(-\frac{1}{x^3}\right)\mathrm{d}x$.

2. 设曲线$C$是从点$A(1,0)$到点$B(-1,2)$的直线段,则$\int_C(x+y)\mathrm{d}s=$ ( )

(A) $2\sqrt{2}$; (B) 0; (C) 2; (D) $\sqrt{2}$.

3. 设$L$是直线$x-2y=4$上从点$A(0,-2)$到点$B(4,0)$的一段,则$\int_L\frac{1}{x-y}\mathrm{d}s=$ ( )

(A) $\sqrt{5}\ln 2$; (B) $\ln 2$; (C) $\sqrt{5}$; (D) $\sqrt{3}\ln 2$.

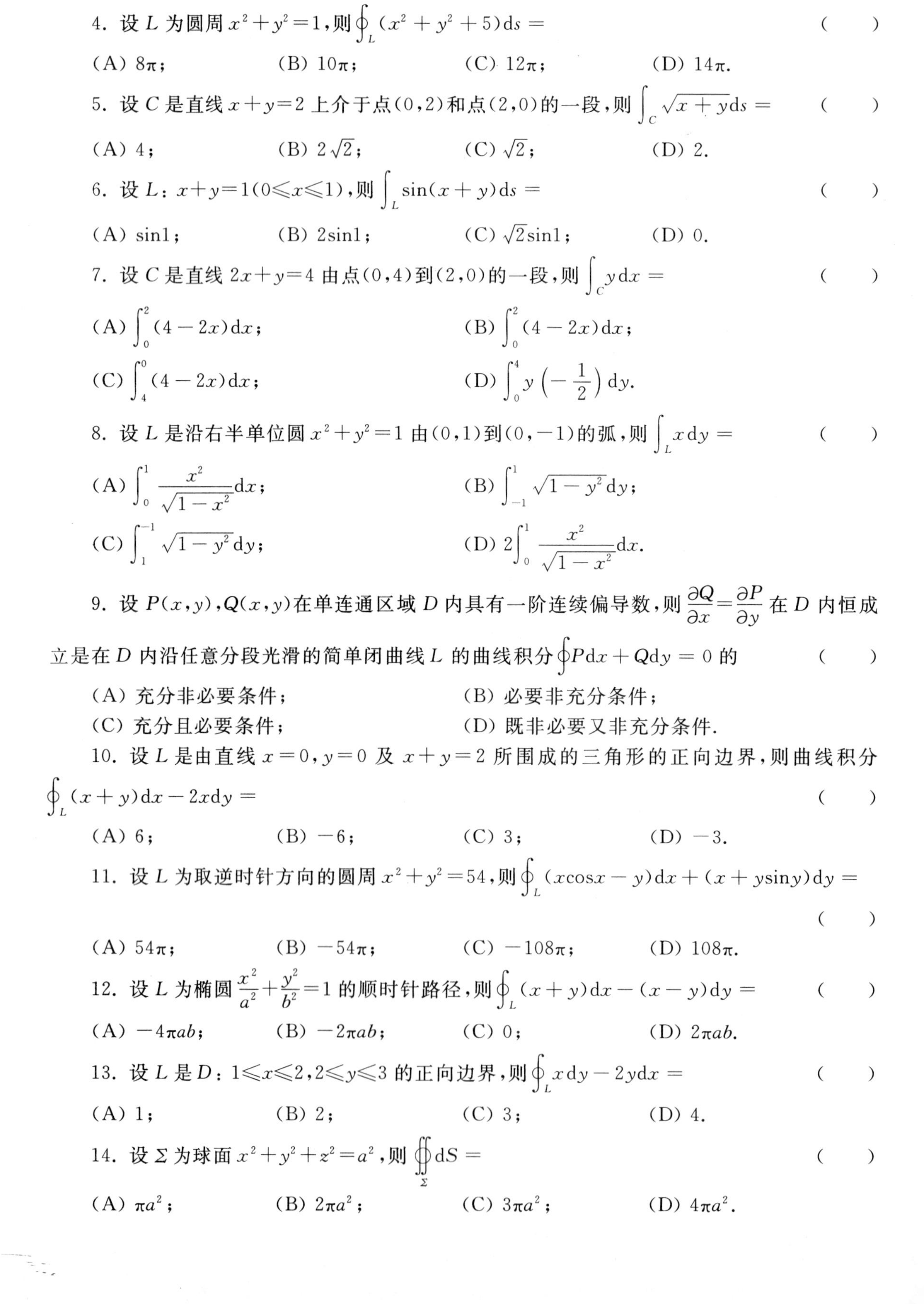

4. 设 $L$ 为圆周 $x^2+y^2=1$，则 $\oint_L (x^2+y^2+5)\mathrm{d}s=$ ( )

(A) $8\pi$； (B) $10\pi$； (C) $12\pi$； (D) $14\pi$.

5. 设 $C$ 是直线 $x+y=2$ 上介于点 $(0,2)$ 和点 $(2,0)$ 的一段，则 $\int_C \sqrt{x+y}\mathrm{d}s=$ ( )

(A) 4； (B) $2\sqrt{2}$； (C) $\sqrt{2}$； (D) 2.

6. 设 $L$：$x+y=1(0\leqslant x\leqslant 1)$，则 $\int_L \sin(x+y)\mathrm{d}s=$ ( )

(A) $\sin 1$； (B) $2\sin 1$； (C) $\sqrt{2}\sin 1$； (D) 0.

7. 设 $C$ 是直线 $2x+y=4$ 由点 $(0,4)$ 到 $(2,0)$ 的一段，则 $\int_C y\mathrm{d}x=$ ( )

(A) $\int_0^2 (4-2x)\mathrm{d}x$； (B) $\int_0^2 (4-2x)\mathrm{d}x$；

(C) $\int_4^0 (4-2x)\mathrm{d}x$； (D) $\int_0^4 y\left(-\frac{1}{2}\right)\mathrm{d}y$.

8. 设 $L$ 是沿右半单位圆 $x^2+y^2=1$ 由 $(0,1)$ 到 $(0,-1)$ 的弧，则 $\int_L x\mathrm{d}y=$ ( )

(A) $\int_0^1 \frac{x^2}{\sqrt{1-x^2}}\mathrm{d}x$； (B) $\int_{-1}^1 \sqrt{1-y^2}\mathrm{d}y$；

(C) $\int_1^{-1} \sqrt{1-y^2}\mathrm{d}y$； (D) $2\int_0^1 \frac{x^2}{\sqrt{1-x^2}}\mathrm{d}x$.

9. 设 $P(x,y)$，$Q(x,y)$ 在单连通区域 $D$ 内具有一阶连续偏导数，则 $\frac{\partial Q}{\partial x}=\frac{\partial P}{\partial y}$ 在 $D$ 内恒成立是在 $D$ 内沿任意分段光滑的简单闭曲线 $L$ 的曲线积分 $\oint P\mathrm{d}x+Q\mathrm{d}y=0$ 的 ( )

(A) 充分非必要条件； (B) 必要非充分条件；

(C) 充分且必要条件； (D) 既非必要又非充分条件.

10. 设 $L$ 是由直线 $x=0$，$y=0$ 及 $x+y=2$ 所围成的三角形的正向边界，则曲线积分 $\oint_L (x+y)\mathrm{d}x-2x\mathrm{d}y=$ ( )

(A) 6； (B) $-6$； (C) 3； (D) $-3$.

11. 设 $L$ 为取逆时针方向的圆周 $x^2+y^2=54$，则 $\oint_L (x\cos x-y)\mathrm{d}x+(x+y\sin y)\mathrm{d}y=$ ( )

(A) $54\pi$； (B) $-54\pi$； (C) $-108\pi$； (D) $108\pi$.

12. 设 $L$ 为椭圆 $\frac{x^2}{a^2}+\frac{y^2}{b^2}=1$ 的顺时针路径，则 $\oint_L (x+y)\mathrm{d}x-(x-y)\mathrm{d}y=$ ( )

(A) $-4\pi ab$； (B) $-2\pi ab$； (C) 0； (D) $2\pi ab$.

13. 设 $L$ 是 $D$：$1\leqslant x\leqslant 2, 2\leqslant y\leqslant 3$ 的正向边界，则 $\oint_L x\mathrm{d}y-2y\mathrm{d}x=$ ( )

(A) 1； (B) 2； (C) 3； (D) 4.

14. 设 $\Sigma$ 为球面 $x^2+y^2+z^2=a^2$，则 $\oiint_\Sigma \mathrm{d}S=$ ( )

(A) $\pi a^2$； (B) $2\pi a^2$； (C) $3\pi a^2$； (D) $4\pi a^2$.

15. 设 $\Sigma$ 是下半球面 $x^2+y^2+z^2=a^2$, $z\leqslant 0$,则 $\iint\limits_{\Sigma}(x^2+y^2+z^2)\mathrm{d}S=$ ( )

(A) $\pi a^4$; (B) $2\pi a^4$; (C) $3\pi a^4$; (D) $4\pi a^4$.

16. 设 $\Sigma$ 是锥面 $z=\sqrt{x^2+y^2}$ 介于 $z=0$, $z=1$ 之间的部分,则 $\iint\limits_{\Sigma}z\mathrm{d}S=$ ( )

(A) $-\iint\limits_{D}(x^2+y^2)\mathrm{d}x\mathrm{d}y$; (B) $\int_0^{2\pi}\mathrm{d}\theta\int_0^1\rho^3\mathrm{d}\rho$;

(C) $\int_0^{2\pi}\mathrm{d}\theta\int_0^1\sqrt{2}\rho\mathrm{d}\rho$; (D) $\int_0^{2\pi}\mathrm{d}\theta\int_0^1\sqrt{2}\rho^2\mathrm{d}\rho$.

17. 设 $\Sigma$ 是球面 $x^2+y^2+z^2=2$ 的外侧,则 $\oiint\limits_{\Sigma}x^2\mathrm{d}y\mathrm{d}z=$ ( )

(A) 0; (B) 2; (C) $\pi$; (D) $\sqrt{2}$.

18. 设 $S$ 是抛物面 $z=x^2+y^2$ 在第一卦限中介于 $z=0$,$z=2$ 之间部分的下侧,则 $\iint\limits_{S}z\mathrm{d}x\mathrm{d}y$ $=$ ( )

(A) $-\int_0^{2\pi}\mathrm{d}\theta\int_0^2\rho^3\mathrm{d}\rho$; (B) $-\int_0^{\frac{\pi}{2}}\mathrm{d}\theta\int_0^{\sqrt{2}}\rho^3\mathrm{d}\rho$;

(C) $\int_0^{\frac{\pi}{4}}\mathrm{d}\theta\int_0^{\sqrt{2}}\rho^2\mathrm{d}\rho$; (D) $-\int_0^{\frac{\pi}{2}}\mathrm{d}\theta\int_0^{\sqrt{2}}\rho^2\mathrm{d}\rho$.

**三、综合题**

1. 计算曲线积分 $\oint_L\sqrt{x^2+y^2}\mathrm{d}s$,其中 $L$ 为圆周 $x^2+y^2=ax(a>0)$.(提示:应用 $L$ 的极坐标方程或圆的参数方程)

2. 计算曲线积分 $\int_L(y+2xy)\mathrm{d}x+(x^2+2x+y^2)\mathrm{d}y$,其中 $L$ 是 $x^2+y^2=4x$ 上由点 $A(4,0)$ 至点 $B(0,0)$ 上半圆周.

3. 计算曲面积分 $\iint\limits_{\Sigma}(x+y+z)\mathrm{d}x\mathrm{d}y+(y-z)\mathrm{d}y\mathrm{d}z$,其中 $\Sigma$ 为三坐标平面及平面 $x=1$,$y=1$,$z=1$ 所围成的正方体表面的外侧.

4. 设质量为 $m$ 的质点 $M$ 除了受重力外,还受到一个指向原点 $O$ 的,大小与线段 $OM$ 的长度成正比的弹性力 $\boldsymbol{F}$ 的作用.现在要把这个点从点 $A(a,0,0)$ 沿螺旋线

$$x=a\cos t,\quad y=a\sin t,\quad z=\frac{h}{2\pi}t$$

上升一整周(即 $0\leqslant t\leqslant 2\pi$),求该质点在运动过程中,所受的重力和弹性力 $\boldsymbol{F}$ 对质点所做的总功.

5. 设质点 $M$ 在力 $\boldsymbol{F}=(y^2+1)\boldsymbol{i}+(x+y)\boldsymbol{j}$ 的作用下沿曲线 $y=ax(1-x)$ 从点 $O(0,0)$ 移动到点 $B(1,0)$,求使该力对质点所做的功为最小的参数 $a$ 的值.

6. 一质点在变力 $\boldsymbol{F}=(x+y^2)\boldsymbol{i}+(2xy-8)\boldsymbol{j}$ 的作用下运动,证明该力对质点所做的功与质点运动的路径无关.

7. 一质点受力 $\boldsymbol{F}=-\frac{k}{r^3}(x\boldsymbol{i}+y\boldsymbol{j})$ 的作用,在半平面($x>0$)上运动,其中 $r=\sqrt{x^2+y^2}$.证明该力对质点所做的功与质点运动的路径无关.

# 第五章 常微分方程

微积分研究的对象是函数.要应用微积分解决问题,首先要根据实际问题寻找其中存在的函数关系.但是根据实际问题给出的条件,往往不能直接写出其中的函数关系,而可以列出函数及其导数所满足的方程式,这类方程式称为微分方程.本章介绍微分方程的一些基本概念和几种简单的微分方程的解法.

## §1 微分方程的基本概念

为了说明微分方程的基本概念,先看两个例子.

**例 1** 一曲线通过点(1,2),且在该曲线上的任意点 $M(x,y)$ 处的切线斜率为 $2x$,求这曲线的方程.

**解** 设所求曲线的方程为 $y=y(x)$.根据导数的几何意义,可知未知函数 $y=y(x)$ 应满足如下关系:

$$\frac{\mathrm{d}y}{\mathrm{d}x}=2x. \tag{1}$$

此外,因曲线 $y=y(x)$ 通过点(1,2),所以 $y=y(x)$ 还满足条件

$$y(1)=2. \tag{2}$$

为求满足(1)式的未知函数 $y=y(x)$,把(1)式两边积分,得

$$y=\int 2x\mathrm{d}x,$$

即

$$y=x^2+C\quad(\text{其中 } C \text{ 是任意常数}). \tag{3}$$

把条件(2)代入(3)式,得

$$2=1^2+C,\quad \text{故}\quad C=1.$$

于是,得所求曲线的方程为

$$y=x^2+1. \tag{4}$$

**例 2** 一个质量为 $m$ 的物体在桌面上沿着直线做无摩擦的滑动,它被一端固定在墙上的弹簧所连接,此弹簧的弹性系数为 $k(k>0)$.弹簧松弛时物体的位置确定为坐标原点 $O$,直线确定为 $x$ 轴,物体离开坐标原点的位移记为 $x$(图 5-1).在初始时刻,物体的位移 $x=x_0$ $(x_0>0)$.物体从静止开始滑动,求物体的运动规律(即位移 $x$ 随时间 $t$ 变化的函数关系).

**解** 首先,对物体进行受力分析.该物体所受合力为弹性恢复力,根据虎克定律,$F=-kx$(因为是恢复力,力的方向与位移 $x$ 的方向相反,所以

有负号),再根据牛顿第二定律,

$$F = m\frac{\mathrm{d}^2x}{\mathrm{d}t^2},$$

于是得 $x$ 所满足的方程:

$$m\frac{\mathrm{d}^2x}{\mathrm{d}t^2} = -kx, \quad 即 \quad m\frac{\mathrm{d}^2x}{\mathrm{d}t^2} + kx = 0. \qquad (5)$$

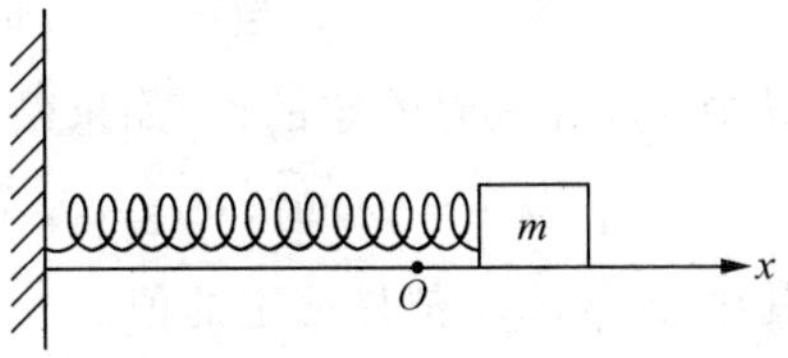

图 5-1

由题意有

$$x\Big|_{t=0} = x_0, \quad \frac{\mathrm{d}x}{\mathrm{d}t}\Big|_{t=0} = 0.$$

如能根据以上条件解出 $x=x(t)$,就可得出该物体的运动规律.

以上两个例子中的方程(1),(5)都是含有未知函数及其导数(包括一阶导数和高阶导数)的方程. 一般地,我们称表示未知函数、未知函数的导数或微分以及自变量之间关系的方程为**微分方程**. 称未知函数是一元函数的微分方程为**常微分方程**,未知函数是多元函数的微分方程为**偏微分方程**. 我们只讨论常微分方程.

微分方程中出现的未知函数的最高阶导数的阶数,称为该**微分方程的阶**. 例如,例 1 中的方程(1)是一阶微分方程,例 2 中的方程(5)是二阶微分方程. 又如,方程

$$x^3y''' + x^2y'' - 5xy' = 3x^2$$

是三阶微分方程.

一般地,$n$ 阶微分方程的形式是

$$F(x, y, y', \cdots, y^{(n)}) = 0, \qquad (6)$$

其中 $F$ 是 $n+2$ 个变量的函数. 必须指出,这里 $y^{(n)}$ 是必须出现的,而 $x, y, y', \cdots, y^{(n-1)}$ 等变量则可以不出现. 例如,二阶微分方程

$$y'' = f(x, y')$$

中 $y$ 就没出现.

什么是微分方程的解呢? 如果函数 $y=y(x)$ 满足方程(6),即当将 $y=y(x)$ 及其各阶导数代入(6)式时,(6)式成为恒等式,则称函数 $y=y(x)$ 为**方程(6)的解**. 例如,

$$y = x^2, \quad y = x^2+1, \quad \cdots, \quad y = x^2 + C$$

都是方程(1)的解. 值得指出的是,由于解微分方程的过程需要积分,故微分方程的解中有时包含任意常数. 如果微分方程的解中含有任意常数,且任意常数的个数等于该微分方程的阶数,则称这样的解为该**微分方程的通解**. 例如

$$y = x^2 + C \quad (C\ 为任意常数)$$

就是方程(1)的通解;又如

$$y = C_1\cos x + C_2\sin x \quad (C_1, C_2\ 为任意常数)$$

是二阶微分方程 $y''+y=0$ 的通解. 在以后的讨论中,除特殊说明外,$C$, $C_1$, $C_2$ 等均指任意常数.

正如例 1 中的情况,为了给出实际问题的解,还必须确定通解中任意常数的值. 如在例 1 中,根据曲线通过点(1,2),确定的任意常数 $C=1$,得问题的解 $y=x^2+1$. 我们称这种确定了任意常数的解为**微分方程的特解**.

为确定微分方程的特解,须给出定解条件. 定解条件有多种,我们只介绍**初始条件**. 对于一阶微分方程,初始条件是:

$$当\ x=x_0\ 时,\ y=y_0, \quad 或写成 \quad y\big|_{x=x_0}=y_0,$$

其中 $x_0,y_0$ 都是给定的值.如果微分方程是二阶的,则确定两个任意常数的初始条件是:

$$当\ x=x_0\ 时, y=y_0,\ y'=y_1, \quad 或写成 \quad y\big|_{x=x_0}=y_0,\ y'\big|_{x=x_0}=y_1,$$

其中 $x_0,y_0,y_1$ 都是给定的值.

求微分方程满足初始条件的特解问题称为微分方程的**初值问题**.例 1 中,所求的曲线方程就是初值问题

$$\begin{cases} \dfrac{\mathrm{d}y}{\mathrm{d}x}=2x, \\ y\big|_{x=1}=2 \end{cases}$$

的解.

## 习 题 5-1

1. 指出下列微分方程的阶数:

(1) $(x^2-y^2)\mathrm{d}x+(x^2+y^2)\mathrm{d}y=0$;

(2) $x(y')^2-2xy'+x=0$; (3) $x^2y''-xy'+y=0$;

(4) $xy'''+2y''+x^2y=0$; (5) $\dfrac{\mathrm{d}\rho}{\mathrm{d}\theta}+\rho=\sin^2\theta$.

2. 指出下列各题中的函数是否为所给微分方程的解:

(1) $xy'=2y$, $y=5x^2$;

(2) $y''+y=0$, $y=3\sin x-4\cos x$;

(3) $y''-2y'+y=0$, $y=x^2\mathrm{e}^x$;

(4) $y''-(\lambda_1+\lambda_2)y'+\lambda_1\lambda_2y=0$, $y=C_1\mathrm{e}^{\lambda_1x}+C_2\mathrm{e}^{\lambda_2x}+1$.

# §2 一阶微分方程

一阶微分方程的一般形式为

$$F(x,y,y')=0,$$

其通解的形式为

$$y=y(x,C) \quad 或 \quad \psi(x,y,C)=0.$$

后者称为**隐式解**.下面介绍三种特殊类型的一阶微分方程的解法.

## 2.1 可分离变量的微分方程

形式为

$$\frac{\mathrm{d}y}{\mathrm{d}x}=f(x)g(y) \tag{1}$$

的一阶微分方程称为**可分离变量的微分方程**.其解法是将变量分离,使自变量 $x$ 及其微分 $\mathrm{d}x$ 与未知函数 $y$ 及其微分 $\mathrm{d}y$ 分到等号的两边,即由(1)式化成

$$\frac{\mathrm{d}y}{g(y)}=f(x)\mathrm{d}x \quad (其中\ g(y)\neq 0),$$

两边积分,即可得到方程的通解.

**例 1** 求微分方程

$$\frac{\mathrm{d}y}{\mathrm{d}x}=3x^2y \tag{2}$$

的通解.

**分析** 解微分方程的第一个步骤是判断方程的类型,然后根据类型选择解法.这是一个可分离变量的方程,故选择上述先分离变量,后积分的解法.

**解** 将方程(2)的变量进行分离,得

$$\frac{\mathrm{d}y}{y}=3x^2\mathrm{d}x.$$

两边积分,即

$$\int\frac{\mathrm{d}y}{y}=\int 3x^2\mathrm{d}x, \tag{3}$$

得

$$\ln|y|=x^3+C_1. \tag{4}$$

注意当 $C$ 取遍全体正数时, $\ln C$ 取遍全体实数,所以我们常将(4)式中的任意常数 $C_1$ 写成 $\ln C$,这里 $C>0$,得

$$\ln|y|=x^3+\ln C.$$

于是

$$y=\pm Ce^{x^3}.$$

这时, $\pm C$ 取遍全体非零实数,又 $y=0$ 也是方程(2)的解,所以方程(2)的通解可表示成

$$y=Ce^{x^3}. \tag{5}$$

为方便,今后我们由(3)式两边积分得

$$\ln y=x^3+\ln C,$$

并由此直接得方程(2)的通解(5).

**例 2** 求微分方程 $\frac{\mathrm{d}y}{\mathrm{d}x}=\frac{1+y^2}{(1+x^2)xy}$ 的通解.

**解** 分离变量得

$$\frac{y\mathrm{d}y}{1+y^2}=\frac{\mathrm{d}x}{(1+x^2)x}. \tag{6}$$

由于 $\frac{\mathrm{d}x}{(1+x^2)x}=\frac{1}{2}\cdot\frac{2x\mathrm{d}x}{(1+x^2)x^2}=\frac{1}{2}\cdot\frac{\mathrm{d}x^2}{(1+x^2)x^2}$,因此将(6)式两边积分得

$$\frac{1}{2}\ln(1+y^2)=\frac{1}{2}\int\frac{\mathrm{d}x^2}{(1+x^2)x^2},\quad 即\quad \ln(1+y^2)=\int\frac{\mathrm{d}x^2}{(1+x^2)x^2}.$$

而

$$\int\frac{\mathrm{d}x^2}{(1+x^2)x^2}=\int\left(\frac{1}{x^2}-\frac{1}{1+x^2}\right)\mathrm{d}x^2=\ln\frac{x^2}{1+x^2}+\ln C,$$

故

$$\ln(1+y^2)=\ln\frac{x^2}{1+x^2}+\ln C.$$

于是得微分方程的通解

$$\frac{(1+x^2)(1+y^2)}{x^2}=C$$

或
$$(1+x^2)(1+y^2)=Cx^2. \tag{7}$$
这里方程的解 $y=y(x)$ 不是用显函数给出的，而是由代数方程(7)给出的隐函数，我们称它为**隐式解**.

**例 3** 求初值问题 $\begin{cases}\dfrac{\mathrm{d}y}{\mathrm{d}x}=-\dfrac{y}{x},\\ y\Big|_{x=-2}=4\end{cases}$ 的特解.

**解** 对方程分离变量得
$$\frac{\mathrm{d}y}{y}=-\frac{\mathrm{d}x}{x},$$
两边积分得
$$\ln y=-\ln x+\ln C,$$
于是得方程的通解
$$xy=C.$$
因为 $y\Big|_{x=-2}=4$，故 $C=-8$. 于是此初值问题的解为
$$xy=-8, \quad 即 \quad y=-\frac{8}{x}.$$

**例 4** 放射性元素铀由于不断地有原子放射出微粒子而变成其它元素，铀的含量就不断减少，这种现象叫做**衰变**. 由原子物理学知道，铀的衰变速度与当时未衰变的原子的含量 $M$ 成正比. 已知 $t=0$ 时铀的含量为 $M_0$，求在衰变过程中铀的含量 $M(t)$ 随时间 $t$ 变化的规律.

**分析** 这是一个求未知函数的问题，故希望建立未知函数 $y=M(t)$ 所满足的微分方程及初始条件.

**解** 因为 $y=M(t)$ 表示衰变过程中铀的含量，所以铀的衰变速度为 $\frac{\mathrm{d}y}{\mathrm{d}t}$. 由已知铀的衰变速度与当时未衰变的原子的含量 $y=M(t)$ 成正比，故得微分方程：
$$\frac{\mathrm{d}y}{\mathrm{d}t}=-\lambda y, \tag{8}$$
其中 $\lambda(\lambda>0)$ 是常数，叫做**衰变系数**. $\lambda$ 前的负号是由于当 $t$ 增加时，含量 $y=M(t)$ 单调减少，即 $\frac{\mathrm{d}y}{\mathrm{d}t}<0$ 的缘故. 据题意，初始条件为 $y\Big|_{t=0}=M_0$，于是 $y=M(t)$ 所满足的微分方程的初值问题为
$$\begin{cases}\dfrac{\mathrm{d}y}{\mathrm{d}t}=-\lambda y,\\ y\Big|_{t=0}=M_0.\end{cases}$$

方程(8)是可分离变量的方程. 将它分离变量得
$$\frac{\mathrm{d}y}{y}=-\lambda\mathrm{d}t,$$
两边积分得
$$\ln y=-\lambda t+\ln C,$$
故它的通解为
$$y=C\mathrm{e}^{-\lambda t}.$$

由初始条件 $y\big|_{t=0}=M_0$ 得 $C=M_0$. 于是所求的铀的含量 $y=M(t)$ 随 $t$ 变化的规律为

$$y=M(t)=M_0\mathrm{e}^{-\lambda t}.$$

**例 5** 求微分方程 $\cos x\sin y\mathrm{d}x+\sin x\cos y\mathrm{d}y=0$ 的通解.

**分析** 表面上看,这个方程不含未知函数的导数,但因为它含未知函数的微分,所以也是一个微分方程,且是可分离变量的方程

**解** 分离变量得

$$\frac{\cos y}{\sin y}\mathrm{d}y=-\frac{\cos x}{\sin x}\mathrm{d}x,$$

两边积分得

$$\ln\sin y=-\ln\sin x+\ln C,$$

于是方程的通解为

$$\sin x\sin y=C.$$

**例 6** 设质量为 1 kg 的质点受外力 $F$ 作用做直线运动,此外力和时间 $t$ 成正比,与质点运动的速度 $v$ 成反比,且在 $t=10$ s 时,速度等于 50 m/s,外力为 4 N,问: 从运动开始经过一分钟时,质点的速度等于多少?

**分析** 为求经过一分钟时的速度,只要求出速度函数 $v=v(t)$ 即可,为此需要建立未知函数 $v=v(t)$ 所满足的微分方程及初始条件.

**解** 据已知 $F=k\dfrac{t}{v}$,其中 $k$ 为常数. 又因为 $t=10$ s 时,$v=50$ m/s,$F=4$ N,所以

$$k=\frac{Fv}{t}=\frac{4\times 50}{10}=20.$$

据牛顿第二定律有

$$F=m\frac{\mathrm{d}v}{\mathrm{d}t}.$$

已知 $m=1$,于是得微分方程初值问题

$$\begin{cases}\dfrac{\mathrm{d}v}{\mathrm{d}t}=20\dfrac{t}{v},\\ v\big|_{t=10}=50.\end{cases}$$

初值问题中的微分方程为可分离变量的微分方程. 分离变量得

$$v\mathrm{d}v=20t\mathrm{d}t,$$

两边积分得

$$\frac{1}{2}v^2=10t^2+C,$$

再代入初始条件得

$$C=\frac{1}{2}\times 50^2-10\times 10^2=250,$$

于是

$$\frac{1}{2}v^2=10t^2+250.$$

当 $t=1$ min$=60$ s 时,有

$$v^2=2\times(10\times 60^2+250)(\mathrm{m/s})^2=72500(\mathrm{m/s})^2.$$

所以,从运动开始经过一分钟时,质点的速度等于

$$v=\sqrt{72500}\ \mathrm{m/s}\approx 269.26\ \mathrm{m/s}.$$

**例 7**(他是嫌疑犯吗)① 受害者的尸体于晚上 7:30 被发现.法医于晚上 8:20 赶到凶案现场,测得尸体温度为 32.6 °C;一小时后,当尸体即将被抬走时,测得尸体温度为 31.4 °C.室温在几小时内始终保持在 21.1 °C.此案最大的嫌疑犯是张某,但张某声称自己是无罪的,并有证人说:"下午张某一直在办公室上班,5:00 时打了一个电话,打完电话后就离开了办公室."从张某的办公室到受害者家(凶案现场)步行需 5 分钟.现在的问题是:张某不在凶案现场的证言能否使他被排除在嫌疑犯之外?

**分析** 我们希望根据尸体的温度变化的情况来推断罪犯的作案时间,若作案时间在 5:05 之后,就无法排除张某作案的可能性;若作案时间在 5:05 之前,就能使他被排除在嫌疑犯之外.为此,我们希望知道被害者尸体温度随时间变化的函数关系.

**解** 设 $T(t)$ 表示 $t$ 时刻尸体的温度,并记晚 8:20 为 $t=0$,则

$$T(0)=32.6\ ^\circ\mathrm{C},\quad T(1)=31.4\ ^\circ\mathrm{C}.$$

假设受害者死亡时体温是正常的,即 $T=37\ ^\circ\mathrm{C}$.要确定受害者死亡时间(凶犯的作案时间),也就是求 $T(t)=37\ ^\circ\mathrm{C}$ 的时刻 $t_d$.

人体体温受大脑神经中枢调节,人死后体温调节功能消失,尸体的温度受外界环境温度的影响.假设尸体温度的变化率服从牛顿冷却定律,即尸体温度的变化率正比于尸体温度与室温的差,即

$$\frac{\mathrm{d}T}{\mathrm{d}t}=-k(T-21.1),\tag{9}$$

其中方程右端的负号是因为当 $T-21.1>0$ 时,$T$ 要降低,故 $\frac{\mathrm{d}T}{\mathrm{d}t}<0$;反之,当 $T-21.1<0$ 时,$T$ 要升高,故 $\frac{\mathrm{d}T}{\mathrm{d}t}>0$.

方程(9)是一个可分离变量的微分方程.分离变量得

$$\frac{\mathrm{d}T}{T-21.1}=-k\mathrm{d}t,$$

两边积分得

$$\ln(T-21.1)=-kt+\ln C,$$

于是有

$$T=21.1+C\mathrm{e}^{-kt}.$$

因为 $T(0)=32.6$,故有

$$32.6=21.1+C\mathrm{e}^{-k\times 0}=21.1+C,\quad 即\quad C=32.6-21.1=11.5.$$

于是

$$T=21.1+11.5\mathrm{e}^{-kt}.$$

又因为 $T(1)=31.4$,所以有 $31.4=21.1+11.5\mathrm{e}^{-k\times 1}$.由此解得

$$\mathrm{e}^{-k}=\frac{31.4-21.1}{11.5}=\frac{10.3}{11.5}=\frac{103}{115},$$

---

① 此例选自由高等教育出版社出版,李心灿主编的《高等数学应用 205 例》.

即 $$k=-(\ln 103-\ln 115)=\ln 115-\ln 103\approx 0.110.$$
所以
$$T=21.1+11.5\mathrm{e}^{-0.110t}.$$
当 $T(t)=37\ ^\circ\mathrm{C}$ 时,有 $37=21.1+11.5\mathrm{e}^{-0.110t}$,得
$$\mathrm{e}^{-0.110t}=\frac{37-21.1}{11.5}\approx 1.38,\quad 于是\quad t\approx-\frac{\ln 1.38}{0.110}\approx-2.95.$$
由于 2.95 小时≈2 小时 57 分,所以 $t_d=8:20-2$ 小时 57 分$=5:23$,即作案时间大约在下午 5:23. 因此张某不能被排除在嫌疑犯之外.

**思考题** 张某的律师发现受害者在死亡的当天下午去医院看过病. 病历记录:发烧 38.3 ℃. 假设受害者死时的体温为 38.3 ℃,试问:张某能被排除在嫌疑犯之外吗?注:死者体内没有发现服用过阿斯匹林或类似的退烧药物的迹象.

### 2.2 齐次方程

如果一阶微分方程
$$\frac{\mathrm{d}y}{\mathrm{d}x}=f(x,y) \tag{10}$$
中 $f(x,y)$ 是以 $\frac{y}{x}$ 为中间变量的复合函数,即 $f(x,y)=\varphi\left(\frac{y}{x}\right)$,则方程(10)化为
$$\frac{\mathrm{d}y}{\mathrm{d}x}=\varphi\left(\frac{y}{x}\right). \tag{11}$$
我们称方程(11)右端这种函数为**齐次函数**,称方程(11)为**齐次方程**. 齐次方程是一类可以转化成可分离变量的方程,转化的方法是:在方程(11)中,令 $u=\frac{y}{x}$,从而
$$y=xu,\quad \frac{\mathrm{d}y}{\mathrm{d}x}=u+x\frac{\mathrm{d}u}{\mathrm{d}x},$$
代入方程(11)得
$$u+x\frac{\mathrm{d}u}{\mathrm{d}x}=\varphi(u),$$
于是得
$$x\frac{\mathrm{d}u}{\mathrm{d}x}=\varphi(u)-u.$$
此方程为以 $x$ 为自变量,以 $u$ 为未知函数的可分离变量的微分方程.

**例 8** 解微分方程 $y^2+x^2\frac{\mathrm{d}y}{\mathrm{d}x}=xy\frac{\mathrm{d}y}{\mathrm{d}x}$.

**解** 由原方程得 $(xy-x^2)\frac{\mathrm{d}y}{\mathrm{d}x}=y^2$,即
$$\frac{\mathrm{d}y}{\mathrm{d}x}=\frac{y^2}{xy-x^2}. \tag{12}$$
上方程中将 $\frac{y^2}{xy-x^2}$ 的分子分母同时除以 $x^2$,得
$$\frac{\mathrm{d}y}{\mathrm{d}x}=\frac{\left(\frac{y}{x}\right)^2}{\frac{y}{x}-1}. \tag{13}$$

方程(13)为齐次方程.

令 $u=\frac{y}{x}$,则

$$y=xu,\quad \frac{\mathrm{d}y}{\mathrm{d}x}=u+x\frac{\mathrm{d}u}{\mathrm{d}x}.$$

代入(13)式得

$$u+x\frac{\mathrm{d}u}{\mathrm{d}x}=\frac{u^2}{u-1},\quad 从而\quad x\frac{\mathrm{d}u}{\mathrm{d}x}=\frac{u^2}{u-1}-u,$$

即

$$x\frac{\mathrm{d}u}{\mathrm{d}x}=\frac{u}{u-1}.$$

这是一个可分离变量的微分方程.分离变量得

$$\left(1-\frac{1}{u}\right)\mathrm{d}u=\frac{\mathrm{d}x}{x},$$

两边积分得

$$u-\ln u+C=\ln x,\quad 即\quad \ln xu=u+C.$$

将 $u=\frac{y}{x}$代入原方程,得原方程的通解

$$\ln y=\frac{y}{x}+C.$$

**注** 在(12)式中,$f(x,y)=\frac{y^2}{xy-x^2}$是 $x,y$ 的有理分式,且其分子、分母都是二次齐次多项式,故当分子、分母同时除以 $x^2$ 时,该函数即可写成 $\varphi\left(\frac{y}{x}\right)$ 的形式,即它是齐次函数.一般地,若 $x,y$ 的有理分式,其分子、分母均为 $k$ 次齐次多项式①,其中 $k$ 为正整数,则当分子、分母同时除以 $x^k$ 时,该有理分式也可以转化为 $\varphi\left(\frac{y}{x}\right)$ 的形式,即它也是齐次函数.

**例 9** 求微分方程$(y+\sqrt{x^2-y^2})\mathrm{d}x-x\mathrm{d}y=0\ (x>0)$的通解.

**解** 由原方程得 $\frac{\mathrm{d}y}{\mathrm{d}x}=\frac{y+\sqrt{x^2-y^2}}{x}$,即

$$\frac{\mathrm{d}y}{\mathrm{d}x}=\frac{y}{x}+\sqrt{1-\left(\frac{y}{x}\right)^2}. \tag{14}$$

这是齐次方程.

令 $u=\frac{y}{x}$,则

$$y=ux,\quad \frac{\mathrm{d}y}{\mathrm{d}x}=u+x\frac{\mathrm{d}u}{\mathrm{d}x}.$$

代入方程(14)得

$$u+x\frac{\mathrm{d}u}{\mathrm{d}x}=u+\sqrt{1-u^2},\quad 即\quad x\frac{\mathrm{d}u}{\mathrm{d}x}=\sqrt{1-u^2}.$$

---

① 称形如 $ax^2+bxy+cy^2$ ($a,b,c$ 不全为零)的多项式为 $x,y$ 的二次齐次多项式.一般地,称形如 $a_0x^k+a_1x^{k-1}y+a_2x^{k-2}y^2+\cdots+a_ky^k$ ($a_0,a_1,a_2,\cdots,a_k$ 不全为零,$k$ 为正整数)的多项式为 $x,y$ 的 $k$ **次齐次多项式**.

这是一个可分离变量的微分方程.分离变量得

$$\frac{du}{\sqrt{1-u^2}}=\frac{dx}{x},$$

两边积分得

$$\arcsin u=\ln x+C.$$

将 $u=\frac{y}{x}$ 代入,得原方程的通解为

$$\arcsin\frac{y}{x}=\ln x+C.$$

### 2.3 一阶线性微分方程

形如

$$\frac{dy}{dx}+P(x)y=Q(x)$$

的微分方程,称为**一阶线性微分方程**. 线性是指方程关于未知函数 $y$ 及其导数 $\frac{dy}{dx}$ 都是一次的. 称 $Q(x)$ 为**非齐次项或右端项**. 如果 $Q(x)\equiv 0$,则称方程为**一阶线性齐次微分方程**;否则,即 $Q(x)$ 不恒等于 0,则称方程为**一阶线性非齐次微分方程**.

对于一阶线性非齐次微分方程

$$\frac{dy}{dx}+P(x)y=Q(x), \tag{15}$$

称方程

$$\frac{dy}{dx}+P(x)y=0 \tag{16}$$

为方程(15)所对应的齐次微分方程.

方程(16)是可分离变量的. 分离变量得

$$\frac{dy}{y}=-P(x)dx,$$

两边积分得

$$\ln y=-\int P(x)dx+\ln C\text{ [1]},$$

从而得方程(16)的通解:

$$y=Ce^{-\int P(x)dx}. \tag{17}$$

下面我们用常数变易法求方程(15)的解.

所谓**常数变易法**,即将齐次方程(16)的通解(17)中的任意常数 $C$ 改为未知函数 $u(x)$,即作变换

$$y=u(x)e^{-\int P(x)dx}, \tag{18}$$

于是

① 这里 $\int P(x)dx$ 表示 $P(x)$ 的某个原函数,以下同.

$$\frac{\mathrm{d}y}{\mathrm{d}x}=\frac{\mathrm{d}u}{\mathrm{d}x}\mathrm{e}^{-\int P(x)\mathrm{d}x}-u(x)P(x)\mathrm{e}^{-\int P(x)\mathrm{d}x}. \tag{19}$$

将(18)和(19)两式代入方程(15)得

$$\frac{\mathrm{d}u}{\mathrm{d}x}\mathrm{e}^{-\int P(x)\mathrm{d}x}-u(x)P(x)\mathrm{e}^{-\int P(x)\mathrm{d}x}+u(x)P(x)\mathrm{e}^{-\int P(x)\mathrm{d}x}=Q(x).$$

即

$$\frac{\mathrm{d}u}{\mathrm{d}x}\mathrm{e}^{-\int P(x)\mathrm{d}x}=Q(x),\quad 亦即\quad \frac{\mathrm{d}u}{\mathrm{d}x}=Q(x)\mathrm{e}^{\int P(x)\mathrm{d}x},$$

于是

$$u(x)=\int Q(x)\mathrm{e}^{\int P(x)\mathrm{d}x}\mathrm{d}x+C.$$

代入(18)式得一阶线性非齐次微分方程(15)的通解：

$$y=\left[\int Q(x)\mathrm{e}^{\int P(x)\mathrm{d}x}\mathrm{d}x+C\right]\mathrm{e}^{-\int P(x)\mathrm{d}x}, \tag{20}$$

即

$$y=C\mathrm{e}^{-\int P(x)\mathrm{d}x}+\mathrm{e}^{-\int P(x)\mathrm{d}x}\int Q(x)\mathrm{e}^{\int P(x)\mathrm{d}x}\mathrm{d}x,$$

其中第一项 $C\mathrm{e}^{-\int P(x)\mathrm{d}x}$ 就是方程(15)对应的齐次微分方程(16)的通解，第二项是方程(15)的通解中取任意常数 $C$ 为 0 得到的方程的一个特解. 由此可知，方程(15)的通解是它对应的齐次微分方程的通解与它的一个特解之和. 这表明一阶线性非齐次微分方程通解的结构与 $n$ 元线性非齐次方程组通解的结构类似①.

**例 10** 求方程 $\frac{\mathrm{d}y}{\mathrm{d}x}-\frac{y}{x}=x^2$ 的通解.

**分析** 我们可以直接用公式(20)求出方程的通解. 也可以应用常数变易法求方程的通解. 这里，我们采用后者.

**解** 先求原方程对应的齐次微分方程

$$\frac{\mathrm{d}y}{\mathrm{d}x}-\frac{y}{x}=0 \tag{21}$$

的通解. 对方程(21)分离变量得

$$\frac{\mathrm{d}y}{y}=\frac{\mathrm{d}x}{x},$$

两边积分得

$$\ln y=\ln x+\ln C,$$

从而得方程(21)的通解 $y=Cx$.

应用常数变易法，设

$$y=u(x)x, \tag{22}$$

则 $\frac{\mathrm{d}y}{\mathrm{d}x}=u'(x)x+u(x)$. 代入原方程得

$$u'(x)x+u(x)-\frac{1}{x}u(x)x=x^2,\quad 即\quad u'(x)x=x^2.$$

于是，得

① $n$ 元线性非齐次方程组通解的结构在“线性代数”中有介绍.

$$u'(x)=x,\quad 从而\quad u(x)=\frac{1}{2}x^2+C.$$

代入(22)式得原方程的通解

$$y=Cx+\frac{1}{2}x^3.$$

**例 11** 求微分方程 $\frac{dy}{dx}-y\cot x=2x\sin x$ 的通解.

**解** 本题我们考虑直接应用通解公式(20)来求解.

这里 $P(x)=-\cot x, Q(x)=2x\sin x$，于是

$$\int P(x)dx=\int -\cot x dx=-\int\frac{\cos x}{\sin x}dx=-\int\frac{d\sin x}{\sin x}$$

$$=-\ln\sin x=\ln\frac{1}{\sin x},$$

从而

$$e^{\int P(x)dx}=\frac{1}{\sin x},\quad e^{-\int P(x)dx}=e^{\ln\sin x}=\sin x.$$

将上述结果代入(20)式得

$$y=\left[\int Q(x)e^{\int P(x)dx}dx+C\right]e^{-\int P(x)dx}$$

$$=\left(\int 2x\sin x\frac{1}{\sin x}dx+C\right)\sin x.$$

故原方程的通解为

$$y=(x^2+C)\sin x.$$

**例 12** 求初值问题

$$\begin{cases}\frac{dy}{dx}+\frac{2-3x^2}{x^3}y=1, & (23)\\ y\Big|_{x=1}=0 & (24)\end{cases}$$

的特解.

**解** 方程(23)是一个一阶线性非齐微分次方程，其中

$$P(x)=\frac{2-3x^2}{x^3},\quad Q(x)=1.$$

于是

$$\int P(x)dx=\int\frac{2-3x^2}{x^3}dx=-\frac{1}{x^2}-3\ln x, \tag{25}$$

从而

$$e^{\int P(x)dx}=\frac{1}{x^3}e^{-\frac{1}{x^2}}.$$

由(25)式容易看出

$$-\int P(x)dx=\frac{1}{x^2}+3\ln x,\quad 从而\quad e^{-\int P(x)dx}=x^3e^{\frac{1}{x^2}}.$$

于是

$$\left[\int Q(x)e^{\int P(x)dx}dx+C\right]e^{-\int P(x)dx}=\left(\int 1\cdot\frac{1}{x^3}e^{-\frac{1}{x^2}}dx+C\right)x^3e^{\frac{1}{x^2}}$$

$$=\left[\frac{1}{2}\int e^{-\frac{1}{x^2}}d\left(-\frac{1}{x^2}\right)+C\right]x^3e^{\frac{1}{x^2}}$$

$$=\left(\frac{1}{2}e^{-\frac{1}{x^2}}+C\right)x^3e^{\frac{1}{x^2}}=\frac{1}{2}x^3+Cx^3e^{\frac{1}{x^2}}.$$

所以方程(23)的通解为

$$y=\frac{1}{2}x^3+Cx^3e^{\frac{1}{x^2}}. \tag{26}$$

把 $y\big|_{x=1}=0$ 代入(26)式得 $C=-\frac{1}{2e}$. 于是方程(23)的满足初值条件(24)的解为

$$y=\frac{1}{2}x^3-\frac{1}{2e}x^3e^{\frac{1}{x^2}}.$$

**例 13** 求方程 $\frac{dy}{dx}=\frac{1}{x+y}$ 的通解.

**分析** 这个微分方程作为以 $x$ 为自变量,以 $y$ 为未知函数的方程,既不属于可分离变量方程和齐次方程,也不属于一阶线性微分方程. 我们希望将它转化成上述可解类型.

**解** 由原方程得 $\frac{dx}{dy}=x+y$,即

$$\frac{dx}{dy}-x=y. \tag{27}$$

它可以看成以 $y$ 为自变量,以 $x$ 为未知函数的一阶线性微分方程. 这时

$$P(y)=-1,\quad Q(y)=y,$$

相应的公式(20)应该为

$$x=\left[\int Q(y)e^{\int P(y)dy}dy+C\right]e^{-\int P(y)dy}. \tag{28}$$

因为

$$\int P(y)dy=\int(-1)dy=-y,\quad -\int P(y)dy=y,$$

故

$$e^{\int P(y)dy}=e^{-y},\quad e^{-\int P(y)dy}=e^{y},$$

从而

$$\int Q(y)e^{\int P(y)dy}dy=\int ye^{-y}dy=-\int yde^{-y}$$

$$=-\left(ye^{-y}-\int e^{-y}dy\right)=-ye^{-y}-e^{-y}.$$

代入(28)式得方程(27)的通解为

$$x=-y-1+Ce^{y},$$

其亦为原方程的通解.

**例 14** 求一曲线方程,这曲线通过原点,并且它在点$(x,y)$处的切线斜率等于 $2x+y$.

**解** 设所求曲线方程为 $y=y(x)$,则

$$\begin{cases}\frac{dy}{dx}=2x+y, & (29)\\ y\big|_{x=0}=0. & (30)\end{cases}$$

这是一个一阶微分方程的初值问题.

方程(29)可化为

$$\frac{\mathrm{d}y}{\mathrm{d}x}-y=2x,$$

故它是一阶线性非齐次方程,其中 $P(x)=-1$, $Q(x)=2x$.因为

$$\int P(x)\mathrm{d}x=-x,\quad -\int P(x)\mathrm{d}x=x,$$

$$\mathrm{e}^{\int P(x)\mathrm{d}x}=\mathrm{e}^{-x},\quad \mathrm{e}^{-\int P(x)\mathrm{d}x}=\mathrm{e}^{x},$$

$$\int Q(x)\mathrm{e}^{\int P(x)\mathrm{d}x}\mathrm{d}x=\int 2x\cdot\mathrm{e}^{-x}\mathrm{d}x=2\int x\mathrm{e}^{-x}\mathrm{d}x=-2\int x\mathrm{d}\mathrm{e}^{-x}$$

$$=-2x\mathrm{e}^{-x}+2\int\mathrm{e}^{-x}\mathrm{d}x=-2x\mathrm{e}^{-x}-2\mathrm{e}^{-x},$$

所以

$$\left[\int Q(x)\mathrm{e}^{\int P(x)\mathrm{d}x}\mathrm{d}x+C\right]\mathrm{e}^{-\int P(x)\mathrm{d}x}=(-2x\mathrm{e}^{-x}-2\mathrm{e}^{-x}+C)\mathrm{e}^{x}.$$

根据公式(20)得方程(29)的通解为

$$y=C\mathrm{e}^{x}-2x-2.$$

又因为 $y\big|_{x=0}=0$,所以

$$-2+C=0,\quad 即\quad C=2.$$

于是所求曲线方程为

$$y=2(\mathrm{e}^{x}-x-1).$$

## 习 题 5-2

1. 求下列微分方程的通解:

(1) $y\mathrm{d}y=x\mathrm{d}x$;

(2) $y\mathrm{d}x=x\mathrm{d}y$;

(3) $(x+xy^2)\mathrm{d}x+(y-x^2y)\mathrm{d}y=0$;

(4) $\frac{\mathrm{d}y}{\mathrm{d}x}=\mathrm{e}^{x+y}$;

(5) $xy'-y\ln y=0$;

(6) $\cos x\sin y\mathrm{d}x+\sin x\cos y\mathrm{d}y=0$;

(7) $\sec^2x\tan y\mathrm{d}x+\sec^2y\tan x\mathrm{d}y=0$;

(8) $(\mathrm{e}^{x+y}-\mathrm{e}^{x})\mathrm{d}x+(\mathrm{e}^{x+y}+\mathrm{e}^{y})\mathrm{d}y=0$.

2. 求下列齐次微分方程的通解:

(1) $y'=\frac{y}{x}+\tan\frac{y}{x}$;

(2) $(x+y)y'+(x-y)=0$;

(3) $(x^2+y^2)\mathrm{d}x-xy\mathrm{d}y=0$;

(4) $2x^3y'=y(2x^2-y^2)$.

3. 求下列一阶线性微分方程的通解:

(1) $\frac{\mathrm{d}y}{\mathrm{d}x}+y=0$;

(2) $\frac{\mathrm{d}y}{\mathrm{d}x}+y=\mathrm{e}^{-x}$;

(3) $xy'+2y=x$;

(4) $y\mathrm{d}x+(x-y^3)\mathrm{d}y=0$.

4. 求下列微分方程满足所给初始条件的特解:

(1) $(y+3)\mathrm{d}x+\cot x\mathrm{d}y=0$, $y\big|_{x=0}=1$;

(2) $y'\sin^2x=y\ln y$, $y\big|_{x=\frac{\pi}{2}}=\mathrm{e}$;

(3) $\cos y\mathrm{d}x+(1+\mathrm{e}^{-x})\sin y\mathrm{d}y=0$, $y\big|_{x=0}=\frac{\pi}{4}$;

(4) $y'=\frac{x}{y}+\frac{y}{x}$, $y\big|_{x=1}=2$; (5) $\frac{dy}{dx}+3y=8$, $y\big|_{x=0}=2$.

## §3 可降阶的二阶微分方程

上一节我们讨论了几种一阶微分方程的解法.很自然,对于二阶和二阶以上的微分方程,我们希望通过降阶将它们转化为一阶微分方程来求解.

二阶导数已解出的二阶微分方程一般形式为

$$y''=f(x,y,y').$$

这一节,我们将讨论下列三种可降阶的二阶微分方程:

$$y''=f(x),\quad y''=f(x,y'),\quad y''=f(y,y').$$

### 3.1 $y''=f(x)$型微分方程

设方程 $y''=f(x)$. 这类方程中,解出的未知函数二阶导数不显含 $y,y'$,我们可以用直接积分的方法求解.

**例1** 求微分方程 $y''=e^{3x}-\sin x$ 的通解.

**解** 对方程两边连续积分两次,得

$$y'=\frac{1}{3}e^{3x}+\cos x+C_1,$$

$$y=\frac{1}{9}e^{3x}+\sin x+C_1x+C_2.$$

这就是原方程的通解(二阶微分方程的通解含两个任意常数).

**例2** 质量为 $m$ 的质点受力 $F$ 的作用沿 $x$ 轴做直线运动,设力 $F$ 是时间 $t$ 的函数 $F=F(t)$,在开始时刻 $t=0$ 时,$F(0)=F_0$,随着时间 $t$ 的增大,此力 $F$ 均匀地减小,直到 $t=T$ 时, $F(T)=0$. 如果开始时质点位于原点,且初速度为 0,求这质点的运动规律.

**分析** 质点在外力作用下的运动遵循牛顿第二定律,它本身就是一个微分方程,这是建立这类方程的依据.

**解** 设 $x=x(t)$表示 $t$ 时刻质点的位置,据牛顿第二定律有

$$m\frac{d^2x}{dt^2}=F(t). \tag{1}$$

据题意,$F=F(t)$随着 $t$ 的增加而均匀地减少,且当 $t=0$ 时,$F(0)=F_0$,故

$$F(t)=F_0-kt.$$

又当 $t=T$ 时,$F(T)=0$,所以

$$F_0-kT=0,\quad 从而\quad k=\frac{F_0}{T}.$$

因此

$$F(t)=F_0-\frac{F_0}{T}t=F_0\left(1-\frac{1}{T}t\right).$$

代入(1)式得

$$m\frac{d^2x}{dt^2}=F_0\left(1-\frac{1}{T}t\right),$$

即
$$\frac{d^2x}{dt^2}=\frac{F_0}{m}-\frac{F_0}{mT}t. \tag{2}$$
又因为开始时,即 $t=0$ 时,质点位于原点,初速度为 0,故有
$$\begin{cases} x(0)=0, & (3)\\ x'(0)=0. & (4)\end{cases}$$
则(2),(3),(4)三式构成一个二阶微分方程的初值问题.

对(2)式两边积分得
$$x'(t)=\frac{F_0}{m}t-\frac{F_0}{2mT}t^2+C_1.$$
代入初值条件(4),得 $C_1=0$. 故
$$x'(t)=\frac{F_0}{m}t-\frac{F_0}{2mT}t^2. \tag{5}$$
对(5)式两端积分得
$$x(t)=\frac{F_0}{2m}t^2-\frac{F_0}{6mT}t^3+C_2.$$
将初始条件(3)代入,得 $C_2=0$. 于是所求质点的运动规律为
$$x(t)=\frac{F_0}{m}\left(\frac{t^2}{2}-\frac{t^3}{6T}\right) \quad (0\leqslant t\leqslant T).$$

### 3.2 $y''=f(x,y')$ 型微分方程

设方程
$$y''=f(x,y'). \tag{6}$$
这类方程的特点是解出的未知函数二阶导数不显含未知函数 $y$. 其解法是:作变换,令 $p=y'$,则 $y''=p'$,从而方程(6)转化为
$$p'=f(x,p).$$
这是以 $x$ 为自变量,以 $p$ 为未知函数的一阶微分方程,设其通解为
$$p=\Phi(x,C_1).$$
由 $p=y'$,又得一个一阶微分方程
$$\frac{dy}{dx}=\Phi(x,C_1).$$
对它积分即得原微分方程(6)的解.

**例 3** 求二阶微分方程 $y''=y'+x$ 的通解.

**解** 所给方程是属于 $y''=f(x,y')$ 型的. 令 $p=y'$,代入原方程得
$$p'=p+x,$$
即
$$p'-p=x. \tag{7}$$
这是一个以 $x$ 为自变量,以 $p$ 为未知函数的一阶线性非齐次微分方程. 它对应的齐次微分方程是
$$p'-p=0.$$
这是一个可分离变量的微分方程. 分离变量得

$$\frac{dp}{p}=dx,$$

两边积分得

$$\ln p=x+\ln C_1,\quad 即\quad p=C_1e^x.$$

应用常数变易法,令

$$p=u(x)e^x,\tag{8}$$

则

$$p'=u'(x)e^x+u(x)e^x.\tag{9}$$

将(8),(9)两式代入方程(7) 得

$$u'(x)e^x=x,\quad 即\quad u'(x)=xe^{-x},$$

积分得

$$\begin{aligned}u(x)&=\int xe^{-x}dx=-\int xde^{-x}=-\left(xe^{-x}-\int e^{-x}dx\right)\\&=-xe^{-x}-e^{-x}+C_1.\end{aligned}$$

于是得方程(7)的通解

$$p=(-xe^{-x}-e^{-x}+C_1)e^x=C_1e^x-(x+1).$$

将 $p=y'$ 代入得

$$y'=C_1e^x-(x+1),$$

积分得原微分方程的通解

$$y=C_1e^x-\frac{x^2}{2}-x+C_2.$$

**例 4** 求微分方程 $(1+x^2)y''=2xy'$ 满足初始条件 $y\big|_{x=0}=1$, $y'\big|_{x=0}=3$ 的特解.

**解** 原方程是属于 $y''=f(x,y')$ 型的. 令 $p=y'$,则 $y''=p'$. 代入原方程得

$$(1+x^2)p'=2xp.$$

这是一个以 $x$ 为自变量,以 $p$ 为未知函数的可分离变量的微分方程. 分离变量得

$$\frac{dp}{p}=\frac{2x}{1+x^2}dx,$$

两边积分得

$$\ln p=\ln(1+x^2)+\ln C_1,\quad 即\quad p=C_1(1+x^2).$$

据初始条件 $y'\big|_{x=0}=3$,得 $C_1=3$. 于是有

$$p=3(1+x^2).$$

将 $p=y'$ 代入上式得

$$y'=3(1+x^2),$$

积分得

$$y=3x+x^3+C_2.$$

据初始条件 $y\big|_{x=0}=1$,得 $C_2=1$. 于是原微分方程初值问题的特解为

$$y=3x+x^3+1.$$

### 3.3 $y''=f(y,y')$ 型微分方程

方程 $y''=f(y,y')$ 中 $f(y,y')$ 不显含自变量 $x$,为降阶,我们令

$$p=y',\tag{10}$$

并利用复合函数求导法把 $y''$ 作如下的转化：

$$y''=\frac{\mathrm{d}y'}{\mathrm{d}x}=\frac{\mathrm{d}p}{\mathrm{d}y}\cdot\frac{\mathrm{d}y}{\mathrm{d}x}=p\frac{\mathrm{d}p}{\mathrm{d}y}. \tag{11}$$

将(9),(11)两式代入原方程得

$$p\frac{\mathrm{d}p}{\mathrm{d}y}=f(y,p).$$

这是一个以 $y$ 为自变量,以 $p$ 为未知函数的一阶微分方程.

**例 5** 求二阶微分方程 $2yy''+y'^2=0$ 的通解.

**解** 这是 $y''=f(y,y')$ 型的二阶微分方程. 令 $p=y'$,则

$$y''=\frac{\mathrm{d}p}{\mathrm{d}x}=\frac{\mathrm{d}p}{\mathrm{d}y}\cdot\frac{\mathrm{d}y}{\mathrm{d}x}=p\frac{\mathrm{d}p}{\mathrm{d}y}.$$

代入原方程,得

$$2yp\frac{\mathrm{d}p}{\mathrm{d}y}+p^2=0.$$

这是一个以 $y$ 为自变量,以 $p$ 为未知函数的可分离变量微分方程. 当 $y\neq0$ 且 $p\neq0$ 时,分离变量得

$$\frac{\mathrm{d}p}{p}=-\frac{\mathrm{d}y}{2y},$$

两边积分得

$$\ln p=-\frac{1}{2}\ln y+\ln C,\quad 即\quad p=C\frac{1}{\sqrt{y}}.$$

将 $p=\frac{\mathrm{d}y}{\mathrm{d}x}$ 代入得

$$\frac{\mathrm{d}y}{\mathrm{d}x}=\frac{C}{\sqrt{y}}.$$

这还是一个可分离变量的微分方程. 分离变量得

$$\sqrt{y}\mathrm{d}y=C\mathrm{d}x,$$

两边积分得

$$y\sqrt{y}=C_1x+C_2\quad\left(C_1=\frac{3}{2}C\right),$$

于是得原方程的通解

$$y=(C_1x+C_2)^{2/3}.$$

当 $y=0$ 或 $p=0$ 时,$y=0$ 或 $y=C$ 的解都包含在上述通解中了.

## 习 题 5-3

1. 求下列微分方程的通解：

(1) $y''=x+\sin x$； (2) $y''=\frac{\ln x}{x^2}$；

(3) $y''=1+(y')^2$； (4) $y''=y'+x$；

(5) $xy''+y'=0$； (6) $y''=(y')^3+y'$.

2. 求下列各微分方程满足所给初始条件的特解：

(1) $y''-a(y')^2=0$, $y\big|_{x=0}=0$, $y'\big|_{x=0}=-1$;

(2) $y^3y''+1=0$, $y\big|_{x=1}=1$, $y'\big|_{x=1}=0$;

(3) $y''=3\sqrt{y}$, $y\big|_{x=0}=1$, $y'\big|_{x=0}=2$.

## §4 二阶线性微分方程解的结构

二阶线性微分方程的一般形式是

$$y''+p(x)y'+q(x)y=f(x), \tag{1}$$

其中 $p(x)$, $q(x)$, $f(x)$都是 $x$ 的已知函数.这里所谓的线性是指未知函数 $y$ 及其一阶导 $y'$,二阶导 $y''$都是一次的函数(注意:对 $x$ 不要求是线性的!).如果 $f(x)\not\equiv 0$,则称方程(1)为**二阶线性非齐次微分方程**;如果 $f(x)\equiv 0$,则方程(1)化为

$$y''+p(x)y'+q(x)y=0. \tag{2}$$

我们称方程(2)为**二阶线性齐次微分方程**,也称它为方程(1)所对应的齐次方程.为说明二阶线性微分方程解的结构,我们先介绍两个函数在区间上线性相关的概念.

### 4.1 两个函数的线性相关性

设 $y_1(x)$,$y_2(x)$为定义在区间 $I$ 上的两个函数.如果存在常数 $\lambda$,使得对一切 $x\in I$,恒有

$$y_2(x)=\lambda y_1(x) \quad 或 \quad y_1(x)=\lambda y_2(x),$$

则称 $y_1(x)$,$y_2(x)$在区间 $I$ 上**线性相关**;否则称它们**线性无关**.

在实际检验时,经常可以检查两个函数之比,若两个函数之比恒为常数,则此二函数线性相关;若两个函数之比不恒为常数,此二函数线性无关.

**例 1** 判断下列函数组的线性相关性:

1) 1, $\sin kx$($k$ 为某个非零整数); 2) $3\sin x\cos x$, $\sin 2x$;

3) $e^{\lambda_1 x}$, $e^{\lambda_2 x}$,当 $\lambda_1\neq\lambda_2$; 4) $\sin kx$, $\cos kx$($k$ 为非零整数).

**解** 1) 因为 $\dfrac{\sin kx}{1}$ 在$(-\infty,+\infty)$上不恒等于常数,所以函数组 1,$\sin kx$ 线性无关.

2) 因为 $3\sin x\cos x=\dfrac{3}{2}\sin 2x$,所以函数组 $3\sin x\cos x$,$\sin 2x$ 线性相关.

3) 因为 $\lambda_1\neq\lambda_2$ 时,$\dfrac{e^{\lambda_1 x}}{e^{\lambda_2 x}}=e^{(\lambda_1-\lambda_2)x}$在$(-\infty,+\infty)$上不恒等于常数,所以函数组 $e^{\lambda_1 x}$, $e^{\lambda_2 x}$线性无关.

4) 因为 $k\neq 0$ 时,$\dfrac{\sin kx}{\cos kx}=\tan kx$ 在$(-\infty,+\infty)$上不恒等于常数,所以函数组 $\sin kx$,$\cos kx$ 线性无关.

请思考 $e^x\cos 3x$, $e^x\sin 3x$ 在$(-\infty,+\infty)$上的线性相关性.

### 4.2 二阶线性齐次微分方程解的结构

**定理 1** 设 $y_1(x)$,$y_2(x)$都是二阶线性齐次微分方程(2)的解,则对任意常数 $C_1$,$C_2$,

$$y=C_1y_1(x)+C_2y_2(x) \tag{3}$$

都是方程(2)的解.

**证** 将(3)式代入方程(2)左边,得

$$[C_1y_1(x)+C_2y_2(x)]''+p(x)[C_1y_1(x)+C_2y_2(x)]'+q(x)[C_1y_1(x)+C_2y_2(x)]$$
$$=C_1y_1''+C_2y_2''+C_1p(x)y_1'+C_2p(x)y_2'+C_1q(x)y_1+C_2q(x)y_2$$
$$=C_1[y_1''+p(x)y_1'+q(x)y_1]+C_2[y_2''+y_2'p(x)+y_2q(x)].$$

由于 $y_1(x)$,$y_2(x)$都是方程(2)的解,故上式右边两个方括号中的表达式都恒等于0,因而整个式子恒等于0.这表明(3)式是方程(2)的解.

表面上看,(3)式包含两个任意常数,但它不一定是方程(2)的通解.因为如果 $y_2(x)=ky_1(x)$(或 $y_1(x)=ky_2(x)$),即 $y_1(x)$,$y_2(x)$线性相关,则

$$y=(C_1+kC_2)y_1(x)\quad (\text{或 } y=(C_1+kC_2)y_2(x)),$$

即

$$y=Cy_1(x)\quad (\text{或 } y=Cy_2(x)).$$

其中只含一个任意常数,故它不是方程(2)的通解.于是,容易想到有下面的定理.

**定理2** 如果 $y_1(x)$,$y_2(x)$是二阶线性齐次微分方程(2)的两个线性无关的解,则

$$y=C_1y_1(x)+C_2y_2(x)\quad (C_1,C_2\text{ 为任意常数})$$

就是方程(2)的通解.(证明略)

**例2** 证明 $y=C_1\sin x+C_2\cos x$ 为二阶线性齐次微分方程 $y''+y=0$ 的通解.

**证** 令 $y_1(x)=\sin x$,则 $y_1'=\cos x$,$y_1''=-\sin x$.故 $y_1''+y_1=0$,即 $y_1(x)=\sin x$ 是方程 $y''+y=0$ 的解.同理 $y_2(x)=\cos x$ 也是方程 $y''+y=0$ 的解.又因为 $y_1(x)$,$y_2(x)$在$(-\infty,\infty)$上线性无关,所以由定理2可知

$$y=C_1\sin x+C_2\cos x$$

为方程 $y''+y=0$ 的通解.

### 4.3 二阶线性非齐次微分方程解的结构

**定理3** 设 $y^*(x)$是二阶线性非齐次微分方程(1)的一个特解,$\bar{y}(x)$是方程(1)对应的齐次方程(2)的通解,则

$$y=\bar{y}(x)+y^*(x)\tag{4}$$

是方程(1)的通解.

**证** 将(4)式代入方程(1)的左端,得

$$[\bar{y}(x)+y^*(x)]''+p(x)[\bar{y}(x)+y^*(x)]'+q(x)[\bar{y}(x)+y^*(x)]$$
$$=[\bar{y}''+p(x)\bar{y}'+q(x)\bar{y}]+[y^{*\prime\prime}+p(x)y^{*\prime}+q(x)y^*].$$

因为 $\bar{y}(x)$是方程(2)的通解,故是方程(2)的解,从而上式右端第一个括号恒等于0.又因为 $y^*(x)$是方程(1)的一个特解,故上式右端第二个括号等于 $f(x)$.于是上式右端两个括号之和等于 $f(x)$.故 $y=\bar{y}(x)+y^*(x)$是非齐次方程(1)的解.又因为 $\bar{y}(x)$是方程(2)的通解,故 $\bar{y}(x)$中包含两个任意常数.所以 $y=\bar{y}(x)+y^*(x)$是方程(1)的包含两个任意常数的解,即是方程(1)的通解.

**例3** 验证 $y=C_1\cos x+C_2\sin x+x^2-2$ 是二阶线性齐次微分方程 $y''+y=x^2$ 的通解.

**证** 由例2知 $\bar{y}=C_1\cos x+C_2\sin x$ 为方程 $y''+y=x^2$ 所对应的齐次方程的通解.

令 $y^*(x)=x^2-2$,则

$$y^{*\prime}(x)=2x,\quad y^{*\prime\prime}(x)=2.$$

所以

$$y^{*\prime\prime}(x)+y^*(x)=2+x^2-2=x^2.$$

故 $y^*(x)=x^2-2$ 是方程 $y''+y=x^2$ 的一个特解. 据定理 3,

$$y=\bar{y}(x)+y^*(x),\quad 即\quad y=C_1\cos x+C_2\sin x+x^2-2$$

是方程 $y''+y=x^2$ 的通解.

**定理 4(叠加原理)** 若二阶线性非齐次微分方程(1)的右端项 $f(x)=f_1(x)+f_2(x)$,而 $y_1^*(x),y_2^*(x)$ 分别是微分方程

$$y''+p(x)y'+q(x)y=f_1(x) \tag{5}$$

与

$$y''+p(x)y'+q(x)y=f_2(x) \tag{6}$$

的解,则 $y_1^*(x)+y_2^*(x)$ 是方程

$$y''+p(x)y'+q(x)y=f_1(x)+f_2(x)\quad 即\quad y''+p(x)y'+q(x)y=f(x) \tag{7}$$

的解.

**证** 将 $y_1^*(x)+y_2^*(x)$ 代入方程(7)的左端,得

$$\begin{aligned}&[y_1^*(x)+y_2^*(x)]''+p(x)[y_1^*(x)+y_2^*(x)]'+q(x)[y_1^*(x)+y_2^*(x)]\\&=[y_1^{*\prime\prime}+p(x)y_1^{*\prime}+q(x)y_1^*]+[y_2^{*\prime\prime}+p(x)y_2^{*\prime}+q(x)y_2^*].\end{aligned}$$

因为 $y_1^*(x),y_2^*(x)$ 分别为方程(5)和(6)的解,所以上式右端第一个括号等于 $f_1(x)$,第二个括号等于 $f_2(x)$. 故上式 $=f_1(x)+f_2(x)=f(x)$. 因此,$y_1^*(x)+y_2^*(x)$ 是方程(7)的解.

### 习 题 5-4

1. 判别下列函数组在定义区间上的线性相关性:

(1) $x$, $\sin x$;　(2) $xe^x$, $e^x$;　(3) $1-\cos 2x$, $\sin^2 x$;

(4) $e^x$, $e^{2x}$;　(5) $e^x\sin x$, $e^x\cos x$.

2. 验证 $y_1=\cos\omega x$ 及 $y_2=\sin\omega x$ 都是微分方程 $y''+\omega^2 y=0$ 的解,并写出该方程的通解.

3. 验证 $y_1=e^{x^2}$ 及 $y_2=xe^{x^2}$ 都是微分方程 $y''-4xy'+(4x^2-2)y=0$ 的解,并写出该方程的通解.

4. 验证 $y=C_1x^5+\dfrac{C_2}{x}-\dfrac{x^2}{9}\ln x$ 是微分方程 $x^2y''-3xy'-5y=x^2\ln x$ 的通解.

## §5　二阶常系数线性微分方程

### 5.1　二阶常系数线性齐次微分方程

二阶线性齐次微分方程 $y''+p(x)y'+q(x)y=0$ 中,如果未知函数 $y$ 及其导数 $y'$ 的系数都是与 $x$ 无关的常数,即 $p(x)=p$, $q(x)=q$ 都为常数,则称此方程为**二阶常系数线性齐次微分方程**. 解这类方程的方法是用特征根法,将解微分方程的问题转化为求解一元二次代数方程的问题.

为解二阶常系数线性齐次微分方程

$$y''+py'+qy=0, \tag{1}$$

先看一阶常系数齐次微分方程

$$y'+ky=0,$$

其通解为

$$y=Ce^{-kx}.$$

受此启发,我们设方程(1)的一个解为

$$y=e^{rx}, \tag{2}$$

其中 $r$ 待定,则

$$y'=re^{rx},\quad y''=r^2e^{rx}. \tag{3}$$

代入方程(1),得 $r$ 满足的方程

$$r^2e^{rx}+pre^{rx}+qe^{rx}=0.$$

因为 $e^{rx}\neq 0$,故上式等价于 $r$ 的一元二次方程:

$$r^2+pr+q=0. \tag{4}$$

称方程(4)为微分方程(1)的**特征方程**,并称方程(4)的根为微分方程(1)的**特征根**.这样,求微分方程(1)的解的问题就归结为求解它的特征方程即一个一元二次代数方程的问题.

下面介绍如何根据特征方程(4)判别式的三种情况,求出微分方程(1)的解.

1) 当 $p^2-4q>0$ 时.

这时特征方程(4)有两个不相等的实根,设为 $r_1$, $r_2(r_1\neq r_2)$,则

$$y_1=e^{r_1x},\quad y_2=e^{r_2x}$$

为微分方程(1)的两个线性无关的解.据本章§4中的定理2,方程(1)的通解为

$$y=C_1e^{r_1x}+C_2e^{r_2x}.$$

2) 当 $p^2-4q<0$ 时.

这时特征方程(4)有一对共轭复根,设为 $\alpha\pm i\beta$ $(\beta\neq 0)(\alpha,\beta$ 为实数),则

$$y_1(x)=e^{(\alpha+i\beta)x},\quad y_2(x)=e^{(\alpha-i\beta)x}$$

是微分方程(1)的两个解.据欧拉(Euler)公式[①]有

$$y_1(x)=e^{\alpha x}(\cos\beta x+i\sin\beta x),\quad y_2(x)=e^{\alpha x}(\cos\beta x-i\sin\beta x).$$

为了得到微分方程(1)的实函数解,令

$$\bar{y}_1(x)=\frac{1}{2}[y_1(x)+y_2(x)]=e^{\alpha x}\cos\beta x,$$

$$\bar{y}_2(x)=\frac{1}{2i}[y_1(x)-y_2(x)]=e^{\alpha x}\sin\beta x.$$

据本章§4中的定理1,$\bar{y}_1(x)$, $\bar{y}_2(x)$也是微分方程(1)的两个解.又因为 $\dfrac{\bar{y}_1(x)}{\bar{y}_2(x)}$ 不恒等于常数,故 $\bar{y}_1(x)$, $\bar{y}_2(x)$是微分方程(1)的两个线性无关的解,从而

$$y=C_1\bar{y}_1(x)+C_2\bar{y}_2(x)=e^{\alpha x}(C_1\cos\beta x+C_2\sin\beta x)$$

为微分方程(1)的通解.

---

① 欧拉公式是 $e^{i\beta x}=\cos\beta x+i\sin\beta x$.由此可得

$$e^{(\alpha+i\beta)x}=e^{\alpha x}\cdot e^{i\beta x}=e^{\alpha x}(\cos\beta x+i\sin\beta x).$$

我们将在下一章介绍欧拉公式的证明.

3) 当 $p^2-4q=0$ 时.

这时特征方程只有一个二重根[①] $r=-\frac{p}{2}$,由此只能得到微分方程(1)的一个特解

$$y_1(x)=\mathrm{e}^{rx}=\mathrm{e}^{-\frac{p}{2}x}.$$

为求微分方程(1)的通解,我们先要求出微分方程(1)的与 $y_1(x)=\mathrm{e}^{-\frac{p}{2}x}$ 线性无关的解 $y_2(x)$.

设 $\frac{y_2(x)}{y_1(x)}=u(x)$,则

$$y_2(x)=y_1(x)u(x)=\mathrm{e}^{-\frac{p}{2}x}u(x),\quad y_2'(x)=\mathrm{e}^{-\frac{p}{2}x}\left[u'(x)-\frac{p}{2}u(x)\right],$$

$$y_2''(x)=\mathrm{e}^{-\frac{p}{2}x}\left[u''(x)-pu'(x)+\frac{p^2}{4}u(x)\right].$$

代入方程(1)的左边,得

$$\begin{aligned}&y_2''+py_2'+qy_2\\&=\mathrm{e}^{-\frac{p}{2}x}\left\{\left[u''(x)-pu'(x)+\frac{p^2}{4}u(x)\right]+p\left[u'(x)-\frac{p}{2}u(x)\right]+qu(x)\right\}\\&=\mathrm{e}^{-\frac{p}{2}x}\left[u''(x)-\frac{1}{4}(p^2-4q)u(x)\right]=\mathrm{e}^{-\frac{p}{2}x}u''(x).\quad(\text{因为 } p^2-4q=0)\end{aligned}$$

所以,为使 $y_2(x)$ 是方程(1)的解,必须且只需

$$y_2''+py_2'+qy_2=0,\quad \text{即}\quad u''(x)=0.$$

只要取 $u(x)=x$ 即可. 由此得微分方程(1)的另一个解

$$y_2(x)=x\mathrm{e}^{-\frac{p}{2}x}.$$

于是得微分方程(1)的通解为

$$y=C_1\mathrm{e}^{rx}+C_2x\mathrm{e}^{rx},\quad \text{即}\quad y=(C_1+C_2x)\mathrm{e}^{rx},$$

其中 $r=-\frac{p}{2}$ 是特征方程的二重根.

综上所述,求二阶常系数线性齐次微分方程

$$y''+py'+qy=0$$

的通解的步骤如下:

1) 写出微分方程的特征方程 $r^2+pr+q=0$;

2) 求上述特征方程(一元二次代数方程)的两个根 $r_1,r_2$;

3) 根据特征方程两个根的不同情形,按下列表格写出微分方程(1)的通解:

| 特征方程 $r^2+pr+q=0$ 的两个根 $r_1,r_2$ | 微分方程 $y''+py'+qy=0$ 的通解 |
|---|---|
| 两个不相等的实根 $r_1,r_2$ | $y=C_1\mathrm{e}^{r_1x}+C_2\mathrm{e}^{r_2x}$ |
| 一对共轭复根 $r_{1,2}=\alpha\pm\mathrm{i}\beta\ (\beta\neq0)$ | $y=\mathrm{e}^{\alpha x}(C_1\cos\beta x+C_2\sin\beta x)$ |
| 一个二重根 $r_1=r_2=r$ | $y=(C_1+C_2x)\mathrm{e}^{rx}$ |

① 若二次方程 $x^2+px+q=0$ 满足 $p^2-4q=0$,则 $q=\frac{p^2}{4}$,方程可化为 $\left(x+\frac{p}{2}\right)^2=0$. 这时 $x=-\frac{p}{2}$ 为方程 $x^2+px+q=0$ 的二重根.

**例 1** 求微分方程 $y''-5y'+6y=0$ 的通解.

**解** 所给微分方程的特征方程为

$$r^2-5r+6=0,$$

其根 $r_1=3, r_2=2$ 是两个不相等的实根,因此所求的通解为

$$y=C_1\mathrm{e}^{3x}+C_2\mathrm{e}^{2x}.$$

**例 2** 求微分方程 $y''+4y'+4y=0$ 的通解.

**解** 所给微分方程的特征方程为

$$r^2+4r+4=0,$$

它只有一个实的二重根 $r=-2$,因此所求的通解为

$$y=(C_1+C_2x)\mathrm{e}^{-2x}.$$

**例 3** 求微分方程 $y''-6y'+25y=0$ 的通解.

**解** 所给微分方程的特征方程为

$$r^2-6r+25=0,$$

它有一对共轭复根 $r_{1,2}=3\pm 4\mathrm{i}$,因此所求通解为

$$y=\mathrm{e}^{3x}(C_1\cos 4x+C_2\sin 4x).$$

### 5.2 二阶常系数线性非齐次微分方程

二阶常系数线性非齐次微分方程的一般形式是

$$y''+py'+qy=f(x), \tag{5}$$

其中 $p,q$ 是常数.

据本章§4中的定理3知,二阶线性非齐次微分方程的通解等于它对应的齐次微分方程的通解与该非齐次微分方程的一个特解之和.在本节的5.1中已经介绍了二阶常系数线性齐次微分方程通解的求法,所以这里只需求出微分方程(5)的一个特解 $y^*$ 即可.本节我们只介绍右端项具有如下形式时,微分方程(5)的特解 $y^*$ 的求法:

$$f(x)=\mathrm{e}^{\lambda x}P_m(x),$$

其中 $\lambda$ 为实数,$P_m(x)$ 为 $m$ 次多项式,即

$$P_m(x)=a_0x^m+a_1x^{m-1}+a_2x^{m-2}+\cdots+a_{m-1}x+a_m.$$

这里 $a_i(i=0,1,\cdots,m)$ 为常数,$a_0\neq 0$.

我们应用待定系数法求 $y^*$. 注意到方程(5)的右端项 $f(x)$ 是多项式 $P_m(x)$ 与指数函数 $\mathrm{e}^{\lambda x}$ 的乘积,而这类函数的一阶导函数,二阶导函数仍然是这类函数,故我们猜测方程(5)有这种类型的特解.于是设方程(5)的特解为

$$y^*=\mathrm{e}^{\lambda x}Q(x),$$

其中 $Q(x)$ 为多项式.下面的重点是如何选择 $Q(x)$ 的次数.由 $y^*=\mathrm{e}^{\lambda x}Q(x)$,则

$$y^{*\prime}=[\lambda Q(x)+Q'(x)]\mathrm{e}^{\lambda x},\quad y^{*\prime\prime}=[2\lambda Q'(x)+\lambda^2Q(x)+Q''(x)]\mathrm{e}^{\lambda x}.$$

将它们代入方程,并消去 $\mathrm{e}^{\lambda x}$ 得

$$Q''(x)+(2\lambda+p)Q'(x)+(\lambda^2+p\lambda+q)Q(x)=P_m(x). \tag{6}$$

1) 如果 $\lambda$ 不是齐次微分方程

$$y''+py'+qy=0 \tag{7}$$

的特征方程 $r^2+pr+q=0$ 的根,则

$$\lambda^2+p\lambda+q\neq 0.$$

为使(6)成立，只需令 $Q(x)$ 为一个 $m$ 次多项式.故令

$$Q(x)=b_0x^m+b_1x^{m-1}+b_2x^{m-2}+\cdots+b_{m-1}x+b_m,$$

其中 $b_0,b_1,\cdots,b_m$ 待定.代入(6)式，比较两边系数，就得到 $b_0,b_1,\cdots,b_m$ 所满足的线性方程组，从而解出 $b_0,b_1,\cdots,b_m$.

2) 如果 $\lambda$ 是齐次微分方程(7)的特征方程

$$r^2+pr+q=0$$

的单根，则

$$\lambda^2+p\lambda+q=0,\quad \text{且}\quad \lambda+2p\neq 0.$$

为使(6)式成立，必须且只需 $Q'(x)$ 为 $m$ 次多项式.为此令 $Q(x)=xQ_m(x)$，其中 $Q_m(x)$ 为待定 $m$ 次多项式.代入(6)式，比较系数求出 $m$ 次多项式 $Q_m(x)$ 的系数.

3) 如果 $\lambda$ 是齐次微分方程(7)的特征方程

$$r^2+pr+q=0$$

的二重根，则

$$\lambda^2+p\lambda+q=0,\quad \text{且}\quad \lambda+2p=0.$$

为使(6)式成立，必须且只需 $Q''(x)$ 为 $m$ 次多项式.为此令 $Q(x)=x^2Q_m(x)$，其中 $Q_m(x)$ 为待定 $m$ 次多项式.代入(6)式，以确定 $m$ 次多项式 $Q_m(x)$ 的系数.

综上所述，我们有如下结论：当 $f(x)=e^{\lambda x}P_m(x)$ 时，二阶常系数线性非齐次微分方程(5)有形如

$$y^*=x^ke^{\lambda x}Q_m(x)$$

的特解，其中 $Q_m(x)$ 是与 $P_m(x)$ 同次即 $m$ 次的多项式，而 $k$ 按 $\lambda$ 不是方程(5)对应的齐次方程的特征方程 $r^2+pr+q=0$ 的根，是它的单根或是它的二重根依次取 0,1,2.

设方程(5)的右端项为 $f(x)=e^{\lambda x}P_m(x)$，则以上结果可以总结如下表：

| $\lambda$ 的情况 | 方程(5)的特解形式 |
|---|---|
| $\lambda$ 不是对应齐次方程的特征根 | $y^*=e^{\lambda x}Q_m(x)$ |
| $\lambda$ 是对应齐次方程的特征根，且为单根 | $y^*=xe^{\lambda x}Q_m(x)$ |
| $\lambda$ 是对应齐次方程的特征根，且为二重根 | $y^*=x^2e^{\lambda x}Q_m(x)$ |

注：表中，$Q_m(x)$ 是 $m$ 次的多项式，其系数 $b_0,b_1,\cdots,b_m$ 待定.

**例 4** 求微分方程 $y''+y'-2y=-4x$ 的一个特解.

**解** 这是二阶常系数线性非齐次微分方程，$f(x)=-4x$ 属于 $e^{\lambda x}P_m(x)$ 型($m=1,\lambda=0$).与原非齐次微分方程对应的齐次方程为 $y''+y'-2y=0$.该齐次方程的特征方程为

$$r^2+r-2=0.$$

此方程的解为 $r_1=-2,r_2=1$，均不等于 0，所以 $\lambda=0$ 不是对应的齐次方程的特征根.故应设特解为

$$y^*=b_0x+b_1,$$

则

$$y^{*\prime}=b_0,\quad y^{*\prime\prime}=0.$$

代入原微分方程得

$$b_0-2(b_0x+b_1)=-4x.$$

比较两端 $x$ 的同次幂的系数,得

$$\begin{cases} -2b_0 = -4, \\ b_0 - 2b_1 = 0. \end{cases}$$

由此求出 $\begin{cases} b_0 = 2, \\ b_1 = 1. \end{cases}$ 于是得原微分方程的一个特解

$$y^* = 2x + 1.$$

**例 5** 求微分方程 $y''+2y'-3y=\mathrm{e}^x$ 的通解.

**解** 这是二阶常系数线性非齐次微分方程. 为求它的通解,先求它所对应的齐次方程的通解.

与原非齐次方程对应的齐次微分方程为

$$y'' + 2y' - 3y = 0.$$

该齐次方程的特征方程为

$$r^2 + 2r - 3 = 0.$$

此方程的解为 $r_1=-3$, $r_2=1$,故齐次方程的通解为

$$\bar{y} = C_1\mathrm{e}^{-3x} + C_2\mathrm{e}^x.$$

下面再求原非齐次方程的一个特解. 注意该方程的非齐次项 $f(x)=\mathrm{e}^x$ 属于 $\mathrm{e}^{\lambda x}P_m(x)$ 型($m=0,\lambda=1$),而 $\lambda=1$ 是特征方程的单根,所以应设特解为

$$y^* = Ax\mathrm{e}^x.$$

则 $$y^{*\prime} = (Ax + A)\mathrm{e}^x, \quad y^{*\prime\prime} = (Ax + 2A)\mathrm{e}^x.$$

将它们代入原方程得

$$(Ax + 2A)\mathrm{e}^x + 2(Ax + A)\mathrm{e}^x - 3Ax\mathrm{e}^x = \mathrm{e}^x,$$

从而 $$4A\mathrm{e}^x = \mathrm{e}^x, \quad 即 \quad A = \frac{1}{4}.$$

所以得原方程的一个特解

$$y^* = \frac{1}{4}x\mathrm{e}^x.$$

于是原方程的通解为

$$y = \bar{y} + y^*, \quad 即 \quad y = C_1\mathrm{e}^{-3x} + C_2\mathrm{e}^x + \frac{1}{4}x\mathrm{e}^x.$$

**例 6** 求微分方程 $y''-4y'+4y=(2x+1)\mathrm{e}^{2x}$ 的通解.

**解** 先求它对应的齐次方程

$$y'' - 4y' + 4y = 0$$

的通解. 为此写出该齐次方程的特征方程

$$r^2 - 4r + 4 = 0.$$

解得特征根 $r_1=r_2=2$(二重根). 所以,齐次方程的通解为

$$y = (C_1 + C_2x)\mathrm{e}^{2x}.$$

又因为非齐次方程的非齐次项 $f(x)=(2x+1)\mathrm{e}^{2x}$,属于 $\mathrm{e}^{\lambda x}P_m(x)$ 型($m=1,\lambda=2$),且 $\lambda=2$ 为对应齐次方程的二重特征根,故设原非齐次方程的一个特解为

$$y^* = x^2(b_0x + b_1)\mathrm{e}^{2x} = (b_0x^3 + b_1x^2)\mathrm{e}^{2x}.$$

则

$$y^{*\prime} = [2b_0x^3 + (3b_0 + 2b_1)x^2 + 2b_1x]e^{2x},$$

$$y^{*\prime\prime} = [4b_0x^3 + (12b_0 + 4b_1)x^2 + (6b_0 + 8b_1)x + 2b_1]e^{2x}.$$

将上述各式代入原非齐次方程得

$$(6b_0x + 2b_1)e^{2x} = (2x + 1)e^{2x}, \quad 即 \quad 6b_0x + 2b_1 = 2x + 1,$$

于是 $b_0 = \frac{1}{3}$, $b_1 = \frac{1}{2}$. 所以原非齐次微分方程的一个特解为

$$y^* = x^2\left(\frac{1}{3}x + \frac{1}{2}\right)e^{2x}.$$

故所求方程的通解为

$$y = (C_1 + C_2x)e^{2x} + x^2\left(\frac{1}{3}x + \frac{1}{2}\right)e^{2x}.$$

### 习　题　5-5

1. 求下列微分方程的通解:

(1) $y''+y'-2y=0$;　　(2) $y''-4y'=0$;

(3) $y''+6y'+13y=0$;　　(4) $y''+y=0$;

(5) $4y''-20y'+25y=0$.

2. 求下列线性非齐次微分方程的通解:

(1) $2y''+y'-y=2e^x$;　　(2) $2y''+5y'=5x^2-2x-1$;

(3) $y''+5y'+4y=3-2x$;　　(4) $y''+3y'+2y=3xe^{-x}$;

(5) $y''-6y'+9y=(x+1)e^{3x}$.

3. 求下列微分方程满足所给初始条件的特解:

(1) $y''-4y'+3y=0$, $y\big|_{x=0}=6$, $y'\big|_{x=0}=10$;

(2) $4y''+4y'+y=0$, $y\big|_{x=0}=2$, $y'\big|_{x=0}=0$;

(3) $y''-3y'-4y=0$, $y\big|_{x=0}=0$, $y'\big|_{x=0}=-5$;

(4) $y''+4y'+29y=0$, $y\big|_{x=0}=0$, $y'\big|_{x=0}=15$;

(5) $y''-3y'+2y=5$, $y\big|_{x=0}=1$, $y'\big|_{x=0}=2$.

## 常微分方程内容小结

微分方程是高等数学的一个重要组成部分,它在科学研究及工程技术中有广泛的应用.本章介绍微分方程的基本概念和一些简单类型微分方程的解法.

### 一、微分方程的基本概念

1) **微分方程**　称含有未知函数的导数或微分的方程式为微分方程.

2) **微分方程的阶**　称微分方程中出现的未知函数的最高阶导数的阶数为微分方程的阶.

3) **微分方程的解**　如果函数 $y=y(x)$ 代入微分方程中,能使微分方程成为恒等式,则称

$y=y(x)$为该微分方程的解.

4) **微分方程的通解** $n$阶微分方程的含有$n$个任意常数的解,叫做该微分方程的通解.

5) **微分方程的特解** 确定了通解中一组任意常数的值,所得到的就是微分方程的一个特解.

6) **初值问题** 设$y_0,y_0',\cdots,y_0^{(n-1)}$为一组确定的数值. 求$n$阶微分方程满足初始条件$y\big|_{x=x_0}=y_0,\ y'\big|_{x=x_0}=y_0',\ \cdots,\ y^{(n-1)}\big|_{x=x_0}=y_0^{(n-1)}$的特解问题叫做微分方程的初值问题.

## 二、三种一阶微分方程的标准形及其解法

1. 可分离变量的方程

**标准形** $y'=f(x)g(y)$.

**解法** 分离变量得
$$\frac{\mathrm{d}y}{g(y)}=f(x)\mathrm{d}x,$$
两边积分得
$$\int\frac{\mathrm{d}y}{g(y)}=\int f(x)\mathrm{d}x+C.$$

2. 齐次方程

**标准形** $y'=\varphi\left(\dfrac{y}{x}\right)$.

**解法** 令$u=\dfrac{y}{x}$,则$y=ux$, $\dfrac{\mathrm{d}y}{\mathrm{d}x}=u+x\dfrac{\mathrm{d}u}{\mathrm{d}x}$,从而原方程化为以$x$为自变量,以$u$为未知函数的可分离变量的微分方程
$$x\frac{\mathrm{d}u}{\mathrm{d}x}=\varphi(u)-u.$$

3. 一阶线性微分方程

**标准形** $\dfrac{\mathrm{d}y}{\mathrm{d}x}+P(x)y=Q(x)$. (1)

**解法1** 常数变易法.

先解方程(1)对应的齐次方程$\dfrac{\mathrm{d}y}{\mathrm{d}x}+P(x)y=0$,得其通解$y=C\mathrm{e}^{-\int P(x)\mathrm{d}x}$;再将其中的常数$C$换成函数$u(x)$,即令$y=u(x)\mathrm{e}^{-\int P(x)\mathrm{d}x}$;然后,代入方程(1),求出$u(x)$.

**解法2** 公式法.

微分方程(1)的通解为
$$y=\mathrm{e}^{-\int P(x)\mathrm{d}x}\left[\int Q(x)\mathrm{e}^{\int P(x)\mathrm{d}x}\mathrm{d}x+C\right].$$

## 三、三种可降阶的二阶微分方程及其解法

1) **标准形** $y''=f(x)$.

**解法** 直接积分两次即可得结果.

2) **标准形** $y''=f(x,y')$ ($y''$已解出,其中不显含$y$).

**解法** 令$p=y'$,代入原方程,则原方程化为以$x$为自变量,以$p$为未知函数的一阶微分方程$\dfrac{\mathrm{d}p}{\mathrm{d}x}=f(x,p)$. 解之.

3）**标准形**　$y''=f(y,y')$　（$y''$已解出，其中不显含 $x$）.

**解法**　令 $p=y'$，则 $y''=\frac{\mathrm{d}y'}{\mathrm{d}x}=\frac{\mathrm{d}p}{\mathrm{d}x}=\frac{\mathrm{d}p}{\mathrm{d}y}\cdot\frac{\mathrm{d}y}{\mathrm{d}x}=p\frac{\mathrm{d}p}{\mathrm{d}y}$. 代入原方程，原方程化为以 $y$ 为自变量，以 $p$ 为未知函数的一阶微分方程 $p\frac{\mathrm{d}p}{\mathrm{d}y}=f(y,p)$. 解之.

## 四、线性微分方程的性质与解的结构

1. 二阶线性齐次微分方程解的性质

二阶线性齐次微分方程

$$y''+p(x)y'+q(x)y=0 \tag{2}$$

的解有如下性质：

设 $y_1(x)$，$y_2(x)$都是二阶线性齐次微分方程(2)的解，则对任意常数 $C_1,C_2$，

$$y=C_1y_1(x)+C_2y_2(x)$$

也是方程(2)的解.

2. 二阶线性齐次微分方程通解的结构

如果 $y_1(x)$，$y_2(x)$是方程(2)的两个线性无关的解，则方程(2)的通解为

$$y=C_1y_1(x)+C_2y_2(x).$$

3. 二阶线性非齐次微分方程通解的结构

设 $y^*$ 是二阶线性非齐次微分方程

$$y''+p(x)y'+q(x)y=f(x) \tag{3}$$

的一个特解，$y=C_1y_1(x)+C_2y_2(x)$是方程(3)所对应的齐次方程的通解，则

$$y=y^*+C_1y_1(x)+C_2y_2(x)$$

为非齐次微分方程(3)的通解.

## 五、二阶常系数线性微分方程通解的求法

1. 二阶常系数线性齐次微分方程的解法

**标准形**　$y''+py'+qy=0.$　(4)

**解法**　特征根法.

写出方程(4)的特征方程

$$r^2+pr+q=0. \tag{5}$$

根据特征方程解的不同情况，写出方程(4)的通解，公式如下表：

| 特征方程根的情况 | 方程(4)的通解 |
|---|---|
| 两个不相等的实根 $r_1,r_2$ | $y=C_1e^{r_1x}+C_2e^{r_2x}$ |
| 一个二重根 $r$ | $y=(C_1+C_2x)e^{rx}$ |
| 一对共轭复根 $\alpha\pm i\beta$ | $y=e^{\alpha x}(C_1\cos\beta x+C_2\sin\beta x)$ |

2. 二阶常系数线性非齐次微分方程的解法

**标准形**　$y''+py'+qy=f(x).$　(6)

**解法**　先求出对应的齐次微分方程(4)的通解及原非齐次微分方程(6)的一个特解，再相

加即得方程(6)的通解.其中方程(6)的特解求法如下:

只考虑如下情况:

$$f(x) = e^{\lambda x}P_m(x),$$

其中 $P_m(x)$ 是 $m$ 次多项式.应用待定系数法求特解,关键是确定特解的形式.这要根据右端项 $f(x)=e^{\lambda x}P_m(x)$ 中,$\lambda$ 是不是微分方程(6)所对应的齐次方程的特征根的情况按下表确定:

| $\lambda$ 的情况 | 方程(6)的特解形式 |
|---|---|
| $\lambda$ 不是对应齐次方程的特征根 | $y^* = e^{\lambda x}Q_m(x)$ |
| $\lambda$ 是对应齐次方程的特征根,且为单根 | $y^* = xe^{\lambda x}Q_m(x)$ |
| $\lambda$ 是对应齐次方程的特征根,且为二重根 | $y^* = x^2e^{\lambda x}Q_m(x)$ |

注:表中,$Q_m(x)$ 是 $m$ 次的多项式,其系数 $b_0, b_1, \cdots, b_m$ 待定.

## 复习题五

### 一、填空题

1. 微分方程 $e^{-x}dy+e^{-y}dx=0$ 的通解是________.
2. 以函数 $y=Cx^2+x$ ($C$ 为任意常数)为通解的微分方程是________.
3. 微分方程 $y'+y\cos x=0$ 的通解是________.
4. 微分方程 $y''=e^x$ 的通解是________.

### 二、单项选择题

1. 微分方程 $y'=y$ 的通解为 ( )

(A) $y=x$; (B) $y=Cx$; (C) $y=e^x$; (D) $y=Ce^x$.

2. 下列方程是可分离变量方程的是 ( )

(A) $y'=x^2+y$; (B) $x^2(dx+dy)=y(dx-dy)$;

(C) $(3x+xy^2)dx=(5y+xy)dy$; (D) $(x+y^2)dx=(y+x^2)dy$.

3. 下列方程是齐次微分方程的是 ( )

(A) $(x^2+xy)dx=(y^2+2xy)(dx-dy)$; (B) $(e^{2x}+2y)dx+(ye^x+2x)dy=0$;

(C) $y'=2y+x^2\sin y$; (D) $y'-(\sin x+1)y=5$.

4. 下列方程是齐次微分方程的是 ( )

(A) $x^2y'-y=\sqrt{x^2-y^2}$; (B) $xy'-y=\sqrt{x^2+y^2}$;

(C) $xy'+y^2=x^2-xy$; (D) $xy'+y=x^2+y^2$.

5. 下列方程是一阶线性微分方程的是 ( )

(A) $y'-x\sin y=10$; (B) $ydx=(x+y^2)dy$;

(C) $xdx=(x+y)dy$; (D) $y'=x^3y^2+3$.

6. 微分方程 $y'=y$ 满足初始条件 $y\big|_{x=0}=2$ 的特解是 ( )

(A) $y=e^x+1$; (B) $y=e^{2x}$; (C) $y=2e^{2x}$; (D) $y=2e^x$.

7. 微分方程 $y'+2y-3=0$ 的通解为 ( )

(A) $y=2(3-Ce^{-2x})$; (B) $y=2(3-Ce^{-\frac{x}{2}})$;

(C) $y=\frac{3}{2}+Ce^{-2x}$；　(D) $y=\frac{1}{2}(3-Ce^{-\frac{x}{2}})$.

8. 微分方程 $xy''-y'=0$ 的通解是　(　　)

(A) $y=C_1+C_2e^{\frac{1}{x}}$；　(B) $y=C_1x^2+C_2$；

(C) $y=C_1+C_2e^{-\frac{1}{x}}$；　(D) $y=C_1x+C_2e^x$.

9. 微分方程 $xy'-y\ln y=0$ 满足 $y(1)=e$ 的特解是　(　　)

(A) $y=ex$；　(B) $y=e^x$；　(C) $y=xe^{2x-1}$；　(D) $y=e\ln x$.

10. 微分方程 $y''-3y'-4y=0$ 的通解为　(　　)

(A) $C_1e^{-x}+C_2e^{4x}$；　(B) $C_1e^x+C_2e^{-4x}$；　(C) $C_1e^x+C_2e^{4x}$；　(D) $C_1e^{-x}+C_2e^{-4x}$.

11. 在下列方程中，以 $y=\sin 2x$ 为特解的方程是　(　　)

(A) $y''+y=0$；　(B) $y''+2y=0$；　(C) $y''+4y=0$；　(D) $y''-4y=0$.

12. 微分方程 $y''-y'-2y=xe^x$ 的一个特解应设为 $y^*=$　(　　)

(A) $(ax+b)e^x$；　(B) $x(ax+b)e^x$；　(C) $x^2(ax+b)e^x$；　(D) $x(ax)e^x$.

13. 设 $y_1,y_2,y_3$ 都是微分方程 $y''+P(x)y'+Q(x)y=f(x)$ 的解，且 $\frac{y_1-y_3}{y_2-y_3}\neq$ 常数，则该微分方程的通解为　(　　)

(A) $y=C_1y_1+C_2y_2+y_3$；　(B) $y=C_1y_1+C_2y_2-(C_1+C_2)y_3$；

(C) $y=C_1y_1+C_2y_2-(1-C_1-C_2)y_3$；　(D) $y=C_1y_1+C_2y_2+(1-C_1-C_2)y_3$.

14. 设 $y_1$ 是线性非齐次方程 $y''+py'+qy=f(x)$ 的解，$y_0$ 是该方程对应的齐次方程的解，则在下列函数中仍为原方程的解是　(　　)

(A) $y=y_1+y_0$；　(B) $y=C_1y_1+C_2y_0$；

(C) $y=C_1y_1+y_0$；　(D) 前三个都不是.

**三、综合题**

1. 求微分方程 $yy''-y'^2=0$ 的通解.

2. 求微分方程 $y''-4y=2e^{2x}$ 的通解.

3. 求微分方程初值问题 $yy''=2[(y')^2-y']$，$y\big|_{x=0}=1$，$y'\big|_{x=0}=2$ 的解.

4. 一质量为 $m$ 的质点沿直线运动，运动时质点所受的力 $F=a-bv$（其中 $a,b$ 为正的常数，$v$ 为质点运动的速度）. 设质点由静止出发，求这一质点的速度 $v$ 与时间 $t$ 的关系.

5. 已知曲线 $y=y(x)$ 过原点，且在原点处的切线平行于直线 $x-y+6=0$，又 $y=y(x)$ 满足微分方程 $y''=\sqrt{1-y'^2}$，求此曲线的方程 $y=y(x)$.

6. 一质量为 $m$ 的物体由高塔落下，下落时所受空气阻力与速度成正比，比例系数为 $k>0$. 已知下落的初速为零，求物体下落过程中速度和时间的函数关系.

7. 将温度为 100 ℃ 的物体放入温度为 20 ℃ 的介质中自由冷却. 已知物体的冷却速度与当时物体与介质的温差成正比，求物体的温度 $T$ 与时间 $t$ 的关系.

# 第六章 无穷级数

无穷级数是高等数学的重要组成部分,是表示函数、研究函数以及进行近似计算的一个有力工具.

## §1 数项级数的概念及基本性质

### 1.1 数项级数的概念

如果给定一个无穷数列

$$u_1,\ u_2,\ \cdots,\ u_n,\ \cdots,$$

则称形式和

$$\sum_{n=1}^{\infty} u_n = u_1 + u_2 + \cdots + u_n + \cdots \tag{1}$$

为**无穷级数**或**数项级数**,有时简称为**级数**,并称 $u_n$ 为该级数的**一般项**.

对于有限个数求和,我们已十分熟悉,它总是有意义的,然而(1)式是无穷多个数求和,它有意义吗?这无穷多个数有和吗?事实上,(1)式还只是一个形式的式子,它是否有和,需看下面级数收敛的定义.

**定义** 给定级数(1),称

$$s_n = \sum_{k=1}^{n} u_k = u_1 + u_2 + \cdots + u_n$$

为级数(1)的**第 $n$ 个部分和**(简称**部分和**.注意:这是有限项的和,总是有意义的!),并称 $s_1,\ s_2,\ \cdots,\ s_n\cdots$ 为级数(1)的**部分和数列**.如果该数列有极限,即存在常数 $s$,使

$$s = \lim_{n\to\infty} s_n,$$

则称**级数**(1)**收敛**,并称 $s$ 为**级数**(1)**的和**,记为

$$s = \sum_{n=1}^{\infty} u_n;$$

否则,即部分和数列 $s_1,\ s_2,\ \cdots,\ s_n\cdots$ 无极限(包括它为无穷大量),则称**级数**(1)**发散**.

由定义容易看出,所谓级数(1)收敛,就是它的部分和数列有极限.

**例 1** 无穷级数

$$\sum_{n=1}^{\infty} aq^{n-1} = a + aq + aq^2 + \cdots + aq^{n-1} + \cdots, \tag{2}$$

称为**等比级数**,也称为**几何级数**,其中 $a\neq 0$,$q$ 称为该级数的公比,$a$ 为其

首项.试讨论该级数的收敛性.

**解** 先求部分和:

$$s_n=\sum_{k=1}^{n}aq^{k-1}=a+aq+aq^2+\cdots+aq^{n-1}$$

$$=\begin{cases}\dfrac{a(1-q^n)}{1-q}, & q\neq 1,\\ na, & q=1.\end{cases}$$

当$|q|<1$时,因为$\lim\limits_{n\to\infty}q^n=0$,所以

$$\lim_{n\to\infty}a\left(\frac{1-q^n}{1-q}\right)=\frac{a}{1-q},\quad \text{即}\quad \lim_{n\to\infty}s_n=\frac{a}{1-q}.$$

故级数(2)收敛,其和为$s=\dfrac{a}{1-q}$.

当$|q|>1$时,因为$\lim\limits_{n\to\infty}q^n=\infty$,所以

$$\lim_{n\to\infty}s_n=\frac{a(1-q^n)}{1-q}=\infty.$$

故级数(2)发散.

当$q=1$时,$\lim\limits_{n\to\infty}s_n=\lim\limits_{n\to\infty}na=\infty$,故级数(2)发散.

当$q=-1$时,因为

$$s_n=a\left[\frac{1-(-1)^n}{1-(-1)}\right]=a\left[\frac{1-(-1)^n}{2}\right],$$

所以,当$n\to\infty$时,$s_n$无极限.故级数(2)发散.

综合以上讨论知:

当$|q|<1$时,级数(2)收敛,其和为$s=\sum\limits_{n=1}^{\infty}aq^{n-1}=\dfrac{a}{1-q}$;

当$|q|\geqslant 1$时,级数(2)发散.

**例2** 判别级数$\dfrac{1}{1\cdot 2}+\dfrac{1}{2\cdot 3}+\cdots+\dfrac{1}{n\cdot(n+1)}+\cdots$的收敛性.

**解** 注意$u_n=\dfrac{1}{n(n+1)}=\dfrac{1}{n}-\dfrac{1}{n+1}$,因此,它的部分和为

$$s_n=\frac{1}{1\cdot 2}+\frac{1}{2\cdot 3}+\cdots+\frac{1}{n(n+1)}$$

$$=\left(1-\frac{1}{2}\right)+\left(\frac{1}{2}-\frac{1}{3}\right)+\cdots+\left(\frac{1}{n}-\frac{1}{n+1}\right)$$

$$=1-\frac{1}{n+1},$$

从而

$$\lim_{n\to\infty}s_n=\lim_{n\to\infty}\left(1-\frac{1}{n+1}\right)=1.$$

所以该级数收敛,其和为1.

**例3** 判别级数$1+2+3+\cdots+n+\cdots$的收敛性.

**解** 该级数的部分和为

$$s_n=1+2+3+\cdots+n=\frac{n(n+1)}{2}.$$

显然,$\lim\limits_{n\to\infty}s_n=+\infty$,所以此级数发散.

**例 4** 判别级数 $1+(-1)+1+(-1)+\cdots+(-1)^{n-1}+\cdots$ 的收敛性.

**解** 事实上,该级数就是公比为 $-1$ 的几何级数,它的部分和数列为

$$s_1=1,\quad s_2=1+(-1)=0,\quad s_3=1+(-1)+(-1)^2=1,$$
$$s_4=1+(-1)+(-1)^2+(-1)^3=0,\quad \cdots.$$

一般地,当 $n$ 为奇数时,$s_n=1$;当 $n$ 为偶数时,$s_n=0$. 所以部分和数列 $\{s_n\}$ 无极限. 故该级数发散.

### 1.2 数项级数的基本性质

根据数项级数收敛、发散的定义和数列极限的性质,可以得出关于数项级数敛散(收敛和发散的简称)性的一些基本性质.

**性质 1** 设 $C$ 是任意非零常数,则级数 $\sum\limits_{n=1}^{\infty}u_n$ 和 $\sum\limits_{n=1}^{\infty}Cu_n$ 的敛散性相同,且当收敛时,

$$\sum_{n=1}^{\infty}Cu_n=C\sum_{n=1}^{\infty}u_n.$$

**证** 先证:若级数 $\sum\limits_{n=1}^{\infty}u_n$ 收敛,必有 $\sum\limits_{n=1}^{\infty}Cu_n$ 收敛,且 $\sum\limits_{n=1}^{\infty}Cu_n=C\sum\limits_{n=1}^{\infty}u_n$.

设级数 $\sum\limits_{n=1}^{\infty}u_n$ 和 $\sum\limits_{n=1}^{\infty}Cu_n$ 的部分和分别为 $s_n$ 和 $\sigma_n$,则

$$\sigma_n=\sum_{k=1}^{n}Cu_k=C\sum_{k=1}^{n}u_k=Cs_n.$$

因为级数 $\sum\limits_{n=1}^{\infty}u_n$ 收敛,若设其和为 $s$,则 $\lim\limits_{n\to\infty}s_n=s$. 根据数列极限的性质,必有

$$\lim_{n\to\infty}\sigma_n=C\lim_{n\to\infty}s_n=Cs.$$

这表明级数 $\sum\limits_{n=1}^{\infty}Cu_n$ 也收敛,且其和为 $Cs$,即 $\sum\limits_{n=1}^{\infty}Cu_n=C\sum\limits_{n=1}^{\infty}u_n$.

下面证明:如果级数 $\sum\limits_{n=1}^{\infty}u_n$ 发散,则 $\sum\limits_{n=1}^{\infty}Cu_n$ 必发散.

应用反证法. 设级数 $\sum\limits_{n=1}^{\infty}Cu_n$ 不发散,即收敛. 因为 $C\neq0$,所以 $\sum\limits_{n=1}^{\infty}u_n=\sum\limits_{n=1}^{\infty}\frac{1}{C}(Cu_n)$. 根据上述的证明,可知 $\sum\limits_{n=1}^{\infty}u_n$ 也收敛,与已知矛盾. 所以 $\sum\limits_{n=1}^{\infty}Cu_n$ 必发散.

**注** 若 $C=0$,由 $\sum\limits_{n=1}^{\infty}Cu_n$ 收敛,得不出 $\sum\limits_{n=1}^{\infty}u_n$ 收敛. 因为对任意的级数 $\sum\limits_{n=1}^{\infty}u_n$(无论它收敛还是发散)都有 $\sum\limits_{n=1}^{\infty}(0\cdot u_n)$ 必收敛.

**性质 2** 如果级数 $\sum\limits_{n=1}^{\infty}u_n$,$\sum\limits_{n=1}^{\infty}v_n$ 分别收敛于和 $s$,$\sigma$,则级数 $\sum\limits_{n=1}^{\infty}(u_n\pm v_n)$ 也收敛,且其和为 $s\pm\sigma$.

**证** 设级数 $\sum\limits_{n=1}^{\infty}u_n$ 和 $\sum\limits_{n=1}^{\infty}v_n$ 的部分和分别为 $s_n$ 和 $\sigma_n$,则级数 $\sum\limits_{n=1}^{\infty}(u_n\pm v_n)$ 的部分和

$$\begin{aligned}\tau_n &= (u_1 \pm v_1) + (u_2 \pm v_2) + \cdots + (u_n \pm v_n) \\ &= (u_1 + u_2 + \cdots + u_n) \pm (v_1 + v_2 + \cdots + v_n) \\ &= s_n \pm \sigma_n.\end{aligned}$$

因为级数 $\sum_{n=1}^{\infty} u_n$ ，$\sum_{n=1}^{\infty} v_n$ 分别收敛于和 $s$，$\sigma$，所以

$$\lim_{n\to\infty} s_n = s, \quad \lim_{n\to\infty} \sigma_n = \sigma,$$

从而
$$\lim_{n\to\infty} \tau_n = \lim_{n\to\infty}(s_n \pm \sigma_n) = \lim_{n\to\infty} s_n \pm \lim_{n\to\infty} \sigma_n = s \pm \sigma.$$

这表明级数 $\sum_{n=1}^{\infty}(u_n \pm v_n)$ 收敛，且其和为 $s\pm\sigma$.

请思考，如果级数 $\sum_{n=1}^{\infty} u_n$ 收敛，级数 $\sum_{n=1}^{\infty} v_n$ 发散，级数 $\sum_{n=1}^{\infty}(u_n \pm v_n)$ 收敛还是发散呢？如果级数 $\sum_{n=1}^{\infty} u_n$ 发散，级数 $\sum_{n=1}^{\infty} v_n$ 发散，级数 $\sum_{n=1}^{\infty}(u_n \pm v_n)$ 的敛散性如何？

**性质 3** 在级数中去掉、增加或改变有限项，其敛散性不变.

**证** 我们先看在级数前面去掉有限项时，其部分和是如何变化的.

设原级数为 $\sum_{n=1}^{\infty} u_n$ ，其部分和为 $s_n$，如果去掉第一项，得级数 $\sum_{n=2}^{\infty} u_n$ ，其部分和为

$$\sigma_{1n} = u_2 + u_3 + \cdots + u_n + u_{n+1} = s_{n+1} - u_1 = s_{n+1} - s_1;$$

如果去掉前两项，得级数 $\sum_{n=3}^{\infty} u_n$ ，其部分和为

$$\sigma_{2n} = u_3 + u_4 + \cdots + u_{n+1} + u_{n+2} = s_{n+2} - (u_1 + u_2) = s_{n+2} - s_2.$$

一般地，如果去掉前 $k$ 项，得级数 $\sum_{n=k+1}^{\infty} u_n$ ，其部分和为

$$\sigma_{kn} = u_{k+1} + u_{k+2} + \cdots + u_{n+k} = s_{n+k} - (u_1 + u_2 + \cdots + u_k) = s_{n+k} - s_k.$$

注意，在 $n$ 变化时，$k$ 是一个固定的数，从而 $s_k = u_1 + u_2 + \cdots + u_k$ 也是一个固定的数，所以数列 $\sigma_{kn}$ 与 $s_{n+k}$ 的敛散性相同. 由于 $s_{n+k}$ 与 $s_n$ 的敛散性也相同，故数列 $\sigma_{kn}$ 与 $s_n$ 的敛散性相同. 这表明级数 $\sum_{n=1}^{\infty} u_n$ 与 $\sum_{n=k+1}^{\infty} u_n$ 的敛散性相同，即在级数前面去掉有限项其敛散性不变. 类似地可以证明在级数前面增加有限项其敛散性不变.

在级数中去掉或增加有限项可以看成是先在前面去掉有限项而后再加有限项，故其敛散性不变.

同样，在级数中改变有限项可以看成是先去掉有限项而后再增加有限项，故其敛散性也不变. 所有这些说明级数的敛散性与其前有限项无关，完全由某个 $N$ 之后的项确定.

**注** 这里只说在级数中去掉、增加或改变有限项其敛散性不变，而没说其和不变. 事实上，其和是要发生变化的. 这只要从 $\sigma_{kn} = s_{n+k} - s_k$ 中即可看到. 若分别记级数 $\sum_{n=k+1}^{\infty} u_n$ 与级数 $\sum_{n=1}^{\infty} u_n$ 的和为 $\sigma$ 与 $s$，则 $\sigma = s - s_k$.

**性质 4** 如果级数 $\sum_{n=1}^{\infty} u_n$ 收敛，则对这级数的项任意加括号所得的新级数

$$(u_1 + \cdots + u_{n_1}) + (u_{n_1+1} + \cdots + u_{n_2}) + \cdots + (u_{n_{k-1}+1} + \cdots + u_{n_k}) + \cdots \tag{3}$$

也收敛,且其和不变.

**证** 设级数 $\sum_{n=1}^{\infty}u_n$ 的部分和为 $s_n$,加括号后的级数(3)的部分和为 $A_k$,

$$A_1 = u_1 + \cdots + u_{n_1} = s_{n_1},$$
$$A_2 = (u_1 + \cdots + u_{n_1}) + (u_{n_1+1} + \cdots + u_{n_2}) = s_{n_2},$$
$$\vdots$$
$$A_k = (u_1 + \cdots + u_{n_1}) + (u_{n_1+1} + \cdots + u_{n_2}) + \cdots + (u_{n_{k-1}+1} + \cdots + u_{n_k}) = s_{n_k},$$
$$\vdots$$

可见,级数(3)的部分和数列$\{A_k\}$就是级数 $\sum_{n=1}^{\infty}u_n$ 的部分和数列$\{s_n\}$的子列,所以

$$\lim_{k\to\infty}A_k = \lim_{k\to\infty}s_{n_k} = \lim_{n\to\infty}s_n.$$

这表明加括号后的级数也收敛,且其和不变.

**注** 如果加括号后的级数收敛,推不出原级数收敛.例如,级数

$$(1-1)+(1-1)+\cdots+(1-1)+\cdots$$

收敛,但级数

$$1+(-1)+1+(-1)+\cdots+(-1)^{n-1}+\cdots$$

发散.

**性质 5**(级数收敛的必要条件) 若级数 $\sum_{n=1}^{\infty}u_n$ 收敛,必有当 $n\to\infty$ 时,它的一般项 $u_n\to 0$.

**证** 设级数 $\sum_{n=1}^{\infty}u_n$ 的部分和数列为$\{s_n\}$.因为该级数收敛,所以$\{s_n\}$有极限,设为 $s$.显然

$$\lim_{n\to\infty}s_{n-1} = \lim_{n\to\infty}s_n = s,$$

则该级数的一般项

$$u_n = s_n - s_{n-1} \to s - s = 0 \quad (n\to\infty).$$

性质 5 十分重要,它说明无穷级数 $\sum_{n=1}^{\infty}u_n$ 收敛的一个必要条件是它的一般项 $u_n$ 是 $n\to\infty$ 时的无穷小量.与它等价的命题是:若无穷级数 $\sum_{n=1}^{\infty}u_n$ 的一般项 $u_n$ 不是 $n\to\infty$ 时的无穷小量,则级数 $\sum_{n=1}^{\infty}u_n$ 必发散.这给出了判断级数发散的一个方法.

**例 5** 证明:级数 $\sum_{n=1}^{\infty}\frac{n+1}{n}$ 发散.

**证** 因为当 $n\to\infty$ 时,级数 $\sum_{n=1}^{\infty}\frac{n+1}{n}$ 的一般项 $u_n=\frac{n+1}{n}\to 1\neq 0$,所以,级数 $\sum_{n=1}^{\infty}\frac{n+1}{n}$ 发散.

一个自然的问题是:这个条件是无穷级数 $\sum_{n=1}^{\infty}u_n$ 收敛的充分条件吗?请看下面的例子.

**例 6** 证明:级数 $\sum_{n=1}^{\infty}\frac{1}{n}$ 发散(称此级数为**调和级数**).

**证**　调和级数 $\sum_{n=1}^{\infty}\frac{1}{n}$ 的部分和

$$
\begin{aligned}
s_n &= 1+\frac{1}{2}+\cdots+\frac{1}{n}=\int_1^2 1\mathrm{d}x+\int_2^3\frac{1}{2}\mathrm{d}x+\cdots+\int_n^{n+1}\frac{1}{n}\mathrm{d}x \\
&\geqslant \int_1^2\frac{1}{x}\mathrm{d}x+\int_2^3\frac{1}{x}\mathrm{d}x+\cdots+\int_n^{n+1}\frac{1}{x}\mathrm{d}x \\
&= \int_1^{n+1}\frac{1}{x}\mathrm{d}x=\ln(n+1).
\end{aligned}
$$

因为 $\lim\limits_{n\to\infty}\ln(n+1)=+\infty$，所以 $\lim\limits_{n\to\infty}s_n=+\infty$. 故调和级数 $\sum_{n=1}^{\infty}\frac{1}{n}$ 发散.

这个例子中，虽然级数 $\sum_{n=1}^{\infty}\frac{1}{n}$ 的一般项 $u_n=\frac{1}{n}$ 是 $n\to\infty$ 时的无穷小量，但级数 $\sum_{n=1}^{\infty}\frac{1}{n}$ 却发散. 这表明无穷级数 $\sum_{n=1}^{\infty}u_n$ 的一般项 $u_n$ 是 $n\to\infty$ 时的无穷小量，只是级数收敛的必要条件，而决不是充分条件. 因此不能应用此性质判断级数收敛.

### 习　题　6-1

1. 写出下列级数的前三项：

(1) $\sum_{n=1}^{\infty}\frac{n}{1+n^3}$；　(2) $\sum_{n=1}^{\infty}\frac{n!}{n^n}$；　(3) $\sum_{n=1}^{\infty}\frac{(-1)^{n-1}}{5^n}$；　(4) $\sum_{n=1}^{\infty}\frac{\sin nx}{1+n}$.

2. 判别下列级数的收敛性：

(1) $\sum_{n=1}^{\infty}(\sqrt{n+1}-\sqrt{n})$；　(2) $\sum_{n=1}^{\infty}\frac{1}{3^n}$；

(3) $\sum_{n=1}^{\infty}\frac{1}{\left(1+\frac{1}{n}\right)^n}$；　(4) $\frac{1}{3}+\frac{1}{6}+\frac{1}{9}+\cdots+\frac{1}{3n}+\cdots$.

## §2　数项级数的审敛法

根据级数收敛的定义可以判断级数的敛散性，但在绝大多数情况下，求级数的部分和的表达式，进而求出其极限是十分困难的，因此我们希望从级数的一般项来判断其敛散性. 虽然在大多数情况下，并不能求出其和，但只要知道某个级数收敛，就可以用其部分和作为其和的近似值，这对实际问题已经足够了.

### 2.1　正项级数及其审敛法

一般的数项级数，其各项可以取正数、负数、或零，而各项都取正数或零的级数称为**正项级数**. 这类级数十分基本，又特别重要，因为今后许多级数的收敛性问题都将归结为正项级数的收敛性问题.

为讨论正项级数的审敛法，首先要抓住其部分和数列的特征.

设级数

$$\sum_{n=1}^{\infty}u_n = u_1 + u_2 + \cdots + u_n + \cdots \qquad (1)$$

是一个正项级数($u_n \geqslant 0, n=1,2,\cdots$),其部分和为 $s_n$. 注意 $s_{n+1}=s_n+u_{n+1}$,显然,

$$s_1 \leqslant s_2 \leqslant \cdots \leqslant s_n \leqslant \cdots.$$

所以,正项级数的部分和数列$\{s_n\}$是一个单调递增数列.

根据单调递增数列的收敛准则,如果该数列$\{s_n\}$有上界,即存在一个正数 $M>0$,使得对一切自然数 $n$,都有 $s_n \leqslant M$,则数列$\{s_n\}$必有极限,从而级数 $\sum\limits_{n=1}^{\infty}u_n$ 收敛. 反之,如果级数(1)收敛,即部分和数列$\{s_n\}$有极限,根据收敛数列必有界,数列$\{s_n\}$必有界. 故有以下重要的定理.

**定理 1** 正项级数 $\sum\limits_{n=1}^{\infty}u_n$ 收敛的充分必要条件是它的部分和数列$\{s_n\}$有上界.

此定理说明,若正项级数发散,则其部分和数列$\{s_n\}$必无界. 注意到其部分和数列非负单调递增,故有 $\lim\limits_{n\to\infty}s_n=+\infty$,记为 $\sum\limits_{n=1}^{\infty}u_n=+\infty$.

根据定理 1,可得关于正项级数的一个基本审敛法.

**定理 2**(比较审敛法) 设 $\sum\limits_{n=1}^{\infty}u_n$ 和 $\sum\limits_{n=1}^{\infty}v_n$ 都是正项级数,且 $u_n \leqslant v_n (n=1,2,\cdots)$. 若级数 $\sum\limits_{n=1}^{\infty}v_n$ 收敛,则级数 $\sum\limits_{n=1}^{\infty}u_n$ 收敛;若级数 $\sum\limits_{n=1}^{\infty}u_n$ 发散,则级数 $\sum\limits_{n=1}^{\infty}v_n$ 发散.

**证** 因为级数 $\sum\limits_{n=1}^{\infty}v_n$ 收敛,所以 $\sum\limits_{n=1}^{\infty}v_n$ 的部分和数列有上界,即存在 $M>0$,使得对一切自然数 $n$,都有 $v_1+v_2+\cdots+v_n \leqslant M$. 又因为

$$u_n \leqslant v_n \quad (n=1,2,\cdots),$$

所以

$$u_1+u_2+\cdots+u_n \leqslant v_1+v_2+\cdots+v_n \leqslant M.$$

这表明级数 $\sum\limits_{n=1}^{\infty}u_n$ 的部分和数列有上界. 据定理 1,级数 $\sum\limits_{n=1}^{\infty}u_n$ 收敛.

反之,若级数 $\sum\limits_{n=1}^{\infty}u_n$ 发散,必有级数 $\sum\limits_{n=1}^{\infty}v_n$ 发散,因为否则级数 $\sum\limits_{n=1}^{\infty}v_n$ 收敛,则有级数 $\sum\limits_{n=1}^{\infty}u_n$ 收敛,与已知矛盾.

注意到级数的敛散性完全由某个 $N$ 之后的项所决定,且级数的每项都乘一个非零的数所得的新级数的敛散性与原级数相同,于是有下面的推论.

**推论 1** 设 $\sum\limits_{n=1}^{\infty}u_n$ 和 $\sum\limits_{n=1}^{\infty}v_n$ 都是正项级数,且存在 $k>0$ 和自然数 $N$,使得当 $n>N$ 时,总有 $u_n \leqslant kv_n$ 成立. 如果级数 $\sum\limits_{n=1}^{\infty}v_n$ 收敛,则级数 $\sum\limits_{n=1}^{\infty}u_n$ 也收敛.

**推论 2** 设 $\sum\limits_{n=1}^{\infty}u_n$ 和 $\sum\limits_{n=1}^{\infty}v_n$ 都是正项级数,且存在 $k>0$ 和自然数 $N$,使得当 $n>N$ 时,总有 $u_n \geqslant kv_n$ 成立. 如果级数 $\sum\limits_{n=1}^{\infty}v_n$ 发散,则级数 $\sum\limits_{n=1}^{\infty}u_n$ 也发散.

**例 1** 判断级数 $\sum_{n=1}^{\infty}\frac{1}{1+a^n}(a>0)$ 的敛散性.

**解** 当 $0<a<1$ 时，$\lim_{n\to\infty}u_n=\lim_{n\to\infty}\frac{1}{1+a^n}=1$，当 $a=1$ 时，$\lim_{n\to\infty}u_n=\lim_{n\to\infty}\frac{1}{1+a^n}=\frac{1}{2}$，都有级数 $\sum_{n=1}^{\infty}\frac{1}{1+a^n}$ 的一般项不趋向于零，所以当 $0<a\leqslant 1$ 时该级数发散.

当 $a>1$ 时，级数 $\sum_{n=1}^{\infty}\frac{1}{1+a^n}$ 为正项级数，且

$$\frac{1}{1+a^n}\leqslant\frac{1}{a^n}\quad(n=1,2,\cdots).$$

注意 $\sum_{n=1}^{\infty}\frac{1}{a^n}$ 为几何级数，又 $\left|\frac{1}{a}\right|<1$，故级数 $\sum_{n=1}^{\infty}\frac{1}{a^n}$ 收敛，从而级数 $\sum_{n=1}^{\infty}\frac{1}{1+a^n}$ 收敛.

**例 2** 判断级数 $\sum_{n=1}^{\infty}\frac{1}{n^n}$ 的敛散性.

**解** 因为 $\sum_{n=1}^{\infty}\frac{1}{n^n}$ 和 $\sum_{n=1}^{\infty}\frac{1}{2^n}$ 都是正项级数，且当 $n>1$ 时，总有 $\frac{1}{n^n}\leqslant\frac{1}{2^n}$，而 $\sum_{n=1}^{\infty}\frac{1}{2^n}$ 是收敛级数，所以由推论 1 知，级数 $\sum_{n=1}^{\infty}\frac{1}{n^n}$ 必收敛.

**例 3** 讨论级数 $\sum_{n=1}^{\infty}\frac{1}{n^p}(p>0)$ 的敛散性(称此级数为 $p$ **级数**).

**解** 当 $0<p\leqslant 1$ 时，因为对一切自然数 $n$ 有 $\frac{1}{n^p}\geqslant\frac{1}{n}>0$，而调和级数 $\sum_{n=1}^{\infty}\frac{1}{n}$ 发散，所以级数 $\sum_{n=1}^{\infty}\frac{1}{n^p}$ 必发散.

当 $p>1$ 时，因为对 $n-1\leqslant x<n$，总有 $\frac{1}{n^p}\leqslant\frac{1}{x^p}$，所以

$$\int_{n-1}^{n}\frac{1}{n^p}\mathrm{d}x\leqslant\int_{n-1}^{n}\frac{1}{x^p}\mathrm{d}x,\quad 即\quad \frac{1}{n^p}\leqslant\frac{1}{p-1}\left[\frac{1}{(n-1)^{p-1}}-\frac{1}{n^{p-1}}\right].$$

级数 $\sum_{n=2}^{\infty}\left[\frac{1}{(n-1)^{p-1}}-\frac{1}{n^{p-1}}\right]$ 为正项级数，其部分和

$$\begin{aligned}s_n&=\left(1-\frac{1}{2^{p-1}}\right)+\left(\frac{1}{2^{p-1}}-\frac{1}{3^{p-1}}\right)+\cdots+\left[\frac{1}{n^{p-1}}-\frac{1}{(n+1)^{p-1}}\right]\\&=1-\frac{1}{(n+1)^{p-1}},\end{aligned}$$

而 $\lim_{n\to\infty}\left[1-\frac{1}{(n+1)^{p-1}}\right]=1$，所以级数 $\sum_{n=2}^{\infty}\left[\frac{1}{(n-1)^{p-1}}-\frac{1}{n^{p-1}}\right]$ 收敛，从而根据正项级数的比较审敛法知，级数 $\sum_{n=2}^{\infty}\frac{1}{n^p}$ 当 $p>1$ 时收敛.

综上所述，我们有：$p$ 级数 $\sum_{n=2}^{\infty}\frac{1}{n^p}$ 当 $p>1$ 时收敛，当 $p\leqslant 1$ 时发散.

根据比较审敛法判断正项级数的敛散性必须要找一个比较标准，在实际应用中，经常选择 $p$ 级数作为比较标准，故 $p$ 级数十分重要.

**例 4** 判断级数 $\sum_{n=2}^{\infty}\frac{1}{\sqrt{n(n-1)}}$ 的敛散性.

**解** 对 $n\geqslant 2$ 总有 $\frac{1}{\sqrt{n(n-1)}}\geqslant\frac{1}{\sqrt{n^2}}=\frac{1}{n}$,而调和级数 $\sum_{n=2}^{\infty}\frac{1}{n}$ 发散,根据比较审敛法知级数 $\sum_{n=2}^{\infty}\frac{1}{\sqrt{n(n-1)}}$ 也发散.

下面介绍更能反映问题本质的比较审敛法的极限形式.

**定理 3**(比较审敛法的极限形式) 设 $\sum_{n=1}^{\infty}u_n$ 和 $\sum_{n=1}^{\infty}v_n$ 都是正项级数. 如果

$$\lim_{n\to\infty}\frac{u_n}{v_n}=l\quad(0<l<+\infty),$$

则级数 $\sum_{n=1}^{\infty}u_n$ 和 $\sum_{n=1}^{\infty}v_n$ 同时收敛或同时发散.

**证** 由极限定义可知,对 $\varepsilon=\frac{l}{2}>0$,存在自然数 $N$,当 $n>N$ 时,有不等式

$$l-\frac{l}{2}<\frac{u_n}{v_n}<l+\frac{l}{2},\quad\text{即}\quad\frac{l}{2}v_n<u_n<\frac{3l}{2}v_n.$$

根据比较审敛法的推论,即得定理结论.

**注** 因为一般项趋于零是级数收敛的必要条件,所以我们只要对一般项 $u_n$ 是无穷小量的情况讨论级数 $\sum_{n=1}^{\infty}u_n$ 敛散性. 此定理说明如果两个正项级数的一般项是 $n\to\infty$ 时的同阶无穷小量,则此两级数敛散性相同.

**例 5** 讨论级数 $\sum_{n=1}^{\infty}\sin\frac{1}{n^p}(p>0)$ 的敛散性.

**解** 注意 $\sum_{n=1}^{\infty}\sin\frac{1}{n^p}(p>0)$ 是一个正项级数. 因为

$$\lim_{n\to\infty}\frac{\sin\frac{1}{n^p}}{\frac{1}{n^p}}=1,$$

所以,据定理 3 知,级数 $\sum_{n=11}^{\infty}\sin\frac{1}{n^p}$ 与 $\sum_{n=1}^{\infty}\frac{1}{n^p}$ 同敛散. 所以,当 $0<p\leqslant 1$ 时,级数 $\sum_{n=11}^{\infty}\sin\frac{1}{n^p}$ 发散;当 $p>1$ 时,级数 $\sum_{n=11}^{\infty}\sin\frac{1}{n^p}$ 收敛.

**注** 此例启发我们,若正项级数的一般项 $u_n$ 与 $\frac{1}{n^p}$ 是同阶无穷小量,则 $\sum_{n=1}^{\infty}u_n$ 与 $\sum_{n=1}^{\infty}\frac{1}{n^p}$ 同敛散.

请思考下列级数的敛散性:

1) $\sum_{n=1}^{\infty}\ln\left(1+\frac{1}{n}\right)$; 2) $\sum_{n=1}^{\infty}\left(1-\cos\frac{1}{n}\right)$;

3) $\sum_{n=1}^{\infty}\tan\frac{1}{n\sqrt{n}}$; 4) $\sum_{n=1}^{\infty}(e^{\frac{1}{\sqrt{n}}}-1)$.

比较审敛法的极限形式反映了正项级数收敛的本质，但在使用中，为判断一个正项级数 $\sum_{n=1}^{\infty} u_n$ 的敛散性，必须要适当选择一个已知其敛散性的正项级数 $\sum_{n=1}^{\infty} v_n$ 作为比较的标准. 是否可以直接根据其一般项 $u_n$，判断 $\sum_{n=1}^{\infty} u_n$ 的敛散性呢?

**定理 4**(比值审敛法，达朗贝尔(D'Alembert)审敛法) 若正项级数 $\sum_{n=1}^{\infty} u_n$ 的后项与前项之比的极限等于 $\rho$，即

$$\lim_{n\to\infty} \frac{u_{n+1}}{u_n} = \rho,$$

则当 $\rho<1$ 时，级数收敛；当 $\rho>1$ $\left(包括 \lim\limits_{n\to\infty}\frac{u_{n+1}}{u_n}=+\infty\right)$ 时，级数发散；当 $\rho=1$ 时，此审敛法失效，即级数可能收敛，也可能发散.

**证** 1) 当 $\rho<1$ 时，取适当小的正数 $\varepsilon$，使得 $\rho+\varepsilon<1$. 根据极限定义知，存在自然数 $N$，当 $n\geqslant N$ 时，有不等式

$$\frac{u_{n+1}}{u_n} < \rho + \varepsilon \xlongequal{\text{记为}} r.$$

因此

$$u_{N+1} < ru_N, \quad u_{N+2} < ru_{N+1} < r^2 u_N, \quad u_{N+3} < ru_{N+2} < r^3 u_N, \quad \cdots.$$

这样，级数

$$u_{N+1} + u_{N+2} + u_{N+3} + \cdots$$

的各项就小于收敛的等比级数

$$ru_N + r^2 u_N + r^3 u_N + \cdots$$

的对应项. 根据比较审敛法的推论，级数 $\sum_{n=1}^{\infty} u_n$ 也收敛.

2) 当 $\rho>1$ 时，取一个适当小的正数 $\varepsilon$，使得 $\rho-\varepsilon>1$. 根据极限定义，存在自然数 $N$，使得当 $n\geqslant N$ 时，有不等式

$$\frac{u_{n+1}}{u_n} > \rho - \varepsilon > 1, \quad 即 \quad u_{n+1} > u_n.$$

所以当 $n\geqslant N$ 时，级数的一般项 $u_n$ 是正数且单调增加的，从而 $\lim\limits_{n\to\infty} u_n \neq 0$. 根据级数收敛的必要条件可知级数 $\sum_{n=1}^{\infty} u_n$ 发散.

3) 当 $\rho=1$ 时，级数 $\sum_{n=1}^{\infty} u_n$ 可能收敛也可能发散. 这只要看 $p$ 级数 $\sum_{n=1}^{\infty} \frac{1}{n^p}$. 对一切 $p>0$，都有

$$\lim_{n\to\infty} \frac{u_{n+1}}{u_n} = \lim_{n\to\infty} \frac{\dfrac{1}{(n+1)^p}}{\dfrac{1}{n^p}} = \lim_{n\to\infty} \left(\frac{n}{n+1}\right)^p = 1,$$

但当 $p>1$ 时，该级数收敛；而当 $0<p\leqslant 1$ 时，该级数发散. 因此只根据 $\rho=1$ 不能判断级数的敛散性.

**例 6** 判断级数 $\sum\limits_{n=1}^{\infty}\frac{1}{n!}$ 的敛散性.

**解** 因为级数 $\sum\limits_{n=1}^{\infty}\frac{1}{n!}$ 为正项级数,且

$$\lim_{n\to\infty}\frac{u_{n+1}}{u_n}=\lim_{n\to\infty}\frac{\frac{1}{(n+1)!}}{\frac{1}{n!}}=\lim_{n\to\infty}\frac{1}{n+1}=0,$$

所以,根据比值审敛法知,级数 $\sum\limits_{n=1}^{\infty}\frac{1}{n!}$ 收敛.

**例 7** 判断级数 $\sum\limits_{n=1}^{\infty}\frac{n!}{10^n}$ 的敛散性.

**解** 级数 $\sum\limits_{n=1}^{\infty}\frac{n!}{10^n}$ 为正项级数.因为

$$\lim_{n\to\infty}\frac{u_{n+1}}{u_n}=\lim_{n\to\infty}\frac{(n+1)!}{10^{n+1}}\cdot\frac{10^n}{n!}=\lim_{n\to\infty}\frac{n+1}{10}=+\infty,$$

所以,根据比值审敛法知,级数 $\sum\limits_{n=1}^{\infty}\frac{n!}{10^n}$ 发散.

**例 8** 判断级数 $\sum\limits_{n=1}^{\infty}\frac{n-1}{5^n}$ 的敛散性.

**解** 级数 $\sum\limits_{n=1}^{\infty}\frac{n-1}{5^n}$ 为正项级数.因为

$$\lim_{n\to\infty}\frac{u_{n+1}}{u_n}=\lim_{n\to\infty}\frac{n}{5^{n+1}}\cdot\frac{5^n}{n-1}=\lim_{n\to\infty}\frac{1}{5}\cdot\frac{n}{n-1}=\frac{1}{5}<1,$$

所以,根据比值审敛法知,级数 $\sum\limits_{n=1}^{\infty}\frac{n-1}{5^n}$ 收敛.

**例 9** 判断级数 $\sum\limits_{n=1}^{\infty}\frac{a^n n!}{n^n}$ $(a>0,\ a\neq \mathrm{e})$ 的敛散性.

**解** 级数 $\sum\limits_{n=1}^{\infty}\frac{a^n n!}{n^n}$ $(a>0,\ a\neq \mathrm{e})$ 为正项级数.因为

$$\lim_{n\to\infty}\frac{u_{n+1}}{u_n}=\lim_{n\to\infty}\frac{a^{n+1}(n+1)!}{(n+1)^{n+1}}\cdot\frac{n^n}{a^n n!}=\lim_{n\to\infty}a\left(\frac{n}{n+1}\right)^n$$
$$=\lim_{n\to\infty}a\frac{1}{\left(1+\frac{1}{n}\right)^n}=\frac{a}{\mathrm{e}},$$

所以,根据比值审敛法知:

当 $0<a<\mathrm{e}$ 即 $\frac{a}{\mathrm{e}}<1$ 时,级数 $\sum\limits_{n=1}^{\infty}\frac{a^n n!}{n^n}$ 收敛;

当 $a>\mathrm{e}$ 即 $\frac{a}{\mathrm{e}}>1$ 时,级数 $\sum\limits_{n=1}^{\infty}\frac{a^n n!}{n^n}$ 发散.

应用与证明比值审敛法类似的方法,容易证明下面的定理.

**定理 5**(根值审敛法,柯西(Cauchy)审敛法) 若正项级数 $\sum\limits_{n=1}^{\infty}u_n$ 的一般项 $u_n$ 的 $n$ 次方根 $\sqrt[n]{u_n}$ 的极限等于 $\rho$,即

$$\lim_{n\to\infty}\sqrt[n]{u_n}=\rho,$$

则当 $\rho<1$ 时,级数收敛;当 $\rho>1$(或 $\lim\limits_{n\to\infty}\sqrt[n]{u_n}=+\infty$)时,级数发散;当 $\rho=1$ 时,级数可能收敛也可能发散.

**例 10** 证明:级数 $\sum\limits_{n=1}^{\infty}\left(\frac{2n+1}{3n-5}\right)^n$ 收敛.

**证** 级数 $\sum\limits_{n=1}^{\infty}\left(\frac{2n+1}{3n-5}\right)^n$ 从第二项起各项均为正数,所以可当成正项级数讨论其敛散性.又因为

$$\lim_{n\to\infty}\sqrt[n]{u_n}=\lim_{n\to\infty}\sqrt[n]{\left(\frac{2n+1}{3n-5}\right)^n}=\lim_{n\to\infty}\frac{2n+1}{3n-5}=\frac{2}{3}<1,$$

所以,根据根值审敛法知,级数 $\sum\limits_{n=1}^{\infty}\left(\frac{2n+1}{3n-5}\right)^n$ 收敛.

### 2.2 交错级数及其审敛法

设对一切自然数 $n$,都有 $u_n>0$,则称级数 $\sum\limits_{n=1}^{\infty}(-1)^{n-1}u_n$ 和 $\sum\limits_{n=1}^{\infty}(-1)^n u_n$ 为**交错级数**.此两交错级数的敛散性相同.

下面介绍交错级数的审敛法.

**定理 6**(莱布尼茨审敛法) 如果交错级数 $\sum\limits_{n=1}^{\infty}(-1)^{n-1}u_n$ 满足:

1) 数列 $\{u_n\}$ 单调递减,即对一切自然数 $n$,都有 $u_n\geqslant u_{n+1}$;

2) $\lim\limits_{n\to\infty}u_n=0$,

则级数 $\sum\limits_{n=1}^{\infty}(-1)^{n-1}u_n$ 收敛,且其和小于等于 $u_1$.

**证** 先证级数 $\sum\limits_{n=1}^{\infty}(-1)^{n-1}u_n$ 的第 $2n$ 个部分和

$$s_{2n}=u_1-u_2+u_3-u_4+\cdots+u_{2n-1}-u_{2n}$$

所构成的数列 $\{s_{2n}\}$ 收敛.为此,将 $s_{2n}$ 表示成两种形式:

$$s_{2n}=(u_1-u_2)+(u_3-u_4)+\cdots+(u_{2n-1}-u_{2n})$$

及

$$s_{2n}=u_1-(u_2-u_3)-(u_4-u_5)-\cdots-(u_{2n-2}-u_{2n-1})-u_{2n}.$$

根据条件 1)知,此两个表示式中的每个括号内的差都是非负数,所以由第一个表示式知,数列 $\{s_{2n}\}$ 单调递增;由第二个表示式知,对一切自然数 $n$,有 $s_{2n}\leqslant u_1$,即数列 $\{s_{2n}\}$ 有上界.根据数列的收敛准则知,数列 $\{s_{2n}\}$ 必有极限.设 $\lim\limits_{n\to\infty}s_{2n}=s$,则 $s\leqslant u_1$.

再看级数 $\sum\limits_{n=1}^{\infty}(-1)^{n-1}u_n$ 的第 $2n+1$ 个部分和

$$s_{2n+1}=u_1-u_2+u_3-u_4+\cdots+u_{2n-1}-u_{2n}+u_{2n+1}=s_{2n}+u_{2n+1}.$$

根据定理中的第二个条件,$\lim\limits_{n\to\infty}u_{2n+1}=0$,故

$$\lim_{n\to\infty}s_{2n+1}=\lim_{n\to\infty}(s_{2n}+u_{2n+1})=\lim_{n\to\infty}s_{2n}=s.$$

由于级数 $\sum\limits_{n=1}^{\infty}(-1)^{n-1}u_n$ 的部分和数列$\{s_n\}$的奇数项和偶数项所构成的子列都趋向于同一个极限 $s$,所以数列$\{s_n\}$有极限 $s$,从而级数 $\sum\limits_{n=1}^{\infty}(-1)^{n-1}u_n$ 收敛,且其和 $s\leqslant u_1$.

**例 11** 证明:级数 $\sum\limits_{n=1}^{\infty}(-1)^{n-1}\frac{1}{n}$ 收敛.

**证** 显然级数 $\sum\limits_{n=1}^{\infty}(-1)^{n-1}\frac{1}{n}$ 是交错级数.又对任意自然数 $n$,有

1) $u_n=\frac{1}{n}\geqslant\frac{1}{n+1}=u_{n+1}>0$; 2) $\lim\limits_{n\to\infty}u_n=\lim\limits_{n\to\infty}\frac{1}{n}=0$.

根据莱布尼茨审敛法知,级数 $\sum\limits_{n=1}^{\infty}(-1)^{n-1}\frac{1}{n}$ 收敛.

### 2.3 绝对收敛和条件收敛

对于一般的级数,即其一般项可以取正,也可以取负的级数,我们称它们为任意项级数.我们可以利用正项级数讨论它们的敛散性.为此,我们介绍绝对收敛和条件收敛的概念.

**定义** 如果级数 $\sum\limits_{n=1}^{\infty}|u_n|$ 收敛,则称级数 $\sum\limits_{n=1}^{\infty}u_n$ **绝对收敛**;如果级数 $\sum\limits_{n=1}^{\infty}u_n$ 收敛,而级数 $\sum\limits_{n=1}^{\infty}|u_n|$ 发散,则称级数 $\sum\limits_{n=1}^{\infty}u_n$ **条件收敛**.

根据以上定义,容易知道级数 $\sum\limits_{n=1}^{\infty}(-1)^{n-1}\frac{1}{n^2}$ 是绝对收敛的级数,而级数 $\sum\limits_{n=1}^{\infty}(-1)^{n-1}\frac{1}{n}$ 是条件收敛的级数.级数绝对收敛与收敛有如下的关系.

**定理 7** 如果级数 $\sum\limits_{n=1}^{\infty}u_n$ 绝对收敛,则级数 $\sum\limits_{n=1}^{\infty}u_n$ 必收敛.

**证** 因为级数 $\sum\limits_{n=1}^{\infty}u_n$ 绝对收敛,所以正项级数 $\sum\limits_{n=1}^{\infty}|u_n|$ 收敛.

令

$$v_n=|u_n|+u_n\quad(n=1,2,\cdots).\tag{2}$$

显然,$v_n\geqslant0$ 且 $v_n\leqslant2|u_n|(n=1,2,\cdots)$.根据比较审敛法的推论知,级数 $\sum\limits_{n=1}^{\infty}v_n$ 收敛.注意由(2)式知 $u_n=v_n-|u_n|$,根据收敛级数的基本性质得级数 $\sum\limits_{n=1}^{\infty}u_n$ 必收敛.

**例 12** 判断级数 $\sum\limits_{n=1}^{\infty}\frac{\sin n\alpha}{n^3}$ 的敛散性.

**解** 因为 $\left|\frac{\sin n\alpha}{n^3}\right|\leqslant\frac{1}{n^3}$,而级数 $\sum\limits_{n=1}^{\infty}\frac{1}{n^3}$ 收敛,所以级数 $\sum\limits_{n=1}^{\infty}\left|\frac{\sin n\alpha}{n^3}\right|$ 收敛,即级数 $\sum\limits_{n=1}^{\infty}\frac{\sin n\alpha}{n^3}$

绝对收敛,从而级数 $\sum_{n=1}^{\infty}\frac{\sin n\alpha}{n^3}$ 收敛.

## 习 题 6-2

1. 用比较审敛法判别下列级数的收敛性:

(1) $\sum_{n=1}^{\infty}\frac{1}{\sqrt{n}}$; (2) $\sum_{n=1}^{\infty}\frac{1}{(n^2+2n+1)}$;

(3) $\sum_{n=1}^{\infty}(\sqrt{n^4+1}-\sqrt{n^4-1})$; (4) $\sum_{n=1}^{\infty}\sin\frac{\pi}{2^n}$.

2. 用比值审敛法或根值审敛法判别下列级数的收敛性:

(1) $\sum_{n=1}^{\infty}\frac{3^n}{n\cdot 2^n}$; (2) $\sum_{n=1}^{\infty}\frac{n}{3^n}$; (3) $\sum_{n=1}^{\infty}\left(\frac{n}{2n+1}\right)^n$;

(4) $\sum_{n=1}^{\infty}\left(\frac{n}{3n-1}\right)^{2n}$; (5) $\sum_{n=1}^{\infty}\frac{1}{[\ln(n+1)]^n}$; (6) $\sum_{n=1}^{\infty}\frac{3^n\cdot n!}{n^n}$.

3. 判别下列级数是否收敛. 如果收敛,是绝对收敛还是条件收敛?

(1) $1-\frac{1}{\sqrt{2}}+\frac{1}{\sqrt{3}}-\frac{1}{\sqrt{4}}+\cdots$; (2) $\sum_{n=1}^{\infty}(-1)^{n-1}\frac{n}{3^{n-1}}$;

(3) $\frac{1}{5}-\frac{1}{5}\cdot\frac{1}{2}+\frac{1}{5}\cdot\frac{1}{2^2}-\frac{1}{5}\cdot\frac{1}{2^3}+\cdots$; (4) $\frac{1}{\ln 2}-\frac{1}{\ln 3}+\frac{1}{\ln 4}-\frac{1}{\ln 5}+\cdots$.

# §3 幂 级 数

## 3.1 函数项级数

设 $u_1(x),u_2(x),\cdots,u_n(x),\cdots$ 是定义在区间 $I$ 上的函数序列,则表达式

$$u_1(x)+u_2(x)+\cdots+u_n(x)+\cdots, \tag{1}$$

称为定义在区间 $I$ 上的**函数项级数**(简称**级数**).

对于每一个确定的值 $x_0\in I$,

$$u_1(x_0)+u_2(x_0)+\cdots+u_n(x_0)+\cdots \tag{2}$$

为一数项级数. 如果级数(2)收敛,则称 $x_0$ 为函数项级数(1)的**收敛点**;如果级数(2)发散,则称 $x_0$ 为函数项级数(1)的**发散点**. 函数项级数(1)的所有收敛点组成的集合叫做它的**收敛域**,所有发散点组成的集合叫做它的**发散域**.

对于函数项级数(1)的收敛域内的任意一个数 $x$,数项级数

$$u_1(x)+u_2(x)+\cdots+u_n(x)+\cdots$$

有一确定的和 $y=s(x)$,这样在函数项级数(1)的收敛域上,就定义了一个函数 $y=s(x)$,称 $s(x)$ 为函数项级数(1)的**和函数**,并记为

$$s(x)=u_1(x)+u_2(x)+\cdots+u_n(x)\cdots.$$

## 3.2 幂级数的收敛半径和收敛域

**幂级数**是函数项级数中最简单也是应用最广泛的一类级数,其一般形式为

$$\sum_{n=0}^{\infty} a_n(x-x_0)^n = a_0 + a_1(x-x_0) + a_2(x-x_0)^2 + \cdots + a_n(x-x_0)^n + \cdots, \tag{3}$$

其中常数 $a_0, a_1, \cdots, a_n, \cdots$ 叫做幂级数(3)的**系数**.

对于幂级数(3),只要作代换 $t=x-x_0$,则(3)就转化为特殊形式

$$\sum_{n=0}^{\infty} a_n t^n = a_0 + a_1 t + a_2 t^2 + \cdots + a_n t^n + \cdots. \tag{4}$$

故我们主要讨论形式(4)的幂级数.

关于幂级数,我们要讨论的第一个问题是:对于给定的幂级数,如何确定它的收敛域?为此,我们先介绍如下的定理.

**定理 1(阿贝尔(Abel)定理)** 如果幂级数 $\sum_{n=0}^{\infty} a_n x^n$ 在 $x=x_0\,(x_0\neq 0)$ 点收敛,则对于适合不等式 $|x|<|x_0|$ 的一切 $x$,都有幂级数 $\sum_{n=0}^{\infty} a_n x^n$ 在 $x$ 点绝对收敛;反之,如果幂级数 $\sum_{n=0}^{\infty} a_n x^n$ 在 $x=x_0\,(x_0\neq 0)$ 点发散,则对于适合不等式 $|x|>|x_0|$ 的一切 $x$,都有幂级数 $\sum_{n=0}^{\infty} a_n x^n$ 在 $x$ 点发散.

**证** 设 $x_0$ 是幂级数 $\sum_{n=0}^{\infty} a_n x^n$ 的收敛点,则级数

$$a_0 + a_1 x_0 + a_2 x_0^2 + \cdots + a_n x_0^n + \cdots$$

收敛. 根据数项级数收敛的必要条件知

$$\lim_{n\to\infty} a_n x_0^n = 0,$$

故数列 $\{a_n x_0^n\}$ 有界,即存在常数 $M>0$,使得

$$|a_n x_0^n| \leqslant M \quad (n=0,1,2,\cdots).$$

于是对于适合不等式 $|x|<|x_0|$ 的 $x$,级数 $\sum_{n=0}^{\infty} |a_n x^n|$ 的一般项

$$|a_n x^n| = |a_n x_0^n| \cdot \frac{|x|^n}{|x_0|^n} \leqslant M \cdot \left(\frac{|x|}{|x_0|}\right)^n.$$

因为 $|x|<|x_0|$,从而 $\frac{|x|}{|x_0|}<1$,所以等比级数 $\sum_{n=0}^{\infty} M\left(\frac{|x|}{|x_0|}\right)^n$ 收敛. 根据正项级数的比较审敛法知,幂级数 $\sum_{n=0}^{\infty} a_n x^n$ 在 $x$ 点绝对收敛.

下面应用反证法证明定理的第二部分. 若存在一点 $x_1$ 适合不等式 $|x_1|>|x_0|$,而幂级数 $\sum_{n=0}^{\infty} a_n x^n$ 在 $x_1$ 收敛,则据本定理的第一部分幂级数 $\sum_{n=0}^{\infty} a_n x^n$ 在 $x_0$ 点必收敛,与已知矛盾.

定理 1 告诉我们,若存在 $x_0\neq 0$,使幂级数 $\sum_{n=0}^{\infty} a_n x^n$ 在 $x_0$ 点处收敛,则幂级数 $\sum_{n=0}^{\infty} a_n x^n$ 在开区间 $(-|x_0|, |x_0|)$ 内处处绝对收敛;若存在 $x_1$ 使幂级数 $\sum_{n=0}^{\infty} a_n x^n$ 在 $x_1$ 处发散,则幂级数 $\sum_{n=0}^{\infty} a_n x^n$ 在 $(-\infty, -|x_1|) \cup (|x_1|, +\infty)$ 内处处发散. 容易看出,对这样的幂级数,必然存在一个正数 $R>0$,使得对一切满足 $|x|<R$ 的 $x$,都有幂级数绝对收敛,从而幂级数收敛;对一切满

足$|x|>R$的$x$，都有幂级数发散；而对于$x=\pm R$这两点，其收敛情况不能确定，要根据具体情况具体分析.

我们定义$R$为该幂级数的**收敛半径**，称开区间$(-R,R)$为该幂级数的**收敛区间**. 如果幂级数$\sum_{n=0}^{\infty}a_nx^n$除$x=0$外没有其它的收敛点，则定义该幂级数的收敛半径$R=0$；如果幂级数$\sum_{n=0}^{\infty}a_nx^n$没有发散点，即处处收敛，则定义该幂级数的收敛半径$R=+\infty$，这时其收敛区间为$(-\infty,+\infty)$.

可见为求幂级数的收敛域，关键是求出其收敛半径和收敛区间. 关于收敛半径的求法有下面的定理.

**定理 2** 如果

$$\lim_{n\to\infty}\left|\frac{a_{n+1}}{a_n}\right|=\rho,$$

其中$a_n,a_{n+1}$是幂级数$\sum_{n=0}^{\infty}a_nx^n$中$x^n,x^{n+1}$项的系数，且$a_n\neq 0$，则

1) 当$\rho$为非零正数时，该幂级数的收敛半径$R=\frac{1}{\rho}$；

2) 当$\rho=0$时，该幂级数的收敛半径$R=+\infty$；

3) 当$\rho=+\infty$时，该幂级数的收敛半径$R=0$.

**证** 幂级数$\sum_{n=0}^{\infty}a_nx^n$的各项取绝对值，所得的正项级数

$$|a_0|+|a_1x|+\cdots+|a_nx^n|+\cdots \tag{5}$$

其后项与前项之比的极限为

$$\lim_{n\to\infty}\left|\frac{a_{n+1}x^{n+1}}{a_nx^n}\right|=\lim_{n\to\infty}\left|\frac{a_{n+1}}{a_n}\right||x|=\rho|x|.$$

1) 当$\rho$为非零正数时，若$|x|<\frac{1}{\rho}$，则

$$\lim_{n\to\infty}\left|\frac{a_{n+1}x^{n+1}}{a_nx^n}\right|=\rho|x|<1.$$

据正项级数的比值审敛法知，级数(5)收敛，从而级数$\sum_{n=0}^{\infty}a_nx^n$绝对收敛. 当$|x|>\frac{1}{\rho}$时，则

$$\lim_{n\to\infty}\left|\frac{a_{n+1}x^{n+1}}{a_nx^n}\right|=\rho|x|>1.$$

于是级数(5)从某一个$n$开始

$$|a_{n+1}x^{n+1}|>|a_nx^n|.$$

因此，级数$\sum_{n=0}^{\infty}a_nx^n$的一般项不能趋于0，从而级数$\sum_{n=0}^{\infty}a_nx^n$发散. 于是级数$\sum_{n=0}^{\infty}a_nx^n$的收敛半径$R=\frac{1}{\rho}$.

2) 若$\rho=0$，则对任意$x\neq 0$，都有$\lim_{n\to\infty}\left|\frac{a_{n+1}x^{n+1}}{a_nx^n}\right|=0$，所以级数$\sum_{n=0}^{\infty}a_nx^n$都绝对收敛. 故级

数 $\sum_{n=0}^{\infty}a_nx^n$ 的收敛半径 $R=+\infty$.

3) 若 $\rho=+\infty$,则对于除 $x=0$ 外的一切 $x$ 都有

$$\lim_{n\to\infty}\left|\frac{a_{n+1}x^{n+1}}{a_nx^n}\right|=+\infty,$$

从而级数 $\sum_{n=0}^{\infty}a_nx^n$ 发散. 于是级数 $\sum_{n=0}^{\infty}a_nx^n$ 的收敛半径 $R=0$.

**例 1** 求幂级数 $x-\frac{x^2}{2}+\frac{x^3}{3}-\frac{x^4}{4}+\cdots+(-1)^{n-1}\frac{x^n}{n}+\cdots$ 的收敛半径、收敛区间和收敛域.

**解** 因为

$$\rho=\lim_{n\to\infty}\left|\frac{a_{n+1}}{a_n}\right|=\lim_{n\to\infty}\frac{\frac{1}{n+1}}{\frac{1}{n}}=\lim_{n\to\infty}\frac{n}{n+1}=1,$$

所以幂级数的收敛半径 $R=\frac{1}{\rho}=1$. 其收敛区间为$(-1,1)$.

当 $x=1$ 时,级数成为交错级数

$$1-\frac{1}{2}+\frac{1}{3}-\frac{1}{4}+\cdots+(-1)^{n-1}\frac{1}{n}+\cdots.$$

据莱布尼茨判别法知,该级数收敛.

当 $x=-1$ 时,级数成为

$$-1-\frac{1}{2}-\frac{1}{3}-\frac{1}{4}-\cdots-\frac{1}{n}-\cdots=\sum_{n=1}^{\infty}(-1)\frac{1}{n}.$$

由调和级数发散知,该级数也发散. 因此幂级数的收敛域为$(-1,1]$.

**例 2** 求幂级数 $1+x+2!x^2+3!x^3+\cdots+n!x^n+\cdots$ 的收敛半径和收敛域.

**解** 因为

$$\rho=\lim_{n\to\infty}\left|\frac{a_{n+1}}{a_n}\right|=\lim_{n\to\infty}\frac{(n+1)!}{n!}=\lim_{n\to\infty}(n+1)=+\infty,$$

所以幂级数的收敛半径 $R=0$. 该幂级数只在 $x=0$ 点收敛,即收敛域为$\{x|x=0\}$.

**例 3** 求幂级数 $1+x+\frac{x^2}{2!}+\frac{x^3}{3!}+\cdots+\frac{x^n}{n!}+\cdots$ 的收敛半径、收敛区间和收敛域.

**解** 因为

$$\rho=\lim_{n\to\infty}\left|\frac{a_{n+1}}{a_n}\right|=\lim_{n\to\infty}\frac{\frac{1}{(n+1)!}}{\frac{1}{n!}}=\lim_{n\to\infty}\frac{1}{n+1}=0,$$

所以幂级数的收敛半径 $R=+\infty$. 其收敛区间为$(-\infty,+\infty)$,即对任意的 $x\in(-\infty,+\infty)$,级数都绝对收敛,于是其收敛域为$(-\infty,+\infty)$.

**例 4** 求幂级数 $\sum_{n=0}^{\infty}\frac{2n+1}{2^n}x^{2n}$ 的收敛半径、收敛区间和收敛域.

**解** 此幂级数只有偶次项,没有奇次项,称为缺项级数,不能直接应用上面的求收敛半径的公式. 不过可以通过下面的变量替换将其转化为普通的幂级数.

令 $y=x^2$，则原级数转化为

$$\sum_{n=0}^{\infty}\frac{2n+1}{2^n}y^n. \tag{6}$$

对这个级数有

$$\rho_1=\lim_{n\to\infty}\left|\frac{a_{n+1}}{a_n}\right|=\lim_{n\to\infty}\frac{\dfrac{2(n+1)+1}{2^{n+1}}}{\dfrac{2n+1}{2^n}}=\lim_{n\to\infty}\frac{2(n+1)+1}{2n+1}\cdot\frac{2^n}{2^{n+1}}=\frac{1}{2},$$

其收敛半径 $R_1=\dfrac{1}{\rho_1}=2$. 故当 $|y|<2$ 时，幂级数(6)绝对收敛；当 $|y|>2$ 时，幂级数(6)发散. 即当 $|x|<\sqrt{2}$ 时，原幂级数绝对收敛；当 $|x|>\sqrt{2}$ 时，原幂级数发散. 因此原幂级数的收敛半径 $R=\sqrt{2}$，其收敛区间为 $(-\sqrt{2},\sqrt{2})$.

对于端点 $x=\pm\sqrt{2}$，原级数成为 $\sum\limits_{n=0}^{\infty}\dfrac{2n+1}{2^n}(\pm\sqrt{2})^{2n}=\sum\limits_{n=0}^{\infty}(2n+1)$，发散. 故原幂级数的收敛域为 $(-\sqrt{2},\sqrt{2})$.

**例 5** 求幂级数 $\sum\limits_{n=0}^{\infty}2^{n+1}x^{2n+1}$ 的收敛半径、收敛区间和收敛域.

**解** 此级数是只含奇数次项，不含偶数次项的级数，也是缺项级数. 但对于任意 $x$，此级数与 $\sum\limits_{n=0}^{\infty}2^{n+1}x^{2n}$ 敛散性相同，故只要求 $\sum\limits_{n=0}^{\infty}2^{n+1}x^{2n}$ 的收敛半径、收敛区间和收敛域即可.

令 $y=x^2$，级数 $\sum\limits_{n=0}^{\infty}2^{n+1}x^{2n}$ 转化成 $\sum\limits_{n=0}^{\infty}2^{n+1}y^n$. 对此级数有

$$\rho_1=\lim_{n\to\infty}\left|\frac{a_{n+1}}{a_n}\right|=\lim_{n\to\infty}\frac{2^{(n+1)+1}}{2^{n+1}}=\lim_{n\to\infty}\frac{2^{n+2}}{2^{n+1}}=2,$$

所以它的收敛半径 $R_1=\dfrac{1}{\rho_1}=\dfrac{1}{2}$. 于是级数 $\sum\limits_{n=0}^{\infty}2^{n+1}x^{2n}$ 当 $|x^2|<\dfrac{1}{2}$ 即 $|x|<\dfrac{1}{\sqrt{2}}$ 时绝对收敛，当 $|x^2|>\dfrac{1}{2}$ 即 $|x|>\dfrac{1}{\sqrt{2}}$ 时发散. 所以该级数的收敛半径 $R=\dfrac{1}{\sqrt{2}}$，收敛区间为 $\left(-\dfrac{1}{\sqrt{2}},\dfrac{1}{\sqrt{2}}\right)$.

当 $x=\pm\dfrac{1}{\sqrt{2}}$ 时，级数 $\sum\limits_{n=0}^{\infty}2^{n+1}x^{2n}$ 化为 $\sum\limits_{n=0}^{\infty}2^{n+1}\left(\dfrac{1}{\sqrt{2}}\right)^{2n}=\sum\limits_{n=0}^{\infty}\dfrac{2^{n+1}}{2^n}=\sum\limits_{n=0}^{\infty}2$，发散. 因此原级数 $\sum\limits_{n=0}^{\infty}2^{n+1}x^{2n+1}$ 的收敛半径 $R=\dfrac{1}{\sqrt{2}}$，收敛区间为 $\left(-\dfrac{1}{\sqrt{2}},\dfrac{1}{\sqrt{2}}\right)$，收敛域为 $\left(-\dfrac{1}{\sqrt{2}},\dfrac{1}{\sqrt{2}}\right)$.

**例 6** 求幂级数 $\sum\limits_{n=1}^{\infty}\dfrac{(x-1)^n}{3^n n}$ 的收敛域.

**解** 令 $t=x-1$，原幂级数转化为

$$\sum_{n=1}^{\infty}\frac{t^n}{3^n n}. \tag{7}$$

对级数(7)有

$$\rho_1=\lim_{n\to\infty}\left|\frac{a_{n+1}}{a_n}\right|=\lim_{n\to\infty}\frac{\dfrac{1}{3^{n+1}(n+1)}}{\dfrac{1}{3^n n}}=\lim_{n\to\infty}\frac{n}{n+1}\cdot\frac{3^n}{3^{n+1}}$$

$$=\lim_{n\to\infty}\frac{n}{n+1}\cdot\frac{1}{3}=\frac{1}{3},$$

故级数(7)的收敛半径 $R_1=3$. 所以当 $|t|<3$ 时,级数(7)绝对收敛. 当 $t=3$ 时,级数(7)成为 $\sum\limits_{n=1}^{\infty}\frac{1}{n}$ ,是调和级数,故发散;当 $t=-3$ 时,级数(7)成为交错级数 $\sum\limits_{n=1}^{\infty}(-1)^n\frac{1}{n}$ ,收敛. 因此级数(7)的收敛域为 $[-3,3)$,即原级数当 $-3\leqslant x-1<3$ 时收敛,从而原幂级数的收敛域为 $[-2,4)$.

### 3.3 幂级数的性质及其应用

由一元函数微积分知道:

如果 $u_1(x),u_2(x),\cdots,u_n(x)$ 都是区间 $(a,b)$ 上的连续函数,则它们的和

$$u_1(x)+u_2(x)+\cdots+u_n(x)$$

也是区间 $(a,b)$ 上的连续函数,即有限个连续函数的和也是连续函数;

如果 $u_1(x),u_2(x),\cdots,u_n(x)$ 在 $(a,b)$ 内可导,则它们的和

$$u_1(x)+u_2(x)+\cdots+u_n(x)$$

在 $(a,b)$ 内也可导,且

$$[u_1(x)+u_2(x)+\cdots+u_n(x)]'=u_1'(x)+u_2'(x)+\cdots+u_n'(x),$$

即对有限个可导函数,求导运算与求和运算可以交换次序;

如果 $u_1(x),u_2(x),\cdots,u_n(x)$ 都是区间 $[a,b]$ 上的连续函数,则

$$\int_a^b[u_1(x)+u_2(x)+\cdots+u_n(x)]\mathrm{d}x=\int_a^b u_1(x)\mathrm{d}x+\int_a^b u_2(x)\mathrm{d}x+\cdots+\int_a^b u_n(x)\mathrm{d}x,$$

即对有限个连续函数,积分运算和求和运算可以交换次序.

一个自然的问题是上述有限个函数之和的性质能否推广到无穷级数上,特别地,对于幂级数,在它的收敛区间内是否也具有这些性质.

我们不加证明地介绍幂级数的这些重要性质.

**性质 1**(和函数连续性) 设幂级数 $\sum\limits_{n=0}^{\infty}a_nx^n$ 的收敛半径为 $R(0<R\leqslant+\infty)$,则其和函数 $s(x)$ 在 $(-R,R)$ 内连续. 如果它在 $x=R$(或 $-R$)处收敛,则和函数 $s(x)$ 在 $(-R,R]$(或 $[-R,R)$)上连续.

**性质 2**(逐项积分) 设幂级数 $\sum\limits_{n=0}^{\infty}a_nx^n$ 的收敛半径为 $R(0<R\leqslant+\infty)$,则其和函数 $s(x)$ 在 $(-R,R)$ 内是可积的;对一切的 $x\in(-R,R)$ 有逐项积分公式

$$\int_0^x s(t)\mathrm{d}t=\int_0^x\left(\sum_{n=0}^{\infty}a_nt^n\right)\mathrm{d}t=\sum_{n=0}^{\infty}\int_0^x a_nt^n\mathrm{d}t=\sum_{n=0}^{\infty}\frac{a_n}{n+1}x^{n+1},$$

且逐项积分后所得的幂级数 $\sum\limits_{n=0}^{\infty}\frac{a_n}{n+1}x^{n+1}$ 与原幂级数 $\sum\limits_{n=0}^{\infty}a_nx^n$ 有相同的收敛半径.

**性质 3**(逐项求导) 设幂级数 $\sum\limits_{n=0}^{\infty}a_nx^n$ 的收敛半径为 $R(0<R\leqslant+\infty)$,则其和函数 $s(x)$ 在 $(-R,R)$ 内是可导的;对任意 $x\in(-R,R)$,有逐项求导公式

$$s'(x)=\left(\sum_{n=0}^{\infty}a_nx^n\right)'=\sum_{n=0}^{\infty}(a_nx^n)'=\sum_{n=0}^{\infty}na_nx^{n-1},$$

且逐项求导后所得的幂级数 $\sum_{n=0}^{\infty} na_n x^{n-1}$ 与原幂级数 $\sum_{n=0}^{\infty} a_n x^n$ 有相同的收敛半径.

一般地,求幂级数的和函数是一个十分困难的问题. 我们已知的只有几何级数 $\sum_{n=0}^{\infty} ax^n$($|x|<1$) 的和函数为 $\frac{a}{1-x}$. 应用幂级数逐项积分、逐项求导的性质可以把一些幂级数求和函数的问题转化为几何级数求和函数的问题.

**例 7** 在区间$(-1,1)$内求幂级数 $\sum_{n=1}^{\infty} \frac{1}{n}x^n$ 的和函数.

**解** 设所求和函数为 $s(x)$,即 $s(x)=\sum_{n=1}^{\infty} \frac{1}{n}x^n$,则

$$s'(x)=\sum_{n=1}^{\infty} x^{n-1}=\frac{1}{1-x}, \quad x\in(-1,1).$$

对上式两边从 0 到 $x$ 积分,注意到 $s(0)=0$,有

$$s(x)=-\ln(1-x), \quad x\in(-1,1).$$

**例 8** 在区间$(-1,1)$内,求幂级数 $\sum_{n=0}^{\infty} \frac{1}{n+1}x^n$ 的和函数.

**解** 设所求和函数为 $s(x)$,则

$$s(x)=\sum_{n=0}^{\infty} \frac{1}{n+1}x^n, \quad 且 \quad s(0)=1.$$

为使幂级数的一般项求导后将系数 $\frac{1}{n+1}$ 消掉,在上面等式两边乘 $x$,得

$$xs(x)=\sum_{n=0}^{\infty} \frac{1}{n+1}x^{n+1}=\sum_{n=1}^{\infty} \frac{1}{n}x^n.$$

利用例 7 的结果,知

$$xs(x)=-\ln(1-x), \quad x\in(-1,1),$$

从而

$$s(x)=\begin{cases} -\frac{1}{x}\ln(1-x), & x\in(-1,0)\cup(0,1), \\ 1, & x=0. \end{cases}$$

**例 9** 在区间$(-1,1)$内,求幂级数 $\sum_{n=1}^{\infty} nx^n$ 的和函数.

**解** $\sum_{n=1}^{\infty} nx^n = x\sum_{n=1}^{\infty} nx^{n-1} = x\sum_{n=1}^{\infty}(x^n)' = x\left(\sum_{n=1}^{\infty} x^n\right)' = x\left(\frac{x}{1-x}\right)'$

$$=x\cdot\frac{1}{(1-x)^2}=\frac{x}{(1-x)^2}, \quad x\in(-1,1).$$

### 3.4 幂级数的简单运算

设幂级数

$$a_0+a_1x+a_2x^2+\cdots+a_nx^n+\cdots$$

及

$$b_0+b_1x+b_2x^2+\cdots+b_nx^n+\cdots$$

的收敛半径分别为 $R_1,R_2$,在收敛域内的和函数分别为 $s_1(x),s_2(x)$,并取 $R=\min\{R_1,R_2\}$,则当 $|x|<R$ 时,有幂级数

$$(a_0\pm b_0)+(a_1\pm b_1)x+(a_2\pm b_2)x^2+\cdots+(a_n\pm b_n)x^n+\cdots$$

收敛到 $s_1(x)\pm s_2(x)$.

## 习 题 6-3

1. 求下列幂级数的收敛域:

(1) $x+2x^2+3x^3+\cdots+nx^n+\cdots$;　　(2) $1-x+\dfrac{x^2}{2^2}+\cdots+(-1)^n\dfrac{x^n}{n^2}+\cdots$;

(3) $\displaystyle\sum_{n=0}^{\infty}\frac{n!}{2n+1}x^n$;　　(4) $\displaystyle\sum_{n=1}^{\infty}\frac{2^n}{2n+1}x^n$;

(5) $\displaystyle\sum_{n=1}^{\infty}\frac{2n-1}{2^n}x^{2n}$;　　(6) $\displaystyle\sum_{n=1}^{\infty}(-1)^n\frac{x^{2n+1}}{2n+1}$;

(7) $\displaystyle\sum_{n=1}^{\infty}\frac{(x-3)^n}{n^2}$;　　(8) $\displaystyle\sum_{n=1}^{\infty}n(3x-5)^n$.

2. 利用逐项积分或逐项求导,求下列级数的和函数:

(1) $\displaystyle\sum_{n=1}^{\infty}nx^{n-1}$;　　(2) $\displaystyle\sum_{n=1}^{\infty}\frac{x^n}{n}$;　　(3) $\displaystyle\sum_{n=0}^{\infty}\frac{x^{2n+1}}{2n+1}$.

## §4 函数的幂级数展开式

### 4.1 函数的幂级数展开式及其唯一性

幂级数具有很好的性质,它的收敛域特别简单,在收敛域内和函数连续,又能逐项积分逐项求导,而且其部分和函数就是多项式.所以在收敛域内,幂级数可以用多项式来逼近.这就启发我们讨论把函数展开成幂级数的问题.

设 $f(x)$是一个给定的函数,如果能找到一个幂级数,使得该幂级数在某个区间内收敛到 $f(x)$,即在该区间内此幂级数的和函数恰好为 $f(x)$,则称函数 $f(x)$在该区间内可以展开成幂级数,并称该幂级数为 $f(x)$的**幂级数展开式**.

下面的定理说明,如果 $f(x)$在区间$(-R,R)$内能展开成幂级数,则该幂级数是被 $f(x)$在 $x=0$ 点的函数值和各阶导数值唯一确定的.

**定理 1(唯一性定理)** *如果函数 $f(x)$在区间$(-R,R)$内可以展开成幂级数,即*

$$f(x)=a_0+a_1x+a_2x^2+\cdots+a_nx^n+\cdots,\tag{1}$$

则

$$a_n=\frac{f^{(n)}(0)}{n!}\quad(n=0,1,2,\cdots).\tag{2}$$

**证** 将 $x=0$ 代入(1)式得 $a_0=f(0)$,即 $n=0$ 时(2)式成立.

根据幂级数在收敛区间内可以逐项求导的公式,对(1)式两边连续逐项求导得

$$f'(x)=a_1+2a_2x+3a_3x^2+\cdots+na_nx^{n-1}+\cdots,$$

$$f''(x)=2a_2+3\cdot2a_3x+\cdots+n\cdot(n-1)a_nx^{n-2}+\cdots,$$

$$f'''(x)=3\cdot 2a_3+4\cdot 3\cdot 2a_4x+\cdots+n\cdot(n-1)\cdot(n-2)a_nx^{n-3}+\cdots,$$
$$\vdots$$
$$f^{(n)}(x)=n\cdot(n-1)\cdots 2a_n+(n+1)n\cdots 2x+\cdots,$$
$$\vdots$$

将 $x=0$ 代入，于是有

$$f^{(n)}(0)=n!a_n\quad(n=1,2,\cdots).$$

综合得
$$a_n=\frac{f^{(n)}(0)}{n!}\quad(n=0,1,2,\cdots).$$

根据上述定理不难得出，如果 $f(x)$ 在 $x=x_0$ 的一个邻域内可以展开成幂级数，即

$$f(x)=\sum_{n=0}^{\infty}a_n(x-x_0)^n,$$

则其系数必为

$$a_n=\frac{f^{(n)}(x_0)}{n!}\quad(n=0,1,2,\cdots).$$

### 4.2 泰勒(Taylor)公式

在一元函数微积分中，我们已学过如下的拉格朗日中值定理：

设 $f(x)$ 在 $[a,b]$ 上连续，在 $(a,b)$ 内可导，则至少存在一点 $\xi\in(a,b)$，使得

$$f(b)-f(a)=f'(\xi)(b-a).$$

将它应用到以 $x_0,x$ 为端点的区间上，有

$$f(x)=f(x_0)+f'(\xi)(x-x_0),$$

其中 $\xi$ 介于 $x_0$ 与 $x$ 之间.

我们不加证明地将此公式推广为下面的泰勒公式.

**泰勒公式** 设 $f(x)$ 在 $x_0$ 的某个邻域 $(x_0-\delta,x_0+\delta)$ 内有直到 $n+1$ 阶导数，则对任意 $x\in(x_0-\delta,x_0+\delta)$，有

$$f(x)=f(x_0)+f'(x_0)(x-x_0)+\frac{1}{2!}f''(x_0)(x-x_0)^2+\cdots+\frac{1}{n!}f^{(n)}(x_0)(x-x_0)^n+R_n(x),$$

其中

$$R_n(x)=\frac{1}{(n+1)!}f^{(n+1)}(\xi)(x-x_0)^{n+1}\quad(\xi\text{ 介于 }x_0\text{ 与 }x\text{ 之间}).$$

我们称 $R_n(x)$ 为 $f(x)$ 在点 $x=x_0$ 的**泰勒公式的余项**.

### 4.3 泰勒级数及泰勒展开式

设 $f(x)$ 在点 $x=x_0$ 附近有任意阶导数，称幂级数

$$f(x_0)+f'(x_0)(x-x_0)+\frac{f''(x_0)}{2!}(x-x_0)^2+\cdots+\frac{f^{(n)}(x_0)}{n!}(x-x_0)^n+\cdots\tag{3}$$

为 $f(x)$ 在点 $x_0$ 处的**泰勒级数**，称 $a_n=\dfrac{f^{(n)}(x_0)}{n!}$ $(n=0,1,2,\cdots)$ 为 $f(x)$ 在点 $x_0$ 处的**泰勒系数**. 特别地，当 $x_0=0$ 时，称幂级数

$$f(0)+f'(0)x+\frac{f''(0)}{2!}x^2+\cdots+\frac{f^{(n)}(0)}{n!}x^n+\cdots$$

为 $f(x)$ 的**马克劳林(Maclaurin)级数**，称 $a_n=\frac{f^{(n)}(0)}{n!}(n=0,1,2,\cdots)$ 为 $f(x)$ 的**马克劳林系数**.

显然，级数(3)在点 $x=x_0$ 处收敛到 $f(x_0)$. 但除了 $x=x_0$ 外，级数(3)是否收敛？若收敛，是否收敛到 $f(x)$ 呢？为回答这个问题，有下面的定理.

**定理 2** 设函数 $f(x)$ 在点 $x=x_0$ 的某个邻域 $(x_0-\delta,x_0+\delta)$ 内具有任意阶导数，则 $f(x)$ 在该邻域内可以展开成泰勒级数(即 $f(x)$ 在点 $x_0$ 处的泰勒级数在 $(x_0-\delta,x_0+\delta)$ 内收敛到 $f(x)$)的充分必要条件是：在 $(x_0-\delta,x_0+\delta)$ 内，当 $n\to\infty$ 时，$f(x)$ 的泰勒公式的余项 $R_n(x)$ 的极限为 0，即

$$\lim_{n\to\infty}R_n(x)=0,\quad x\in(x_0-\delta,x_0+\delta).$$

**证** 必要性 设 $f(x)$ 在 $U(x_0)=(x_0-\delta,x_0+\delta)$ 内可以展开为泰勒级数，即

$$f(x)=f(x_0)+f'(x_0)(x-x_0)+\frac{f''(x_0)}{2!}(x-x_0)^2+\cdots+\frac{f^{(n)}(x_0)}{n!}(x-x_0)^n+\cdots \tag{4}$$

对一切 $x\in(x_0-\delta,x_0+\delta)$ 都成立. 又因为

$$\begin{aligned}f(x)&=f(x_0)+f'(x_0)(x-x_0)+\frac{f''(x_0)}{2!}(x-x_0)^2+\cdots+\frac{f^{(n)}(x_0)}{n!}(x-x_0)^n+R_n(x)\\&=s_{n+1}(x)+R_n(x),\end{aligned} \tag{5}$$

其中 $s_{n+1}(x)$ 是 $f(x)$ 的泰勒级数的部分和，$R_n(x)$ 为 $f(x)$ 的 $n$ 阶泰勒公式中的余项，而由(4)式知 $f(x)$ 的泰勒级数收敛到 $f(x)$，即对一切 $x\in(x_0-\delta,x_0+\delta)$ 都有

$$\lim_{n\to\infty}s_{n+1}(x)=f(x),$$

故

$$\lim_{n\to\infty}R_n(x)=\lim_{n\to\infty}[f(x)-s_{n+1}(x)]=0,\quad x\in(x_0-\delta,x_0+\delta).$$

充分性 设 $\lim\limits_{n\to\infty}R_n(x)=0$，对一切 $x\in(x_0-\delta,x_0+\delta)$ 成立，则由(5)式知

$$\lim_{n\to\infty}[f(x)-s_{n+1}(x)]=0,\quad 即\quad \lim_{n\to\infty}s_{n+1}(x)=f(x).$$

这表明 $f(x)$ 的泰勒级数在 $(x_0-\delta,x_0+\delta)$ 的每一点都收敛到 $f(x)$，即 $f(x)$ 在 $(x_0-\delta,x_0+\delta)$ 内可以展开成泰勒级数.

### 4.4 函数展开成幂级数

下面我们来讨论几个函数的幂级数展开式.

**例 1** 将函数 $f(x)=e^x$ 展开成 $x$ 的幂级数.

**解** $f(x)$ 的各阶导数为 $f^{(n)}(x)=e^x(n=0,1,2,\cdots)$，因此

$$f^{(n)}(0)=1\quad(n=0,1,2,\cdots).$$

于是得 $f(x)=e^x$ 的马克劳林系数为

$$a_n=\frac{f^{(n)}(0)}{n!}=\frac{1}{n!}\quad(n=0,1,2,\cdots).$$

所以，$f(x)=e^x$ 的马克劳林级数为

$$\sum_{n=0}^{\infty}\frac{x^n}{n!}=1+x+\frac{1}{2!}x^2+\cdots+\frac{1}{n!}x^n+\cdots, \tag{6}$$

其收敛半径为 $R=+\infty$.

对于任意给定的 $x\in(-\infty,+\infty)$,据泰勒公式知,在 0 与 $x$ 之间存在 $\xi$,使余项

$$R_n(x)=\frac{f^{(n+1)}(\xi)}{(n+1)!}x^{n+1}=\frac{e^{\xi}}{(n+1)!}x^{n+1},$$

所以

$$|R_n(x)|=\left|\frac{e^{\xi}}{(n+1)!}x^{n+1}\right|<e^{|x|}\frac{|x|^{n+1}}{(n+1)!},$$

根据正项级数的比值判别法知 $\sum\limits_{n=0}^{\infty}\frac{|x|^{n+1}}{(n+1)!}$ 收敛,因此 $\lim\limits_{n\to\infty}\frac{|x|^{n+1}}{(n+1)!}=0$. 又因为当 $n\to\infty$ 时 $e^{|x|}$ 是常数,故

$$\lim_{n\to\infty}e^{|x|}\frac{|x|^{n+1}}{(n+1)!}=0,\quad 从而\quad \lim_{n\to\infty}R_n(x)=0.$$

据定理 2 知,对一切的 $x\in(-\infty,+\infty)$,都有幂级数(6)收敛到 $e^x$,即有展开式

$$e^x=\sum_{n=0}^{\infty}\frac{x^n}{n!}=1+x+\frac{1}{2!}x^2+\cdots+\frac{1}{n!}x^n+\cdots,\quad x\in(-\infty,+\infty).$$

**例 2** 将函数 $f(x)=\sin x$ 展开成 $x$ 的幂级数.

**解** $f(x)$的各阶导数为

$$f^{(n)}(x)=\sin\left(x+\frac{n\pi}{2}\right)\quad(n=0,1,2,\cdots).$$

将 $x=0$ 代入上式得 $f^{(n)}(0)$依次循环地为

$$0,\ 1,\ 0,\ -1,\ 0,\ 1,\ 0,\ -1,\ \cdots,$$

于是得 $\sin x$ 的马克劳林级数为

$$x-\frac{1}{3!}x^3+\frac{1}{5!}x^5+\cdots+\frac{(-1)^n}{(2n+1)!}x^{2n+1}+\cdots.\tag{7}$$

容易验证该幂级数的收敛半径 $R=+\infty$.

对于任意给定的 $x\in(-\infty,+\infty)$,在以 $0,x$ 为端点的区间上应用泰勒公式知,在 0 与 $x$ 之间存在 $\xi$,使余项 $R_n(x)=\frac{f^{(n+1)}(\xi)}{(n+1)!}x^{n+1}$. 所以

$$|R_n(x)|=\left|\frac{\sin\left(\xi+\frac{n+1}{2}\pi\right)}{(n+1)!}x^{n+1}\right|\leqslant\frac{|x|^{n+1}}{(n+1)!}.$$

据例 1 中的证明知 $\lim\limits_{n\to\infty}\frac{|x|^{n+1}}{(n+1)!}=0$,所以 $\lim\limits_{n\to\infty}|R_n(x)|=0$. 于是据定理 2 知,对一切 $x\in(-\infty,+\infty)$都有幂级数(7)收敛到 $\sin x$,即有展开式

$$\sin x=\sum_{n=0}^{\infty}\frac{(-1)^n}{(2n+1)!}x^{2n+1}=x-\frac{1}{3!}x^3+\frac{1}{5!}x^5+\cdots+\frac{(-1)^n}{(2n+1)!}x^{2n+1}+\cdots,$$
$$x\in(-\infty,+\infty).$$

由例 1,例 2 我们不难总结出求一个函数 $f(x)$的幂级数展开式的一般步骤:

1) 求出 $f(x)$的各阶导数;

2) 求出泰勒系数 $a_n$;

3) 写出 $f(x)$的泰勒级数;

4) 证明泰勒公式的余项 $R_n(x)$当 $n\to\infty$时以 0 为极限.

但对于一般的函数,求出各阶导数的表达式,并证明泰勒公式的余项 $R_n(x)$ 当 $n\to\infty$ 时以 0 为极限等步骤都十分困难,因此上述方法不一定能奏效,更不一定简便.根据函数幂级数展开式的唯一性定理,我们也可以利用已知展开式求出一些新的展开式.

**例 3** 将函数 $f(x)=\cos x$ 展开成 $x$ 的幂级数.

**解** 因为

$$\sin x=\sum_{n=0}^{\infty}\frac{(-1)^n}{(2n+1)!}x^{2n+1}=x-\frac{1}{3!}x^3+\frac{1}{5!}x^5+\cdots+\frac{(-1)^n}{(2n+1)!}x^{2n+1}+\cdots,$$
$$x\in(-\infty,+\infty),$$

且 $(\sin x)'=\cos x$,所以应用幂级数在收敛区间内可以逐项求导,我们得

$$\cos x=\sum_{n=0}^{\infty}(-1)^n\frac{x^{2n}}{(2n)!}=1-\frac{1}{2!}x^2+\frac{1}{4!}x^4+\cdots+(-1)^n\frac{x^{2n}}{(2n)!}+\cdots,$$
$$x\in(-\infty,+\infty).$$

**例 4** 将 $\frac{1}{1+x^2}$ 展开成 $x$ 的幂级数.

**解** 因为

$$\frac{1}{1-x}=\sum_{n=0}^{\infty}x^n=1+x+x^2+\cdots+x^n+\cdots\quad(-1<x<1),$$

所以用 $-x^2$ 代替 $x$ 得

$$\frac{1}{1+x^2}=\sum_{n=0}^{\infty}(-1)^nx^{2n}=1-x^2+x^4+\cdots+(-1)^nx^{2n}+\cdots\quad(-1<x<1).$$

**例 5** 将函数 $f(x)=\ln(1+x)$ 展开成 $x$ 的幂级数.

**解** 因为 $f'(x)=\frac{1}{1+x}$,又知

$$\frac{1}{1+x}=1-x+x^2+\cdots+(-1)^nx^n+\cdots\quad(-1<x<1),$$

从而

$$f'(x)=\sum_{n=0}^{\infty}(-1)^nx^n=1-x+x^2+\cdots+(-1)^nx^n+\cdots\quad(-1<x<1),$$

所以,等式两边逐项积分得

$$f(x)=\ln(1+x)=\sum_{n=1}^{\infty}\frac{(-1)^{n-1}x^n}{n}=x-\frac{x^2}{2}+\frac{x^3}{3}+\cdots+(-1)^n\frac{x^{n+1}}{n+1}+\cdots\tag{8}$$
$$(-1<x<1).$$

值得指出的是:设 $f(x)$ 在开区间 $(-R,R)$ 内的幂级数展开式为 $f(x)=\sum_{n=0}^{\infty}a_nx^n$,如果该幂级数在端点 $x=R$(或 $x=-R$)处收敛,函数 $f(x)$ 在 $x=R$(或 $x=-R$)处有定义,且连续,那么根据幂级数和函数的连续性知该幂级数展开式在 $x=R$(或 $x=-R$)处也收敛到 $f(R)$(或 $f(-R)$).因此(8)式在 $x=1$ 处也成立,故有

$$\ln(1+x)=\sum_{n=1}^{\infty}\frac{(-1)^{n-1}x^n}{n}=x-\frac{x^2}{2}+\frac{x^3}{3}+\cdots+(-1)^n\frac{x^{n+1}}{n+1}+\cdots$$
$$(-1<x\leqslant 1).$$

我们不加证明地给出函数 $f(x)=(1+x)^{\alpha}$ 的幂级数展开式：

$$(1+x)^{\alpha}=\sum_{n=0}^{\infty}\frac{\alpha(\alpha-1)\cdots(\alpha-n+1)}{n!}x^{n}$$
$$=1+\alpha x+\frac{\alpha(\alpha-1)}{2!}x^{2}+\cdots+\frac{\alpha(\alpha-1)\cdots(\alpha-n+1)}{n!}x^{n}+\cdots,$$

且对任意的 $\alpha$，上式在 $-1<x<1$ 内都成立.

容易看出对于 $\alpha$ 为正整数 $n$ 的情况，这就是二项式定理，故这个展开式可以看成是二项式定理的推广. 需要注意的是，对于 $\alpha$ 不是正整数的情况这个展开式是一个无穷级数，它只在 $(-1,1)$ 内成立. 对于 $x=\pm1$ 的收敛情况要根据 $\alpha$ 的不同值，具体问题具体分析. 例如：

当 $\alpha=-1$ 时，有

$$(1+x)^{-1}=\frac{1}{1+x}=1-x+x^{2}-x^{3}+x^{4}-x^{5}+\cdots\quad(-1<x<1);$$

当 $\alpha=-\frac{1}{2}$ 时，有

$$\frac{1}{\sqrt{1+x}}=1-\frac{1}{2}x+\frac{1\cdot3}{2\cdot4}x^{2}-\frac{1\cdot3\cdot5}{2\cdot4\cdot6}x^{3}+\frac{1\cdot3\cdot5\cdot7}{2\cdot4\cdot6\cdot8}x^{4}+\cdots\quad(-1<x\leqslant1).$$

下面的例子说明今后可以直接引用上述各展开式的结果，用间接方法求出一些函数的幂级数展开式.

**例 6**　求函数 $f(x)=\sin^{2}x$ 的马克劳林展开式.

**解**　$$f(x)=\sin^{2}x=\frac{1}{2}(1-\cos2x)=\frac{1}{2}\left[1-\sum_{n=0}^{\infty}(-1)^{n}\frac{(2x)^{2n}}{(2n)!}\right]$$
$$=\sum_{n=1}^{\infty}(-1)^{n-1}\frac{4^{n}}{2\cdot(2n)!}x^{2n},\quad x\in(-\infty,+\infty).$$

**例 7**　求函数 $\ln\left(\frac{1+x}{1-x}\right)$ 的马克劳林展开式.

**解**　因为

$$\ln(1+x)=x-\frac{x^{2}}{2}+\frac{x^{3}}{3}+\cdots+(-1)^{n}\frac{x^{n+1}}{n+1}+\cdots\quad(-1<x\leqslant1),$$

所以

$$\ln(1-x)=-x-\frac{x^{2}}{2}-\frac{x^{3}}{3}-\cdots-\frac{x^{n}}{n}+\cdots\quad(-1\leqslant x<1).$$

而 $\ln\left(\frac{1+x}{1-x}\right)=\ln(1+x)-\ln(1-x)$，因此

$$\ln\frac{1+x}{1-x}=2x+\frac{2}{3}x^{3}+\cdots+\frac{2}{2n+1}x^{2n+1}+\cdots\quad(-1<x<1).$$

**例 8**　求 $\arctan x$ 的马克劳林展开式.

**解**　因为

$$(\arctan x)'=\frac{1}{1+x^{2}}=1-x^{2}+x^{4}+\cdots+(-1)^{n}x^{2n}+\cdots\quad(-1<x<1),$$

所以，将等式两边从 0 到 $x$ 积分，得

$$\arctan x=x-\frac{1}{3}x^{3}+\frac{1}{5}x^{5}+\cdots+\frac{(-1)^{n}}{2n+1}x^{2n+1}+\cdots\quad(-1\leqslant x\leqslant1).$$

**例 9** 将 $\frac{1}{3+x}$ 展成 $(x-2)$ 的幂级数.

**解** $\frac{1}{3+x}=\frac{1}{5+(x-2)}=\frac{1}{5}\left(\frac{1}{1+\frac{x-2}{5}}\right)$

$$=\frac{1}{5}\left[1-\frac{x-2}{5}+\left(\frac{x-2}{5}\right)^2+\cdots+(-1)^n\left(\frac{x-2}{5}\right)^n+\cdots\right]$$

$$=\frac{1}{5}-\frac{(x-2)}{5^2}+\frac{(x-2)^2}{5^3}+\cdots+(-1)^n\frac{(x-2)^n}{5^{n+1}}+\cdots\quad(-3<x<7).$$

### 4.5 函数幂级数展开式的应用

1. 函数的幂级数展开式在近似计算中的的应用

**例 10** 求 e 的近似值,要求误差不超过 $10^{-3}$.

**解** 因为

$$e^x=1+x+\frac{1}{2!}x^2+\cdots+\frac{1}{n!}x^n+\cdots,\quad x\in(-\infty,+\infty),$$

所以,令 $x=1$,得

$$e=1+1+\frac{1}{2!}+\cdots+\frac{1}{n!}+\cdots.$$

故

$$e\approx 2+\frac{1}{2!}+\cdots+\frac{1}{n!},$$

其中误差

$$R_n=\frac{1}{(n+1)!}+\frac{1}{(n+2)!}+\cdots$$

$$=\frac{1}{(n+1)!}\left[1+\frac{1}{(n+2)}+\frac{1}{(n+2)(n+3)}+\cdots\right]$$

$$\leqslant\frac{1}{(n+1)!}\left[1+\frac{1}{n+1}+\left(\frac{1}{n+1}\right)^2+\cdots+\left(\frac{1}{n+1}\right)^k+\cdots\right]$$

$$=\frac{1}{(n+1)!}\left(\frac{1}{1-\frac{1}{n+1}}\right)=\frac{1}{(n+1)!}\cdot\frac{n+1}{n}=\frac{1}{n\cdot n!}.$$

取 $n=6$,则

$$\frac{1}{n\cdot n!}=\frac{1}{6\cdot 6!}=\frac{1}{4320}<\frac{1}{1000}.$$

所以

$$e\approx 2+\frac{1}{2!}+\frac{1}{3!}+\frac{1}{4!}+\frac{1}{5!}+\frac{1}{6!}\approx 2.718,$$

其中误差不超过 $10^{-3}$.

**例 11** 计算 $\sqrt[5]{245}$ 的近似值,要求误差不超过 $10^{-4}$.

**解** 因为

$$\sqrt[5]{245}=\sqrt[5]{3^5+2}=3\left(1+\frac{2}{243}\right)^{\frac{1}{5}},$$

所以利用$(1+x)^\alpha$ 的幂级数展开式,得

$$\sqrt[5]{245}=3\left[1+\frac{1}{5}\cdot\frac{2}{243}+\frac{1}{2!}\cdot\frac{1}{5}\left(\frac{1}{5}-1\right)\left(\frac{2}{243}\right)^2+\cdots\right].$$

注意右端的级数从第二项起以后是交错级数,且满足莱布尼茨审敛法的条件,所以

$$|R_2|=\left|3\cdot\frac{2^2}{2!\cdot 243^2}\cdot\frac{1}{5}\left(\frac{1}{5}-1\right)+\cdots\right|$$

$$\leqslant 3\cdot\frac{2^2}{2!\cdot 243^2}\cdot\frac{4}{25}=1.6\times 10^{-5}<10^{-4}.$$

故

$$\sqrt[5]{245}\approx 3\left(1+\frac{1}{5}\cdot\frac{2}{243}\right)\approx 3.00494,$$

其中误差不超过 $10^{-4}$.

**例 12** 计算定积分 $\int_0^1\frac{\sin x}{x}\mathrm{d}x$ 的近似值,要求误差不超过 $10^{-4}$.

**解** 由于函数 $\frac{\sin x}{x}$ 的原函数不是初等函数,故不能用我们所学过的积分法求出其原函数,进而用牛顿-莱布尼茨公式求此定积分的值.但我们可以应用幂级数,求其近似值.

因为

$$\sin x=x-\frac{1}{3!}x^3+\frac{1}{5!}x^5+\cdots+\frac{(-1)^n}{(2n+1)!}x^{2n+1}+\cdots,\quad x\in(-\infty,+\infty),$$

所以

$$\frac{\sin x}{x}=1-\frac{1}{3!}x^2+\frac{1}{5!}x^4+\cdots+\frac{(-1)^n}{(2n+1)!}x^{2n}+\cdots,\quad x\in(-\infty,0)\cup(0,+\infty).$$

上式在 $x\neq 0$ 时成立,$x=0$ 是 $\frac{\sin x}{x}$ 的可去间断点,只要补充其函数值为 1,则新函数在$[0,1]$上连续.此新函数仍记为 $\frac{\sin x}{x}$,根据逐项积分公式得

$$\int_0^1\frac{\sin x}{x}\mathrm{d}x=\left(x-\frac{1}{3\cdot 3!}x^3+\frac{1}{5\cdot 5!}x^5-\frac{1}{7\cdot 7!}x^7+\cdots\right)\Big|_0^1$$

$$=1-\frac{1}{3\cdot 3!}+\frac{1}{5\cdot 5!}-\frac{1}{7\cdot 7!}+\cdots.$$

这又是一个满足莱布尼茨审敛法条件的交错级数,所以

$$|R_6|=\left|-\frac{1}{7\cdot 7!}+\frac{1}{8\cdot 8!}-\cdots\right|\leqslant\frac{1}{7\cdot 7!}<0.0000284<\frac{1}{10^4}.$$

因此

$$\int_0^1\frac{\sin x}{x}\mathrm{d}x\approx 1-\frac{1}{3\cdot 3!}+\frac{1}{5\cdot 5!}=0.9461,$$

其中误差不超过 $10^{-4}$.

2. 欧拉公式

事实上,可以把幂级数 $\sum\limits_{n=0}^{\infty}a_nx^n$ 中的变量 $x$ 推广到复变量 $z=x+\mathrm{i}y$($x,y$ 为实变量),对应

的幂级数为 $\sum_{n=0}^{\infty}a_nz^n$. 相应地，指数函数 $e^x$ 的幂级数展开式可推广为

$$e^z = 1+z+\frac{z^2}{2!}+\frac{z^3}{3!}+\cdots+\frac{z^n}{n!}+\cdots.$$

特别地，对 $z=iy$，有

$$\begin{aligned}e^{iy} &= 1+(iy)+\frac{(iy)^2}{2!}+\frac{(iy)^3}{3!}+\frac{(iy)^4}{4!}+\cdots+\frac{(iy)^n}{n!}+\cdots \\ &= 1+iy-\frac{1}{2!}y^2-i\frac{1}{3!}y^3+\frac{1}{4!}y^4+i\frac{1}{5!}y^5-\cdots \\ &= \left(1-\frac{y^2}{2!}+\frac{y^4}{4!}-\cdots\right)+i\left(y-\frac{y^3}{3!}+\frac{y^5}{5!}-\cdots\right).\end{aligned}$$

根据 $\sin x$，$\cos x$ 的幂级数展开式，容易知道

$$e^{iy} = \cos y + i\sin y.$$

用 $x$ 代换 $y$，就得到下面的**欧拉公式**：

$$e^{ix} = \cos x + i\sin x.$$

因此，对于 $z=\alpha+i\beta$（$\alpha,\beta$ 为实数)，有

$$e^{\alpha+i\beta} = e^{\alpha}\cdot e^{i\beta} = e^{\alpha}(\cos\beta+i\sin\beta).$$

欧拉公式使得在复数范围，指数函数和三角函数之间建立了联系.

### 习 题 6-4

1. 将下列函数展开成 $x$ 的幂级数，并求展开式成立的区间：

(1) $\frac{x}{1-x^2}$；　(2) $e^{-x^2}$；　(3) $\cos^2 x$；　(4) $\ln(3+x)$.

2. 将函数 $f(x)=\frac{1}{x^2+3x+2}$ 展开成$(x+4)$的幂级数.

3. 利用函数的幂级数展开式求下列各数的近似值：

(1) $\sqrt{e}$（误差不超过 0.001）；　(2) $\cos 2^\circ$（误差不超过 0.0001).

4. 利用被积函数的幂级数展开式，求定积分 $\int_0^{0.5}\frac{\arctan x}{x}dx$ 的误差不超过 0.001 的近似值.

## §5 傅里叶(Fourier)级数

### 5.1 三角级数和三角函数系的正交性

在自然界和工程技术中，经常出现周期现象. 周期函数就是描述周期现象的. 最简单的周期现象就是简谐振动，它可以用正弦函数 $\sin(\omega t+\varphi)$来描述. 一个自然的问题是，对于一个复杂的周期运动，能否分解成简谐振动的叠加. 反映到数学上，就是一个复杂的周期函数，能否展开成由正弦函数和余弦函数构成的三角级数.

我们称形式为

$$\frac{a_0}{2}+\sum_{n=1}^{\infty}(a_n\cos nx+b_n\sin nx)$$

的函数项级数为**三角级数**;称$\{1,\cos nx,\sin nx\}_{n=1}^{\infty}$为**三角函数系**.

下面介绍三角函数系的正交性.

所谓三角函数系的**正交性**是指三角函数系中每个函数的平方在$[-\pi,\pi]$上的积分都大于0,而每两个不同的函数的乘积在$[-\pi,\pi]$上的积分都等于0,即

$$\int_{-\pi}^{\pi} 1^2 \mathrm{d}x = 2\pi,$$

$$\int_{-\pi}^{\pi} \cos^2 nx \mathrm{d}x = \int_{-\pi}^{\pi} \frac{1+\cos 2nx}{2}\mathrm{d}x = \pi \quad (n = 1,2,\cdots),$$

$$\int_{-\pi}^{\pi} \sin^2 nx \mathrm{d}x = \int_{-\pi}^{\pi} \frac{1-\cos 2nx}{2}\mathrm{d}x = \pi \quad (n = 1,2,\cdots),$$

$$\int_{-\pi}^{\pi} 1 \cdot \cos nx \mathrm{d}x = \frac{1}{n}\sin nx \Big|_{-\pi}^{\pi} = 0 \quad (n = 1,2,\cdots),$$

$$\int_{-\pi}^{\pi} 1 \cdot \sin nx \mathrm{d}x = -\frac{1}{n}\cos nx \Big|_{-\pi}^{\pi} = 0 \quad (n = 1,2,\cdots),$$

$$\int_{-\pi}^{\pi} \cos nx \sin mx \mathrm{d}x = \frac{1}{2}\int_{-\pi}^{\pi} [\sin(n+m)x - \sin(n-m)x]\mathrm{d}x = 0 \quad (n,m = 1,2,\cdots),$$

$$\int_{-\pi}^{\pi} \cos nx \cos mx \mathrm{d}x = 0 \quad (n,m = 1,2,\cdots,\text{且 } n \neq m),$$

$$\int_{-\pi}^{\pi} \sin nx \sin mx \mathrm{d}x = 0 \quad (n,m = 1,2,\cdots,\text{且 } n \neq m).$$

### 5.2 函数展开成傅里叶级数

设$f(x)$是以$2\pi$为周期的周期函数,且能展开成三角级数,即

$$f(x) = \frac{a_0}{2} + \sum_{n=1}^{\infty}(a_n \cos nx + b_n \sin nx). \tag{1}$$

自然要问:系数$a_0,a_1,b_1,a_2,b_2,\cdots$与函数$f(x)$之间存在着怎样的关系?即能否由$f(x)$得到这些系数呢?

为此,我们假设在(1)式的两边可以从$-\pi$到$\pi$逐项积分,得

$$\int_{-\pi}^{\pi} f(x)\mathrm{d}x = \int_{-\pi}^{\pi} \frac{a_0}{2}\mathrm{d}x + \sum_{n=1}^{\infty}\left(a_n\int_{-\pi}^{\pi} \cos nx \mathrm{d}x + b_n\int_{-\pi}^{\pi} \sin nx \mathrm{d}x\right).$$

根据三角函数系的正交性,立得

$$\int_{-\pi}^{\pi} f(x)\mathrm{d}x = \int_{-\pi}^{\pi} \frac{a_0}{2}\mathrm{d}x = \frac{a_0}{2} \cdot 2\pi = a_0\pi,$$

所以

$$a_0 = \frac{1}{\pi}\int_{-\pi}^{\pi} f(x)\mathrm{d}x.$$

再在(1)式的两边乘以$\cos nx(n=1,2,\cdots)$,然后从$-\pi$到$\pi$逐项积分得

$$\int_{-\pi}^{\pi} f(x)\cos nx \mathrm{d}x = \int_{-\pi}^{\pi} \frac{a_0}{2}\cos nx \mathrm{d}x + \sum_{k=1}^{\infty}\left(a_k\int_{-\pi}^{\pi} \cos kx \cos nx \mathrm{d}x + b_k\int_{-\pi}^{\pi} \sin kx \cos nx \mathrm{d}x\right) \quad (n = 1,2,\cdots).$$

根据三角函数系的正交性知,右边各项中除$a_n = \int_{-\pi}^{\pi} \cos^2 nx \mathrm{d}x = \pi a_n (n = 1,2,\cdots)$外,其余各

项积分均为0,故

$$a_n = \frac{1}{\pi}\int_{-\pi}^{\pi} f(x)\cos nx\,dx \quad (n = 1,2,\cdots).$$

类似地,可以得到

$$b_n = \frac{1}{\pi}\int_{-\pi}^{\pi} f(x)\sin nx\,dx \quad (n = 1,2,\cdots).$$

总结以上的结果,我们得到下面的一组公式:

$$a_0 = \frac{1}{\pi}\int_{-\pi}^{\pi} f(x)\,dx,$$

$$a_n = \frac{1}{\pi}\int_{-\pi}^{\pi} f(x)\cos nx\,dx \quad (n = 1,2,\cdots),$$

$$b_n = \frac{1}{\pi}\int_{-\pi}^{\pi} f(x)\sin nx\,dx \quad (n = 1,2,\cdots).$$

我们称这组公式为**欧拉-傅里叶公式**.

若欧拉-傅里叶公式中的积分都存在,我们称由这组公式确定的系数 $a_0,a_1,b_1,a_2,b_2,\cdots$ 为 $f(x)$的**傅里叶系数**.将这些系数代入(1)式右端所得的三角级数

$$\frac{a_0}{2}+\sum_{n=1}^{\infty}(a_n\cos nx + b_n\sin nx)$$

$$= \frac{1}{2\pi}\int_{-\pi}^{\pi} f(x)\,dx + \sum_{n=1}^{\infty}\left\{\left[\frac{1}{\pi}\int_{-\pi}^{\pi} f(x)\cos nx\,dx\right]\cos nx + \left[\frac{1}{\pi}\int_{-\pi}^{\pi} f(x)\sin nx\,dx\right]\sin nx\right\}$$

叫做函数 $f(x)$的**傅里叶级数**.

一个在$(-\infty,+\infty)$上以 $2\pi$ 为周期的函数,只要它在$[-\pi,\pi]$上可积,就能用欧拉-傅里叶公式确定它的傅里叶系数 $a_0,a_1,b_1,a_2,b_2,\cdots$,从而确定它的傅里叶级数.问题是:$f(x)$的傅里叶级数收敛吗?若收敛,是否收敛到 $f(x)$?我们不加证明地介绍下面的重要定理.

**定理**(收敛定理,狄里克雷(Dilichlet)收敛准则) 设 $f(x)$是以 $2\pi$ 为周期的周期函数,如果它满足:

(i) 在一个周期内连续或者只有有限个第一类间断点;

(ii) 在一个周期内至多有有限个极值点,

则 $f(x)$的傅里叶级数在$(-\infty,+\infty)$收敛,且

1) 当 $x$ 是 $f(x)$的连续点时,傅里叶级数收敛于 $f(x)$;

2) 当 $x$ 是 $f(x)$的间断点时,傅里叶级数收敛于$\frac{1}{2}[f(x-0)+f(x+0)]$.

根据上述定理,容易得出,在 $x=\pm\pi+2k\pi(k=0,\pm1,\pm2,\cdots)$处,$f(x)$的傅里叶级数收敛于$\frac{1}{2}[f(-\pi+0)+f(\pi-0)]$.

从定理可以看出,若 $f(x)$连续且以 $2\pi$ 为周期,则 $f(x)$的傅里叶级数必收敛于 $f(x)$,即 $f(x)$可以展开成傅里叶级数.可见函数 $f(x)$能展开成三角级数的条件比能展开成幂级数的条件要弱得多,这使得傅里叶级数得到广泛的应用.

**例 1** 设 $f(x)$是周期为 $2\pi$ 的周期函数,它在$[-\pi,\pi)$上的表达式为

$$f(x) = \begin{cases} 0, & -\pi\leqslant x<0, \\ 1, & 0\leqslant x<\pi. \end{cases}$$

将 $f(x)$ 展开成傅里叶级数.

**解**　所给的函数 $f(x)$ 满足收敛定理的条件,且它只在点 $x=k\pi(k=0,\pm1,\pm2,\cdots)$ 处不连续,在其它点处处连续,根据收敛定理知 $f(x)$ 的傅里叶级数收敛,且当 $x=\pm\pi+2k\pi(k=0,\pm1,\pm2,\cdots)$ 时,傅里叶级数收敛于

$$\frac{1}{2}[f(-\pi+0)+f(\pi-0)]=\frac{1}{2}(0+1)=\frac{1}{2};$$

当 $x=2k\pi(k=0,\pm1,\pm2,\cdots)$ 时,傅里叶级数收敛于

$$\frac{1}{2}[f(0-0)+f(0+0)]=\frac{1}{2}(0+1)=\frac{1}{2};$$

当 $x\neq k\pi$ 时,级数收敛于 $f(x)$. 该傅里叶级数的和函数图形如图 6-1 所示.

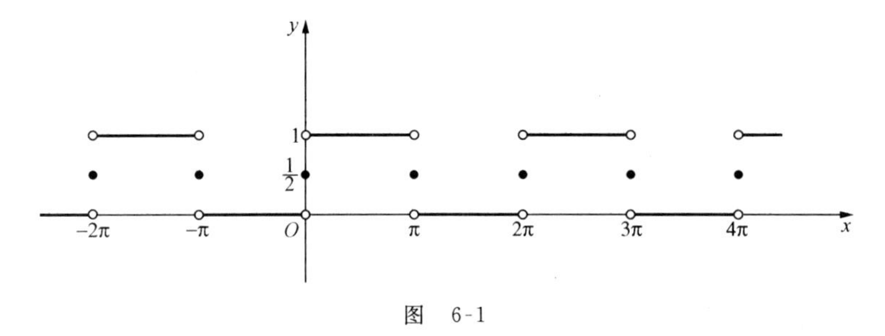


图　6-1

下面计算傅里叶系数:

$$a_0=\frac{1}{\pi}\int_{-\pi}^{\pi}f(x)\mathrm{d}x=\frac{1}{\pi}\int_0^{\pi}\mathrm{d}x=1,$$

$$a_n=\frac{1}{\pi}\int_{-\pi}^{\pi}f(x)\cos nx\,\mathrm{d}x=\frac{1}{\pi}\int_0^{\pi}\cos nx\,\mathrm{d}x$$

$$=\frac{1}{n\pi}\sin nx\Big|_0^{\pi}=0\quad(n=1,2,\cdots),$$

$$b_n=\frac{1}{\pi}\int_{-\pi}^{\pi}f(x)\sin nx\,\mathrm{d}x=\frac{1}{\pi}\int_0^{\pi}\sin nx\,\mathrm{d}x=-\frac{1}{n\pi}\cos nx\Big|_0^{\pi}$$

$$=-\frac{1}{n\pi}(\cos n\pi-1)=-\frac{1}{n\pi}[(-1)^n-1]$$

$$=\begin{cases}0, & n=2k,\\ \dfrac{2}{(2k-1)\pi}, & n=2k-1\end{cases}\quad(k=1,2,\cdots).$$

因此 $f(x)$ 的傅里叶级数展开式为

$$f(x)=\frac{a_0}{2}+\sum_{n=1}^{\infty}(a_n\cos nx+b_n\sin nx)$$

$$=\frac{1}{2}+\frac{2}{\pi}\sin x+\frac{2}{3\pi}\sin 3x+\cdots+\frac{2}{(2k-1)\pi}\sin(2k-1)x+\cdots$$

$$(-\infty<x<+\infty;x\neq0,\pm\pi,\pm2\pi,\cdots).$$

上例中的函数是矩形波的一种波形函数,由它的傅里叶展开式说明它是由常数 $\frac{1}{2}$ 和一系列正弦波叠加而成的,它在通讯中有重要的应用.

**例 2**　设 $f(x)$ 是以 $2\pi$ 为周期的周期函数,它在 $[-\pi,\pi)$ 上的表达式为

$$f(x)=\begin{cases}x, & -\pi\leqslant x<0,\\ 0, & 0\leqslant x<\pi.\end{cases}$$

求 $f(x)$的傅里叶级数展开式.

**解** 容易看出 $f(x)$满足收敛定理的条件,且它在 $x\neq(2k+1)\pi(k=0,\pm1,\pm2,\cdots)$时处处连续,点 $x=(2k+1)\pi(k=0,\pm1,\pm2,\cdots)$为 $f(x)$的第一类间断点,因此,它的傅里叶级数在点 $x=(2k+1)\pi(k=0,\pm1,\pm2,\cdots)$处收敛于

$$\frac{1}{2}[f(-\pi+0)+f(\pi-0)]=\frac{1}{2}(-\pi+0)=-\frac{\pi}{2};$$

在 $x\neq(2k+1)\pi(k=0,\pm1,\pm2,\cdots)$时,收敛于 $f(x)$. 该傅里叶级数的和函数图形如图 6-2 所示.

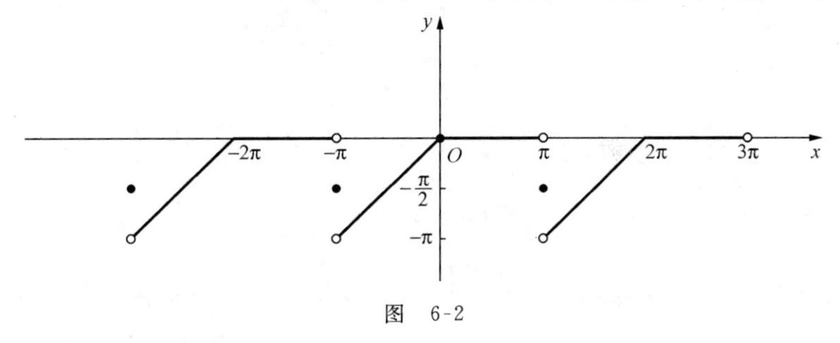


图 6-2

下面计算 $f(x)$的傅里叶系数:

$$a_0=\frac{1}{\pi}\int_{-\pi}^{\pi}f(x)\mathrm{d}x=\frac{1}{\pi}\int_{-\pi}^{0}x\mathrm{d}x=\frac{1}{\pi}\cdot\frac{x^2}{2}\bigg|_{-\pi}^{0}=-\frac{\pi}{2},$$

$$\begin{aligned}a_n&=\frac{1}{\pi}\int_{-\pi}^{\pi}f(x)\cos nx\,\mathrm{d}x=\frac{1}{\pi}\int_{-\pi}^{0}x\cos nx\,\mathrm{d}x=\frac{1}{n\pi}\int_{-\pi}^{0}x\mathrm{d}\sin nx\\&=\frac{1}{n\pi}\left[x\sin nx\bigg|_{-\pi}^{0}-\int_{-\pi}^{0}\sin nx\,\mathrm{d}x\right]=\frac{1}{n\pi}\cdot\frac{1}{n}\cos nx\bigg|_{-\pi}^{0}=\frac{1}{n^2\pi}(1-\cos n\pi)\\&=\frac{1}{n^2\pi}[1-(-1)^n]=\begin{cases}0, & n=2,4,6,\cdots,\\ \dfrac{2}{n^2\pi}, & n=1,3,5,\cdots,\end{cases}\end{aligned}$$

$$\begin{aligned}b_n&=\frac{1}{\pi}\int_{-\pi}^{\pi}f(x)\sin nx\,\mathrm{d}x=\frac{1}{\pi}\int_{-\pi}^{0}x\sin nx\,\mathrm{d}x\\&=-\frac{1}{n\pi}\int_{-\pi}^{0}x\mathrm{d}\cos nx=-\frac{1}{n\pi}\left(x\cos nx\bigg|_{-\pi}^{0}-\int_{-\pi}^{0}\cos nx\,\mathrm{d}x\right)\\&=-\frac{1}{n\pi}[\pi(-1)^n]=\frac{(-1)^{n+1}}{n}\quad(n=1,2,3,\cdots).\end{aligned}$$

所以 $f(x)$的傅里叶级数展开式为

$$\begin{aligned}f(x)&=\frac{a_0}{2}+\sum_{n=1}^{\infty}(a_n\cos nx+b_n\sin nx)\\&=-\frac{\pi}{4}+\frac{2}{\pi}\cos x+\sin x+\left(-\frac{1}{2}\right)\sin 2x+\frac{2}{9\pi}\cos 3x+\frac{1}{3}\sin 3x+\cdots\\&\qquad(-\infty<x<+\infty,x\neq\pm\pi,\pm3\pi,\pm5\pi,\cdots).\end{aligned}$$

**例 3** 将函数 $f(x)=x,x\in[-\pi,\pi)$展开成傅里叶级数.

**解** $f(x)$只在$[-\pi,\pi)$上有定义,我们可以将其延拓成$(-\infty,+\infty)$上以 $2\pi$ 为周期的周期函数(这叫对 $f(x)$作**周期性延拓**),则延拓后的函数在$(-\infty,+\infty)$上有定义,除点 $x=\pm\pi$,

$\pm 3\pi, \pm 5\pi, \cdots$外处处连续(图 6-3). 因此此函数的傅里叶级数在$(-\pi,\pi)$内处处收敛于 $f(x)$；在 $x=\pm\pi$ 处收敛于

$$\frac{1}{2}[f(-\pi+0)+f(\pi-0)]=\frac{1}{2}(-\pi+\pi)=0.$$

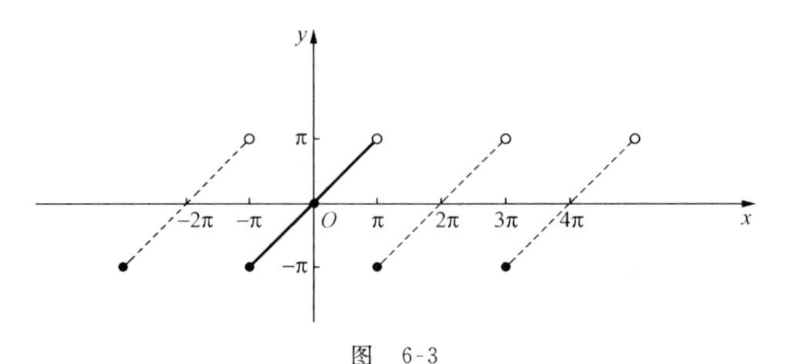


图　6-3

下面计算 $f(x)$的傅里叶系数：

$$a_0=\frac{1}{\pi}\int_{-\pi}^{\pi} f(x)\mathrm{d}x=\frac{1}{\pi}\int_{-\pi}^{\pi} x\mathrm{d}x=0,$$

$$a_n=\frac{1}{\pi}\int_{-\pi}^{\pi} f(x)\cos nx\,\mathrm{d}x=\frac{1}{\pi}\int_{-\pi}^{\pi} x\cos nx\,\mathrm{d}x=0 \quad (n=1,2,\cdots),$$

$$\begin{aligned}b_n&=\frac{1}{\pi}\int_{-\pi}^{\pi} f(x)\sin nx\,\mathrm{d}x=\frac{1}{\pi}\int_{-\pi}^{\pi} x\sin nx\,\mathrm{d}x=\frac{2}{\pi}\int_{0}^{\pi} x\sin nx\,\mathrm{d}x\\&=-\frac{2}{n\pi}\int_{0}^{\pi} x\mathrm{d}\cos nx=-\frac{2}{n\pi}\left(x\cos nx\Big|_0^{\pi}-\int_0^{\pi}\cos nx\,\mathrm{d}x\right)\\&=-\frac{2}{n\pi}(\pi\cos n\pi)=(-1)^{n+1}\frac{2}{n} \quad (n=1,2,\cdots).\end{aligned}$$

所以 $f(x)$的傅里叶级数展开式为

$$\begin{aligned}f(x)&=\frac{a_0}{2}+\sum_{n=1}^{\infty}(a_n\cos nx+b_n\sin nx)=\sum_{n=1}^{\infty}\frac{(-1)^{n+1}\cdot 2}{n}\sin nx\\&=2\sin x-\sin 2x+\frac{2}{3}\sin 3x-\frac{1}{2}\sin 4x+\cdots, \quad x\in(-\pi,\pi).\end{aligned}$$

注意到 $f(x)$在区间$(-\pi,\pi)$上是奇函数，因此它的傅里叶级数中余弦项的系数(包括 $a_0$ 在内)都为 0，从而其傅里叶级数中只出现正弦项. 我们称这样的傅里叶级数为**正弦级数**.

**例 4**　求函数 $f(x)=x^2, x\in[-\pi,\pi)$的傅里叶级数展开式.

**解**　与例 3 的情况类似，我们可以将 $f(x)$作周期性延拓，将其延拓成$(-\infty,+\infty)$上以 $2\pi$ 为周期的周期函数，则延拓后的函数在$(-\infty,+\infty)$上有定义，且处处连续(图 6-4). 据收敛定理知，它的傅里叶级数处处收敛于它本身，在$[-\pi,\pi)$上处处收敛于 $f(x)$.

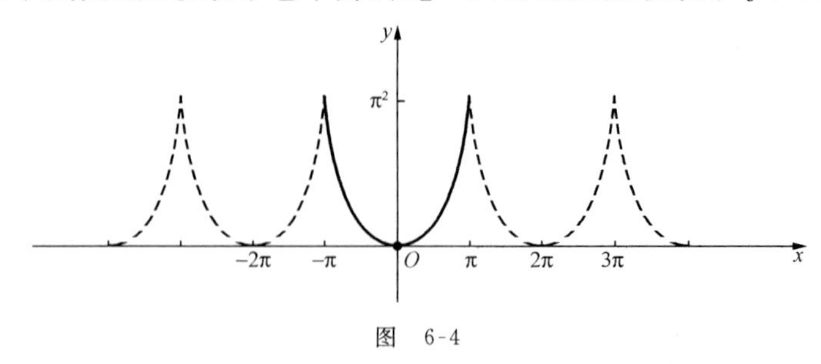


图　6-4

下面计算 $f(x)$ 的傅里叶系数：

$$a_0=\frac{1}{\pi}\int_{-\pi}^{\pi}f(x)\mathrm{d}x=\frac{1}{\pi}\int_{-\pi}^{\pi}x^2\mathrm{d}x=\frac{2}{\pi}\int_0^{\pi}x^2\mathrm{d}x=\frac{2}{\pi}\cdot\frac{1}{3}x^3\Big|_0^{\pi}=\frac{2}{3}\pi^2,$$

$$\begin{aligned}a_n&=\frac{1}{\pi}\int_{-\pi}^{\pi}f(x)\cos nx\mathrm{d}x=\frac{1}{\pi}\int_{-\pi}^{\pi}x^2\cos nx\mathrm{d}x=\frac{2}{\pi}\int_0^{\pi}x^2\cos nx\mathrm{d}x\\&=\frac{2}{n\pi}\int_0^{\pi}x^2\mathrm{d}\sin nx=\frac{2}{n\pi}\left(x^2\sin nx\Big|_0^{\pi}-\int_0^{\pi}\sin nx\mathrm{d}x^2\right)\\&=-\frac{4}{n\pi}\int_0^{\pi}x\sin nx\mathrm{d}x=\frac{4}{n^2\pi}\int_0^{\pi}x\mathrm{d}\cos nx=\frac{4}{n^2\pi}\left(x\cos nx\Big|_0^{\pi}-\int_0^{\pi}\cos nx\mathrm{d}x\right)\\&=\frac{4}{n^2\pi}\left[(-1)^n\pi-\frac{1}{n}\sin nx\Big|_0^{\pi}\right]=\frac{(-1)^n4}{n^2}\quad(n=1,2,\cdots),\end{aligned}$$

$$b_n=\frac{1}{\pi}\int_{-\pi}^{\pi}f(x)\sin nx\mathrm{d}x=\frac{1}{\pi}\int_{-\pi}^{\pi}x^2\sin nx\mathrm{d}x=0\quad(n=1,2,\cdots).$$

所以 $f(x)$ 的傅里叶级数展开式为

$$\begin{aligned}f(x)&=\frac{1}{3}\pi^2+\sum_{n=1}^{\infty}\frac{(-1)^n4}{n^2}\cos nx\\&=\frac{1}{3}\pi^2-4\cos x+\cos 2x-\frac{4}{9}\cos 3x+\cdots,\quad x\in[-\pi,\pi).\end{aligned}$$

例 4 中的 $f(x)$ 在 $(-\pi,\pi)$ 上是偶函数，因此它的傅里叶级数中正弦项的系数都为 0，其傅里叶级数中只出现余弦项. 我们称这样的傅里叶级数为**余弦级数**.

**例 5** 将函数

$$f(x)=\begin{cases}-x, & -\pi\leqslant x<0,\\ x, & 0\leqslant x<\pi\end{cases}$$

展开成傅里叶级数.

**解** 与例 3、例 4 的情况类似，我们可以将 $f(x)$ 延拓成 $(-\infty,+\infty)$ 上以 $2\pi$ 为周期的周期函数，则延拓后的函数在 $(-\infty,+\infty)$ 上有定义，且处处连续(图 6-5). 据收敛定理知，它的傅里叶级数处处收敛于它本身，即在 $[-\pi,\pi)$ 上处处收敛于 $f(x)$.

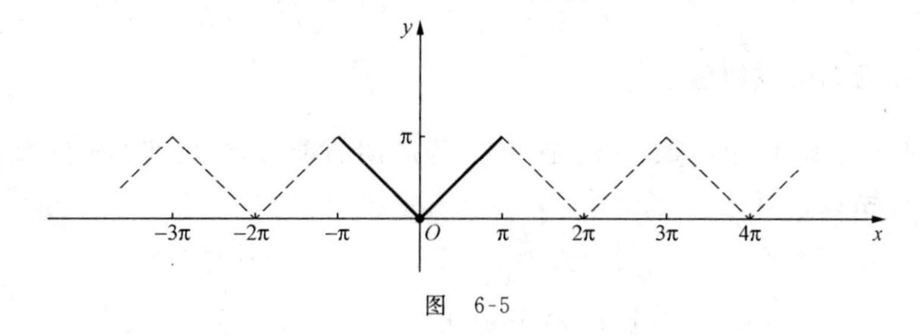


图 6-5

下面计算 $f(x)$ 的傅里叶系数：

因为 $f(x)$ 为偶函数，故 $b_n=0(n=1,2,\cdots)$；

$$a_0=\frac{1}{\pi}\int_{-\pi}^{\pi}f(x)\mathrm{d}x=\frac{2}{\pi}\int_0^{\pi}x\mathrm{d}x=\pi,$$

$$a_n=\frac{1}{\pi}\int_{-\pi}^{\pi}f(x)\cos nx\mathrm{d}x=\frac{2}{\pi}\int_0^{\pi}x\cos nx\mathrm{d}x=\frac{2}{n\pi}\int_0^{\pi}x\mathrm{d}\sin nx$$

$$=\frac{2}{n\pi}\left(x\sin nx\Big|_0^\pi-\int_0^\pi\sin nx\,dx\right)=\frac{2}{n^2\pi}\cos nx\Big|_0^\pi=\frac{2}{n^2\pi}[(-1)^n-1]$$

$$=\begin{cases}0, & n=2,4,6,\cdots,\\ -\frac{4}{n^2\pi}, & n=1,3,5,\cdots.\end{cases}$$

所以 $f(x)$ 的傅里叶级数展开式为

$$f(x)=\frac{\pi}{2}-\frac{4}{\pi}\left[\cos x+\frac{1}{9}\cos 3x+\cdots+\frac{1}{(2k-1)^2}\cos(2k-1)x+\cdots\right]\quad(-\pi\leqslant x<\pi).$$

利用这个展开式可以求出几个特殊的级数的和. 当 $x=0$ 时, $f(0)=0$, 于是由这个展开式得出

$$\frac{\pi}{2}-\frac{4}{\pi}\left(1+\frac{1}{3^2}+\frac{1}{5^2}+\cdots\right)=0,$$

故

$$1+\frac{1}{3^2}+\frac{1}{5^2}+\cdots=\frac{\pi^2}{8}.$$

设

$$\sigma=1+\frac{1}{2^2}+\frac{1}{3^2}+\frac{1}{4^2}+\cdots,\quad \sigma_1=1+\frac{1}{3^2}+\frac{1}{5^2}+\cdots=\frac{\pi^2}{8},$$

$$\sigma_2=\frac{1}{2^2}+\frac{1}{4^2}+\frac{1}{6^2}+\cdots=\frac{1}{4}\left(1+\frac{1}{2^2}+\frac{1}{3^2}+\cdots\right)=\frac{1}{4}\sigma.$$

因为 $\sigma=\sigma_1+\sigma_2$, 从而 $\sigma=\frac{\pi^2}{8}+\frac{1}{4}\sigma$, 所以

$$\sigma=1+\frac{1}{2^2}+\frac{1}{3^2}+\frac{1}{4^2}+\cdots=\frac{\pi^2}{6},$$

$$\sigma_2=\frac{1}{2^2}+\frac{1}{4^2}+\frac{1}{6^2}+\cdots=\frac{1}{4}\sigma=\frac{\pi^2}{24}.$$

令 $\sigma_3=1-\frac{1}{2^2}+\frac{1}{3^2}-\frac{1}{4^2}+\cdots$, 则

$$\sigma_3=\sigma_1-\sigma_2=\frac{\pi^2}{8}-\frac{\pi^2}{24}=\frac{\pi^2}{12}.$$

### 5.3 正弦级数和余弦级数

在上一段已经看出, 如果函数 $f(x)$ 是以 $2\pi$ 为周期的奇函数, 则其傅里叶级数展开式是正弦级数, 其傅里叶系数必有

$$\begin{cases}a_n=0, & n=0,1,2,\cdots,\\ b_n=\frac{2}{\pi}\int_0^\pi f(x)\sin nx\,dx, & n=1,2,\cdots;\end{cases}\tag{2}$$

如果函数 $f(x)$ 是以 $2\pi$ 为周期的偶函数, 则其傅里叶级数展开式是余弦级数, 其傅里叶系数必有

$$\begin{cases}b_n=0, & n=1,2,\cdots,\\ a_n=\frac{2}{\pi}\int_0^\pi f(x)\cos nx\,dx, & n=0,1,2,\cdots.\end{cases}\tag{3}$$

在实际应用中, 有时还需要把定义在 $[0,\pi]$ 上的函数展开成正弦级数或余弦级数. 我们的

做法是对$[0,\pi]$上的函数$f(x)$作奇延拓或偶延拓，即补充它在$[-\pi,0)$上的定义，从而得到定义在$[-\pi,\pi]$上的$F(x)$，使其成为奇函数或偶函数. 那么限制在$[0,\pi]$上$F(x)=f(x)$，于是得到了$f(x)$的正弦级数展开式或余弦级数展开式.

**例 6** 将函数$f(x)=x+1(0\leqslant x\leqslant\pi)$展开成正弦级数和余弦级数.

**解** 先求正弦级数展开式. 为此先对$f(x)$进行奇延拓，然后，再如例3～例5所做的进行周期延拓(如图6-6). 延拓后的函数当$x\neq k\pi(k=0,\pm1,\pm2,\cdots)$时处处连续，在点$x=k\pi(k=0,\pm1,\pm2,\cdots)$处有第一类间断点，所以其傅里叶级数在$(0,\pi)$上收敛于$f(x)$；在$x=0$处收敛于

$$\frac{1}{2}\{f(0+0)+[-f(0+0)]\}=\frac{1}{2}(1+-1)=0;$$

在$x=\pm\pi$处收敛于

$$\frac{1}{2}\{f(\pi-0)+[-f(\pi-0)]\}=\frac{1}{2}[1+\pi+-(1+\pi)]=0.$$

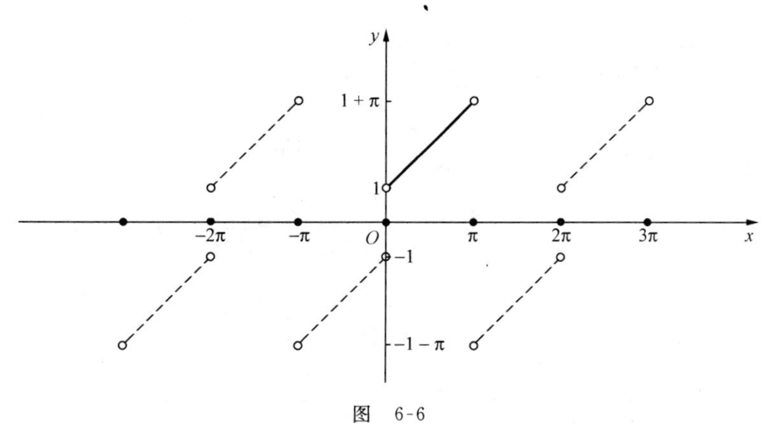


图 6-6

据公式(2)计算$f(x)$的正弦级数的系数：

$$\begin{aligned}b_n&=\frac{2}{\pi}\int_0^\pi f(x)\sin nx\,\mathrm{d}x=\frac{2}{\pi}\int_0^\pi(x+1)\sin nx\,\mathrm{d}x=-\frac{2}{n\pi}\int_0^\pi(x+1)\mathrm{d}\cos nx\\&=-\frac{2}{n\pi}\left[(x+1)\cos nx\Big|_0^\pi-\int_0^\pi\cos nx\,\mathrm{d}x\right]\\&=-\frac{2}{n\pi}\left[(\pi+1)\cos n\pi-1-\frac{1}{n}\sin nx\Big|_0^\pi\right]\\&=\frac{2}{n\pi}[1-(-1)^n(\pi+1)]=\begin{cases}\dfrac{2}{\pi}\cdot\dfrac{\pi+2}{n}, & n=1,3,5,\cdots,\\-\dfrac{2}{n}, & n=2,4,6,\cdots.\end{cases}\end{aligned}$$

从而得到$f(x)$正弦级数展开式

$$f(x)=\frac{2}{\pi}\left[(\pi+2)\sin x-\frac{\pi}{2}\sin 2x+\frac{\pi+2}{3}\sin 3x-\frac{\pi}{4}\sin 4x+\cdots\right]\quad(0<x<\pi).$$

再求$f(x)$的余弦级数展开式. 为此，对$f(x)$进行偶延拓，再进行周期延拓(如图6-7)，则延拓后的函数在$(-\infty,+\infty)$上处处连续，所以其余弦级数在$[0,\pi]$上处处收敛于$f(x)$.

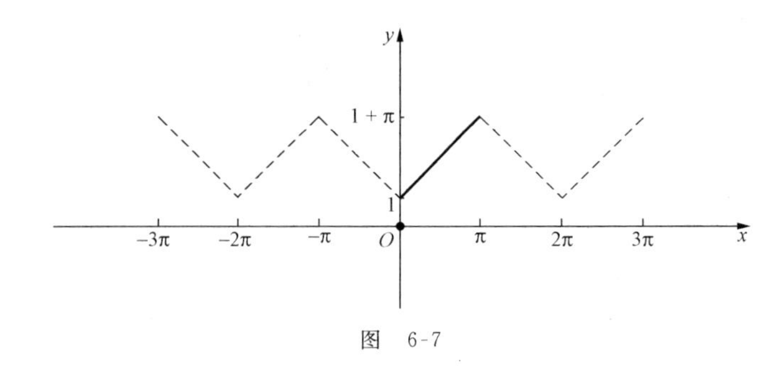


图　6-7

下面据公式(3)计算 $f(x)$的余弦级数的系数：

$$a_0=\frac{2}{\pi}\int_0^{\pi}f(x)\mathrm{d}x=\frac{2}{\pi}\int_0^{\pi}(x+1)\mathrm{d}x=\frac{2}{\pi}\left(\frac{1}{2}x^2+x\right)\Big|_0^{\pi}$$

$$=\frac{2}{\pi}\left(\frac{1}{2}\pi^2+\pi\right)=\pi+2,$$

$$a_n=\frac{2}{\pi}\int_0^{\pi}f(x)\cos nx\,\mathrm{d}x=\frac{2}{\pi}\int_0^{\pi}(x+1)\cos nx\,\mathrm{d}x$$

$$=\frac{2}{n\pi}\int_0^{\pi}(x+1)\mathrm{d}\sin nx=\frac{2}{n\pi}\left[(x+1)\sin nx\Big|_0^{\pi}-\int_0^{\pi}\sin nx\,\mathrm{d}x\right]$$

$$=\frac{2}{n^2\pi}\cos nx\Big|_0^{\pi}=\frac{2}{n^2\pi}[(-1)^n-1]=\begin{cases}-\dfrac{4}{n^2\pi}, & n=1,3,5,\cdots,\\ 0, & n=2,4,6,\cdots.\end{cases}$$

从而得到余弦级数展开式

$$f(x)=\left(\frac{\pi}{2}+1\right)-\frac{4}{\pi}\left(\cos x+\frac{1}{3^2}\cos 3x+\frac{1}{5^2}\cos 5x+\cdots\right)\quad(0\leqslant x\leqslant\pi).$$

## 习　题　6-5

1. 将下列以 $2\pi$ 为周期的函数展开成傅里叶级数，这里仅给出它们在一个周期上的表达式.

(1) $f(x)=x+1\ (-\pi<x\leqslant\pi)$；

(2) $f(x)=\begin{cases}0, & -\pi\leqslant x<0,\\ 2, & 0\leqslant x<\pi;\end{cases}$

(3) $f(x)=\begin{cases}0, & -\pi\leqslant x<0,\\ x, & 0\leqslant x<\pi.\end{cases}$

2. 将函数 $f(x)=x\ (0\leqslant x\leqslant\pi)$分别展开成正弦级数和余弦级数.

## 无穷级数内容小结

无穷级数是表示函数、研究函数及进行数值计算的一个有力工具，在实际应用中具有重要的作用. 本章主要包括三部分：数项级数、幂级数和傅里叶级数.

## 一、数项级数

1. 数项级数收敛的定义

给定数项级数 $\sum_{n=1}^{\infty}u_n$，称

$$s_n=\sum_{k=1}^{n}u_k=u_1+u_2+\cdots+u_n$$

为它的第 $n$ 个部分和，称 $s_1, s_2, \cdots, s_n, \cdots$为它的部分和数列. 如果该数列有极限，即存在常数 $s$，使 $s=\lim\limits_{n\to\infty}s_n$，则说常数项级数 $\sum_{n=1}^{\infty}u_n$ 收敛，并称 $s$ 为该级数的和，记为 $s=\sum_{n=1}^{\infty}u_n$；否则，即它的部分和数列 $s_1, s_2, \cdots, s_n, \cdots$无极限(包括无穷大)，则称该级数发散.

2. 数项级数的基本性质

**性质 1** 设 $C$ 是任意非零常数，则级数 $\sum_{n=1}^{\infty}u_n$ 和 $\sum_{n=1}^{\infty}Cu_n$ 的敛散性相同，且当收敛时，

$$\sum_{n=1}^{\infty}Cu_n=C\sum_{n=1}^{\infty}u_n.$$

**性质 2** 如果级数 $\sum_{n=1}^{\infty}u_n$，$\sum_{n=1}^{\infty}v_n$ 分别收敛于和 $s,\sigma$，则级数 $\sum_{n=1}^{\infty}(u_n\pm v_n)$ 也收敛，且其和为 $s\pm\sigma$.

**性质 3** 在级数中去掉、增加或改变有限项，其敛散性不变.

**性质 4** 收敛级数任意加括号所得的级数仍收敛，且其和不变.

3. 级数收敛的必要条件

若级数 $\sum_{n=1}^{\infty}u_n$ 收敛，则必有 $\lim\limits_{n\to\infty}u_n=0$.

4. 两个重要级数及其敛散性

1) **几何级数**：$\sum_{n=1}^{\infty}aq^{n-1}=a+aq+aq^2+\cdots+aq^{n-1}+\cdots\ (a\neq 0)$.

当$|q|<1$ 时，该级数收敛，其和为 $\dfrac{a}{1-q}$；

当$|q|\geqslant 1$ 时，该级数发散.

2) $p$ **级数**：$\sum_{n=1}^{\infty}\dfrac{1}{n^p}=1+\dfrac{1}{2^p}+\dfrac{1}{3^p}+\cdots+\dfrac{1}{n^p}+\cdots\ (p>0)$.

当 $p>1$ 时，该级数收敛；当 $p\leqslant 1$ 时，该级数发散.

当 $p=1$ 时，级数为 $\sum_{n=1}^{\infty}\dfrac{1}{n}=1+\dfrac{1}{2}+\dfrac{1}{3}+\cdots+\dfrac{1}{n}+\cdots$，称为调和级数，它是一个发散级数.

5. 正项级数的审敛法

若对一切自然数 $n$，都有 $u_n\geqslant 0$，则称级数 $\sum_{n=1}^{\infty}u_n$ 为**正项级数**.

判别正项级数敛散性的主要方法如下：

1) **比较审敛法** 设 $\sum_{n=1}^{\infty}u_n$ 和 $\sum_{n=1}^{\infty}v_n$ 都是正项级数，且 $u_n\leqslant v_n(n=1,2,\cdots)$. 若级数 $\sum_{n=1}^{\infty}v_n$ 收

敛,则级数 $\sum_{n=1}^{\infty}u_n$ 收敛;若级数 $\sum_{n=1}^{\infty}u_n$ 发散,则级数 $\sum_{n=1}^{\infty}v_n$ 发散.

2) **比较审敛法的极限形式** 设 $\sum_{n=1}^{\infty}u_n$ 和 $\sum_{n=1}^{\infty}v_n$ 都是正项级数. 如果 $\lim\limits_{n\to\infty}\frac{u_n}{v_n}=l\ (0<l<+\infty)$,则级数 $\sum_{n=1}^{\infty}u_n$ 和 $\sum_{n=1}^{\infty}v_n$ 同时收敛或同时发散.

3) **比值审敛法** 若正项级数 $\sum_{n=1}^{\infty}u_n$ 的后项与前项之比的极限等于 $\rho$,即 $\lim\limits_{n\to\infty}\frac{u_{n+1}}{u_n}=\rho$,则当 $\rho<1$ 时,级数收敛;当 $\rho>1$ $\left(包括 \lim\limits_{n\to\infty}\frac{u_{n+1}}{u_n}=+\infty\right)$时,级数发散;当 $\rho=1$ 时,级数可能收敛,也可能发散.

4) **根值审敛法** 若正项级数 $\sum_{n=1}^{\infty}u_n$ 的一般项 $u_n$ 的 $n$ 次方根 $\sqrt[n]{u_n}$ 的极限等于 $\rho$,即 $\lim\limits_{n\to\infty}\sqrt[n]{u_n}=\rho$,则当 $\rho<1$ 时,级数收敛;当 $\rho>1$(或 $\lim\limits_{n\to\infty}\sqrt[n]{u_n}=+\infty$)时,级数发散;当 $\rho=1$ 时,级数可能收敛,也可能发散.

6. 交错级数的莱布尼茨审敛法

设 $u_n>0(n=1,2,\cdots)$,称级数 $\sum_{n=1}^{\infty}(-1)^{n-1}u_n$ 和 $\sum_{n=1}^{\infty}(-1)^n u_n$ 为交错级数. 它们具有相同的敛散性.

**莱布尼茨审敛法** 设 $\sum_{n=1}^{\infty}(-1)^{n-1}u_n$ 为交错级数. 如果 $u_n$ 满足:

1) 对一切自然数 $n$ 有 $u_{n+1}\leqslant u_n$;

2) $\lim\limits_{n\to\infty}u_n=0$,

则级数 $\sum_{n=1}^{\infty}(-1)^{n-1}u_n$ 收敛,且其和 $s\leqslant u_1$.

7. 级数的绝对收敛和条件收敛

如果级数 $\sum_{n=1}^{\infty}|u_n|$ 收敛,则称级数 $\sum_{n=1}^{\infty}u_n$ 绝对收敛. 如果 $\sum_{n=1}^{\infty}u_n$ 收敛,而 $\sum_{n=1}^{\infty}|u_n|$ 发散,则称级数 $\sum_{n=1}^{\infty}u_n$ 条件收敛.

对任意项级数,如果它绝对收敛,则它必收敛.

## 二、幂级数

1. 幂级数的收敛半径、收敛区间和收敛域

1) 幂级数的收敛半径和收敛区间:

对于任意一个幂级数 $\sum_{n=0}^{\infty}a_n x^n$,都存在一个 $R$,$0\leqslant R\leqslant+\infty$,使得对一切 $|x|<R$,都有级数 $\sum_{n=0}^{\infty}a_n x^n$ 绝对收敛,而当 $|x|>R$ 时级数 $\sum_{n=0}^{\infty}a_n x^n$ 发散. 称 $R$ 为该幂级数的收敛半径,称开区间 $(-R,R)$ 为该幂级数的收敛区间. 当幂级数只在 $x=0$ 一点收敛时,$R=0$;当对一切 $x$,幂级

数都收敛时,$R=+\infty$.

2) 幂级数收敛半径、收敛区间和收敛域的求法:

对于幂级数 $\sum\limits_{n=0}^{\infty}a_nx^n$,如果 $\lim\limits_{n\to\infty}\dfrac{|a_{n+1}|}{|a_n|}=\rho$,则当 $\rho$ 为非零正数时,$R=\dfrac{1}{\rho}$;当 $\rho=0$ 时,$R=+\infty$;当 $\rho=+\infty$时,$R=0$.

求出收敛半径 $R$ 后,得收敛区间为$(-R,R)$.再分别用 $x=R$,$x=-R$ 代入原幂级数,讨论幂级数在区间端点处的收敛性,从而求出幂级数的收敛域.

2. 幂级数的性质

**性质 1**(和函数连续性) 设幂级数 $\sum\limits_{n=0}^{\infty}a_nx^n$ 的收敛半径为 $R(0<R\leqslant+\infty)$,则其和函数 $s(x)$在$(-R,R)$内连续.如果它在 $x=R$(或$-R$)处收敛,则和函数 $s(x)$在$(-R,R]$(或$[-R,R)$)上连续.

**性质 2**(逐项积分) 设幂级数 $\sum\limits_{n=0}^{\infty}a_nx^n$ 的收敛半径为 $R(0<R\leqslant+\infty)$,则其和函数 $s(x)$在$(-R,R)$内可积;对一切的 $x\in(-R,R)$,有逐项积分公式

$$\int_0^x s(t)\mathrm{d}t=\int_0^x\left(\sum_{n=0}^{\infty}a_nt^n\right)\mathrm{d}t=\sum_{n=0}^{\infty}\int_0^x a_nt^n\mathrm{d}t=\sum_{n=0}^{\infty}\frac{a_n}{n+1}x^{n+1},$$

且逐项积分后所得的幂级数 $\sum\limits_{n=0}^{\infty}\dfrac{a_n}{n+1}x^{n+1}$ 与原幂级数 $\sum\limits_{n=0}^{\infty}a_nx^n$ 有相同的收敛半径.

**性质 3**(逐项求导) 设幂级数 $\sum\limits_{n=0}^{\infty}a_nx^n$ 的收敛半径为 $R(0<R\leqslant+\infty)$,则其和函数 $s(x)$在$(-R,R)$内可导;对任意 $x\in(-R,R)$,有逐项求导公式

$$s'(x)=\left(\sum_{n=0}^{\infty}a_nx^n\right)'=\sum_{n=0}^{\infty}(a_nx^n)'=\sum_{n=0}^{\infty}na_nx^{n-1},$$

且逐项求导后所得的幂级数 $\sum\limits_{n=0}^{\infty}na_nx^{n-1}$ 与原幂级数 $\sum\limits_{n=0}^{\infty}a_nx^n$ 有相同的收敛半径.

应用性质 2 和性质 3 可以求出一些幂级数的和函数.

3. 函数的幂级数展开式

设函数 $f(x)$在点 $x=x_0$ 附近有任意阶导数,称幂级数

$$f(x_0)+f'(x_0)(x-x_0)+\frac{f''(x_0)}{2!}(x-x_0)^2+\cdots+\frac{f^{(n)}(x_0)}{n!}(x-x_0)^n+\cdots$$

为 $f(x)$在点 $x_0$ 处的泰勒级数,并称 $a_n=\dfrac{f^{(n)}(x_0)}{n!}$ $(n=0,1,2,\cdots)$为 $f(x)$在点 $x_0$ 处的泰勒系数.特别地,当 $x_0=0$ 时,称幂级数

$$f(0)+f'(0)x+\frac{f''(0)}{2!}x^2+\cdots+\frac{f^{(n)}(0)}{n!}x^n+\cdots$$

为 $f(x)$的马克劳林级数,并称 $a_n=\dfrac{f^{(n)}(0)}{n!}$为 $f(x)$的马克劳林系数.

根据函数的幂级数展开式的唯一性知,如果 $f(x)$在点 $x=x_0$ 的某个邻域内能展开成幂级数,则该幂级数必为 $f(x)$在点 $x_0$ 的泰勒级数.

4. 几个常用函数的幂级数展开式

$$e^x=\sum_{n=0}^{\infty}\frac{x^n}{n!}=1+x+\frac{1}{2!}x^2+\cdots+\frac{1}{n!}x^n+\cdots,\quad x\in(-\infty,+\infty);$$

$$\sin x=\sum_{n=0}^{\infty}\frac{(-1)^n}{(2n+1)!}x^{2n+1}=x-\frac{1}{3!}x^3+\cdots+\frac{(-1)^n}{(2n+1)!}x^{2n+1}+\cdots,\quad x\in(-\infty,+\infty);$$

$$\cos x=\sum_{n=0}^{\infty}(-1)^n\frac{x^{2n}}{(2n)!}=1-\frac{1}{2!}x^2+\frac{1}{4!}x^4+\cdots+(-1)^n\frac{x^{2n}}{(2n)!}+\cdots,\quad x\in(-\infty,+\infty);$$

$$\ln(1+x)=\sum_{n=1}^{\infty}\frac{(-1)^{n-1}x^n}{n}=x-\frac{x^2}{2}+\frac{x^3}{3}-\frac{x^4}{4}+\cdots,\quad -1<x\leqslant 1;$$

$$\frac{1}{1-x}=\sum_{n=0}^{\infty}x^n=1+x+x^2+x^3+\cdots+x^n+\cdots,\quad -1<x<1;$$

$$\frac{1}{1+x}=\sum_{n=0}^{\infty}(-1)^nx^n=1-x+x^2-x^3+\cdots+(-1)^nx^n+\cdots,\quad -1<x<1;$$

$$(1+x)^\alpha=\sum_{n=0}^{\infty}\frac{\alpha(\alpha-1)\cdots(\alpha-n+1)}{n!}x^n$$

$$=1+\alpha x+\frac{\alpha(\alpha-1)}{2!}x^2+\cdots+\frac{\alpha(\alpha-1)\cdots(\alpha-n+1)}{n!}x^n+\cdots,$$

对任意的 $\alpha$,上式在 $-1<x<1$ 内都成立.

5. 求函数幂级数展开式的方法

1) **直接展开法** 求出 $f(x)$ 的各阶导数,代入泰勒级数的公式,写出其泰勒级数,并检查其满足泰勒公式的余项 $R_n(x)\to 0\ (n\to\infty)$ 的区间,以给出该展开式成立的区间.

2) **间接展开法** 利用 $f(x)$ 与已知幂级数展开式的函数之间的关系以及幂级数在收敛区间内的性质,求出 $f(x)$ 的幂级数展开式.

## 三、傅里叶级数

1. 傅里叶系数和傅里叶级数的定义

设 $f(x)$ 是以 $2\pi$ 为周期的周期函数,由公式

$$a_n=\frac{1}{\pi}\int_{-\pi}^{\pi}f(x)\cos nx\,dx\quad(n=0,1,2,\cdots),$$

$$b_n=\frac{1}{\pi}\int_{-\pi}^{\pi}f(x)\sin nx\,dx\quad(n=1,2,\cdots)$$

所确定的系数称为 $f(x)$ 的**傅里叶系数**.称由上述傅里叶系数所确定的级数

$$\frac{a_0}{2}+\sum_{n=1}^{\infty}(a_n\cos nx+b_n\sin nx)$$

为 $f(x)$ 的**傅里叶级数**.

2. 傅里叶级数的收敛定理

**定理**(收敛定理) 设 $f(x)$ 是以 $2\pi$ 为周期的周期函数.如果它满足

(i) 在一个周期内连续或者只有有限个第一类间断点;

(ii) 在一个周期内至多有有限个极值点,

则 $f(x)$ 的傅里叶级数在 $(-\infty,+\infty)$ 收敛,并且

1）当 $x$ 是 $f(x)$ 的连续点时，傅里叶级数收敛于 $f(x)$；

2）当 $x$ 是 $f(x)$ 的间断点时，傅里叶级数收敛于 $\frac{1}{2}[f(x-0)+f(x+0)]$.

3. 正弦级数与余弦级数

设 $f(x)$ 是定义在 $[0,\pi]$ 上的满足收敛定理条件的函数，则它的正弦级数展开式和余弦级数展开式分别为

$$\sum_{n=1}^{\infty} b_n \sin nx, \quad 其中\ b_n = \frac{2}{\pi}\int_0^{\pi} f(x)\sin nx\,\mathrm{d}x \quad (n=1,2,\cdots);$$

$$\frac{a_0}{2}+\sum_{n=1}^{\infty} a_n \cos nx, \quad 其中\ a_n = \frac{2}{\pi}\int_0^{\pi} f(x)\cos nx\,\mathrm{d}x \quad (n=0,1,2,\cdots).$$

## 复习题六

### 一、填空题

1. 幂级数 $\sum_{n=1}^{\infty}(-1)^{n-1}\frac{x^n}{n}$ 在 $(-1,1]$ 上的和函数是__________.

2. 幂级数 $\sum_{n=1}^{\infty}\frac{(x-3)^n}{n\cdot 3^n}$ 的收敛域是__________.

3. 设 $f(x)$ 是周期为 $2\pi$ 的周期函数，它在 $[-\pi,\pi)$ 上的表达式为

$$f(x)=\begin{cases}0, & -\pi\leqslant x<0,\\ k, & 0\leqslant x<\pi\end{cases} \quad (常数\ k\neq 0),$$

则 $f(x)$ 的傅里叶级数的和函数在 $x=\pi$ 处的值为__________.

4. 函数 $f(x)=x+1(0\leqslant x\leqslant\pi)$ 的正弦级数 $\sum_{n=1}^{\infty}b_n\sin nx$ 在 $x=-\frac{1}{2}$ 处收敛于__________.

5. 函数 $f(x)=\mathrm{e}^{\frac{x}{2}}$ 在点 $x=0$ 处的泰勒级数为__________.

### 二、单项选择题

1. 设常数 $a\neq 0$，几何级数 $\sum_{n=1}^{\infty}aq^n$ 收敛，则 $q$ 应满足 （　　）

(A) $q<1$；　(B) $-1<q<1$；　(C) $q>-1$；　(D) $q>1$.

2. 若级数 $\sum_{n=1}^{\infty}\frac{1}{n^{p-2}}$ 发散，则有 （　　）

(A) $p>0$；　(B) $p>3$；　(C) $p\leqslant 3$；　(D) $p\leqslant 2$.

3. 若极限 $\lim_{n\to\infty}u_n\neq 0$，则级数 $\sum_{n=1}^{\infty}u_n$ （　　）

(A) 收敛；　(B) 发散；　(C) 条件收敛；　(D) 绝对收敛.

4. 如果级数 $\sum_{n=1}^{\infty}u_n$ 发散，$k$ 为常数，则级数 $\sum_{n=1}^{\infty}ku_n$ （　　）

(A) 发散；　(B) 可能收敛，也可能发散；

(C) 收敛；　(D) 无界.

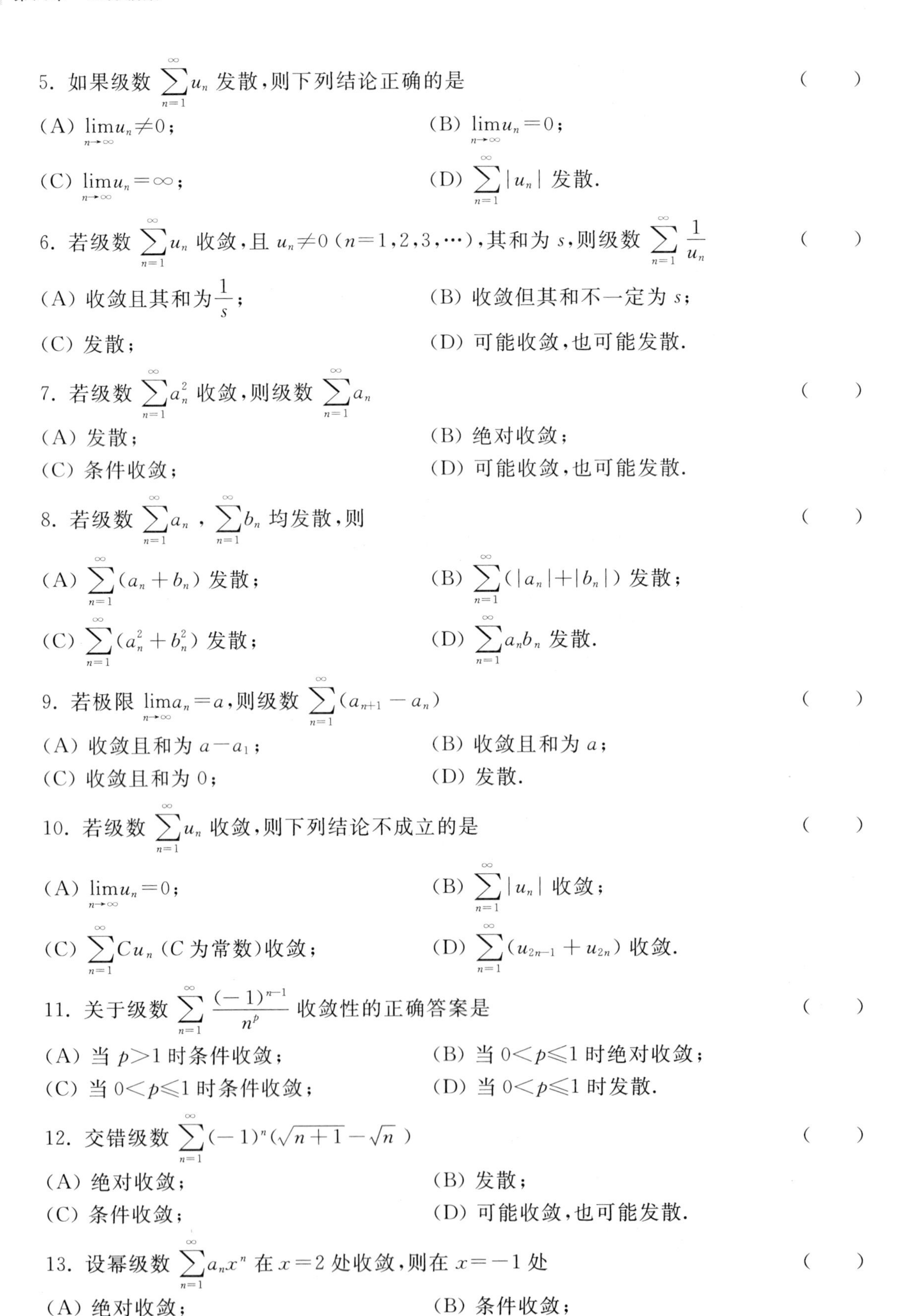

5. 如果级数 $\sum_{n=1}^{\infty}u_n$ 发散,则下列结论正确的是 (　　)

(A) $\lim_{n\to\infty}u_n\neq0$;　　(B) $\lim_{n\to\infty}u_n=0$;

(C) $\lim_{n\to\infty}u_n=\infty$;　　(D) $\sum_{n=1}^{\infty}|u_n|$ 发散.

6. 若级数 $\sum_{n=1}^{\infty}u_n$ 收敛,且 $u_n\neq0\ (n=1,2,3,\cdots)$,其和为 $s$,则级数 $\sum_{n=1}^{\infty}\frac{1}{u_n}$ (　　)

(A) 收敛且其和为$\frac{1}{s}$;　　(B) 收敛但其和不一定为 $s$;

(C) 发散;　　(D) 可能收敛,也可能发散.

7. 若级数 $\sum_{n=1}^{\infty}a_n^2$ 收敛,则级数 $\sum_{n=1}^{\infty}a_n$ (　　)

(A) 发散;　　(B) 绝对收敛;

(C) 条件收敛;　　(D) 可能收敛,也可能发散.

8. 若级数 $\sum_{n=1}^{\infty}a_n$ , $\sum_{n=1}^{\infty}b_n$ 均发散,则 (　　)

(A) $\sum_{n=1}^{\infty}(a_n+b_n)$ 发散;　　(B) $\sum_{n=1}^{\infty}(|a_n|+|b_n|)$ 发散;

(C) $\sum_{n=1}^{\infty}(a_n^2+b_n^2)$ 发散;　　(D) $\sum_{n=1}^{\infty}a_nb_n$ 发散.

9. 若极限 $\lim_{n\to\infty}a_n=a$,则级数 $\sum_{n=1}^{\infty}(a_{n+1}-a_n)$ (　　)

(A) 收敛且和为 $a-a_1$;　　(B) 收敛且和为 $a$;

(C) 收敛且和为 0;　　(D) 发散.

10. 若级数 $\sum_{n=1}^{\infty}u_n$ 收敛,则下列结论不成立的是 (　　)

(A) $\lim_{n\to\infty}u_n=0$;　　(B) $\sum_{n=1}^{\infty}|u_n|$ 收敛;

(C) $\sum_{n=1}^{\infty}Cu_n$ ($C$ 为常数)收敛;　　(D) $\sum_{n=1}^{\infty}(u_{2n-1}+u_{2n})$ 收敛.

11. 关于级数 $\sum_{n=1}^{\infty}\frac{(-1)^{n-1}}{n^p}$ 收敛性的正确答案是 (　　)

(A) 当 $p>1$ 时条件收敛;　　(B) 当 $0<p\leqslant1$ 时绝对收敛;

(C) 当 $0<p\leqslant1$ 时条件收敛;　　(D) 当 $0<p\leqslant1$ 时发散.

12. 交错级数 $\sum_{n=1}^{\infty}(-1)^n(\sqrt{n+1}-\sqrt{n})$ (　　)

(A) 绝对收敛;　　(B) 发散;

(C) 条件收敛;　　(D) 可能收敛,也可能发散.

13. 设幂级数 $\sum_{n=1}^{\infty}a_nx^n$ 在 $x=2$ 处收敛,则在 $x=-1$ 处 (　　)

(A) 绝对收敛;　　(B) 条件收敛;

(C) 发散；　　　　(D) 敛散性不定.

14. 已知幂级数 $\sum_{n=1}^{\infty} a_n x^n$ 在点 $x=x_0$ 处收敛，又极限 $\lim_{n\to\infty}\left|\frac{a_n}{a_{n+1}}\right|=R(R>0)$，则　(　　)

(A) $0\leqslant x_0\leqslant R$；　(B) $x_0>R$；　(C) $|x_0|\leqslant R$；　(D) $|x_0|>R$.

15. 设幂级数 $\sum_{n=1}^{\infty} a_n x^n$ 的收敛半径为 $R(0<R<+\infty)$，则幂级数 $\sum_{n=0}^{\infty} a_n\left(\frac{x}{2}\right)^n$ 的收敛半径为　(　　)

(A) $\frac{R}{2}$；　(B) $2R$；　(C) $R$；　(D) $\frac{2}{R}$.

16. 幂级数 $1-\frac{x^2}{2!}+\frac{x^4}{4!}-\frac{x^6}{6!}+\cdots$ 在 $(-\infty,+\infty)$ 上的和函数是　(　　)

(A) $\sin x$；　(B) $\cos x$；　(C) $\ln(1+x^2)$；　(D) $e^x$.

17. 函数 $f(x)=x^2e^{x^2}$ 在 $(-\infty,+\infty)$ 内展成的 $x$ 的幂级数是　(　　)

(A) $\sum_{n=1}^{\infty}(-1)^{n-1}\frac{x^{2n-1}}{(2n-1)!}$；　(B) $\sum_{n=0}^{\infty}\frac{x^{n+2}}{n!}$；

(C) $\sum_{n=0}^{\infty}\frac{x^{2(n+1)}}{n!}$；　(D) $\sum_{n=0}^{\infty}\frac{x^{2n}}{n!}$.

**三、综合题**

1. 判断下列级数的敛散性，若收敛，说明是绝对收敛还是条件收敛：

(1) $\sum_{n=1}^{\infty}(-1)^{n-1}\frac{1}{\ln(n+1)}$；　(2) $\sum_{n=1}^{\infty}\frac{\sin 2^n}{3^n}$；

(3) $\sum_{n=1}^{\infty}(-1)^{n-1}\ln\frac{n}{n+1}$；　(4) $\sum_{n=1}^{\infty}\left(\frac{1}{n}+\frac{1}{3^n}\right)$.

2. 求下列级数的收敛区间：

(1) $\sum_{n=1}^{\infty} n4^{n-1}x^n$；　(2) $\sum_{n=1}^{\infty}\frac{x^n}{a^n+b^n}(a>b>0)$；

(3) $\sum_{n=1}^{\infty} a^{n^2}x^n(a>0)$；　(4) $\sum_{n=1}^{\infty}(\lg x)^n$.

3. 确定下列级数的收敛域并求其和函数：

(1) $\sum_{n=0}^{\infty}(1-x)x^n$；　(2) $\sum_{n=0}^{\infty}(-1)^n(n+1)x^n$；　(3) $\sum_{n=1}^{\infty}(-1)^{n-1}\frac{x^{2n-1}}{2n-1}$.

4. 证明：

(1) 若 $a_n\leqslant c_n\leqslant b_n(n=1,2,\cdots)$，且级数 $\sum_{n=1}^{\infty}a_n$，$\sum_{n=1}^{\infty}b_n$ 均收敛，则级数 $\sum_{n=1}^{\infty}c_n$ 收敛；

(2) 若 $a_n\geqslant 0\ (n=1,2,3,\cdots)$，且级数 $\sum_{n=1}^{\infty}a_n$ 收敛，则级数 $\sum_{n=1}^{\infty}a_n^2$ 也收敛；

(3) 级数 $\sum_{n=2}^{\infty}\frac{(-1)^n}{\sqrt{n}+(-1)^n}$ 是发散的. $\left(\text{提示：将}\frac{(-1)^n}{\sqrt{n}+(-1)^n}\text{有理化分母}\right)$

# 习题参考答案

## 习　题　1-1

**1.** 点 $A,B,C,D,E$ 分别在第四、五、八、三、一卦限.

**2.** 点 $A,B$ 分别在 $Oxy$ 平面和 $Oyz$ 平面上；点 $C,D,E$ 分别在 $x$ 轴、$y$ 轴和 $z$ 轴上.

**3.** (1) 关于 $Oxy$ 平面、$Oyz$ 平面和 $Oxz$ 平面的对称点分别是 $(a,b,-c)$，$(-a,b,c)$，$(a,-b,c)$；

(2) 关于 $x$ 轴、$y$ 轴和 $z$ 轴的对称点分别是 $(a,-b,-c)$，$(-a,b,-c)$，$(-a,-b,c)$；

(3) 关于原点的对称点是 $(-a,-b,-c)$.

**4.** 在 $Oxy$ 平面、$Oyz$ 平面和 $Oxz$ 平面上的投影点分别是 $(a,b,0)$，$(0,b,c)$，$(a,0,c)$；在 $x$ 轴、$y$ 轴和 $z$ 轴上的投影点分别为 $(a,0,0)$，$(0,b,0)$，$(0,0,c)$.

**5.** $|AB|=\sqrt{149}$，$|BC|=7$，$|AC|=\sqrt{146}$.

**6.** 到 $x$ 轴、$y$ 轴和 $z$ 轴的距离分别为 $\sqrt{34}$，$\sqrt{41}$，5.

## 习　题　1-2

**1.** (1) $4\boldsymbol{b}$；　(2) $-2\boldsymbol{a}-\frac{5}{2}\boldsymbol{b}$；　(3) $2m\boldsymbol{b}-2n\boldsymbol{a}$.

**2.** $5\boldsymbol{i}-11\boldsymbol{j}+7\boldsymbol{k}$.

**3.** (1) $\{6,10,-2\}$；　(2) $\{1,8,5\}$；　(3) $\{16,0,-23\}$；　(4) $\{3m+2n,5m+2n,-m+3n\}$.

**4.** $\left\{\frac{6}{11},\frac{7}{11},\frac{-6}{11}\right\}$ 和 $\left\{\frac{-6}{11},\frac{-7}{11},\frac{6}{11}\right\}$.

**5.** $\left\{\frac{3}{\sqrt{14}},\frac{1}{\sqrt{14}},\frac{-2}{\sqrt{14}}\right\}$.

**6.** (1) 垂直于 $x$ 轴；　(2) 与 $y$ 轴同向；　(3) 平行于 $z$ 轴.

**7.** $\boldsymbol{a}^0=\left\{\frac{1}{2},\frac{\sqrt{2}}{2},\frac{1}{2}\right\}$，与 $x$ 轴的夹角 $\alpha=\frac{\pi}{3}$，与 $y$ 轴的夹角 $\beta=\frac{\pi}{4}$，与 $z$ 轴的夹角 $\gamma=\frac{\pi}{3}$.

**8.** 略.

## 习　题　1-3

**1.** (1) $-1$；　(2) $-15$；　(3) 3，2，$-1$.

**2.** (1) $-7$；　(2) 14；　(3) 38；　(4) 24；　(5) $-221$.

**3.** 不一定. 反例：设 $\boldsymbol{a}=\boldsymbol{i}$，$\boldsymbol{b}=\boldsymbol{j}$，$\boldsymbol{c}=\boldsymbol{k}$，则 $\boldsymbol{a}\cdot\boldsymbol{b}=\boldsymbol{a}\cdot\boldsymbol{c}=0$，但 $\boldsymbol{b}\neq\boldsymbol{c}$.

**4.** (1) $-4$；　(2) $|\boldsymbol{a}|=3\sqrt{2}$，$|\boldsymbol{b}|=3$；　(3) $\theta=\arccos\left(-\frac{2\sqrt{2}}{9}\right)$.

**5.** 略.

**6.** 可用勾股定理证明三角形 $\triangle ABC$ 是直角三角形，且 $\angle B=\frac{\pi}{4}$.

**7.** (1) $\{3,2,-5\}$；　(2) $\{-1,-1,-1\}$.

**8.** (1) $\{3,-7,-5\}$；　(2) $\{42,-98,-70\}$；　(3) $\{-42,98,70\}$.

**9.** 不一定. 反例：取 $\boldsymbol{b}=\boldsymbol{a}=\boldsymbol{i}$，$\boldsymbol{c}=\boldsymbol{0}$，则 $\boldsymbol{a}\times\boldsymbol{b}=\boldsymbol{a}\times\boldsymbol{c}=\boldsymbol{0}$，但 $\boldsymbol{b}\neq\boldsymbol{c}=\boldsymbol{0}$.

**10.** (1) $\{0,-8,-24\}$;  (2) $\{0,-1,-1\}$;  (3) 2.

**11.** $\pm\frac{1}{\sqrt{11}}\{-1,-1,3\}$.

**12.** $\frac{1}{2}\sqrt{19}$.

## 习　题　1-4

**1.** $\left(x+\frac{2}{3}\right)^2+(y+1)^2+\left(z+\frac{4}{3}\right)^2=\frac{116}{9}$;球心为$\left(-\frac{2}{3},-1,-\frac{4}{3}\right)$,半径为 $\frac{2}{3}\sqrt{29}$ 的球面.

**2.** $2x-10y+2z-11=0$.

**3.** $(x-3)^2+(y+2)^2+(z-5)^2=16$.

**4.** $(x+1)^2+(y+3)^2+(z-2)^2=9$.

**5.** (1) 球心为$(0,0,3)$,半径为 4;

(2) 球心为$(6,-2,3)$,半径为 7;

(3) 球心为$(1,-2,2)$,半径为 4.

**6.** (1) 柱面,准线为 $Oxz$ 平面上的椭圆 $\frac{x^2}{4}+\frac{z^2}{9}=1$,母线平行于 $y$ 轴;

(2) 柱面,准线为 $Oxy$ 平面上的双曲线 $x^2-y^2=1$,母线平行于 $z$ 轴;

(3) 柱面,准线为 $Oyz$ 平面上的抛物线 $y^2-z-1=0$,母线平行于 $x$ 轴;

(4) 柱面(也是平面),准线为 $Oyz$ 平面上的直线 $y=z$,母线平行于 $x$ 轴;

(5) 不是柱面.

**7.** 图略.

(1) $z=x^2+y^2$;  (2) $x^2+y^2+z^2=9$;

(3) 绕 $x$ 轴时方程为 $x^2-9y^2-9z^2=36$,绕 $y$ 轴时方程为 $4x^2-9y^2+4z^2=36$;

(4) $z^2=x^2+y^2$.

**8.** (1) $Oxz$ 平面上的曲线 $3x^2+4z^2=12$ 绕 $z$ 轴,或 $Oyz$ 平面上的曲线 $3y^2+4z^2=12$ 绕 $z$ 轴;

(2) $Oxy$ 平面上的曲线 $x^2-y^2=1$ 绕 $y$ 轴,或 $Oyz$ 平面上的曲线 $z^2-y^2=1$ 绕 $y$ 轴;

(3) $Oxy$ 平面上的曲线 $x^2-9y^2=1$ 绕 $x$ 轴,或 $Oxz$ 平面上的曲线 $x^2-9z^2=1$ 绕 $x$ 轴.

**9.** $x$ 轴:$\begin{cases}y=0,\\z=0;\end{cases}$ $y$ 轴:$\begin{cases}x=0,\\z=0.\end{cases}$

**10.** 图略.以原点为球心,半径为 $2a$ 的上半球面与圆柱面 $x^2+(y-a)^2=a^2$ 的交线.

**11.** $\begin{cases}2x^2-2x+y^2=8,\\z=0.\end{cases}$

**12.** 图略.投影区域为 $x^2+y^2\leqslant 4$.

## 习　题　1-5

**1.** (1) $x-y+2z+1=0$;  (2) $y+2z=0$.

**2.** (1) 法向量$\{5,-3,0\}$,经过的一个点为$(2,-7,4)$;  (2) 法向量$\{3,4,7\}$,经过的一个点为$(0,0,-2)$.

**3.** (1) $Oyz$ 平面;  (2) 垂直于 $y$ 轴;  (3) 平行于 $z$ 轴;

(4) 过 $z$ 轴;  (5) 平行于 $x$ 轴;  (6) 过原点.

**4.** $\cos\alpha=\frac{2}{3}$, $\cos\beta=-\frac{2}{3}$, $\cos\gamma=\frac{1}{3}$.

**5.** (1) $3x+2y+6z-12=0$;  (2) $11x-17y-13z+3=0$.

**6.** $2x-8y+z-1=0$.  **7.** $x-y=0$.

**8.** $2x-y-3z=0$.　　**9.** $y-2=0$.

**10.** $\frac{x}{-6}+\frac{y}{4}+\frac{z}{12}=1$,在 $x$ 轴、$y$ 轴及 $z$ 轴上的截距分别为 $-6,4,12$.

**11.** $\varphi=\frac{\pi}{3}$.　　**12.** $d=1$.

**13.** (1) $\frac{x-2}{1}=\frac{y+2}{-3}=\frac{z-2}{2}$;　(2) $\frac{x-2}{3}=\frac{y-5}{-1}=\frac{z-8}{5}$;

(3) $\frac{x-2}{1}=\frac{y+8}{2}=\frac{z-3}{-3}$;　(4) $\frac{x+1}{-9}=\frac{y-2}{14}=\frac{z-5}{10}$.

**14.** (1) 参数式 $\begin{cases}x=1+3t,\\y=-5t,\\z=2+6t,\end{cases}$ 一般式 $\begin{cases}5x+3y-5=0,\\6y+5z-10=0;\end{cases}$

(2) 对称式 $\frac{x-1}{2}=\frac{y-2}{-1}=\frac{z-3}{1}$, 一般式 $\begin{cases}x+2y-5=0,\\y+z-5=0\end{cases}$ 或 $\begin{cases}x-2z+5=0,\\y+z-5=0;\end{cases}$

(3) 参数式 $\begin{cases}x=3+t,\\y=-4-2t,\\z=1+t,\end{cases}$ 对称式 $\frac{x-3}{1}=\frac{y+4}{-2}=\frac{z-1}{1}$.

**15.** (1) $x+y+3z-6=0$;　(2) $x-y+z=0$;　(3) $8x-9y-22z-59=0$.

**16.** $\varphi=\frac{\pi}{2}$.　**17.** $\varphi=0$.　**18.** $(1,2,2)$.　**19.** $(1,-1,3)$.

## 习　题　1-6

**1.** (1) 可化为 $\frac{x^2}{4}+\frac{y^2}{9}+\frac{z^2}{1}=1$,中心为原点,三个轴长分别为 4,6,2;

(2) 可化为 $\frac{(x-1)^2}{4}+\frac{(y+1)^2}{1}+\frac{z^2}{25}=1$,中心为 $(1,-1,0)$,三个轴长分别为 4,2,10.

**2.** 图略.

(1) 椭球面,中心在原点;
(2) 椭圆抛物面,顶点在原点,开口向上;
(3) 椭圆抛物面,顶点在原点,开口向下;
(4) 椭圆抛物面,顶点在 $(1,1,0)$,开口向下;
(5) 椭圆抛物面,顶点在 $(0,0,4)$,开口向下;
(6) 椭圆抛物面,顶点在原点,开口向右;
(7) 椭圆柱面,母线平行于 $z$ 轴;
(8) 椭圆柱面,母线平行于 $y$ 轴;
(9) 椭圆锥面,顶点在原点;
(10) 上半椭圆锥面,顶点在原点;
(11) 上半椭球面,中心在原点;
(12) 通过 $z$ 轴,两个相互垂直的平面.

**3.** 图略.投影区域如下:

(1) $x^2+y^2\leqslant 2$;　(2) $x^2+y^2\leqslant ax$;　(3) $x^2+y^2\leqslant 1$;　(4) $x^2+y^2\leqslant a^2$;

(5) $x^2+y^2\leqslant 4$;　(6) $x^2+y^2\leqslant 1$;　(7) $x^2+y^2\leqslant \frac{3}{4}R^2$;　(8) $y^2+z^2\leqslant 10$.

## 复 习 题 一

### 一、填空题

**1.** $-5$, 7.　**2.** $\left(0,0,\frac{14}{9}\right)$.　**3.** $\{1,\sqrt{3},0\}$.　**4.** $-6$.

**5.** $\sqrt{32}$.　**6.** 10.　**7.** $\{y-z,z-x,x-y\}$.　**8.** $y^2+z^2=e^{2x}$.

**9.** $z$ 轴;准线为 $\begin{cases}y=2x^2,\\z=0.\end{cases}$　**10.** $\begin{cases}y=z^2,\\x=0;\end{cases}$ $y$ 轴.

二、单项选择题

| 1 | 2 | 3 | 4 | 5 | 6 | 7 | 8 | 9 | 10 |
|---|---|---|---|---|---|---|---|---|---|
| A | D | C | A | A | B | C | C | D | B |

三、综合题

1. 只需证明有两个边长相等且各个边长满足勾股定理,证明略.

2. $(0,1,-2)$.

3. 图略.各个顶点的坐标为

$$\left(\frac{a}{\sqrt{2}},0,0\right),\left(\frac{-a}{\sqrt{2}},0,0\right),\left(0,\frac{a}{\sqrt{2}},0\right),\left(0,\frac{-a}{\sqrt{2}},0\right),\left(\frac{a}{\sqrt{2}},0,a\right),\left(\frac{-a}{\sqrt{2}},0,a\right),\left(0,\frac{a}{\sqrt{2}},a\right),\left(0,\frac{-a}{\sqrt{2}},a\right).$$

4. $\boldsymbol{F}=\boldsymbol{F}_1+\boldsymbol{F}_2+\boldsymbol{F}_3=\{2,1,4\}$, $|\boldsymbol{F}|=\sqrt{21}$, $\cos\alpha=\frac{2}{\sqrt{21}}$, $\cos\beta=\frac{1}{\sqrt{21}}$, $\cos\gamma=\frac{4}{\sqrt{21}}$.

5. 略.　　6. 1.　　7. $\arccos\frac{2}{\sqrt{7}}$.　　8. 略.　　9. 直线$\begin{cases}x=-1,\\y=4.\end{cases}$

10. $\begin{cases}x=8\cos t,\\y=4\sqrt{2}\sin t,\\z=-4\sqrt{2}\sin t,\end{cases}\quad t\in[0,2\pi]$.

11. 母线平行于 $x$ 轴的柱面方程为 $3y^2-z^2=16$;母线平行于 $y$ 轴的柱面方程为 $3x^2+2z^2=16$.

12. $(-5,2,4)$.

## 习　题　2-1

1. (1) 边界为 $x=0,y=0,x+y=1$,闭区域,无界;
   (2) 边界为 $D$: $|x|+|y|=1$,开区域,有界.

2. (1) $x^2\geqslant y$, $x\geqslant 0$, $y\geqslant 0$;　(2) $y^2-2x+1>0$;　(3) $x^2+y^2\neq 0$;　(4) $x+y\geqslant 0$, $x-y>0$.

3. $\frac{4}{3}$, $\frac{2xy}{x^2-y^2}$.

4. (1) $\ln(x_0+h)\cdot\ln(y_0+k)-\ln x_0\cdot\ln y_0$;　(2) $\ln 2\cdot\ln(1+k)$;　(3) 0.

5. (1) $-1$;　(2) $\frac{\pi}{4}$;　(3) 2;　(4) $\frac{-1}{4}$.

6. (1) $V=\frac{1}{3}\pi r^2 h$;　(2) $l=r\varphi$;　(3) $V=x(y-2x)^2$.

7. 略.

8. 沿两条特殊的路径 $x$ 轴和 $y$ 轴,使得点 $(x,y)$ 趋向于原点,两个极限值不同.

9. (1) 原点;　(2) 在抛物线 $x=y^2$ 上的点处都间断.

## 习　题　2-2

1. 略.

2. (1) $\frac{\partial z}{\partial x}=3x^2y-y^3$, $\frac{\partial z}{\partial y}=x^3-3xy^2$;　(2) $\frac{\partial z}{\partial x}=\frac{1}{3\sqrt[3]{x^4}}$, $\frac{\partial z}{\partial y}=-\frac{6}{y^3}$;

   (3) $\frac{\partial z}{\partial x}=e^{-xy}(1-xy)$, $\frac{\partial z}{\partial y}=-x^2e^{-xy}$;　(4) $\frac{\partial z}{\partial x}=\frac{-2y}{(x-y)^2}$, $\frac{\partial z}{\partial y}=\frac{2x}{(x-y)^2}$;

   (5) $\frac{\partial z}{\partial x}=-\frac{y}{x^2+y^2}$, $\frac{\partial z}{\partial y}=\frac{x}{x^2+y^2}$;

   (6) $\frac{\partial z}{\partial x}=y\cos(xy)[1-2\sin(xy)]$, $\frac{\partial z}{\partial y}=x\cos(xy)[1-2\sin(xy)]$;

(7) $\frac{\partial u}{\partial x}=2x\cos(x^2+y^2+z^2)$，$\frac{\partial u}{\partial y}=2y\cos(x^2+y^2+z^2)$，$\frac{\partial u}{\partial z}=2z\cos(x^2+y^2+z^2)$；

(8) $\frac{\partial u}{\partial x}=\frac{y}{z}x^{\frac{y}{z}-1}$，$\frac{\partial u}{\partial y}=\frac{1}{z}x^{\frac{y}{z}}\ln x$，$\frac{\partial u}{\partial z}=-\frac{y}{z^2}x^{\frac{y}{z}}\ln x$.

**3.** $\frac{2}{5}$. **4.** $1+2\ln 2$.

**5.** (1) $\frac{\partial^2 z}{\partial x^2}=6x-4y^2$，$\frac{\partial^2 z}{\partial x\partial y}=-8xy$，$\frac{\partial^2 z}{\partial y^2}=6y-4x^2$；

(2) $\frac{\partial^2 z}{\partial x^2}=\frac{-2xy}{(x^2+y^2)^2}$，$\frac{\partial^2 z}{\partial x\partial y}=\frac{x^2-y^2}{(x^2+y^2)^2}$，$\frac{\partial^2 z}{\partial y^2}=\frac{2xy}{(x^2+y^2)^2}$；

(3) $\frac{\partial^2 z}{\partial x^2}=y(y-1)x^{y-2}$，$\frac{\partial^2 z}{\partial x\partial y}=x^{y-1}(1+y\ln x)$，$\frac{\partial^2 z}{\partial y^2}=x^y\ln^2 x$；

(4) $\frac{\partial^2 z}{\partial x^2}=-e^y\cos(x-y)$，$\frac{\partial^2 z}{\partial x\partial y}=e^y[\cos(x-y)-\sin(x-y)]$，$\frac{\partial^2 z}{\partial y^2}=2e^y\sin(x-y)$.

**6.** $f_{xx}(0,0,1)=2$，$f_{xz}(1,0,2)=2$，$f_{yz}(0,-1,0)=0$，$f_{zzx}(2,0,1)=0$.

**7.** 略. **8.** 略.

**9.** (1) $dz=\left(y+\frac{1}{y}\right)dx+\left(x-\frac{x}{y^2}\right)dy$； (2) $dz=\frac{2(xdx+ydy)}{1+x^2+y^2}$；

(3) $dz=y^x\left(\ln y dx+\frac{x}{y}dy\right)$； (4) $du=yzx^{yz-1}dx+zx^{yz}\ln x dy+yx^{yz}\ln x dz$.

**10.** 全增量为$-0.119$，全微分为$-0.125$.

## 习 题 2-3

**1.** (1) $\frac{dz}{dt}=\frac{e^t(t\ln t-1)}{t\ln^2 t}$；

(2) $\frac{\partial z}{\partial r}=3r^2\sin\theta\cos\theta(\cos\theta-\sin\theta)$，$\frac{\partial z}{\partial \theta}=-2r^3\sin\theta\cos\theta(\sin\theta+\cos\theta)+r^3(\sin^3\theta+\cos^3\theta)$；

(3) $\frac{\partial z}{\partial x}=-\frac{2y^2}{x^3}\left[\ln(3y-2x)+\frac{x}{3y-2x}\right]$，$\frac{\partial z}{\partial y}=\frac{y}{x^2}\left[2\ln(3y-2x)+\frac{3y}{3y-2x}\right]$；

(4) $\frac{\partial z}{\partial x}=e^{x\sin y}\sin y$，$\frac{\partial z}{\partial y}=e^{x\sin y}x\cos y$.

**2.** (1) $\frac{\partial z}{\partial x}=2xf_1+ye^{xy}f_2$，$\frac{\partial z}{\partial y}=-2yf_1+xe^{xy}f_2$，$dz=(2xf_1+ye^{xy}f_2)dx+(-2yf_1+xe^{xy}f_2)dy$；

(2) $\frac{\partial z}{\partial x}=f_1-\frac{1}{x^2}f_2$，$\frac{\partial z}{\partial y}=-\frac{1}{y^2}f_1+f_2$，$dz=\left(f_1-\frac{1}{x^2}f_2\right)dx+\left(-\frac{1}{y^2}f_1+f_2\right)dy$；

(3) $\frac{\partial z}{\partial x}=y\left(1-\frac{1}{x^2}\right)f'$，$\frac{\partial z}{\partial y}=\left(x+\frac{1}{x}\right)f'$，$dz=y\left(1-\frac{1}{x^2}\right)f'dx+\left(x+\frac{1}{x}\right)f'dy$.

**3.** $\frac{\partial u}{\partial s}=f_1\cdot x_1+f_2\cdot y_1$，$\frac{\partial u}{\partial t}=f_1\cdot x_2+f_2\cdot y_2+f_3$，

其中 $f_1=\frac{\partial f}{\partial x}$，$f_2=\frac{\partial f}{\partial y}$，$f_3=\frac{\partial f}{\partial t}$，$x_1=\frac{\partial x}{\partial s}$，$y_1=\frac{\partial y}{\partial s}$，$x_2=\frac{\partial x}{\partial t}$，$y_2=\frac{\partial y}{\partial t}$.

**4.** 略.

**5.** (1) $\frac{\partial^2 z}{\partial x^2}=2f'+4x^2f''$，$\frac{\partial^2 z}{\partial x\partial y}=4xyf''$，$\frac{\partial^2 z}{\partial y^2}=2f'+4y^2f''$；

(2) $\frac{\partial^2 z}{\partial x^2}=f_{11}+2yf_{12}+y^2f_{22}$，$\frac{\partial^2 z}{\partial x\partial y}=f_{11}+(x+y)f_{12}+xyf_{22}+f_2$，$\frac{\partial^2 z}{\partial y^2}=f_{11}+2xf_{12}+x^2f_{22}$；

(3) $\frac{\partial^2 z}{\partial x^2}=4f_{11}+\frac{4}{y}f_{12}+\frac{1}{y^2}f_{22}$，$\frac{\partial^2 z}{\partial x\partial y}=-\frac{1}{y^2}f_2-\frac{2x}{y^2}f_{12}-\frac{x}{y^3}f_{12}$，$\frac{\partial^2 z}{\partial y^2}=\frac{2x}{y^3}f_2+\frac{x^2}{y^4}f_{22}$.

**6.** (1) $\frac{dy}{dx}=\frac{y^2}{1-xy}$； (2) $\frac{dy}{dx}=\frac{x+y}{x-y}$； (3) $\frac{\partial z}{\partial x}=\frac{\partial z}{\partial y}=-1$；

(4) $\frac{\partial z}{\partial x}=\frac{z^{x+1}\ln z}{-xz^x+zy^z\ln y}=\frac{z\ln z}{z\ln y-x}$, $\frac{\partial z}{\partial y}=\frac{y^{z-1}z^2}{xz^x-zy^z\ln y}=\frac{z^2}{y(x-z\ln y)}$;

(5) $\frac{\partial z}{\partial x}=\frac{yz-\sqrt{xyz}}{2\sqrt{xyz}-xy}$, $\frac{\partial z}{\partial y}=\frac{xz-2\sqrt{xyz}}{2\sqrt{xyz}-xy}$;

(6) $\frac{\partial x}{\partial y}=\frac{y}{2-x}$, $\frac{\partial x}{\partial z}=\frac{z}{2-x}$.

**7.** (1) $dz=\frac{xdx+ydy}{1-z}$; (2) $dz=\frac{(\cos y-z\sin x)dx+(\cos z-x\sin y)dy}{y\sin z-\cos x}$.

**8.** $\frac{\partial^2 z}{\partial x^2}=\frac{2y^2ze^z-2xy^3z-y^2z^2e^z}{(e^z-xy)^3}=\frac{z^3-2z^2+2z}{x^2(1-z)^3}$,

$\frac{\partial^2 z}{\partial y^2}=\frac{2x^2ze^z-2x^3yz-x^2z^2e^z}{(e^z-xy)^3}=\frac{z^3-2z^2+2z}{y^2(1-z)^3}$,

$\frac{\partial^2 z}{\partial x\partial y}=\frac{ze^{2z}-xyz^2e^z-x^2y^2z}{(e^z-xy)^3}=\frac{z}{xy(1-z)^3}$.

**9.** 略.

## 习 题 2-4

**1.** (1) 极大值 $z(2,-2)=8$; (2) 极小值 $z\left(\frac{1}{2},-1\right)=-\frac{1}{2}e$; (3) 极小值 $z(5,2)=30$;

(4) 驻点为(0,0),(1,1),极小值 $z(1,1)=-1$; (5) 无极值; (6) 无驻点,极大值 $z(0,0)=5$.

**2.** (1) 极大值 $z\left(\frac{1}{2},\frac{1}{2}\right)=\frac{1}{4}$; (2) 极小值 $z\left(\frac{ab^2}{a^2+b^2},\frac{a^2b}{a^2+b^2}\right)=\frac{a^2b^2}{a^2+b^2}$;

(3) 极大值 $u\left(\frac{1}{3},\frac{-2}{3},\frac{2}{3}\right)=3$,极小值 $u\left(\frac{-1}{3},\frac{2}{3},\frac{-2}{3}\right)=-3$.

**3.** 三个正数都为$\frac{a}{3}$. **4.** 长、宽、高各为 3 m.

**5.** 两个直角边均为 $\frac{l}{\sqrt{2}}$ 时周长最大.

**6.** 高为 $\frac{2R}{\sqrt{3}}$. **7.** 各边长度分别为 $\sqrt{2}a$, $\sqrt{2}b$.

**8.** (1) 切线为 $\frac{x-\frac{1}{2}}{1}=\frac{y-2}{-4}=\frac{z-1}{8}$,法平面为 $2x-8y+16z-1=0$;

(2) 切线为 $\frac{x-1}{2}=\frac{y}{-1}=\frac{z-1}{3}$,法平面为 $2x-y+3z-5=0$;

(3) 切线为 $\frac{x-3/\sqrt{2}}{-3/\sqrt{2}}=\frac{y-3/\sqrt{2}}{3/\sqrt{2}}=\frac{z-\pi}{4}$,法平面为 $-\sqrt{2}x+\sqrt{2}y+\frac{8}{3}z-\frac{8}{3}\pi=0$.

**9.** 点(−1,1,−1)和点$\left(\frac{-1}{3},\frac{1}{9},\frac{-1}{27}\right)$.

**10.** (1) 切平面为 $x-z=0$,法线为 $\frac{x-1}{1}=\frac{y-1}{0}=\frac{z-1}{-1}$;

(2) 切平面为 $3x+4y-5z=0$,法线为 $\frac{x-3}{3}=\frac{y-4}{4}=\frac{z-5}{-5}$;

(3) 切平面为 $x+11y+5z-18=0$,法线为 $\frac{x-1}{1}=\frac{y-2}{11}=\frac{z+1}{5}$;

(4) 切平面为 $x+2y-4=0$,法线为 $\frac{x-1}{1}=\frac{y-1}{2}=\frac{z}{0}$.

**11.** $x+4y+6z=\pm 21$.

**12.** 点$(-3,-1,3)$,法线为 $\frac{x+3}{1}=\frac{y+1}{3}=\frac{z-3}{1}$.

**13.** 略.

**14.** (1) $1-\sqrt{3}$; (2) $1+2\sqrt{3}$; (3) 5; (4) $\frac{98}{13}$.

**15.** $\mathbf{grad}u(0,0,0)=\{3,-2,-6\}$, $\mathbf{grad}u(1,1,1)=\{6,3,0\}$, $\mathbf{grad}u(2,0,1)=\{7,0,0\}$. 在点 $M(-2,1,1)$处梯度为 $\mathbf{0}$.

**16.** $\frac{\sqrt{10}}{4}$.

## 复习题二

### 一、填空题

**1.** $\frac{xy}{x^2+y^2}$. **2.** $2\ln(\sqrt{x}-\sqrt{y})$. **3.** $x+y>0, x+y\neq 1$. **4.** $\frac{y^2-xy\ln y}{x^2-xy\ln x}$.

**5.** $dx-\sqrt{2}dy$. **6.** $\frac{2}{9}\{1,2,-2\}$. **7.** $\left\{0,\sqrt{\frac{2}{5}},\sqrt{\frac{3}{5}}\right\}$.

**8.** $e^y\cos e^y\cdot f_v+\frac{1}{y}\cdot f_w$. **9.** $3x+y-z=0$. **10.** $(0,0)$.

### 二、单项选择题

| 1 | 2 | 3 | 4 | 5 | 6 | 7 | 8 | 9 | 10 |
|---|---|---|---|---|---|---|---|---|---|
| D | B | D | D | C | C | B | A | B | A |

### 三、综合题

**1.** $x^2\frac{1-x}{1+y}$. **2.** 略. **3.** 1. **4.** 减少约 5 cm. **5.** 略.

**6.** $\frac{\partial z}{\partial x}=\frac{1}{x^2y}e^{\frac{x^2+y^2}{xy}}(x^4-y^4+2x^3y)$, $\frac{\partial z}{\partial y}=\frac{1}{xy^2}e^{\frac{x^2+y^2}{xy}}(-x^4+y^4+2xy^3)$.

**7.** 略. **8.** 略.

**9.** $\frac{\partial^2 z}{\partial x\partial y}=\frac{z(z^4-2xyz^2-x^2y^2)}{(z^2-xy)^3}$.

**10.** $\frac{\partial z}{\partial x}=-\frac{F_1+F_2+F_3}{F_3}$, $\frac{\partial z}{\partial y}=-\frac{F_2+F_3}{F_3}$.

**11.** 在点$\left(1,-\frac{1}{6}\right)$取得极小值. **12.** $z_x(0,1)=2$. **13.** $H=2R=2\sqrt{\frac{S}{3\pi}}$.

**14.** 边长分别为 $\frac{2p}{3}$ 和 $\frac{p}{3}$. **15.** 当长、宽、高均为 $\frac{2}{\sqrt{3}}a$ 时体积最大.

**16.** 切点为$\left(\frac{a}{\sqrt{3}},\frac{b}{\sqrt{3}},\frac{c}{\sqrt{3}}\right)$,最小体积为 $\frac{\sqrt{3}abc}{2}$.

**17.** 购进 $A$ 原料 100 吨,$B$ 原料 25 吨,此时达到最大产量 1250 吨.

**18.** 证明略,常数为$\frac{9}{2}a^3$. **19.** 略. **20.** 略.

**21.** (1) 在曲面 $z^2=xy$ 上的点; (2) 在直线 $x=y=z$ 上的点.

## 习 题 3-1

**1.** (1) $I>0$; (2) $I<0$.

**2.** (1) $\frac{1}{e}$; (2) $\ln\frac{4}{3}$; (3) $\frac{20}{3}$; (4) $-\frac{3\pi}{2}$; (5) $\frac{1}{21}$; (6) $\frac{9}{4}$; (7) $\frac{6}{55}$.

**3.** (1) $I=\int_0^4 dx\int_x^{2\sqrt{x}} f(x,y)dy=\int_0^4 dy\int_{\frac{y^2}{4}}^{y} f(x,y)dx$;

(2) $I=\int_{-2}^{2} dx\int_0^{\sqrt{4-x^2}} f(x,y)dy=\int_0^2 dy\int_{-\sqrt{4-y^2}}^{\sqrt{4-y^2}} f(x,y)dx$;

(3) $I=\int_{-\sqrt{2}}^{\sqrt{2}} dx\int_{x^2}^{4-x^2} f(x,y)dy=\int_0^2 dy\int_{-\sqrt{y}}^{\sqrt{y}} f(x,y)dx+\int_2^4 dy\int_{-\sqrt{4-y}}^{\sqrt{4-y}} f(x,y)dx$;

(4) $I=\int_1^3 dx\int_x^{3x} f(x,y)dy=\int_1^3 dy\int_1^y f(x,y)dx+\int_3^9 dy\int_{\frac{y}{3}}^3 f(x,y)dx$.

**4.** (1) $I=\int_0^1 dx\int_{x^2}^{x} f(x,y)dy$;　(2) $I=\int_{-1}^{1} dx\int_0^{\sqrt{1-x^2}} f(x,y)dy$;

(3) $I=\int_0^1 dy\int_{e^y}^{e} f(x,y)dx$;　(4) $I=\int_{-1}^{0} dy\int_{-\sqrt{1-y^2}}^{\sqrt{1-y^2}} f(x,y)dx+\int_0^1 dy\int_{-\sqrt{1-y}}^{\sqrt{1-y}} f(x,y)dx$;

(5) $I=\int_0^1 dy\int_y^{2-y} f(x,y)dx$.

**5.** (1) $6\pi R^2$;　(2) $\frac{R^3}{9}(3\pi-4)$;　(3) $-6\pi^2$;　(4) $\frac{\pi}{4}(2\ln 2-1)$.

**6.** (1) $I=\int_0^{\frac{\pi}{2}} d\theta\int_0^R f(r^2)rdr$;　(2) $I=\int_0^{\frac{\pi}{2}} d\theta\int_0^{2R\sin\theta} f(r\cos\theta,r\sin\theta)rdr$;

(3) $I=\int_0^{\frac{\pi}{4}} d\theta\int_{\tan\theta\sec\theta}^{\sec\theta} f(r\cos\theta,r\sin\theta)rdr$.

**7.** (1) $\frac{\pi}{6}$;　(2) $\frac{2}{9}+\frac{5}{36}\sqrt{2}$;　(3) $\pi(e^4-1)$;　(4) $\frac{20}{3}a^4$;　(5) $\pi^2-\frac{40}{9}$.

**8.** (1) 18;　(2) $2\pi$.

**9.** (1) $\frac{3}{2}$;　(2) $18\pi$;　(3) 0;　(4) 0;　(5) 0;　(6) $\frac{\pi}{2}$.

**10.** $\frac{7}{2}$.　**11.** $\frac{17}{6}$.　**12.** $6\pi$.　**13.** $\frac{1}{3}$.　**14.** $\frac{\pi^5}{40}$.

## 习　题　3-2

**1.** (1) $I=\int_0^1 dx\int_0^{1-x} dy\int_0^{1-x-y} f(x,y,z)dz$;　(2) $I=\int_{-1}^{1} dx\int_{-\sqrt{1-x^2}}^{\sqrt{1-x^2}} dy\int_{x^2+y^2}^{1} f(x,y,z)dz$;

(3) $I=\int_{-1}^{1} dx\int_{-\sqrt{1-x^2}}^{\sqrt{1-x^2}} dy\int_{x^2+2y^2}^{2-x^2} f(x,y,z)dz$;　(4) $I=\int_0^a dx\int_0^{\sqrt{a^2-x^2}} dy\int_{-\sqrt{a^2-x^2-y^2}}^{\sqrt{a^2-x^2-y^2}} f(x,y,z)dz$.

**2.** (1) 30;　(2) $\frac{1}{2}\left(\ln 2-\frac{5}{8}\right)$;　(3) $\frac{8}{35}$;　(4) $\frac{1}{48}$;　(5) 0.

**3.** 略.

**4.** (1) $\frac{1}{60}abc^3$;　(2) $\frac{4}{15}ab^3c\pi$.

**5.** (1) $\frac{1}{8}$;　(2) $\frac{7}{12}\pi$;　(3) $\frac{16}{3}\pi$.

**6.** (1) $\frac{4}{5}\pi$;　(2) $\frac{1}{48}$;　(3) $\frac{59}{480}\pi R^5$.

**7.** (1) $\frac{1}{2}$;　(2) $8\pi$;　(3) 0;　(4) 0;　(5) $\frac{4\pi}{5}$.

**8.** (1) $\frac{32}{3}\pi$;　(2) $\frac{2}{3}\pi(5\sqrt{5}-4)$.

**9.** $k\pi R^4$,其中 $k$ 是比例系数.

## 习　题　3-3

1. $8a^2(\pi-2)$.　2. $\sqrt{2}\pi$.　3. $\frac{14\pi}{3}a^2$.　4. $\left(0,\frac{7}{3}\right)$.　5. $\left(\frac{35}{48},\frac{35}{54}\right)$.

6. $\left(0,0,\frac{2}{3}\right)$.　7. $\left(\frac{3a}{8},\frac{3b}{8},\frac{3c}{8}\right)$.　8. $I_x=\frac{72}{5}$, $I_y=\frac{96}{7}$.

9. $\frac{4}{9}k\pi R^6$ 或 $\frac{4}{9}MR^2$,其中 $k$ 是比例系数,$R$ 是球的半径,$M$ 是球体的质量.

## 复 习 题 三

### 一、填空题

1. $\frac{1}{6}$.　2. $\iint\limits_{x^2+y^2\leqslant 1} f^2(x,y)\mathrm{d}\sigma$.　3. 2.

4. $I=\int_0^1\mathrm{d}z\int_0^{\sqrt{z}}\mathrm{d}y\int_0^{\sqrt{z-y^2}} f(x,y,z)\mathrm{d}x$.　5. $\frac{\pi^3}{8}$.

### 二、单项选择题

| 1 | 2 | 3 | 4 | 5 |
|---|---|---|---|---|
| B | A | C | D | A |

### 三、综合题

1. $\mathrm{e}-\mathrm{e}^{-1}$.　2. $\frac{a^3}{18}(3\pi-4)$.　3. $1-\sin 1$.　4. $\frac{3}{2}a^4\pi$.　5. $\frac{1}{6}$.

6. $\frac{560}{3}$.　7. $16a^2$.　8. $\frac{2\pi a^2}{3}(2\sqrt{2}-1)$.

## 习　题　4-1

1. $\sqrt{5}\ln 2$.　2. $2\pi a^{2n+1}$.　3. $4\pi\mathrm{e}^2$.　4. $\frac{\pi}{2}$.　5. $\frac{256}{15}a^3$.

6. $\frac{1}{3}\left(5\sqrt{5}-\frac{1}{5}\sqrt{2}\right)$.　7. $2+\sqrt{2}$.　8. $\frac{1}{3}[(2+t_0^2)\sqrt{2+t_0^2}-2\sqrt{2}]$.

## 习　题　4-2

1. $-\frac{14}{15}$.　2. (1) $\frac{1}{3}$;　(2) $\frac{1}{12}$;　(3) $-\frac{1}{20}$.　3. 0.　4. $-\frac{4}{3}ab^2$.

5. 32.　6. 10.　7. 0.　8. $-2\pi$.　9. 0.

## 习　题　4-3

1. (1) $\iint\limits_D(x^2+y^2)\mathrm{d}\sigma$;　(2) $\iint\limits_D(y-x)\mathrm{e}^{xy}\mathrm{d}\sigma$.

2. (1) $-2\pi ab$;　(2) $-\frac{1}{5}(\mathrm{e}^{\pi}-1)$.

3. $3(\mathrm{e}^2+1)$.

4. (1) 4;　(2) 8;　(3) $\frac{1}{2}\ln\frac{29}{25}$.

5. 236.　6. $\frac{56}{3}$.　7. $x^2y$.　8. $-\cos 2x\sin 3y$.

## 习 题 4-4

**1.** $\pi$. **2.** $12\sqrt{61}$. **3.** $-\sqrt{2}\pi$. **4.** $36\pi$. **5.** $\frac{2\pi}{15}(6\sqrt{3}+1)$.

## 习 题 4-5

**1.** (1) $\iint\limits_{D_{xy}} x^2y^2\sqrt{R^2-x^2-y^2}\,\mathrm{d}x\mathrm{d}y$； (2) $\iint\limits_{D_{xy}} x^2y^2\sqrt{R^2-x^2-y^2}\,\mathrm{d}x\mathrm{d}y$；

(3) $-\iint\limits_{D_{xy}} x^2y^2\sqrt{R^2-x^2-y^2}\,\mathrm{d}x\mathrm{d}y$.

**2.** 0. **3.** $\frac{4}{5}\pi R^5$. **4.** $\frac{1}{2}\pi R^2H^2$. **5.** (1) 8； (2) 1.

**6.** (1) $\mathrm{div}\boldsymbol{A}=2(x+y+z)$； (2) $\mathrm{div}\boldsymbol{A}=ye^{xy}-x\sin(xy)-2xz\sin(xz^2)$； (3) $\mathrm{div}\boldsymbol{A}=2x$.

## 复 习 题 四

### 一、填空题

**1.** $\frac{1}{3}(5\sqrt{5}-2\sqrt{2})$. **2.** $2a^2$. **3.** 6. **4.** $-18\pi$. **5.** $a$.

**6.** $4\pi a^4$. **7.** 0. **8.** 0. **9.** $\frac{2}{3}\pi a^3$.

### 二、单项选择题

| 1 | 2 | 3 | 4 | 5 | 6 | 7 | 8 | 9 | 10 | 11 | 12 | 13 | 14 | 15 | 16 | 17 | 18 |
|---|---|---|---|---|---|---|---|---|---|---|---|---|---|---|---|---|---|
| B | A | A | C | A | C | B | C | C | B | D | D | C | D | B | D | A | B |

### 三、综合题

**1.** $2a^2$. **2.** $2\pi$. **3.** 1. **4.** $-\frac{k}{2}h^2-mgh$.

**5.** $a=\frac{5}{2}$，$W_{\min}=\frac{19}{24}$. **6.** 略. **7.** 略.

## 习 题 5-1

**1.** (1) 一阶； (2) 一阶； (3) 二阶； (4) 三阶； (5) 一阶.

**2.** (1) 是； (2) 是； (3) 不是； (4) 不是.

## 习 题 5-2

**1.** (1) $y^2=x^2+C$； (2) $y=Cx$； (3) $1+y^2=C(x^2-1)$； (4) $e^x+e^{-y}=C$； (5) $y=e^{Cx}$；
(6) $\sin x\sin y=C$； (7) $\tan x\tan y=C$； (8) $(e^x+1)(e^y-1)=C$.

**2.** (1) $\sin\frac{y}{x}=Cx$； (2) $\sqrt{x^2+y^2}=Ce^{-\arctan\frac{y}{x}}$； (3) $y^2=x^2(2\ln|x|+C)$； (4) $x^2=y^2(\ln|x|+C)$.

**3.** (1) $Ce^{-x}$； (2) $e^{-x}(x+C)$； (3) $\frac{x}{3}+\frac{C}{x^2}$； (4) $x=\frac{1}{y}\left(\frac{y^4}{4}+C\right)$.

**4.** (1) $y+3=4\cos x$； (2) $\ln y=e^{-\cot x}$； (3) $1+e^x=2\sqrt{2}\cos y$；
(4) $y^2=2x^2(\ln|x|+2)$； (5) $y=\frac{2}{3}(4-e^{-3x})$.

## 习 题 5-3

1. (1) $y=\frac{1}{6}x^3-\sin x+C_1x+C_2$； (2) $y=-\frac{1}{2}\ln^2x-\ln x+C_1x+C_2$； (3) $y=-\ln|\cos(x+C_1)|+C_2$；

(4) $y=C_1e^x-\frac{1}{2}x^2-x+C_2$； (5) $y=C_1\ln|x|+C_2$； (6) $y=\arcsin(C_2e^x)+C_1$.

2. (1) $y=-\frac{1}{a}\ln|ax+1|$； (2) $y^2=2x-x^2$； (3) $y=\left(1+\frac{1}{2}x\right)^4$.

## 习 题 5-4

1. (1),(2),(4),(5)线性无关;(3)线性相关.
2. $y=C_1\cos\omega x+C_2\sin\omega x$.
3. $y=C_1e^{x^2}+C_2xe^{x^2}$. 4. 略.

## 习 题 5-5

1. (1) $y=C_1e^x+C_2e^{-2x}$； (2) $y=C_1+C_2e^{4x}$； (3) $y=e^{-3x}(C_1\cos2x+C_2\sin2x)$；

(4) $y=C_1\cos x+C_2\sin x$； (5) $y=e^{\frac{5}{2}x}(C_1x+C_2)$.

2. (1) $y=e^x+(C_1e^{\frac{1}{2}x}+C_2e^{-x})$； (2) $y=x\left(\frac{1}{3}x^2-\frac{3}{5}x+\frac{7}{25}\right)+(C_1+C_2e^{-\frac{5}{2}x})$；

(3) $y=\left(\frac{11}{8}-\frac{1}{2}x\right)+(C_1e^{-x}+C_2e^{-4x})$； (4) $y=\left(\frac{3}{2}x^2-3x\right)e^{-x}+C_1e^{-x}+C_2e^{-2x}$；

(5) $y=\left[x^2\left(\frac{1}{6}x+\frac{1}{2}\right)+C_1x+C_2\right]e^{3x}$.

3. (1) $y=4e^x+2e^{3x}$； (2) $y=(x+2)e^{-\frac{x}{2}}$； (3) $y=e^{-x}-e^{4x}$；

(4) $y=3e^{-2x}\sin5x$； (5) $y=\frac{5}{2}+\left(-5e^x+\frac{7}{2}e^{2x}\right)$.

## 复 习 题 五

### 一、填空题

1. $e^x+e^y=C$. 2. $y'-\frac{2y}{x}+1=0$. 3. $y=Ce^{-\sin x}$. 4. $y=e^x+C_1x+C_2$.

### 二、单项选择题

| 1 | 2 | 3 | 4 | 5 | 6 | 7 | 8 | 9 | 10 | 11 | 12 | 13 | 14 |
|---|---|---|---|---|---|---|---|---|---|---|---|---|---|
| D | C | A | B | B | D | C | B | B | A | C | A | D | A |

### 三、综合题

1. $y=C_2e^{C_1x}$. 2. $y=\frac{1}{2}xe^{2x}+(C_1e^{2x}+C_2e^{-2x})$. 3. $\arctan y=x+\frac{\pi}{4}$.

4. $v=\frac{a}{b}(1-e^{-\frac{b}{m}t})$. 5. $y=\sin x$. 6. $v=\frac{mg}{k}(1-e^{-\frac{k}{m}t})$. 7. $T=20+80e^{-kt}$.

## 习 题 6-1

1. (1) $\frac{1}{2}+\frac{2}{9}+\frac{3}{28}+\cdots$； (2) $1+\frac{2}{4}+\frac{6}{27}+\cdots$；

(3) $\frac{1}{5}-\frac{1}{25}+\frac{1}{125}-+\cdots$； (4) $\frac{\sin x}{2}+\frac{\sin2x}{3}+\frac{\sin3x}{4}+\cdots$.

**2.** (1) 发散； (2) 收敛； (3) 发散； (4) 发散.

## 习 题 6-2

**1.** (1) 发散； (2) 收敛； (3) 收敛； (4) 收敛.

**2.** (1) 发散； (2) 收敛； (3) 收敛； (4) 收敛； (5) 收敛； (6) 发散.

**3.** (1) 条件收敛； (2) 绝对收敛； (3) 绝对收敛； (4) 条件收敛.

## 习 题 6-3

**1.** (1) $(-1,1)$； (2) $[-1,1]$； (3) $x=0$； (4) $\left[-\frac{1}{2},\frac{1}{2}\right)$；

(5) $(-\sqrt{2},\sqrt{2})$； (6) $[-1,1]$； (7) $[2,4]$； (8) $\left(\frac{4}{3},2\right)$.

**2.** (1) $\frac{1}{(1-x)^2}$ $(-1<x<1)$； (2) $-\ln(1-x)$ $(-1\leqslant x<1)$；

(3) $\frac{1}{2}\ln\left(\frac{1+x}{1-x}\right)$ $(-1<x<1)$.

## 习 题 6-4

**1.** (1) $\sum\limits_{n=0}^{\infty}x^{2n+1}$ $(-1<x<1)$；

(2) $\sum\limits_{n=0}^{\infty}\frac{(-1)^n x^{2n}}{n!}$ $(-\infty<x<+\infty)$；

(3) $1+\sum\limits_{n=1}^{\infty}\frac{(-1)^n(2x)^{2n}}{2\cdot(2n)!}$ $(-\infty<x<+\infty)$；

(4) $\ln 3+\sum\limits_{n=1}^{\infty}\frac{(-1)^{n-1}}{n}\left(\frac{x}{3}\right)^n$ $(-3<x\leqslant 3)$.

**2.** $\frac{1}{2}\sum\limits_{n=0}^{\infty}\frac{(x+4)^n}{2^n}-\frac{1}{3}\sum\limits_{n=0}^{\infty}\frac{(x+4)^n}{3^n}=\sum\limits_{n=0}^{\infty}\left(\frac{1}{2^{n+1}}-\frac{1}{3^{n+1}}\right)(x+4)^n$ $(-6<x<-2)$.

**3.** (1) 1.648； (2) 0.9994. **4.** 0.487.

## 习 题 6-5

**1.** (1) $f(x)=1+\sum\limits_{n=1}^{\infty}(-1)^{n+1}\frac{2}{n}\sin nx$ $(x\neq\pi\pm 2\pi,\pi\pm 4\pi,\cdots)$；

(2) $f(x)=1+\sum\limits_{n=0}^{\infty}\frac{4}{(2n+1)\pi}\sin(2n+1)x$ $(x\neq k\pi,k=0,\pm 1,\pm 2,\cdots)$；

(3) $f(x)=\frac{\pi}{4}-\sum\limits_{n=1}^{\infty}\left[\frac{2}{(2n-1)^2\pi}\cos(2n-1)x+\frac{(-1)^n}{n}\sin nx\right]$

$(x\neq\pi\pm 2k\pi,k=0,\pm 1,\pm 2,\cdots)$.

**2.** 正弦级数：$f(x)=\sum\limits_{n=1}^{\infty}\frac{(-1)^{n+1}2}{n}\sin nx$ $(0\leqslant x<\pi)$；

余弦级数：$f(x)=\frac{\pi}{2}-\sum\limits_{n=0}^{\infty}\frac{4}{(2n+1)^2\pi}\cos(2n+1)x$ $(0\leqslant x\leqslant\pi)$.

## 复 习 题 六

### 一、填空题

1. $\ln(1+x)$.  2. $[0,6)$.  3. $\frac{k}{2}$.  4. $-\frac{3}{2}$.  5. $\sum_{n=0}^{\infty}\frac{x^n}{n!2^n}\ (-\infty<x<+\infty)$.

### 二、单项选择题

| 1 | 2 | 3 | 4 | 5 | 6 | 7 | 8 | 9 | 10 | 11 | 12 | 13 | 14 | 15 | 16 | 17 |
|---|---|---|---|---|---|---|---|---|---|---|---|---|---|---|---|---|
| B | C | B | B | D | C | D | B | A | B | C | C | A | C | B | B | C |

### 三、综合题

1. (1) 条件收敛; (2) 绝对收敛; (3) 条件收敛; (4) 发散.

2. (1) 收敛域为$\left(-\frac{1}{4},\frac{1}{4}\right)$; (2) 收敛域为$(-a,a)$;

(3) 当$0<a<1$时,收敛域为$(-\infty,+\infty)$;当$a>1$时,只在点$x=0$处收敛;当$a=1$时,收敛域为$(-1,1)$;

(4) 收敛域为$\left(\frac{1}{10},10\right)$.

3. (1) 收敛域为$(-1,1]$,和函数为$s(x)=\begin{cases}0, & x=1,\\ 1, & -1<x<1;\end{cases}$

(2) 收敛域为$(-1,1)$,和函数为$s(x)=\frac{1}{(1+x)^2}$;

(3) 收敛域为$[-1,1]$,和函数为$s(x)=\arctan x$.

4. (1) 提示:考虑由$b_n-c_n$和$b_n-a_n$组成的正项级数;

(2) 略;

(3) 提示:将$\frac{(-1)^n}{\sqrt{n}+(-1)^n}$有理化分母.

# 高等数学(工本)自学考试大纲

全国高等教育自学考试指导委员会制定

# 出版前言

为了适应社会主义现代化建设培养人才的需要，我国在20世纪80年代初开始实行了高等教育自学考试制度. 它是个人自学、社会助学、国家考试相结合的一种新的教育形式，是我国高等教育体系的一个组成部分. 实行高等教育自学考试制度，是落实宪法规定的"鼓励自学成才"的重要措施，是提高中华民族思想道德和科学文化素质的需要，也是造就和选拔人才的一种途径. 应考者通过规定的考试课程并经思想品德鉴定达到毕业要求的，可以获得毕业证书. 国家承认学历；按照规定享有与普通高等学校毕业生同等的有关待遇.

目前，全国31个省、自治区、直辖市已成立了高等教育自学考试委员会，开展了高等教育自学考试工作. 为了统一各地高等教育自学考试的专业设置标准，全国高等教育自学考试指导委员会陆续制订了上百个专业考试计划. 各专业委员会按照有关考试计划的要求，从造就和选拔人才的需要出发，编写了相应专业的课程自学考试大纲，进一步规定了课程学习和考试的内容与范围，有利于社会助学，使自学要求明确，考试标准规范、具体.

数学类专业委员会根据国务院发布的《高等教育自学考试暂行条例》，参照国家教育部拟定的普通高等学校有关课程的教学大纲，结合自学考试的特点，编写了《高等数学(工本)自学考试大纲》. 现经全国高等教育自学考试指导委员会审定，教育部批准，颁发试行.

《高等数学(工本)自学考试大纲》是该课程编写教材和自学辅导书的依据，也是个人自学、社会助学和国家考试(课程命题)的依据，各地高等教育自学考试委员会应认真贯彻执行.

**全国高等教育自学考试**
**指导委员会**

2006年1月

# 高等数学(工本)自学考试大纲

## 一、课程的性质及其设置的目的和要求

### 1. 课程的性质、地位与任务

高等数学(工本)是工科各专业本科段自学考试计划中一门重要的基础理论课,它是为满足我国对工程技术人才的培养要求而设置的.本课程面向自学考试中对数学要求较高的本科专业的实际需要,担负着为考生提供学习专业基础课和专业课所必须的数学基础的任务.本课程又是一门重要的素质培养课程.通过学习,考生在逻辑推理能力、运算能力以及运用数学知识分析问题、解决问题的能力等方面将得到进一步的培养和提高.

### 2. 本课程的基本要求

本课程是在高等数学(工专)课程的基础上设置的.它包括向量代数与空间解析几何、多元函数微分学、重积分、曲线积分和曲面积分、常微分方程以及无穷级数等内容.要求考生在自学过程中认真阅读指定的教材,独立完成足够数量的习题,切实掌握上述这些内容中所包含的基本概念、基本理论和基本运算,会用所学知识解决某些简单的实际问题,为学习后续课程打好必要的基础.

本课程重点要求的内容为:多元函数微分学和积分学的有关概念、计算及简单应用;线性微分方程的求解及简单应用;幂级数的概念、性质及函数展开成幂级数等.

### 3. 本课程与有关课程的联系

多元函数微积分学是一元函数微积分学的推广和发展,常微分方程和无穷级数是一元函数微积分的延伸和应用.因此,一元函数微积分的知识是学习本课程的基础与前提;另外,学习向量代数与空间解析几何也离不开平面解析几何的基础.本课程作为工科各专业一门重要的基础理论课,与一元微积分学一起,是学习后续的其它数学课、物理课、专业基础课和专业课必不可少的工具和基础.

## 二、课程内容和考核要求

### 第一章　向量代数与空间解析几何

#### (一) 考核知识点

1. 空间直角坐标系.
2. 向量的概念及其线性运算.

3. 向量的坐标.
4. 向量的数量积.
5. 向量的向量积.
6. 平面方程.
7. 直线方程.
8. 曲面方程.
9. 曲线方程.
10. 二次曲面.

### (二) 自学要求

本章内容既是学习多元函数微积分学的预备知识,同时其自身也是十分重要的数学工具,在很多后续课程中有广泛应用.向量的表示、运算及处理方法与数量有很大区别,初学者比较生疏,而掌握空间图形也要求有较强的空间想象能力,这都给初学者带来一定困难.因此自学时要注意掌握重点,多做习题,突破薄弱环节,特别要掌握运用向量建立平面、直线方程的方法,以及常用的曲面、曲线的方程和图形,这是学习后续内容必需的基本知识.

**本章要求**:理解向量的概念、向量的几何表示与坐标表示;熟练掌握向量的各种运算.掌握平面、直线方程,会根据方程判断直线与直线、直线与平面以及平面与平面的相互关系.了解柱面、旋转面、二次曲面的标准方程.

**重点**:向量的各种运算;平面、直线、柱面、球面、圆锥面、旋转抛物面的标准方程及其图形.

**难点**:向量的运算;空间曲线在坐标平面上的投影.

### (三) 考核要求

**1. 空间直角坐标系[识记]**

(1) 知道空间直角坐标系的定义及相关的概念.

(2) 会求空间中两点间的距离.

**2. 向量的概念及其线性运算[领会]**

(1) 知道向量的定义及其几何表示.

(2) 知道向量的模、零向量、单位向量.

(3) 了解向量加法、减法和数乘向量等线性运算的几何意义,熟练掌握其运算律.

(4) 会用数乘向量判断两个向量是否平行.

**3. 向量的坐标[领会]**

(1) 知道向量分解的意义及向量的坐标表示.

(2) 熟练掌握向量运算的坐标表示法.

**4. 向量的数量积[领会]**

(1) 了解数量积的定义及其几何和物理意义.

(2) 熟练掌握数量积的坐标表示法及运算律.

(3) 会计算两个向量的夹角;会判断两个向量相互垂直.

(4) 知道数量积与向量的模、方向余弦的关系,会用向量的坐标计算向量的模和方向余弦.

**5. 向量的向量积［领会］**

(1) 了解向量积的定义及其几何意义.

(2) 掌握向量积运算的坐标表示法及运算律.

(3) 会判断两个向量是否平行.

(4) 会用向量积计算平行四边形的面积.

**6. 平面方程［简单应用］**

(1) 掌握平面的点法式方程.

(2) 知道平面的一般式与截距式方程.

(3) 会求两个平面的夹角;会判断两个平面相互垂直和平行.

**7. 直线方程［简单应用］**

(1) 掌握直线的参数式和对称式方程,了解直线的一般式方程.

(2) 会根据直线的对称式和参数式方程,求两条直线的夹角并会判断两条直线的平行和垂直.

(3) 会求平面与直线的夹角.

(4) 会根据直线的参数式和对称式方程判断直线与平面的垂直和平行.

**8. 曲面方程［简单应用］**

(1) 知道曲面与方程的关系.

(2) 了解母线平行于坐标轴的柱面方程.

(3) 会根据坐标平面上曲线的方程写出曲线绕坐标轴旋转的旋转面方程.

(4) 知道顶点在原点旋转轴为坐标轴的圆锥面方程.

**9. 曲线方程［领会］**

(1) 知道空间曲线的参数式和一般式方程.

(2) 掌握一般式方程表示的曲线在坐标平面上的投影.

**10. 二次曲面［识记］**

(1) 知道二次曲面的定义,熟知球面、椭球面、旋转抛物面的标准方程及图形.

## 第二章　多元函数微分学

### (一) 考核知识点

1. 多元函数的概念.
2. 二元函数的极限与连续.
3. 偏导数.
4. 高阶偏导数.
5. 方向导数和梯度.
6. 全微分.
7. 复合函数的求导法则.
8. 隐函数求导法则.
9. 空间曲线的切线和法平面、曲面的切平面和法线.
10. 二元函数的极值.

（二）自学要求

多元函数微分学是一元函数微分学的推广和发展，两者的处理方法有不少相似之处，但由于自变量个数的增加也产生了很多新内容，如偏导数、全微分、方向导数、条件极值等.学习时要特别注意这些新内容和相应的新方法.因为二元函数与二元以上的函数在处理方法上无本质的差异，故本章以二元函数为主讲授有关内容.

**本章的要求**：理解二元函数的极限、连续、偏导数、全微分、梯度等有关概念；掌握求偏导数(包括复合函数与隐函数的偏导数和导数)、全微分、极值和最值等的方法及偏导数的几何应用；会用有关的方法解决一些简单的实际应用问题.

**重点**：偏导数；极值及其应用.

**难点**：复合函数偏导数的计算；多元函数的极值和条件极值的求法以及它们的应用.

（三）考核要求

**1. 多元函数的概念** [识记]

(1) 了解多元函数的定义；知道二元函数的几何意义.

(2) 会求二元函数的定义域.

**2. 二元函数的极限与连续** [识记]

(1) 了解二重极限的概念.

(2) 知道二元函数连续的概念.

(3) 知道二元连续函数在有界闭区域上的最值定理和介值定理.

**3. 偏导数** [简单应用]

(1) 熟知二元函数偏导数的定义.

(2) 熟练掌握偏导数的求法 .

**4. 高阶偏导数** [简单应用]

(1) 了解函数的高阶偏导数的定义.

(2) 知道二元函数的两个二阶混合偏导数相等的条件.

(3) 掌握二阶偏导数的求法.

**5. 方向导数和梯度** [领会]

(1) 知道方向导数和梯度的概念.

(2) 会求方向导数和梯度.

(3) 理解梯度在数量场中的意义

**6. 全微分** [领会]

(1) 知道全微分的定义及其与偏导数的关系.

(2) 知道函数可微的充分条件及可微与连续的关系.

(3) 会求函数的全微分.

**7. 复合函数的求导法则** [简单应用]

(1) 知道复合函数求偏导数的链式法则.

(2) 对于抽象函数，熟练掌握以下三种类型的复合函数一阶偏导数的求法：

① $w=f(u,v)$, $u=u(x)$, $v=v(x)$；

② $w=f(u)$, $u=u(x,y)$;

③ $w=f(u,v)$, $u=u(x,y)$, $v=v(x,y)$.

(3) 掌握多元复合函数全微分的求法.

**8. 隐函数求导法则[简单应用]**

掌握由一个函数方程确定的隐函数求一阶偏导数或导数的方法.

**9. 空间曲线的切线和法平面、曲面的切平面和法线[简单应用]**

(1) 根据曲线的参数方程,会求曲线的切线方程和法平面方程.

(2) 会求曲面的切平面方程和法线方程.

**10. 二元函数的极值[综合应用]**

(1) 理解二元函数极值的概念及其与最值的关系.

(2) 会用二元函数极值的必要条件和充分条件求极值.

(3) 了解条件极值的概念,会用拉格朗日乘数法求多元函数在一个约束条件下的极值.

(4) 会解简单的最值应用问题.

## 第三章 重 积 分

### (一) 考核知识点

1. 二重积分和三重积分的定义与性质.
2. 二重积分的计算.
3. 三重积分的计算.
4. 重积分的应用.

### (二) 自学要求

重积分是定积分的推广,要弄清两者的相似与不同之处. 重积分的定义(以及第四章的第一类曲线积分和第一类曲面积分的定义)与定积分的定义有很大的相似性,从而它们的很多性质也是类似的,但重积分的计算比定积分要复杂得多,其基本方法是化为累次积分. 化为累次积分时要注意选用恰当的坐标系和积分次序. 自学本章时,要把注意力集中在重积分的计算上,切实掌握坐标变换和化为累次积分的方法.

**本章的要求**:二重积分和三重积分的概念、性质、计算和应用.

**重点**:重积分的计算.

**难点**:重积分化为累次积分时积分限的确定;利用微元法建立所求量的积分表达式.

### (三) 考核要求

**1. 二重积分和三重积分的定义与性质[识记]**

(1) 理解二重积分的定义及其几何意义.

(2) 知道三重积分的定义.

(3) 掌握二重积分和三重积分的基本性质.

**2. 二重积分的计算[综合应用]**

(1) 熟练掌握在直角坐标系下二重积分的计算.

(2) 会在直角坐标系下交换二次积分的次序.
(3) 熟练掌握计算二重积分的极坐标变换法.

**3. 三重积分的计算［简单应用］**

(1) 掌握在直角坐标系下三重积分的计算.
(2) 掌握计算三重积分的柱面坐标、球面坐标变换法.

**4. 重积分的应用［简单应用］**

(1) 会用二重积分计算平面图形的面积、曲顶柱体的体积和物质平面板的质量.
(2) 会用三重积分计算立体体积和空间物体的质量.

## 第四章　曲线积分与曲面积分

### (一) 考核知识点

1. 两类曲线积分的定义与性质.
2. 两类曲线积分的计算.
3. 格林公式.
4. 平面曲线积分与路径无关的条件.
5. 两类曲面积分的定义与性质.
6. 两类曲面积分的计算.
7. 散度.
8. 曲线积分和曲面积分的应用.

### (二) 自学要求

曲线积分和曲面积分是多元函数积分学的重要组成部分.它们都有自己的物理应用背景,所以对本章概念应结合它们的应用背景来理解.本章的综合程度很高,涉及前面学过的很多知识,且理论有一定深度,自学时要多想、多问、多练,才能切实掌握.

**本章的要求**:理解曲线积分与曲面积分的概念、性质;了解它们在几何与物理中的应用实例;掌握它们的计算方法;理解格林公式和高斯公式;理解平面曲线积分与路径无关的条件;会用曲线积分与曲面积分解决简单的几何和物理问题.

**重点**:曲线积分和曲面积分的概念及计算;格林公式.

**难点**:对坐标的曲线积分与曲面积分的计算;平面曲线积分与路径无关的条件.

### (三) 考核要求

**1. 两类曲线积分的定义与性质［领会］**

(1) 知道对弧长的曲线积分的定义.
(2) 知道对坐标的曲线积分的定义.
(3) 了解两类曲线积分的基本性质.

**2. 两类曲线积分的计算［简单应用］**

(1) 掌握对弧长的曲线积分的计算.
(2) 掌握对坐标的曲线积分的计算.

**3. 格林公式［简单应用］**

(1) 掌握平面简单闭曲线所围单连通区域上的格林公式.

(2) 会用格林公式计算对坐标的曲线积分.

**4. 平面曲线积分与路径无关的条件［领会］**

(1) 知道对坐标的曲线积分与路径无关的概念.

(2) 了解平面曲线积分与路径无关的条件.

(3) 会用曲线积分与路径无关的性质计算曲线积分.

**5. 两类曲面积分的定义与性质［领会］**

(1) 知道对面积的曲面积分的定义.

(2) 知道对坐标的曲面积分的定义.

(3) 了解两类曲面积分的性质.

**6. 两类曲面积分的计算［简单应用］**

(1) 掌握对面积的曲面积分的计算.

(2) 掌握对坐标的曲面积分的计算.

(3) 会用高斯公式计算闭曲面上对坐标的曲面积分.

**7. 散度［识记］**

(1) 知道向量场的散度的概念.

(2) 会求向量场的散度.

**8. 曲线积分和曲面积分的应用［简单应用］**

(1) 会用曲线积分计算曲线的弧长、物质曲线的质量、变力沿曲线所做的功.

(2) 会用对面积的曲面积分计算曲面的面积和物质曲面的质量.

## 第五章 常微分方程

### (一) 考核知识点

1. 微分方程的一般概念.
2. 三类一阶微分方程.
3. 可降阶的二阶微分方程.
4. 二阶线性微分方程解的结构.
5. 二阶常系数线性齐次微分方程.
6. 二阶常系数线性非齐次微分方程.
7. 微分方程的简单应用.

### (二) 自学要求

微分方程是数学建模的有力工具,它的应用几乎渗透科学技术的所有领域.本章主要讨论几类经典方程的初等解法及应用实例.在学习时要注意各类方程的特点,学会识别方程的类型并采用相应的解法.有关微分方程的基本概念,如阶、通解、特解、初始条件等也需很好理解.解微分方程用到很多不定积分和代数式的演算,要求考生在这方面具有较好的演算技能.

**本章的要求**:理解微分方程及与微分方程有关的基本概念;会解给定类型的微分方程;会

用微分方程求解简单的实际问题.

**重点**：三类一阶微分方程；二阶常系数线性微分方程.

**难点**：识别微分方程类型；二阶常系数线性非齐次微分方程的特解；微分方程的简单应用.

### (三) 考核要求

**1. 微分方程的一般概念［识记］**

熟知微分方程的阶、通解、初始条件、特解的含义.

**2. 三类一阶微分方程［简单应用］**

会求可分离变量的微分方程、齐次方程、一阶线性微分方程这三种类型方程的通解和特解.

**3. 可降阶的二阶微分方程［领会］**

会用降阶法解如下的二阶方程：$y''=f(x)$，$y''=f(x,y')$，$y''=f(y,y')$.

**4. 二阶线性微分方程解的结构［领会］**

(1) 会判定两个函数的线性无关性.

(2) 知道二阶线性齐次微分方程的解的性质及通解结构.

(3) 知道二阶线性非齐次微分方程通解的结构.

**5. 二阶常系数线性齐次微分方程［简单应用］**

(1) 会求二阶常系数线性齐次微分方程的特征方程与特征根.

(2) 根据特征根的不同情况，能熟练写出通解形式.

**6. 二阶常系数线性非齐次微分方程［领会］**

对于方程 $y''+a_1y'+a_2y=f(x)$，当 $f(x)=e^{\alpha x}P_m(x)$（$\alpha$ 为实常数，$P_m(x)$ 为 $x$ 的 $m$ 次多项式）时，会确定特解的形式并会求通解.

**7. 微分方程的简单应用［简单应用］**

会用微分方程求解简单的应用问题.

## 第六章　无穷级数

### (一) 考核知识点

1. 数项级数的基本概念.
2. 数项级数的性质.
3. 正项级数及其审敛准则.
4. 一般项级数的审敛准则.
5. 幂级数的收敛性及和函数的性质.
6. 函数的泰勒级数展开式.
7. 傅里叶级数.

### (二) 自学要求

无穷级数是有限个数或函数的加法运算的推广. 无穷级数的基本问题是收敛性问题，讨论收敛性的基本手段是极限理论和极限的运算法则,这是学生常常感到困难的地方.函数项级数(幂级数、傅里叶级数)是表示函数和进行数值计算的有力工具,因此要掌握把函数展开成幂级数和傅里叶级数的方法.

**本章的要求**:了解数项级数的基本概念、性质;掌握数项级数的审敛准则.了解幂级数及其收敛区间(开区间)的概念和幂级数的和函数性质(连续性、可积性、可导性);会用间接方法求一些简单函数的泰勒级数展开式.会求以 $2\pi$ 为周期的周期函数的傅里叶级数展开式,并会确定展开式的成立范围.

**重点**:幂级数;将函数展开成泰勒级数.

**难点**:数项级数敛散性的判别;用间接法将函数展开为幂级数.

### (三) 考核要求

**1. 数项级数的基本概念[识记]**

(1) 熟知数项级数的通项、部分和、收敛与发散等基本概念.

(2) 掌握等比级数的敛散性并会求和.

**2. 数项级数的性质[领会]**

(1) 知道级数收敛的必要条件.

(2) 了解级数的基本性质.

**3. 正项级数及其审敛准则[综合应用]**

(1) 知道正项级数收敛的充要条件是其部分和有界.

(2) 掌握 $p$ 级数的敛散性.

(3) 会用比较法的极限形式判定正项级数的敛散性.

(4) 能熟练地运用比值判别法(即达朗贝尔判别法)判定正项级数的敛散性.

**4. 一般项级数的审敛准则[简单应用]**

(1) 会用莱布尼茨判别法判定交错级数的收敛性.

(2) 知道绝对收敛和条件收敛的概念.

(3) 会判断一般项级数的绝对收敛性.

**5. 幂级数的收敛性及和函数的性质[简单应用]**

(1) 理解幂级数的收敛半径、收敛区间(开区间)、收敛域的概念.

(2) 能熟练求出幂级数的收敛半径和收敛区间.

(3) 知道幂级数在收敛区间内其和函数的连续、可逐项积分、可逐项求导等性质.

(4) 了解幂级数的加、减运算及其收敛性质.

**6. 函数的泰勒级数展开式[综合应用]**

(1) 知道泰勒公式以及函数的泰勒级数展开式的有关结论.

(2) 熟记函数 $\frac{1}{1-x}$, $e^x$, $\sin x$, $\cos x$, $\ln(1+x)$ 的马克劳林级数展开式.

(3) 会用间接法将比较简单的函数展开成幂级数.

(4) 会求简单的幂级数的和函数.

**7. 傅里叶级数[简单应用]**

(1) 知道三角函数系的正交性.

(2)了解傅里叶级数的狄里克雷收敛准则.

(3) 会求$[-\pi,\pi)$上以$2\pi$为周期的函数的傅里叶级数展开式.

(4) 会将$[0,\pi]$上的函数展开成正弦级数或余弦级数.

## 三、有关说明与实施要求

### (一) 自学考试大纲的目的和作用

课程自学考试大纲是根据专业考试计划的要求,结合自学考试的特点制订的.其目的是对个人自学、社会助学和课程考试命题进行指导和约定.

课程自学考试大纲明确了课程自学内容及其深广度,规定出课程自学考试的范围和标准,是编写自学考试教材的依据,也是进行自学考试命题的依据.

### (二) 关于自学教材

《高等数学(工本)》 全国高等教育自学考试指导委员会组编,主编陈兆斗、高瑞,北京大学出版社,2006年版.

### (三) 关于自学要求

自学要求中指明了课程的基本内容,以及对基本内容要求掌握的程度.

属于自学要求中的知识点构成了课程内容的主体部分.因此,自学要求中的内容是自学考试中考核的主要内容.自学要求中对内容掌握程度的要求是依据专业考试计划和专业培养目标确定的.因此在自学考试中将按自学要求中提出的掌握程度对基本内容进行考核.

在自学要求中,对其各部分内容掌握程度的要求由低到高分为四个层次,其表达用词依次是:了解、知道;理解、清楚、会;会用、掌握;熟练掌握;

为有效地指导个人自学和社会助学,在各章的自学要求中都指明了基本内容中的重点内容和难点内容.

本课程共10学分.

### (四) 关于考核知识点及考核要求

课程中各章的内容均由若干知识点所组成.在自学考试命题中知识点就是考核点.因此,课程自学考试大纲中所规定的考试内容是以分解为考核知识点的形式给出的.

因各知识点在课程中的地位、作用及知识自身的特点不同,自学考试中将对各知识点分别按四个认知层次确定其考核要求.这四个认知层次从低到高依次是:识记;领会;简单应用;综合应用.它们之间是递升的关系,后者必须建立在前者的基础上,其含义分别是:

"识记"——能对考试大纲中的定义、定理、公式、性质、法则等有清晰准确的认识并能做出正确的选择和判断.

"领会"——要求对考试大纲中的概念、定理、公式、法则等有一定的理解,清楚它与有关知识点的联系和区别,并能给出正确的表述和解释.

"简单应用"——会用大纲中各部分的少数几个知识点解决简单的计算、证明或应用问题.

“综合应用”——在对考试大纲中的概念、定理、公式、法则理解的基础上,会运用多个知识点经过分析、计算(或推导)解决稍复杂一些的问题.

需要特别说明的是,试题的难易与认知层次的高低虽有一定的联系,但二者并不完全一致,在每个认知层次中都可以有不同的难度.

### (五) 自学方法指导

1. 下表为本课程的建议自学时数,供参考.

| 章 次 | 内 容 | 学 时 |
|---|---|---|
| 1 | 向量代数与空间解析几何 | 54 |
| 2 | 多元函数微分学 | 72 |
| 3 | 重积分 | 54 |
| 4 | 曲线积分与曲面积分 | 54 |
| 5 | 常微分方程 | 62 |
| 6 | 无穷级数 | 64 |
| 总计 | | 360 |

2. 因为本课程中的绝大部分内容都与一元函数微积分有密切关系,因此考生在自学时应注意随时复习一元函数微积分学的有关知识.

3. 根据自学考试的特点,考生应注意学习方法和培养自学的能力.应注意防止两种倾向:其一是只满足于会做题,忽略了对于基本概念和理论的理解,尤其是过分依赖自考辅导材料解题,使得独立解题的能力反而下降,知识水平得不到提高;其二是自认为一切都学懂了而忽略了做题的环节,或做的题量太少,也达不到真正学懂和巩固知识的目的.考生要随时总结经验教训,摸索适合自己特点的学习方法,提高学习效率,在自学过程中提高学习能力.

### (六) 对于社会助学的要求

1. 辅导教师应熟知考试大纲要求和知识点的分布.辅导时应以考试大纲为依据,不宜随意增删内容.

2. 辅导教师应以讲授有关知识为主,不要压题、猜题.应培养学生的自学能力和独立的解题能力,不要搞题海战术.

3. 助学单位在安排该课程辅导时,建议不低于自学学时数的四分之一,即 90 学时.

### (七) 关于试卷结构及考试的有关说明

1. “识记”,“领会”,“简单应用”,“综合应用”四个认知层次的试题在试卷中所占分数的比例依次约为 2∶3∶3∶2.

2. 试题的难度可分为:易、较易、较难、难四个档次.它们所占的分数比例依次约为 2∶4∶3∶1.

3. 试题的题型为:选择题、填空题、计算题、综合题;试题量依次为:5,5,12,3 题,共 25 题;所占分数依次为:15,15,60,15 分,满分为 100 分.

4. 本课程的考试适用于高等教育自学考试工科类本科各专业的考生.

5. 考试方式为笔试、闭卷;考试时间为 150 分钟;60 分为及格线.考试时只允许带钢笔、铅笔、圆规、三角板、橡皮等文具用品,不允许带计算器、有关参考书等.

# 高等数学(工本)参考样卷

**一、单项选择题**(本大题共 5 小题,每小题 3 分,共 15 分.在每小题列出的四个选项中只有一个是符合题目要求的,请将其代码填在题后的括号内.错选或未选均无分.)

1. 下列向量中与向量$\{1,2,3\}$正交的单位向量是 (　　)

(A) $\{-1,-4,3\}$; (B) $\{-2,1,0\}$;

(C) $\left\{\frac{1}{\sqrt{3}},\frac{1}{\sqrt{3}},\frac{-1}{\sqrt{3}}\right\}$; (D) $\{0,0,0\}$.

2. 设函数 $z=xy$,则点$(0,0)$是该函数的 (　　)

(A) 间断点; (B) 极大值点; (C) 极小值点; (D) 驻点.

3. 设有曲线积分$\oint_L \frac{1}{x^2+y^2}(x\mathrm{d}x+y\mathrm{d}y)$,其中 $L$ 为它所围的有界闭区域的正向边界,则在下列各闭曲线 $L$ 所围的区域上,格林公式成立的是 (　　)

(A) $x^2+y^2=1$; (B) $(x-1)^2+y^2=2$;

(C) $3(x-1)^2+y^2=2$; (D) $|x|+|y|=1$.

4. 设级数 $\sum_{n=0}^{\infty} nq^n$ 收敛,则在下列数值中 $q$ 的取值为 (　　)

(A) 0.5; (B) 1; (C) 1.5; (D) 2.

5. 设积分区域 $\Omega$: $x^2+y^2+z^2\leqslant 1$, 则三重积分 $\iiint\limits_{\Omega} x\,\mathrm{d}x\mathrm{d}y\mathrm{d}z$ 的值 (　　)

(A) 小于零; (B) 等于零; (C) 大于零; (D) 与 $x$ 有关.

**二、填空题**(本大题共 5 小题,每小题 2 分,共 10 分.不写解答过程,将正确的答案写在每小题的空格内.错填或不填均无分.)

6. 设函数 $z=f(u)$可导,则复合函数 $z=f(x^2+y^2)$的全微分 $\mathrm{d}z=$__________.

7. 设函数 $z=\arctan\frac{y}{x}$, 则 $\frac{\partial^2 z}{\partial x^2}=$__________.

8. 设 $I=\int_0^2\mathrm{d}x\int_0^{\sqrt{x}} f(x,y)\mathrm{d}y$, 则交换积分次序后得 $I=$__________.

9. 级数 $\sum_{n=1}^{\infty}\frac{1}{n(n+1)}$ 的和为__________.

10. 给定微分方程 $y''+y=x^2$,则用待定系数法求特解 $y^*$ 时,$y^*$ 的形式应设为__________.

**三、计算题**(本大题共 12 小题, 每小题 5 分, 共 60 分.)

11. 经过点$(-1, 2, 0)$向平面 $x+2y-z+1=0$ 作垂线, 求垂足的坐标.

12. 求曲线 $L$: $x=\frac{t}{t+1}, y=\frac{t+1}{t}, z=t^2$ 在点$\left(\frac{1}{2},2,1\right)$处的切线方程及法平面方程.

13. 求函数 $u=x^2+xy+y^2+z^2$ 在点 $(1,-1,2)$处的梯度.

14. 设 $F(u,v,w)$ 可微，求由方程 $F(x,x+y,x+y+z)=0$ 所确定的隐函数 $z=z(x,y)$ 的偏导数 $\dfrac{\partial z}{\partial x}$，$\dfrac{\partial z}{\partial y}$.

15. 求函数 $f(x,y)=e^{2x}(x+y^2+2y)$ 的极值.

16. 计算二重积分 $\iint\limits_D \arctan\dfrac{y}{x}\mathrm{d}x\mathrm{d}y$，其中 $D$ 为圆 $x^2+y^2=9$，$x^2+y^2=1$ 与直线 $y=x$，$y=0$ 所围的区域位于第一象限的部分.

17. 设椭圆 $L$：$\dfrac{x^2}{4}+\dfrac{y^2}{3}=1$ 的周长为 $a$，计算曲线积分 $\oint_L(3x^2+4y^2)\mathrm{d}s$.

18. 计算 $I=\oint_C x^2y\mathrm{d}x-xy^2\mathrm{d}y$，其中曲线 $C$：$x^2+y^2=1$ 取逆时针方向.

19. 计算曲面积分

$$I=\oiint\limits_{\Sigma}(y^2x+\sin z)\mathrm{d}y\mathrm{d}z+(z^2y+\sin x)\mathrm{d}z\mathrm{d}x+(x^2z+\sin y)\mathrm{d}x\mathrm{d}y,$$

其中 $\Sigma$ 是球面 $x^2+y^2+z^2=1$ 的外侧.

20. 求幂级数 $\sum\limits_{n=1}^{\infty}\dfrac{(x-1)^n}{n}$ 的收敛区间.

21. 设函数 $f(x)=\begin{cases}x, & -\pi<x\leqslant 0,\\ 0, & 0<x\leqslant\pi,\end{cases}$ 其傅里叶级数展开式为

$$\frac{a_0}{2}+\sum_{n=1}^{\infty}(a_n\cos nx+b_n\sin nx),$$

求系数 $a_5$.

22. 验证 $y=-x+\dfrac{1}{3}$ 是微分方程 $y''-2y'-3y=3x+1$ 的一个特解，并求该方程满足初始条件 $y\big|_{x=0}=0$，$y'\big|_{x=0}=0$ 的特解.

**四、综合题**(本大题共 3 小题，每小题 5 分，共 15 分.)

23. 将函数 $\dfrac{x}{2-x}$ 展开成 $x$ 的幂级数，并指出展开式的收敛域.

24. 设函数 $u=u(x,y)$ 可微且 $\mathrm{d}u=ye^{xy}\mathrm{d}x+xe^{xy}\mathrm{d}y$，求 $u(x,y)$ 的一般表达式.

25. 设有边长为 $2a$ 的正方形薄板，薄板上任意一点处的密度等于该点到正方形中心距离的平方，求薄板的质量.

## 参考样卷答案

**1.** C.　**2.** D.　**3.** C.　**4.** A.　**5.** B.

**6.** $x2f'(x^2+y^2)\mathrm{d}x+y2f'(x^2+y^2)\mathrm{d}y$.

**7.** $\dfrac{2xy}{(x^2+y^2)^2}$.　**8.** $\int_0^{\sqrt{2}}\mathrm{d}y\int_{y^2}^{2}f(x,y)\mathrm{d}x$.

**9.** 1.　**10.** $ax^2+bx+c$.　**11.** $\left(-\dfrac{5}{3},\dfrac{2}{3},\dfrac{2}{3}\right)$.

**12.** 法线方程为 $\dfrac{x-\dfrac{1}{2}}{1}=\dfrac{y-2}{-4}=\dfrac{z-1}{8}$，切平面方程为 $2x-8y+16z-1=0$.

**13.** $\{1,-1,4\}$.

**14.** $\dfrac{\partial z}{\partial x}=-\dfrac{F_1'+F_2'+F_3'}{F_3'}$，$\dfrac{\partial z}{\partial y}=-\dfrac{F_2'+F_3'}{F_3'}$.

**15.** 极小值为 $f\left(\dfrac{1}{2},-1\right)=-\dfrac{\mathrm{e}}{2}$.

**16.** $\dfrac{\pi^2}{8}$.

**17.** $12a$.

**18.** $-\dfrac{\pi}{2}$.

**19.** $\dfrac{4}{5}\pi$.

**20.** $(0,2)$.

**21.** $\dfrac{2}{25\pi}$.

**22.** $y=\dfrac{1}{6}\mathrm{e}^{3x}-\dfrac{1}{2}\mathrm{e}^{-x}-x+\dfrac{1}{3}$.

**23.** $\sum\limits_{n=1}^{\infty}\dfrac{x^n}{2^n}$，展开式成立的区间为$(-2,2)$.

**24.** $u=\mathrm{e}^{xy}+C$，其中 $C$ 为任意常数.

**25.** $\dfrac{8}{3}a^4$.

# 后　　记

2001 年 7 月，由全国高等教育自学考试指导委员会办公室（以下简称全国考办）提议，对《高等数学（工本）自学考试大纲》进行修订工作. 全国考办发函连同原大纲分送 5 个相关的专业委员会、18 所高校和 29 个省（市）高等教育自学考试办公室（以下简称自考办），征求修改意见. 此后收到了 24 个单位（专业委员会、高校、省市自考办）的 28 位专家和教授的回函，提出了许多中肯的宝贵意见. 在此基础上，中国地质大学（北京）教授陈兆斗执笔编写了考试大纲修改稿初稿. 随后于 2001 年 11 月由全国考办邀请有关高校专家开会征求对初稿的意见. 与会的专家有郭镜明（同济大学）、韩云瑞（清华大学）、孙洪祥（北京邮电大学）、章学诚（北京大学）、毕志伟（华中科技大学）、胡显佑（中国人民大学）、龙永红（中国人民大学）以及陈兆斗教授. 会上提出了很好的修改意见. 根据这些意见，陈兆斗教授对大纲修改稿初稿作了较大的修改. 此后，由全国考办将修改稿分送十余所高校和部分省（市）自考办进一步征求意见，共收到 8 个单位 11 位专家的回复，提出了一些很有价值的意见和建议. 随之，于 2002 年 11 月召开了大纲审定会. 西安交通大学马知恩教授任主审并主持了审稿会，参加审稿会的有郭镜明教授、章学诚教授、毕志伟副教授和李静副教授（北京工业大学）. 会议对考试大纲逐条逐句进行了审议，提出了许多重要的、具体的修改意见. 嗣后，由陈兆斗教授和郭镜明教授按照审稿意见作了认真修改并由专业委员会主任丁石孙教授同意定稿.

本大纲适合工科类专业本科使用.

对本大纲提出修改意见和参加审稿的同志谨表示诚挚的感谢.

**全国高等教育自学考试指导委员会**

**数学专业委员会**

**2006 年 1 月**